Karrierechancen in der Biotechnologie und Pharmaindustrie

Toby Freedman

Karrierechancen in der Biotechnologie und Pharmaindustrie

Ein Cold Spring Harbor-Ratgeber

Aus dem Englischen übersetzt von Bärbel Häcker

Originaltitel: Career Opportunities in Biotechnology and Drug Development
Aus dem Englischen übersetzt von Bärbel Häcker

Originally published in English as Career Opportunities in Biotechnology and Drug Development by Toby Freedman
© 2008 Cold Spring Harbor Laboratory Press
Cold Spring Harbor, New York
USA

Authorized German translation of the English edition © 2008 Cold Spring Harbor Laboratory Press. This translation is published and sold by permission of Cold Spring Harbor Laboratory Press, the owner of all rights to publish and sell the same.

Wichtiger Hinweis für den Benutzer
Der Verlag, der Herausgeber und die Autoren haben alle Sorgfalt walten lassen, um vollständige und akkurate Informationen in diesem Buch zu publizieren. Der Verlag übernimmt weder Garantie noch die juristische Verantwortung oder irgendeine Haftung für die Nutzung dieser Informationen, für deren Wirtschaftlichkeit oder fehlerfreie Funktion für einen bestimmten Zweck. Der Verlag übernimmt keine Gewähr dafür, dass die beschriebenen Verfahren, Programme usw. frei von Schutzrechten Dritter sind. Die Wiedergabe von Gebrauchsnamen, Handelsnamen, Warenbezeichnungen usw. in diesem Buch berechtigt auch ohne besondere Kennzeichnung nicht zu der Annahme, dass solche Namen im Sinne der Warenzeichen- und Markenschutz-Gesetzgebung als frei zu betrachten wären und daher von jedermann benutzt werden dürften. Der Verlag hat sich bemüht, sämtliche Rechteinhaber von Abbildungen zu ermitteln. Sollte dem Verlag gegenüber dennoch der Nachweis der Rechtsinhaberschaft geführt werden, wird das branchenübliche Honorar gezahlt.

Bibliografische Information der Deutschen Nationalbibliothek
Die Deutsche Nationalbibliothek verzeichnet diese Publikation in der Deutschen Nationalbibliografie; detaillierte bibliografische Daten sind im Internet über http://dnb.d-nb.de abrufbar.

Springer ist ein Unternehmen von Springer Science+Business Media
springer.de

© Spektrum Akademischer Verlag Heidelberg 2010
Spektrum Akademischer Verlag ist ein Imprint von Springer

10 11 12 13 14   5 4 3 2 1

Planung und Lektorat: Dr. Ulrich G. Moltmann, Sabine Bartels
Redaktion: Annette Heß
Fachredaktion: Dr. Frank Lichert
Index: Dr. Bärbel Häcker
Herstellung und Satz: Crest Premedia Solutions (P) Ltd, Pune, Maharashtra, India
Umschlaggestaltung: SpieszDesign, Neu–Ulm
Titelfotografie: © Fotolia / kreefax
Printed in Germany

ISBN 978-3-8274-2116-6

Inhaltsverzeichnis

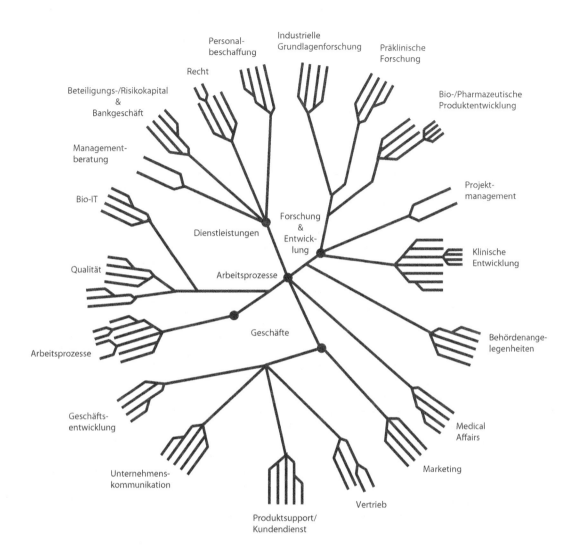

Personal-
beschaffung

Industrielle
Grundlagenforschung

Präklinische
Forschung

Recht

Beteiligungs-/Risikokapital
&
Bankgeschäft

Bio-/Pharmazeutische
Produktentwicklung

Management-
beratung

Bio-IT

Projekt-
management

Forschung
&
Entwick-
lung

Dienstleistungen

Klinische
Entwicklung

Qualität

Arbeitsprozesse

Geschäfte

Behördenange-
legenheiten

Arbeitsprozesse

Geschäfts-
entwicklung

Medical
Affairs

Unternehmens-
kommunikation

Marketing

Vertrieb

Produktsupport/
Kundendienst

Vorwort

Die Anregung, dieses Buch zu schreiben, entstand aus dem Wunsch heraus, begabten Menschen bei ihrer Suche nach einer befriedigenden Beschäftigung in der Industrie der Biowissenschaften zu helfen. Da die Hochschule im Allgemeinen die Absolventen nicht auf eine Laufbahn in der Industrie vorbereitet, zielt dieses Buch darauf ab, ein Hilfsmittel beim Wechsel in die Industrie zu sein – einen Wechsel, den ich selbst vollzogen habe. Angesichts der Komplexität und großen Vielfalt der möglichen Laufbahnen möchte ich den Jobsuchenden helfen, sinnvolle und sachkundige Entscheidungen über ihre Karriere zu treffen und ihnen ausreichend Information bieten, damit sie in der Lage sind, den Job zu finden, der ihren natürlichen Befähigungen, ihrem Ausbildungswerdegang und ihren Interessen am besten gerecht wird.

Als Ausgangsmaterial für dieses Buch dienten Interviews mit über 200 Führungskräften in der Biotechnologie und Pharmaindustrie, von denen viele auf der Vizepräsidentenebene arbeiten. Diese Mitwirkenden waren so liebenswürdig und wohlwollend, die Informationen über ihre Karrierewege und die von ihnen gewählten Gebiete zur Verfügung zu stellen – Informationen, von denen sich manche gewünscht hätten, sie zur Verfügung gehabt zu haben, bevor sie schließlich ihre Karrierenische fanden.

Denken Sie beim Lesen daran, dass zwar jede Anstrengung unternommen wurde, um umfassend und exakt zu sein, die Biotechnologie- und Pharmaindustrie aber groß ist und die Einzelheiten von Firma zu Firma variieren. Außerdem unterscheidet sich die Wahrnehmung eines jeden Befragten, die auf seinen oder ihren persönlichen Erfahrungen fußt. Um einen präzisierten, abgerundeten Blickwinkel zu bekommen, der auch alternative Gesichtspunkte enthält, wurden für jedes Kapitel durchschnittlich zehn Personen interviewt.

Dieses Buch beschreibt ausführlich eine große Vielfalt von Laufbahnen in der Biotechnologie und Arzneimittelforschung. Jedes Hauptkapitel präsentiert ein anderes Berufsfeld, mit Beschreibungen der verschiedenen Jobarten und ihren tagtäglichen Verantwortlichkeiten, Einblicke in das Für und Wider des Jobs und was erforderlich ist, damit man erfolgreich ist, praktische Tipps, um eine Beschäftigung zu finden und vieles andere. Am Ende eines jeden Kapitels ist ein Wegweiser für Quellen angegeben. Zusätzlich geben einige Kapitel einen Überblick über Bewerbungsunterlagen, die Jobsuche und Informationsgespräche. Die hervorgehobenen kleinen Kästen, die in jedem Kapitel entlang des Textes vorkommen, stammen aus den Interviews. Das Buch ist in einer Form geschrieben, die ein müheloses Lesen erlaubt, sodass Sie rasch relevante Informationen zu bestimmten Jobs finden können, an denen Sie interessiert sind.

Allen Lesern wünsche ich viel Erfolg in ihrem Beruf: Möge er Ihnen Freude machen und nutzbringend sein, weil wir dringend mehr Menschen brauchen, die mithelfen, neue Produkte gegen die schweren und chronischen Krankheiten zu entwickeln, die immer noch ohne eine entsprechende medizinische Behandlungsmöglichkeit sind.

Falls Sie gerne eine Rückmeldung zur Verwendung in zukünftigen Auflagen dieses Buches geben möchten, scheuen Sie sich nicht, mich zu kontaktieren oder meine Website www.careersbiotech.com/ zu besuchen.

Geleitwort

Eine Karriere in der Biotechnologie und Arzneimittelentwicklung ist eine Wissenschaft für sich!

Die Arzneimittelentwicklung im Bereich der Biotechnologie und der Biopharmazeutika hat sich seit den 80er-Jahren zu einem aufstrebenden Wirtschaftszweig entwickelt und mittlerweile konsolidiert. Allein in Deutschland waren im Jahr 2007 ca. 34 000 Mitarbeiter in biopharmazeutischen Unternehmen tätig, und es wurden 4000 neue Arbeitsplätze geschaffen.

Von dieser positiven Entwicklung profitieren insbesondere die Patienten, denn die Innovationen der vergangenen Jahre ermöglichen große Fortschritte bei zielgerichteten und nachhaltigen Therapien, Diagnostika sowie der Prävention. Dies gilt insbesondere für Indikationsgebiete und schwerwiegende Erkrankungen, die bisher gar nicht oder nur unzureichend therapiert werden konnten wie z. B. Krebs, neurodegenerative Erkrankungen oder Autoimmunerkrankungen. Diejenigen Medikamente, die sich derzeit in der Pipeline biopharmazeutischer Unternehmen befinden und in den nächsten Jahren die Chance haben, zugelassen zu werden, belegen eindrucksvoll, dass die Biotechnologie diesem Anspruch auch in der Zukunft gerecht werden kann. Zu verdanken ist dies zum einen dem hohen Innovationspotenzial dieser Unternehmen, zum anderen aber vor allem kreativen, hochqualifizierten Mitarbeitern als entscheidendem Produktionsfaktor und einer der wichtigsten Ressourcen der Unternehmen. Gut ausgebildete, erfahrene und flexible Mitarbeiter dürften langfristig starke Wettbewerbsvorteile sichern. Einige Unternehmen gehen mittlerweile soweit, dass sie in der Zukunft die Integration von Wissen und Technologie als Kernkompetenz sehen.

Die biopharmazeutische Wirkstoffentwicklung umfasst Bereiche von der Wirkstofffindung über präklinische Entwicklungsphasen mit toxikologischen Sicherheitsprüfungen und Testung der Effektivität einer Substanz, Herstellung der Arzneimittel im Großmaßstab bis hin zu klinischen Prüfungen am Menschen und der Zulassung. Begleitet wird jeder dieser Bereiche u. a. von der Patent- und Rechtsabteilung, der Qualitätssicherung, dem Projektmanagement und dem Business Development. Nicht zuletzt kommt den Human Resources, d. h. der Personalabteilung in den biopharmazeutischen Unternehmen heute mehr denn je eine große Bedeutung zu, da für jeden der genannten Bereiche hochqualifizierte und spezialisierte Mitarbeiter notwendig sind, die je nach Bereich jeweils völlig unterschiedlichen Anforderungen gerecht werden müssen.

Für den Außenstehenden erschließt sich diese komplexe Welt mit ihren eigenen Organisationsstrukturen, Abläufen und sogar einer eigenen Sprache nicht auf den ersten Blick. Dies ist auch die Situation, mit der sich der Neueinsteiger konfrontiert sieht. Wer direkt von der Universität kommt, ist während seines Studiums in der Regel nicht mit den Aufgabenbereichen in der Biotechnologie vertraut gemacht worden. Für welche Bereiche ist man also geeignet? Wo soll man sich letztendlich bewerben? Wo lässt sich die gewünschte Karriere machen? Wer Stellenangebote und Stellenausschreibungen liest, weiß zunächst oftmals nicht, was sich hinter einem solchen Jobprofil verbirgt.

Und genau hier setzt das Buch von Toby Freedman an. Sie hat ihre langjährige Expertise sowohl als Naturwissenschaftlerin im Bereich Molekularbiologie als auch vor allem als Personalvermittlerin und Unternehmerin in der pharmazeutischen Wirtschaft in das vorliegende Werk eingebracht. Ihr ist es gelungen, basierend auf ihrer eigenen Erfahrung sowie aus ca. 200 Interviews mit Fachkräften eine umfassende und kompakte Übersicht und Analyse der verschiedenen Karrierewege in allen Bereichen der biopharmazeutischen Industrie zu erstellen. Nebenbei ist es dem Buch gelungen, den gesamten Entstehungs- und Lebenszyklus von Medikamenten darzustellen.

Der erste Gedanke, wenn man ein solches Buch auf den Tisch bekommt, ist, brauchen wir noch einen neuen Ratgeber? Was soll er Neues bringen?

Der Leser findet ein zweigeteiltes Werk vor: Teil 1 gibt zahlreiche Tipps zu Bewerbungsschreiben und Vorstellungsgesprächen sowie Strategien zur Kontaktaufnahme mit Unternehmen. Aus eigener Erfahrung kann ich sagen, dass hier kompakt alle Informationen zusammengetragen wurden, die man bisher mühsam in Literatur oder Internet zusammensammeln musste. Zudem werden viele praktische Tipps aus der persönlichen Erfahrung gegeben, die man gedruckt so überhaupt nicht findet. Die besondere Betonung der Notwendigkeit des Networkings ist besonders zu begrüßen, da Vernetzung und Kommunikation nicht nur in der Bewerbungsphase, sondern auch bei allen späteren Aktivitäten ein unverzichtbarer Erfolgsfaktor sind. *To-do*-Listen helfen, die Übersicht über alle Aktivitäten zu behalten.

Teil 2 stellt die Profile der unterschiedlichen Positionen in der Entwicklung von Biopharmazeutika dar. Und hier hebt sich dieses Buch von anderen Karriereratgebern deutlich ab. Es wird nicht nur einfach eine Beschreibung und Übersicht über die einzelnen Karrierewege gegeben. Zusätzlich werden die positiven Aspekte, Herausforderungen, aber auch die unangenehmen Seiten der einzelnen Jobprofile sowie die

Persönlichkeitsmerkmale und Interessen, die ein Bewerber mitbringen sollte, dargestellt. Ich habe das Konzept ausprobiert und war begeistert, wie passend ich mich wiederfinden konnte. Jedes Kapitel stellt zusätzlich einen typischen Arbeitstag einer Position dar, was dem Leser einen guten Eindruck dessen vermittelt, was ihn erwarten wird. Zahlreiche Literaturempfehlungen und Internetseiten zum Weiterlesen für den Interessierten ergänzen die Informationen.

Das Werk ist für alle Neueinsteiger in biopharmazeutische Unternehmen zu empfehlen. Auch wenn der Titel des Buches Biotechnologie und Arzneimittelentwicklung umfasst, gilt das nicht nur für Naturwissenschaftler, sondern auch für alle angrenzenden Gebiete wie Rechts- und Wirtschaftswissenschaften, Marketing oder das Ingenieurswesen. Aber auch „alte Hasen", die einen Wechsel und berufliche Veränderungen im biopharmazeutischen Business anstreben, sei dieses Buch empfohlen, um Aufstiegs- und Weiterentwicklungschancen zu prüfen.

Auch der Tatsache, dass ein Leser auf dem Weg zur Bewerbung oftmals wenig Zeit hat, sich umfassend zu informieren, wurde Rechnung getragen. Das Werk ist sehr übersichtlich als Nachschlagewerk aufgebaut und erlaubt eine schnelle und einfache Orientierung. Es bietet viel sachliche Information und viele Fakten auf engem Raum, und das bei einem Preis, mit dem es auch viele Studentinnen und Studenten erreichen kann. Ich werde das Buch im Rahmen der Studien- und Berufsberatung empfehlen.

Ich wünsche dem Buch eine weite Verbreitung. Und den Lesern des Buches viel Erfolg bei Ihren Bewerbungen!

Im Mai 2009
Prof. Dr. Dagmar Fischer

Teil 1 | Industrie im Überblick: Einen Job in der Industrie bekommen

1 | Das Für und Wider einer Arbeit in der Industrie

Warum den Wechsel vornehmen?

Viele Menschen werden von der Biotechnologieindustrie angezogen, weil diese ihnen die Gelegenheit gibt, zur Entwicklung von Arzneimitteln beizutragen, die der Menschheit von Nutzen sind. Obgleich die Arbeit eine Herausforderung ist, kann sie auch Spaß machen und einträglich sein. Man kann das Beste aus seinen Talenten machen und sich weiterentwickeln, während man die interessanten Berufsfelder der Industrie auskundschaftet. Wissenschaft ist fesselnd, und die Menschen, die sich mit ihr befassen, sind intelligent und hoch motiviert. Sie sind nicht auf Stipendien angewiesen, die Vergütung ist gut, und Ihre Bemühungen haben unter Umständen weltweite Auswirkungen. Die Industrie wächst, und sie dient einem Grundbedürfnis der modernen Gesellschaft – der menschlichen Gesundheit.

Die Zukunft der Biotechnologieindustrie ist äußerst vielversprechend.

Warum macht es so vielen Menschen Freude, in der Biotechnologie und Arzneimittelentwicklung zu arbeiten?

Im Folgenden finden Sie eine Liste von Gründen, warum Menschen in der Biotechnologie und Arzneimittelentwicklung Spaß an ihrer Arbeit haben; sie basiert auf Gesprächen mit mehr als 200 erfolgreichen Industriefachleuten, die den Wechsel von der Hochschule zur medizinischen Praxis vollzogen haben.

Wenn man das macht, was man gerne tut, dann handelt es sich nicht.wirklich um „Arbeit".

Eine Gelegenheit, für die Wissenschaft und für die Gesellschaft einen positiven Beitrag zu leisten

Die Befriedigung, die man durch die Entwicklung von Arzneimitteln gewinnt, ist ein Hauptgrund, weswegen Menschen an ihrer Beschäftigung in der Biotechnologie und Arzneimittelentwicklung Gefallen

Ein Forscher in der Industrie: „Ich wäre nicht in der Lage gewesen, Arzneimittel zu entwickeln und sie auf den Markt zu bringen, wenn ich an der Hochschule geblieben wäre."

finden. Die Industrie gibt Ihnen jeden Tag das Gefühl, dass Ihre Arbeit etwas wirklich Lohnenswertes ist.

Ein kollegiales Umfeld

Zu einem Team zu gehören, kann sehr reizvoll sein. Es ist motivierend, mit anderen intelligenten Menschen zusammenzuarbeiten, die auf ein gemeinsames Ziel hinarbeiten. Außerdem entwickelt sich dadurch, dass man die Erfolge und die Misserfolge innerhalb des Teams teilt, oft ein starker Kameradschaftssinn.

Der Nutzen der Teamarbeit

In der Biotechnologie tummeln sich viele intelligente, motivierte Menschen, und wenn diese als Team zusammenarbeiten, dann können sie weit mehr bewerkstelligen als ein einzelner Forscher allein. Weil die meisten Menschen in der Industrie geneigt sind, kooperativ zu arbeiten, ist es in einer Firma viel einfacher, komplexe Aufgaben in Angriff zu nehmen als an der Hochschule.

Ein Blick auf die Produktivität

An der Hochschule kann insbesondere bei Studenten im Aufbaustudium und promovierten Mitarbeitern (Postdocs) viel Zeit verstreichen, ohne dass man einen Fortschritt wahrnimmt. In der Industrie hat man in jedem Jahr klar festgelegte Ziele, und der Zeitplan und die Produktivität stehen im Mittelpunkt. Die Industrie ist zielorientierter und auf ein schnelles Erreichen der Vorgaben ausgerichtet. Projekte „dümpeln nicht dahin", und jene, die keinen Erfolg versprechen, werden rasch beendet.

Ihre Bemühungen finden stärkere Anwendung

Die Währung an der Hochschule ist die Veröffentlichung, in der Industrie ist es die Entwicklung von Produkten.

An der Hochschule ist das Endprodukt Wissen. Die Industrie ermöglicht einem jedoch, nicht nur zu lernen und zur Wissenschaft beizutragen, sondern auch Produkte herzustellen. Man kann den Erfolg seiner Anstrengungen sehen und sich innerhalb der Firma Verdienste erwerben, indem man Produkte entwickelt, die einen positiven wirtschaftlichen und sozialen Nutzen haben.

Vielfältige Karrieremöglichkeiten und persönliche Entwicklung

Mit der Zeit ändern sich die Interessen von Menschen und ihre Einstellung entwickelt sich weiter. Einer der Hauptvorteile der Arbeit in der Industrie ist, dass es eine Fülle von alternativen Karrierefeldern zu erkunden gibt. Man kann sich neue Aufgabenfelder erschließen, die am besten zu den eigenen Interessen, Charaktereigenschaften und Fertigkeiten passen. Während Ihres Berufslebens werden Sie mit einer Vielzahl von Wissensgebieten konfrontiert werden, und es gibt Gelegenheiten, neue Fertigkeiten und Techniken zu erlernen. Eine Arbeitsstelle kann zu einer anderen führen, und unter Umständen gelangen Sie am Ende in einen Bereich, der Ihnen aufgrund Ihrer akademischen Ausbildung alleine eigentlich verschlossen war.

Ein anregendes Umfeld

Da Biopharmafirmen bei der Entwicklung neuer Arzneistoffe führend sind, gibt es unzählige Gelegenheiten, die technischen und wissenschaftlichen Innovationen hautnah mitzuerleben. Dies, kombiniert mit den täglichen Überraschungen und Herausforderungen des Jobs, erhält das Arbeitsumfeld spannend und sorgt für eine hohe wissenschaftliche Qualität.

Die Herausforderungen, die mit der Entwicklung neuer Krankheitstherapien verknüpft sind, sind unermesslich. Es ist schwierig, sich in dieser Industrie zu langweilen.

Personen mit Führungsqualitäten setzen sich durch

Solange man an der Hochschule publiziert und Stipendien bekommt, kann man Führungspositionen innehaben, ohne Führungsqualitäten zu besitzen. In der Industrie haben schwierige Persönlichkeiten jedoch beschränkte Möglichkeiten, und man überträgt ihnen selten Führungskompetenzen.

Die Industrie legt großen Wert auf die Schaffung eines produktiven Arbeitsumfelds, das die Angestellten zu besonderen Leistungen motiviert; die Förderung und der Erhalt von herausragenden Führungskräften haben einen großen Stellenwert. Firmen investieren Zeit und Geld in die Ausbildung der leitenden Angestellten. Das Ergebnis ist, dass diese Angestellten so zu besseren Führungspersönlichkeiten werden und dementsprechend ihre Firmen besser leiten. Um mehr über Management zu erfahren, siehe Kapitel 7 und 22.

Gute Führungskräfte werden in der Biotechnologie geschätzt und angemessen vergütet.

Verbindungen zur Hochschule

Manche Industrieprojekte beinhalten eine umfangreiche Zusammenarbeit mit Hochschulexperten, und viele Angestellte bleiben mit den Universitäten in Verbindung. Die Firmen ermutigen häufig die Wissenschaftler und Kliniker, weiterhin zu publizieren und bei Tagungen Präsentationen darzubieten. Dies erhöht sowohl die Reputation der Person als auch die der Firma. Oft können Angestellte zusätzlich zu ihrem Job ihre Lehrerlaubnis behalten, und Ärzte dürfen weiterhin Patienten behandeln. Jobs in der Forschung und der präklinischen Forschung, der klinischen Entwicklung, im Bereich Medical Affairs und in der technischen Anwendung sowie Betreuung (Support), im Vertrieb, in der Geschäftsentwicklung (Business Development) sowie im

Bereich Recht und Risikokapital (Venture Capital) bleiben oft eng mit der Hochschule verbunden.

Enorme Betriebsmittel

Große Firmen verfügen über scheinbar unbegrenzte Betriebsmittel und eine Infrastruktur, die an der Hochschule schwierig zu erreichen wäre. Es ist einfacher, „große Wissenschaft" zu betreiben und Forschung „im großen Stil", weil die Aufwendungen so hoch sind. Die Angestellten in der Industrie haben im Allgemeinen Zugang zu den neuesten wissenschaftlichen Technologien, und man verlässt sich weniger auf Stipendien.

Keine Einbahnstraße

Normalerweise ist der Einstieg in eine Berufslaufbahn in der Industrie keine Einbahnstraße mehr, wenngleich es einige Risiken gibt. Wenn man in der Grundlagenforschung tätig ist, sind akademische Stellen während des ganzen Berufslebens verfügbar, solange man produktiv ist und weiterhin publiziert. In der klinischen Praxis jedoch kann Ihre vorangegangene Ausbildung – je nach Fachgebiet – unter Umständen nach einer gewissen Zeit an Aktualität verlieren; eine Rückkehr zur aktiven Tätigkeit erfordert eventuell eine zusätzliche Fachausbildung.

Finanzielle Honorierung

Nur wenige werden in der Biotechnologieindustrie besonders reich, aber die Gehälter sind gut und man hat die Möglichkeit Aktien zu erwerben. Falls Sie daran interessiert sind, eine Menge Geld zu verdienen, dann sollten Sie die Kapitel über die Finanzwirtschaft des Gesundheitswesens und über Executive Leadership lesen. Außerdem sollten Sie die Kapitel über Recht, Handel, Geschäftsentwicklung (Business Development), Unternehmensberatung, Vertrieb, Marketing und klinische Entwicklung durchsehen.

Beruflicher Werdegang und Beratung

Führungskräfte sind für die Schulung, Beratung und berufliche Entwicklung der Angestellten verantwortlich. Eine objektive und konstruktive Rückmeldung, die aufgrund der Beurteilung der Arbeitsleistung erfolgt, kann dazu beitragen, Bereiche, in denen eine Verbesserung erforderlich ist, zu identifizieren und anzuvisieren.

Wochenenden und Urlaub

In manchen biotechnologischen Berufen arbeiten die Angestellten von 9 bis 17 Uhr. Manche Firmen verlangen längere Arbeitszeiten, die meisten gestatten aber freie Wochenenden. Denken Sie daran, dass die Angestellten zwar hart arbeiten; aber wenn man nach Hause geht, lässt man in der Regel seine Arbeit im Büro oder im Labor zurück. Wenn Sie eine Arbeit von 9 bis 17 Uhr anspricht, ziehen Sie eine Laufbahn in der technischen Beratung (Support), der medizinischen Information, der Qualitätskontrolle, der Marktforschung oder der Arzneimittelsicherheit in Betracht.

Weniger geografische Einschränkungen

Viele Arbeitsstellen gestatten den Angestellten, vom häuslichen Büro aus zu arbeiten; dies verringert die Notwendigkeit, für eine neue Arbeit umzuziehen und macht es einfacher, dass in Familien beide Ehepartner ihren Beruf ausüben. Wenn Sie eine Arbeit von zu Hause aus anspricht, dann sehen Sie sich nach einer Stelle im Vertrieb um, als Kontaktperson für Mediziner (Medical Science Liaison), als Patentanwalt, in der Datenverwaltung der Biowissenschaften oder als Applikationsspezialist (*field application specialist*).

Warum man es sich zweimal überlegen sollte, ob man in die Industrie geht

Es spricht zwar vieles für eine Arbeit in der Biotechnologie und Arzneimittelentwicklung, es gibt aber auch Nachteile. Bevor Sie sich für eine Anstellung in der Industrie entscheiden, sollten Sie die folgende Liste kennen.

Geringere Arbeitsplatzsicherheit

In Biotechnologie- und Pharmafirmen gibt es eine geringe Arbeitsplatzsicherheit; dies ist wahrscheinlich der größte Nachteil einer Arbeit in diesem Industriezweig. Technologien können rasch veralten und Projekte misslingen. Firmen führen kostendämpfende Maßnahmen ein, und es gibt einen wachsenden Trend, Arbeit ins Ausland auszulagern (Outsourcing). Sogar bei großen Pharmafirmen kommt es zu Firmenzusammenschlüssen und Übernahmen, Umstrukturierungen und Strategieverschiebungen. Alle diese Ereignisse können zu Entlassungen führen.

> Sie werden nach Belieben eingestellt – und können jederzeit gekündigt werden.

Kleine Biotechnologiefirmen haben das höchste Risiko, weil ihre finanzielle Situation oft sehr unsicher ist. Sie entwickeln früh Forschungsprogramme und beschreiten technologisches Neuland, haben wenige Produkte in der Entwicklung („in der Pipeline") und begrenztes Kapital. Wenn ein Projekt misslingt, dann kann es sein, dass die Firma gezwungen ist, aufzugeben, wohingegen ein gescheitertes Projekt in einer großen Firma unter Umständen geringe Auswirkungen hat.

> Die Biotechnologieindustrie ist gekennzeichnet durch Aufschwünge und Wirtschaftskrisen; die Beschäftigung steigt und fällt mit den Marktzyklen.

Besonders Laufbahnen in der Forschung bieten eine geringere Arbeitsplatzsicherheit als andere Karrierewege. Der Grund dafür ist, dass die Firmen während finanziell schwieriger Zeiten den Fokus auf Produkte legen, die einen zeitnahen Absatz versprechen – normalerweise jene Produkte in klinischen oder Produktentwicklungsphasen. Wenn Sie Ihre Karriere planen, dann ist unter Umständen die Grundlagenforschung die einfachste Einstiegsmöglichkeit in die Industrie. Eventuell möchten Sie zunächst neue Fertigkeiten erwerben, währenddessen ergeben sich vielleicht neue Optionen für Stellen, mit größerer Arbeitsplatzsicherheit (wie z. B. klinische, medizinische oder Behördenangelegenheiten).

Glücklicherweise finden Entlassungen nicht überstürzt statt. Normalerweise gibt es Warnzeichen, dass eine Abteilung unter Umständen geschlossen wird – Fusionen und Übernahmen dauern oft Jahre, bis sie vollzogen sind, und die Firmenleitung braucht viele Monate, um zu entscheiden, welche Abteilungen bleiben und welche nicht. Die meisten Mitarbeiter finden schließlich wieder eine Anstellung. Große Firmen bieten den Angestellten, die entlassen werden, Abfindungen, und sie beschäftigen Dienstleister zur Weitervermittlung, um Kandidaten bei ihrer beruflichen Entwicklung und bei der Arbeitsplatzsuche zu unterstützen.

Beachten Sie, dass es Dinge gibt, die Sie tun können, um die konjunkturellen Risiken eines Jobs so klein wie möglich zu halten. Wenn Sie beispielsweise in einem bedeutenden Biopharmazentrum arbeiten, stehen die Chancen gut, dass Sie nicht umziehen müssen. Sie können neue Fertigkeiten erwerben, um Ihre Marktfähigkeit zu steigern. Sie können in großen Firmen mit starker Vernetzung arbeiten; wenn ein Projekt misslingt, dann gibt es viele andere, an denen man arbeiten kann. Am wichtigsten ist, dass Sie flexibel sind. Wenn man Sie fragt, ob Sie in einem therapeutischen Bereich arbeiten möchten, über den Sie wenig wissen, dann versuchen Sie, Ihre Wissensbasis zu erweitern und neue Fachkenntnisse zu erwerben.

Mangelnde Einflussnahme auf Entscheidungen

In vielen Berufsfeldern wird Ihre Arbeitsleistung möglicherweise im großen Ganzen untergehen, Sie haben darauf wenig Einfluss, da die obere Führungsebene die strategischen Entscheidungen trifft. Auch wenn die Wissenschaft von hohem Niveau ist, kann es sein, dass Ihr Projekt aufgrund firmenpolitischer Entscheidungen oder wegen schlechter Absatzzahlen beendet wird. Es ist frustrierend, wenn man eine Menge Zeit, Energie und Enthusiasmus in ein Projekt gesteckt hat, und es aufgrund von wirtschaftlichen Faktoren beendet wird.

Stress und Fristen

Je nach Position kann eine Arbeit in der Industrie sehr stressig sein. Die Einhaltung von Fristen gehört zur Tagesordnung. Wenn Sie sich in einer hektischen Arbeitsumgebung wohlfühlen und mit Druck gut umgehen können, dann macht Ihnen unter Umständen eine Laufbahn in der Managementberatung (Management Consulting), im Gesundheits-Finanzwesen, im Bereich Behördenangelegenheiten, in der klinischen Entwicklung, in der Geschäftsentwicklung (Business Development) oder in der Rechtsabteilung Spaß (es überrascht nicht, dass dies die Arbeitsstellen sind, bei denen man am meisten verdient).

Weniger Eigenständigkeit

An der Hochschule und im Arztberuf gibt es eine beträchtliche Selbst-ständigkeit, solange Ihre Forschung mit staatlichen Mitteln finanziert wird. Sie haben sehr viel Kontrolle über Ihre Zeit und die Art Ihrer Aktivitäten. Diese Freiheiten sind in der Industrie nicht so einfach zu bekommen, insbesondere in untergeordneten Positionen, und Sie müs-sen unter Umständen Ihren Arbeitsstil anpassen. Man verlangt von Ihnen z. B. in Therapiebereichen zu arbeiten, die nicht zu Ihrem Fach-gebiet gehören; es werden bezüglich Ihres Arbeitsbereichs Entschei-dungen getroffen, ohne dass Sie dazu gehört werden; und man erwartet wahrscheinlich von Ihnen, dass Sie sich an feste Zeitpläne halten. Nur wenige Positionen in der Industrie sind für unabhängige Einzelkämpfer geeignet.

Es braucht Zeit, sich diesen Aspekten der Arbeit anzupassen und Flexibilität zu erlernen. Es erfordert Selbstdisziplin, sich daran zu gewöhnen, in einem Team zu arbeiten und Entscheidungen, die andere treffen, zu akzeptieren.

Wenig wissenschaftliche Freiheit

Die Industrie legt den Schwerpunkt auf Produkte, und aufgrund von Zeitbeschränkungen kann Ihre Freiheit, neue Fragen und Konzepte vollständig zu erforschen, begrenzt sein. Sie müssen sich möglicher-weise auf die dringendsten Aufgaben konzentrieren. Dies ist wahr-scheinlich eine der größten Schwierigkeiten für junge Mitarbeiter, die von der Hochschule kommen.

Weniger öffentliche Anerkennung für Ihre Arbeit

Viele Firmen ermutigen die Angestellten zu publizieren, um einen hervorragenden wissenschaftlichen Ruf aufzubauen. Patentüberlegun-gen und Wettbewerb von außen können jedoch verhindern, dass Daten erörtert oder wissenschaftliche Ergebnisse publiziert werden.

Das Team ist wichtig

Ihre technischen Fertigkeiten sind wichtig, aber ebenso Ihre Fähig-keit, in einem Team gut zu arbeiten (Kapitel 2, Mitwirkender im Team, Team-Player).

Berufsrisiken

Wenn Sie zu lange aus der wissenschaftlichen oder medizinischen Praxis weg sind, kann es schwierig sein, zur Hochschule oder zur klinischen Praxis zurückzukehren. Sie nehmen ein erhebliches Risiko in Kauf, wenn Sie eine Industrielaufbahn einschlagen.

Viel mehr Regeln und Vorschriften

Technologie und Arzneimittelentwicklung sind durch die FDA (Food and Drug Administration, Bundesbehörde zur Überwachung von Nahrungs- und Arzneimitteln) und andere staatliche Organisationen stark reguliert, es gibt somit viele Vorschriften, die zu befolgen sind. Je nach Position fällt eventuell viel begleitende Schreibarbeit an. Wenn Sie lieber nicht in einem prozessorientierten Umfeld arbeiten, dann ziehen Sie eine Laufbahn in der Forschung, im Vertrieb, im Marketing oder im Bereich Risikokapital (Venture Capital) in Betracht.

Bürokratie

Wenn Sie einer großen Organisation angehören, dann können Aktivitäten langsam vonstattengehen. Es kann frustrierend sein, zu sehen, wie Komitee-Entscheidungen Prozesse verzögern. Kleinere Firmen sind wendiger, aber sie verfügen über weniger Infrastruktur, die Ihnen hilft, Ihre Arbeit zu erledigen. Außerdem, je höher Sie aufsteigen, umso mehr Konferenzen scheint es zu geben. Diese zusätzliche Zeitbelastung macht es schwierig, die Arbeit zu erledigen.

Reisen

Manche Positionen erfordern ausgiebiges Reisen, was die Gründung einer Familie oder Freizeitaktivitäten erschwert. Andererseits ermöglichen Ihnen die Reisen, Orte zu besuchen, die Sie andernfalls nie gesehen hätten. Menschen, die gerne Reisen, sollten Berufslaufbahnen in der Managementberatung, in der Finanzwirtschaft des Gesundheitswesens, in der klinischen Entwicklung, im Vertrieb, im Marketing, in der Geschäftsentwicklung, im Projektmanagement oder im Bereich technische Anwendung (Applikationswissenschaftler) versuchen. Falls Sie nicht reisen möchten, ziehen Sie die Rechtsabteilung, Behördenangelegenheiten, Qualitätskontrolle, Arbeitsprozesse, Fertigung und Informationstechnologie der Biowissenschaften in Betracht.

Weniger Patientenkontakt

Manche Firmen gestatten Ärzten nur, sich eine begrenzte Zeit den Patienten zu widmen. Diejenigen mit Erfahrungen in der medizinischen Praxis vermissen eventuell diesen Teil ihres früheren Berufslebens.

Empfohlene Bücher und Zeitschriften

Bücher über Biotechnologie

Abate T (2004) The biotech investor: How to profit from the coming boom in biotechnology. Owl Books, New York

Alberts B, Johnson A, Lewis J, Raff M, Roberts K, Walter P (2004) Molekularbiologie der Zelle, 4. Aufl. Wiley-VCH, Weinheim
Dies ist die „Bibel" der Zell- und Molekularbiologie; das Fachbuch wird für den naturwissenschaftlichen Unterricht an der Hochschule ausgiebig verwendet.

Bazell R (1998) Her-2: The making of herceptin, a revolutionary treatment for breast cancer. Random House, New York

Renneberg R (2006) Biotechnologie für Einsteiger. Spektrum Akademischer Verlag, Heidelberg

Ridley M (2006) Genome: The autobiography of a species in 23 chapters (PS). Harper Perennial, New York

Robbins-Roth C. (2001) From alchemy to IPO: The business of biotechnology. Perseus Publishing, Cambridge, Massachusetts
Dieses Buch liefert einen allgemeinen historischen Ausblick auf die Biotechnologieindustrie.

Tagliferro L, Bloom MV (1999) The complete idiot's guide to decoding your genes. Alpha Books, New York

Werth B (1994) The billon dollar molecule: One company's quest for the perfect drug. Simon & Schuster, New York

Zeitschriften über Biotechnologie

The Scientist, Magazine of the Life Sciences (www.thescientist.com) ist eine monatliche Fachzeitschrift, die die Biowissenschaften einschließlich der Forschung, Technologie und Handel abdeckt.
Nature Biotechnology (www.nature.com/nbt/index.html)
Science (www.sciencemag.org)
Genetic Engineering & Biotechnology News (www.genengnews.com)

Freie Online-Nachrichtendienste zur Biotechnologie

BioSpace's GenePool (www.biospace.com)
FierceBioResearch (www.fiercebioresearch.com)
FierceBiotech (www.fiercebiotech.com)
Biotechnology Industry Organization (www.bio.org)
Signals (www.signalsmag.com)
Biotechnologie und Industrie (www.biocentury.com)
Biologisch-medizinisches Portal, Life Science (www.bmn.de)

Biotechnologienachrichten

Wenn Sie es sich leisten können, dann sind BioWorld Online (www.bioworld.com) und BioCentury (www.biocentury.com) wahrscheinlich zwei der ausführlichsten Nachrichtenquellen über die Biotechnologieindustrie. Eine andere ausgezeichnete Zeitschrift ist *Windhover's In Vivo Magazine* (www.windhover.com).

Für Personen, die an Bio-IT Interesse haben

Bio-IT World Magazine (www.bioitworld.com)
FierceCIO (www.fiercecio.com)
Zahlreiche andere Organisationen bieten kostenlose Nachrichtendienste für bestimmte interessante Arbeitsbereiche.

Bücher zum Berufsleben

Anderson N (2004) Work with passions: How to do what you love for a living, 3. Aufl. New World Library, Novato, California

Johnson S (1998) Who moved my cheese? An amazing way to deal with change in your work and in your life. GP Putnam's Sons, New York

Nelson Bolles B (2006) What color is your parachute? (2007) A practical manual for job-hunters and career-changers. Ten Speed Press, Berkeley, California

Biotechnologiespezifische Bücher zum Berufsleben

Robbins-Roth C (2005) Alternative careers in sciences: Leaving the ivory tower, 2. Aufl. Elsevier, Amsterdam

Robbins-Roth C (2004) Making the right moves: A practical guide to scientific management for postdocs and new faculty. Howard Hughes Medical Institute (Chevy Chase, Maryland) and Burroughs Wellcome Fund (Research Triangle Park, North Carolina) (www.hhmi.org/resources/labmanagement/moves.html)

Dieses kostenlose Buch fußt auf Kursen, die vom Burroughs Wellcome Fund und Howard Hughes Medical Institute abgehalten wurden.

Moore F, Penn M (2006) Finding your north. PotentSci, Emeryville, California (www.findingyournorth.com)

Dieses Buch ist besonders nützlich für diejenigen, die erwägen oder dabei sind, einen wissenschaftlichen oder medizinischen Hochschulabschluss zu bekommen. Es wurde von Wissenschaftlern und Ärzten verfasst und handelt von den persönlichen Schwierigkeiten, mit denen sie bei der Fortbildung konfrontiert waren.

Bücher über Betriebsführung in den Biowissenschaften

Cohen C, Cohen S (2005) Lab dynamics: Management skills for scientists. Cold Spring Harbor Laboratory Press, Cold Spring Harbor, New York

Sapienza A (2004) Managing Scientists: Leadership strategies in scientific research. Wiley-Liss, Hoboken, New Jersey

Allgemeine betriebswirtschaftliche Bücher, die zu lesen Spaß macht

Collins J (2001) Good to great: Why some companies make the leap ... and others don't. HarperCollins, New York

Gladwell M (2000) The tipping point: How little things can make a big difference. Little, Brown and Company, New York

Ries A, Trout J (2001) Positioning: The battle for your mind, 3. Aufl. McGraw-Hill, New York

Andere Bücher von Al Ries and Jack Trout sind ebenfalls empfehlenswert.

Über das Arbeiten mit Menschen

Bolton R, Bolton DG (1996) People styles at work: Making bad relationships good and good relationships better. Ridge Associates, New York

Für Frauen

Mendell A (1996) How men think. Ballantine Books, New York

Klaus P (2003) Brag! The art of tooting your own horn without blowing it. Warner Books, New York

2 | Wie man in der Industrie Erfolg hat

Was man zu erwarten hat und was von einem erwartet wird

Wenn Sie über die verschiedenen Berufe innerhalb der Biotechnologie und Arzneimittelentwicklung Informationen zusammentragen, dann werden Sie feststellen, dass ein Angestellter über bestimmte Fertigkeiten und Persönlichkeitsmerkmale verfügen muss, um Erfolg zu haben. Firmen sind nur so gut wie ihre Mitarbeiter, deshalb ist es für sie wichtig, hart arbeitende und qualifizierte Leute zu finden, die kommunikativ sind und sich mit den Zielen der Firma identifizieren. Solche Menschen kommen in einem industriellen Umfeld zur vollen Entfaltung.

Die nachfolgenden Eigenschaften wurden wiederholt von den über 200 Berufstätigen genannt, die für dieses Buch interviewt wurden. Einzelne Punkte können als Kriterien in Mitarbeiterbeurteilungen verwendet werden; behalten Sie sie deshalb im Kopf, wenn Sie darüber nachdenken, ob die Industrie der richtige Platz für Sie ist.

Die Anforderungen in der Industrie unterscheiden sich stark von denen der Hochschule!

Zwischenmenschliche Fähigkeiten

Die meisten Angestellten arbeiten in einem Team, deshalb ist die Fähigkeit, ein harmonisches Verhältnis zu anderen Menschen aufzubauen und mit ihnen zurechtzukommen, unerlässlich. Dazu gehört, dass man sich der Gefühle anderer Menschen bewusst ist, dass man das Temperament der anderen respektiert und eine positive „Machen-wir"-Einstellung hat (siehe unten, zwischenmenschliche Fähigkeiten).

Kommunikationsfähigkeiten

Für die meisten Positionen sind ausgezeichnete schriftliche und verbale Kommunikationsfähigkeiten unverzichtbar. Das Teamumfeld der Industrie erfordert, dass man eindeutig, objektiv und verständlich ist. Dies verlangt, dass man bei Besprechungen laut reden, deutlich seine

Meinung sagen und Argumente logisch verteidigen kann, ohne andere anzugreifen (siehe unten, zwischenmenschliche Fähigkeiten).

Ein Teamplayer sein

Die meisten Firmen sind in einem multidisziplinären Matrixumfeld tätig, in dem die Mitarbeiter voneinander abhängen und in einem Team arbeiten (siehe unten, Team-Player). Ein Beispiel für eine Matrixorganisation zeigt Abbildung 7.1 (Kapitel 7).

Diplomatie/Einflussvermögen

Für Führungspositionen ist es wichtig zu verstehen, wie man andere führt, um reibungslos funktionierende und erfolgreiche Arbeitsgruppen zu schaffen. Die meisten Menschen in Führungspositionen haben immer wieder mit schwierigen Situationen zu tun, die eine taktvolle Diplomatie verlangen.

Multitasking-Fähigkeit — in einer hektischen Umgebung produktiv arbeiten zu können

Aufgrund der hektischen Art der Biotechnologieindustrie erfordert beinahe jeder Job die Fähigkeit, an mehreren Projekten gleichzeitig zu arbeiten.

Anpassungsfähig und flexibel sein

Projekte, Geschäftsführer, Abteilungen und sogar Firmen kommen und gehen.

Nahezu gar nichts ist beständig in der Industrie. Projekte beginnen und enden, Manager kommen und gehen, und Firmen ändern ihre Prioritäten. Es handelt sich um eine dynamische Umgebung, welche die Fähigkeit erfordert, sich rasch neuen Situationen anzupassen. Es ist wichtig, dass man flexibel ist, alternative Möglichkeiten in Betracht zieht und den Standpunkt anderer Menschen objektiv bewertet und akzeptiert.

Die Fähigkeit, strategisch zu denken

Jeder in diesem Buch beschriebene Beruf profitiert von der Fähigkeit, vorausschauend zu planen. Um die beste Wahl zu treffen, muss man komplexe Szenarien überblicken und die Folgen vorhersehen.

Kreative Fähigkeiten zur Problemlösung

Niemand arbeitet gerne mit weinerlichen Nörglern!

In der Biotechnologie und Arzneimittelentwicklung ist mit Hindernissen zu rechnen, deshalb ist es hilfreich, wenn Sie ein Schnelldenker sind, der wirksam bewerten und auf schwierige Situationen reagieren kann. Während solcher Zeiten ist es wichtig, vor allem lösungsorientiert zu agieren.

Die Fähigkeit, den Standpunkt des Auftraggebers zu verstehen

In jedem Job gibt es einen Auftraggeber; selbst wenn Sie an der Laborbank arbeiten, sind Ihr Chef und Ihre Kollegen manchmal Ihre Auftraggeber. Es ist wichtig, dass man die Arbeitsabläufe und Produkte vom Standpunkt des Auftraggebers aus sieht und sich in ihn hineinversetzen kann. Ein folgerichtiges Motiv in diesen Berufen – insbesondere bei Servicetätigkeiten – ist, dass „zufriedene Auftraggeber" der Inbegriff des Erfolgs sind.

In der Lage sein, „trotz der vielen Bäume den Wald zu sehen"

Es ist wichtig, dass man das Ganze im Auge behält, aber trotzdem den kleinsten Einzelheiten Aufmerksamkeit schenkt. Während man an Projekten arbeitet, ist es von Vorteil, die Ziele der Firma zu bedenken, die Patentlandschaft, die Konkurrenz, die finanzielle Situation der Firma und eine Menge anderer Faktoren.

Analytisch sein

Es ist nützlich, wenn Sie Aufgaben lösen können, indem Sie bestehende Konzepte zerlegen und wieder logisch zusammensetzen können.

Und was sind nun genau gute „zwischenmenschliche Fähigkeiten"?

Praktisch gibt jeder in seinen Bewerbungsunterlagen „zwischenmenschliche Fähigkeiten" an, aber was bedeutet das tatsächlich? Die interviewten Berufstätigen antworteten darauf wie folgt:

Eine durchweg positive Haltung haben

Zu zwischenmenschlichen Fähigkeiten gehört eine positive „Machenwir"-Einstellung. Hindernisse werden nicht als Anlass zum Meckern betrachtet, sondern als Aufgaben, die mit Elan bewältigt werden. Ein feines Gespür für Humor zu haben, ist ein deutliches Plus.

Menschen macht es Spaß, mit anderen zu arbeiten, die gerne arbeiten.

Die Fähigkeit, ein harmonisches Verhältnis aufzubauen und Vertrauen zu erzeugen

Oft kommt es nicht bloß darauf an, *was* man macht, sondern *wie* man es macht.

Dazu zählt, dass man sich um die Mitarbeiter kümmert, glaubwürdig, ansprechbar und leistungsfähig ist. Weiter werden genannt: Empathie zeigen, den Problemen der anderen aufmerksam zuhören, nützliche Vorschläge machen, die verschiedenen Standpunkte der anderen verstehen und akzeptieren, die Gefühle anderer lesen können und Versprechen halten.

Mit anderen gut kommunizieren

Die Kommunikationsfähigkeit ist ein Teil der zwischenmenschlichen Fähigkeiten. Dazu gehört, dass man klar, kurz und bündig kommuniziert, offen und ohne provozierend zu wirken, sprechen kann. Man sollte zudem problemlos mit Menschen arbeiten können, die einen anderen Charakter und einen anderen Werdegang haben.

Was bedeutet es, ein „Team-Player" zu sein?

Eine „Team-Player-Einstellung" ist wichtig, wenn man mit Mitarbeitern aus vielen Fachgebieten zusammenarbeitet. In die Beurteilung der Arbeitsleistung eines Angestellten fließt häufig seine Fähigkeit zur Teamarbeit ein. Zu einem Team-Player gehört Folgendes:

Erkennen, dass das primäre Ziel der Erfolg des Teams ist

Projekte erfordern die Anstrengungen vieler Personen, die harmonisch zusammenarbeiten.

Die meisten Projekte in diesem Industriebereich sind zu komplex, als dass sie von einer Einzelperson bewerkstelligt werden könnten; sie erfordern die Anstrengung vieler Personen, die zusammenarbeiten. Als Mitarbeiter im Team ist es wichtig, dass man erkennt, ein Teil von etwas Größerem zu sein. Ihre Kollegen müssen sich auf Sie verlassen können, um eine qualitativ hochwertige Arbeit zu leisten, die für den Erfolg des gesamten Programms nötig ist.

Mit den Mitarbeitern gut umgehen

Was man sagt und macht, wirkt sich auf die Gefühle und Produktivität anderer Menschen aus. Ein Team-Player ist aufrichtig, besonnen, kompromissbereit, kann schwierige Aufgaben erkennen und dafür die Verantwortung übernehmen.

Eine Bereitschaft, Wissen zu teilen

Wichtig ist auch, nicht nur produktiv zu sein, sondern sein Wissen mit anderen zu teilen. Für das Gesamtwohl des Teams und des Projekts müssen Sie bereit sein, Ihren eigenen Wunsch nach Ansehen und Lob aufzugeben.

Die Initiative ergreifen

Zum Gesamtnutzen des Programms und des Teams müssen Sie die Initiative ergreifen und sich auch dann in schwierige Aufgaben vertiefen, wenn Sie nicht direkt dafür verantwortlich sind.

Aktive Teilnahme an Teambesprechungen

Wertvolle Teammitglieder beteiligen sich aktiv an Besprechungen. Sie hören zu, stellen Fragen und versuchen, zu den Diskussionen etwas beizutragen. Sie durchschauen, was das Team macht und wie es mit anderen Teams vernetzt ist, und sie erkennen die Beiträge anderer Personen an.

Team-Playern macht es Spaß, mit ihren Kollegen synergistisch zusammenzuarbeiten, um mehr zu erreichen, als sie es alleine vermocht hätten.

Die Dynamik der Team-Entwicklung verstehen

Jedes Team durchläuft unterschiedliche Phasen, die schließlich zu einer funktionsfähigen Gruppe führen. Man muss sich darüber im Klaren sein, dass eine solche Dynamik stattfindet und dass Konflikte in einem bestimmten Umfang für die Entwicklung eines Teams lebenswichtig sind.

3 | Sie wollen also einen Job in der Biotechnologie und Pharmaindustrie ...

Finden Sie Ihren Weg dahin

Eine passende Position zu finden, kann ein langer, intensiver und manchmal zermürbender Vorgang sein, der Sie von morgens bis abends beschäftigt. Rechnen Sie – je nach Konjunktur und Ihrem Werdegang – damit, dass Sie mindestens vier bis sechs Monate benötigen, bis Sie eine neue Anstellung finden.

Die Suche nach einem Job kann selbst ein Vollzeit-Job sein!

Vor allem für Berufseinsteiger ist es schwierig, eine Anstellung zu bekommen. Man ist unerfahren und muss gegen qualifizierte Mitbewerber antreten, die bereits Industrieerfahrung vorweisen können. Eine gute Herangehensweise ist es, die Industriekollegen in Ihrem Wissenschaftsbereich kennenzulernen und sie zu Beginn Ihrer Jobsuche zu kontaktieren. **Vor allen Dingen, nehmen Sie es nicht persönlich, wenn Sie nicht gleich Erfolg haben – verzweifeln Sie nicht! Es ist rau da draußen!** Wenn Sie ausdauernd sind, werden Sie schließlich den Job finden, den Sie möchten.

Hinweise und Tipps für Ihre Jobsuche

Nachfolgend sind einige nützliche Hinweise aufgelistet, die Ihnen bei der Jobsuche helfen könnten. Schauen Sie die Empfehlungen zum Verfassen einer Bewerbung auf eine Industriestelle durch (Kapitel 4), dies ist Ihr wichtigstes Vermarktungsmittel.

Die wirksamste Vorgehensweise, um einen Job zu finden, ist es, jede Möglichkeit zu nutzen!

So viele Kontakte knüpfen wie möglich

Erweitern Sie Ihr persönliches Netzwerk, und lernen Sie so viele Leute wie möglich kennen. Eine Befragung durch das *Science Advisory Board* (www.scienceboard.net) ergab, dass die Bildung eines Kontaktnetz-

Manchmal geht es nicht darum, was Sie wissen, sondern wen Sie kennen.

werks der bei Weitem erfolgversprechendste Weg ist, eine Anstellung zu finden.

Netzwerke zu bilden, erhöht Ihren Nettowert!

- Nehmen Sie an möglichst vielen Fachtagungen teil und sprechen Sie dort.
- Treten Sie örtlichen Biotechnologievereinigungen bei und nehmen Sie regelmäßig an Treffen teil.
- Bewerben Sie sich bei Gesellschaften Ihres Fachgebiets; beispielsweise bei der American Chemical Society (ACS, Amerikanische Chemische Gesellschaft), der Drug Information Association (DIA, dem Interessenverband der Arzneimittelinformation), der American Society for Microbiology (ASM, Amerikanische Gesellschaft für Mikrobiologie), der American Society for Cell Biology (ASCB, Amerikanische Gesellschaft für Zellbiologie). Die meisten Verbände haben Stellenrubriken auf ihren Websites, die Jobangebote bekannt geben (z. B. Verband Biologie, Biowissenschaften & Biomedizin, VBIO und Gesellschaft deutscher Chemiker, GDCh).
- Treten Sie Gesellschaften bei, die Netzwerke unterhalten, dazu gehören Hochschultochterorganisationen und außeruniversitäre Gruppen.
- Nehmen Sie an Jobmessen teil und besuchen Sie die Vertreter der Firmen, um mit ihnen über Ihren Werdegang und Ihre Jobqualifikationen zu sprechen.

Entwerfen Sie geschäftliche Visitenkarten

Es ist eine einfache Frage der Statistik: Je häufiger Sie sich bewerben, desto größer sind Ihre Chancen, einen Job zu finden.

Wenn Sie derzeit angestellt sind, geben Sie Ihre Privatnummer und private E-Mail-Adresse an, um sicherzustellen, dass Firmen und Bekannte Sie kontaktieren können, falls Sie Ihren momentanen Job aufgeben. Wenn Sie keine persönliche E-Mail-Adresse besitzen, erstellen Sie einen Yahoo- oder gmail.com-E-Mail-Account; diese sind kostenlos. Sie können günstige, professionelle, geschäftliche Visitenkarten bei Online-Firmen bestellen, wie z. B. bei www.vistaprint.com, oder diese auf Ihrem eigenen Laserdrucker auf speziellem Visitenkartenpapier drucken. Geeignetes Papier führen die meisten Fachgeschäfte für Büromaterialien. Die Karte sollte einfach gehalten sein, wie im folgenden Beispiel:

> **Toby Beth Freedman, Ph. D.**
>
> Autorin, *Karrierechancen in der Biotechnologie und Arzneistoffentwicklung*
>
> Persönliche E-Mail-Adresse
> Telefonnummer

Nutzen Sie das Internet, um einen Job zu finden

Eine ausgezeichnete Website für Jobs ist www.biospace.com, es gibt aber noch viele andere (siehe Liste am Kapitelende) [Anm. d. Übers.: Für Deutschland eignet sich besonders www.jobvector.com und www.monster.de]. Bewerben Sie sich so oft wie möglich und auf möglichst viele Positionen. Ob Sie es glauben oder nicht, diese Methode funktioniert, und zahlreiche Personen finden auf diesem Wege eine Anstellung.

Einige dieser Websites, einschließlich www.biospace.com, gestatten Ihnen, kostenlos Ihre eigene Bewerbung online zu stellen. Personalvermittler und Mitarbeiter von Personalabteilungen nutzen diese Websites, um für zu besetzende Positionen Leute mit einem passenden Werdegang zu finden.

Ermitteln Sie Firmen, die wahrscheinlich Expertenwissen Ihres Fachgebiets benötigen, und bewerben Sie sich dort

Falls Sie Personen kennen, die für Firmen arbeiten, die zu Ihrem Fachgebiet passen, dann schicken Sie ihnen direkt Ihre Bewerbungsunterlagen und informieren Sie sie darüber, dass Sie eine Anstellung suchen. Eine andere Möglichkeit ist es, an den Direktor oder Vizepräsidenten – den Sie beispielsweise auf der Website der Firma finden – eine Initiativbewerbung zu schicken. Halten Sie auf Tagungen nach Namensschildern Ausschau, die Mitarbeitern interessanter Firmen gehören. Stellen Sie sich ihnen vor, legen Sie kurz Ihr Interesse an einer Mitarbeit in der Firma dar und bitten Sie um ein Empfehlungsschreiben an die zuständige Person innerhalb der Organisation, am besten an den Personalchef.

- Um Firmen zu ermitteln, die für Sie infrage kommen, recherchieren Sie mit der Google-Suchmaschine (www.google.com) nach Konferenzen zu Ihrem Fachgebiet. Das Tagungsprogramm listet die wichtigsten Firmen und Referenten der Industrie auf.
- Wenn Sie Firmen in Ihrem örtlichen Umfeld finden möchten, suchen Sie unter www.biospace.com.
- Sie können auch in der NIH-CRISP-Datenbank nach Firmen recherchieren, die staatliche Zuwendungen erhalten haben. Gehen Sie zu www.crisp.cit.nih.gov, klicken Sie auf „CRISP *query form*", wählen Sie unter „*Activity*" „SBIR/STTR" aus, und geben Sie Ihre Anfrage ein. Sie bekommen Firmennamen und E-Mail-Adressen von Patentinhabern angezeigt.
- Viele öffentliche oder Universitätsbibliotheken verfügen über einen Online-Zugang zu CorpTech (www.corptech.com), BioScan: Biotechnology Industry Database, Hoovers (www.hoovers.com) oder Recombinant Capital (www.recap.com); diese ermöglichen den Stellensuchenden Listen der „attraktivsten Firmen" zu erstellen,

indem sie die Datenbanken nach Unternehmen durchsuchen – entsprechend des Einsatzorts oder dem Forschungsschwerpunkt.

Wenn Sie sich bei Firmen bewerben möchten, die gefragt sind, verfolgen Sie die Nachrichten

Abonnieren Sie kostenlose E-Mail-Newsletter von Organisationen wie www.biospace.com, www.fiercebiotech.com oder den *BIO's Smart-Brief newsletter*, der sich unter www.bio.org finden lässt. Eine andere ausgezeichnete Informationsquelle ist www.signalsmag.com. Weitere nützliche Adressen für den deutschen Markt sind www.kma-online.de, www.finanznachrichten.de, www.bionity.com und www.handelsblatt. com/themen/_p=909,qtxk=Technik-Biotechnologie. Diese Websites helfen Ihnen, herauszufinden, welche Firmen gut arbeiten, welche Mitarbeiter entlassen haben und welche Firmen kürzlich große „Geldspritzen" (z. B. Beteiligungskapital) bekommen haben usw.

Lesen Sie Bücher darüber, wie man gute Bewerbungsgespräche führt

Es gibt viele Bücher zu diesem Thema, und sie sind schnell zu lesen. Informationen zu Vorstellungsgesprächen sind auch unter www.ScienceCareers.com erhältlich. Üben Sie Vorstellungsgespräche und verbessern Sie Ihre Geschicklichkeit. Nutzen Sie die Gelegenheit des Jobcenters Ihrer örtlichen Universität, um fingierte Vorstellungsgespräche zu üben. Scheuen Sie sich nicht, bei attraktiven Firmen um ein berufliches Informationsgespräch zu bitten.

Führen Sie möglichst viele Vorstellungsgespräche

Firmen führen mit vielen Personen Bewerbungsgespräche, um den voraussichtlich besten Angestellten auszuwählen. Sie sollten die gleiche Strategie verfolgen. Mit je mehr Firmen Sie ein Bewerbungsgespräch führen, umso wahrscheinlicher ist es, den richtigen Arbeitgeber zu finden.

Verlassen Sie sich immer auf Ihr Bauchgefühl

Auch wenn nach einem Vorstellungsgespräch oberflächlich alles positiv erscheint, sollten Sie sorgfältig auf Ihr Bauchgefühl hören. Wenn Sie ein negatives Gefühl bezüglich einer Position haben, ist es an der Zeit, eine sorgfältige Überprüfung vorzunehmen. Führen Sie eigene Nachforschungen über die Firma durch – befragen Sie frühere Angestellte über das Arbeitsumfeld, die Unternehmenskultur, die Fluktuation oder die potenziellen Marktchancen der Firmenprodukte.

Wählen Sie Ihren Mentor aus, nicht die Firma

Ein äußerst wichtiger Aspekt Ihres in Aussicht stehenden Jobs ist Ihr zukünftiger Chef. Vergewissern Sie sich, dass er oder sie ein Mensch ist, mit dem Sie gut zusammenarbeiten können. Stellen Sie Ihren potenziellen neuen Kollegen Fragen wie: Wie arbeitet es sich mit Ihrem Chef? Ist Ihr Chef fair? Was schätzen Sie an Ihrem Chef am meisten und was am wenigsten?

> Es ist weit besser, in eine unbedeutende Firma mit einem großartigen Chef einzutreten als in eine bedeutende Firma mit einem „blöden" Chef.

Sorgen Sie dafür, dass Sie ebenso viele Nachforschungen über die Firmen anstellen wie diese über Sie

Denken Sie daran, dass das Vorstellungsgespräch nicht nur für die Firma eine Gelegenheit ist, etwas über Sie zu erfahren, sondern auch Sie sollten etwas über Ihr potenzielles Arbeitsumfeld in Erfahrung bringen.

Verhalten Sie sich gegenüber den Mitarbeitern der Personalabteilung und Verwaltung freundlich

Es spielt keine Rolle, wie wenig diese Personen von Wissenschaft verstehen oder wie unbedeutend Ihnen ihre Funktion erscheinen mag (sie ist es nicht!) – sie können Ihnen das Leben schwer machen oder für Sie Wunder vollbringen.

Der beste Zeitpunkt, über Ihr Gehalt zu verhandeln, ist vor der Einstellung

Stufen Sie sich nicht zu niedrig ein! Ihr Gehalt steht fest, sobald Sie eingestellt sind, und manchmal kann es schwierig sein, erhebliche Gehaltserhöhungen zu bekommen. Wenn Sie mit einem niedrigen Grundgehalt beginnen, dann kann es länger dauern, bis Sie Ihr Einkommen steigern. Es ist ungemein entmutigend, wenn andere, weniger qualifizierte Anwärter mit höheren Gehältern eingestellt werden.

Machen Sie vorher Ihre Hausaufgaben und seien Sie darauf vorbereitet, Ihre Gehaltsvorstellungen offenzulegen, auch beim ersten Vorstellungsgespräch (bieten Sie z. B. eine annehmbare Spanne an – dies ist nicht der Zeitpunkt, um über Gehaltsdetails zu verhandeln oder zu diskutieren!). Es zeigt, dass Sie echtes Interesse an dem Job haben. Die Firma möchte Ihre Gehaltsvorstellung zu einem frühen Zeitpunkt des Verfahrens wissen, um festzustellen, ob Sie im vertretbaren Rahmen liegen. Fragen Sie während des Vorstellungsgesprächs Mitarbeiter aus der Personalabteilung wie die Firmenphilosophie in Bezug auf das Gehalt aussieht. Ziehen Sie Websites zurate, die Übersichten über Gehälter geben (siehe empfohlene Websites am Ende dieses Kapitels), oder sprechen Sie über Gehaltsspannen mit Ihren Freunden, Personalvermittlern oder Personal-Fachleuten, die Zugriff auf die Übersicht *Radford Survey* haben.

Wenn Ihnen ein Job angeboten wird, verhandeln Sie immer über etwas

Verhandlungen beschränken sich nicht nur auf das Gehalt. Zu den anderen Bedingungen gehören Prämien, Kapitaloptionen, Urlaubszeit und Umzugsangebote. Das Verhandeln zeigt dem Arbeitgeber, dass Sie von der Firma erwarten, dass man Ihre Qualifikationen und Ihren Wert schätzt.

Tipps für die Bewerbung bei großen Firmen

- Beziehen Sie sich jedes Mal, wenn Sie Ihre Bewerbung elektronisch an eine Firma schicken, auf eine konkrete Position, indem Sie die Stellennummer angeben. Andernfalls kann es passieren, dass Ihre Bewerbung im elektronischen „Niemandsland" verschwindet. Geben Sie immer Ihre Zielvorstellung an, damit die Personalabteilung besser den richtigen Job für Sie finden kann.
- Verwenden Sie für Ihre Bewerbung ein einfaches Microsoft-Word-Dokumentenformat, und setzen Sie Ihre Anschrift nicht in die Kopf- oder Fußzeile oder in einen speziellen Textkasten. Besondere Formatierungen können dazu führen, dass wertvolle Informationen verloren gehen oder an eine falsche Stelle rutschen, wenn die Bewerbung von der Jobbewerbungs-Datenbank verarbeitet wird. Denken Sie daran, dass Symbole, Bilder und Sonderzeichen häufig die Übernahme in andere Datenbanken nicht überleben.
- Es ist in Ordnung, wenn Sie sich auf mehrere Stellenangebote (*job posting*) in einer großen Firma bewerben, solange Sie die Stellennummer angeben. Verhalten Sie sich strategisch: Falls all Ihre Bewerbungen zum selben Einstellungsleiter gehen, riskieren Sie, verzweifelt zu wirken. Versuchen Sie stattdessen Stellenausschreibungen in verschiedenen Abteilungen auszuwählen.
- Wenn Sie weiterhin Interesse an einer Arbeit in einer bestimmten Firma haben, sich Ihre Bewerbungsunterlagen oder Kontaktinformationen aber geändert haben, dann schicken Sie eine aktuelle Bewerbung.
- Der beste Weg, sich auf eine Position zu bewerben, ist von einem Beschäftigten empfohlen zu werden. Falls Sie keine persönliche Empfehlung haben, ist es besser, sich direkt auf der Website der Firma auf eine Position zu bewerben als über eine Job-Posting-Website wie www.biospace.com zu gehen. Die Informationen auf der Firmen-Website sind gewöhnlich aktueller.
- Und zum Schluss die wichtigste Regel: **Netzwerk, Netzwerk, Netzwerk**!

Genießen Sie das Verfahren

Die meisten Menschen verabscheuen die Vorstellung, ein Arbeitsverhältnis zu suchen, aber dies kann ziemlich Spaß machen. Versuchen Sie die Jobsuche als eine spannende Art und Weise zu sehen, neue Bekanntschaften zu machen und neue Dinge zu erfahren. Wenn Sie eine positive Haltung ausstrahlen und an dem Verfahren Gefallen finden, dann könnte es sein, dass Ihr Optimismus auch den Einstellungsleiter überzeugt.

Die Arbeit mit Personalvermittlern

So verlockend der Versuch ist, sich auf andere zu verlassen, *Sie* müssen die beste Position für *sich* finden. Personalvermittler können hilfreich sein, aber letzten Endes arbeiten sie nicht für Sie. Ihr Auftraggeber ist die einstellende Firma und nicht der Anwärter. Personalvermittler können Ihnen helfen, falls ein bestimmtes Job-Anforderungsprofil zu Ihnen passt (dies ist selten!).

> *Personalvermittler auf Erfolgsbasis* werden nur bezahlt, wenn der Anwärter eingestellt wird (häufig ein Schrotschussverfahren); hingegen werden *Personalberater* für ihren Aufwand im Rahmen der Suche und Vermittlung bezahlt, ungeachtet dessen, wer den eingestellten Anwärter ermittelt hat (ein gezielteres Verfahren).

Die guten Personalvermittler sind leicht auszumachen; sie sprechen Ihre wissenschaftliche „Sprache", kennen die Firmen auf dem Markt gut, können Charaktere beurteilen und beraten in Übereinstimmung mit der jeweiligen Firmenkultur. Sie helfen Ihnen bei der Vorbereitung auf Vorstellungsgespräche und geben Ihnen nachher eine Rückmeldung. Die besten Personalvermittler verschaffen Ihnen eine langfristige Karriereberatung und sagen Ihnen ihre persönliche Meinung, ob eine Stelle für Sie richtig ist. Sie betrachten die gemeinsame Beziehung mit Ihnen als langfristig und nicht nur auf eine bestimmte Stellenvermittlung beschränkt.

Beherzigen Sie die folgenden Ratschläge, wenn Sie mit Personalvermittlern arbeiten:

Passen Sie auf, wer Ihre Bewerbung bekommt und wohin sie geht!

- Behandeln Sie Personalvermittler gut – die meisten machen sich während des Gesprächs Notizen, und Ihr positiver oder negativer Ton wird ewig in deren Datenbank verbleiben.
- Versuchen Sie zu den Personalvermittlern, die Sie schätzen, ein harmonisches Verhältnis zu entwickeln. Helfen Sie ihnen bei der Suche, indem Sie ihnen Empfehlungen für Anwärter liefern, die Sie kennen. Wenn Sie hilfsbereit sind, sind die Personalvermittler eher geneigt, Sie anzurufen, wenn eine passende Stelle zu besetzen ist.
- Bitten Sie Personalvermittler *immer*, Ihre Bewerbung nur nach vorheriger Rücksprache mit Ihnen einzureichen. Sobald Sie Ihre Bewerbung an Personalvermittler oder an eine Datenbank, wie z. B. Monster oder BioSpace, geschickt haben, verlieren Sie die Kontrolle über sie. Manche unseriöse Personalvermittler schicken Ihre Unterlagen unter Umständen unaufgefordert und ohne Ihr Wissen und Einverständnis an Firmen. Die Folge könnte sein, dass Ihre Bewerbung versehentlich mehrfach bei der gleichen Firma eingereicht wird.
- Arbeiten Sie mit Personalvermittlern zusammen, die sich auf Ihr Fachgebiet spezialisiert haben. Manche arbeiten gezielt in den Bereichen wissenschaftliche Forschung, Fertigung, Arbeitsprozesse, Marketing, Vertrieb usw. Personalvermittler spezialisieren sich auch auf

bestimmte berufliche Erfahrungsebenen, dies reicht von technischen Assistenten in der Forschung bis zu leitenden Angestellten.

- Im Allgemeinen ist es eine gute Idee, wenn Sie Ihre Bewerbung unaufgefordert an Personalvermittler senden. Die meisten Personalvermittler behalten Ihre Bewerbung und antworten erst, wenn es eine Stelle gibt, für die Sie die Qualifikation besitzen.
- Holen Sie selbstständig die relevanten Informationen ein, wenn Sie eine Stelle in Betracht ziehen – verlassen Sie sich nicht nur auf den Personalvermittler.
- Arbeiten Sie nicht mit Personalvermittlern, die von Ihnen Geld für ihre Mitwirkung verlangen. Diese Personen sind normalerweise nicht dafür ausgebildet, die Karrierebelange von Wissenschaftlern zu unterstützen.

Worauf bei einer neu gegründeten Firma zu achten ist

Denken Sie wie ein Risikokapitalanleger.

Etablierte, große Firmen stehen im Allgemeinen für eine größere Arbeitsplatzsicherheit und verfügen über ein höheres Ansehen; es ist ratsamer, für größere Firmen zu arbeiten als für kleine. Andererseits können neu gegründete Firmen recht spannend sein, aber die Misserfolgsrate von solchen Unternehmen ist hoch. Bevor Sie in eine neu gegründete Firma eintreten, wählen Sie sorgfältig die vielversprechendsten Jobmöglichkeiten aus, damit Sie Ihre Chance erhöhen, die richtige Karriereentscheidung zu treffen. Wenn Sie eine Firma als möglichen Arbeitgeber in Betracht ziehen, dann denken Sie wie ein Beteiligungs-/Risikokapitalanleger. Worauf achten Risikokapitalanleger?

Management

Risikokapitalanleger investieren in Management-Teams, die eine Erfolgsgeschichte aufweisen können. Wenn Sie Management-Teams beurteilen, die auf der Website einer Firma aufgelistet sind, achten Sie auf Folgendes:

- eine Erfolgsgeschichte,
- relevante Industrieerfahrung,
- ein ausgewogenes Team (das Fachwissen verteilt sich auf verschiedene Gebiete),
- eine Gruppe von Personen um die Gründer (Erfinder) herum, die ausgedehnte Betriebserfahrung haben und den Ruf, dass ihnen Dinge gelingen.

Technologie und Marktpotenzial

Technologie ist vielleicht ebenso wichtig wie das Management. Analysieren Sie die Konkurrenz und die Marktchancen. Fragen Sie sich selbst, ob die Technologie glaubhaft und aussichtsreich ist und auf einer soliden wissenschaftlichen Grundlage steht.

Worauf man achten sollte:

* starke wissenschaftliche Argumentation mit einem Nachweis des Wirkprinzips,
* großes Marktpotenzial und Kenntnis des Konkurrentenumfelds,
* der Besitz von Schutz- und Urheberrechten (*intellectual property*, IP),
* geradlinige Produktentwicklungs- und Regulierungswege,
* breit anwendbare und innovative Technologien,
* ein ausgewogener Geschäftsbereich mit vielen Produkten in verschiedenen Entwicklungsphasen.

Was man tun kann, um die Technologie zu überprüfen:

* Recherchieren Sie im Internet (z. B. unter www.google.com).
* Führen Sie Patentrecherchen durch, z. B. auf der *US-Patent-* und *Trademark-Office*-Website (www.uspto.gov), um eventuelle Firmenpatente zu ermitteln und zu beurteilen. Patentrecherchen lassen sich auch in der *World Intellectual Property Digital Library* (WIPO, Weltorganisation für geistiges Eigentum, www.wipo.int) durchführen.
* Befragen Sie Ihre Freunde über die Technologie und den Ruf der Firma.
* Kontaktieren Sie Experten für diesen Bereich.
* Recherchieren Sie Konferenzen, die zu dem Fachgebiet stattgefunden haben und bringen Sie in Erfahrung, wer die eingeladenen Redner waren.

Investoren und Finanzierung

Ein weniger naheliegender, aber ebenso wirksamer Weg, um das Potenzial einer Firma zu beurteilen ist, ihre Investoren unter die Lupe zu nehmen. Wenn die Firma über hervorragende Investoren verfügt, dann ist es wahrscheinlicher, dass andere hochklassige Investoren an laufenden Finanzierungsrunden teilnehmen. Es ist davon auszugehen, dass erstklassige Investoren, Firmen, in die sie investieren, eingehend geprüft haben. Aus diesem Grund ist ein Jobanwärter bei solchen Unternehmen in der Regel auf der sicheren Seite. Wenn andererseits die Anfangsinvestoren einen angeschlagenen Ruf haben, warum sollten Spitzeninvestoren es riskieren, sich ihnen in späteren Runden anzuschließen?

Sie sollten sicher sein, dass die Firmen sowohl kurz- als auch langfristig über eine solide Finanzausstattung verfügen.

Da bedeutende Investoren gewöhnlich einen Aufsichtsratssitz haben (sodass sie verfolgen können, wie mit ihrem Geld gewirtschaftet wird), können Sie die Qualität der Investoren beurteilen. Holen Sie dazu Informationen über die Aufsichtsratsmitglieder ein, deren Namen finden Sie auf der Website der Firma. Schauen Sie nach Investoren, die über viel Erfahrung verfügen und die biotechnologische Firmen finanziell unterstützen. Wenn es sich bei den Aufsichtsratsmitgliedern um Industrieaußenseiter handelt, oder wenn sie in nicht erfolgreiche Firmen investiert haben, dann sollten Sie vorsichtiger sein.

Es gibt viele Möglichkeiten, um eine Aktiengesellschaft zu beurteilen. Einige Kriterien sind die technologische Kompetenz, die Führungsmannschaft, die Anzahl der Produkte auf dem Markt und die Wertentwicklung der Aktien. Die Wertentwicklung der Aktien von Aktiengesellschaften kann man auf der Finanz-Website von Yahoo (http://finance.yahoo.com) nachlesen. Des Weiteren können Sie die Website der US-amerikanischen Börsenaufsichtsbehörde (U. S. Securities and Exchange Commission, SEC) (www.sec.gov; folgen Sie dem EDGAR-Link) besuchen; geben Sie das Tickersymbol der Firma ein und recherchieren Sie die relevanten Informationen. Dazu gehört, wie viele Aktien der Generaldirektor und der Führungsstab besitzen, wie viel sie verkaufen, die Gehälter der Geschäftsführer, wie gut die Firma arbeitet und vieles mehr. Nützliche Links sind auch www.boersen-zeitung.de, www.europe.wsj.com/home-page, www.reuters.com und www.dpa-afx.de.

Firmenkultur

Jede Firma hat ihre eigene besondere Firmenkultur.

Die Firmenkultur (also der Führungsstil einer Firma) hat letzten Endes einen bedeutenden Einfluss auf Ihr Arbeitsumfeld, deshalb ist es wichtig, im Gesprächsverlauf abzuschätzen, ob Sie in der Lage sind, in diesem Umfeld erfolgreich zu arbeiten.

Wenn Sie die Firmenkultur richtig einschätzen, bevor Sie in eine Firma eintreten, kann Sie das vor viel Ärger bewahren. In Firmen mit einer produktiven Firmenkultur arbeiten die Personen normalerweise harmonisch zusammen. In anderen Firmen sind die Menschen unter Umständen streitsüchtig, und es gibt dort oft eine hohe Fluktuation.

Versuchen Sie nach dem Gespräch die kleinen Dinge zu betrachten, welche die Firmenkultur ausmachen könnten. Machen Sie sich Gedanken über Folgendes:
* Wie freundlich hat Sie der Mitarbeiter am Empfang begrüßt?
* Sehen Sie sich nach Einzelheiten um, wie z. B. die Reinlichkeit der Toiletten – diese Plätze spiegeln das Selbstgefühl der Firma wider.
* Wie wurden Sie von den Angestellten behandelt?
* Waren die Angestellten begeistert, enthusiastisch oder skeptisch? Wie war ihre Stimmung?

- Wenn Sie verschiedenen Angestellten die gleichen Fragen stellen und übereinstimmende Antworten erhalten, dann besteht die Aussicht, dass es eine gute firmenweite Kommunikation gibt. Falls Sie nicht von jedem die gleiche Antwort erhalten, mag dies ein Hinweis auf eine nicht funktionierende Kommunikation in der Firma sein.
- Achten Sie auf das „Drehtür"-Phänomen – eine beständige Fluktuation von Angestellten signalisiert eine instabile und unangenehme Arbeitsumgebung.
- Während des Vorstellungsgesprächs werden die meisten Angestellten in der Regel nur Gutes über die Firma sagen. Personen, die am ehrlichsten über eine Firma sprechen, sind normalerweise frühere Angestellte. Denken Sie daran, dass die Personen, mit denen Sie reden, Ansichten haben, die durch persönliche Erfahrungen geprägt sind. Ein ehemaliger Angestellter, der beispielsweise die Firma unfreiwillig verlassen hat, äußert sich möglicherweise nur negativ.

Der beste Weg, um eine ehrliche und offene Beurteilung einer Firma zu erhalten, ist ein Gespräch mit ehemaligen Angestellten zu führen.

Die Gerüchteküche

Befragen Sie Ihre Freunde über Firmen und Einstellungsleiter. Falls Sie ein eingeschränktes Netzwerk haben, gibt es eine Biotechnologie-Gerüchteküche unter www.biofind.com. Sie können dort unter *Rumor Mill* anonyme und offene Kommentare über Firmen lesen, die von ehemaligen und gegenwärtigen Angestellten verfasst wurden.

Berufe in der Biotechnologie und Pharmaindustrie für Nichtwissenschaftler

Ein beruflicher Einstieg in die komplizierte und hoch entwickelte Biotechnologie und Pharmaindustrie kann für diejenigen ohne wissenschaftlichen Werdegang eine gewaltige Aufgabe sein.

Es gibt einige Funktionsbereiche in der Biotechnologie, die kein naturwissenschaftliches Wissen und Können erfordern, z. B. das Personalwesen, die Finanzen, die Konstruktion, die Werkstätten und manche Bereiche der Informationstechnologie (IT). Es gibt andere Betätigungsfelder, in denen ein naturwissenschaftlicher Hochschulabschluss von Vorteil, aber nicht notwendig ist: juristische Berufe, Marketing, Finanzen, Versorgungsmanagement, Konzern-Angelegenheiten, Vertrieb, Projektmanagement usw.

Es gibt viele Menschen, die sich ohne naturwissenschaftliches Wissen erfolgreich in der Biotechnologie bewegen. Hier sind einige Mittel und Wege aufgezeigt, wie Ihnen der Sprung gelingen kann:

- Netzwerk! Die meisten Menschen in der Biotechnologie, die keinen naturwissenschaftlichen Werdegang haben, sind über Netzwerke dorthin gelangt.
- Es ist vorteilhaft, wenn ein Kandidat besondere Fertigkeiten oder Kenntnisse besitzt, die für eine Biotechnologiefirma interessant sind; z. B. Erfahrungen, wie man eine Firma an die Börse bringt.
- Rechnen Sie damit, dass Sie möglicherweise einen kleinen Verantwortungsbereich übertragen bekommen und eine geringe Vergütung erhalten. Die Lehrzeit hat ihren Preis!
- Ziehen Sie Alternativen zu den Biotechnologiefirmen in Betracht. Pharmafirmen und Auftragsforschungsfirmen bieten unter Umständen verschiedene Jobarten. Erwägen Sie auch Firmen für medizinische Geräte und Bio-IT-Firmen. Besonders Unternehmen für medizinische Geräte bieten äußerst attraktive Laufbahnen, die ähnlich reizvoll sind wie die in der Biotechnologie. Außerdem benötigt die Produktentwicklung weniger Zeit. Die Bio-IT ist eine wachsende Industrie, hier herrscht eine große Nachfrage nach Computerwissenschaftlern und Ingenieuren.

Empfohlene Quellen

Websites, die Stellenausschreibungen (*job postings*) anbieten

Jobseiten für Biotechnologie und Pharmaindustrie

Jobvector (www.jobvector.com)
Pharmanexus (www.pharmanexus.com)
Bundesverband der Arzneimittelhersteller (www.bah-bonn.de)
BioSpace (www.biospace.com)
Craigslist (www.craigslist.org)

Wissenschaftliche Organisationen

Bundesverband der Pharmazeutischen Industrie (www.bpi.de)
American Chemical Society (ACS, Amerikanische Chemische Gesellschaft; acswebcontent.acs.org/home.html)
American Society for Cell Biology (ASCB, Amerikanische Gesellschaft für Zellbiologie; www.ascb.org)
American Society for Microbiology (ASM, Amerikanische Gesellschaft für Mikrobiologie; www.asm.org)
Chemical & Engineering News-Chemjobs (Chemische und Ingenieursnachrichten; www.cen-chemjobs.org)
Drug Information Association (DIA, Interessenverband der Arzneistoffinformation; www.diahome.org)
Federation of American Societies for Experimental Biology (FASEB, Zusammenschluss der Amerikanischen Gesellschaften für Experimentelle Biologie; www.faseb.org)
International Scientific Products Exchange (Internationaler Wissenschaftlicher Produktmarkt; www.ispex.ca/companies/employment.html)
Neuigkeiten über Produkte (www.arznei-telegramm.de)
ISPE (www.ispe.org)
European Medicines Agency (www.emea.europa.eu)
U.S. Food and Drug Administration (US-amerikanische Bundesbehörde zur Überwachung von Nahrungs- und Arzneimitteln; www.fda.gov)

Gehaltsübersicht

The American Association for the Advancement of Science (AAAS, Vereinigung zur Förderung der Wissenschaft; www.sciencemag.org) bietet eine Übersicht über die Arbeitszufriedenheit und die Gehälter von in den USA ansässigen Biowissenschaftlern.
The American Chemical Society (Amerikanische Chemische Gesellschaft; www.acs.org) publiziert die Zeitschrift *Chemical & Engineering News* (chemische und Ingenieursnachrichten), ein kostenloses Wochen-

magazin, das jährliche Gehaltsübersichten veröffentlicht; unter www.
chemistry.org können Sie sich die Newsletter bestellen.

R&D magazine (www.rdmag.com) bietet eine Übersicht über Arbeitszufriedenheit und Gehälter.

Die Übersicht *Radford Survey* ist zwar teuer, aber die meisten Mitarbeiter der Personalabteilung haben darauf Zugriff.

Salary.com (www.salary.com) ist unter Umständen allzu hoch
geschraubt und betrifft alle Industrien.

The Scientist (Der Wissenschaftler; www.the-scientist.com), eine kostenlose Wissenschaftszeitschrift veröffentlicht gelegentlich Gehaltsübersichten.

VentureOne (www.ventureone.com) erstellt eine Datenbank über Vergütungen namens CompensationPro, diese listet Vergütungsdaten für
Tätigkeiten auf verschiedener Ebene auf, von Vizepräsidenten bis zu
technischen Assistenten, für private Firmen in jeder Industrie (die Demo
kann man umsonst testen).

4 | Die Bewerbungs-mappe für die Bio-technologieindustrie

Versuchen Sie Ihr Bestes

Ihr Lebenslauf ist Ihr primäres Marketinginstrument und für gewöhnlich das Erste, was Einstellungsleiter einer Firma von Ihnen zu sehen bekommen. Die Mitarbeiter der Personalabteilung (*human resources*, HR) und die Einstellungsleiter überprüfen in einem Lebenslauf zunächst die technischen Fähigkeiten, ob diese zu den Erfordernissen der Position passen sowie die Erfolgsbilanz des Bewerbers. Sie möchten den bestmöglichen ersten Eindruck machen, deshalb schenken Sie den Einzelheiten besondere Aufmerksamkeit, vermeiden Sie Fehler und achten Sie auf ein ordentliches Erscheinungsbild Ihres Lebenslaufs.

Es gibt viele Möglichkeiten, wie Sie Ihren Lebenslauf abfassen können, und Sie werden zweifelsohne verschiedene Meinungen dazu erhalten. Betrachten Sie das nun Folgende als Leitfaden und berücksichtigen Sie die Meinung anderer. Es stehen viele Hilfsquellen zur Verfügung, einige davon sind am Ende dieses Kapitels aufgeführt.

> Das Ziel einer Bewerbung ist, zu zeigen, was Sie für eine Firma tun können.

> Wie eine Diplom- oder Doktorarbeit, so ist ein Lebenslauf eine fortlaufende Arbeit.

- Wissenschaftler neigen dazu, bezüglich ihrer Leistung Bescheidenheit zu zeigen; dies ist aber ein guter Anlass, mit Ihren Fähigkeiten zu protzen. Denken Sie daran, wie Sie Ihre Zuhörerschaft beeindrucken. Was sind Ihre größten Stärken? Stellen Sie diese Stärken und Leistungen heraus und betonen Sie sie früh in Ihrem Lebenslauf – verstecken Sie sie nicht im Text.
- Nutzen Sie Ihren Lebenslauf und führen Sie Ihre bedeutendsten Fähigkeiten zuerst auf. Es ist akzeptabel, ein klein wenig zu übertreiben. Zum Beispiel:
  - Wenn Sie eine sehr angesehene Schule besucht haben, dann führen Sie zuerst Ihre Schulbildung auf (solange Sie nicht länger als fünf Jahre aus der Schule heraus sind).
  - Wenn Sie in einer renommierten Zeitschrift eine Arbeit publiziert haben, erwähnen Sie dies innerhalb der Rubriken „Fähigkeiten" oder „Erfahrungen" – neben dem Abschnitt über Ihre Publikationen.

- Wenn Ihre Arbeit ein Patent zur Folge hatte, platzieren Sie diese Information innerhalb des ersten Abschnitts „Kernkompetenzen/ Leistungen".
- Falls Sie ein prestigeträchtiges Forschungsstipendium oder einen Preis erhalten haben, dann erstellen Sie einen Abschnitt über „Preise" oder „Auszeichnungen".
- Wenn Sie über gemeinsame Forschungserfahrungen mit einem bekannten Wissenschaftler verfügen, so erwähnen Sie dies zusammen mit dem Namen Ihres Beraters in dem Abschnitt über Ihre Ausbildung. Platzieren Sie diesen Abschnitt oben auf Ihrem Lebenslauf.

- Innerhalb des Abschnitts „Erfahrungen" werden die Erfahrungen in der Industrie chronologisch aufgeführt, angefangen mit dem jüngsten Ereignis.

Es geht nicht nur darum, was Sie gemacht haben, sondern darum, was Sie erreicht haben.

- Führen Sie nicht nur auf, was sie gemacht haben, sondern auch was Sie erreicht haben. Eine herausragende Leistung kommt meistens durch besondere Anstrengungen und Fähigkeiten zustande. Hier sind zwei Beispiele:
  - Was Sie gemacht haben ist „die Besteigung eines Bergs", aber „die Besteigung des Mt. Everests" ist eine Leistung.
  - „Die Untersuchung von Gen X" ist was Sie gemacht haben, doch „der Erste zu sein, der Gen X identifiziert und charakterisiert und zeigen konnte, dass es von Bedeutung beim kleinzelligen Karzinom ist", ist eine Leistung.

Falls Sie Probleme haben, diesen feinen Unterschied wahrzunehmen, dann stellen Sie sich folgende Fragen: „Was war das Ergebnis meiner Handlung?" und „Warum ist es von Bedeutung?"

- Wenn Sie behaupten, dass Sie fachliche Kompetenz auf einem bestimmten Gebiet haben, dann müssen Sie dies mit Fakten belegen. Verwenden Sie Tätigkeitsbegriffe wie „identifiziert", „entdeckt" und „bestimmt". Denken Sie an folgende Beispiele, wenn Sie Ihre fachliche Kompetenz beschreiben:
  - „Großartig im Vertrieb" versus „steigerte die Umsätze um 20 % auf 750 000 Euro".
  - „Großartiger Molekularbiologe" versus „entdeckte und identizierte das erste an Brustkrebs beteiligte Gen".

Vor allem ... übertreiben Sie niemals! Dies wird sich rächen!

- Zollen Sie sich selbst keine Anerkennung, wenn Ihnen keine Anerkennung gebührt. Widersprüche kommen unter Umständen während des Gesprächs ans Licht, und es lohnt sich nicht, eine Peinlichkeit zu riskieren oder eine mögliche Beschäftigungschance zu vertun.
- Es ist schwierig, objektiv zu sein und zu wissen, wie viel oder wie wenig Information in einen Lebenslauf gehört. Der beste Weg, einen Lebenslauf zu erstellen ist, seine Freunde oder Berufsberater zurate zu ziehen, damit sie bei der Auswahl der wichtigsten Leistungen helfen. Im Gegensatz zur verbreiteten Ansicht, ist es akzeptabel, wenn

der Lebenslauf mehrere Seiten umfasst. Es gibt aber zu diesem Punkt abweichende Meinungen.

- Definieren Sie in Ihrem Lebenslauf und Anschreiben Ihr persönliches Berufsziel. Vermerken Sie auch die Stellennummer und die Position, auf die Sie sich bewerben, so machen Sie es der Personalabteilung leichter. Beispiele für Ziele sind im Musterlebenslauf am Ende des Kapitels aufgeführt.
- Die meisten Menschen schneiden ihren Lebenslauf auf die Stelle zu, für die sie sich bewerben. Es ist üblich, mehrere Lebenslaufvarianten anzufertigen, die zu verschiedenen Positionen passen.
- Zögern Sie nicht, sich auf Positionen zu bewerben, an denen Sie interessiert sind, nicht bloß auf solche, von denen Sie glauben, dass Sie dafür qualifiziert sind. Sie werden nicht bekommen, was Sie wollen, wenn Sie nicht danach verlangen. Wenn Sie sich auf eine Position bewerben, für die Ihnen die nötige Erfahrung fehlt, müssen Sie plausibel begründen, warum Sie trotzdem für die Stelle geeignet sind.
- Zur üblichen Höflichkeit gehört ein Begleitbrief. Versichern Sie sich, dass Sie die Angebotsnummer der Stelle, auf die Sie sich bewerben, erwähnt haben, und lassen Sie den Leser wissen, warum Sie an der Position oder Firma interessiert sind.
- Geben Sie in einem Lebenslauf nur dann Referenzen an, wenn Sie die entsprechenden Personen darüber unterrichtet haben, dass Sie auf Stellensuche sind und holen Sie deren Erlaubnis ein, sie zu benennen.
- Mailen Sie Ihre Bewerbungsunterlagen als Anhang, der sowohl mit Macintosh- als auch PC-Formaten kompatibel ist. Am besten verwenden Sie Microsoft Word. Der Einstellungsleiter wird eher eine Kopie Ihres Lebenslaufs erhalten, wenn Sie diesen als Anlage verschicken. Wenn der Lebenslauf in den Text einer E-Mail eingebettet ist, kann es sein, dass er verloren geht.
- Verwenden Sie als Dateinamen für Ihren Lebenslauf „Zuname, Vorname, Datum.doc" statt „Lebenslauf.doc". Personalfachleute erhalten Hunderte von Lebensläufen, und Sie wollen sicher nicht, dass Ihr Lebenslauf inmitten all der anderen „Lebenslauf.doc"-Dateien verloren geht.

Rechtschreibprüfung,
Rechtschriebprüfung,
Rechtscheibprüfung!

Weitere Tipps für den Lebenslauf

Fassen Sie sich kurz. Personalfachleute wenden wahrscheinlich nicht mehr als 30 Sekunden zum Überfliegen Ihres Lebenslaufs auf, und Einstellungsleiter sind ebenfalls außerordentlich beschäftigte Leute. Sie wollen keine klein gedruckten oder langen Absätze lesen. Benutzen Sie, wo immer möglich, Aufzählungszeichen.

Einstellungsleiter achten auf Zeichensetzung und Grammatik. Sie schaffen es nicht über die Personalabteilung hinauszukommen, wenn Ihre Bewerbungsunterlagen grammatikalische oder Zeichensetzungsfehler aufweisen. Verwenden Sie durchweg das Imperfekt, auch wenn Sie Ihre augenblickliche Arbeitsposition beschreiben. Lassen Sie den Lebenslauf immer wieder von Ihren Freunden hinsichtlich Tippfehler durchsehen.

Vermeiden Sie Fachjargon, Abkürzungen usw. Verwenden Sie beispielsweise „Biotechnologie" anstatt „Biotech" und „promovierter wissenschaftlicher Mitarbeiter" (*postdoctoral fellow*) anstatt „Postdoc".

Verwenden Sie die gleiche Schriftart für den gesamten Lebenslauf – machen Sie dem Leser die Durchsicht so leicht wie möglich. Verwenden Sie Kursiv- oder Fettdruck, wenn es zweckdienlich ist – jedoch sparsam. Verwenden Sie keine ausgefallenen Formatierungen mit Linien und Unterlegungen oder zweispaltigen Texte. Ein einfacher Zeilenabstand ist angesagt, aber nicht jeder wird dem zustimmen. Sie wollen, dass Ihr Lebenslauf so ästhetisch und ansprechend wie möglich ist. Wenn Sie Ihre Bewerbung online einreichen, beachten Sie, dass alle Regeln, die von der Firma für die Einreichung elektronischer Bewerbungen angegeben wurden (z. B. kein Fettdruck), genau befolgt werden müssen.

Schreiben Sie Zahlen von eins bis zehn aus. Verwenden Sie ab 11 Ziffern.

Vergewissern Sie sich, dass Sie auf jeder Seite Ihres Lebenslaufs die Seitenzahl und Ihren Namen in der Kopf- bzw. Fußzeile angegeben haben. Verstecken Sie in den Kopf- und Fußzeilen keine Kontaktdaten, da diese von der Datenbankimport-Software regelmäßig unkenntlich gemacht oder übersehen werden.

Empfohlene Quellen

Universitäten haben häufig nützliche Websites für Berufsdienstleistungen

http://saawww.ucsf.edu/career/ (University of California in San Francisco)

www.vpul.upenn.edu/careerservices/gradstud/ (University of Pennsylvania)

Musterlebensläufe und Bücher zu Lebensläufen

http://saawww.ucsf.edu/career/studentpostdoc/lifejobkit.htm

www.quintcareers.com/resume_books.html (Wesentliche Berufe: Bücher zu Lebensläufen)

Andere Stellen für gute Ratschläge

http://nextwave.sciencemag.org/ (*Science's Next Wave*, ein Online-Karrierejournal)

www.medzilla.com/articles.html (Medzilla)

www.jobhuntersbible.com/ (Website, die mit dem Buch *What Color is Your Parachute?* (Welche Farbe hat Ihr Faltschirm?) von Richard Bolles in Zusammenhang steht)

Im Folgenden ist ein zusammengefasstes Beispiel für den Lebenslauf eines Naturwissenschaftlers angegeben. Nehmen Sie diesen Lebenslauf als Muster und passen Sie ihn für sich an.

Maier, Christof

Mittelstraße 15
21345 Musterstadt
Tel.-Festnetz oder Handy-Nummer
Fax-Nr. (falls vorhanden)
christofmaier@emailadresse.de

Datum

Zielvorstellung

Die Zielvorstellung sollte Ihr Wissen und Können sowie die angestrebte Position beinhalten. Legen Sie dar, an welchen Funktionsbereichen Sie interessiert sind; z. B. Forschung, Geschäftsentwicklung, Projektmanagement usw. Beispiele dazu sind:
- Biochemiker sucht eine Stelle als Wissenschaftler (*senior scientist*) in der Forschung und Entwicklung.
- Erfahrener Biochemiker sucht eine Position als Außendienstmitarbeiter.

– 2 –

- Führungskraft mit fünf Jahren Erfahrung als Geschäftsführer sucht eine Stelle im Management.
- Organischer Chemiker mit fünfjähriger Erfahrung in der Verfahrensentwicklung sucht eine Position als Projektmanager.

Kernkompetenz/Zusammenfassung

Fragen Sie sich selbst: Was können Sie besonders gut? Was ist Ihre Kernkompetenz? Was sind Ihre bedeutendsten Leistungen?
- Spezialist für Signalübertragungswege im Nematoden *Caenorhabditis elegans.*
- Umfangreiche Kenntnisse molekularbiologischer Techniken, Klonen, Proteinreinigung, ...
- Mehr als fünfjährige Erfahrung in der Stammzelltherapie; konzipierte die erste ...
- 16 von Experten begutachtete Veröffentlichungen, Übersichtsartikel und Buchkapitel.
- Zehn Jahre klinische Nephrologieerfahrung.
- Zwei zugesprochene Patente über ...
- Fünf Jahre Projektmanagementerfahrung mit Laborautomatisierungsrobotern und in der chemischen Entwicklung.

Zusammenfassung der Leistungen

Diese Zusammenfassung ist eine Alternative zur Liste der „Kernkompetenzen". Was sind Ihre bedeutendsten Leistungen? Führen Sie sie im oberen Teil Ihres Lebenslaufs auf.
- War verantwortlich für fünf Arzneimittel-Zulassungsanträge für die Wirkstoffe X, Y und Z.
- Entwickelte fünf neue Arzneistoffkandidaten, die zu Arzneimittel-Zulassungsanträgen führten; zwei davon haben es in die klinische Studienphase II geschafft.
- Erwirtschaftete in einem Jahr 2,2 Millionen Euro Umsatz, erhielt eine Auszeichnung als Spitzenhandelsvertreter.
- Die erste Person, die Gen X isolierte, das an der Genesung von Patienten nach Bestrahlungstherapien beteiligt ist.

Berufserfahrung

Listen Sie die Namen und Daten von Firmen auf, beginnend mit der aktuellsten Position. Mit Ausnahme bekannter Firmen sollten Sie eine kurze Beschreibung der Firma beifügen und deren Webadresse angeben. Nehmen Sie das Therapiefeld auf, auf das Sie sich spezialisiert haben, z. B. Onkologie oder Entzündungen.

Firma XY
Die Firma XY ist eine junge Firma, die Diagnostika für Prostatakrebs entwickelt, www.prostatakrebsdetektionsfirma.de.

Gruppenleiter
Seit November 2002
- Umsatzsteigerung um 20 %.
- Leitete ein Projekt, das bis zur klinischen Studienphase II gelangte.
- Erstellte und entwickelte vollständig ...
- Beantragte eine SBIR-Förderung (*small business innovation research grant;* Forschungsförderung mittelständischer Unternehmen) für die Arbeit an ... und bekam sie zuerkannt.

– 3 –

- Leitete zwei direkte Gutachten und berichtete an den Forschungs-vizepräsidenten.
- **Gesamtergebnis**: Gewann fünf neue Auftraggeber, was 300 Millionen Euro Betriebseinnahmen mit sich brachte.

Promovierter wissenschaftlicher Mitarbeiter (*postdoctoral research fellow*)
Universität Kalifornien, Abteilung für Biochemie,
Berater Dr. John Smith
Januar 1999–Oktober 2002
Zählen Sie nicht nur auf, was Sie gemacht, sondern auch was Sie erreicht haben.

- Beantragte und erhielt ein NIH(National Institutes of Health; Nationales US-Gesundheitsinstitut)-Forschungsstipendium für …
- Legte die erste Zelllinie an, um X zu züchten, dadurch konnte man … herstellen.
- Entdeckte und entwickelte den ersten …
- Identifizierte und charakterisierte das erste pABC-Gen, von dem sich herausstellte, dass es an Brustkrebs beteiligt ist; diese Arbeit wurde in *Nature* publiziert *(obwohl diese Information in Ihrer Publikationsliste wiederholt wird, ist es gut, sie auch hier zu erwähnen).*
- Leitete zwei direkte Gutachten.
- Erstellte und entwickelte vollständig … organisierte und betreute …

Doktorand in der Forschung (*doctoral research scientist*)
Universität Massachusetts, Abteilung für Molekularbiologie,
Berater Dr. Jane Doe
August 1993–Dezember 1998

- Leitete Projekte, bildete Forschungspersonal aus und betreute es, entwarf und analysierte molekularbiologische Experimente und stellte die Daten auf Tagungen vor.
- Entdeckte mehrere Gene für Signalübertragungswege, darunter auch ein Gen, das für eine neue Proteinkinase codiert.
- Erhielt ein Forschungsstipendium von der Stiftung X *(es ist in Ordnung, dies im Abschnitt Stipendien/Auszeichnungen zu wiederholen).*
- Unterrichtete Studenten im Aufbaustudium und war Gastdozent; plante, organisierte und leitete Übungen.

Intern, Universität von XYZ, Juni 1992–Juli 1993

- Ungeprüfte Wissenschaftliche Hilfskraft bei der Untersuchung der Genexpression in *Aspergillus nidulans* im Laboratorium von XYZ.

Ausbildung

Chronologisch geordnete Liste, beginnend mit dem aktuellsten. Erwähnen Sie Sommerpraktika/praktische Studiensemester, falls von Bedeutung.
MBA (*Master of Business and Administration*; Betriebswirtschaftsgrad); Northern California University 2001. Schwerpunkt Marketing.
Ph. D. (*Doctor of Philosophy*; Doktortitel/Promotion), Molekularbiologie, Abteilung für Molekularbiologie; Universität Massachusetts, 1998: *Neues Proteinkinase-Gen bei der Signalübertragung*. Studienfachberater (*graduate advisor*): Dr. Jane Doe.
M. Sc. (*Master of Science*), University of Boston, 1994, Auszeichnungen oder Preise.

– 4 –

B. Sc. (*Bachelor of Science*) Abteilung für Chemie, Illinois A & M University, 1993, *magna cum laude*, [Anm. d. Übers.: „mit großem Lob", entspricht etwa der Note 1 im herkömmlichen Benotungssystem].

Stipendien/Auszeichnungen

Führen Sie möglichst viele auf – Sie wollen Erfolge aufweisen.
Forschungsförderung mittelständischer Unternehmen) (SBIR-Förderung; *small business innovation research grant*), Projektleiter, Dezember 2003
NIH-Forschungsstipendium im Anschluss an die Promotion, Oktober 2000

Fortbildung

Projektmanagement, Northern California University, 2004
Grundlagen der Biotechnologieunternehmen, Southern California University, 2002

Auflistung der technischen Fertigkeiten

Biochemie
Sechs Jahre in der Biochemie, Proteinaufreinigung, SDS-PAGE ...

Molekularbiologie
Fünf Jahre Klonierung von Genen, Genexpressionsanalysen, PCR, Differenzial-Display-PCR ...

Zellkultur
Fünf Jahre Zellkulturerfahrung mit Säugerzellen, einschließlich Zellkulturen embryonaler Stammzellen, DNA-Schaden-Untersuchungen ...

Computerkenntnisse
Es wird vorausgesetzt, dass Sie mit Microsoft Word, PowerPoint, Excel und dem Internet vertraut sind. Es ist nicht nötig, diese Information anzugeben, falls Sie keine spezifische Informatikfachausbildung haben, z. B. C++, Perl, Java, Oracle usw.

Berufsverbände

Zählen Sie nur solche Gesellschaften auf, deren Mitgliedschaft die Wahrscheinlichkeit für Ihre Einstellung erhöht.
2005 Präsident, Toastmasters International
2001–2007 American Society for the Advancement of Sciences (Amerikanische Gesellschaft zur Förderung der Wissenschaften)
2000–2007 American Chemical Society (Amerikanische Chemische Gesellschaft)

Staatsangehörigkeit

Sie sollten erwähnen, dass Sie deutscher Staatsbürger sind bzw. welche Staatsangehörigkeit Sie besitzen, vor allem wenn Sie sich im Ausland bewerben.

Sprachen

Fließend Englisch, Französisch und Spanisch

– 5 –

Publikationen

Wenn dieser Abschnitt lang ist (z. B. länger als fünf Seiten), dann können Sie erwägen, ihn als separate Anlage beizufügen. Ob Sie es glauben oder nicht, die Leute lesen diesen Abschnitt. Manche Bewerber markieren ihren Namen und die jeweilige Zeitschrift fett. Trennen Sie die Publikationsliste von der Liste der von Ihnen verfassten Abstracts; sonst sieht es so aus, als wollten Sie Ihre Publikationsliste „aufpolstern".

Patente

Angeforderte Referate und Kurzfassungen (*invited presentations and abstracts*)

5 | Das Informations-
gespräch

Recherchieren Sie Ihre Optionen

Wenn Sie neue Karrieremöglichkeiten ausloten, dann ist ein „Informationsgespräch" ein guter Weg, um Informationen zu sammeln. Ein Informationsgespräch ist einfach eine Gelegenheit, Fachleute zu treffen und sie über ihre Berufe und Karrierewege zu befragen. Bei fehlender Berufspraxis kann dies eine Möglichkeit sein, um festzustellen, ob ein bestimmter Berufszweig für Sie die richtig Wahl ist. Sie können dadurch auch Zeit und Geld sparen, indem Sie verhindern, sich beruflich „in die falsche Richtung" zu entwickeln.

Trotzdem haben die meisten Menschen niemals ein Informationsgespräch im Rahmen ihrer Berufssuche geführt. Obwohl ein solches Interview für jedermann nützlich sein kann, ist es vor allem dann sinnvoll, wenn man eine fundamentale berufliche Veränderung in Betracht zieht. Es bietet eine risikolose Möglichkeit, Karriereoptionen auszukundschaften.

Sie sollten daran denken, dass der berufliche Erfolg oftmals von guten persönlichen Beziehungen abhängt. Ein Informationsgespräch ist ein ausgezeichneter Weg, zu einem frühen Zeitpunkt in Ihrer Laufbahn solche Beziehungen zu knüpfen. Wenn Sie ein harmonisches Verhältnis aufgebaut haben, kann die betreffende Person unter Umständen ein Mentor werden und Ihnen künftig beruflichen, fachlichen oder persönlichen Rat erteilen.

Ein warnendes Wort: Das primäre Ziel eines Informationsgesprächs sollte nicht sein, eine Anstellung zu finden! Es handelt sich um eine nützliche, informative Konversation und eine Gelegenheit, etwas über mögliche Karriererichtungen zu erfahren. Nachdem Sie eine bestimmte Karrierewahl getroffen haben, können Sie dann der Firma Ihre Bewerbung schicken.

Der Weg zu einem erfolgreichen Informationsgespräch

Ein Gespräch bekommen

- Ihr eigenes persönliches Netzwerk ist der beste Weg, um eine Person zu finden, die Sie befragen können. Informieren Sie Ihre Freunde und beruflichen Kontaktpersonen, dass Sie eine Laufbahn in einem bestimmten Bereich in Betracht ziehen und fragen Sie sie, ob sie Personen kennen, die Sie wegen eines Informationsgesprächs kontaktieren können. Eine weitere Methode, um mögliche Personen für ein Gespräch zu ermitteln, ist es, mit örtlichen wissenschaftlichen Organisationen in Kontakt zu treten und an Fachtagungen teilzunehmen.

- Personen, die man befragen möchte, kontaktiert man am besten per E-Mail. Eine typische Nachricht könnte folgendermaßen lauten:

  Sehr geehrte Frau Dr. Müller,

  ich habe in der Molekularbiologie promoviert und bin derzeit wissenschaftlicher Mitarbeiter (*postdoctoral fellow*) an der Universität Köln. Klaus Maier empfahl mir, Sie wegen eines Informationsgesprächs zu kontaktieren. Ich erwäge den Übergang von der Hochschule zur Industrie und hätte gerne gewusst, ob Sie Zeit hätten, um mir ein paar Ratschläge für den Wechsel zu geben und mit mir über eine Berufslaufbahn im Projektmanagement zu sprechen. Es dürfte nicht länger als 20–30 Minuten dauern.

  Mit freundlichen Grüßen
  Peter Schulz
  schulzpeter@emailadresse.de

- Falls Sie auf Ihre E-Mail keine Antwort erhalten, versuchen Sie es mit einem Telefonanruf. Die Geschäftsetikette schreibt eine Obergrenze von normalerweise ein oder zwei E-Mails oder Telefonnachrichten vor. Falls Sie auf Ihre Kontaktversuche keine Rückmeldung bekommen, seien Sie nicht zu beharrlich – es kann sein, dass sich die Betreffenden mitten in einem wichtigen Geschäftsvorgang, im Urlaub oder im Mutterschaftsurlaub befinden – man kann nie wissen!

- Zeigen Sie sich einverstanden. Falls jemand ein Gespräch ablehnt, danken Sie ihm für die investierte Zeit und gehen Sie weiter zur nächsten Person. Gehen Sie davon aus, dass die Fachleute in jedem Bereich äußerst beschäftigt sind. Manchmal erlauben die Terminpläne keinen weiteren Gesprächstermin. Wenn Sie Ihren potenziellen Gesprächspartner nicht bereits persönlich kennen oder nicht von jemandem empfohlen wurden, dann gehen Sie davon aus, dass nur eine von zehn Personen einem Gespräch zustimmen wird.

- Überlassen Sie es dem Befragten, ob er oder sie Sie gerne persönlich treffen möchte. Denken Sie daran, dass Sie in einem persönlichen Gespräch schneller einen Draht zu jemandem herstellen können als über das Telefon. Versuchen Sie einen genauen Termin festzulegen: „Wie sieht es mit Freitag, dem 26. April aus? Wie wäre es mit 14 Uhr in Ihrem Büro?" Geben Sie Ihre Handynummer und E-Mail-Adresse an, für den Fall, dass noch etwas dazwischen kommt. Falls es bis zu dem Gesprächstermin noch über eine Woche hin ist, schicken Sie eine Erinnerung für den Fall, dass sich der Terminplan Ihres Gesprächspartners verändert oder er die Verabredung vergessen hat.
- Die besten Zeiten für einen Anruf sind Dienstag, Mittwoch und Donnerstag zwischen 9 und 11 Uhr und zwischen 13 und 15:30 Uhr. Manchmal können Sie Personen während der Mittagspause oder nach Geschäftsschluss erreichen.

Die Gesprächsvorbereitung

- Befolgen Sie das Pfadfindermotto: „Allzeit bereit!" Notieren Sie sich im Voraus Fragen. Informieren Sie sich über die Firma und den Werdegang der Person, die Sie befragen wollen. Nehmen Sie Stift und Notizblock mit, um sich gegebenenfalls Notizen machen zu können.
- Legen Sie vor dem Gespräch Ihre Hauptziele fest. Berücksichtigen Sie dabei den beruflichen Werdegang der Person, die Sie befragen wollen. Wenn Sie beispielsweise mit jemandem aus der Personalabteilung sprechen, befragen Sie ihn über die Firmenkultur und die Einstellungspraktiken. Wenn Sie mit einem Wissenschaftler aus der Forschung sprechen, könnten Sie ihn über die jüngsten Firmenpublikationen, den allgemeinen Forschungsschwerpunkt oder die Produktentwicklung befragen.
- Seien Sie pünktlich. Der beste Weg, einen schlechten ersten Eindruck zu machen, ist, zum Gespräch zu spät zu kommen. Kommen Sie aber auch nicht zu früh! Seien Sie pünktlich.
- Tragen Sie Berufskleidung (Anzug) und betrachten Sie sich vor dem Treffen im Spiegel, um sicherzugehen, dass Ihr äußeres Erscheinungsbild stimmt.
- Erliegen Sie nicht der Versuchung, Ihren Lebenslauf unaufgefordert anzubieten! Bedenken Sie, das Ziel des Informationsgesprächs ist, Informationen über eine bestimmte Karrierewahl zu sammeln. Wenn Sie Ihren Lebenslauf anbieten, dann stellen Sie das eigentliche Ziel des Gesprächs infrage. Zweckdienlich ist es, wenn Sie Ihren Lebenslauf als Leitfaden verwenden, um Ihre Karriereziele zu beschreiben oder konstruktive Vorschläge zu notieren. Sie können den Gesprächspartner auch um Rat fragen, wie Sie Ihren Lebenslauf verbessern können. Wenn Sie nur daran interessiert sind, sich um einen Job zu bewerben, dann machen Sie nur das, und verschwenden

Sie nicht die Zeit von Personen, indem Sie um ein Informationsgespräch bitten.

- Bringen Sie als Zeichen Ihrer Wertschätzung ein kleines Geschenk mit, oder bieten Sie beispielsweise an, den Kaffee oder das Mittagessen zu bezahlen.

Während des Gesprächs

- Achten Sie bei der Begrüßung auf einen festen Händedruck, stellen Sie Blickkontakt her und lächeln Sie. Tauschen Sie selbstverständlich Ihre Visitenkarten aus. Versuchen Sie entspannt zu sein, und stellen Sie sich vor, Sie treffen sich mit einem Freund. Versuchen Sie das Gespräch so angenehm wie möglich zu gestalten, und entwickeln Sie eine Beziehung zu Ihrem Gesprächspartner.
- Zu Beginn ist etwas Small-Talk angemessen, um das Eis zu brechen, aber nur für eine kurze Dauer. Sie sollten sympathisch und freundlich sein, aber auch natürlich. Versuchen Sie sich bei dem Gespräch auf Ihre Hauptziele zu konzentrieren.
- Stellen Sie Fragen, die die Laufbahn betreffen (siehe unten, „Empfohlene Fragen").
- Seien Sie beim Sprechen enthusiastisch und halten Sie Blickkontakt. Vermeiden Sie, irgendetwas Negatives zu sagen, insbesondere über Ihren derzeitigen oder ehemaligen Chef! Falls während des Gesprächs unangenehme Situationen entstehen, seien Sie zu ehrlichen, positiven und kurzen Antworten bereit.
- Erliegen Sie nicht der Versuchung, zu viel zu sprechen. Sorgen Sie dafür, dass der Befragte am meisten spricht (80 %). Seien Sie ein aktiver Zuhörer.
- Gehen Sie mit der Zeit gewissenhaft um. Wenn der Gesprächspartner anfängt auf die Uhr zu sehen, dann ist es Zeit, das Gespräch zu beenden oder ihn zu fragen, ob er oder sie gehen muss. Falls Sie 30 Minuten überschreiten, fragen Sie Ihren Gesprächspartner, ob er oder sie noch weitere Zeit erübrigen kann.
- Fragen Sie gegen Ende des Gesprächs, wen Sie sonst noch kontaktieren könnten und ob Sie sich gegebenenfalls auf den Gesprächspartner beziehen dürfen. Fragen Sie, welche anderen Quellen Ihnen für Ihre Berufsuche zur Verfügung stehen. Aber denken Sie daran: Fragen Sie nicht, ob die Firma jemanden einstellt!

Nach dem Gespräch

- Senden Sie unmittelbar danach einen schriftlichen Dank. Erinnern Sie an etwas Bestimmtes, das während des Treffens ausgetauscht wurde, und erwähnen Sie, wie hilfreich das Informationsgespräch für Sie war.

- Führen Sie weitere Gespräche, bis Sie davon überzeugt sind, dass Sie die vielversprechendste Berufswahl getroffen haben. Mit diesem Vorgehen sind Sie besser informiert und für die Bewerbung und das Vorstellungsgespräch optimal vorbereitet.
- Ganz wichtig ist, dass Sie eine Datei mit den Personen anlegen, mit denen Sie Informationsgespräche geführt haben. Wenn Sie einen Job gefunden haben, können Sie ihnen Ihre Kontaktdaten übermitteln. Die von Ihnen befragte Person ist nun ein potenzieller Mentor. Sie sind dafür verantwortlich, mit Ihren Gesprächspartnern in Kontakt zu bleiben und sie zur Lenkung Ihres Karrierewegs heranzuziehen.
- Als letzte höfliche Geste informieren Sie die Person, die Ihnen den Gesprächspartner genannt hat, dass Sie das Gespräch geführt haben, und danken Sie ihr nochmals für die hilfreiche Empfehlung.

Empfohlene Fragen

An den Gesprächspartner

- Wie war Ihr Berufsweg?
- Können Sie mir etwas über den Übergang von der Hochschule zur Industrie sagen und wie sich die Arbeitsweisen unterscheiden?
- Wenn Sie auf Ihre Laufbahn zurückblicken, was würden Sie heute anders machen?

Über den Job

- Beschreiben Sie einen typischen Arbeitstag.
- Was macht Ihnen an Ihrem Job am meisten Spaß? Was am wenigsten?
- Wie viel Zeit verbringen Sie damit, Menschen zu führen?
- Wie viel Zeit verbringen Sie damit, „Brände zu löschen"?
- Wie sind die Arbeitszeiten? Reisen Sie häufig?
- Welchen Rat würden Sie geben, um in dieser Position erfolgreich zu sein? Welche persönlichen Eigenschaften sind nötig, um diesen Job zu meistern.
- Wie wird in dieser Tätigkeit Erfolg gemessen?
- Welche Karrierechancen bietet dieses Arbeitsgebiet? Wohin gehen Menschen in Ihrer Position normalerweise als Nächstes?
- Welche Entwicklungen werden Ihren Industriezweig in Zukunft am meisten beeinflussen?
- Was ist die übliche Verdienstspanne?
- Wie sieht das Einstiegsgehalt aus?

Um eine Arbeit zu bekommen

- Welche Qualifikationen werden bei einer Einstellung verlangt?
- Ist eine Fortbildung empfehlenswert?
- Welche Schritte würden Sie mir empfehlen, damit ich meine Chancen auf einen Job in Ihrem Fachgebiet verbessern kann?
- Wie sieht im Augenblick und in der Zukunft der Arbeitsmarkt für diese Tätigkeit aus?
- Wie kann man am besten etwas über die Berufschancen in diesem Arbeitsbereich erfahren?
- Was sind die besten Plätze/Wege, um in diesem Arbeitsbereich eine Anstellung zu finden?

6 | Der Industriezweig Biotechnologie und Pharmaindustrie

Eine Übersicht

Dieses Buch liefert eine umfassende Beschreibung der vielen Beschäftigungsmöglichkeiten in der Biotechnologie und Pharmaindustrie. Damit Sie sich besser zurechtfinden, erhalten Sie im Folgenden eine Gesamtübersicht über den Industriezweig und die Phasen der Produktentwicklung.

Industrieübersicht

Biotechnologische Produkte im Vergleich zu pharmazeutischen Produkten

Der Begriff „Biotechnologie" bezieht sich auf Firmen, die großmolekulare Arzneistoffe entwickeln, z. B. biologische Präparate wie etwa therapeutische Proteine, Antikörper, RNA und DNA. Im Gegensatz dazu entwickeln Pharmafirmen niedermolekulare Produkte, die einen chemischen Ursprung haben. Mit den Jahren sind jedoch diese Abgrenzungen verwischt. So gehören heute beispielsweise Firmen, die Arzneistoffe entwickeln, auch dann in die Kategorie „Biotechnologie und Biopharma", wenn sie ausschließlich niedermolekulare Produkte herstellen. Hinzu kommt, dass Pharmafirmen Programme für biologische großmolekulare Präparate auflegen, und die meisten biotechnologischen Firmen arbeiten auch an kleinen Molekülen. Der Sammelbegriff „Biopharma" bezieht sich sowohl auf Firmen, die biotechnologische Arzneistoffe entwickeln, als auch auf solche, die pharmazeutische Arzneistoffe entwickeln.

Berufsalternativen zu Biopharma

Die meisten Biopharmafirmen ziehen es vor, Bewerber einzustellen, die schon Industrieerfahrung haben, dies macht es für stellensuchende akademische Berufsanfänger schwer. Glücklicherweise gibt es andere Optionen (Tab. 6.1).

Tab. 6.1 *Übersicht zur Biotechnologie und Arzneimittelforschung – wo die Jobs vorkommen.*

Arzneimittelforschung und -entwicklung	Biotechnologie-Tools	Biotechnologie-Dienstleistungen	Andere Pharma- und Biotechnologiebereiche	Staatliche Einrichtungen	Medizinische Geräte	Hochschule
Pharmafirmen	Reagenzien- und Chemikalienlieferanten	Managementberatungs- und Wirtschaftsprüfungsunternehmen	Landwirtschaft	Food and Drug Administration (FDA, Bundesbehörde zur Überwachung von Nahrungs- und Arzneimitteln) und CBER	medizinische Geräte	Technologietransfer
Biotechnologietherapiefirmen	Instrumente (z. B. Mikroskope)	Anwaltskanzleien	industrielle Biotechnologie		Diagnostikfirmen	Laboratorien und Institute, die von der Industrie unterstützt werden
Impfstoffe	Plattformfirmen (z. B. Genomik, Proteomik, Nanotechnologie)	Risikokapital- und Investmentbanking	molekulare Diagnostik	Centers for Disease Control (CDC, Seuchenschutzbehörde)	E-Gesundheit (*eHealth*)	
Medikamentenverabreichung (*drug delivery*)	Bio-IT	leitende Forschungsfirmen	Veterinärunternehmen	National Institutes of Health (NIH)		
molekulare Diagnostik	Soft- und Hardware	Vertragsforschungsorganisationen (CRO)	Stiftungen, soziale Wohltätigkeit	U. S. Patent and Trademark Office (USPTO)		
	molekulare Diagnostik	Vertragshersteller (CMO)		Forschungsinstitute und staatliche Laboratorien		
		Forschung und klinische Prüfung: klinische Labors, kundenspezifische Antikörper usw.		Nationale Sicherheit und Verteidigung		
		Bio-IT		CIA, FBI und NASA		
		andere Agenturen und Nischenversorger: PR, Werbung, Marktforschung, medizinische Nachrichten usw.		Handelskommissionen		
		Beratungsinstitute				

Firmen für Biotechnologie-Tools und Dienstleistungen

Es gibt viele Biotechnologiefirmen, die selbst keine Arzneimittel herstellen, stattdessen aber Pharmafirmen mit Hilfsmitteln beliefern, wie etwa Reagenzien, Instrumente, Plattform-Technologien, Software und andere Produkte (Tab. 6.1). Es gibt auch Dienstleister, die in diesem Bereich aktiv sind, wie Anwaltskanzleien, Personalrekrutierungsfirmen, Unternehmensberater, Vertragsforschungs- oder Vertragsherstellungsfirmen, Marktforschungsunternehmen u. a. Diese Firmen stellen oft Berufseinsteiger ein. Bei einer Dienstleistungsfirma wird man wahrscheinlich mit einem breiteren Spektrum an Technologien und Therapeutika in Kontakt kommen als in einer kleinen Biotechnologiefirma, die ihren Schwerpunkt auf ein Produkt legt. Sobald Sie es in eine Dienstleistungsfirma geschafft haben, werden Sie mehr über die Industrie erfahren und persönliche Kontakte knüpfen, beides hilft Ihnen, zu einer Biopharmafirma zu wechseln.

Staatliche Einrichtungen und Forschungsinstitute

Staatliche Einrichtungen und Forschungsinstitute arbeiten sehr eng mit Biotechnologieunternehmen und Firmen, die Arzneimittel entwickeln, zusammen. Laufbahnwechsel zwischen diesen beiden sind relativ üblich.

Medizingerätefirmen

Medizingerätefirmen (d. h. Firmen, die Stents, Defibrillatoren, Geräte zur Diagnostik usw. herstellen) werden nicht offiziell als Teil der Biotechnologieindustrie betrachtet. Dies ändert sich jedoch, da zunehmend Apparate und Arzneimittel aufeinander abgestimmt werden. Viele Positionen, Funktionen und Kompetenzen, die Teil des medizinischen Dienstleistungssektors sind, kommen auch in der Biotechnologieindustrie vor.

Hochschule

Die meisten Menschen betrachten die Hochschule nicht als Teil der „Industrie" an sich; es gibt dort jedoch Bereiche, die Auftragsforschung für die Industrie betreiben. Außerdem besteht ein wachsender Trend zu mehr Zusammenarbeit zwischen der Biotechnologie und Hochschuleinrichtungen. Mitarbeiter, die im Technologietransfer arbeiten, können relativ leicht in Positionen in der Geschäftsentwicklung (Business Development) oder im Industriepatentrecht überwechseln; und Personen, die in firmenfinanzierten Laboratorien arbeiten – insbesondere im Rahmen klinischer Prüfungen –, können leicht Kontakte aufbauen, die einen Wechsel erleichtern.

Übersicht zur Produktentwicklung

Es gibt mehrere Arten von Biotechnologie- und Pharmafirmen. Therapeutik-, Nichttherapeutik- und Medizingerätefirmen haben unterschiedliche Produktenwicklungsschritte und deshalb leicht unterschiedliche Jobanforderungen. Eine allgemeine Übersicht über die wichtigsten Schritte der Produktentwicklung in jedem dieser Firmentypen wird im Folgenden gegeben. Zu weiteren Einzelheiten schlagen Sie bitte in den in Klammern neben jedem Schritt angegebenen Kapiteln nach.

Firmen, die therapeutische Produkte herstellen

Forschung und Entwicklung (Industrielle Grundlagenforschung, Präklinische Forschung und Biologische/Pharmazeutische Produktentwicklung)

Wissenschaftler in der betrieblichen Forschung suchen nach biologischen oder synthetisierten Produkten bzw. entwickeln sie (Abb. 6.1). Chemiker optimieren die Produkte in ihrer Wirksamkeit und Sicherheit und entwickeln industrielle Herstellungsverfahren.

Präklinische Untersuchungen (Präklinische Forschung)

Es werden Untersuchungen durchgeführt, um die Pharmakodynamik des Produkts in menschlichen Zellen, die Toxizität bei Tieren, die Rezeptur und Dosierung zu ermitteln, bevor mit klinischen Prüfungen am Menschen begonnen wird.

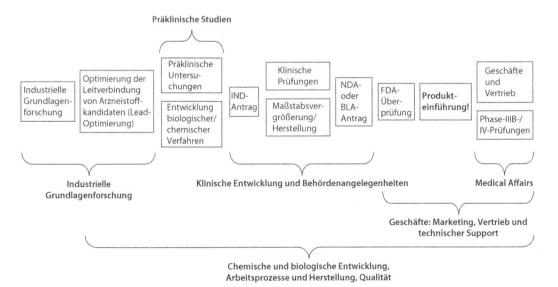

Abb. 6.1 *Wichtige Schritte der Produktentwicklung: Therapeutikfirmen.*

Entwicklung chemischer Verfahren (Biologische/ Pharmazeutische Produktentwicklung)

Ab dem Zeitpunkt, ab dem die Produkte in der präklinischen Untersuchungsphase sind, beginnen Chemiker damit, Herstellungsverfahren für eine Produktion im großen Maßstab zu entwickeln.

IND-Antrag (Behördenangelegenheiten und Klinische Entwicklung)

Untersuchungen zur Anwendung neuer Arzneistoffe (IND, *Investigational New Drug Applications*) werden bei der U. S. Food and Drug Administration (FDA, Bundesbehörde zur Überwachung von Nahrungs- und Arzneimitteln) eingereicht, um mit der klinischen Phase I am Menschen beginnen zu können. Andere Länder verlangen ähnliche Anmeldungen. (In Europa ist hierfür die European Medicines Agency (EMEA) zuständig.)

Klinische Studie I bis III (Klinische Entwicklung)

Klinische Studien am Menschen werden durchgeführt, um die Sicherheit und Wirksamkeit zu ermitteln.

Maßstabsvergrößerung des Herstellungsverfahrens und Fertigung (Biologische/Pharmazeutische Produktentwicklung, Arbeitsprozesse und Qualität)

Bevor ein Produkt zugelassen wird, werden Methoden zur Synthese und Produktion von Erzeugnissen im Großmaßstab entwickelt.

NDA- oder BLA-Zulassungsanträge (Behördenangelegenheiten)

Anmeldungen neuer Arzneimittelanwendungen (NDA, *New Drug Applications*) oder biologische Registrierungsanträge (BLA, *Biological License Applications*) sind große behördliche Anmeldungen, die bei den US-amerikanischen Gesundheitsbehörden für die Marktzulassung eingereicht werden.

FDA (Behördenangelegenheiten und Klinische Entwicklung)

Behördliche Anmeldungen werden beim US-amerikanischen FDA Center for Drug Evaluation and Research (CDER, Zentrum für die Evaluierung und Forschung; für kleine Moleküle oder Pharmazeutika) oder beim Center for Biologics Evaluation and Research (CBER) eingereicht. (In Europa: EMEA)

Markteinführung (Marketing, Vertrieb und Medical Affairs)

Das Produkt wird auf dem Markt eingeführt und vermarktet, Vertriebs-fachleute arbeiten daran, Umsätze zu erzielen.

Geschäftsvorgänge (Marketing, Vertrieb, Medical Affairs und Arbeitsprozesse)

Nachdem das Produkt auf dem Markt ist, unterstützt das Markenma-nagement die Verkaufsaktivitäten. Speziell geschulte Mitarbeiter lie-fern den verordnenden Ärzten weitere Informationen, das Personal in der Arzneimittelsicherheit fährt mit der Arzneimittelüberwachung fort (Pharmakovigilanz), der technische Support gibt den Kunden Hilfestel-lungen und die Abteilung Arbeitsprozesse entwickelt kostensenkende Maßnahmen, um die Rentabilität zu steigern.

Phase-IIIb-/IV-Studien (Medical Affairs und Klinische Entwicklung)

Nach Einreichung der Phase-III-Daten bei den Behörden werden kli-nische Prüfungen durchgeführt. Häufig handelt es sich um eine Fort-setzung der Phase-III-Prüfungen, mit etwas veränderter Zielsetzung. Die Produkte werden auf ihre Sicherheit und Wirksamkeit überprüft – oftmals unter Berücksichtigung bestimmter Bevölkerungsgruppen. Phase-IV-Untersuchungen werden durchgeführt, nachdem das Arznei-mittel von den regulativen Behörden zugelassen wurde; sie beinhalten normalerweise weitere Untersuchungen zur Arzneimittelsicherheit und ob das Produkt für andere Indikationen infrage kommt.

Biotechnologiefirmen, die Reagenzien und Instrumente (Tools) herstellen

Bei Biotechnologiefirmen, die Instrumente, Reagenzien, Diagnostika und Plattformtechnologien herstellen, erfordert die Produktentwicklung beträchtlich weniger Zeit und Kosten, weil keine klinischen Prüfungen am Menschen verlangt werden (Abb. 6.2).

Ideensuche, Festsetzung des Produktkonzepts (Industrielle Grundlagenforschung)

Produkte werden häufig als Reaktion auf eine bestimmte technische Anforderung entwickelt. Hierbei spielt die Marktforschung eine große Rolle. Oft werden vorhandene Produkte modifiziert und an die Bedürf-nisse der Arzneimittelforschung angepasst. Letztendlich bestimmen die Firmen die Produktparameter. Die Vorgaben hierzu können beispiels-

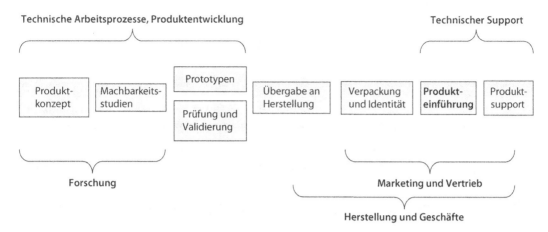

Abb. 6.2 *Wichtige Schritte der Produktentwicklung: Firmen für Reagenzien und Instrumente.*

weise von den Vertriebs- oder Marketingteams erarbeitet werden. Dies geschieht in der Regel auf Basis umfangreicher Marktforschungsergebnisse.

Machbarkeitsstudien und Produktfestlegung (Industrielle Grundlagenforschung und Arbeitsprozesse)

Nachdem mit einer allgemeinen Idee begonnen wurde, werden Machbarkeitsstudien durchgeführt, um die Produktentwicklung so abzustimmen, dass das Produkt die Eigenschaften besitzt, die seine zukünftigen Benutzer verlangen. Zu diesem Schritt gehört die Festlegung der Designspezifikation, der Versuchsdurchführung, die Verfolgung neuer Ideen, die Fehlersuche u. a. Es werden Analysen durchgeführt, um das Leistungsvermögen im Großmaßstab und die Warenkosten zu beurteilen, damit die Rentabilität gewährleistet ist.

Prototypen und Produktverbesserung (Industrielle Grundlagenforschung und Arbeitsprozesse)

Nachdem das Produkt optimiert wurde, stellen die Entwickler Produktprototypen her.

Prüfung und Validierung (Qualität)

Während des Alphatests wird das Produkt von betriebsinternen Wissenschaftlern und/oder externen Testern geprüft. Ihre Rückmeldung dient dazu, das Produkt oder die Ausführung zu vervollkommnen.

Übergabe an Herstellung (Arbeitsprozesse und Qualität)

Nach weiteren Optimierungsschritten wird die Produktentwicklung abgeschlossen, und das Produkt geht von der Forschung zur Entwicklung und dann zur Herstellung. Zu diesem Schritt gehört die Produktion im industriellen Maßstab und dass Reproduzierbarkeit und Qualität des Produkts gewährleistet sind. Die Produktionsabteilung erhält unter anderem folgende Informationsmaterialien: alle Unterlagen, die beschreiben, wie das Produkt hergestellt wird (einschließlich der Angaben zu den Ausgangsstoffen), Prüfprotokolle der Qualitätskontrolle sowie Patentanmeldungen.

Verpackung und Produktidentität (Marketing)

Die Verpackung, das Logo und die Identität des Produkts werden von der Marketingabteilung entworfen.

Produkteinführung und Markenpflege (Marketing und Vertrieb)

Zur Produkteinführung und Markenpflege gehört es, den Außendienst und den technischen Support zu schulen, Werbematerial zu entwickeln, Anzeigen in den Medien zu schalten, Fachpublikationen vorzubereiten und Forschungsergebnisse bei Konferenzen zu referieren. Daten werden gesammelt und Experten angeworben, die sich öffentlich für das Produkt stark machen.

Produktunterstützung nach der Markteinführung (Marketing, Vertrieb, Technische Anwendungen und technischer Support und Arbeitsprozesse)

Nach der Markteinführung wird die Marke kontinuierlich gepflegt (unter Berücksichtigung des Produktlebenszyklus) sowie technische Unterstützung bereitgestellt. Die Verantwortlichen kümmern sich außerdem um mögliche Folgeprodukte und Kostensenkungsmaßnahmen.

Medizingerätefirmen

Produktentwicklung (Grundlagenforschung und Arbeitsprozesse)

Die Idee für ein medizinisches Gerät entsteht gewöhnlich gemeinsam mit praktizierenden Ärzten (Abb. 6.3).

Prototypen und Produktverbesserung

Es werden neue Modelle und Prototypen entwickelt. Manche sind Weiterentwicklungen vorhandener Geräte und manche sind nagelneu. Die

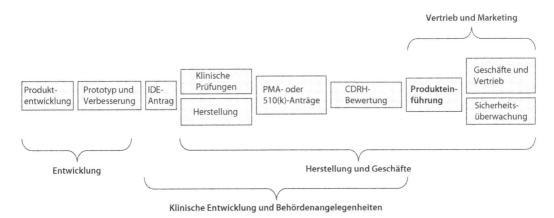

Abb. 6.3 *Wichtige Schritte der Produktentwicklung: Medizingerätefirmen.*

Prototypen werden in Bezug auf Leistungsfähigkeit, Erfüllung von Standards, Bioverträglichkeit usw. untersucht.

IDE-Antragsstellung (Behördenangelegenheiten)

Bevor die Firmen mit der klinischen Evaluierung beginnen, stellen sie einen Antrag auf eine Forschungsausnahmegenehmigung (IDE, *Investigational Device Exemption*) bei der FDA.

Klinische Evaluierung am Menschen (Präklinische Forschung und Klinische Entwicklung)

In der Regel wird mit Tiermodellen gearbeitet, bevor man mit klinischen Studien am Menschen beginnt. Die klinische Evaluierung der Wirksamkeit und Sicherheit eines medizinischen Geräts ist viel schneller und billiger durchzuführen als die Prüfung biopharmazeutischer Produkte.

Übergabe an Herstellung (Arbeitsprozesse und Qualität)

Nachdem der Prototyp geprüft und entwickelt ist, wird er zur Produktion an die Fertigungsabteilung übergeben.

Vorvermarktungsgenehmigungs (PMA)- oder 510(k)-Anträge (Behördenangelegenheiten)

Für die Marktzulassung von medizinischen Geräten gibt es zwei Antragsarten. Anträge auf eine Vorvermarktungsgenehmigung (*Premarket Approval*, PMA) werden für neue Geräte eingereicht; zusätzlich muss die klinische Evaluierung einen ausreichenden Wirksamkeits-

und Sicherheitsnachweis für die Anwendung am Menschen erbringen. 510(k)-Anträge sind für Produkte gedacht, die Verbesserungen gegenüber ähnlichen, bereits zugelassenen Produkten beinhalten. Die 510(k)-Anträge müssen beweisen, dass das Produkt wirksam und sicher ist.

CDRH-Bewertung

Behördenanträge werden beim Center for Devices and Radiological Health (CDRH, Zentrum für Geräte und Radiologische Gesundheit) der FDA zur Bewertung eingereicht.

Produkteinführung und Markenpflege (Marketing und Vertrieb)

Wie bei den Firmen für Reagenzien und Instrumente sowie für Biopharmaka bewerben Marketing- und Vertriebsgruppen das Produkt und managen die Marke.

Geschäftsvorgänge und Vertrieb (Marketing, Vertrieb, Technische Anwendungen und technischer Support, Arbeitsprozesse und Medical Affairs)

Nachdem das Produkt auf dem Markt ist, konzentrieren sich die Unternehmen auf die Markenpflege und den Vertrieb. Sie stellen technischen Support bereit, bemühen sich, die Herstellungskosten zu senken und entwickeln Folgeprodukte.

Sicherheitsüberwachung (Klinische Entwicklung und Medical Affairs)

Auch nach der Zulassung des Produkts betreiben die Firmen weiterhin eine Sicherheitsüberwachung.

Teil 2 | Karrierechancen in Biotechnologie- und Pharmafirmen

7 | Industrielle Grundlagenforschung

Die Ideenmacher

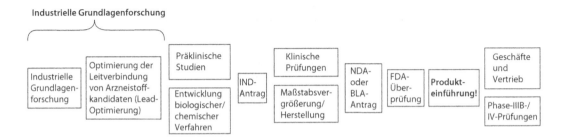

Wenn Sie bei wissenschaftlichen Untersuchungen zur vollen Entfaltung kommen und den unmittelbaren Nutzen Ihrer Arbeit miterleben möchten, dann ziehen Sie in Betracht, eine Forschungslaufbahn einzuschlagen. Dieses Gebiet zieht intelligente und talentierte Personen an, die der Menschheit von Nutzen sein wollen.

Wenn man als Forscher in der Industrie arbeitet, ist das Teamumfeld einer der Hauptvorteile. Die synergistische Leistung eines Teams mit dynamischen und kreativen Menschen ist einfach außergewöhnlich: Mit der richtigen Mischung sich ergänzender Fertigkeiten und Talente können auch schwierige Aufgaben gelöst werden.

Für diplomierte Studenten und promovierte wissenschaftliche Mitarbeiter (Postdoktoranden) ist die industrielle Grundlagenforschung vielleicht der einfachste Weg, um von der Hochschule zur Industrie zu wechseln. Falls sich Ihre Interessen dann verlagern, bietet die Forschung die Möglichkeit, sich neuen Berufsfeldern zu widmen, die Sie bis dahin nicht einmal in Erwägung gezogen haben.

Was könnte eine größere Genugtuung bringen, als Ihren Verwandten zu erzählen, dass Sie an einem neuen Heilmittel gegen Krebs arbeiten?

Die Bedeutung der Grundlagenforschung in der Biotechnologie ...

Die industrielle Grundlagenforschung macht grundlegende Entdeckungen und zeigt deren möglichen Nutzen (als Arzneimittel) zur Behandlung von Krankheiten auf.

Die Grundlagenforschung (*discovery research*) ist der erste Schritt bei der Entwicklung neuer Produkte. Obwohl dieses Kapitel den Schwerpunkt auf die Arzneistoffforschung legt, gibt es ebenso viele Forschungspositionen in Life-Science-Firmen, die Plattformtechnologien, Instrumente, Reagenzien, Dienstleistungen, medizinische Apparate und anderes anbieten (Kapitel 6). Diese Produkte haben den Vorteil, dass ihre Entwicklung viel schneller und weniger kostspielig vonstattengeht.

Berufslaufbahnen in der industriellen Grundlagenforschung

Es gibt zwei grundsätzlich verschiedene Berufswege in der industriellen Grundlagenforschung: Laufbahnen als Forscher und im Management. Die meisten Menschen beginnen an der Laborbank und im Verlauf ihrer Karriere entscheiden sie sich, ob sie in eine Managementlaufbahn einsteigen wollen oder ihre Forschung fortsetzen möchten.

Managementlaufbahn

Linienmanager organisieren, leiten und führen normalerweise Wissenschaftler in einem bestimmten Wissenszweig. Sie sind häufig für das Budget, die Einstellung, Leistung und Entwicklung sowie für die Leistungsbewertung der Mitarbeiter verantwortlich. Sie steigen für gewöhnlich vom Gruppenleiter (Betreuung von vier bis sechs Wissenschaftlern auf verschiedenen Ebenen) zum Manager (Betreuung von mehr Wissenschaftlern und vielleicht mehr als einer Gruppe) bis zum Direktor (leitet eine oder mehrere Abteilungen) und letztendlich in die Vizepräsidentenebene auf.

Forscherlaufbahn im Unternehmen

Die Firmen haben begriffen, dass hervorragende Wissenschaftler manchmal nicht von ihrer wissenschaftlichen Tätigkeit in die Mitarbeiterführung überwechseln wollen. Infolgedessen haben sie vergleichbare Titel wie *staff scientist* oder *principal scientist* („wissenschaftlicher Mitarbeiter" oder „Laborleiter") oder *fellow* geschaffen. Diese parallele Karriereleiter wurde etabliert, um außergewöhnliche Wissenschaftler zu behalten und eine Möglichkeit zu schaffen, dass diese weiterhin beruflich aufsteigen können. In dieser Laufbahn beginnt ein Forscher im Allgemeinen als Wissenschaftler und gelangt über Positionen wie *senior scientist* (ranghoher Wissenschaftler) und *staff scientist* (wissenschaftlicher Mitarbeiter) in *senior principal*-Positionen (leitender Vorgesetzter) oder *distinguished fellow*. Beachten Sie, dass *fellow*-Stellen nicht einfach zu bekommen sind.

Die Verknüpfung der Funktionsbereiche in der industriellen Grundlagenforschung

Die Organisation von Forschungsabteilungen unterscheidet sich je nach deren Größe und Produktschwerpunkt. Manche werden entsprechend dem therapeutischen Gebiet und andere entsprechend den Projektzielen oder Wissenschaftsdisziplinen gegliedert. Die üblichste Gestaltung ist eine Mischung aus beidem (Matrixorganisation), wie in Abbildung 7.1 skizziert. In der Abbildung werden die verschiedenen Funktionen in einem Matrixumfeld beschrieben.

Grundlagenforschung

Grundlagenforscher führen Laborexperimente durch und halten sich mit Literatur auf dem Laufenden. Sie können Mitglieder von Projektteams sein oder alleine arbeiten. Diese Abteilung ähnelt am meisten der Hochschulwissenschaft.

Programmleitung

Programmleiter oder Bereichsleiter sind für komplette therapeutische Bereiche oder Produktlinien verantwortlich. Durch ihr spezielles biologisch-medizinisches Wissen unterstützen sie Projekte auch inhaltlich (Abb. 7.1). Jedes Programm kann unter Umständen aus zahlreichen

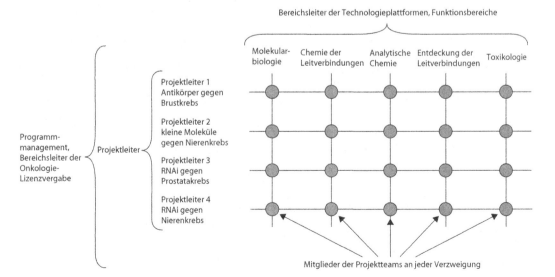

Abb. 7.1 *Ein Beispiel für eine Matrixorganisation.*

Projekten bestehen. Programmleiter bringen Projekte voran und kommunizieren mit Personen verschiedener technischer Disziplinen.

Projektmanagement

Das Projektmanagement kommt in der Grundlagenforschung sparsam zum Einsatz. Projektmanager betreuen meist Projekte in der klinischen Entwicklung oder fungieren als Verbindungsmanager (*alliance managers*), indem sie den Kontakt zu wichtigen pharmazeutischen Partnern halten. Projektteammanager betreuen einzelne Projekte in Matrixorganisationen (Abb. 7.1). Sie konzentrieren sich auf Zeitpläne und Budgets und unterstützen multidisziplinäre Teams dabei, Projekte voranzubringen. Zu weiteren Einzelheiten, siehe Kapitel 9.

Programmleitung im Vergleich zur Projektteamleitung

Zu einem Programm gehören möglicherweise alle Aktivitäten der Arzneimittelforschung für einen therapeutischen Bereich wie etwa die Onkologie; ein Projektteam kann hingegen an einem einzigen aussichtsreichen Arzneistoffkandidaten gegen Brustkrebs arbeiten.

Funktionelle Linienführung

Wie in Abbildung 7.1 dargestellt, sind die Bereichsleiter der Technologieplattformen für die Linienführung in einer bestimmten Wissenschaftsrichtung oder Technologie verantwortlich. Einige typische Funktionsgruppen sind Genomik, Strukturbiologie, Genexpressions-Profiling/Biomarker, Molekularbiologie, Informatik, Hochdurchsatz-Screening, medizinische Chemie, Computer- (*computational chemistry*) oder Hit-to-Lead-Chemie, Biochemie, Zellbiologie/Tests, Pharmakologie, analytische Chemie, Pharmazie, Bildgebung und Rezepturen.

Portfolio-Management

Manche großen Biopharmafirmen bestimmen ein Team, um ihren Produktbestand zu managen. Sie vergleichen das Ergebnis von Projekten mit den jeweiligen Zielen, erstellen Risikobewertungen und betreiben Risikomanagement, strategisches Marketing und bewerten den Produkterfolg im Vergleich zu Kollegengruppen und der Konkurrenz. Zu weiteren Einzelheiten, siehe Kapitel 17.

Zusammenfassung der Schritte in der „niedermolekularen" Arzneistoffforschung

In der Arzneimittelforschung arbeiten Chemie, Biologie, Pharmakologie und klinische Entwicklung eng zusammen.

Das Hauptziel der Arzneistoffforschung ist es, geeignete, mit einer Krankheit in Beziehung stehende molekulare Ziele („Targets") zu ermitteln und neue Arzneistoffkandidaten zu identifizieren, welche die molekulare Aktivität der Zielstrukturen in geeigneter Weise beeinflussen. Die Arzneistoffkandidaten werden dann medizinisch-chemisch optimiert und in präklinischen Studien an Tieren geprüft, bevor die klinische Evaluierung an Menschen stattfindet. Das Endziel ist, ausreichende Beweise für die Wirksamkeit und Sicherheit für die Marktzulassung zu beschaffen.

Identifizierung der Zielstrukturen

Beginnend mit Untersuchungen auf der untersten Ebene ermitteln die Wissenschaftler potenzielle Zielstrukturen. Eine Zielstruktur könnte ein Rezeptor sein, ein Ionenkanal oder ein Enzym, von dem man annimmt, dass er oder es bei einer bestimmten Krankheit eine Rolle spielt.

Bestätigung der Zielstrukturen

Sobald die Firma eine Sammlung von „Targets" zur Verfügung hat, führen Forscher Experimente durch, um den Beweis zu erbringen, dass die Zielstrukturen mit einem bestimmten Krankheitsbild in Verbindung stehen und dass die Modifizierung der Zielstruktur-Aktivität möglicherweise von therapeutischem Nutzen sein könnte. Zur Bestätigung der „Targets" werden beispielsweise Knock-out-Mäuse, die RNAi-Technologie oder Genexpressionsprofile verwendet. Beachten Sie, dass eine Zielstruktur nicht wirklich „bestätigt" ist, solange sich der Wirkstoff bei den Betroffenen nicht tatsächlich als heilsam erwiesen hat.

Entwicklung von Tests

Zellbasierte, Bindungs- oder biochemische Tests werden entworfen, um zu prüfen, ob die neuen chemischen Wirkstoffe, die im Rahmen eines Forschungsprojekts synthetisiert wurden, die gewünschte Wirkung auf die spezifizierte Zielstruktur haben. Außerdem werden zellbasierte Tests entwickelt, um zu ermitteln, wie viel eines neuen chemischen Wirkstoffs gebraucht wird, um die Aktivität der Zielstruktur zu verändern. Ein weiteres Ziel ist es, Tests zu entwickeln, die so stabil und beständig sind, dass sie beim Hochdurchsatz-Screening-Verfahren funktionieren.

Entdeckung einer Leitverbindung oder eines neuen chemischen Medikaments

Nachdem Zielstrukturen identifiziert sind, verwenden die Wissenschaftler die oben beschriebenen Tests, um neue Wirkstoffe ausfindig zu machen und zu charakterisieren, die als Leitverbindung (*lead*) für weitere Entwicklungsschritte infrage kommen. Wenn eine Firma kleine Moleküle entwickelt, setzt sie normalerweise das Hochdurchsatz-Screening (HTS, *high-throughput screening*) ein, bei dem Millionen von Verbindungen gegen das Zielmolekül getestet werden können. Das

HTS ist ein Zufallsprozess, der nach der Holzhammermethode vorgeht, da Bibliotheken mit Millionen von neuen chemischen Wirkstoffen verwendet werden. Es ist jedoch vorurteilslos und hat die Suche nach medizinischen Wirkstoffen revolutioniert. Für biologische Präparate stellen Firmen monoklonale Antikörper oder andere potenzielle therapeutische biologische Präparate her und sieben sie nach molekularen Zielen aus. Manchmal wird ergänzend zum experimentellen HTS das „Virtuelle Screening" eingesetzt.

Optimierung der Leitverbindung

Während der Optimierung der Leitverbindung erstellen die Wissenschaftler Funktionsbeschreibungen, um zu gewährleisten, dass jeder neue chemische Wirkstoff das richtige pharmakokinetische und Resorptions- (*absorption*), Verteilungs- (*distribution*), Stoffwechsel- (*metabolism*), Ausscheidungs- (*excretion*) und Toxizitäts-Profil (ADMET) hat sowie die richtigen biochemischen Eigenschaften für die weitere Entwicklung. Medizinische Chemiker arbeiten daran, das pharmakokinetische Profil zu verbessern, indem sie die Produkte wirksamer, ungiftiger, weniger reaktiv und selektiver machen. Sobald die neuen chemischen Wirkstoffe für wirksam erachtet werden, werden sie analysiert, um zu ermitteln, ob sie in Tiermodellen *in vitro* und *in vivo* den gewünschten Einfluss auf die Krankheit haben.

Präklinische Forschung

Nachdem sich gezeigt hat, dass ein neuer Wirkstoff biologisch wirksam ist und vielversprechende pharmakokinetische Eigenschaften hat, durchläuft er sogar noch strengere und genauere Überprüfungen in präklinischen Studien (Kapitel 8). Potenzielle Produkte werden in komplexen Krankheitsmodellen am Tier analysiert und noch genauere pharmakokinetische, toxikologische und Dosisoptimierungsstudien durchgeführt. Sind die Ergebnisse vielversprechend, so wird der „Kandidat" schließlich in einen IND-Antrag (*investigational new drug application,* Antrag auf Untersuchungen zur Anwendung neuer Arzneistoffe) aufgenommen, der für den Eintritt in die Prüfungen der klinischen Phase I erforderlich ist.

Und dann wieder zurück ...

Die Entdeckung von Arzneistoffen ist ein schrittweiser Optimierungsvorgang.

Dies sind sich wiederholende Vorgänge. Mögliche neue chemische Wirkstoffe können zwischen der Arbeitsgruppe Medizinische Chemie und der Arbeitsgruppe Präklinische Forschung mehrmals hin und her gereicht werden, bis sich Verbindungen mit einem verbesserten pharmakokinetischen Profil herauskristallisieren, die für weitere genauere Prüfungen bereitstehen.

Die Zeitachse kleiner Moleküle

Man beginnt mit Hunderten oder Tausenden, manchmal Millionen von Verbindungen in Screening-Bibliotheken, und weniger als 50 werden gewöhnlich während der Evaluationsphase ermittelt, bevor es weitergeht mit der Optimierung einer Leitsubstanz. Während der Lead-Optimierung werden normalerweise mehrere Hundert strukturverwandte Verbindungen synthetisiert. Einige wenige (drei bis fünf) Kandidaten gelangen in die präklinische Entwicklung, in die klinische Entwicklung und schließlich bis zur Marktzulassung. Im Durchschnitt umfasst die Zeitachse für die Entdeckung und Entwicklung niedermolekularer Arzneistoffe 10–15 Jahre.

Die Biomolekülforschung im Vergleich zur Forschung an kleinen Molekülen

Die Entdeckung geeigneter kleiner Moleküle ist vom Zufall abhängig. Vor dem Screening gibt es keine Möglichkeit festzustellen, ob die chemische Bibliothek ein Molekül enthält, das die gewünschte Wirkung auf die Zielstruktur hat. Sobald eine solche Verbindung gefunden und verbessert ist, ist die Herstellung im großen Maßstab gewöhnlich einfach und preiswert. In der biologischen Forschung ist die Herangehensweise jedoch zielgerichteter. Typische Zielsetzungen sind die Entwicklung monoklonaler Antikörper, die einen bestimmten Rezeptor inaktivieren, oder die Isolierung von Proteinhormonen.

Forschung in biotechnologischen Nichttherapeutikfirmen

Die Forschungsaktivitäten in Firmen für biotechnologische Tools, medizinische Geräte und in Dienstleistungsfirmen ähneln manchmal den initialen Schritten in der Grundlagenforschung (Kapitel 6). Tool-Firmen legen im ersten Schritt das Produktkonzept fest, indem sie das Produkt und seine Kenngrößen bestimmen. Produktideen werden häufig auf Basis von Marktforschungsergebnissen entwickelt und sind stark nachfragegetrieben. Dann werden Machbarkeitsstudien durchgeführt, um das Produkt feiner abzustimmen, sodass es die Anforderungen der Nutzer erfüllt. Nach weiterer Optimierung führen die Firmen Analysen zur Ermittlung der Kosten und anderer Eigenschaften durch. Nachdem ein Prototyp entwickelt ist, wird er verfeinert, geprüft und validiert. Die Produktionsabteilung erhält im Nachgang alle erforderlichen Informationen und Aufzeichnungen, um mit der Synthese des Wirkstoffs im Großmaßstab zu beginnen.

Aufgaben und Kompetenzen in der industriellen Grundlagenforschung

Die Aufgaben und Kompetenzen von Forschern unterscheiden sich je nach Position. Die industrielle Grundlagenforschung ähnelt der Hochschulwissenschaft, sodass dieser Abschnitt hauptsächlich die Kompe-

Die wissenschaftliche Forschung in der Industrie ist mindestens genauso gut, so innovativ und so anspruchsvoll wie die in den besten Hochschulinstituten.

tenzen von Führungskräften beschreibt, um hier Karriereperspektiven aufzuzeigen.

Wissenschaftler, Kollegen und Teammitglieder

Forschung betreiben

Wissenschaftler an der Laborbank erfinden und testen Hypothesen, werten Daten aus, protokollieren sie und berichten die Ergebnisse ihrer Arbeitsgruppe. Schließlich arbeiten sie auch Daten für Publikationen, Patente und Behördenanträge auf.

Teamarbeit und Teamführung

Niemand kann alleine alle Informationen in einem Entwicklungsprogramm für Arzneimittel verarbeiten – dazu ist ein Team nötig.

In der Grundlagenforschung sollte jede Information, die möglicherweise von Bedeutung für das Erreichen des gemeinsamen Ziels ist, beachtet werden. Dies lässt sich am besten bewerkstelligen, wenn die Forscher als Team zusammenarbeiten. Bei der Beantwortung wissenschaftlicher Fragen sollte das Wissen und die Erfahrung der gesamten Arbeitsgruppe aktiviert werden. Projektteamleiter oder Funktions- oder Programmbereichsleiter dirigieren normalerweise diesen Vorgang. Sie ermutigen die Teammitglieder dazu, ihre Ideen einzubringen und zu realisieren.

Manager, Direktoren und Vizepräsidenten

Eine wissenschaftliche Beaufsichtigung bieten: die vielversprechendsten Projekte und Produktkandidaten aussuchen

In der industriellen Grundlagenforschung sind letztlich die leitenden Teammitglieder für den Erfolg eines Programms verantwortlich. Sie übernehmen die Planung und geben die Ziele vor. Sie stellen sicher, dass die Programme wissenschaftlich sinnvoll sind, dass die Arbeit in Einklang mit den Firmenzielen steht und dass sich jeder Mitarbeiter an die Zeitvorgaben hält.

Führungskräfte stellen die vielversprechendsten Wissenschaftler ein und lassen sie ihr Bestes tun – und stehen als Ansprechpartner bereit, fungieren als Mentor, nehmen Anteil und feiern mit!

Die geeignetsten Leute aussuchen

Die leitenden Teammitglieder sind verantwortlich für die Teambildung, damit wissenschaftliche Probleme gelöst und Programmziele erreicht werden. Dabei müssen sie insbesondere darauf achten, dass die „Chemie" zwischen den Mitarbeitern stimmt. Nur so ist gewährleistet, dass die Teams reibungslos funktionieren.

Eine Umgebung schaffen, in der kreative Wissenschaftler gedeihen können

Die Suche nach medizinischen Wirkstoffen ist keine Fließbandarbeit. Hier existieren keine vorgeschriebenen Rezepte, die man befolgen kann – nur allgemeine Richtlinien. Wenn man möchte, dass Menschen Dinge auf eine neue Weise machen, dann muss man eine kreative Umgebung schaffen und den Wissenschaftlern die maximale Freiheit geben, innerhalb derer sie ihre Arbeit verrichten können.

Menschen führen

Führungskräfte sind dafür verantwortlich, Erwartungen klar zu übermitteln und den Wissenschaftlern die Ressourcen bereitzustellen, die sie für ihre Arbeit benötigen. Linienmanager sind auch an der Mitarbeiterentwicklung, den Jahresbeurteilungen, der Mitarbeitermotivierung und Teambildung beteiligt. Sie sind eine Art internes „Barometer", das Probleme des Projekts oder der wissenschaftlichen Arbeit anzeigt.

Eine Kultur zur gemeinsamen Ideenentwicklung schaffen

Eine Schlüsselverantwortung von Führungskräften ist es, eine Firmenkultur vorzugeben. Leitende Angestellte arbeiten daran, eine Umgebung zu schaffen, die den freien und offenen Ideenaustausch fördert. Die Teammitglieder sollten idealerweise keine Hemmungen haben, anderer Meinung zu sein als ihre Vorgesetzten, ohne eine Strafe fürchten zu müssen oder gedemütigt zu werden. Näheres dazu, siehe Kapitel 22.

Ein richtiges Team sollte immer mehr sein als die Summe seiner Mitglieder.

Wortführer für F & E (Forschung und Entwicklung)

Die leitenden Teammitglieder informieren die obere Führungsebene und ihre Mitarbeiter über die Ziele und das Vorankommen von Programmen. Weitere Aufgaben sind, Kooperationen mit anderen Abteilungen des Unternehmens auf den Weg zu bringen. Dazu gehören insbesondere die Bereiche Geschäftsentwicklung und Recht (mit dem Schwerpunkt geistiges Eigentum).

Außerbetrieblich referieren die ranghohen Mitglieder routinemäßig bei wissenschaftlichen Tagungen und Konferenzen. Sie führen Präsentationen durch und informieren Investoren und Berater über die aktuellsten Entwicklungen in der Firma.

Etatzuweisung und Portfolio-Management

Ranghohe Führungskräfte wählen die aussichtsreichsten Produktkandidaten aus, entscheiden, welche Projekte durchgeführt werden und weisen Mittel zu. Sie haben unter Umständen auch die Hauptverantwortung für die Entwicklung des Geschäftsbereichs Geistiges Eigentum und koordinieren Bewilligungsschreiben.

Business Development- und Allianzmanagement

Führungskräfte pflegen häufig Beziehungen zu der Geschäftsentwicklung (Business Development) und bahnen Forschungsallianzen mit anderen Firmen und Hochschullaboratorien an.

Dienst in der Öffentlichkeit

Manche ranghohen Forscher engagieren sich neben ihrer Arbeit noch in Expertenkomitees, nehmen an Podiumsdiskussionen teil und übernehmen Verantwortung als Herausgeber von Fachzeitschriften oder als Vorstandsmitglieder in verschiedenen Organisationen.

Ein typischer Arbeitstag in der industriellen Grundlagenforschung

Ein typischer Arbeitstag könnte etwas des Nachfolgenden beinhalten, je nach Ebene und Position des Betreffenden:

Laborforscher- und Wissenschaftler-Positionen

Vielen Menschen macht die Forschung Spaß – es ist, als ob man dafür bezahlt wird, jeden Tag im Sandkasten zu spielen!

- An der Laborbank arbeiten und aktiv experimentieren – geregelte Arbeitszeiten gibt es hier nicht.
- Gemeinsames interpretieren von Daten mit Laborkollegen und Schlussfolgerungen erörtern.

Führungspositionen

- An zahlreichen Tagungen teilnehmen. Dazu zählt auch, persönliche Einzelgespräche zu führen und intern darüber zu berichten. Tagungen, um bestimmte Themen zu erörtern, die sich mit Programmaspekten, Firmenzielen, Budgets und Strategien auf höchster Ebene befassen, Treffen mit Mitarbeitern anderer Firmen usw.
- Wissenschaftler und Teams führen, Verwaltungsangelegenheiten prüfen und administrative Aufgaben erledigen.
- Sich um persönliche Belange der Mitarbeiter kümmern, dazu gehören Karriereentwicklung, ein Mentor sein, Leistungsbewertung oder Konfliktlösung.
- An inner- oder außerbetrieblichen wissenschaftlichen Seminaren teilnehmen.
- Reisen; mit potenziellen Kunden oder Mitarbeitern sprechen oder auf nationalen wissenschaftlichen Tagungen referieren.
- Wissenschaftliche Fachzeitschriften lesen.

Gehalt und Vergütung

Die Grundlagenforschung rangiert im Vergleich zu anderen Laufbahnen in der Biotechnologie und Pharmaindustrie normalerweise am unteren Ende der Gehaltsskala. Die allgemeine Faustregel lautet: Je näher man an die Umsatzverantwortung heranrückt, umso höher wird man vergütet. Aus diesem Grund werden beispielsweise Angestellte in klinischen oder behördlichen Bereichen besser bezahlt. Im Allgemeinen erhalten auch Mitarbeiter in der Arzneimittelsicherheit, der Verfahrenschemie, dem Vertrieb, der Geschäftsentwicklung, den Rechtsangelegenheiten und dem Marketing höhere Gehälter. Die Gehälter in der Grundlagenforschung sind jedoch unter Umständen geringfügig höher als in der Herstellung, dem technischen Support und anderen Bereichen.

Ein Grund für die geringere Vergütung ist das Verhältnis von Angebot und Nachfrage: Forschung ist kein seltenes Handwerk und gute Wissenschaftler gibt es wie Sand am Meer. Die Forscher in der Industrie verdienen jedoch sehr viel mehr als jene an der Hochschule. Personen in Industriepositionen können doppelt so viel verdienen wie ihre Hochschulkollegen.

> Wissenschaftler werden im Allgemeinen durch die Wissenschaft selbst motiviert. Wenn man ihnen uninteressante, sinnlose Projekte gibt, gehen sie fort – ungeachtet des Geldes.

Wie wird Erfolg gemessen?

Der Erfolg als Forscher in der Industrie wird unter anderem danach bemessen, ob man die gesetzten Ziele rechtzeitig erreicht; kollegial, innovativ und fachkundig ist; ob man selbst die Initiative ergreift usw.

Für Forschungsabteilungen ist die Anzahl und Qualität der entwickelten Wirkstoffkandidaten ein Maß für den Erfolg. Ein weiteres Erfolgskriterium ist, ob man in der Lage ist zu erkennen, welche Projekte fortgesetzt und welche beendet werden müssen.

> Der Erfolg wird an drei Dingen gemessen: Wirkstoffe, Wirkstoffe, Wirkstoffe.

Das Für und Wider der Arbeit

Positive Aspekte einer Laufbahn in der industriellen Grundlagenforschung

- Es ist außerordentlich befriedigend, in einem teamorientierten Umfeld mit intelligenten, motivierten Menschen aus vielfältigen Fachgebieten zu arbeiten. Wenn man gemeinsame Aufgaben anpackt, entwickelt sich ein starker Kameradschaftssinn. Im Team lässt sich sehr viel mehr bewerkstelligen, als dies ein einzelner Forscher vermag.
- Es ist grundsätzlich befriedigend, an einem Projekt zu arbeiten, das der Menschheit von Nutzen ist. Man hat täglich das Gefühl, dass man an einer wirklich wichtigen Sache arbeitet.
- In der industriellen Grundlagenforschung gibt es große intellektuelle Herausforderungen und engen Kontakt zur anspruchsvollen

> Mit kreativen, intelligenten und enthusiastischen Menschen in einem Teamumfeld zusammenzuarbeiten, ist sehr bereichernd.

> Je mehr man über die Forschung und die Arzneistoffentwicklung lernt, desto mehr erkennt man, wie viel es zu lernen gibt.

Wissenschaft. Sie ist die ideale Kulisse für eine Laufbahn, in der man lebenslang lernt. Die Arzneimittelforschung ist ein komplexer, fesselnder Vorgang: ebenso eine Kunst wie eine Wissenschaft. Es gibt viele verschiedene Herangehensweisen; Innovation wird gefördert. Das tägliche Lösen schwieriger Aufgaben und die Umsetzung innovativer Ideen lassen keine Langeweile aufkommen.

- In der Hochschulforschung wird man häufig auf ein ziemlich begrenztes Wissenschaftsgebiet eingeschränkt; in der Industrie hingegen kann man an Dutzenden molekularen Zielstrukturen arbeiten und seine Interessen auf andere therapeutische Felder ausdehnen.

- Die Industrie hat Zugang zu den topaktuellen Technologie-Tools, großen Ressourcen und einer Infrastruktur, die große multidisziplinäre und teure Projekte wie das Human-Genom-Projekt ermöglichen. Solche großen Wissenschaftsprogramme sind an der Hochschule sehr viel schwieriger zu etablieren.

- Es kann befriedigend sein, große Projekte auf den Weg zu bringen und zu beobachten, wie sie sich weiterentwickeln. In der Industrie „dümpeln" Projekte nicht dahin; jene, die misslingen, werden rasch beendet. Während Hochschulforscher ein bestimmtes Thema vollständig verstehen wollen und auf ein grundlegendes Verständnis der Zusammenhänge zielen, legen Forscher in der Industrie ihren Schwerpunkt auf unmittelbarere Ziele. Ihre Forschungsbemühungen sollen konkrete Ergebnisse erbringen.

Die Forschung ist ein Umfeld, in dem Veränderung die einzige Konstante ist – es ist unmöglich, sich zu langweilen.

- Die Arbeit ist sehr vielfältig, und die Dinge ändern sich rasch. Die neueste Datenreihe kann tief greifende Auswirkungen auf ein Programm haben. Mit jedem Schritt, den ein Produkt auf dem Entwicklungsweg macht, können Überraschungen und neue Herausforderungen verbunden sein.

- Personen mit einem schwierigen Charakter haben in der Industrie beschränkte Möglichkeiten und werden in Führungspositionen häufig nicht geduldet; das Hochschulumfeld nimmt hingegen eine viel breitere Vielfalt an Persönlichkeiten auf.

- Die Forscher in der Industrie müssen keinen Fördergeldern nachlaufen, wozu ihre Hochschulkollegen genötigt sind. Kleine Firmen sind auf SBIR-Förderprogramme (*small business innovative research programm grant*; Förderung der Mittelstandsunternehmer-Forschung) angewiesen, aber sogar dann werden die Förderanträge oft von Beratern geschrieben.

Die möglicherweise unangenehme Seite der industriellen Grundlagenforschung

Entscheidungen innerhalb von Firmen werden nicht nur von der Wissenschaft beeinflusst.

- Wenn Geschäftsentscheidungen getroffen werden, dann muss man die sich daraus ergebenden Veränderungen verinnerlichen und unterstützen, auch wenn man ihnen nicht zustimmt. Beispielsweise müssen Projekte beendet werden, wenn sie wirtschaftlich nicht realisierbar sind, oder man ist gezwungen, eine Forschungsabteilung zu verkleinern, um die Betriebsmittel auf klinische Entwicklungsprogramme zu konzentrieren.

- Die Misserfolgsrate in der Forschung ist hoch. Sogar Projekte, die auf vielversprechender Wissenschaft basieren, werden beendet, wenn sie nicht finanzierbar sind. Misserfolge dieser Art und die daraus erwachsenden Konsequenzen können sehr frustrierend sein, nachdem man so viel Zeit und Anstrengungen investiert hat.

  Die hohe Misserfolgsrate von Projekten ist eine bedauerliche Tatsache des Forscherlebens.

- Die Zeiträume in der Forschung sind lang, und es kann schwierig sein, motiviert zu bleiben.
- Rechnen Sie mit langen Arbeitszeiten – 50 Wochenstunden in einer etablierten Firma und über 60 in einem neu gegründeten Unternehmen. Je nach Firmenkultur arbeiten Sie auch an Wochenenden.
- Sie müssen an vielen Besprechungen teilnehmen. Je höher Ihre Position ist, umso mehr Besprechungen und Papierkram fallen an.
- Jobs in der industriellen Grundlagenforschung sind von Natur aus unsicher. Abteilungen können unerwartet geschlossen werden und Entlassungen sind üblich, unabhängig von der Leistung eines Einzelnen (dennoch sind plötzliche Entlassungen zum Glück selten). Sobald bei kleinen Firmen Projekte in die Entwicklung gehen, folgen die Betriebsmittel. Ebenso kann eine Firmenfusion die Auflösung ganzer Forschungsteams mit sich bringen. Es kann passieren, dass man entlassen wird, obwohl man in einer erfolgreichen, aber unter einem schlechten Stern stehenden Abteilung arbeitet.

  In der industriellen Grundlagenforschung gibt es Entlassungen, ebenso Fusionen, Übernahmen und Umstrukturierungen.

- Es ist unwahrscheinlich, dass Sie für den Rest Ihres Lebens in einem bestimmten Wissenschaftsgebiet arbeiten, wie es an der Hochschule der Fall ist.
- In der Industrie erlangt man nicht leicht Selbstständigkeit und Unabhängigkeit. Die Arzneimittelentwicklung soll Gewinn abwerfen, deshalb werden Projekte aus wirtschaftlicher Sicht betrieben und nicht deshalb, weil sie interessant sind. Die Führung kann oft unberechenbare Entscheidungen treffen, und Sie haben keine Kontrolle darüber, woran Sie arbeiten.
- Menschen zu führen, ist schwierig, und mit manchen Teammitgliedern kann die Arbeit schwer fallen. Es erfordert Geschick, Menschen unangenehme Wahrheiten zu sagen.
- Sie haben unter Umständen nicht die Freiheit, Ihre wissenschaftlichen Ergebnisse zu publizieren, falls diese für ein Patent verwendet werden sollen oder die Wettbewerbssituation dies erfordert.

Die größten Herausforderungen des Jobs

Termingemäß und etatgerecht erfolgreich Produktkandidaten entwickeln

Projekte wachsen nicht auf Bäumen. Ihre Entwicklung erfordert über einen langen Zeitraum unerschütterlichen Fleiß.

Vielversprechende Arzneistoffkandidaten zu entwickeln und eine Marktzulassung zu erhalten, ist mühsam. Der Vorgang ist unglaublich komplex und kostspielig, und auf diesem Weg können viele Dinge schieflaufen. Es erfordert viel Erfahrung, Talent und Kreativität, innovative Erfolgsprodukte zu entwickeln. Wenn aber alles gut läuft und das Produkt auf den Markt kommt, dann ist es ein fantastisches Gefühl und der Mühe wert.

Menschen führen

Ein Umfeld, das Kreativität fördert, ist äußerst wichtig ... und es ist ebenso am schwierigsten zu handhaben.

Es mag so erscheinen, dass die größte Schwierigkeit bei der Arzneimittelentwicklung die Festlegung der wissenschaftlichen Richtung des Programms ist. Das beteiligte Personal zu führen, kann jedoch eine wesentlich größere Herausforderung sein. Es ist oft schwierig zu erreichen, dass eine Gruppe von Personen mit unterschiedlichen Fähigkeiten reibungslos in einem Team zusammenarbeitet. Dieses Problem tritt in weltweit operierenden Unternehmen mit Angestellten, die unterschiedliche kulturelle Hintergründe haben, verschärft auf.

Mit der Wissenschaft Schritt halten

Die Menge wissenschaftlicher Information ist riesig und wächst exponentiell. Auf dem Laufenden zu bleiben und herauszufinden, was wichtig ist, erfordert Zeit. Sie müssen sich zu lebenslangem Lernen verpflichten – andernfalls werden Sie schnell abgehängt.

Ethische Verantwortung – die finanzielle Realität im Vergleich zur Patientenverpflichtung

Die Ethik der Arzneistoffentdeckung und -entwicklung ist kompliziert. Jedes Mal, wenn man eine erfolgversprechende molekulare Zielstruktur ausgewählt hat und versucht, die Mittel für ein Projekt bereitzustellen, muss man die finanziellen Gegebenheiten der Produktentwicklung gegen die weltweiten medizinischen Bedürfnisse abwägen. Wenn ein Unternehmen sich entscheidet, ein Produkt zu entwickeln, das der Dritten Welt nützt, dem aber ein maßgeblicher Markt fehlt, dann geht es unter Umständen unter; in diesem Fall haben weder die Patienten noch die Aktionäre einen Nutzen. Andererseits senkt ein pharmazeutisches Nachahmerprodukt durch steigenden Wettbewerb die Arzneimittelkosten für die Verbraucher, verschafft den Aktionären eine Kapitalrendite und unterstützt möglicherweise finanziell weniger gewinnbringende Arzneimittel.

Sich in der industriellen Grundlagenforschung auszeichnen...

Die Arzneimittelforschung ist ein hartes Geschäft. Obwohl die Misserfolgsraten von Projekten hoch sind, sind manche Mitarbeiter bei der Arzneimittelentwicklung erfolgreicher als andere. Nachfolgend ist eine Liste mit Eigenschaften zusammengestellt, die für erfolgreiche Angestellte charakteristisch sind.

Ein wissenschaftlicher Führungsstil, der visionär und dennoch realistisch ist

Erfolgreiche Angestellte sind mit den vielen Abstufungen der Produktentwicklung vertraut. Sie zeichnen sich durch technisches Fachwissen, wissenschaftliche Kompetenz und umfangreiche Erfahrungen bei der Ermittlung von Arzneimittelkandidaten aus. Sie bringen wissenschaftliche und betriebswirtschaftliche Sichtweisen unter einen Hut und sind in der Lage, alle wichtigen Aspekte der Medikamentenentwicklung zu überblicken, um das große Ziel zu erreichen – die Zulassung eines Arzneimittels.

Passion und Ausdauer

Die Entwicklung von Arzneimitteln braucht Zeit, da es während des Prozesses ständig zu Behinderungen kommt. Dazu gehören auch technische Probleme und Druck von der Firma. Erfolgreich sind diejenigen, die die nötige Ausdauer mitbringen und engagiert genug sind, das Projekt auch in schwierigen Zeiten voranzubringen.

Außergewöhnliche Unternehmensführung

Ein wichtiger Aspekt bei der Führung einer wissenschaftlichen Firma ist es, ein kreatives Umfeld zu schaffen, in dem talentierte Wissenschaftler ihre bestmögliche Arbeit leisten können und sich respektiert fühlen. Erfolgreiche Führungspersönlichkeiten wissen, wie man den Fortschritt fördert, hohe wissenschaftliche Standards einhält und motivierte erstklassige Mitarbeiter behält.

Ein außergewöhnlicher Führungsstil gibt Wissenschaftlern die Freiheit zur Innovation.

Das Konzept des „lebenslangen Lernens" begrüßen

Außergewöhnliche Wissenschaftler behandeln jede neue Information als eine Chance zu lernen und zu wachsen. Sie verinnerlichen die Infor-

In der Vergangenheit hat der glückliche Zufall bei der Arzneimittelforschung und -entwicklung eine große Rolle gespielt.

mation und integrieren sie in ihren Wissenspool. Der Weg der Arznei-stoffentwicklung ist selten klar und einfach: Es hat sich beispielsweise herausgestellt, dass ein Lipidsenker gegen Krebs aktiv ist (Raloxifen), und ein Produkt, das man ursprünglich für Herzkreislauferkrankungen entwickelt hat, wurde das führende Produkt gegen erektile Dysfunktion (Viagra). Wissenschaftler, die sich lebenslanges Lernen zueigen gemacht haben, sind besser auf zufällige Entdeckungen vorbereitet.

Sind Sie ein guter Anwärter für die Forschung?

Menschen, die in der Forschung zur Entfaltung kommen, haben meist die folgenden Eigenschaften:

Einen soliden Forschungshintergrund

Ein guter Forscher sagt einem, was das Problem ist – ein großartiger Forscher löst das Problem spielend.

Sie sollten eine solide wissenschaftliche Grundlage haben und eine Liebe zur Forschung. Gute Wissenschaftler sind aufmerksam, objektiv, gut informiert über ihr Gebiet und in der Lage, die richtigen Fragen zu stellen. Meist haben sie sich schon früh in ihrer Laufbahn durch forscherisches Geschick hervorgetan. Wenn Sie in die Unternehmens-führung aufsteigen möchten, dann müssen Sie zuerst Glaubwürdigkeit erwerben. Das geht am besten, indem Sie ein guter Wissenschaftler sind und zeigen, dass Sie Menschen betreuen und wissenschaftliche Programme erfolgreich durchführen können.

Eine kollegiale Haltung und die Fähigkeit, in Teams zu arbeiten

Forschung ist in der Regel Teamarbeit (Kapitel 2, Team-Player). Um erfolgreich zu sein, sollten Sie gut in Teams arbeiten können. Dazu gehört, dass Sie in Ihren Handlungen aufrichtig sind, rücksichtsvoll und respektvoll. Sie sollten außerdem bereit sein zu Verhandlungen und Kompromissen, Ihr Wissen zu teilen, und schwierige Aufgaben in Angriff zu nehmen. In der Industrie gibt es nicht so viele individuelle Auszeichnungen wie an der Hochschule, deshalb müssen Sie als Gruppenmitglied Erfolge teilen. Sie sind unter Umständen gezwungen, zum Nutzen des gesamten Teams sich über Ihr eigenes Ich hinwegzusetzen.

Zähigkeit und Ausdauer

Ein hohes Maß an Energie, Mut, Ausdauer und Zähigkeit unterscheiden in der Forschung den Guten vom Großartigen.

Die Zeiträume in der Forschung sind lang. Die Anstrengungen von der Idee bis zum fertigen Produkt können zehn Jahre oder länger dauern, deshalb müssen Sie in der Lage sein, lange an einem Thema zu arbeiten, ohne die Motivation zu verlieren.

Die Fähigkeit, Frustration und Enttäuschung zu ertragen

Ein übliches Szenario in der industriellen Wissenschaft geht so: Sie haben mehrere Jahre Zeit und Energie in ein Projekt gesteckt und erhalten schließlich von einem Mitarbeiter der Toxikologieabteilung die Information, dass das Projekt beendet wird. Dies kommt häufiger vor, als man denkt und kann schwer zu akzeptieren sein. Obwohl es natürlich ist, sich in ein langjähriges Projekt intellektuell und emotional einzubringen, müssen Sie in der Lage sein, mit der Enttäuschung umzugehen und sich ohne Verbitterung dem nächsten Projekt zuzuwenden.

Breites Wissen

Forscher arbeiten im Allgemeinen in mehreren Forschungsgebieten und haben Projekte in verschiedenen Entwicklungsphasen.

Die Fähigkeit, in einem zielorientierten, zeitlimitierten Forschungsumfeld zu arbeiten

Die Forschung ist produktorientiert. Sie müssen sich dabei wohl fühlen, im Rahmen von Zeitplänen zu arbeiten und ein fortwährendes Gefühl von Dringlichkeit auszuhalten.

Ein offenes Ohr für Feedback haben

Es ist wichtig, dass Sie lernen, mit Ihrem Betreuer auszukommen. Dazu gehört, dass Sie positives und negatives Feedback ertragen können. Sie sollten sich ebenfalls mit der Tatsache anfreunden, dass Ihr Gehalt und Ihre Beförderungen direkt daran geknüpft sind, *wie* Sie Ihr Ziel erreichen und nicht nur, ob Sie Ihr Ziel erreichen und wie Sie mit Ihren Kollegen umgehen.

Hervorragende Fähigkeiten, Aufgaben zu lösen und zu analysieren

Um innovative Lösungen zu finden, ist kritisches Denken in Verbindung mit Intelligenz, Energie und Optimismus nötig.

Führungsfähigkeiten (für die Führungslaufbahn)

Führungskräfte müssen die Fähigkeiten anderer Personen respektieren, gut delegieren und erkennen können, was Menschen motiviert. Sie müssen verstehen, wie man Angestellte motiviert und „bei der Stange hält", indem sie sie fordern und ein anregendes Umfeld schaffen.

Eine flexible Haltung

Häufig versucht ein Team gemeinsam die beste wissenschaftliche Vorgehensweise zu finden, allerdings erscheint der Weg nach vorn für gewöhnlich verschwommen. Sie müssen flexibel genug sein, Ihren Kollegen unvoreingenommen zuzuhören. Außerdem ist es wichtig zu begreifen, dass, nachdem Entscheidungen getroffen wurden, die Veränderungen akzeptiert werden müssen, auch dann, wenn Sie anderer Meinung sind.

Ausgezeichnete kommunikative Fähigkeiten

In der Forschung ist es wichtig, dass man gut schreiben und reden kann. Andere über Forschungsergebnisse zu unterrichten, ist ebenso wichtig, wie die Experimente durchzuführen.

Ein Drang zum Erfolg

Manche Menschen sind zufrieden, als Teil eines Teams zu arbeiten, wohingegen andere danach streben, Vizepräsident oder Generaldirektor zu werden. Es ist wichtig, dass Sie früh in Ihrer Laufbahn entscheiden, wie Sie Erfolg definieren und festlegen, was Sie tun müssen, um Ihre Ziele zu erreichen.

Die Fähigkeit, zu beurteilen, wie lange Experimente dauern werden

Mit mehr Erfahrung wird es einfacher, längere Zeiträume und komplexere Projekte abzuschätzen. Während Einstiegswissenschaftler mit dem B. Sc. oder M. Sc. nur kurze Zeiträume überblicken können, sind erfahrene Forscher auf Ph.-D.-Niveau in der Lage, Monate und Jahre im Voraus zu planen.

Intellektuelle Ehrlichkeit

Es ist wichtig, dass man Daten objektiv interpretiert, auch wenn die Schlussfolgerungen nicht das sind, was man erwartet hat.

Sie sollten eventuell eine Laufbahn außerhalb der Forschung in Betracht ziehen, falls Sie ...

- sich gerne mit Kleinigkeiten aufhalten und unfähig sind zu delegieren (gilt vor allem für Führungspositionen).
- eine akademische Primadonna sind, die nicht gewillt ist, ihr intellektuelles Wissen zu teilen oder anderen Anerkennung zu zollen.
- nur daran interessiert sind, hochwertige topaktuelle wissenschaftliche Publikationen zu veröffentlichen.
- unfähig sind, im Team gut zu arbeiten.

- jemand sind, der Kritik persönlich nimmt.
- nur oberflächlich an der Forschung interessiert sind; ein Wissenschaftler, dem die Leidenschaft oder der gesunde Menschenverstand fehlt.
- unfähig sind, sich an die Firmenkultur und die Dynamik der Industrie anzupassen.
- hauptsächlich am Geld verdienen interessiert sind.
- jemand sind, der Trends nachgeht und nicht kritisch und unabhängig denkt.
- hoffen, Entscheidungen und Verantwortung vermeiden zu können.
- desorganisiert oder unachtsam sind.
- nicht gewillt sind, die Initiative zu ergreifen oder hart zu arbeiten.
- jemand sind, der eine sofortige Belohnung braucht.
- jemand sind, der grundlegende wissenschaftliche Fragen untersuchen möchte, ohne Rücksicht auf deren wirtschaftlichen Wert.

Das Karrierepotenzial in der industriellen Grundlagenforschung

Forscher können in den Rang von wissenschaftlichen Leitern oder Vizepräsidenten der Forschung und Entwicklung aufsteigen und manchmal sogar in Geschäftsführerpositionen (Abb. 7.2). Es gibt zahlreiche Möglichkeiten, sich innerhalb der industriellen Grundlagenforschung weiterzuentwickeln – sie ist ein Sprungbrett für praktisch jede Laufbahn in der Biotechnologie. Wissenschaftler können in andere Bereiche der Arzneistoffentdeckung und -entwicklung überwechseln; dazu gehören die präklinische Forschung, das Projektmanagement, die klinische Entwicklung, Behördenangelegenheiten und die Qualitätskontrolle. Auf der betriebswirtschaftlichen Seite sind Applikationswissenschaftler (*field application scientist*), die Geschäftsentwicklung (Business Develop-

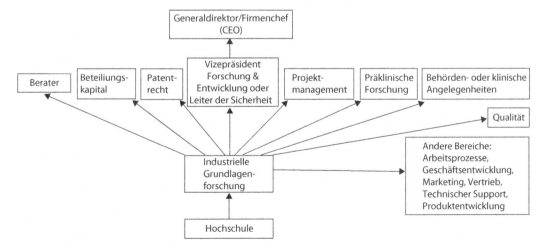

Abb. 7.2 *Übliche Karrierewege in der industriellen Grundlagenforschung.*

ment), das Patentrecht, Risiko- oder Beteiligungskapital (Venture Capital), Marketing und technischer Support übliche Karriereoptionen.

Das Projektmanagement ist eine besonders attraktive Laufbahn für Wissenschaftler, die aus dem Labor heraus wollen. Projektmanagement erfordert die Fähigkeit, die Grundlagen der Wissenschaft zu verstehen und Forschungsprojekte in Entwicklungsprogramme zu überführen. Wissenschaftler, die für die Forschung ausgebildet sind, sind auch für die Personalabteilung geeignet, indem sie z. B. Personal rekrutieren oder Versorgungsprogramme leiten.

Jobsicherheit und Zukunftstrends

Seinen Marktwert als Arbeitnehmer zu erhalten ist keine Aufgabe der Firma – sondern eine persönliche Pflicht des Mitarbeiters.

Die großen, etablierten Firmen bieten normalerweise eine höhere Arbeitsplatzsicherheit, weil sie über umfangreichere Ressourcen verfügen, um misslungene Produkte und Rückschläge zu verkraften. In neu gegründeten Firmen ist die Jobsicherheit gering. Fortwährendes Lernen ist unerlässlich, um sich dauerhaft in dieser Branche zu behaupten: Wenn sich die Dinge ändern, dann müssen Sie sich mit ihnen ändern.

Obwohl es momentan so aussieht, als ob eine Schwemme von Promovierten über die Biowissenschaften hereinbricht, besteht weiterhin eine starke Nachfrage nach bestimmten Eigenschaften und Erfahrungen. Die größte Nachfrage herrscht derzeit in der Pharmakologie (besonders in der *in vivo*- und der integrativen Pharmakologie), Toxikologie, Enzymologie, medizinischen Chemie und organischen Chemie. Auch talentierte Forschungsmitarbeiter und ranghohe Führungskräfte (*senior level*) mit überdurchschnittlichen Führungs- und Leitungsqualifikationen werden gesucht.

Es scheint, dass in den Vereinigten Staaten von Amerika die Zahl der verfügbaren Forschungspositionen abnimmt. Für dieses Phänomen gibt es zahlreiche Erklärungen: Risikokapitalanleger stellen in geringerem Umfang neu gegründeten Firmen Mittel zur Verfügung; Firmen reduzieren oder stellen Forschungsprogramme ein, um Geld zu sparen, zugunsten von Projekten in der klinischen Entwicklung; Jobs wandern ins Ausland ab; Firmenfusionen nehmen zu und die Zahl der Jobs ab.

Einen Job in der Forschung bekommen
Erwünschte Ausbildung und Erfahrungen

Industrieerfahrung zu haben ist ein großes Plus – die Lernkurve ist für diese Personengruppe weniger steil.

Die meisten Personen, die eine Forschungslaufbahn beginnen, verfügen über einen Bachelor- oder Master-Grad, sind Arzt (M. D., *Medical Doctor* [Anm. d. Übers.: entspricht dem Staatsexamen in Medizin]) oder promoviert (Ph. D.) (Abb. 7.2). Jene mit einem Bachelor- oder Master-Abschluss beginnen als Forschungsmitarbeiter und steigen in gehobene Forschungspositionen auf. Es besteht jedoch eine „unsichtbare Barriere", und nach sechs bis sieben Jahren werden Forscher ohne höhere akademische Abschlüsse wahrscheinlich nicht weiter aufsteigen können. Viele beginnen in der Industrie als Forschungsmitarbeiter und kehren zur Hochschule zurück, um zu promovieren. Dann kommen sie oft in die Industrie zurück und verfügen über eine ausgezeichnete Mischung von Qualifikationen: der höhere Hochschulabschluss *und* die Industrieerfahrung.

Drei oder vier Jahre Industrieerfahrung ist die ideale Voraussetzung, um sich für eine Wissenschaftlerposition zu bewerben. Ungeachtet der Ausbildung beginnen Einstiegsakademiker auf niedrigeren Hierarchieebenen als Personen mit mehr Erfahrung. Wenn man mit einem Bachelor-Abschluss eine Position als Forschungsmitarbeiter bekommen möchte, ist es ratsam, schon vor dem Abschluss Laborerfahrung zu sammeln.

Promovierte Chemiker, die direkt von der Hochschule kommen, können sich gewöhnlich sofort auf Jobs bewerben, wohingegen man von Biologen erwartet, dass sie mindestens zwei Jahre Postdoc-Erfahrung haben, bevor sie eine Stelle in der Industrie antreten.

Wege in die industrielle Grundlagenforschung

- Wenn Sie an der Hochschule ein Laboratorium aussuchen, in dem Sie arbeiten wollen, stellen Sie sicher, dass es sich um ein begehrtes Gebiet der Biotechnologie und Arzneimittelforschung handelt, das für menschliche Krankheiten von Bedeutung ist.
- Machen Sie in Ihrer Postdoktorandenzeit etwas, das sich von dem unterscheidet, was Sie vorher gemacht haben. Dies zeigt Flexibilität und die Bereitschaft, schwierige Aufgaben in Angriff zu nehmen und neue Fertigkeiten zu erwerben.
- Lernen Sie, wie man knappe, prägnante und professionelle Präsentationen durchführt. Lernen Sie, wie man stimmige, zuhörerfreundliche Folien erstellt und wie man innerhalb einer zugewiesenen Zeit redet.
- Veröffentlichen Sie so viel wie möglich und lassen Sie möglichst viel patentieren. Die Einstellungsleiter achten auf Veröffentlichungen in begutachteten Fachzeitschriften. Die Fähigkeit zu publizieren ist ein handfestes Zeugnis Ihrer Produktivität, Zielorientiertheit und Tüchtigkeit auf Ihrem Gebiet.
- Zeigen Sie sich in der Wissenschaftsgemeinde. Nehmen Sie aktiv an Tagungen und Symposien teil und werden Sie Mitglied von Berufsorganisationen.
- Knüpfen Sie bei Tagungen Netzwerke mit Personen in der Industrie. Lernen Sie diese kennen; fragen Sie wer einstellt und wer entlässt.
- Sprechen Sie mit der örtlichen Hochschulfakultät über Jobchancen. Oft dienen die Hochschulen als Firmenberater; sie kennen unter

Umständen Firmen, die Mitarbeiter suchen und verschaffen Industriekontakte.

- Finden Sie einen Mentor in der Industrie, der gewillt ist, Sie während der Arbeitssuche und des Vorstellungsprozesses zu betreuen und vielleicht auch danach.
- Machen Sie sich bei biotechnologischen und pharmazeutischen Kontaktgremien bekannt oder nehmen Sie an industriellen Kontaktprogrammen Ihrer Universität teil.
- Bewerben Sie sich für Sommerpraktika und als Postdoktorand bei Firmen. Sie bilden ein Netzwerk und verschaffen sich aus erster Hand eine Vorstellung von der Arbeit in der Industrie. Bewerben Sie sich für Sommerpraktika gegen März oder April auf der Website der Firmen.
- Finden Sie über Personalfirmen einen befristeten Arbeitsvertrag, um die ersten Erfahrungen als Einstiegsakademiker zu machen. Wenn Sie ins Team passen und Ihre Arbeitsleistung gut ist, dann werden Zeitstellen oft zu Dauerstellen.
- Verbessern Sie Ihre Computerkenntnisse. Sammeln Sie Erfahrung mit Programmen wie Word, PowerPoint und Excel. Diese Fertigkeiten sind unerlässlich und können bei der Arbeit erlernt werden, aber man erwartet von Ihnen, dass Sie bereits damit vertraut sind.
- Erlernen Sie nichttechnische Fertigkeiten, wie etwa Team- und Projektmanagement, erfolgreiches Schreiben und Entscheidungsfindung. Sie werden früh in Ihrer Laufbahn mit Führungsverantwortung betraut, und Unterricht in effektiver Führung und Leitung wird sich als wertvoll erweisen.

Karrieretipp: Gehen Sie von groß zu klein.

- Erwägen Sie bei großen Firmen zu beginnen, bevor Sie zu kleineren wechseln. Die Arbeit in einer neu gegründeten Firma kann sehr lohnend sein, aber große Firmen haben sehr viel mehr Programme, bei denen Sie in allen Phasen der Arzneimittelentwicklung und in vielen therapeutischen Bereichen Erfahrungen sammeln können.

Einstellungsleiter suchen nach Leuten, die enthusiastisch sind und begierig ihre Arbeit verrichten – nicht nach „9-bis-17-Uhr-Typen".

- Das Vorstellungsgespräch in der Industrie ist anders als an der Hochschule. Zeigen Sie während des Gesprächs ein aktives Interesse an der Stelle – seien Sie nicht passiv oder distanziert. Seien Sie energisch und sagen Sie, wie sehr Sie die Stelle möchten und wie großartig Sie die Firma finden. Dies bewegt wirklich etwas. Wenn Sie Ihr Interesse nicht zum Ausdruck bringen, ist der Einstellungsleiter weniger geneigt, Sie einzustellen.
- Gehen Sie zu Firmen, die sowohl wissenschaftliche als auch Managementlaufbahnen bieten. Versuchen Sie in Firmen hineinzukommen, die über eine robuste wissenschaftliche Karriereleiter verfügen.
- Fragen Sie beim Vorstellungsgespräch nach der Publikationspolitik. Die besten Firmen haben eine umfangreiche Publikationsliste, aber manche gestatten Wissenschaftlern nicht zu publizieren.

- Erkundigen Sie sich beim Vorstellungsgespräch über die Firmenkultur; sie kann sich von Firma zu Firma grundlegend unterscheiden. Hierarchische Führungsstile, bei denen die Wissenschaftler
  beispielsweise wie Zähne eines großen Zahnrads behandelt werden,
  ziehen nicht die besten Köpfe an. Bitten Sie darum, mit leitenden
  Angestellten und Wissenschaftlern Gespräche führen zu dürfen, und
  verschaffen Sie sich einen Eindruck davon, wie glücklich diese sind,
  wie zufrieden sie mit ihrem persönlichen Entscheidungsspielraum
  sind und ob sie sich respektiert fühlen. Um mehr über die Beurteilung der Firmenkultur zu erfahren, siehe Kapitel 3.

Empfohlene Schulung, Berufsverbände und Quellen

Kurse und Nachweisprogramme

Kurse in:
Arzneistoffentwicklung und klinische Prüfungen
Aspekte der Forschung
Grundlagen der Finanzen und Betriebswirtschaft
Führungs- und Leitungsschulung
PowerPoint und fortgeschrittenes Excel
Projektmanagement

Gesellschaften und Quellen

Die meisten Berufsverbände erstellen auf ihren Websites Tagungsankündigungen und Jobangebote.
DECHEMA Gesellschaft für Chemische Technik und Biotechnologie e.V. (www.dechema.de). Die DECHEMA bietet Kurse, Ausstellungen und Fachnetzwerke an.
Biocentury (www.biocentury.com). Biocentury bietet Informationen zur Biotechnologie und Industrie an.
Kontaktstelle für Information und Technologie (www.kit.uni-kl.de). Dienstleistungszentrum der TU Kaiserslautern mit Veranstaltungen und Informationen für Wirtschaft und Wissenschaft.
Apothekenberufe (www.apothekenberufe.de). Jobs rund um die Gesundheit.
Stepstone – Pharma, Biotech & Medizin (www.pharma-medizin-jobs. stepstone.de). Stellenangebote.
The Society for Biomolecular Sciences (Gesellschaft für Biomolekulare Wissenschaft; www.sbsonline.org)
Biospace (www.biospace.com) und Biotechnology Industry Organization (BIO; www.bio.org) listet wissenschaftliche Tagungen und Stellenausschreibungen.
Jobchancen werden in den Fachzeitschriften *Nature* und *Science* sowie in anderen Fachzeitschriften bekannt gegeben.
Tufts Center for the Study of Drug Development (Tufts-Zentrum zur Untersuchung der Arzneistoffentwicklung; http://csdd.tufts.edu)

Fachzeitschriften

Nature Reviews Drug Discovery. Diese Zeitschrift wird häufig als die führende Kompetenz der Arzneistoffentdeckung empfohlen.
Nature
Nature Biotechnology
Science

Journal of Medical Chemistry
Current Opinion in Investigational Drugs
Drug Discovery Today
Journal of Pharmacology and Experimental Therapeutics
The Scientist

Bücher

Cohen C, Cohen S (2005) Lab dynamics: Management skills for scientists. Cold Spring Harbor Laboratory Press, Cold Spring Harbor, New York

Medawar PD (1979) Advice to a young scientist. Alfred P Sloan Foundation Series, Harper and Row, New York

Sapienza A (2004) Managing scientists: Leadership strategies in scientific research. Wiley-Liss, Hoboken, New Jersey

Freie Online-Abonnements

Fierce BioResearcher (www.fiercebioresearcher.com)
Fierce Biotech (www.fiercebiotech.com)
BioSpace (www.biospace.com): Melden Sie sich für deren tägliche „GenePool"-E-Mails an.

8 | Präklinische Forschung

Die Brücke zwischen der industriellen Grundlagenforschung und der klinischen Entwicklung

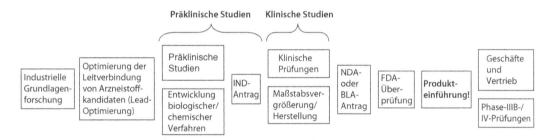

Wenn Ihnen die Grundlagenforschung Spaß macht, Sie aber gerne produktorientiert arbeiten, dann wären präklinische Untersuchungen vielleicht etwas für Sie. Die präklinische Forschung verbindet die spannende Tätigkeit als Forscher mit der Befriedigung, die aus der praktischen Umsetzung der Forschungsergebnisse resultiert. Biologen, Chemiker, Toxikologen und Pharmakologen finden hier interessante Betätigungsfelder zwischen Grundlagenforschung und klinischer Entwicklung.

Die präklinische Forschung befasst sich mit der Weiterentwicklung von Arzneistoffen aus der Grundlagenforschung zu brauchbaren klinischen Therapeutika.

Die Bedeutung der präklinischen Forschung in der Biotechnologie ...

Das Ziel der industriellen Grundlagenforschung ist es, Kandidaten für Arzneimittel zu finden, zu synthetisieren und zu charakterisieren. In der klinischen Entwicklung werden die Arzneistoffkandidaten auf ihre Sicherheit und Wirksamkeit am Menschen hin überprüft. Da klinische Prüfungen außerordentlich kostspielig sind, ist es wichtig, die Kandidaten zu finden, die höchstwahrscheinlich erfolgreich sind. Aufgabe der präklinischen Forschung ist es, die klinischen Risiken zu minimieren. Dies geschieht durch Untersuchungen an menschlichen Gewebszellen und durch Tierversuche. Erst wenn diese erfolgreich abgeschlossen sind, beginnen die klinischen Tests.

Es ist besser, die negativen Eigenschaften eines Arzneistoffkandidaten zu kennen, bevor man zu klinischen Prüfungen übergeht.

Es kommt billiger, wenn man offene Fragen in der präklinischen Phase der Entwicklung klärt, anstatt in der klinischen Phase.

In den ersten Phasen der Arzneimittelentwicklung wird eine große Anzahl von Molekülen mit einigen wenigen, leicht durchzuführenden Tests überprüft. Während der präklinischen Phase werden die so vorselektierten Arzneistoffkandidaten mithilfe eines Arsenals an *in vitro*- und *in vivo*-Tests entsprechend den Standards der Guten Laborpraxis (GLP) intensiver untersucht. Vorläufige Sicherheits- und Wirksamkeitsprüfungen schließen sich an, um festzustellen, ob der im Tiermodell ermittelte therapeutische Index den Weg in die Klinik rechtfertigt. Die während der präklinischen Untersuchungen gesammelten Daten fließen letztlich in den IND-Antrag ein, der bei der FDA, der Europäischen Arzneimittelagentur (EMEA) oder dem Bundesinstitut für Arzneimittel und Medizinprodukte (BfArM) eingereicht wird. Der IND-Antrag ist ein Gesuch zur Genehmigung von *First-in-Human*-Prüfungen (die klassische erste Anwendung eines neuen Arzneimittels beim Menschen) der Phase I.

Berufslaufbahnen in der präklinischen Forschung

Obwohl sich die Organisationsstrukturen von Firmen enorm unterscheiden, umfasst die präklinische Forschung normalerweise vier Hauptdisziplinen: Pharmakokinetik, Toxikologie, Pharmakologie und Chemie. Die translationale Medizin und die Versuchstierwissenschaft gehören manchmal auch noch dazu.

Stoffwechsel und Pharmakokinetik, ADMET und DMPK

Forscher in der Präklinik untersuchen einerseits, was der Arzneimittelwirkstoff im Körper macht (Pharmakodynamik; Sicherheit und Wirksamkeit) und andererseits, was der Körper mit dem Arzneistoff anstellt (Pharmakokinetik; ADMET und DMPK).

Um als Kandidat in die klinische Entwicklung zu gelangen, muss ein potenzieller Arzneistoff ein gutes „ADMET"-Profil aufweisen. ADMET steht für **A**bsorption, Verteilung (*distribution*), **M**etabolismus, Ausscheidung (*excretion*) und **T**oxizität. Präklinische Forscher, die ADMET oder DMPK (*drug metabolism and pharmakokinetics*, Arzneistoffmetabolismus und Pharmakokinetik) untersuchen, erforschen, was im Körper mit dem Arzneistoff geschieht. Wenn beispielsweise ein Wirkstoff zu rasch vom Körper ausgeschieden wird, dann reicht die Zeit nicht aus, damit er seine therapeutische Wirkung entfalten kann. Wenn er andererseits zu lange im Körper verbleibt, dann reichert er sich unter Umständen an und verursacht toxische Nebenwirkungen. Wissenschaftler untersuchen außerdem, ob die Abbauprodukte des Arzneistoffs (die Metaboliten) giftig sind oder zusätzliche Wirkungen haben. Sie versuchen herauszufinden, wie sich der Wirkstoff im Körper verteilt, um sicherzugehen, dass er seinen vorgesehenen Wirkort auch erreicht. Um all diese Eigenschaften zu bestimmen und die optimale therapeutische Dosis in Tieren und letztlich im Menschen zu ermitteln, werden Tiermodelle und Gewebezellkulturen eingesetzt. Einige Wissenschaftler arbeiten hierbei mit Chemikern zusammen, um die Arzneistoffkandidaten zu modifizieren und deren ADMET-Profile zu optimieren.

Toxikologie, Evaluierung der Arzneimittelsicherheit und Pathologie

Gewebeschäden und der relative Sicherheitsbereich eines Wirkstoffs werden an Tieren untersucht. Dies geschieht, um die Dosis für den Menschen abschätzen zu können und mögliche Nebenwirkungen und Gefahrenindikatoren zu ermitteln, die die Krankenhausärzte kennen sollten, wenn sie die Prüfungen am Menschen durchführen. Diese Erkenntnisse werden auch dazu verwendet, das „therapeutische Fenster" des Arzneistoffs zu bestimmen. Unter dem therapeutischen Fenster versteht man im Grunde das Risiko-Nutzen-Verhältnis. Im Klartext: Welche Menge des Arzneistoffs wird für die erwünschte therapeutische Wirkung benötigt, und ab welcher Dosis beginnt die Toxizität.

Pharmakologie

Im Rahmen von pharmakologischen Untersuchungen werden die Arzneimittelkandidaten in geeigneten Tier- und Zellmodellen getestet, um sie weiterzuentwickeln und näher zu beschreiben. Aufgrund der Ergebnisse können die Wissenschaftler in der Präklinik abschätzen, wie der Wirkstoff mit den molekularen Zielstrukturen im Menschen in Wechselwirkung treten wird.

Die *in vitro*- oder molekulare Pharmakologie (auch zelluläre Pharmakologie genannt) beinhaltet Untersuchungsmethoden, um die Wirkung von Arzneimitteln auf Zellen zu ermitteln, wie etwa Rezeptor-Bindungs-Tests, zellbasierte Funktionstests, Calciumausstrom-Tests und viele andere. Je nach Beschaffenheit der Zielstruktur, auf die der Arzneistoff abzielt, kommen Hunderte verschiedener Testtypen infrage. Die *in vivo*-Pharmakologie konzentriert sich auf Experimente, die am lebenden Tier durchgeführt werden.

Die Pharmakodynamik untersucht die Interaktion eines Arzneistoffs mit den molekularen Zielstrukturen im Körper sowie die Kinetik seiner Aktivität: Gelangt der Arzneistoff an seinen Wirkort im erkrankten Gewebe, hemmt er sein Zielmolekül, und wie lange macht er das?

Translationale Forschung und Medizin

Die translationale Medizin umfasst die Schritte von der präklinischen Forschung bis einschließlich der ersten klinischen Prüfung sowie die Einreichung des IND-Antrags (*investigational new drug applications*, Untersuchungen zur Anwendung neuer Arzneistoffe) bei der FDA oder EMEA. Im Detail beinhaltet dies die Entwicklung analytischer Methoden, ADMET, Toxikologie, die Ermittlung des Dosierungsbereichs, pharmakologische Prüfungen und präklinische Toxizitätsuntersuchungen.

Auch die Bestimmung und Entwicklung von Tests für biologische Marker (z. B. Protein- und RNA-Spiegel, psychometrische Tests usw.)

kann dazu gehören. Biomarker werden unter anderem verwendet, um Patienten auszuwählen, die mit großer Wahrscheinlichkeit auf eine Therapie ansprechen, und um festzustellen, ob die Behandlung in den Patienten funktioniert. Die translationale Medizin kommt auch innerhalb der Abteilung Klinische Entwicklung vor (Kapitel 10).

Versuchstierwissenschaft und Tierschutz

In manchen Firmen gibt es unter Umständen eine Abteilung, die sich speziell mit der Beschaffung und Pflege von Tieren für die präklinische Forschung befasst.

Chemische Fertigung, Kontrollen (CMC) und biologische Präparate

Ein neuer Wirkstoff muss modifiziert werden, sodass er im Körper genau so lange überlebt, um seine optimale Wirkung zu erzielen.

Die meisten Firmen haben eine eigenständige CMC(*chemistry manufacturing and controls*)-Gruppe, manchmal ist diese aber auch Bestandteil der präklinischen Abteilung. In dieser Gruppe optimieren Chemiker das ADMET-Profil eines Wirkstoffs, indem sie dessen Struktur und Rezeptur abwandeln. CMC beinhaltet mehrere Arbeiten, die für die IND-Anträge erforderlich sind: chemische Entwicklung, Pharmazie und Analytik. Bei Firmen, die biologische Präparate entwickeln, entwirft und optimiert eine spezielle Entwicklungsabteilung biologische Techniken zur Erstellung von Zelllinien, um die Ergebnisse aus Zellkulturen übertragbar zu machen, zur Reinigung und für analytische Tests. Diese Abteilungen werden im Kapitel „Biologische/Pharmazeutische Produktentwicklung" näher beschrieben (Kapitel 15).

Präklinische Aufgaben und Kompetenzen

Charakterisierung der Arzneistoffkandidaten

Die vorrangige Aufgabe präklinischer Untersuchungen ist es, die Kandidaten der Arzneistoffentwicklung „in die Mangel zu nehmen".

Die präklinische Forschung befasst sich in erster Linie mit neuen Arzneistoffkandidaten, um zu ermitteln, ob sie für die Klinik infrage kommen. Die Kandidaten und ihre Metaboliten werden im Tiermodell und in Gewebekulturen beurteilt und charakterisiert, und die erhaltenen Informationen dazu verwendet, die beim Menschen maximal tolerierbare Dosis zu ermitteln. Auf diese Weise kann man das Verhalten des Wirkstoffs in den klinischen Prüfungen vorhersagen. Präklinische Forscher arbeiten auch daran, die Ausbeute der Arzneimittelsynthesereaktionen zu optimieren, die Produktkosten zu minimieren und die beste Rezeptur zu finden.

Die Evaluierung der vielversprechendsten Arzneistoffkandidaten

Schätzungsweise 2–10 % der Arzneistoffkandidaten schaffen es in die klinische Entwicklung, und nur ein kleiner Bruchteil davon gelangt als Medikament auf den Markt. Deshalb müssen Entscheidungen darüber, welche Kandidaten vorangebracht werden, sorgfältig getroffen werden. Während der präklinischen Phase der Arzneimittelentwicklung ringen der Führungsstab und ausgewählte Fachleute um die Vor- und Nachteile einzelner Produkte und beurteilen die möglichen Fallstricke. Zu den Kriterien gehören unter anderem, ob der Wirkstoff eine wichtige medizinische Nische besetzt und Marktpotenzial besitzt, ob er leicht und kostengünstig herzustellen ist, in welcher Applikationsform er auf den Markt kommen soll und ob er den Konkurrenzprodukten überlegen ist. In einem teambasierten Ansatz finden Budgetbeschränkungen und Unternehmensziele Berücksichtigung, um festzustellen, ob noch mehr Forschung nötig ist oder ob der Kandidat besser an eine andere Firma verkauft werden sollte.

Präklinische Untersuchungen während der klinischen Entwicklung

Klinische Prüfungen werfen häufig mehr Fragen auf, als sie beantworten. Präklinische Untersuchungen werden manchmal sogar dann fortgesetzt, wenn Produkte bereits in der klinischen Entwicklung sind, um Fragen zu klären, die sich durch Anwendung am Menschen nicht beantworten lassen. Häufig werden kostspielige präklinische Untersuchungen wie etwa langfristige Karzinogenitätstests an Tieren hinausgezögert, bis die Phase III der klinischen Prüfung im Gang ist. Mitarbeiter in der Präklinik verbleiben sogar in Projektteams, nachdem sich das Produkt in der klinischen Phase befindet; somit können sie bestimmen, ob Tiermodelle herangezogen werden müssen, um den Prozess zu beschleunigen oder um neu entstandene Fragen zu klären.

Ein typischer Arbeitstag in der präklinischen Forschung

Je nach Position kann ein präklinischer Forscher an einem typischen Arbeitstag mit folgenden Arbeiten rechnen:

- Teilnahme an Projekt- und Gruppenbesprechungen.
- Erörterung und Interpretation der Daten gemeinsam mit Kollegen.
- Experimente durchführen.
- Tierautopsien durchführen; Gewebeschnitte durchsehen.
- Laborergebnisse diskutieren und bewerten sowie neue Experimente planen.

- Evaluierung neuer Technologien und Methoden, um Modelle zu verbessern und schneller Ergebnisse zu erhalten.
- Präsentationen für Teambesprechungen erstellen.
- Sich mit wissenschaftlicher Literatur auf dem Laufenden halten und an Konferenzen teilnehmen.
- Berichte schreiben oder Manuskripte für die Veröffentlichung abfassen.
- Passagen für IND-Anträge formulieren.

Gehalt und Vergütung

Die Vergütung in der präklinischen Forschung ist vergleichbar mit der in der industriellen Grundlagenforschung und geringer als in der klinischen Entwicklung.

Wie wird Erfolg gemessen?

Der Erfolg kann daran gemessen werden, wie schnell und kostengünstig ein Produkt die präklinischen Phasen durchläuft. Zu den anderen, indirekteren Messgrößen gehören die Anzahl der angenommenen Publikationen, Fördergelder und wie schnell Probleme angegangen werden.

Das Für und Wider der Arbeit

Positive Aspekte einer Laufbahn in der präklinischen Forschung

- Sie werden sich mit wissenschaftlichen Aufgabenstellungen sowie mit Aspekten der Produktentwicklung gleichermaßen auseinandersetzen, und zwar in den Bereichen der industriellen Grundlagenforschung, präklinischen und klinischen Forschung und in der Chemie. Die präklinische Forschung bietet die Möglichkeit, einen unmittelbaren Einfluss auf die Weiterentwicklung von Arzneistoffkandidaten zu nehmen.
- Die Entscheidungen in der präklinischen Forschung basieren auf Daten und werden nicht von der Politik gesteuert. Probleme sind eher wissenschaftlicher, technischer oder logistischer Natur.
- Sie haben eine Fülle von Gelegenheiten, mit Ihren Kollegen „über Wissenschaft zu sprechen". Korridorgespräche sind üblich, und die Besprechungen über experimentelle Ergebnisse und Zukunftspläne beeinflussen sich gegenseitig und sind dynamisch. Der Dienstgrad ist im Allgemeinen nicht so wichtig wie anderswo: Falls Sie neue

Die Abteilungen, in denen präklinische Studien durchgeführt werden, bieten eine optimale Umgebung für Menschen, die wirkliches Interesse an der Wissenschaft haben.

Ideen einbringen wollen, werden Ihnen die anderen zuhören und Ihre Meinung beachten.

- Das Umfeld in der präklinischen Forschung ist oft anregend. Die Kollegen sind aufgeweckt, motiviert und haben Freude an der Arbeit. Den Forschern, die ursprünglich die Produkte entwickelt haben, liegt häufig sehr viel an der erfolgreichen Weiterentwicklung ihrer Arzneistoffkandidaten.

- Sie können sich in Ihrem Fachbereich weiterentwickeln. Wenn Sie beispielsweise als Chemiker in die klinische Forschung gehen, dann verbringen Sie unter Umständen Ihre gesamte Laufbahn damit, Fachkompetenz in Chemie aufzubauen. In der klinischen Entwicklung haben Sie hingegen die Chance, sich über viele Jahre hinweg klinisches Expertenwissen anzueignen – und dies in verschiedenen therapeutischen Bereichen.

- Das präklinische Arbeiten ermöglicht einen engen Kontakt zur Arzneimittelforschung und -entwicklung, mehr als dies bei der industriellen Grundlagenforschung der Fall ist. Die präklinischen Arbeiten decken einen großen Bereich ab, von den niedermolekularen bis zu den großmolekularen Produkten und schließen mehrere therapeutische Bereiche ein.

- Die präklinische Arbeit bietet ein gutes berufliches Fortkommen für diejenigen, die daran interessiert sind, eine Forschungslaufbahn oder eine Laufbahn in der klinischen Entwicklung einzuschlagen.

- Die präklinische Forschung ist weit weniger den Rechtsvorschriften der Zulassungsbehörden unterworfen als die klinische Entwicklung, und es gibt mehr Möglichkeiten, grundlagenorientierte Wissenschaft zu betreiben.

> Es macht Freude, in einem Umfeld zu arbeiten, in dem sich die Mitarbeiter sowohl leidenschaftlich über das Für und Wider eines Arzneistoffkandidaten streiten als auch Abends zusammen in die Kneipe gehen.

> Es gibt weniger Schreibarbeit und weniger strenge Richtlinien als in der klinischen Entwicklung. Zudem lassen sich in der klinischen Entwicklung Wirkmechanismen nicht so einfach erforschen.

Die möglicherweise unangenehme Seite der präklinischen Forschung

- Die Pharmakologie beinhaltet das Arbeiten mit Versuchstieren, die nach Beendigung der Experimente häufig eingeschläfert werden. Das ist nichts für Menschen, die zimperlich oder Mitglied bei *People for the Ethical Treatment of Animals* (PETA, Menschen für den ethischen Umgang mit Tieren) sind.

- Manchmal tut man sich schwer, das gehobene Management über Misserfolge zu unterrichten – eine Verzögerung oder negative Ergebnisse machen es einem Unternehmen schwerer, die gesetzten Ziele zu erreichen. Noch problematischer kann es sein, solche Negativmeldungen dem Leiter der Forschungsabteilung zu unterbreiten, der es kaum abwarten kann, sein Produkt in die klinische Forschung zu bringen.

Die größten Herausforderungen des Jobs

Unerfüllte medizinische Bedürfnisse befriedigen

Neue Arzneimittel für bislang untherapierbare Krankheiten zu entwickeln, ist eine der wichtigsten Herausforderungen in der präklinischen Forschung. Es gehört Tapferkeit und Risikobereitschaft dazu, die Entwicklung und Erprobung einer neuen Produktklasse in Angriff zu nehmen.

Schaffung neuer vielversprechender Arzneistoffkandidaten für die Firmenpipeline

In der präklinischen Forschung geht es darum, eine stabile Pipeline mit neuen Produkten zu entwickeln.

Die Firma mit erfolgversprechenden Kandidaten für die klinische Evaluierung zu versorgen, ist eine schwierige Aufgabe und eine ständige Herausforderung.

Arbeiten mit einem begrenzten Pool an öffentlich zugänglichen negativen Daten

Eine der Schwierigkeiten in der präklinischen Forschung ist es zu lernen, wie man effizient vorhersagt, ob ein Produkt ein guter Kandidat ist oder nicht. Diese Aufgabe wird durch die begrenzte Verfügbarkeit negativer Daten erschwert. Firmen und Hochschulen veröffentlichen selten negative Ergebnisse, somit muss jede Firma ihre eigenen Daten generieren. Die Folge ist, dass Experimente, die in einer Firma misslungen sind, unter Umständen in anderen Firmen wiederholt werden, und der Mangel an öffentlich zugänglichen Informationen verzögert das Vorwärtskommen neuer Produkte.

Industrielle Grundlagenforschung und klinische Entwicklung miteinander ins Gespräch bringen

Die Arbeit mit multidisziplinären Teams, die industrielle Grundlagenforschung und klinische Entwicklung beinhalten, kann schwierig sein, weil die Sprache und die Ziele manchmal sehr unterschiedlich sind. Personen dazu zu bringen, schnell und effektiv zu kommunizieren, kann eine Herausforderung sein.

Sich in der präklinischen Forschung auszeichnen ...

Sachverstand und Arbeitstempo

Erfolgreiche präklinische Führungskräfte wenden ihr solides biologisches und chemisches Grundlagenwissen auf die Analyse neuer Arzneistoffkandidaten an. Sie bewerten schnell und zielsicher Daten, um Wirkstoffe zu finden, welche die größte Aussicht auf Erfolg haben. Die besten klinischen Forscher betrachten das „Abschießen eines Projekts" als eine gute Sache, weil die Firma kein Geld für Projekte verschwendet, die wahrscheinlich misslingen.

Sind Sie ein guter Anwärter für die Präklinik?

Menschen, die in der präklinischen Forschung erfolgreich sind, haben meist folgende Eigenschaften:

Solide wissenschaftliche Kenntnisse

Präklinische Forscher sind hoch qualifiziert, wissenschaftlich und konzentriert. Die meisten fühlen sich auch innerhalb von Disziplinen wohl, die jenseits ihres eigenen Expertengebiets liegen.

Die Fähigkeit, sich mit standardisierten Arbeitsschritten abzufinden, während man für Innovation und den Reiz des Neuen offenbleibt

Die präklinische Forschung kann mehr Routine beinhalten als die industrielle Grundlagenforschung und das Marketing, sie ist aber abwechslungsreicher als die Qualitätskontrolle, die Fertigung oder die klinische Entwicklung. Präklinische Forscher müssen kreativ, wissenschaftlich und intellektuell denken können und sich dennoch mit der Standardisierung von Arbeitsprozessen wohl fühlen.

Die Fähigkeit eines vorurteilsfreien und kreativen Problemlösers

Experimente mit Arzneistoffkandidaten können unerwartete Ergebnisse hervorbringen, und es gibt häufig ein Überraschungselement in der präklinischen Forschung. Beispielsweise wirken manchmal neue Produkte *in vitro* anders als *in vivo*, und einige der erfolgreichsten Produkte wurden zunächst für völlig andere Anwendungsgebiete entwickelt. Mit Viagra beispielsweise wollte man ursprünglich Herz-Kreislauf-Probleme behandeln.

Eine etwas chaotische Kreativität und die Fähigkeit, frei zu assoziieren, sind geschätzte Fertigkeiten in der präklinischen Forschung.

Die Fähigkeit, mit Menschen in einem Team zu arbeiten

Soziale Kompetenz ist ein Muss in dieser Laufbahn, und ein Sinn für Humor ist sicher hilfreich. Sie müssen in der Lage sein, sowohl mit industriellen Grundlagenforschern als auch mit Teams der klinischen Entwicklung zu kommunizieren.

Die Fähigkeit, sich für die Ideen anderer Leute einzusetzen

Die Grundlagenforscher in der Industrie entwickeln die Ideen für neue Arzneimittel, die klinischen Forscher hingegen sollten in der Lage und willens sein, mit den Konzepten anderer zu arbeiten.

Die Fähigkeit zur wissenschaftlichen Zielorientierung

Sie müssen in der Lage sein, die Fragen zu stellen und zu beantworten, die für die Evaluierung von Arzneimittelkandidaten von Bedeutung sind, sich aber vor der unnützen Anhäufung von Grundlagenwissen hüten.

Es ist wichtig, zwischen dem „Graben" nach wissenschaftlichen Details und dem Voranbringen der Projekte ein Gleichgewicht zu finden. Sie sollten Ihre Fertigkeiten auf Ihrem Fachgebiet verbessern, dabei aber die Realisierung ihrer Projekte im Blick behalten.

Eine kritische und wissbegierige Denkweise

Es ist wichtig, Daten zu hinterfragen und solange zu graben, bis man zufriedengestellt ist.

Flexibilität

Bei präklinischen Untersuchungen ändern sich die Dinge rasch. Sie müssen fähig sein, mit plötzlichen Berichtigungen und Prioritätsänderungen umzugehen.

Die Fähigkeit, aus komplizierten Informationen stichhaltige Schlussfolgerungen abzuleiten

Sie brauchen den Weitblick, komplexe Datenreihen zu extrahieren und aussagekräftige Schlussfolgerungen abzuleiten. Dazu gehört die Fähigkeit, das „Gesamtbild" im Kopf zu behalten und sich auszumalen, wie ein Wirkstoff in den klinischen Prüfungen und schließlich im Patienten funktioniert.

Gute kommunikative Fähigkeiten

Präklinische Positionen erfordern die Eignung, Forschungsergebnisse klar zu artikulieren. In manchen Firmen präsentieren sogar Forschungsassistenten ihre Daten bei Gruppenbesprechungen.

Praktische technische Fertigkeiten

Mit Ausnahme der Vizepräsidenten und Direktoren, die sich eher mit strategischen Themen oder dem Wissenschaftsmanagement beschäftigen, verbringen die meisten präklinischen Forscher ihre Zeit im Laboratorium.

Fähigkeiten des Projektmanagements

Personen in Führungspositionen müssen große Gruppen koordinieren, damit diese die Arbeit in kürzester Zeit bewerkstelligen.

Eine optimistische Haltung

Es macht es einem leichter, wenn man die hohe Misserfolgsrate der Projekte aushalten kann.

Aufmerksamkeit für Details

Präklinische Studien erfordern Gründlichkeit. Der kürzeste Weg ist nicht immer der beste; man muss achtsam für wissenschaftliche Details sein.

Wichtig ist, dass man aufmerksam und für neue Ideen oder Anwendungen offen ist, an etwas widersprüchlichen Ergebnissen Gefallen findet und fähig ist, bei schwierigen Programmen durchzuhalten.

Sie sollten eventuell eine Laufbahn außerhalb der präklinischen Forschung in Betracht ziehen, falls Sie ...

- ein großes Ego besitzen und wie eine prominente Persönlichkeit behandelt werden wollen.
- nicht effektiv kommunizieren können.
- nicht daran interessiert sind, sich auf Ihrem Wissensgebiet weiterzuentwickeln.
- der Erfindertyp sind, der es lieber sieht, wenn sich seine eigenen Ideen in Arzneistoffe verwandeln (Sie sind möglicherweise in der industriellen Grundlagenforschung besser aufgehoben).
- jemand sind, der zu sehr an wissenschaftlichen Einzelheiten interessiert ist und dabei kein Ende findet (entscheiden Sie sich stattdessen für die Hochschule oder die industrielle Grundlagenforschung).

Das Karrierepotenzial in der präklinischen Forschung

In der präklinischen Forschung können Sie entweder an der Laborbank verbleiben oder eine Führungslaufbahn einschlagen: Sie beginnen als Wissenschaftler, machen weiter als Führungskraft, lassen den Direktor hinter sich und werden Vizepräsident der präklinischen Forschung. Erfolgreiche Persönlichkeiten können schließlich zum Chef der Abteilung Arzneimittelforschung oder zum Vizepräsidenten von Forschung und Entwicklung befördert werden.

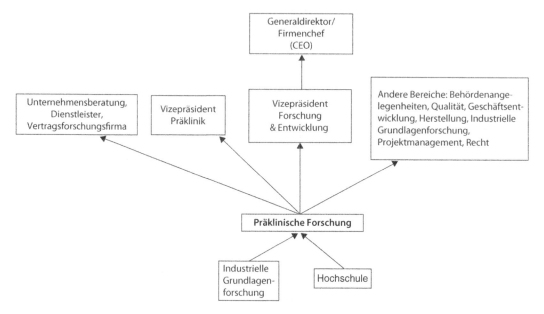

Abb. 8.1 *Übliche Karrierewege in der präklinischen Forschung.*

Die präklinische Forschung bietet ein Sprungbrett in praktisch jeden Bereich der Arzneimittelentwicklung (Abb. 8.1). Am häufigsten sind Wechsel in die Abteilung Behördenangelegenheiten, die Qualitätskontrolle, die Herstellung, die Geschäftsentwicklung, das Projektmanagement und das Patentrecht.

Jobsicherheit und Zukunftstrends

Die präklinische Forschung bietet mehr Jobsicherheit als die industrielle Grundlagenforschung, weil die präklinische Forschung als notwendiger erachtet wird. Manche Bereiche der präklinischen Forschung sind gefragter als andere. Derzeit besteht dringender Bedarf für Personen mit Fachkenntnissen in *in vivo*-Pharmakologie, Toxikologie, Pharmakokinetik und bioanalytischer Chemie.

Einen Job in der präklinischen Forschung bekommen

Erwünschte Ausbildung und Erfahrungen

Die meisten Mitarbeiter in der präklinischen Forschung kommen aus der industriellen Grundlagenforschung oder von der Hochschule. Ein Großteil verfügt über einen wissenschaftlichen Hintergrund in den Biowissenschaften oder der Chemie, und viele besitzen spezielles Expertenwissen in der Pharmakologie oder Toxikologie. Viele Beschäftigte verfügen über einen tierärztlichen, M.-D.- (ärztlichen), Ph.-D.- oder Master-Hochschulabschluss. Kenntnisse in der pharmazeutischen Toxikologie, Pharmakologie, Pathologie, Chemie, Biologie, Biochemie oder analytischen Chemie sind ebenfalls oft anzutreffen. Die DMPK- oder ADMET-Gruppe wird normalerweise von einem bioanalytischen Chemiker geleitet.

Diejenigen mit einem Bachelor-Abschluss beginnen auf der Stufe von technischen Assistenten oder Forschungsmitarbeitern. Sie bringen es maximal zum leitenden Forschungsmitarbeiter oder leitenden technischen Assistenten. Gelegentlich gelingt außergewöhnlichen Mitarbeitern der Übergang in die Führungsebene; aber für Führungspositionen wird üblicherweise ein höherer Hochschulabschluss verlangt.

Wege in die präklinische Forschung

- Der reguläre Weg in die präklinische Forschung führt über die industrielle Grundlagenforschung. Unter Umständen möchten Sie zunächst in die Abteilung gehen, in der industrielle Grundlagenforschung betrieben wird, um dann in die präklinische Forschung überzuwechseln.
- Entwickeln Sie praktische Fertigkeiten im Umgang mit Versuchstieren. Eventuell sind Sie gezwungen, an Krankheiten im Tiermodell zu arbeiten.
- Falls Sie noch an der Hochschule sind, denken Sie über ein Sommerpraktikum in einer Firma für Arzneimittelforschung oder -entwicklung nach.
- Erweitern Sie Ihr Wissen über Arzneimittelforschung und -entwicklung und die verschiedenen Therapiebereiche. Spezialisieren Sie sich auf einen Therapiebereich und werden Sie Fachwissenschaftler.
- Werden Sie Mitglied eines Netzwerks, wie es z. B. Berufsverbände bieten.
- Falls Sie an Toxikologie interessiert sind, erwägen Sie eine behördliche Beurkundung. Für Toxikologie werden Studentendiplome und Nachweise angeboten.
- Ziehen Sie in Betracht, zunächst in eine Vertragsforschungsfirma (CRO, *contract research organization*) zu gehen, die eine Abteilung für präklinische Untersuchungen hat, um dann, nachdem Sie Erfahrung gesammelt haben, in eine Biotechnologiefirma zu wechseln. Der Eintritt in Dienstleistungsfirmen ist häufig leichter möglich als in die Industrie, und sie bieten auch eine breitere Projektpalette.

Empfohlene Schulung, Berufsverbände und Quellen

Kurse und Nachweisprogramme

Für Toxikologen ist ein amtliches Zeugnis erforderlich.

Gesellschaften und Quellen

Toxikologische Gesellschaft (www.tox-online.de)
Ludwig-Boltzmann-Gesellschaft (www.lbg.ac.at/de/krebsforschung)
Berufsverbände, die für bestimmte Therapiefelder von Bedeutung sind, wie z. B. American Association for Cancer Research (Amerikanische Gesellschaft für Krebsforschung; www.aacr.org)
DECHEMA Gesellschaft für Chemische Technik und Biotechnologie e.V. (www.dechema.de). Die DECHEMA bietet Kurse, Ausstellungen und Fachnetzwerke an.
Deutsche Physiologische Gesellschaft
(www.physiologische-gesellschaft.de)
Gesellschaft Deutscher Chemiker e.V. (www.gdch.de)
The Pharmaceutical Quality Group (Pharmazeutische Qualitätsgruppe; www.pqg.org)
Drug Information Association (Gesellschaft für Arzneistoffinformation; www.diahome.org) hat ein Zentrum für die Berufs- und Expertenentwicklung in der Biotechnologie und Arzneistoffentwicklung

Bücher und Fachzeitschriften

Benet LZ (1984) Pharmacokinetic basis for drug treatment. Raven Press, New York
Ferraiolo BL, Benet L, Levy G (1984) Pharmacokinetics. Springer, New York
Jedes von Malcolm Rowland geschriebene Buch wie z. B.:
  Rowland M, Tozer T (1995) Clinical pharmacokinetics: Concepts and applications. 3. Aufl. Lippincott Williams & Wilkins, Philadelphia
Nature Biotechnology (www.nature.com)
Science Magazine (www.sciencemag.com)
Genetic Engineering & Biotechnology News (www.genengnews.com)

9 | Projektmanagement

Dirigenten der Produktentwicklung

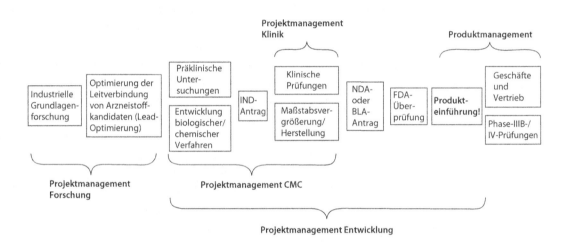

Denken Sie lieber an das große Ganze als sich auf eine bestimmte wissenschaftliche Disziplin zu spezialisieren? Macht es Ihnen Freude, den Entscheidungsfindungsprozess zu beschleunigen und mitzuhelfen, den Input von vielen Gruppen zu bündeln? Spielen Sie gerne eine zentrale Rolle in einem Projekt? Wenn dem so ist, dann könnte das Projektmanagement die richtige Laufbahn für Sie sein. Eine solche Aufgabe erfordert eine sehr gute Kommunikationsfähigkeit, zwischenmenschliche und diplomatische Fähigkeiten und die Begabung, Menschen zu führen, ohne eine direkte Weisungsbefugnis zu besitzen. Sie müssen in der Lage sein, ein Projekt als Ganzes zu sehen, und gleichzeitig die technischen Kenntnisse besitzen, auftauchende Hindernisse zu beseitigen.

Die drei wichtigsten Bestandteile des Projektmanagements sind Kommunikation, Kommunikation und nochmals Kommunikation.

Die Bedeutung des Projektmanagements in der Biotechnologie ...

Projektmanager sind an der Entscheidungsfindung beteiligt, aber sie treffen Entscheidungen nicht selbstständig.

Projektmanager in der Biotechnologie stimmen die Aktivitäten der unterschiedlichen, an einem Projekt beteiligten wissenschaftlichen Disziplinen miteinander ab. Sie gewährleisten, dass Projekte entsprechend der vorgegebenen Zeitachse und des Budgets vorankommen. Ein Projektmanager arbeitet als Teil eines Teams, das auch technische Spezialisten umfasst. Der Projektmanager besitzt keine direkte Machtbefugnis über die Teammitglieder; stattdessen hilft er die unterschiedlichen Aufgabenstellungen innerhalb des Projekts zu koordinieren, damit das Team effektiver und effizienter arbeitet.

Wegen dieser engen Verflechtung mit den Teammitgliedern muss der Projektmanager Bescheid wissen über die inneren Abläufe in den Abteilungen, die Art ihrer Vernetzung und über die Produkte, die dort entwickelt werden. Ein Projektmanager muss mit vielen technischen Bereichen vertraut sein und im Prinzip ein Alleskönner sein.

Berufslaufbahnen: Projektmanager und Projektteamleiter

Die Bezeichnungen und Aufgaben der Mitarbeiter im Projektmanagement unterscheiden sich je nach Größe und Art der Firma. Der Einfachheit halber beschränken wir uns hier auf die Aufgaben des Projektmanagers und des Projektleiters.

Projektmanager

In Firmen der therapeutischen Arzneimittelforschung und -entwicklung arbeitet die überwältigende Mehrheit der Projektmanager an Entwicklungsprogrammen für Arzneimittel, die sich in der klinischen Forschung befinden oder kurz davor stehen. Es gibt ebenso eine wachsende Anzahl von Forschungs-Projektmanagern, die in früheren Phasen der Arzneimittelentwicklung arbeiten. Dazu gehören die industrielle Grundlagenforschung, die weiterführende Forschung und präklinische Projekte. Neben den Projektmanagern, die ein gesamtes Projekt koordinieren, kann es auch Projektmanager geben, die sich speziellen Arbeitsbereichen mit hoher Komplexität widmen. Dazu gehören die klinische Forschung und die Fertigung. In solchen Positionen können sich Mitarbeiter für höhere Aufgaben qualifizieren wie die des Programm-Projektmanagers.

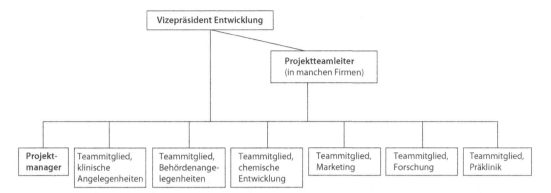

Abb. 9.1 *Typische Teamstruktur für das Projektmanagement.*

Nicht alle Projektmanager arbeiten in Pharmafirmen. Auch in Life-Science-Firmen werden Projektmanager gebraucht, die Produkte entwickeln, wie z. B. Instrumente, Reagenzien, Tools, Diagnostika, Technologieplattformen und medizinische Geräte (Kapitel 2).

Die Aufgaben und Kompetenzen von Projektmanagern hängen von der Firma, dem Projekt und dem Produkt ab. Dazu kann das Protokollieren von Gesprächen gehören, aber auch die Leitung vollständiger Projekte. Im Allgemeinen hat der Projektmanager jedoch eine eher taktische oder operative Aufgabe und fungiert als Teammitglied mit Projektmanagementkompetenzen.

Projektteamleiter

Projektleiter haben eine umfassendere und strategischere Aufgabe als Projektmanager (Abb. 9.1). Sie sind unter Umständen verantwortlich für ein Programm, das den gesamten Entwicklungs- und Prüfungsprozess eines Arzneistoffkandidaten beinhaltet. Sie vermitteln den Mitarbeitern die Ideen und Visionen, die den Projekten zugrunde liegen und bringen diese so voran. Die Projektleiter stellen zudem sicher, dass sich die Projektteams dabei von den Werten des Unternehmens leiten lassen. Sie bieten wissenschaftliche und betriebliche Führung und können ihre Projekte kompetent nach innen und außen vertreten. Projektleiter sind häufig Personen mit M. D. (*medical doctors*, Ärzte nach dem medizinischen Staatsexamen) oder Ph. D. (*philosophical doctors*, promovierte Wissenschaftler) und gehören oft zur oberen Führungsebene (etwa Vizepräsident der klinischen Forschung). Mit den Phasen der Produktentwicklung können sich auch die Namen der Projektleiter ändern. So kann beispielsweise ein ranghoher Forschungswissenschaftler solange den Posten des Projektleiters innehaben, bis der Arzneistoff in die klinische Phase geht. Danach geht die Projektleitung möglicherweise auf einen klinischen Projektmanager über.

Aufgaben und Kompetenzen des Projektmanagements

Zu den Aufgaben und Kompetenzen von Projektmanagern und Projektleitern gehört Folgendes:

Führung

Eine wichtige Aufgabe des Projektmanagements ist es, die Teamarbeit zu verbessern. Um ein Arzneimittel zu entwickeln, müssen die unterschiedlichsten Fachgebiete zusammenarbeiten; ohne eine funktionierende Koordination verliert das Unternehmen Zeit und Geld.

Projektmanager (und vor allem Projektleiter) geben den Projektmitgliedern Visionen vor und verstehen es, sie zu inspirieren. Indem sie dem Team Begeisterung für das Projekt vermitteln, versuchen sie, ein produktiveres Arbeitsumfeld zu erzeugen. Der Projektmanager arbeitet als Mitglied des Teams und hilft, die Strategien, Ziele und inhaltlichen Eckpunkte des Projekts festzulegen.

Außerdem hilft der Projektmanager, die Aufgaben und Kompetenzen der Teammitglieder festzulegen, damit sie wissen, was von ihnen erwartet wird. Projektmanager helfen Personal- und funktionsübergreifende Konflikte zu lösen. Sie fungieren als psychologische Teamverstärker, indem sie den einzelnen Teammitgliedern zuhören, ihnen Mut machen und sie dazu motivieren, ihre Teamaufgaben bestmöglich zu erfüllen.

Kommunikation

In den meisten Firmen ist eine der wichtigsten Aufgaben des Projektmanagers, die Kommunikation in unterschiedliche Richtungen zu fördern – nach oben zum gehobenen Management und den Unternehmenspartnern, seitwärts zu den Kollegen im Projektteam und nach unten zu den technischen Assistenten und anderen Projektteilnehmern.

Konferenzmanagement

Projektmanager verbringen viel Zeit damit, Konferenzen zu planen und durchzuführen, Programme zu erstellen, Besprechungsprotokolle anzufertigen und diese anschließend zu verschicken.

Budgetzuweisung

Projektmanager beaufsichtigen Zeitpläne und Budgets. Dabei arbeiten sie eng mit der Finanzabteilung zusammen, um herauszubekommen, wie viel Finanzbedarf ein Projekt hat. Sie verfolgen die Ausgaben und passen das veranschlagte Budget und den Personalbedarf gegebenenfalls an. Eine der wichtigsten Aufgaben eines Projektmanagers ist es, Budget- oder Personalausfälle vorherzusehen, die das Projekt möglicherweise gefährden. So kann unter Einbeziehung der höheren Führungsebene die Finanzausstattung eines Projekts rechtzeitig korrigiert werden.

Strategie- und Entscheidungsmanagement

Der Projektmanager versucht alle relevanten Informationen für einen Entscheidungsfindungsprozess zu berücksichtigen. Als Moderator steuert er Diskussionen und stellt so im Idealfall einen Konsens zwischen den Mitgliedern des Teams her. Wenn keine Einigkeit erzielt werden kann, hat der Projektmanager manchmal die Verantwortung, die endgültige Entscheidung selbst zu treffen; aber er sollte auch wissen, wann es angebracht ist, die obere Führungsebene in die Diskussion einzubeziehen. Von Projektmanagern erwartet man, dass sie die Ansichten der Teammitglieder verkörpern und diese in besonderen Fällen an die obere Führungsebene kommunizieren.

Risikominderung und Schadensvorbeugung

Aufgrund der Komplexität vieler Projekte kann eine Menge schieflaufen. Unter anderem kann das Projekt nicht den klinischen Zielen entsprechen, während der klinischen Prüfungen können sich die Betriebsmittel erschöpfen, oder die höhere Führungsebene beschließt, das Projekt einzustellen. Mit Hilfe des Teams ermittelt der Projektmanager mögliche Risiken, führt Analysen durch und entwickelt Notfallpläne, um diese Risiken abzufedern.

Problemlösung

Wenn bei einem Projekt etwas falsch läuft oder das Projekt zum Erliegen kommt, dann ist der Projektmanager derjenige, der die Sache wieder zum Laufen bringen muss. Er oder sie sollte entweder über ausreichend technisches Wissen verfügen, um bei der Problemlösung zu helfen oder jemanden kennen, den er um Hilfe bitten kann. Der Projektmanager muss sicherstellen, dass die Projektmitarbeiter die Probleme ernst nehmen, Lösungen finden und danach handeln.

Allianzmanagement

In manchen Firmen stimmen Projektmanager Projekte mit Unternehmenspartnern ab. Sie sind für die Pflege guter Beziehungen und für eine reibungslose Kommunikation mit den Unternehmenspartnern verantwortlich. So stellen sie sicher, dass die Ziele der beiden Firmen miteinander in Einklang gebracht werden und die Teams effektiv zusammenarbeiten.

Dokumentation, Prozesse und Verfahren

Projektmanager sind für die Erstellung und Dokumentation von Entwicklungsplänen ebenso verantwortlich wie für die Überwachung des Projektfortschritts. Auch die entstehenden Kosten, Qualität, mögliche Risiken und das Beschaffungswesen gilt es in effizienter Weise zu managen.

Ein typischer Arbeitstag im Projektmanagement

Aufgrund vieler Unwägbarkeiten in der Produktentwicklung und der breiten Palette von Aufgaben und Kompetenzen im Projektmanagement gibt es hier keinen „typischen Arbeitstag". Im Allgemeinen verbringen Projektmanager und Projektleiter die meiste Zeit in Einzelgesprächen oder Gruppensitzungen. Hier werden zusammen mit den Teammitgliedern die Meilensteine definiert und die weitere Vorgehensweise besprochen. Falls externe Projektpartner involviert sind oder die Mitarbeiter an verschiedenen Orten sitzen, müssen Projektmanager und Projektleiter unter Umständen reisen.

Ein Projektmanager oder Projektleiter kann an einem typischen Arbeitstag mit einigen der nachfolgenden Tätigkeiten rechnen:

- Projektberichte, Budgets, Zeitpläne und Analysen vorbereiten und diese Berichte den Teammitgliedern und dem gehobenen Management präsentieren.
- Sitzungen anberaumen, Präsentationsmaterialien herstellen, Sitzungsprotokolle anfertigen und die Protokolle nach den Sitzungen verteilen.
- Einzelgespräche mit Projektmitgliedern und den Abteilungschefs führen, um Probleme zu lösen und um sicherzustellen, dass die Prioritäten klar definiert sind.
- Allianzen mit Unternehmenspartnern schaffen, reisen und Netzwerke bilden.

Gehalt und Vergütung

Im Allgemeinen ist das Gehalt eines Projektmanagers vergleichbar mit dem eines Wissenschaftlers in der Forschung. Berater, Vizepräsidenten und Projektleiter können mehr verdienen und sind häufig an der Spitze der Gehaltsskala. Projektmanager und Projektleiter, die bereits erfolgreich Produktentwicklungen betreut haben, können eine höhere Vergütung fordern.

Wie wird Erfolg gemessen?

Der Erfolg wird gewöhnlich subjektiv gemessen, nämlich daran, wie gut das Programm vorankommt, an der Qualität der Durchführung und daran, wie gut das Team zusammenarbeitet. Andere Messgrößen sind der Projekterfolg, die Einhaltung von Zeitvorgaben und ob das Projekt im Rahmen des Etats bleibt. Projektmanager sollten ihre Befriedigung aus dem Teamerfolg beziehen und weniger durch die Anerkennung der eigenen individuellen Beiträge.

Das Für und Wider der Arbeit

Positive Aspekte einer Laufbahn im Projektmanagement

- Das Projektmanagement ist ein sehr dynamischer Job; Langeweile kommt praktisch nie auf.
- Man bekommt ausreichend Gelegenheit, alle Details der Produktentwicklung kennenzulernen, dazu zählen auch betriebswirtschaftliche, finanzielle, klinische, wissenschaftliche und behördliche Aspekte sowie Rechtsthemen. Ein „erfolgreiches Befahren dieser Gewässer" eröffnet weitere Karrieremöglichkeiten.
- Ein Projektmanager kommuniziert mit allen Mitarbeitern der Firma – angefangen vom Laborwissenschaftler bis hin zum Generaldirektor.
- Ranghohe Projektmanager und Projektleiter haben in einer Firma eine exponierte Position und Entscheidungskompetenz.
- Komplexe und technisch schwierige Projekte zu bewerkstelligen, kann ein intellektueller Anreiz sein.
- Das Projektmanagement erfordert keine Laborarbeit.
- Es kann sehr befriedigend sein zu sehen, dass ein Projekt gut vorankommt und das Team infolge der Anstrengungen des Projektmanagers gut zusammenarbeitet.

Die möglicherweise unangenehme Seite des Projektmanagements

- Auf Menschen ohne direkte Weisungsbefugnis Einfluss zu nehmen, kann frustrierend sein. Es kostet mitunter viel Zeit, Teammitglieder für eine Idee zu begeistern (siehe unten, „Die größten Herausforderungen des Jobs"). Ranghohe Führungskräfte treffen gelegentlich strategische Entscheidungen, ohne Projektmanager daran zu beteiligen.
- Häufige Reisen können erforderlich werden.

Projektmanager haben viel Verantwortung und wenig Machtbefugnis.

- Die wissenschaftliche Fachkompetenz fällt möglicherweise dem Umstand zum Opfer, über die vielen unterschiedlichen Arbeitsbereiche und Themenfelder des Unternehmens auf dem Laufenden bleiben zu müssen. Das kann sehr zeitraubend sein.
- Längerfristige Projekte können die Geduld strapazieren und die Begeisterung erschöpfen.
- Der tägliche Fortschritt lässt sich schwer messen – das Projektmanagement ist zwar aufregend, führt aber zu wenig unmittelbarer Erfüllung.
- Wenn die Dinge gut laufen, dann bekommen gewöhnlich die Mitglieder des Teams den Beifall. Im umgekehrten Fall gilt dies jedoch nicht: Wenn die Dinge schlecht laufen, dann sind häufig die Projektmanager Schuld daran. Viele Dinge können schiefgehen, auch solche, auf die der Projektmanager keinen Einfluss hat.
- Tagtägliche Arbeiten, wie das Anberaumen von Sitzungen, Protokolle schreiben und vieles mehr, können banal sein. Es gibt unter Umständen viel Schreibarbeit.
- Es kann frustrierend sein, Allianzen zu schaffen, wenn die beteiligten Firmen sehr unterschiedliche Unternehmenskulturen besitzen.
- Wenn es schlechte Nachrichten gibt, dann ist es oft die Aufgabe des Projektmanagers, sie dem Team mitzuteilen.

Die größten Herausforderungen des Jobs

Verantwortung ohne Machtbefugnis

Die größte Herausforderung ist die mangelnde direkte Machtbefugnis des Projektmanagers über die Teammitglieder. Wenn bestimmte Teammitglieder sich der aktiven Mitarbeit an einem Projekt verweigern, kann der Projektmanager sie nicht dazu zwingen. Er kann nur versuchen die Mitarbeiter zu überzeugen, indem er für seine Sache wirbt, ihnen die Ziele des Projekts oder der Firma erklärt und deutlich macht, wie wichtig ihr Beitrag für das Vorhaben ist. Der Projektmanager kann sich auch an den Vorgesetzten des Teammitglieds wenden oder an die obere Führungsebene. All diese Möglichkeiten erfordern sehr gute zwischenmenschliche und diplomatische Fähigkeiten. Viel Zeit wird damit verbracht, Menschen zu betreuen, zu ermutigen und zu motivieren.

Beharrlichkeit

Zu seinen Prinzipien zu stehen und die Teammitglieder bei langatmigen Projekten motiviert zu halten, kann schwierig sein. Die für den Erfolg erforderliche Hartnäckigkeit als wichtige persönliche Eigenschaft sollte nicht unterschätzt werden.

Diplomatie

Projektmanager müssen in der Lage sein, unterschiedliche Meinungen und Gesichtspunkte zu berücksichtigen, um Entscheidungen zu treffen. Dabei sollte möglichst kein Streit entstehen. Positive Teambeziehungen aufrechtzuerhalten, während man daran arbeitet, das Projekt voranzubringen, kann manchmal ein regelrechter Balanceakt sein.

Es gibt erfolgreiche Projektmanager mit mittelmäßigen wissenschaftlichen Fähigkeiten, aber es gibt keine erfolgreichen Projektmanager mit mittelmäßigen zwischenmenschlichen Fähigkeiten!

Objektivität

Während die Projektmanager das Team zur Leistungsbereitschaft und Begeisterung anhalten, ist es wichtig, dass sie das Potenzial des Projekts objektiv beurteilen. Ein Projektmanager sollte wissen, wann der Zeitpunkt gekommen ist, ein Projekt zu Ende zu bringen und wann nicht.

Sich im Projektmanagement auszeichnen ...

Jahre an Erfahrung

Letzen Endes sind es die außergewöhnlich guten zwischenmenschlichen Fähigkeiten und die Jahre an Erfahrung, die den Guten vom Großartigen unterscheiden. Mit der Erfahrung entwickeln Projektmanager die Fähigkeit, mögliche Probleme vorherzusehen, bevor sie auftreten. Sie haben ein gutes Verständnis und eine hohe Wertschätzung für die verschiedenen Funktionsbereiche und deren funktionsübergreifende Wechselbeziehungen.

Sind Sie ein guter Anwärter für das Projektmanagement?

Menschen, die im Projektmanagement zur Entfaltung kommen, haben meist die folgenden Eigenschaften:

Hervorragende zwischenmenschliche Fähigkeiten

Dies ist wahrscheinlich der wichtigste Erfolgsfaktor im Projektmanagement. Gute zwischenmenschliche Fähigkeiten gestatten einem, zu Teammitgliedern und anderen Mitarbeitern positive, gemeinschaftliche und produktive Beziehungen zu entwickeln (Kapitel 2).

Ausgezeichnete Kommunikations- und zwischenmenschliche Fähigkeiten sind unerlässlich.

Ausgezeichnete Kommunikationsfähigkeiten

Zu den Pflichten eines Projektmanagers gehört es, mit Teammitgliedern aus vielen Fachgebieten zu kommunizieren. Um seine Ziele zu erreichen, sollte man sich klar ausdrücken können – und zwar in mündlicher und schriftlicher Form. Ein Projektmanager sollte es vermeiden, andere zu provozieren oder vor den Kopf zu stoßen.

Die Fähigkeit, das große Ganze im Auge zu behalten und trotzdem auf Einzelheiten zu achten

Ein Projekt strategisch als ein Ganzes zu begreifen, ist ebenso wichtig, wie die Details zu beachten.

Die Fähigkeit, ein gemeinschaftliches und positives Arbeitsumfeld zu schaffen

Manchmal wird der Erfolg daran gemessen, wie gut ein Team zusammenarbeitet. Die Fähigkeit, verschiedene Standpunkte zu hören, diese zu tolerieren und daraus einen Plan zu entwickeln, dem das Team zustimmen kann, trägt zur Förderung eines gemeinschaftlichen Umfelds bei – schließlich sind glückliche Mitarbeiter produktiver!

Eine „Team-Player"-Haltung

Diese ist ein Muss im Projektmanagement (Kapitel 2). Projektmanager sind gesellig, aber gewillt, zum Nutzen des Teams anderer Meinung zu sein.

Ausgezeichnete organisatorische Fähigkeiten und ein Talent für Zeitmanagement

Häufig arbeiten Projektmanager gleichzeitig an vielen Aufgaben. Gute organisatorische Fähigkeiten und die Begabung, Prioritäten zu setzen, helfen wertvolle Zeit zu sparen und die tägliche Informationsmenge zu bewältigen. Dabei gilt es, auch bei technischen Einzelheiten die Übersicht zu behalten.

Starke Führungsqualitäten

Wenn man die Kollegen davon überzeugen will, Projekte voranzubringen, ist es hilfreich, durchsetzungsfähig, zielorientiert und selbstbewusst zu sein. Man muss gleichzeitig diplomatisches Geschick mitbringen.

Die Fähigkeit zum vorausschauenden und analytischen Denken

Sie müssen in der Lage sein, Schwierigkeiten vorherzusehen und einen Krisenplan entwickeln, bevor Probleme zu echten Hindernissen werden. Es ist hilfreich, analytisch, konsequent und besonnen zu sein.

Fähigkeit zur kreativen Problemlösung

Projektmanager sind ständig mit der Notwendigkeit konfrontiert, Probleme lösen zu müssen. Die Fähigkeit, objektiv und flexibel zu denken und rasch alternative Lösungen zu bewerten, macht es einfacher, technische Hindernisse und interne Konflikte zu überwinden, die den Fortschritt des Projekts bremsen könnten.

Gutes Urteilsvermögen, wenn schwierige Entscheidungen zu treffen sind

Häufig sind nicht ausreichend Informationen vorhanden, um eine tragfähige Entscheidungen treffen zu können; deshalb braucht man Weisheit und intuitives Urteilsvermögen, um auf der Grundlage der beschränkten Daten richtig zu entscheiden.

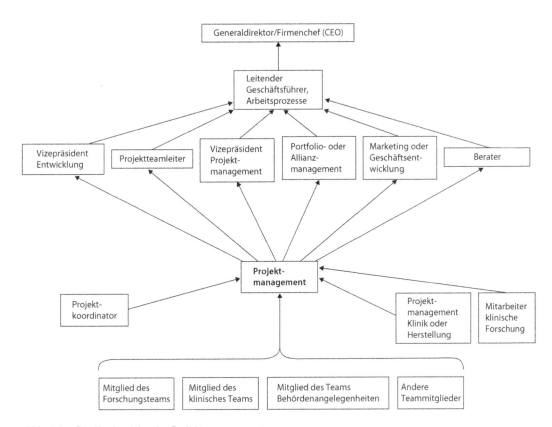

Abb. 9.2 *Die Karriereleiter im Projektmanagement.*

Sie sollten eventuell eine Laufbahn außerhalb des Projektmanagements in Betracht ziehen, falls Sie ...

- die Beschäftigung mit Details häufig am Vorwärtskommen hindert.
- zu aggressiv sind.
- ein Mikromanager sind oder jemand, der „mikrogeführt" werden muss.
- jemand sind, der Meinungsverschiedenheiten persönlich nimmt.
- ein Mensch sind, der sofort eine Belohnung und persönliche Anerkennung braucht.
- nicht fähig sind, in einer unstrukturierten Umgebung und ohne Planungssicherheit zu arbeiten.
- ein Mensch sind, der mit negativem Druck versucht, Mitarbeiter zu führen.
- zu unbekümmert sind.
- jemand sind, der gerne allein arbeitet.

Das Karrierepotenzial im Projektmanagement

Projektmanager erwerben in vielen Arbeitsbereichen technisches Wissen, dies eröffnet verschiedene Karrieremöglichkeiten (Abb. 9.2). Dazu gehören die Positionen Projektteamleiter und Vizepräsident des Projektmanagements. Projektmanager mit allgemeineren Fähigkeiten gehen oft in die Beratung, in die Geschäftsentwicklung, das Allianzmanagement, die Firmenschulung oder das Portfolio-Management. Mitarbeiter mit mehr technischem Fachwissen können Chefpositionen in folgenden Bereichen anstreben: Produktentwicklung, klinische Entwicklung, Prozessoptimierung, Fertigung oder Behördenangelegenheiten.

Projektmanagementerfahrung ist eine gute Vorbereitung für leitende Geschäftsführer- oder Generaldirektorfunktionen. Projektmanager haben die Möglichkeit, im Rahmen ihrer Tätigkeit ihre organisatorischen Fähigkeiten, die Fähigkeit zur Mitarbeitermotivation und ihre Führungskompetenz zu verbessern. Sie lernen zudem, wie man ein Produkt erfolgreich auf den Markt bringt.

Jobsicherheit und Zukunftstrends

Die Nachfrage nach talentierten Projektmanagern ist groß und im Wachstum begriffen. Firmen haben die wichtige Funktion des Projektmanagements bei der Beschleunigung und Koordinierung der Produktentwicklung erkannt. Die Kombination aus hoch entwickeltem technischen Wissen und großer Sozialkompetenz verleiht den Projektmanagern eine einzigartige Qualifikation. Daraus resultiert im Allgemeinen eine relativ hohe Arbeitsplatzsicherheit. Es muss jedoch erwähnt werden, dass in Zeiten wirtschaftlicher Rezessionen ein Projektmanager in einer kleineren Firma ein frühes Opfer von Entlassungen werden kann.

Einen Job im Projektmanagement bekommen

Erwünschte Ausbildung und Erfahrungen

Das Projektmanagement erfordert einen breiten technischen und betriebswirtschaftlichen Hintergrund sowie wissenschaftlichen Scharfsinn. Ein Projektmanager muss technisch versiert sein, einen hohen Einsatz bringen und in der Lage sein, die richtigen Fragen zu stellen. Noch besser ist es, wenn er auch bereits Lösungsmöglichkeiten in petto hat. Aus diesen Gründen erfordert eine Projektmanagerposition normalerweise mindestens drei Jahre Industrieerfahrung. Die meisten Projektmanager kommen ursprünglich aus der industriellen Grundlagenforschung, der Fertigung, der Prozessentwicklung, der klinischen Forschung oder aus der Abteilung Behördenangelegenheiten. Projektleiterpositionen verlangen eine intensive Auseinandersetzung mit der Produktentwicklung, dies gilt für normale Angestellte genauso wie für Manager.

Ein höherer Hochschulabschluss ist für die Tätigkeit als Projektmanager nicht zwingend notwendig, er kann aber außerordentlich hilfreich sein. Die meisten Projektmanager haben einen Master- oder Ph.-D.-Abschluss, und manche verfügen über einen MBA(*Master of Business Administration*, postgraduales generalistisches Managementstudium)- oder einen R.-N.(*registered nurse*, staatlich geprüfter Krankenpfleger/ Krankenschwester)-Abschluss. Die Qualifikationen hängen zum Teil von den Projektanforderungen ab. Beispielsweise verlangt ein beginnendes Forschungsprojekt unter Umständen einen Ph.-D.-Abschluss, wohingegen ein R.-N.-Abschluss für einen klinischen Projektmanager hilfreicher sein kann. Projektleiter sind normalerweise promovierte Wissenschaftler (Ph. D.) oder Ärzte (M. D., *medical doctors*, Ärzte nach dem medizinischen Staatsexamen). Erfahrungen in der Arzneimittelentwicklung sind in jedem Fall von Vorteil.

In den USA sind Zertifikate im Projektmanagement bei vielen Universitäten und dem Projektmanagementinstitut zu bekommen. Obwohl solche Zertifikate wünschenswert sind, ist die direkte Erfahrung in der Arzneimittelforschung weit wertvoller.

Wege ins Projektmanagement

- Sammeln Sie als Mitglied eines Teams praktische Erfahrungen in einem der Arbeitsbereiche; dies ist der übliche Weg ins Projektmanagement. Lernen Sie von einem Projektmanager, der bereit ist, Ihr Mentor zu sein.
- Ziehen Sie in Betracht, als Projektkoordinator zu arbeiten. Eine solche Einstiegsposition führt möglicherweise zu Projektmanagement-

aufgaben. Projektkoordinatoren assistieren Projektmanagern bei der Planung von Sitzungen. Indem Sie zeigen, dass Sie sich hier intensiv einbringen, können Sie Führungsqualitäten beweisen.

• Erwägen Sie den Einstieg in ein klinisches Auftragsforschungs-unternehmen (CRO, *clinical research organization*), falls Sie an klinischem Projektmanagement interessiert sind. Die Arbeit in einem CRO bietet die Möglichkeit, die klinische Forschung kennenzulernen, und ermöglicht den späteren Wechsel in eine Pharmafirma. CROs stellen häufig als Gruppenleiter oder Projektmanager promovierte Wissenschaftler (Ph. D.) mit klinischer Erfahrung ein. Personen mit Bachelor- oder Krankenpfleger/Krankenschwester-Abschluss können Mitarbeiter in der klinischen Forschung werden (CRAs, *clinical research associates*) oder Projektkoordinatoren; beide Jobs können den Einstieg in das Projektmanagement erleichtern. Falls Sie noch an der Hochschule sind, versuchen Sie mit klinischen Prüfungen in Kontakt zu kommen.

• Nehmen Sie an Tagungen und Konferenzen von Projektmanagement-Gesellschaften teil; das sind gute Orte, um Netzwerke zu knüpfen. Stellen Sie so viele Kontakte wie möglich her. Je mehr Leute Sie kennen, umso eher wird Ihnen jemand eine Chance geben.

• Erlangen Sie möglichst viel Erfahrung in der Führung von Menschen. Entwickeln Sie Ihre Fähigkeiten im nüchternen strategischen Denken, und lernen Sie, wie man etwas optimal präsentiert.

• Erwerben Sie so viel Erfahrung wie möglich in der Arzneimittelforschung und -entwicklung. Machen Sie sich mit den internen und externen Faktoren vertraut, die diese Prozesse beeinflussen, dazu gehören auch die Themen Geschäftsentwicklung und Produktentwicklung. Belegen Sie Kurse in Arzneistoffforschung und -entwicklung.

Empfohlene Schulung, Berufsverbände und Quellen

Kurse und Nachweisprogramme

Projektmanagementzertifikate werden von den meisten örtlichen Universitäten angeboten und sind auch mithilfe von Internetrecherchen zu finden. Besonders empfehlenswerte Programme werden vom Project Management Institute (www.pmi.org) und der George Washington Universität angeboten. Barnett Educational Services (Barnett-Ausbildungsdienst; www.barnettinternational.com) bietet Kurse an, die speziell für Personen entwickelt wurden, die an klinischen Prüfungen und Arzneimittelentwicklung Interesse haben.

Gesellschaften für Projektmanagement und Quellen

Project Management Institute (PMI; www.pmi.org)
Deutsche Gesellschaft für Projektmanagement e.V. (www.gpm-ipma.de)
Project Managers in Pharmaceuticals (San Francisco, nicht auf Gewinn ausgerichtet; www.projmgr.org)
Project Connections (www.projectconnections.com)

Arzneimittelforschungs- und -entwicklungsgesellschaften

Verband der forschenden Arzneimittelhersteller (www.vfa.de)
Bundesverband der Pharmazeutischen Industrie (www.bpi.de)
Association of Clinical Research Professionals (Gesellschaft für Fachleute in der klinischen Forschung; www.acrpnet.org)
Drug Informational Association (DIA, Gesellschaft für Arzneistoffinformation; www.diahome.org). Innerhalb dieser Organisation gibt es eine starke Projektmanagementgruppe. Ihr jährliches Treffen ist ein guter Ort, um Kontakte zu knüpfen und etwas über das Projektmanagement in Biotechnologie- und Pharmafirmen zu erfahren.

Bücher und Fachzeitschriften

PMI (Project Management Institute) bietet mehrere Bücher zum Projektmanagement an.
Covey SR (2004) The 7 habits of highly effective people: Powerful lessons in personal change. Free Press, New York

Andere Empfehlungen

Erwägen Sie, Kurse zur Konfliktlösung und Rhetorikseminare zu besuchen.
Werden Sie Mitglied bei Toastmasters International (www.toastmasters.org).

10 | Klinische Entwicklung

Entwicklung neuer Produkte zum Wohle der menschlichen Gesundheit

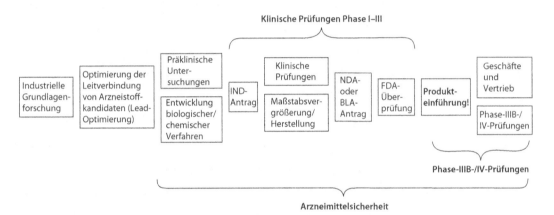

Wenn Sie an der praktischen Seite der Wissenschaft interessiert sind und die Weiterentwicklung der Produkte hautnah miterleben wollen, dann ist unter Umständen eine Laufbahn in der klinischen Entwicklung das Richtige für Sie. Dies ist eine Laufbahn für jene, die Freude an der Biologie und Medizin haben, zielorientiert und hoch motiviert sind.

Eine Laufbahn in der klinischen Entwicklung kann sehr befriedigend sein. Die klinische Entwicklung setzt sich aus mehreren Fachgebieten zusammen und es gibt reichlich Gelegenheit, neue Fertigkeiten und Techniken zu erlernen. Ein weiterer positiver Aspekt ist das möglicherweise hohe Gehalt und die außergewöhnlich gute Arbeitsplatzsicherheit.

> Das Reizvolle an einer Arbeit in der klinischen Entwicklung ist es, dass man an der Entwicklung von Arzneimitteln mitarbeitet, die einen positiven Einfluss auf die Weltgesundheit haben.

Die Bedeutung der Abteilung Klinische Entwicklung für die Biotechnologie ...

Bevor ein Produkt auf den Markt kommt, muss die Firma mithilfe klinischer Prüfungen zuerst nachweisen, dass es sicher und wirksam ist. Nachdem die Prüfungen abgeschlossen sind, werden auf einem

Beipackzettel wichtige Informationen aufgeführt, wie die Indikation, die empfohlene Dosierung und die Patientengruppe, an die sich das Medikament in erster Linie richtet. Auch weitere Produkteigenschaften wie Risiken, Aspekte zur Sicherheit und unerwünschte Arzneimittelwirkungen gehören hier hinein.

Berufslaufbahnen: Klinische Entwicklung und Arbeitsprozesse

Die klinische Entwicklung umfasst viele Teilgebiete (Tab. 10.1). Es gibt die Möglichkeit direkt an der Durchführung klinischer Prüfungen mitzuarbeiten (klinische Entwicklung, Arbeitsprozesse, Pharmakologie, translationale Forschung und Projektmanagement) oder unterstützende Aufgaben zu übernehmen (Biometriker und medizinische Texter (*medical writers*)). Weiterhin werden in diesem Kapitel Jobs in der Arzneimittelsicherheit und in der Bundesbehörde für Ernährung und Arzneimittelsicherheit (FDA, U. S. Food and Drug Administration; Kapitel 12) behandelt.

Der Einfachheit halber sind die klinischen Laufbahnen in einem Abschnitt zusammengefasst. Die unterstützenden Tätigkeiten, Positionen in der Arzneimittelsicherheit und der FDA werden jeweils am Ende dieses Kapitels beschrieben.

Man unterscheidet gelegentlich die Begriffe „klinische Entwicklung" und „klinische Arbeitsprozesse". Die klinische Entwicklung repräsentiert die medizinisch-wissenschaftliche Seite der Medikamentenentwicklung, während sich klinische Arbeitsprozesse mit der praktischen Umsetzung der Ergebnisse und der Durchführung von Prüfungen beschäftigen. In großen Firmen sind diese beiden Aufgaben getrennt, aber in den meisten anderen sind sie ein und dasselbe. Normalerweise ist das hochrangige medizinische Personal in der klinischen Entwicklung für

Tab. 10.1 *Teilfachgebiete der klinischen Entwicklung.*

Zweige der klinischen Entwicklung und Arbeitsprozesse	Biometrie	Klinische Unterstützung	Arbeit bei der FDA	Arzneimittelsicherheit
Translationale Medizin	Datenverwaltung	medizinische Texter	medizinische Gutachter	Arzneimittelsicherheit
klinische Pharmakologie	IT-Qualität			
Phase-I-Studien	Biostatistik			
Phase-II- bis Phase-III-Studien	statistische Programmierung			
Phase-IIIb- bis Phase-IV-Studien				

die Beaufsichtigung des Entwicklungsplans zuständig. Es entwirft die klinischen Protokolle, kümmert sich um die Arzneimittelsicherheit und ist verantwortlich für die Informationen, die auf dem Beipackzettel stehen. Die Mitarbeiter der klinischen Arbeitsprozesse leiten letztlich die klinischen Prüfungen. Sie stellen die Teams zusammen, koordinieren die Aktivitäten und delegieren Aufgaben und Verantwortlichkeiten.

Die Titel und Aufgaben werden nachfolgend beschrieben:

Leitende Stabsärzte

Der leitende Stabsarzt (*chief medical officer*, gewöhnlich ein M. D.) ist innerhalb des Unternehmens für die Entwicklungsprogramme verantwortlich. Er bringt seine wissenschaftlichen Fachkenntnisse ein und kümmert sich im Rahmen der Entwicklung um Strategien, das Budget, die Arzneimittelsicherheit und andere wichtige Aspekte.

Leiter des klinischen Teams oder Direktoren des klinischen Programms

Hier handelt es sich normalerweise um Personen mit M. D. (*medical doctors*, Ärzte nach dem medizinischen Staatsexamen) oder Ph. D. (*philosophical doctors*, promovierte Wissenschaftler). Sie sind häufig für die Protokollierung der Versuche zuständig und führen die Arbeitsgruppen.

Medizinischer Monitor

Medizinische Monitore, gewöhnlich mit M. D., beaufsichtigen die Arzneimittel- und Patientensicherheit während der Prüfungen und haben die medizinische Oberaufsicht inne.

Medizinische Monitore sind die Bindeglieder zwischen den Firmen und den klinischen Forschern oder Auftragsforschungsunternehmen (CRO, *contract research organization*), die tatsächlich die Studien durchführen.

Stellvertretende Direktoren, Direktoren und Vizepräsidenten der klinischen Arbeitsprozesse

Direktoren haben mehr wissenschaftliche und strategische Kompetenzen und leiten in der Regel Programme in speziellen therapeutischen Bereichen.

Programmleiter, Prüfungsleiter

Programmleiter überwachen die betriebliche Seite der klinischen Entwicklung und haben Zuständigkeiten, die denen der Projektmanager gleichen. Sie beaufsichtigen die Durchführung von nationalen und internationalen Prüfungen, legen Programmbudgets und Zeitpläne fest, leiten Vertragsforschungsunternehmen an und helfen Behördenanträge und Sicherheitsdatenblätter zu erstellen.

Leitender Wissenschaftler in der klinischen Forschung

Mitarbeiter in diesen Positionen leiten Protokollüberprüfungen und sind maßgeblich für die Planung von Studien verantwortlich. Sie überwachen die wissenschaftlichen Aspekte der Studie und stellen sicher, dass die Prüfungen die Anforderungen der Behörden erfüllen.

Mitarbeiter in der klinischen Forschung (CRAs), klinische Monitore und Koordinatoren der klinischen Prüfungen

Mitarbeiter in der klinischen Forschung (CRAs, *clinical research associates*) betätigen sich im Zentrum klinischer Prüfungen. Sie arbeiten im Wesentlichen in der Patientenüberwachung und kontrollieren klinische Daten in den Krankenhäusern, wo die Prüfungen durchgeführt werden. Sie überprüfen die Richtigkeit der Daten und gewährleisten, dass die Studie gemäß den FDA-Richtlinien durchgeführt wird.

Klinische Projektassistenten und Vertragsadministratoren

Ein klinischer Projektassistent befindet sich noch in der Ausbildung. Er ist an der Überwachung der Patienten beteiligt und unterstützt sowohl CRAs als auch Programmleiter. Vertragsadministratoren kümmern sich um Verträge und Budgets.

Über die Laufbahn von klinischen Forschungsmitarbeitern

Mitarbeiter in der klinischen Forschung (CRAs) sind in unterschiedlichen Bereichen zu finden. Sie können fachgebietsabhängig sein, unternehmensintern bei einem Auftraggeberunternehmen arbeiten oder für ein Vertragsforschungsunternehmen tätig sein. Erfahrene CRAs sind gefragt und gut bezahlt. Sie werden je nach Fachwissen für spezielle Studien eingestellt. Viele sind Krankenschwestern oder Krankenpfleger, haben einen wissenschaftlichen Bachelor-Abschluss oder sind Ärzte aus dem Ausland. Ungefähr 70–80 % seiner Zeit verbringt ein CRA damit, die Studienorte zu besuchen. Viele CRAs sind schließlich vom vielen Reisen ausgebrannt und wechseln in ausgeglichenere Arbeitsbereiche der klinischen Entwicklung. Die klinische Forschung kann ein guter Einstieg in den Beruf sein und man lernt viel über die Entwicklung von Arzneimitteln.

Andere Abteilungen innerhalb der klinischen Entwicklung

Translationale Medizin, translationale Forschung oder translationale Entwicklung

Die translationale Medizin überschneidet sich sowohl mit der industriellen Grundlagenforschung als auch mit der klinischen Entwicklung.

„Translationale Medizin" ist ein unklarer Begriff mit mehreren Bedeutungen; im Prinzip hilft die translationale Medizin dabei, Ergebnisse aus der Forschung für die Heilung von Krankheiten nutzbar zu machen. Ein Aspekt der translationalen Medizin beinhaltet die Entwicklung von

Labormessmethoden für biologische Marker (Biomarker; d. h. Protein-
und RNA-Spiegel, psychometrische Tests usw.). Biomarker kann man
einsetzen, um Patienten, die mit größerer Wahrscheinlichkeit auf die
Therapie ansprechen, für klinische Prüfungen auszuwählen. Biomarker
können außerdem Studien beschleunigen, indem sie während der klinischen Prüfungen ein zusätzliches Raster schaffen. Auf diese Weise lässt
sich leichter feststellen, ob eine Verbindung die zugedachte Wirkung
zeigt (Kapitel 8).

Klinische Pharmakologie und Pharmakokinetik

Die klinische Pharmakologie überträgt die präklinischen Daten in die
„First-in-Man"-Studien der Phase I. Dies beinhaltet das Austesten
der Dosis-Wirkung und die Festlegung der Dosierungen für klinische
Prüfungen. Klinische Pharmakologiestudien bewerten die Pharmakokinetik (d. h. den Blutplasmaspiegel des Arzneistoffs im Zeitverlauf)
und die Bioverfügbarkeit, Veranlagungsstudien hingegen (Resorption,
Verteilung, Stoffwechsel und Ausscheidung des Arzneistoffs, häufig als
„ADME" bezeichnet) Sicherheit, Verträglichkeit und, falls möglich, die
pharmakodynamischen Effekte der Verbindungen (Kapitel 8).

Klinische Projektmanager

Das Projektmanagement wird vom Bereich Arbeitsprozesse mit übernommen, hier erfolgt die Koordinierung der multidisziplinären Aspekte
des Programms. Projektmanager arbeiten im Allgemeinen nicht auf der
Prüfungsebene. Sie überwachen Budgets und die Einhaltung von Zeitvorgaben, stellen Kontakte zu Vertragsforschungsunternehmen und anderen Dienstleistern her und haben eine Vielzahl weiterer Verpflichtungen. Dazu gehören die Koordinierung von Sitzungen des Projektteams
und die Beaufsichtigung der Programme (Kapitel 9).

Laufbahnen in der Arz-
neimittelsicherheit, dem
Bereich des medizinischen
Textens (medical writing),
der Datenpflege, der biosta-
tistischen und statistischen
Programmierung und bei
der FDA werden am Ende
dieses Kapitels ausführlicher behandelt.

Klinische Studien

Klinische Protokolle beschreiben die Studienziele, die Konzeption, die
Methodik der Prüfungen, die Patientengruppe und auf welche Weise
die Daten gesammelt und analysiert werden. Protokolle und Anträge
zur Untersuchung neuer Arzneistoffe (IND-Anträge, Investigational
New Drug Applications) werden in den USA bei der FDA zwecks Prüfung eingereicht (in Europa: EMEA), bevor mit den Phase-I-Studien am
Menschen begonnen werden kann.

Forschungsstellen sind in Krankenhäusern oder privaten Kliniken
zu finden, wo die klinischen Prüfungen durchgeführt werden. Frühe For-
schungsstudien finden häufig an Universitätskliniken statt, die sich auf
ein bestimmtes Therapiefeld spezialisiert haben. Die klinischen Daten
werden von den dortigen Ärzten erhoben und protokolliert.

**Vertragsforschungsunternehmen (CROs, contract research organi-
zations)** sind Dienstleister, die Studien für Biotechnologie- und Pharmafirmen (Auftraggeber) durchführen und/oder leiten. Klinische Prü-

fungen und spezielle Tätigkeiten (d. h. Datenverwaltung, Registraturen u. Ä.) werden oft an CROs ausgegliedert.

Fallberichtsformulare verwendet man, um die Daten von Patienten aufzuzeichnen, die an klinischen Studien teilgenommen haben. Diese Informationen werden in Datenbanken gespeichert und dazu verwendet, die klinische Wirksamkeit des Arzneistoffs zu ermitteln.

Anträge zur Untersuchung neuer Arzneimittel (IND-Anträge, *Investigational New Drug Applications*) sind Behördenanträge, die an die FDA geschickt werden, bevor eine Firma mit den klinischen Prüfungen der Phase I beginnen kann.

Anmeldungen neuer Arzneimittel (**NDAs**, *new drug applications*) (für kleinmolekulare Pharmaka) und **biologische Registrierungsanträge** (**BLAs**, *biological license applications*) (für biologische Therapeutika) sind große behördliche Anmeldungen, die bei der US-amerikanischen Gesundheitsbehörde (FDA) für die Marktzulassung eingereicht werden. Diese Anträge werden nach einem erfolgreichen Abschluss der vorgeschriebenen Wirksamkeits- und Sicherheitsstudien gestellt. An diesen Studien nehmen freiwillige Patienten teil, die für die potenzielle Behandlungsgruppe repräsentativ sind (Kapitel 12).

Studien der Phase I prüfen die Arzneimittelsicherheit, Pharmakokinetik und klinische Pharmakologie. Diese Studien werden normalerweise an einer kleinen Gruppe gesunder Freiwilliger durchgeführt. Es werden Dosis-Wirkungs-Kurven erstellt und die Nebenwirkungen beobachtet, um die optimale Dosis zu ermitteln. Die Studien testen eine Vielzahl von Parametern, wie z. B. Nahrungs-Arzneistoff- und Arzneistoff-Arzneistoff-Wechselwirkungen, die Pharmakokinetik und die Pharmakodynamik. Die Generikaindustrie führt Phase-I-Bioäquivalenz-Studien für Produkte durch, die bereits auf dem Markt sind.

Studien der Phase II werden an größeren Patientengruppen durchgeführt, die unter der Störung oder Krankheit leiden, auf die das Arzneimittel abzielt. Hier versuchen die Prüfärzte den Wirksamkeitsbeweis zu erbringen, sie suchen aber auch nach kurzfristigen Nebenwirkungen oder möglichen Risiken, die mit dem Arzneimittel verknüpft sind.

Studien der Phase III sind große klinische Prüfungen, die im Allgemeinen Hunderte oder Tausende von Personen umfassen. Die Studien sind entweder kontrolliert (randomisierte Gruppen, die entweder mit dem zu untersuchenden Wirkstoff, Placebo oder einem bewährten Arzneimittel behandelt werden) oder nicht kontrolliert und haben zum Ziel, zusätzliche Informationen über die Wirksamkeit und Sicherheit des Arzneimittels zu sammeln und das gesamte Nutzen-Risiko-Verhältnis zu bewerten. Bei Arzneimitteln, die für die Daueranwendung vorgesehen sind, können die Studien 90 Tage oder länger dauern, mit einer kleineren „Sicherheits"-Gruppe, die ein Jahr oder länger behandelt wird. Falls der Wirkstoff positiv abschneidet, kann die Firma einen NDA- oder BLA-Antrag stellen und nach dessen Genehmigung den Vertrieb des Arzneimittels beantragen.

Studien der Phase IIIb/IV sind Erweiterungen der Phase-III-Prüfungen mit dem Ziel, den Arzneistoff bei anderen Krankheiten zu testen. Es kann sich hierbei auch um zusätzliche verpflichtende Prüfungen handeln, welche die FDA angefordert hat. Das Unternehmen erfährt weitere Details über das Produkt, ermittelt weitere Indikationen, testet den Arzneimittelwirkstoff an speziellen Bevölkerungsgruppen, deckt mögliche Wechselwirkungen mit anderen Medikamenten auf und weist in direkten Vergleichstests nach, dass das Präparat Konkurrenzprodukten überlegen ist (Kapitel 11).

Aufgaben und Kompetenzen in der klinischen Entwicklung

Je nach ihrer Position können Personen in der klinischen Entwicklung die folgenden Aufgaben und Kompetenzen haben:

Entwicklungsstrategie

Die Entwicklungsstrategie umfasst die gesamte Forschung und Entwicklung (F & E). Fachbereichsleiter arbeiten in Teams des Marketings, der präklinischen Forschung und anderer Bereiche mit, um die Produkte und ihren Entwicklungsstand zu beurteilen. Zusammen bewerten sie die Entwicklungsprogramme, die Kosten und den möglichen finanziellen Ertrag. Daraus wird schließlich das zur Verfügung stehende Budget ermittelt.

In der Abteilung Klinische Entwicklung spielt die Festlegung und Einhaltung des Budgets eine wesentliche Rolle.

Die Entwicklungsstrategie muss auch dafür sorgen, dass die vielen Teilbereiche der klinischen Forschung effektiv als Einheit zusammenarbeiten. Die klinische Entwicklung ist hoch komplex, und viele Rädchen müssen lückenlos ineinandergreifen, damit ein Produkt Marktreife erlangt. Hier werden auch strategische Entscheidungen über die therapeutische Herangehensweise getroffen und die Verteilung der Kompetenzen festgelegt.

Die Forschung und Entwicklung hat häufig langfristige Zeithorizonte von mindestens zehn bis 15 Jahren.

Studien entwerfen und klinische Protokolle verfassen

Die Direktoren des klinischen Programms, Führungskräfte oder medizinische Monitore sind am Entwurf, der Prüfung und Bewertung der Protokolle beteiligt und sie leiten die Projektteams.

Leitung der klinischen Prüfungen/Arbeitsprozesse

Mitarbeiter, die mit klinischen Arbeitsprozessen zu tun haben, sind der Dreh- und Angelpunkt klinischer Prüfungen. Sie prüfen und modifizieren Protokolle, gestalten Verträge und leiten CROs an. Sie beaufsichtigen die klinischen Monitore vor Ort und arbeiten mit Biostatistikern, medizinischen Textern und Mitarbeitern der Arzneimittelsicherheit zusammen.

Die Mitarbeiter in der klinischen Forschung (CRAs) besuchen Studienorte, um nachzuprüfen, ob die Studie protokollgemäß durchgeführt wird und die Daten und Proben korrekt gewonnen und verarbeitet werden. Sie stellen auch sicher, dass die Studienorte die FDA-Richtlinien einhalten. Sie sammeln die klinischen Daten und pflegen sie in Datenbanken. Nach jedem Besuch dokumentiert der CRA die Befunde. Wenn Studien abgeschlossen sind, dann „buchen sie Studienorte aus" und schreiben Abschlussberichte.

Medizinische Überwachung und Beurteilung der Arzneimittelsicherheit

Sobald eine Studie in Gang ist, sorgen die medizinischen Monitore dafür, dass die Patientensicherheit gewährleistet ist und die Prüfungen reibungslos ablaufen. Sie überprüfen die klinischen Labors, die Patientenaufnahme- und -ausschlusskriterien und stellen sicher, dass die passenden Patienten aufgenommen werden. Sie sind die Hauptansprechpartner für die Forscher.

Datenverwaltung

Das Ergebnis der klinischen Forschung sind Daten.

Die im Rahmen der klinischen Prüfungen gesammelten Informationen werden in eine Datenbank eingegeben. Dazu gehören Daten aus Fallberichten, Sammlungen von Gewebeproben, pharmakokinetische Ergebnisse und vieles mehr.

Analyse der klinischen Prüfungen und Biostatistik

Nachdem die klinischen Prüfungen abgeschlossen sind und die letzten Daten eingegeben wurden, wird die Datenbank „verschlossen", d. h. Inhalte können jetzt nicht mehr verändert werden. Normalerweise arbeiten nun die leitenden Kliniker und Statistiker zusammen, um die Ergebnisse zu bewerten und Schlüsse daraus zu ziehen. Unter Umständen ist es notwendig, neuen Fragestellungen nachzugehen oder die Datensätze werden neu geordnet, z. B. nach Altersgruppen oder unter Berücksichtigung ethnischer Gruppen. Das FDA-Personal hingegen führt auf Basis der Daten seine eigenen Analysen durch und zieht unabhängige Schlüsse.

Umgang mit wichtigen Meinungsführern

Fachleute der klinischen Entwicklung verbringen auch Zeit damit, renommierte Experten, die in der Industrie als „Meinungsführer" gelten, kennenzulernen und mit ihnen Umgang zu pflegen. Diese wichtigen Personen sind in FDA-Beratungsgremien tätig, sie sprechen Empfehlungen für bestimmte Arzneimittel aus oder werden für das Unternehmen als Autoren tätig und publizieren die Ergebnisse der klinischen Studien.

Schreiben von Standardarbeitsanweisungen

Standardarbeitsanweisungen (SOPs, *standard operating procedures*), welche die praktische Durchführung und die Leitung klinischer Prüfungen regeln, werden erstellt, um die Einheitlichkeit zu gewährleisten. Die SOPs legen Prozesse Schritt für Schritt fest und benennen die jeweils Verantwortlichen.

Ein typischer Arbeitstag in der klinischen Entwicklung

In der klinischen Entwicklung gibt es viele Aufgaben. Je nach Position ist man an einer der folgenden Tätigkeiten beteiligt:

- Teilnahme an zahlreichen internen Sitzungen. Dazu gehören Besprechungen, die Zeitpläne und Ecktermine der klinischen Prüfungen betreffen, Zustandsaktualisierungen, Budget- und Projektbewertungen; weiterhin wird diskutiert, wo die Daten für die klinischen Studien publiziert werden sollen. Auch das Schreiben oder Ergänzen von Beipackzetteln, die Vorbereitung von Treffen mit der FDA oder anderen wichtigen Meinungsführern gehört zum Arbeitsalltag.
- Teilnahme an Sitzungen oder Telefonkonferenzen mit klinischen Forschern, CROs und anderen Dienstleistern. Kontaktaufnahme mit den Studienorten, falls dort nicht gut gearbeitet wird und Hilfestellung leisten bei der Patientenakquise.
- Durchsicht und Schreiben klinischer Protokolle und weiterer FDA-Einreichungen.
- Telefonkonferenzen mit Entwicklungspartnern abhalten, Beziehungen pflegen und Informationen austauschen.
- Ärzte kontaktieren, die von ernsthaften Nebenwirkungen berichtet haben, um mehr über die Einzelheiten in Erfahrung zu bringen.
- Teilnahme an wissenschaftlichen Beiratsgremien, Protokollbesprechungen und wissenschaftlichen Tagungen.
- Wettbewerbsrecherchen. Durchsicht der klinischen Prüfungsergebnisse von Konkurrenzfirmen.
- Besprechung klinischer Daten mit Statistikern.

Gehalt und Vergütung

Jobs in der klinischen Entwicklung werden beträchtlich besser bezahlt als jene in anderen Biopharmabereichen. Die Nachfrage nach qualifizierten Mitarbeitern ist hoch und das Angebot gering. Personen mit M. D. (*medical doctors*, Ärzte nach dem medizinischen Staatsexamen) können in diesem Bereich höhere Gehälter erwarten. Die Vergütungen in diesen Jobs sind vergleichbar mit denen in den Abteilungen für Behördenangelegenheiten, Geschäftsentwicklung und Marketing und besser als in der industriellen Grundlagenforschung oder präklinischen Forschung, der Herstellung oder der Qualitätssicherung. Angestellte mit einem M.-D.-Abschluss verdienen häufig mehr als jene mit anderen, vergleichbar hohen Abschlüssen, aber sie tragen auch eine höhere Verantwortung. Ärzte, Krankenschwestern und Pharmazeuten erhalten ähnliche Gehälter wie ihre Kollegen in der Klinik – je nach Position und Therapiebereich. Diejenigen, die keinen höheren Abschluss haben,

Laufbahnen in der klinischen Entwicklung sind lukrativ und bieten eine außergewöhnlich gute Arbeitsplatzsicherheit.

bekommen in der klinischen Entwicklung mehr als in der industriellen Grundlagenforschung, auch die Chancen für einen beruflichen Aufstieg sind besser.

CROs bezahlen weniger als Biopharmafirmen, aber sie bieten eine bessere interne Ausbildung für Einsteiger und ermöglichen es, den gesamten Prozess der Arzneimittelentwicklung kennenzulernen.

Wie wird Erfolg gemessen?

Teilziele und Zeitpläne sind alles in dieser Laufbahn. Etappen sind die Patientenregistrierung („erster Patient eingetragen" und „letzter Patient ausgetragen"), das Schließen der Datenbank, Vervollständigung der klinischen Studienberichte und ob die Studie die klinischen Ziele erreicht hat. Die Zulassung des Arzneimittels ist letztlich der aussagekräftigste Beweis für eine gute Arbeitsleistung.

Das Für und Wider der Arbeit

Positive Aspekte einer Laufbahn in der klinischen Entwicklung

Als praktizierender Arzt kommen Sie während Ihres Berufslebens vielleicht mit 10 000 Patienten in Kontakt. Wenn Sie in einem Unternehmen arbeiten, wirkt sich Ihre Tätigkeit vielleicht auf das Leben von Millionen von Menschen aus.

- Es ist enorm lohnend, zu wissen, dass man für die Gesellschaft von Nutzen ist und seine persönlichen Spuren hinterlässt. Sichere und nützliche neue Arzneistoffe auf den Markt zu bringen, hat einen positiven Einfluss auf die Welt.
- Jeder Tag ist anders. Manche Tage bringen interessante Herausforderungen und andere sind eher frustrierend.
- Die originäre und die angewandte klinische Forschung sind spannend. Jede Prüfung ist einzigartig und das Ergebnis so lange ungewiss, bis die Prüfungen abgeschlossen sind.
- Wenn Etappen erreicht wurden, hat man das Gefühl, etwas geleistet zu haben. Es ist befriedigend, vielleicht bedeutende wissenschaftliche Daten hervorzubringen, diese zu publizieren und so das Gesamtwissen der medizinischen Forschung zu erweitern.

In der klinischen Entwicklung bleibt man wissenschaftlich immer auf dem neuesten Stand, ohne eine Pipette zu benutzen.

- Laufbahnen in der klinischen Entwicklung bieten derzeit eine außergewöhnlich hohe Arbeitsplatzsicherheit. Da es dort so viele Funktionen gibt, stehen die Chancen gut, beruflich weiterzukommen. Auch ein Wechsel in den behördlichen Bereich und in andere medizinische Bereiche stehen einem offen. Es besteht auch die Möglichkeit, praktische Fertigkeiten z. B. im Rechnungswesen und in der Biostatistik zu erwerben.
- Klinische Studien spielen in Firmen eine zentrale Rolle. Sie tragen in bedeutsamer Weise zum Erfolg der Firma bei.
- Es gibt enorm viel zu lernen, vor allem bei der Untersuchung von Krankheiten. Es ist spannend, wenn man zur Speerspitze der wissenschaftlichen Forschung zählt.

- Ein solcher Berufszweig verschafft ein fundamentales Verständnis von der Arzneimittelforschung und ihrer zahlreichen Fachgebiete. Sie können den Werdegang eines Wirkstoffs von seiner Entdeckung bis zur Markzulassung hautnah verfolgen.
- Eine Laufbahn in der klinischen Entwicklung bietet viele Gelegenheiten – innerhalb und außerhalb des Unternehmens – interessante und einflussreiche Leute kennenzulernen.

Die möglicherweise unangenehme Seite der klinischen Entwicklung

- Je nach Aufgabenbereich verbringen CRAs und Monitore in der klinischen Prüfung bis zu 80 % ihrer Zeit auf Reisen. Das ausgiebige Reisen kann anstrengend sein.
- Es besteht häufig Termindruck. Sie werden oft den Eindruck haben, zu viele Dinge in zu kurzer Zeit erledigen zu müssen.
- Der finanzielle Druck in der klinischen Entwicklung ist enorm. Infolgedessen sind Teams oft gezwungen, an allen Ecken und Enden zu sparen. Manchmal muss die Produktentwicklung aufgrund mangelhafter Finanzierung abgebrochen werden.
- Klinische Prüfungen verlaufen selten reibungslos. Es gibt viele Verzögerungen, die den Fortgang bremsen, dazu gehören auch gesetzliche und vertragliche Aspekte sowie der Patientendatenschutz. Dies betrifft insbesondere neue Produkte für unerfüllte medizinische Bedürfnisse. Hier ist der Entwicklungsweg unbekannt und voller unerwarteter Ereignisse.
- Die meisten klinischen Prüfungen sind nicht erfolgreich. (Aber diejenigen, die erfolgreich sind, sind der Mühe wert!)
- Das Pensum an Schreibarbeiten kann enorm sein. In großen Pharmafirmen verbringen die Angestellten sehr viel Zeit damit, sich um bürokratische Einzelheiten zu kümmern.
- Es kann leicht passieren, dass man innerhalb seines Fachgebiets in „eine Schublade gesteckt wird".
- Manche Studien können nervtötend sein, weil sich vieles ständig wiederholt.
- Manche Forscher haben ein großes Ego und sind mitunter arrogant. Die Arbeit mit ihnen kann schwierig sein.

Die größten Herausforderungen des Jobs

Es einfach schaffen! Für Arzneimittel die Zulassung bekommen

Dieser Prozess ist äußerst kompliziert, und die meisten Arzneistoffkandidaten scheitern in der klinischen Entwicklung. Die neuesten Tendenzen zeigen, dass die Kosten der Arzneimittelentwicklung gestiegen sind, während die Erfolge zurückgegangen sind. Wenn Sie folgende

Man kann den tollsten Plan der Welt haben, wenn das Arzneimittel im Menschen aber nicht funktioniert, dann funktioniert es eben nicht.

Punkte berücksichtigen, werden Sie mögliche Schwierigkeiten besser bestehen:

- Eine Studie möglichst optimal vorausplanen, mit klar definierten klinischen Endpunkten, sodass die Wirksamkeit des Präparates präzise bewertet werden kann.
- Resultate anstreben, die das klinische Ergebnis solide bestätigen.
- Ermittlung der Ursachen von erfolglosen Studien. Lag es an etwas, für das Sie die Verantwortung tragen? Falls ja, können Sie den klinischen Endpunkt verändern?
- Eine Dosierung finden, die einen Mittelweg darstellt zwischen dem maximalen gesundheitlichen Nutzen und minimalen Nebenwirkungen.
- Für eine einschlägige Bevölkerungsgruppe die beste Indikation finden. Viele Arzneimittel scheitern in frühen klinischen Studien, sind aber unter Umständen später erfolgreich, wenn sie bei einer anderen Patientengruppe angewendet werden. Thalidomid z. B. wurde ursprünglich schwangeren Frauen als Antiemetikum (gegen Brechreiz) verordnet. Die Verwendung des Wirkstoffs in diesem Bereich wurde abgebrochen, als klar wurde, dass die Verbindung zu Missbildungen bei Neugeborenen führt. Heute wird es jedoch zur Krebsbehandlung eingesetzt.
- Wissen, wann man die Entwicklung weiterführt und wann man sie abbricht. Es ist wichtig, die Arzneimittelkandidaten nicht zu früh aufzugeben, aber die Forschung an Verbindungen fortzusetzen, die ernsthafte Nebenwirkungen verursachen oder wirkungslos sind, kann sich ein Unternehmen auf Dauer nicht leisten.

Vollständig neue Produkte zur Behandlung unerfüllter medizinischer Bedürfnisse

Dort hinzugehen, wo noch kein Kliniker zuvor gewesen ist ...

Die Entwicklung von völlig neuen, innovativen Therapien zur Behandlung einer Krankheit ist sehr schwierig. Besondere Prüfungen sind nötig, die bisher noch nie durchgeführt wurden, und infolgedessen entstehen mit ziemlicher Sicherheit unvorhersehbare Probleme. Die positiven Auswirkungen eines solchen erfolgreichen Produkts können allerdings enorm sein.

Sicherheitsstandards aufrechterhalten

Das Gebot des medizinischen Berufsstands, „keinen Schaden anzurichten", gilt in hohem Maße auch für die Industrie. Hier können Entscheidungen Hunderttausende Leben beeinträchtigen. Die Ärzte in der Industrie sind aufgrund ethischer Bedenken unter Umständen gezwungen, eine Studie zu verzögern oder zu beenden. Solche Handlungen haben einen direkten Einfluss auf die Zukunft der Firma und auf die ihrer Angestellten.

Sich in der klinischen Entwicklung auszeichnen ...

Komplexität meistern lernen

Klinische Prüfungen sind komplex. Viele Faktoren, einschließlich das Markt- und Behördenumfeld, müssen berücksichtigt werden. Es bedarf vieler Jahre Erfahrung, bis man die Tricks des Geschäfts gelernt hat, und diejenigen, die dort bestehen, besitzen die Fähigkeit, sich innerhalb komplexer Vorgänge zu bewegen, ohne dabei die Details aus den Augen zu verlieren.

Die Planung von Prüfungen ist eine Wissenschaft für sich und deren Durchführung eine Kunst.

Sind Sie ein guter Anwärter für die klinische Entwicklung?

Menschen, die in der klinischen Entwicklung zur Entfaltung kommen, haben meist folgende Eigenschaften:

Eine zielorientierte Arbeitsethik

Hier handelt es sich um einen Beruf, der sich Zeitplänen und Budgets unterordnen muss. Sie sollten effizient und erfinderisch sein und die Bereitschaft besitzen, Überstunden zu machen – im Wesentlichen müssen Sie ein guter „Lenker" sein. Menschen mit Eigeninitiative, die unabhängig arbeiten können und eine „Lasst-es-uns-anpacken-Arbeitshaltung" haben, können hier erfolgreich sein.

Einstellungsleiter suchen Mitarbeiter, die hoch motiviert, aufgeschlossen, flexibel und detailorientiert sind.

Die Fähigkeit, das große Ganze im Blick zu behalten, ohne die Details zu vernachlässigen

Die Entwicklung von Arzneimitteln ist kompliziert. Diejenigen, die sich in dem Beruf behaupten, haben einen guten Überblick über ihren persönlichen Aufgabenbereich innerhalb der Firma, sind aber dennoch in der Lage, den Einzelheiten die nötige Aufmerksamkeit zu schenken.

Außerordentliche soziale Kompetenz und die Fähigkeit, im Team zu arbeiten

Die klinische Entwicklung ist ein Teamsport. Sie müssen in der Lage sein, mit Personen aus anderen Abteilungen, die einen anderen Hintergrund haben, reibungslos zusammenzuarbeiten. Sie sollten eine soziale Ader besitzen, glaubhaft sein, kompetent, hilfsbereit, fair und besonnen. Sie müssen selbst Kritik einstecken können, aber aufgeschlossen und konstruktiv bei der Beurteilung anderer sein (Kapitel 2).

Außergewöhnlich gute kommunikative Fähigkeiten

Der Schlüssel zum Erfolg ist eine gute Kommunikation.

Da es in der klinischen Forschung so viele bewegliche Teile gibt, ist es unerlässlich, dass Sie gut kommunizieren können. Diese Fähigkeit ist außerordentlich wichtig, um mit den vielen Menschen zurechtzukommen, die an den Prüfungen beteiligt sind. Sie verbringen unter Umständen viel Zeit mit „Korridorgesprächen", mit der Abwicklung interner Abläufe und damit, Anbieter und Kunden einzuladen und diesen zur Verfügung zu stehen. Aufgeschlossene und gesellige Persönlichkeiten sind innerhalb eines Unternehmens wichtige Kommunikatoren, im Idealfall besitzen sie die Fähigkeit, ihre Meinung diplomatisch zum Ausdruck bringen zu können.

Texte gut verfassen können

Die Fähigkeit, klar, prägnant und schnell zu schreiben, ist für einen solchen Job sehr nützlich.

Geduld und Ausdauer

Klinische Prüfungen nehmen unter Umständen viel Zeit in Anspruch, sie können bis zu fünf Jahre und mehr dauern. Sie sollten sich auch über erreichte Etappenziele freuen können.

Das Bedürfnis, die öffentliche Sicherheit zu erhalten, und ein starkes ethisches Gefühl

Patienten werden mit neuen, unerprobten Wirkstoffen behandelt, dies erfordert ein hohes Verantwortungsbewusstsein, damit niemand zu Schaden kommt.

Mitleid und Sensibilität

Für Personen, die direkt mit Patienten arbeiten, ist es wichtig, dass sie für die verzweifelte Notlage von Menschen, die an klinischen Prüfungen teilnehmen, Mitgefühl zeigen.

Überzeugende Fähigkeiten, Probleme zu lösen, und die Begabung, kreativ, unabhängig und flexibel zu denken

An jedem beliebigen Tag können sich Dinge ereignen, die es notwendig machen, Prioritäten zu verschieben. Die verschiedenen Teilbereiche der Prüfungen verlangen eine ständige Überprüfung und Neubewertung. Viele Dinge laufen nicht so wie geplant.

Die Fähigkeit, strategisch, kritisch und analytisch zu denken

Die Tätigkeit erfordert es, dass man nicht nur auf aktuelle Situationen reagiert, sondern auch vorausdenkt. Sie müssen bei der Planung und

Durchführung von Prüfungen willens und in der Lage sein, zielsichere, wissenschaftsbasierte Entscheidungen zu treffen und kalkulierte Risiken einzugehen. Sobald eine Prüfung läuft, nehmen die Möglichkeiten einer Einflussnahme ab.

Gute Urteilsfähigkeit

Die Erfolgreichen haben die Kreativität und Beharrlichkeit, Projekte durchzuziehen – allen Widrigkeiten zum Trotz. Es ist jedoch gleichermaßen wichtig, Programme zu beenden, die unsicher und ineffektiv sind oder den Firmenzielen nicht entsprechen.

Aufmerksamkeit für Details, Multitasking-Fähigkeiten und ein Talent für Zeitmanagement

Die Arbeitsbelastung ist hoch. Es gilt dabei, viele Details im Auge zu behalten.

Um in der klinischen Entwicklung leistungsfähig zu sein, müssen Sie mit vielen Bällen gleichzeitig jonglieren können.

Führungsqualitäten (für das gehobene Management)

Gute Führungsqualitäten sind zwingend erforderlich. Vorgesetzte sollten sachkundig auf ihrem Gebiet sein, gute Menschenkenntnis besitzen, motivieren und delegieren können.

Sie können noch so viel Fachkompetenz besitzen, wenn Sie aber das Team nicht motivieren können, dann scheitern Sie unter Umständen elend.

Umfassende Kenntnisse in der Arzneimittelentwicklung

In diesem Job ist es erforderlich, neben dem unmittelbaren wissenschaftlich-medizinischen Bereich ebenfalls die Aktivitäten der Wettbewerber im Auge zu behalten. Auch die Überwachung der Finanzsituation und strategische Planungen dürfen nicht vernachlässigt werden.

Eine natürliche Neugier und eine schnelle Auffassungsgabe

Die klinische Entwicklung ist außerordentlich dynamisch. Die meisten klinischen Fachleute werden aufgrund ihres Expertenwissens für ein bestimmtes medizinisches Gebiet angeworben. Um Ihren Nutzen auf verschiedene Therapiebereiche auszudehnen, müssen Sie bereit sein, sich selbst weiterzubilden.

Die Fähigkeit, in einem stark reglementierten Umfeld zu arbeiten

Man muss in der Lage sein, Rechtsvorschriften, Arbeitsabläufe und Dienstanweisungen zu akzeptieren und damit zu arbeiten. Klinische Daten werden im Einklang mit den strengen FDA-Richtlinien gesammelt und analysiert.

Risikoträger

Die klinische Entwicklung kann topaktuelle Forschung beinhalten und die meisten Prüfungen sind niemals zuvor durchgeführt worden. Dies ist mit Risiken verbunden, kann aber auch sehr spannend sein.

Sie sollten eventuell eine Laufbahn außerhalb der klinischen Entwicklung in Betracht ziehen, falls Sie ...

- unmotiviert sind.
- jemand sind, der sich schwer tut, Arbeiten zu delegieren oder sich leicht in Details verliert.
- jemand sind, der lieber allein arbeitet oder als Teammitglied nicht effektiv arbeiten kann.
- von kurzfristigem Erfolg und ständigem Lob abhängig sind.
- sehr launisch sind und sich oft im Ton vergreifen.
- nicht ausreichend detailorientiert oder zu detailorientiert oder ein notorischer Perfektionist sind.
- unfähig sind, Fristen einzuhalten.
- unflexibel und unfähig sind, sich auf neue Prioritäten einzustellen.
- negativ, pessimistisch oder jemand sind, der sich häufig beklagt.
- nicht bereit sind, Regeln und Rechtsvorschriften zu akzeptieren (ziehen Sie den Bereich Medical Affairs oder das Marketing in Betracht, falls Sie eine kreative Arbeitsumgebung benötigen).
- ein Arzt mit einem ausgeprägten Interesse an der klinischen Praxis sind. Ihre Arbeit kann vollständig auf Protokolle schreiben und die Durchsicht von Datensätzen reduziert sein, obwohl viele Firmen ihren Ärzten erlauben, in begrenztem Maße weiter zu praktizieren.

Das Karrierepotenzial in der klinischen Entwicklung

Weil die klinische Entwicklung eine solch große Vielfalt an Berufsfeldern aufweist, gibt es diverse berufliche Entwicklungsmöglichkeiten. Man kann zum Direktor oder Vizepräsidenten der klinischen Entwicklung aufsteigen, zum Chef der Forschung und Entwicklung und sogar zum Chef-Stabsarzt, leitenden Geschäftsführer oder Generaldirektor (Abb. 10.1).

Erfahrungen in diesem Bereich erlauben einen relativ leichten Wechsel in andere Abteilungen wie z. B. ins Marketing, in die Abteilung Behördenangelegenheiten und in den Bereich Medical Affairs. In den USA stehen Ihnen außerdem Karrieremöglichkeiten bei der FDA, in der Arzneimittelsicherheit oder an der Hochschule offen. Es ist dort nicht unüblich, dass höhere klinische Direktoren in die Beratung gehen oder Risikokapitalgeber oder Berater von Risikowertpapierfirmen werden.

Jobsicherheit und Zukunftstrends

Augenblicklich herrscht eine gewaltige Nachfrage nach qualifizierten Mitarbeitern in allen Bereichen der klinischen Entwicklung. Die

Die momentane Nachfrage nach Fachleuten für die klinische Entwicklung übersteigt das Angebot bei Weitem.

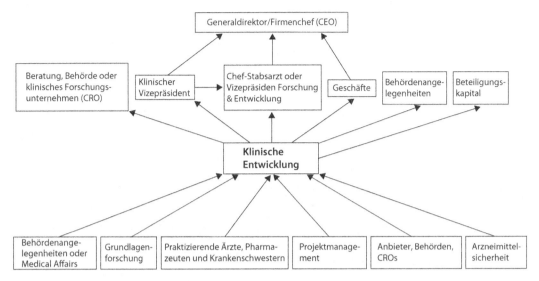

Abb. 10.1 *Karrierewege in der klinischen Entwicklung.*

Arbeitsplatzsicherheit hängt zum Teil von der finanziellen Situation der Firma und ihrer Produktpipeline ab. In der klinischen Entwicklung können Projekte plötzlich aufgrund von unerwünschten Arzneimittelwirkungen, mangelnder Finanzierung und einer Vielzahl externer Faktoren beendet werden. Falls ein Produkt in den klinischen Studien scheitert, so kann es sein, dass die Firma nicht überlebt, übernommen wird oder sich verkleinern muss. Kleine Firmen mit nur einem Produkt in der Pipeline bieten im Allgemeinen weniger Arbeitsplatzsicherheit als große Firmen. Menschen, die Risiken scheuen, sollten größere Biotechnologie- und Pharmafirmen in Betracht ziehen, die vielfältige Entwicklungsprogramme für Arzneimittel haben. Seien Sie sich aber darüber im Klaren, dass sogar große Pharmafirmen aufgekauft, übernommen und umstrukturiert werden können. Doch selbst wenn Ihre Firma ein solches Schicksal erleidet, können Sie damit rechnen, dass Sie leicht eine andere klinische Position finden.

Man geht davon aus, dass die Nachfrage nach gutem und erfahrenem klinischem Personal in Biotechnologiefirmen in der Zukunft weiter steigt. Dies ist zum Teil darauf zurückzuführen, dass die Produkte erst einen bestimmten Entwicklungsstand erreicht haben müssen, um gut verkauft werden zu können. Wirkstoffe in der klinischen Phase II erzielen einen höheren Preis und bedeuten für den Käufer ein geringeres Entwicklungsrisiko. Die Tatsache, dass die Menschen in den Industrienationen immer älter werden und deshalb mehr Medikamente benötigen, aber auch andere Aspekte, wie die Sequenzierung des Humangenoms, werden wahrscheinlich in Zukunft für ein explosives Wachstum in der Arzneimittelforschung sorgen.

Die Aussicht, Produktionskosten zu sparen, kann unter Umständen dazu führen, dass bedeutende Teile der klinischen Entwicklungsprogramme in Länder mit geringeren Löhnen (z. B. in Schwellenländer) verlagert werden. CRAs, medizinische Monitore und Datenverwaltungspositionen könnten davon betroffen sein. Viele Firmen haben bereits ihre Datenverwaltungen an externe Dienstleister ausgelagert, und es besteht eine Tendenz, dass diese Aufgaben zukünftig verstärkt von ausländischen Firmen übernommen werden. Der Leitung der klinischen Prüfungen und dem Projektmanagement bleibt dieses Schicksal zunächst erspart, sie müssen innerhalb der Firma bleiben, damit eine direkte Kommunikation mit dem Führungsstab gewährleistet ist.

Einen Job in der klinischen Entwicklung bekommen

Erwünschte Ausbildung und Erfahrungen

Für Positionen wie etwa Chef-Stabsarzt oder medizinischer Monitor ist im Allgemeinen ein medizinischer Abschluss erforderlich, die meisten anderen Positionen kommen jedoch ohne einen solchen Abschluss aus. Gewöhnlich werden Personen mit einer medizinischen Ausbildung (M. D.; Pharm. D., *Doctor of Pharmacy*; MPH, *Master of Public Health*, Gesundheitswissenschaften; und R. N., *registered nurse*, Krankenpfleger/-schwester) eingestellt, aber auch Wissenschaftler mit Ph.-D.-, M.-Sc.- und B.-Sc.-Abschlüssen bekommen hier ein Chance. Man trifft auch auf Computerdatenbankmanager, Rechtsanwälte und Epidemiologen. Personen mit höheren Berufsabschlüssen, wie M. D. und Ph. D., können leichter in Führungspositionen aufsteigen. In der Regel haben diejenigen mit Bachelor- und Master-Abschlüssen gute Aufstiegschancen.

Es ist äußerst vorteilhaft, wenn man über einen medizinischen Hintergrund verfügt. Ärzte wissen, wie das medizinische System funktioniert und können fachlich auf gleicher Augenhöhe beispielsweise mit der FDA über ihre klinischen Programme reden. Die meisten großen Pharmafirmen bevorzugen Entwicklungsleiter mit einem medizinischen Abschluss, es werden aber auch häufig Personen mit Ph. D. eingestellt. Mitarbeiter mit M. D. erhalten gewöhnlich mehr Verantwortung, sie konzentrieren ihre Bemühungen mehr auf die klinische Entwicklung und das Abfassen von Protokollen und weniger auf die eigentlichen Arbeitsprozesse.

Die meisten Ärzte steigen auf Ebene des stellvertretenden Direktors in Firmen ein. Sie kommen gewöhnlich von Hochschulforschungszentren, an denen sie bereits für die Industrie gearbeitet haben. Ein renommierter Professor kann jedoch leicht als Vizepräsident in ein Unternehmen wechseln. In den USA steigen Ausländer mit medizinischen

Abschlüssen oft in Abteilungen der klinischen Entwicklung ein, sodass sie ihr medizinisches Wissen anwenden können, ohne dass sie dort eine ärztliche Approbation brauchen. Ein üblicher Weg für Ärzte ist, zunächst als medizinisch-wissenschaftliche Kontaktpersonen zu beginnen, um dann in die klinische Entwicklung zu wechseln (Kapitel 11).

Personen mit höheren wissenschaftlichen Abschlüssen (Ph. D. und Master) verfügen über ein großes Fachwissen, das sie in der klinischen Entwicklung jedoch nicht in vollem Umfang nutzen können. Als allgemeine Regel gilt, dass Biologen in die klinische Pharmakologie, translationale Medizin oder ins Projektmanagement abwandern oder klinische Wissenschaftlerpositionen einnehmen.

Krankenschwestern eignen sich besonders für CRA- und klinische Monitor-Aufgaben, da sie gute Kenntnisse in Medizin haben und ihnen die medizinische Terminologie geläufig ist.

Wege in die klinische Entwicklung

Obwohl eine starke Nachfrage nach Mitarbeitern besteht, ist es nicht einfach, ohne vorherige Erfahrung eine Laufbahn in der klinischen Entwicklung zu beginnen.

- Erwägen Sie Einstiegspositionen als CRA (Mitarbeiter der klinischen Forschung), Koordinator für klinische Studien oder Spezialist für klinische Prüfungen. Diese Positionen erfordern wenig oder keine Berufserfahrung und sind ein guter Startpunkt für eine Karriere.
- Der wahrscheinlich einfachste Weg für einen Berufseinstieg in den klinischen Bereich ist bei einem Vertragsforschungsunternehmen (CRO, *contract research organization*) anzufangen. Das ist eine gute Möglichkeit, die Grundlagen zu lernen und in Kontakt mit verschiedenen therapeutischen Bereichen und Arzneimitteltypen zu kommen. CROs kennen sich mit der Durchführung klinischer Prüfungen, Bestimmungen und Richtlinien aus, und die größeren haben hervorragende Ausbildungs- und Schulungsprogramme.
- Falls dieser Weg Ihnen nicht behagt, erwägen Sie eine Position als Projektmanager, Studienkoordinator oder interner klinischer Wissenschaftler. Ihre Projektleitungsfähigkeiten werden Ihnen später in der klinischen Entwicklung gute Dienste leisten. Als Studienkoordinator managen Sie zahlreiche interne und externe Gruppen. Sie werden mit Aufsichtsfunktionen betraut und sind für die Budgetüberwachung und die Einhaltung von Zeitplänen verantwortlich. Sie haben eventuell auch die Möglichkeit, Erfahrung beim Verhandeln mit CROs, beim Planen von Sitzungen und Zusammenstellen von Informationen zu sammeln. Viele Fachleute der klinischen Entwicklung mit Promotion (Ph. D.) beginnen als Studienkoordinator, wo sie ihre Fachkenntnisse optimal einsetzen können.
- Qualifizieren Sie sich weiter, indem Sie Zertifikate erwerben oder spezielle Kurse belegen, die sich mit der Leitung klinischer Studien

beschäftigen. Obwohl praktische Erfahrungen durch nichts zu ersetzen sind, zeigt ein Zertifikat, dass Sie motiviert und bereit sind, hart für Ihren Erfolg zu arbeiten. So etwas wird von Einstellungsleitern honoriert. Das Angebot an Programmen und Kursen ist groß, dazu gehören: Kurse in Betriebsprüfung, klinischer Prüfung, im Projektmanagement und medizinischem Texten (*medical writing*).

- Falls Sie an einer Laufbahn in der klinischen Pharmakologie interessiert sind, kommen für Sie Kurse in Pharmakokinetik, Galenik, präklinischer und klinischer Pharmakologie infrage.
- Wenn Sie derzeit in einem Krankenhaus arbeiten, sammeln Sie Erfahrung bei der Durchführung von klinischen Prüfungen. Versuchen Sie, Studienkoordinator zu werden.
- Bewerben Sie sich bei Firmen, die in Ihrem Fachgebiet tätig sind. Oft werden Mitarbeiter wegen ihrer Spezialkenntnisse in einem bestimmten Therapiegebiet eingestellt, auch wenn sie keine nennenswerten klinischen Erfahrungen haben.
- Für Pharmazeuten kommt zunächst eine Position als medizinisch-wissenschaftliche Kontaktperson (*Medical Science Liaison*) infrage oder eine Einstiegsposition in der Arzneimittelsicherheit, bevor sie in die klinische Entwicklung überwechseln. Diese Positionen sind gute Einstiegsmöglichkeiten und verschaffen einen Überblick über den gesamten Ablauf der Arzneimittelentwicklung (Kapitel 11).
- Erwägen Sie auch zur FDA zu gehen. Eine solche Erfahrung ist für Ihre Laufbahn von unschätzbarem Wert, Sie steigern Ihr „Marktpotenzial" und erhalten ein tieferes Verständnis für den Standpunkt der FDA. Bewerben Sie sich für diese Positionen unter www.usphs.gov, www.fda.gov oder www.usajobs.gov. Siehe „Karriere-Schnappschüsse: Arbeiten bei der FDA" (Seite 153) und Kapitel 12.
- Wenn Sie derzeit an der Hochschule sind, versuchen Sie klinische Erfahrung zu sammeln. Übernehmen Sie klinische Projekte oder erwägen Sie eine Postdoktorandenstelle in der klinischen Forschung. Wenn Sie Arzt sind, arbeiten Sie in der klinischen Forschung und publizieren Sie möglichst viele Fachartikel, das macht Sie für Firmen attraktiver.

Bei der Arzneimittelsicherheit handelt es sich um eine „Nutzen-Risiko-Abwägung": Der Nutzen des Arzneimittels wird gegen das Risiko von Nebenwirkungen abgewogen. Es geht darum, Arzneimittel so sicher wie möglich zu machen und dafür zu sorgen, dass die Patienten sie richtig anwenden.

Karriere-Schnappschüsse: Arzneimittelsicherheit, Pharmakovigilanz

Aufgrund der geringen Probandenzahlen in klinischen Prüfungen der Phase I–III ist es schwierig festzustellen, ob seltene Nebenwirkungen auftreten. Was passiert aber, nachdem das Produkt zugelassen wurde und Tausende Personen das Arzneimittel einnehmen? Angestellte in der

Abteilung Arzneimittelsicherheit überwachen während der klinischen Versuche das Auftreten unerwünschter Arzneimittelwirkungen und verfolgen auch nach der Zulassung sicherheitsrelevante Vorkommnisse (Pharmakovigilanz).

Die Aufgabe der Arzneimittelsicherheit ist es, die Sicherheit von Arzneimitteln zu gewährleisten. Die meisten Arzneimittel verursachen Nebenwirkungen, aber gewöhnlich überwiegt der Nutzen gegenüber den Risiken. Mitarbeiter der Arzneimittelsicherheit haben die Aufgabe, die Risiken, die von einem neuen Wirkstoff ausgehen, im Rahmen von klinischen Prüfungen und bei Anwendung im großen Maßstab abzuschätzen. Beim Auftreten unerwünschter Arzneimittelwirkungen werden die behandelnden Ärzte informiert, um Risiken für die Patienten zu vermeiden.

Die Abteilung Arzneimittelsicherheit ist meist eine unabhängige, getrennte Einheit, aber in kleineren Firmen kann es vorkommen, dass sie Teil der Abteilung für behördliche- oder medizinische Angelegenheiten (Medical Affairs) ist. In vielen größeren Firmen ist die Arzneimittelsicherheit in zwei Bereiche unterteilt. Die präklinische Abteilung, in der Toxizitätsuntersuchungen an Tieren durchgeführt werden (Kapitel 8), und die Abteilung zur Überwachung der Arzneimittelsicherheit am Menschen.

Wie die Arzneimittelsicherheit funktioniert

Die Arzneimittelsicherheit ist für die Bewertung der Fälle verantwortlich, die von den verordnenden Ärzten und medizinischen Monitoren der klinischen Prüfungen berichtet wurden. Krankenschwestern, Pharmazeuten und Ärzte führen eine Art Callcenter, um Fälle zu erörtern, zu überwachen und aufzuarbeiten. Jeder Fall wird verfolgt und in einer Datenbank für Arzneimittelsicherheit dokumentiert. Fälle, bei denen es zu ernsthaften Nebenwirkungen gekommen ist, werden in Form von „Sicherheitsberichten" dokumentiert und in regelmäßigen Zeitabständen an die FDA weitergeleitet. Die Mitarbeiter in der Arzneimittelsicherheit geben Empfehlungen ab, ob der Beipackzettel abgeändert oder erweitert werden soll.

Die Gruppe Arzneimittelsicherheit ist „das Auge und Ohr" der Firma.

Die Aufgaben und Verpflichtungen der Arzneimittelsicherheit

Je nach Position hat man es mit folgenden Aufgaben zu tun:

- Mit Fallbewertungen und dem Studieren medizinischer Aufzeichnungen (dies macht den größten Teil der Arbeit aus). Bei den Fallberichten ist abzuklären, ob die Geschichte medizinisch stichhaltig ist und die korrekte Terminologie verwendet wurde. In Einzelfällen müssen zur Klärung detaillierter Fragen Ärzte kontaktiert werden.
- Überprüfen der Daten in der Datenbank für Arzneimittelsicherheit, ob neue unerwünschte Ereignisse aufgetreten sind. Es muss in

Für ein Unternehmen ist es besser, es entdeckt einen Fehler eines Arzneimittels, bevor es die FDA, die EMEA oder das Bundesinstitut für Arzneimittel und Medizinprodukte (BfArM) tut!

Zusammenarbeit mit den Teams der Arzneimittelentwicklung fest-
gestellt werden, ob eine Änderung des Beipackzettels nötig ist.

- Für jede neue Verbindung muss ein Sicherheitsplan erstellt werden,
  der bei klinischen Tests und IND-Anträgen zur Anwendung kommt.
- Vorbereitung von NDA- oder BLA-Einreichungen, mit dem Fokus
  auf die Rubriken, die sich mit Sicherheitsaspekten beschäftigen. Erstellung der periodischen Sicherheitsberichte für die FDA.
- Einarbeitung in neue Verfahren und Richtlinien und sich hinsichtlich
  neuester medizinischer Entwicklungen auf dem Laufenden halten.
- Briefing von Mitarbeitern bezüglich Arzneimittelsicherheit, Patientenbefragungen und der Pflege von Datenbanken.

Spezielle Anforderungen an Personen in der Arzneimittelsicherheit

- Gute klinische und pharmakologische Kenntnisse über das Produkt.
  Dies erleichtert die Entscheidung darüber, ob auftretende ernsthafte
  Nebenwirkungen tatsächlich mit dem Arzneistoff in Beziehung stehen.
- Die Fähigkeit, die wichtigen Punkte unter vielen unwichtigen he-
  rausfiltern zu können. Sie müssen in der Lage sein, eine Untersuchung durchzuführen, Informationsbruchstücke zu sammeln und sie
  zu einer korrekten Geschichte zusammenzusetzen. Die überwältigende Mehrzahl der Fälle, welche die Arzneimittelsicherheit tangie-
  ren, sind nicht produktbezogen, und wenn sie es sind, dann liegt es
  häufig an Wechselwirkungen mit anderen Arzneimitteln.

Arzneimittelsicherheit ist wie Detektivarbeit – man sammelt Hinweise und fügt sie zu einer vollständigen Geschichte zusammen.

Positive Aspekte einer Laufbahn in der Arzneimittelsicherheit

- Eine Mischung verschiedener Tätigkeiten sorgt dafür, dass keine
  Langeweile aufkommt.
- Wenn Ihnen Lebensqualität wichtig ist, dann kommt dieser Berufszweig eventuell für Sie infrage. Sie haben geregelte Arbeitszeiten,
  und es sind kaum Reisen nötig. Auch Rufbereitschaft gibt es nicht,
  und wenn Sie am Ende des Tages nach Hause gehen, dann bleibt Ihre
  Arbeit im Büro zurück.
- Sie können in diesem Job etwas für die Gesellschaft und die öffentliche Gesundheit tun, indem Sie zur Sicherheit der Produkte beitragen.
- Positionen dieser Art beinhalten Eigenständigkeit und Entschei-
  dungsbefugnisse.
- Personen mit Erfahrungen in der Arzneimittelsicherheit sind sehr gefragt, und es gibt eine hohe Arbeitsplatzsicherheit. Der Bedarf nach
  solchen Mitarbeitern soll in Zukunft sogar noch steigen.

- Die Verdienstmöglichkeiten sind gut. In der Arzneimittelsicherheit verdient man mehr als in vergleichbaren Positionen in Krankenhäusern oder Apotheken.
- Eine solche Position kann auch als Sprungbrett für eine Karriere in den Bereichen Medical Affairs, klinische Entwicklung, behördliche Angelegenheiten, Marketing und Projektmanagement dienen.

Die möglicherweise unangenehme Seite der Arzneimittelsicherheit

- Die Arbeitsbelastung kann hoch und das Arbeitsumfeld hektisch sein.
- Es gibt viel Schreibarbeit, und Sie müssen sehr viel am Bildschirm arbeiten.
- Mit der Zeit kann die Arbeit monoton werden.
- Die Arbeit kann zum Albtraum werden, wenn ein Arzneimittel zurückgezogen wird und viele schwere unerwünschte Arzneimittelwirkungen auftreten.
- Solche Fälle sind häufig darauf zurückzuführen, dass Ärzte die falschen Arzneimittel verschreiben, die Patienten nicht ausreichend diagnostizieren und Wechselwirkungen mit anderen Arzneimitteln nicht berücksichtigen.

Karrierepotenzial in der Arzneimittelsicherheit

Es besteht eine große Nachfrage nach qualifizierten Mitarbeitern, und man geht davon aus, dass diese noch steigen wird. Je nach Firma und Erfahrungsgrad können sich Personen mit M.-D.-, Pharm.-D.-, R.-N.- und MPH-Abschlüssen erfolgreich bewerben. Epidemiologen werden beispielsweise gebraucht, um aus Datensätzen bestimmte Tendenzen herauszulesen. Gute Einstiegsmöglichkeiten finden sich im Bereich Datenbanken und im Rahmen von Patientenbefragungen; das Protokollieren von Fallbeispielen gehört ebenfalls dazu.

Fachleute für Arzneimittelsicherheit sind sehr gefragt! Für Ärzte, Pharmazeuten und Krankenschwestern kann dieser Beruf ein ausgezeichneter Einstieg in die Biopharmaindustrie sein.

Tipps, um eine Position in der Arzneimittelsicherheit zu bekommen

- Klinische Erfahrung und pharmakologische Kenntnisse sind nötig.
- Erfahrungen in der medizinischen Information (Kapitel 11) erleichtern unter Umständen den Einstieg.
- Bilden Sie sich bezüglich der Anforderungen, die von Behörden gestellt werden, eigenständig weiter; schauen Sie sich die Sicherheitsrichtlinien auf der Website der FDA an, und studieren Sie die internationalen ICH-Standards (ICH, International Conference on Harmonisation of Technical Requirements for Registration of Pharmaceuticals for Human Use; Internationale Konferenz zur Harmoni-

sierung technischer Erfordernisse für die Registrierung von Pharmaka zur Anwendung am Menschen).

- Lesen Sie die einschlägigen Fachzeitschriften.
- Besuchen Sie Tagungen der Internationalen Gesellschaft für Pharmakoepidemiologie (International Society for Pharmacoepidemiology; www.pharmacoepi.org). Auf dieser Website sind Jobangebote aufgeführt.

Karriere-Schnappschüsse: Medizinisches Texten (*medical writing*)

Wenn Sie gerne schreiben und gerne Daten interpretieren, Interesse an medizinischen Studien haben und starke analytische Fähigkeiten besitzen, dann sind Sie vielleicht an einer Laufbahn als medizinischer Texter interessiert. Medizinische Texter/Medical Writer arbeiten mit Autoren zusammen und/oder geben Dokumente und Manuskripte heraus. Die Aufgabe des Texters hängt ab von der Beschaffenheit des Projekts, dem Arbeitsstil der beteiligten Teammitglieder und der verfügbaren Zeit. Medizinische Texter verdichten Informationen aus verschiedenen Quellen, um diese für klinische Unterlagen, Expertenberichte, NDA- und IND-Anträge verwenden zu können. Medizinische Texter berücksichtigen Behördenrichtlinien sowie hauseigene Vorgaben, um aussagekräftige Dokumente zu erstellen, die dazu beitragen, die Arzneimittelzulassung zu erleichtern. Es ist wichtig, die Daten, welche die Kernaussagen über einen neuen Wirkstoff untermauern, in optimaler Weise zu präsentieren.

> Leider werden Sie durch Ihre Arbeit als medizinischer Texter nicht berühmt werden.

Das medizinische Texten ist eine ausgezeichnete Karriereoption für Wissenschaftler, da viele der Fähigkeiten, die in der Forschung verlangt werden, wie analytisches Denken, der Umgang mit Daten, Bewerten und Prüfen von Informationen, auch hier von Nutzen sind. Falls Sie aber danach streben, ein berühmter Autor zu werden, dann erwägen Sie sorgfältig Ihre Alternativen, da dies eine stark geregelte Industrie ist, und es gibt keinen Freiraum für künstlerische Begabung oder kreativen Einsatz. Die Inhalte der Texte werden durch die vorhanden Daten vorgegeben, und der sprachlichen Kreativität sind enge Grenzen gesetzt.

Es herrscht allgemein die irrige Auffassung, dass man in diesem Beruf vorwiegend für sich alleine arbeitet. Für manche Positionen, insbesondere für freiberufliche Texter und Berater mag dies zutreffen, aber tatsächlich wird viel Zeit mit Experten und Teammitgliedern verbracht, um gemeinsam die Hauptbotschaften zu erarbeiten und den Prüfungsprozess voranzutreiben.

Aufgaben von medizinischen Textern

Es gibt unterschiedliche Arten von medizinischen Textern. Je nach Job und Abteilung arbeiten Sie unter Umständen an ...

- der Zusammenstellung von Akten für Behörden oder CMC-Passagen (*chemistry manufacturing* and *controls*; chemische Fertigung und Kontrollen) für IND- und NDA-Anträge.
- Genehmigungen und Manuskripten sowie an Informationsmaterialien für Konferenzen und medizinische Fortbildungsveranstaltungen (CME).
- Forschungsberichten, welche die Grundlagenforschung (z. B. Tierstudien) betreffen und zur Publizierung vorgesehen sind.
- Sicherheitsdokumenten.
- Softwaredokumentationen.
- Marketing-, Werbematerial und Broschüren.
- Klinischen Protokollen, Broschüren für Forscher und klinischen Studienberichten.
- Broschüren für Sitzungen von Beratungsgremien.
- Beipackzetteln für Arzneimittel.

Je nach Fachwissen trifft man medizinische Texter in verschiedenen Abteilungen an, dazu zählen die Behördenangelegenheiten, die klinische Entwicklung und der Bereich Medical Affairs.

Das Arbeitspensum

Die Erstellung eines typischen Studienberichts von Anfang bis zum Ende zu begleiten, kann mindestens acht Wochen in Anspruch nehmen. Manchmal ist die zu prüfende Datenmenge entmutigend. Oft gibt es Berge von Informationen, die durchgesehen und zu einem Text von 200–500 Seiten zusammengefasst werden müssen. Nachdem der erste Entwurf verfasst ist, werden die Unterlagen unter Umständen von 15 Personen durchgesehen und schließlich vom Vizepräsidenten der Geschäftsleitung abgezeichnet.

Ein klinischer Studienbericht ist wie eine Kurzgeschichte über das Arzneimittel.

Der Schreibvorgang

In manchen Firmen sammeln Experten die Daten und bereiten sie auf, Statistiker analysieren sie und fügen Tabellen und Abbildungen hinzu, während Texter die Inhalte zu Papier bringen. Am Ende sollte alles klar, prägnant und exakt formuliert und strukturiert sein – gemäß den Behördenstandards. In anderen Firmen analysieren medizinische Texter auch Rohdaten (häufig nachdem Biostatistiker sie durchgesehen haben) und ziehen Rückschlüsse daraus, die dann dem Team mitgeteilt werden.

Nachdem die Daten aus den klinischen Studien komplett sind, trifft sich das Team und bespricht die wichtigsten Befunde. Der medizinische Texter verfasst oft den ersten Entwurf des Dokuments, koordiniert die nachfolgenden Modifikationen und stellt den Text fertig. Gewöhnlich schreiben die Experten die Textabschnitte, die ihren Bereich betreffen, selbst. Die Aufgabe der medizinischen Texter besteht häufig darin, den gesamten Prozess anzutreiben und dafür zu sorgen, dass das fertige Dokument eingereicht wird. Hierzu sind sie auf den Input der Kliniker und Statistiker angewiesen.

Gehalt und Vergütung

Medizinische Texter verdienen geringfügig mehr als Personen in der industriellen Grundlagenforschung.

Ein typischer Arbeitstag als medizinischer Texter

- Die meiste Zeit verbringen medizinische Texter damit, zu schreiben, Rohdaten zu analysieren und Informationen zu gliedern.
- Die restliche Zeit ist für Besprechungen mit Teammitgliedern reserviert. Hier werden Daten diskutiert, Planungen durchgeführt und Zeitpläne für Projekte erstellt.
- Ein wenig Zeit ist dem Lesen von Hintergrundinformationen vorbehalten.

Zusätzliche spezielle Anforderungen an medizinische Texter

- Ein breiter wissenschaftlicher Hintergrund.
- Außerordentlich gute technische Schreibfertigkeiten.
- Die Fähigkeit, rasch Informationen zu verarbeiten und große Datenmengen zu gliedern.
- Die Fähigkeit, den gesamten Vorgang der Durchsicht bzw. Erstellung von Dokumenten auf eine diplomatische und teamorientierte Weise zu realisieren.
- Sie sollten flexibel sowie anpassungsfähig sein und die Bereitschaft besitzen, Kritik einstecken zu können.
- Eine hohe Frustrationstoleranz.
- Eine introvertierte Persönlichkeit. Wenn man aber Projekte vorantreibt, muss man trotzdem kontaktfreudig sein, weil die Kommunikation dies verlangt.
- Eine große Aufmerksamkeit für Einzelheiten.

Positive Aspekte einer Laufbahn als medizinischer Texter

- Medizinische Texter werden in vielen verschiedenen Bereichen der Arzneimittelforschung und -entwicklung benötigt. Die Tätigkeit bietet Ihnen die Möglichkeit, Ihr Wissen auf andere Gebiete auszudehnen und beruflich weiterzukommen.
- Mit entsprechender Erfahrung können Sie lukrative Aufträge als freiberuflicher Texter und Berater erhalten; dies hat den Vorteil, dass Sie von zu Hause aus und nach Ihrem eigenen Zeitplan arbeiten können.

- Es besteht eine große Nachfrage nach Wissenschaftlern und medizinischen Fachleuten mit einer Schreibbegabung. Die Aussichten, einen Job oder Aufträge zu bekommen, sind dementsprechend gut.
- Es kann eine intellektuelle Herausforderung sein, Daten zu recherchieren, um daraus eine schlüssige Geschichte über das klinische Abschneiden eines Arzneimittelwirkstoffs zusammenzubasteln.
- Medizinisches Texten hat für Firmen eine große Bedeutung. Die Dokumente sind oft ein wichtiger Bestandteil der Anträge für die Arzneimittelzulassung.
- In manchen Firmen können medizinische Texter von zu Hause aus arbeiten (*telecommuting*).
- Ein solcher Job bietet die Chance, etwas über die Details der Arzneimittelforschung und -entwicklung zu erfahren, und es ist spannend, den gesamten Entwicklungsprozess überblicken zu können.
- Man lernt ständig dazu und kommt mit neuen wissenschaftlichen Entwicklungen in Kontakt.
- Es ist ein sehr befriedigendes Gefühl, wenn Projekte abgeschlossen werden.
- Man muss kaum oder überhaupt nicht reisen und arbeitet hauptsächlich am Rechner.

Die möglicherweise unangenehme Seite des medizinischen Textens

- Da es in diesem Berufszweig verschiedene Grade von Verantwortlichkeiten und Ausbildungsbiografien gibt, sind die Aufgaben und Kompetenzen der medizinischen Texter oft nicht klar definiert.
- Es besteht ein ständiger Termindruck.
- Die Präsentation der Daten kann schwierig sein. Es gibt Millionen von Datenpunkten, die zusammengefasst werden müssen, und häufig ist es schwierig, innerhalb einer Gruppe Einvernehmen darüber zu erzielen, wie deren Bedeutung vermittelt werden soll.
- Medizinisches Texten erfordert, dass man über lange Zeiträume am Bildschirm arbeiten kann.

Wie wird Erfolg gemessen?

Die beste Möglichkeit, den Erfolg einer Gruppe zu messen, ist die Zulassung eines Wirkstoffs durch die zuständige Behörde. Weitere Kriterien sind die Einhaltung von Zeitplänen und die Zufriedenheit der Auftraggeber.

Karrierepotenzial als medizinischer Texter

Wer sich anstrengt und erfolgreich ist, kann in manchen Firmen zum Vizepräsident der Abteilung Medical Writing aufsteigen. Wer sich mehr für alternative Bereiche interessiert, kann relativ leicht seine Fähigkeiten im Projektmanagement, im Bereich Behördenangelegenheiten, in der klinischen Entwicklung, im Bereich Medical Affairs (medizinische Kommunikation), in der Firmenkommunikation und im Marketing ausbauen. Viele erfolgreiche medizinische Texter arbeiten freiberuflich.

Bei medizinischen Textern erwünschte Ausbildung und Erfahrungen

Manche amerikanische Firmen verlangen nur einen Englisch-Abschluss, wohingegen andere auf einen wissenschaftlichen oder medizinischen Werdegang bestehen [Anm. d. Übers.: Eine Ausbildung zum medizinischen Texter (Medical Writer) existiert in Deutschland nicht. Doch es gibt einen europäischen Berufsverband, der Workshops anbietet, die jeweils mit einem Zertifikat abschließen]. In großen Pharmafirmen hat die überwiegende Mehrheit einen Ph.-D.- oder Pharm.-D.-Abschluss. Außerdem ist es vorteilhaft, sich mit Desktop-Publishing-Tools auszukennen, um Diagramme und Schaubilder anfertigen zu können.

Die meisten medizinischen Texter kommen aus der klinischen Entwicklung oder aus der industriellen Grundlagenforschung.

Tipps für den Einstieg ins medizinische Texten

- Wenn Sie sich auf eine Stelle bewerben, stellen Sie vorher eine Mappe mit Ihren Arbeitsproben zusammen. Schreiben Sie gegebenenfalls Artikel für Newsletter, um Ihre Mappe zu vergrößern.
- Einstellungsleiter achten auf Publikationen und Projekte, für die Sie die Verantwortung getragen haben.
- Kenntnisse der FDA-Bestimmungen, ICH-Richtlinien und des gesamten Arzneimittel-Entwicklungsprozesses sind optimal. Sammeln Sie Erfahrungen, indem Sie regelmäßig Behördenanträge schreiben oder sich selbst mit den Richtlinien vertraut machen. Zu diesen Themen werden Kurse angeboten.
- Sie können ein Zertifikat erwerben oder Kurse für das medizinische Texten belegen (z. B. mibeg-Institut Medien). Die Drug Information Association (DIA, Arzneimittelinformationsgesellschaft; www. diahome.org), die American Medical Writers Association (Amerikanischer Verband der medizinischen Texter; www.amwa.org) und ausgewählte universitäre Ergänzungsprogramme bieten Kurse und Berufszeugnisse an. Erwägen Sie außerdem Informationen vom Board of Editors in the Life Sciences (www.bels.org) einzuholen. Kurse in Statistik sind ebenfalls von Nutzen.
- Die „Bibel" des medizinischen Textens ist das *American Medical Association Manual of Style: A Guide for Authors and Editors* (Stilanleitung der Amerikanischen Medizinischen Gesellschaft: Ein Führer

für Autoren und Herausgeber), von Cheryl Iverson et al., neunte Auflage, verlegt 1998 von Lippincott Williams & Wilkins (Philadelphia). Ein anderes empfehlenswertes Buch ist *Writing and Publishing in Medicine* (Schreiben und Publizieren in der Medizin), von Edward J. Huth, 1999 verlegt von Lippincott Williams & Wilkins (Philadelphia). Im deutschen Markt ist *Schreiben und Publizieren in den Naturwissenschaften* von F. Ebel, C. Bliefert, W. Greulich ein Standardwerk.

Karriere-Schnappschüsse: Datenverwaltung

Falls Sie an beidem interessiert sind – an Computern und Medizin – dann ist die Datenverwaltung etwas, was Sie eventuell ausprobieren sollten. Die Datenverwaltung ist notwendig, um Daten zu erfassen und ihre Qualität und Vollständigkeit zu gewährleisten. Mitarbeiter in der klinischen Datenverwaltung entscheiden unter Umständen, wie die Daten letztlich genutzt werden sollen und in welcher Form sie Eingang in Berichte finden. Fachleute der Datenverwaltung werden auch benötigt, um die Informationen aus der Arzneimittelsicherheit und präklinischen Forschung (z. B. Pharmakologie und Toxikologie) zu erfassen.

Die Datenverwaltung gewährleistet die Qualität und Vollständigkeit von Daten.

Innerhalb der Datenverwaltung gibt es mehrere Teilgebiete:
- Personal für die Dateneingabe im Rahmen klinischer Prüfungen.
- Programmierer, welche die Datenverwaltung unterstützen.
- Die Informationstechnologie-Qualitätsgruppe, welche die Daten automatisierten Qualitätskontrollen unterzieht (siehe „Computervalidierung", Kapitel 13).
- Datenkoordinatoren: Personen, die mit den CROs, welche die Daten liefern, in Verbindung stehen.
- Kodierer: Sie übertragen die Berichte der Ärzte in die übliche, standardisierte Sprachform unter Berücksichtigung der Fachterminologie.

Aufgaben und Kompetenzen in der Datenverwaltung

- Entwicklung von Instrumenten zur Datensammlung. Dies sind klassischerweise Fallberichtsformulare in Papierform (CRFs, *case report forms*). Zunehmend werden die Daten elektronisch erfasst und direkt in einem standardisierten Format gespeichert.
- Datenbanken entwerfen, um die Daten zu speichern.
- Eingabe von Daten aus Fallberichten während klinischer Prüfungen. Dies wird normalerweise von der Datenverwaltungsgruppe durchgeführt und ist häufig eine Arbeit für neue Mitarbeiter oder wird an Vertragsforschungsunternehmen (CROs) ausgelagert.

- Entwicklung eines Instrumentariums zur Datenkontrolle sowie Schreiben von Qualitäts-Validierungsprogrammen. Programme werden geschrieben, um die Daten auf Fehler und Widersprüche hin zu untersuchen und die Daten zu bereinigen.
- Elektronische Überprüfungen der Daten durchführen, um mögliche Fehler aufzudecken. Es werden Abfrageformulare erstellt und an die Prüfärzte geschickt, um auf Basis der Rückmeldungen eventuell Korrekturen vornehmen zu können.
- „Einfrieren" oder „Verschließen" der Datenbank, nachdem die Daten aus der Studie vollständig vorliegen und den qualitativen Anforderungen entsprechen. Danach können die Daten nicht mehr verändert werden.
- Die gesicherte Datenbank wird dann an die Biostatistikabteilung zur Analyse eingereicht. Die Gruppe bewertet die Analyse und schreibt Programme, um die Ergebnisse zur Einreichung bei Behörden entsprechend darzustellen.

Wie wird Erfolg gemessen?

Das klassische Maß für den Erfolg der Arbeit ist die Zeit, die vom Ende der Prüfung (*last patient out*) bis zum Zeitpunkt der Datenbankschließung benötigt wird. Auch wie häufig Fehler bei der Datenverarbeitung auftreten, zeigt, wie gut jemand arbeitet.

Gehalt und Vergütung

Gehalt und Vergütung liegen etwa im mittleren Einkommensbereich klinischer Tätigkeiten.

Positive Aspekte einer Laufbahn in der klinischen Datenverwaltung

In der klinischen Datenverwaltung kann das eigene Tun einen stärkeren positiven sozialen Einfluss haben als in anderen spitzentechnologischen Berufszweigen.

- Die klinische Datenverwaltung kann interessanter und zufriedenstellender sein als andere Berufszweige in der Informationstechnologie (IT). Man hat hier eher das Gefühl, dass die eigene Arbeit einen Nutzen für andere hat.
- Sie bietet die Chance, mit interessanten Menschen mit unterschiedlichen beruflichen Biografien zusammenzuarbeiten. Die klinische Entwicklung ist als Ganzes ungeheuer interessant.
- Es ist spannend, wenn man die erste Person ist, die neue Daten sichtet, Tendenzen feststellt und das Endergebnis der Prüfungen miterlebt.
- Sie können zur Speerspitze der modernen Informationstechnologie gehören.
- Je nach Firma besteht die Möglichkeit zur Telearbeit und zu einer flexibleren Gestaltung der Arbeitszeiten.

- Rechnen Sie mit einem fairen Maß an Arbeitsplatzsicherheit. Die klinische Datenverwaltung ist für Firmen wichtig, weil Daten aus klinischen Prüfungen für die FDA-Zulassung benötigt werden. Ein Job in der Biopharmaindustrie ist möglicherweise sicherer als in anderen „Hightech-Industriezweigen".
- Es besteht eine große Nachfrage nach qualifiziertem und erfahrenem Personal.
- Hier finden Menschen ohne klinischen Hintergrund eine Chance, in dieses Gebiet einzusteigen.
- Man findet geregelte Arbeitszeiten vor und muss kaum reisen.

Die möglicherweise unangenehme Seite in der klinischen Datenverwaltung

- Es handelt sich hier um einen stark regulierten Industriezweig, und die Dokumentation spielt eine große Rolle.
- Die Datenverwaltung ist ein schwer nachvollziehbarer Beruf, und sie müssen anderen Angestellten erklären, was Sie tun und warum die Leute Ihnen Aufmerksamkeit schenken sollten.
- Die Datenverwaltung befindet sich gerade in einer Umbruchphase, hin zur rein „elektronischen Datenerfassung". Infolgedessen können Datenfachleute unter Umständen ihren Job verlieren oder gezwungen sein, sich neue Fertigkeiten anzueignen.
- Die Arbeitsbelastung ändert sich ständig und hängt von der jeweiligen klinischen Dringlichkeit ab.
- Die Aufstiegsmöglichkeiten in diesem Berufszweig sind beschränkt, aber ein Wechsel in andere Bereiche ist möglich.
- Datenerfassung kann nervtötend sein, und es gibt eine ständige Fluktuation von Analytikern. Sobald fähige Analytiker Erfahrungen gesammelt haben, verlassen sie den Bereich und müssen laufend durch neue Angestellte ersetzt werden.
- Zwischen den Mitarbeitern der klinischen Entwicklung und der Datenverwaltung entwickelt sich häufig eine gegnerische Beziehung. Die Datenverwalter entnehmen gewissermaßen Stichproben von der Arbeit der klinischen Monitore und bewerten diese qualitativ – das sorgt mitunter für böses Blut.
- Die strikte Einhaltung von Zeitplänen kann manchmal zu Lasten der Qualität gehen – es gilt eine Balance zwischen schnellem und gründlichem Arbeiten zu finden.

Zusätzliche spezielle Anforderungen an Mitarbeiter der Datenverwaltung

- Analytische, mathematische und wissenschaftliche Fertigkeiten.
- Freude und Begabung im Umgang mit technischen Systemen. Zudem sind Programmierkenntnisse erforderlich.

Datenverwaltung ist wie Detektivarbeit – man analysiert Patientendaten und trägt zum Verständnis bei, ob gewisse Vorkommnisse mit der Krankheit oder dem Wirkstoff in Beziehung stehen.

- Kenntnisse und Verständnis des klinischen Prüfungsprozesses. Erfahrene Datenverwalter sind mit der medizinischen Terminologie vertraut und können wichtige Datenpunkte von unbedeutenden unterscheiden.
- Die Fähigkeit, Formulare zur Datenerfassung so zu gestalten, dass nach Prüfung der Daten eine Datenbereinigung erleichtert wird.

Das Karrierepotenzial in der Datenverwaltung

Für die in der Datenverwaltung Tätigen gibt es mehrere Karriereoptionen. Man kann in diesem Berufszweig bleiben und die Karriereleiter vom Abteilungsleiter über den Direktor bis zum Vizepräsidenten aufsteigen. Viele gehen in den Bereich klinische Arbeitsprozesse oder zu Anbietern, die sich auf Datenverwaltung spezialisiert haben. Es ist auch möglich, am Ende Leiter der Technologieabteilung (CIO, *chief information officer*) zu werden.

Für die Datenverwaltung erwünschte Ausbildung und Erfahrungen

Verschiedene berufliche Werdegänge kommen als Voraussetzung für eine Tätigkeit in der Datenverwaltung infrage. Viele der Beschäftigten haben einen B.-Sc.- oder Informatikabschluss. Manche beginnen in der Programmierung, während andere sich zunächst auf den Aufbau von Datenbanken spezialisieren. Die Mitarbeiter der Datenverwaltung kommen in der Regel aus der Krankenpflege, der Informationstechnologie (IT) und der Datenerfassung, am häufigsten jedoch aus der klinischen Abteilung. Krankenschwestern, die mit der medizinischen Terminologie und der klinischen Arbeitsweise vertraut sind, und klinische Forschungsmitarbeiter (CRAs, *clinical research associates*) mit Monitoring-Erfahrung haben den idealen Hintergrund. Wie oben erwähnt, sind ein gutes Verständnis des klinischen Prüfungsprozesses und ein wissenschaftlicher oder medizinischer Hintergrund von Vorteil.

Tipps für den Einstieg in die Datenverwaltung

- Entwickeln Sie Ihre Programmierfähigkeiten, und lernen Sie wie man Datenbanken aufbaut.
- Fast die gesamte Industrie verwendet die Oracle-Datenbankplattform. Erweitern Sie Ihre Oracle- und SQL-Kenntnisse (Structure Query Language). Beschreiben Sie in Ihrer Bewerbung Ihre SAS-, DB-, SQL- und Oracle-Datenbank-Kenntnisse näher.
- Erlernen Sie die medizinische Terminologie.
- Gehen Sie zu einem Vertragsforschungsunternehmen (CRO) oder einem Nischenanbieter, der die Dienstleistung klinische Datenverwaltung anbietet.

- Wenn Sie an der Hochschule sind, fragen Sie nach, ob die Hochschule klinische Forschungen durchführt, und erkundigen Sie sich nach einer studentischen Teilzeitstelle für die Datenerfassung oder ähnliches.
- Erwägen Sie eine Einstiegsposition in der Datenerfassung. Wer schnell lernt, kommt rasch voran.
- Denken Sie darüber nach, ein Zertifikat für die klinische Datenverwaltung zu erwerben, das von ausgewählten Universitäten angeboten wird. Die Society for Clinical Data Management (Gesellschaft für die klinische Datenverwaltung; www.scdm.org) bietet ein Zertifizierungsprogramm an. Informationen können zudem bei der Drug Information Association (Arzneimittelinformationsgesellschaft; www.diahome.org) eingeholt werden.
- Melden Sie sich bei *Applied Clinical Trials* (Angewandte Klinische Prüfungen), einer freien Zeitschrift, unter www.actmagazine.com/applied-clinicaltrials an.

Karriere-Schnappschüsse: Biostatistik und statistische Programmierung

Statistiker verwalten und analysieren die innerhalb der Studien gewonnenen Daten. Sie leiten aus ihnen den Erfolg oder Misserfolg von klinischen Prüfungen ab, indem beispielsweise Placebo-Patientengruppen mit Arzneimittel-Behandlungsgruppen verglichen werden. Sie arbeiten an Projekten, die sich von der industriellen Grundlagenforschung über die präklinischen und klinischen Studien bis ins Marketing und darüber hinaus erstrecken. Die Ergebnisse ihrer Analysen beweisen beispielsweise die Wirksamkeit eines Arzneimittels und können in Fachzeitschriften veröffentlicht werden oder Berücksichtigung in Zulassungsanträgen finden.

Statistikprogrammierer erfüllen eine ähnliche Aufgabe. Sie bündeln Daten, um sie in Form von Tabellen und Listen für Publikationen und zur Einreichung bei Behörden vorzubereiten.

Statistiker: die Zahlenexperten.

Aufgaben und Kompetenzen der Statistiker

- Statistische Datenauswertungen durchführen, Daten gliedern, Schlussfolgerungen zusammenfassen und Berichte erstellen.
- Daten für das Produkt-Entwicklungsprogramm bereitstellen (Produktpipeline).
- Aufrechterhaltung von Kontakten zur FDA bezüglich statistischer Fragestellungen.
- Zusammenarbeit mit den klinischen Teams und Behördenteams, um Studien zu entwerfen. Hier werden der Aufbau der Studien festgelegt und Kriterien für die Datensammlung und -auswertung erarbeitet.

Statistiker sind zum Teil Detektive und zum Teil Zahlen-Junkies.

Zusätzliche spezielle Anforderungen an Statistiker

- Überzeugende statistische, mathematische und analytische Fähigkeiten.
- Eine gute Vorstellung davon, in welche Form man eine Datenreihe bringen muss, damit sie gut analysierbar und leicht verständlich ist.
- Die Fähigkeit, auch auf Einzelheiten zu achten.

Gehalt und Vergütung

Biostatistiker werden gut bezahlt, vergleichbar mit Mitarbeitern in den klinischen Arbeitsprozessen.

Positive Aspekte einer Laufbahn in der Statistik

- Es ist spannend und interessant, an klinischen Prüfungen beteiligt zu sein und mitzuhelfen, geeignete Messmethoden zu entwickeln, die Antworten auf Fragen geben.
- In aller Regel arbeiten Sie von 9 bis 17 Uhr.
- In den meisten Firmen ist Telearbeit eine Option.
- Die Nachfrage nach qualifizierten Personen ist hoch.
- Die Entwicklungsmöglichkeiten in diesem Berufszweig sind gut. Es gibt auch viele Möglichkeiten in ein anderes Feld der klinischen Entwicklung zu wechseln, beispielsweise in den behördlichen Bereich, ins Projektmanagement, in den operativen Bereich oder in die Qualitätssicherung.

Die möglicherweise unangenehme Seite der Statistik

- Es besteht ein hoher Termindruck.
- Manchmal gibt es schwierige Persönlichkeiten in der klinischen Entwicklungsabteilung, mit denen man auskommen muss.
- Wenn die Studie schlecht entworfen und die Datenerhebung nicht gut genug geplant wurde, dann kann es passieren, dass die Daten am Ende unvollständig sind und ungeordnet vorliegen – das macht es schwierig, vernünftige Schlussfolgerungen zu ziehen.

Laufbahnen in der Statistik

Statistiker spezialisieren sich auf Therapiebereiche. Jede Indikation hat ihre eigenen einzigartigen Endpunkte und Untersuchungsmethoden. Klinische Prüfungen bei Morbus Alzheimer nutzen beispielsweise Analysemethoden aus der Psychologie, wohingegen eine Krankheit wie Krebs ganz andere Untersuchungsmethoden erforderlich macht. Es gibt „Laborstatistiker", deren primäre Aufgabe es ist, Daten zu analysieren. Andere spezialisieren sich auf Studienentwürfe oder beaufsichtigen andere Statistiker.

Erwünschte Ausbildung und Erfahrungen

Die meisten Statistiker und Programmierer haben einen Master- oder Ph.-D.-Abschluss in Mathematik, Informatik oder Statistik.

Tipps für den Einstieg in eine Statistiker-Laufbahn

- Am einfachsten ist der Einstieg in die Statistik über die Datenverwaltung oder durch den Erwerb eines Statistik-Abschlusses. Alternativ kann man versuchen, eine Position als Bioanalytiker zu ergattern, oder man arbeitet als Programmierer und hilft dem Statistikerteam bei der Datenanalyse.
- Ausgewählte Universitäten und Gesellschaften bieten Zertifizierungsprogramme an.

Karriere-Schnappschüsse: Arbeiten bei der FDA

Eine Arbeit bei der FDA (Food and Drug Administration; Bundesbehörde für Ernährung und Arzneimittelsicherheit) ist eine tolle Möglichkeit, den Ablauf der klinischen Entwicklung kennenzulernen und einen bedeutenden Einfluss auf die Arzneimittelsicherheit zu nehmen. Obwohl viele FDA-Positionen mehr behördlichen Charakter haben, gibt es auch eine Gruppe, welche die klinischen Protokolle bewertet. Hier sind medizinische Fachleute (medizinische Gutachter) zu finden.

Klinische Prüfungen dürfen Patienten nicht unvernünftigen Risiken aussetzen.

Die FDA wird in acht Zentren und Büros unterteilt. Das Center for Drug Evaluation and Research (CDER; Zentrum für Arzneimittelevaluierung und Forschung) und das Center for Biologics Evaluation and Research (CBER; Zentrum für die Erforschung und Evaluierung biologischer Präparate) haben ihren Schwerpunkt auf pharmazeutischen bzw. biologischen Produkten. Es gibt auch ein Center for Devices and Radiological Health (CDRH; Zentrum für radiologische Geräte und Gesundheit). Für weitere Informationen siehe www.fda.gov sowie Kapitel 12, Abschnitt „Arbeiten bei der FDA".

Ein typischer Arbeitstag als medizinischer Gutachter

Die Mitarbeiter verbringen einen Großteil ihrer Zeit damit, Anträge (zumeist IND-Anträge oder aktualisierte Ergebnisse klinischer Prüfungen) für klinische Prüfungen zu begutachten, die von Hochschulforschungszentren oder Pharma-/Biotechnologiefirmen gestellt wurden. Dazu gehören die Überprüfung des Studienentwurfs, sicherzustellen, dass die Ergebnisse aussagekräftig sein werden und dass die Sicherheit der Probanden gewährleistet ist.

Der Job als medizinischer Gutachter beinhaltet auch folgende Tätigkeiten:

- Analysieren der Daten aus klinischen Prüfungen mithilfe von Statistikern.
- Beratung mit anderen FDA-Kollegen oder Beratungsmitgliedern,
um einen Konsens herzustellen, nachdem die Daten begutachtet
wurden.
- Schreiben von Gutachten und Berichten. Je nach Ebene und Phase der Prüfungen erteilen die medizinischen Gutachter die Genehmigung für die Durchführung einer klinischen Prüfung. Alternativ
kann die klinische Prüfung – falls wissenschaftliche oder medizinische Gründe vorliegen – auch solange in einen Haltestatus versetzt
werden, bis die Firma den Stellungnahmen oder Empfehlungen der
FDA nachgekommen ist.
- Datenpräsentationen im Rahmen von Gutachterausschüssen, die
sich aus externen Experten zusammensetzen.
- Teilnahme an Konferenzen.
- Teilnahme an jährlichen Verbandskonferenzen und Treffen mit Pa-
tienteninteressenvertretungen.
- Öffentlichkeitsarbeit für die FDA.

Positive Aspekte einer Arbeit bei der FDA

- Eine Laufbahn bei der FDA ist intellektuell reizvoll, und die Arbeit
ist abwechslungsreich. Man kommt auf breiter Basis mit den neuesten wissenschaftlichen und medizinischen Entwicklungen in Kontakt – man begutachtet klinische Protokolle von einer Vielzahl von
Institutionen.
- Die Arbeit bei der FDA ermöglicht es, führende Experten und brillante Wissenschaftler zu treffen.
- Man kann in erheblichem Umfang Einfluss auf die Gesamtgesund-
heit nehmen, anstatt nur einem einzelnen Patienten zu helfen. Mitarbeiter in diesem Berufszweig erfüllen somit eine wichtige Schutz-
funktion für die Gesellschaft als Ganzes.
- Man hat flexible Arbeitszeiten und kann unter Umständen teilweise
von zu Hause aus arbeiten.
- Viele FDA-Angestellte arbeiten nicht am Wochenende oder nachts.
- Die Arbeitgeberleistungen sind gut: bezahlter Urlaub, Genesungs-
urlaub, Ruhestandsbezüge sowie Lebens- und Krankenversicherung
inklusive, was für die USA nicht selbstverständlich ist.
- Es gibt kein bestimmtes Rentenalter.
- In der FDA herrscht eine angenehme Arbeitsatmosphäre.

Die möglicherweise unangenehme Seite einer Arbeit bei der FDA

- Die Bezahlung ist nicht so gut wie in der Industrie und im Vergleich zur Privatpraxis rangiert sie am unteren Ende der Gehaltsskala.
- Die meisten Positionen befinden sich in der Nähe von Washington D. C., sodass es geografische Hemmnisse gibt.
- Für Kliniker in einer Privatpraxis mag es eine beträchtliche Umstellung bedeuten, in einer hierarchischen Struktur zu arbeiten, in der man nicht mehr sein eigener Chef ist. Bei der FDA und in der Industrie werden Sie häufig am unteren Ende der Hierarchie einsteigen und die meiste Zeit nichts selbst entscheiden können.
- Die FDA hat beschränktes Personal und einen beschränkten Etat, was eine hohe Arbeitsbelastung zur Folge hat.
- Es gibt ständige Veränderungen in den Strukturen und Arbeitsabläufen der Organisation, was allerdings für die meisten großen Organisationen zutrifft.

Zusätzliche spezielle Anforderungen an Personen, die bei der FDA arbeiten

- Die Fähigkeit, Vorschriften nüchtern und unparteiisch umzusetzen, ohne Vorlieben und Vorurteile.
- Die Bereitschaft, der Öffentlichkeit zu dienen und Überstunden zu machen.
- Die Bereitschaft, Interessenkonflikte zu vermeiden. Beispielsweise müssen Sie bereit sein, Geschenke von Auftraggebern abzulehnen, weil der Eindruck entstehen könnte, dass Sie befangen sind und zugunsten dieser Organisationen entscheiden.
- Eine vorsichtige und bedachte Herangehensweise, wenn Sie mit Reportern sprechen, und die Fähigkeit, Dinge vertraulich zu behandeln.

Erwünschte Ausbildung und Erfahrungen für eine Arbeit bei der FDA

Die FDA setzt sich aus einer Stammmannschaft erfahrener Mitarbeiter zusammen. Häufig ist ein M.-D.-Abschluss (*medical doctor,* Arzt nach dem medizinischen Staatsexamen) Voraussetzung für die Position eines Stabsarztes. Auch Pharmazeuten und Krankenschwestern arbeiten in medizinischen Positionen. Neben den medizinischen Gutachtern gibt es noch viele andere Positionen.

Die FDA zieht niedergelassene Ärzte, Ärzte von der Hochschule und dem Militär an, die gerne an Behördenabläufen beteiligt sein wollen und eine Verbindung zum Staatsdienst behalten möchten.

Viele beginnen als klinische oder medizinische Gutachter, steigen zu Teamleitern auf und klettern weiter auf der Karriereleiter bis auf die

Direktorenebene, die schließlich dem FDA-Kommissar der Vereinigten Staaten Bericht erstattet. Der Kommissar berichtet dem Sekretär des Gesundheitsministeriums und dieser wiederum dem Präsidenten der Vereinigten Staaten von Amerika!

Tipps für den Einstieg bei der FDA

- Sammeln Sie so viel Erfahrung wie möglich beim Schreiben und Entwerfen klinischer Protokolle und bei der Durchführung von Prüfungen.
- Halten Sie sich bezüglich der neuesten medizinischen Forschung auf dem Laufenden und informieren Sie sich über die Arbeitsabläufe bei der FDA.
- Seien Sie im Redaktionsausschuss für Fachzeitschriften tätig; versuchen Sie Mitglied des Beratungsgremiums der FDA zu werden.
- Die FDA stellt bevorzugt Personen ein, die sich auf bestimmte Therapiefelder spezialisiert haben, wählen Sie also ein Feld aus und werden Sie darin Experte.
- Um sich auf Stellen zu bewerben, besuchen Sie www.usajob.com, www.fda.gov und www.usphs.gov.

Empfohlene Schulung, Berufsverbände und Quellen

Kurse und Nachweisprogramme

Zertifikate werden bei der Association of Clinical Research Professionals (Gesellschaft der Fachleute in der klinischen Forschung; www.acrpnet.org) angeboten.

Zertifikate und Fortbildungen werden von der Frankfurter Akademie für Klinische Forschung angeboten (www.kgu.de).

Zertifikate für den Entwurf und die Durchführung klinischer Prüfungen werden von ausgewählten Universitäten und Nebenstellen angeboten.

Kurse in Biostatistik

Kurse in Pharmakologie und Pharmakokinetik

Gesellschaften und Quellen

Informationen zur klinischen Forschung bietet das Bundesministerium für Bildung und Forschung (www.bmbf.de/de/1173.php).

Die Drug Information Association (DIA, Gesellschaft für Arzneimittelinformation; www.diahome.org) ist eine häufig empfohlene umfassende und ausgedehnte Organisation, die alles abdeckt, was mit der Arzneimittelentwicklung in Zusammenhang steht. Sie hält Konferenzen ab und bietet Berufsentwicklung, Gelegenheiten, um Netzwerke zu knüpfen und Jobangebote.

Deutsche Gesellschaft für experimentelle und klinische Pharmakologie und Toxikologie (www.dgpt-online.de/)

mibeg-institut Medien (www.mibeg.de)

Association of Clinical Research Professionals (Gesellschaft der Fachleute in der klinischen Forschung; www.acrpnet.org): wahrscheinlich die beste Organisation für Mitarbeiter in der klinischen Forschung (CRAs).

CenterWatch (www.centerwatch.com): breite Information über aktuelle klinische Studien, Jobangebote, Listen von Personalvermittlern und viele andere Quellen.

European Medicines Agency (www.emea.europa.eu): unter (https://eudract.emea.europa.eu/index.html) können aktuelle klinische Prüfungen eingesehen werden.

ClinicalTrials.gov (www.clinicaltrials.gov): listet aktuelle klinische Prüfungen auf.

American Society for Clinical Pharmacology and Therapeutics (Amerikanische Gesellschaft für klinische Pharmakologie und Therapeutika; www.ascpt.org): die älteste (ca. 1900) und eine der größten Berufsorganisationen, die an der Förderung und dem Fortschritt von Humantherapeutika interessiert ist; besteht hauptsächlich aus Personen mit M. D oder Ph. D. und anderen aus der Hochschule, Pharmaindustrie und der FDA.

Klinischer Schwerpunkt bei BioSpace (www.biospace.com): listet die klinischen Jobchancen und die neuesten klinischen Prüfstudien. Abonnieren Sie den freien BioSpace-Newsletter und erhalten Sie eine tägliche E-Mail über die neuesten klinischen Prüfungen und Jobs.

Die FDA-Website (www.fda.gov) hat eine enorme Informationsmenge.

Empfohlene Bücher und Fachzeitschriften

Spilker B (1991) Guide to clinical trials. Lippincott Williams & Wilkins, Philadelphia
Dies ist die „Bibel" für die klinische Forschung.

Brunton L, Lazo J, Parker K (Hrsg) (2005) Goodman & Gilman's the pharmacological basis of therapeutics. 11. Aufl. McGraw-Hill Professional
Dies ist die „Bibel" für die klinische Pharmakologie.

Fletcher A, Edwards L, Fox A, Stonier P (2002) Principles and practice of pharmaceutical medicine. John Wiley & Sons, New York
Dieses Buch verschafft einen guten Überblick über die klinischen Prüfungen.

Applied Clinical Trials (Angewandte klinische Prüfungen; www.actmagazine.com/appliedclinicaltrials)
Dies ist eine freie Fachzeitschrift.

11 | Medical Affairs

Arbeiten in der Nachzulassungsphase

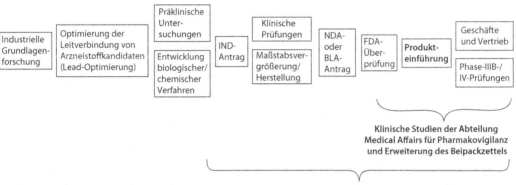

| Industrielle Grundlagen-forschung | Optimierung der Leitverbindung von Arzneistoffkandidaten (Lead-Optimierung) | Präklinische Unter-suchungen / Entwicklung biologischer/ chemischer Verfahren | IND-Antrag | Klinische Prüfungen / Maßstabsver-größerung/ Herstellung | NDA-oder BLA-Antrag | FDA-Über-prüfung | Produkt-einführung | Geschäfte und Vertrieb / Phase-IIIB-/ IV-Prüfungen |

Klinische Studien der Abteilung Medical Affairs für Pharmakovigilanz und Erweiterung des Beipackzettels

Klinische Studien der Abteilung Medical Affairs für neue Indikationen zugelassener Arzneimittel

Nachdem ein Produkt zugelassen wurde und zum Vertrieb bereitsteht, könnte man meinen, dass nun die Produktentwicklung abgeschlossen ist, aber in Wirklichkeit ist dies der Beginn der nächsten Phase. In dieser Phase wird die Abteilung Medical Affairs aktiv. Sie sorgt für die medizinische Unterstützung der Marketingbemühungen einer Firma und dient als Bindeglied zwischen der Forschung & Entwicklung, dem Vertrieb und dem Marketing. Das Hauptziel des Bereichs Medical Affairs ist es, zusätzliche Informationen über das zugelassene Arzneimittel zu sammeln und diese Informationen den Entscheidungsträgern im Gesundheitswesen zur Verfügung zu stellen.

In der Abteilung Medical Affairs muss man ein Produkt genau kennen, dies geht weit über die technischen Details hinaus. Man beschäftigt sich damit, den Markt zu verstehen und wie das Arzneimittel in der „realen Welt" funktioniert.

Die Abteilung Medical Affairs bringt das Produkt, die Wissenschaft, die hinter dem Produkt steht, und den Einfluss des Produkts auf den Markt zusammen.

Tab. 11.1   *Übliche Teilfachgebiete im Bereich Medical Affairs.*

Klinische Forschung	Medizinischer Kommunikationsbereich	Mischbereich
investigator-sponsored trials (Prüfungen, bei denen die Initiative von einem Prüfarzt ausgeht)	Bibliothekswissenschaft	medizinische Fortbildung (CME)
company-sponsored trials (Prüfungen, bei denen die Initiative von der Firma ausgeht)	medizinische Information	medizinische Kontakte
klinischer Support (Datenverwaltung, Biostatistik usw.)	wissenschaftliche Publikationen, Wettbewerbsanalyse	Arzneimittelsicherheit

Die Bedeutung der Abteilung Medical Affairs in der Biotechnologie …

Firmen definieren den Begriff Medical Affairs auf verschiedene Weise. In der Regel versteht man darunter die Summe aller Aktivitäten innerhalb der Nachzulassungsphase von Arzneimitteln (obwohl manche Aktivitäten, wie z. B. die Phase-IIIB-Prüfungen, nach Antragstellung, aber vor der Marktzulassung durchgeführt werden). Nachdem ein Arzneimittel zugelassen wurde, erbringt die Abteilung Medical Affairs eine Reihe wichtiger Dienstleistungen (Tab. 11.1). Sie setzt die Überwachung der Arzneimittelsicherheit fort, stellt ein Callcenter für Kunden bereit, führt klinische Prüfungen zur Wirksamkeit und zu Erweiterungen der Beipackzettel durch, veröffentlicht die Prüfungsergebnisse und hält die Kunden auf dem Laufenden usw. Die Abteilung ist manchmal Teil der klinischen Entwicklung oder des Geschäftsbereichs, aber zumeist ist sie eine unabhängige Einheit.

Berufslaufbahnen in der Abteilung Medical Affairs

Klinische Forschung und Arbeitsprozesse im Bereich Medical Affairs

Von den klinischen Arbeitsprozessen ist es nur ein winziger Schritt bis zum Arbeitsbereich Medical Affairs.

Ähnlich der klinischen Entwicklung entwerfen Teams klinische Prüfungen der Phase IIIB und IV und leiten sie. Studien der Phase IIIB werden häufig nach Phase-III-Prüfungen durchgeführt, um noch ausstehende Fragen zur Sicherheit oder Wirksamkeit zu klären. Prüfungen der Phase IV werden durchgeführt, um die Risiken und den Nutzen sowie die neuen therapeutischen Anwendungen für ein zugelassenes Arzneimittel genauer beurteilen zu können.

Medizinische Kommunikation und Information

Im Allgemeinen erforscht, analysiert, sammelt und kommuniziert diese Abteilung wissenschaftliche und medizinische Daten nach innen und außen. Die Abteilung Medizinische Kommunikation besteht normalerweise aus vier Teilbereichen: medizinische Information, Wettbewerbsanalyse, wissenschaftliche Publikationen und Bibliothekswissenschaften.

Die Mitarbeiter der Abteilung Medical Affairs beschreiten einen schmalen Grat zwischen seriöser Wissenschaft und Geschäft.

- **Medizinische Information.** Hierbei handelt es sich um das medizinische Callcenter der Firma, das Ärzten und weiteren Fachleuten der Gesundheitsvorsorge ebenso technischen Support bietet wie Patienten und Pflegern. Krankenschwestern, Pharmazeuten und Ärzte betreiben einen Telefonservice, beantworten medizinische Anfragen und vermitteln Informationen zu den Arzneimitteln. Hier tauchen z. B. Fragen auf, wie das Medikament über die Zulassung hinaus angewendet werden kann, oder es wird zu möglichen allergischen Reaktionen Stellung genommen. Diese Gruppe sammelt auch Informationen für die Abteilungen Medical Affairs und Marketing.
- **Wettbewerbsanalyse.** Innerhalb der medizinischen Kommunikation gibt es häufig eine kleine Gruppe, welche die Aktivitäten der Wettbewerber beobachtet. Sie sammelt und analysiert Daten vergleichbarer Produkte, die sich in den Pipelines anderer Firmen befinden.
- **Wissenschaftliche Publikationen.** Eine wichtige Aufgabe der Abteilung Medical Affairs ist es, Ärzte und Meinungsführer über die Ergebnisse der klinischen Prüfungen zu unterrichten. Die Abteilung Wissenschaftliche Publikationen hilft den Autoren der Phase-III- und Phase-IV-Studien bei der Planung, der Abfassung und Einreichung von Veröffentlichungen. Diese Gruppe stellt auch sicher, dass ausgewählte Informationen bei wichtigen Tagungen und medizinischen Fortbildungsveranstaltungen (CME) in Form von Abstracts, Postern, Broschüren und Reprints präsentiert werden.
- **Bibliothekswissenschaften.** Manche Medical-Affairs-Abteilungen betreiben medizinische Bibliotheken. Sie führen institutionelle Zeitschriftenabonnements, sind bei der Literatursuche behilflich und bestellen Bücher und Artikel für die Bibliothek.

Medizinische Weiterbildung, medizinische Ausbildung oder medizinisches Marketing

Das Ziel dieser Abteilung ist es – manchmal als Teil des Marketings –, in medizinischen Weiterbildungsprogrammen (CME, *continuing medical education*) Ärzte in Produkten zu schulen. Gemäß der FDA-Richtlinie ist es den Fachleuten der Abteilung Medical Affairs nicht gestattet, Arzneimittel zu bewerben, deshalb werden CME-Veranstaltungen gewöhnlich von unabhängigen Agenturen durchgeführt. Die Programme werden von Hochschulinstitutionen geprüft, um zu gewährleisten, dass

Das medizinische Marketing verknüpft die medizinischen und wirtschaftlichen Aspekte von Produkten.

die präsentierten Informationen vorurteilsfrei und streng wissenschaftlich sind.

Medizinische Kontaktpersonen

Medizinische Kontaktpersonen (MSLs, Medical Science Liaisons) werden auch als regionale Medizinwissenschaftler, klinische Kontaktpersonen und wissenschaftliche Kontaktpersonen bezeichnet. MSLs sitzen im ganzen Land (oder der ganzen Welt) und arbeiten eng mit Vertriebsmitarbeitern (*sales representatives*, *sales reps*) zusammen und beschaffen Fachinformationen zu Produkten und Krankheiten. Sie informieren Kunden über die neuesten klinischen Befunde und erteilen Auskunft über die Verwendung der Firmenprodukte außerhalb der Zulassung. Sie beantworten Fragen, pflegen Umgang mit Industrieexperten und finden potenzielle Forscher für die Prüfungen der Phase III und IV.

Die Bedeutung der MSLs

Auf dem Beipackzettel befinden sich wichtige Informationen über das Medikament, er liegt den Produkten bei. Beipackzettel beinhalten die von der FDA genehmigten Anwendungsbereiche des Arzneimittels, ebenso Hinweise zur Einnahme und Warnhinweise über Nebenwirkungen und Kontraindikationen.

Die MSLs dürfen die neuesten klinischen Daten und Ergebnisse thematisieren, beispielsweise Aspekte zur Sicherheit, aber sie dürfen keine Arzneimittel bewerben oder verkaufen. Ihre Fähigkeit, Ärzte über die relevanten, neuesten Daten in Kenntnis zu setzen, ist eine außerordentlich wertvolle Unterstützung für den Vertrieb.

Arzneimittelsicherheit, Pharmakovigilanz

Die Pharmakovigilanz beinhaltet die lückenlose Überwachung von Arzneimitteln im Hinblick auf Nebenwirkungen (Arzneimittelüberwachung) während klinischer Prüfungen und nach der Arzneimittelzulassung. Außerdem gehört die Bereitstellung sicherheitsrelevanter Arzneimittelinformationen hier hinein. Krankenschwestern, Pharmazeuten und Ärzte betreiben einen Telefonservice, um die unerwünschten Zwischenfälle zu besprechen und aufzuarbeiten. Mehr darüber finden Sie in Kapitel 10.

Datenverwaltung und Biostatistik

Datenverwalter und Biostatistiker bearbeiten und analysieren die großen Informationsmengen, die in den klinischen Studien der Phase I–IV anfallen, und identifizieren eventuelle Trends bei unerwünschten Zwischenfällen. Mehr zu den beruflichen Laufbahnen in der Datenverwaltung erfahren Sie in Kapitel 10.

Aufgaben und Kompetenzen im Bereich Medical Affairs

Der Bereich Medical Affairs beinhaltet einen Mischmasch verschiedener Funktionen. Bei dem Folgenden handelt es sich um eine allgemeine Zusammenfassung, die keineswegs vollständig ist.

Strategische Beratung

Fachleute der Abteilung Medical Affairs geben strategischen Rat bei klinischen Entwicklungsprogrammen, im Vorfeld von Geschäftsabschlüssen und beraten den Vertrieb und das Marketing. Sie arbeiten in Multifunktionsteams und empfehlen beispielsweise die Bereitstellung von Betriebsmitteln für Markenerweiterungen oder die Durchführung weiterer Wirksamkeitsstudien.

Klinische Studien

Klinische Arbeitsprozesse im Bereich Medical Affairs beinhalten die Durchsicht, Anmeldung und Verwaltung von klinischen Prüfungen der Phase IIIB und IV. Das Personal der Abteilung Medical Affairs leitet die Prüfungen. Dazu gehören die Zusammenarbeit mit Projektmanagementteams aus dem kaufmännischen Bereich, die Beaufsichtigung der Informationspflicht und die Archivierung der Dokumente.

Es gibt zwei Arten von Prüfungen der Phase IV in der Abteilung Medical Affairs

1. **Studien, bei denen die Initiative von einem Prüfarzt ausgeht** (*investigator-sponsored studies*). Die Studien werden normalerweise von Klinikern in der Hochschule oder staatlichen Einrichtungen durchgeführt. Die „Sponsorfirma" (die Biopharmafirma mit dem zugelassenen Arzneimittel) unterstützt die Studien finanziell oder durch die Bereitstellung von Arzneimitteln. Die Forscher unterbreiten der Firma ein formales Angebot, das einem ziemlich harten und abgestuften wissenschaftlichen Prüfprozess unterzogen wird. Die meisten von Prüfärzten initiierten Studien beziehen bestimmte Arzneimittelkombinationen und Bevölkerungsgruppen ein. Retrospektive Studien untersuchen Sicherheitsparameter des Arzneimittels. Fachleute der Abteilung Medical Affairs (normalerweise medizinische Kontaktpersonen) machen Vorschläge für Studien, halten permanent Kontakt mit den Forschern, stellen sicher, dass ihre Ergebnisse stichhaltig sind, und helfen, die Ergebnisse in Form von Veröffentlichungen zu verbreiten.

2. **Studien, bei denen die Initiative von der Firma ausgeht** (*company-sponsored studies*). Diese Studien werden gewöhnlich von

firmeninternen klinischen Gruppen durchgeführt oder an Dienstleister ausgelagert (Vertragsforschungsfirmen; CROs). Fachleute der Abteilung Medical Affairs sind unter Umständen am Management der Studien, Studienorte und Daten beteiligt.

Register

Datenregister sind Datenbanken, die Fallgeschichten von Patienten enthalten, die das Medikament entweder verwendet haben oder an einer bestimmten Krankheit leiden, für die das Produkt zugelassen wurde. Durch solche Register hoffen die Unternehmen empirische Beweise zu erbringen, welche die Wirksamkeit und gute Verträglichkeit eines Medikamentes untermauern. Diese Methode ist ein kostengünstiger Weg, um Daten in echten Behandlungssituationen zu erfassen, ohne übermäßig teure klinische Prüfungen bezahlen zu müssen. Biometriegruppen verwenden die in der Datenbank gesammelte Information und führen ausgeklügelte Analysen durch. Die Ergebnisse sind schließlich das Rohmaterial für Veröffentlichungen, die über die ausgezeichnete Wirksamkeit oder die geringen Nebenwirkungen eines Arzneimittels berichten. Register werden im Unternehmen, bei CROs oder spezialisierten Anbietern geführt.

Informationsweitergabe

MSLs und Personen im medizinischen Marketing und in der medizinischen Kommunikation sind dafür verantwortlich, die Welt über die neuesten klinischen Prüfungsergebnisse der Firma zu informieren. Diese Gruppe kommuniziert neu gewonnene Informationen über den medizinischen Nutzen, die Verwendung und Sicherheit von zugelassenen Arzneimitteln an Ärzte und wichtige Meinungsführer. Sie plant Veröffentlichungen, gibt wissenschaftliche Präsentationen, hält Symposien ab und liefert dem Außendienst medizinische Information zu den Produkten. Außerdem arbeitet die Gruppe mit Agenturen (die medizinische Weiterbildungen anbieten) und anderen Ausbildungsforen zusammen und sie leitet Beratungsgremien, zu denen wichtige Meinungsführer gehören.

Beratungsprogramme

Die Fachleute der Abteilung Medical Affairs betreiben Beratungsprogramme, die eine Art von Marktforschung darstellen. In Zusammenarbeit mit Fachleuten aus dem Marketing oder Vertrieb laden die medizinischen Kontaktpersonen (MSLs) Ärzte zum Meinungsaustausch ein und fragen sie nach ihren Ansichten zu Produkten oder

Arzneimitteln. Diese Informationen werden auch den Abteilungen Marketing und Medical Affairs zur Verfügung gestellt, damit diese Strategien entwickeln können, um das Produkt zu verbessern oder den Wiedererkennungswert zu erhöhen.

Ein typischer Arbeitstag in der Abteilung Medical Affairs

Ein Mitarbeiter in der Abteilung Medical Affairs ist unter Umständen an einigen der folgenden Aktivitäten beteiligt:

- Beaufsichtigung und Betreuung der an der klinischen Forschung beteiligten Personen.
- Führen einer Datenbank, um die von Prüfärzten initiierten Studien ordnungsgemäß durchzuführen.
- Teilnahme an internen Sitzungen, bei denen Budgets, Strategien und nötige Aktualisierungen besprochen werden.
- Reisen zu medizinischen oder Ausbildungskonferenzen und Verbandstreffen.
- Mit Ärzten in Klinken reden und deren Fragen beantworten. Dies kann auch Anwendungsbereiche der Arzneimittel betreffen, die außerhalb der auf dem Beipackzettel angegebenen Indikation liegen.
- Dem Marketingteam klinische und wissenschaftliche Informationen zukommen lassen.
- Die Möglichkeiten der Geschäftsentwicklung beurteilen und kritisch abhandeln.
- CME-Agenturen leiten.
- Bei internationalen und nationalen Konferenzen neue Daten vorstellen, Sitzungen anberaumen und nach den Konferenzen Fragen beantworten.
- Zu Forschern Kontakt aufnehmen, um eventuell gemeinsame Phase-IV-Studien durchzuführen.
- Werbeaussagen auf ihre Korrektheit hin überprüfen und hinsichtlich ihrer Behörden-Compliance überprüfen.

Gehalt und Vergütung

Die Gehälter entsprechen denen in anderen klinischen und Marketingpositionen. Bei Personen mit M. D. (*medical doctors*) sind die Gehälter im Allgemeinen vergleichbar mit dem, was die meisten Ärzte – je nach Fachgebiet – in der klinischen Praxis verdienen.

Wie wird Erfolg gemessen?

Im Allgemeinen stellen erfolgreiche Medical-Affairs-Mitarbeiter die nötigen produktspezifischen Informationen zur Verfügung, während das Arzneimittel auf dem Markt ist. Da die Abteilung Medical Affairs aus vielen Fachgebieten besteht, lässt sich das Maß des Erfolges nicht allgemeingültig definieren, es hängt vielmehr von den speziellen Aufgaben des Betreffenden ab. Beispiele für Erfolg sind abgeschlossene NDA- oder IND-Anträge, eine erfolgreiche Beaufsichtigung der Arzneimittelsicherheit oder Vorarbeiten, die klinische Phase-IV-Studien ermöglichen. Im Fall der MSLs kann es schwierig sein, den individuellen Beitrag am Vertrieb zu bestimmen, dennoch können bestimmte Kriterien herangezogen werden wie die Anzahl der Kundenbesuche und die Rückmeldung der Kunden.

Das Für und Wider der Arbeit

Positive Aspekte einer Laufbahn im Bereich Medical Affairs

- Der Job ist dynamisch. Obwohl die Leitung der klinischen Studien Routine sein kann, ändert sich der Markt ständig, und jeder Therapiebereich hat seine besondere Herausforderung.
- Die Arbeit ist intellektuell reizvoll. Sie müssen die Nachrichten aus der Industrie verfolgen und sich ständig selbst weiterbilden, um Prüfungen in neuen Therapiebereichen erfolgreich leiten zu können. Sie müssen nicht nur einen scharfen wissenschaftlichen Blick behalten, sondern auch im Marketing und der klinischen Forschung Expertenwissen hinzugewinnen. Die vielen Aufgaben innerhalb des Bereichs Medical Affairs, gestatten es dem Einzelnen, viel Neues zu lernen und ein breiteres Verständnis von der Arzneimittelforschung und -entwicklung zu bekommen.
- Schließlich können Sie möglicherweise durch die Arbeit in der Abteilung Medical Affairs mehr Patienten helfen als Ihnen dies jemals in einer Arztpraxis oder im Krankenhaus möglich wäre.

Es ist enorm befriedigend, Ärzte über die eigenen Produkte zu unterrichten, die diese in die Lage versetzen, ihre Patienten besser zu behandeln.

- Eine Laufbahn im Bereich Medical Affairs bietet die Chance, mit interessanten dynamischen und intelligenten Menschen in Kontakt zu kommen und Beziehungen zu knüpfen – sowohl innerhalb als auch außerhalb der Firma. Das kollegiale, teamorientierte Umfeld in Biopharmafirmen kann sehr attraktiv sein.
- Es ist ein gutes Gefühl, für ein bestimmtes Arzneimittel der Experte zu sein und von Kollegen und Kunden um Rat gefragt zu werden.
- Dieser Berufszweig gestattet einen flexiblen Zeitplan und bietet viel Unabhängigkeit. Im Allgemeinen kann man seinen eigenen Zeitplan erstellen und auch an den Wochenenden arbeiten, wenn man will.

Zudem kann man sich aussuchen, welche Konferenzen man besuchen möchte.

Die möglicherweise unangenehme Seite des Bereichs Medical Affairs

- Besonders MSLs können 30–50 % ihrer Zeit mit Reisen verbringen, was sehr schnell lästig werden und eine Belastung für das Familienleben darstellen kann.
- Die Funktion der MSLs ist in Firmen häufig nicht genau abgesteckt. Sie sind unter Umständen für vieles, was Sie geschaffen haben, nicht direkt verantwortlich.
- Wenn Sie sich nur mit einer bestimmten Krankheit beschäftigen, dann kann die Arbeit schnell langweilig werden.
- Manche Menschen ziehen die klinische Forschung der Abteilung Medical Affairs vor. Sie bevorzugen die rein angewandte Naturwissenschaft innerhalb klinischer Studien.
- Falls Sie ein praktizierender Arzt sind, dann kann der Verlust der Unabhängigkeit für Sie eine große Umstellung bedeuten.

Die größten Herausforderungen des Jobs

„Einen Sack voll Flöhe hüten"

Wie bei der Geschäftsentwicklung (Business Development) kann es auch hier gelegentlich schwierig sein, mit Sachgebietsleitern Einvernehmen zu erzielen. Das gehobene Management hat seine eigenen Prioritäten, ebenso das Marketing und auch die klinischen Teams und Forschungsteams. Sie haben oft konkurrierende Ziele, und es kann schwierig sein, einen Konsens zu finden.

Die Berücksichtigung der Bedingungen der „realen Welt" und des Marktes

Zu verstehen, wie sich ein Arzneimittel in der „realen Welt" verhält, bringt besondere Schwierigkeiten mit sich. Dem Verhalten des Arzneimittels in der Praxis, der Patienten-Compliance, der Verordnungspraxis der Ärzte, den Besonderheiten der Konkurrenzprodukte und der Krankheit selbst muss gleichermaßen Rechnung getragen werden. Sobald sich der Markt verändert und weitere Daten vorliegen, kann dies eine Modifikation der Zielsetzungen erforderlich machen. Die Vorgänge und Zielsetzungen in der Abteilung Medical Affairs sind mitunter nicht klar definiert.

Die Arbeit im Bereich Medical Affairs ist wie der Versuch, ein sich bewegendes Ziel anzuvisieren.

Sich in der Abteilung Medical Affairs auszeichnen ...

Wissen ist Macht

Viele dieser Positionen beinhalten eine intensive Kommunikation mit Ärzten und Meinungsführern; somit sind ein umfassendes Verständnis der Produkte und des Marktes und ein hohes Maß an Erfahrung und Fachwissen vonnöten.

Flexibilität und sich trotz Unklarheit wohlfühlen

Um im Bereich Medical Affairs zu bestehen, muss man mit der hier vorherrschenden Vielschichtigkeit und der bisweilen unklaren Aufgabenstellung umgehen können. In klinischen Prüfungen der Phase I–III sind die Ziele klar, nämlich die Zulassung des Arzneimittels zu erreichen. Nachdem ein Produkt zugelassen ist, sind jedoch für weitere Studien ständige Rechtfertigungen nötig. Erfolgreiche Mitarbeiter sind in der Lage, in Bezug auf das Marketing strategisch zu denken, und können die durch die Behörden auferlegten Beschränkungen meistern.

Sind Sie ein guter Anwärter für den Bereich Medical Affairs?

Menschen, die im Bereich Medical Affairs zur Entfaltung kommen, haben meist folgende Eigenschaften:

Kompetenz und Wissen

Es ist wichtig, ein solides Verständnis von der technischen Materie zu haben – anders ausgedrückt, Sie müssen ein Experte sein.

Hervorragende kommunikative Fähigkeiten

Außerordentlich gut Rede-, Schreib- und Lesefertigkeiten sind ein Muss. Es ist erforderlich, dass man mit Personen und mit kleinen oder großen Gruppen kommunizieren kann.

Flexibilität bei der Prioritätensetzung und Terminplanung

Im Bereich Medical Affairs verlaufen die meisten Tage insbesondere für MSLs nicht nach Plan. Man muss anpassungsfähig sein, rasch neue Prioritäten setzen können und gewillt sein, die augenblickliche Aufgabe für eine neue Herausforderung liegen zu lassen.

Eine „Team-Player"-Haltung

Die Mitarbeiter in der Abteilung Medical Affairs müssen fähig sein, in einem multidisziplinären und gemeinschaftlichen Umfeld zu arbeiten. In diesem Berufszweig ist es besonders wichtig, ein freundliches, hilfsbereites und verantwortungsbewusstes Teammitglied zu sein (Kapitel 2).

Eine kreativer und flexibler Verstand

Die Fähigkeit, Probleme zu lösen und strategisch zu denken, ist unumgänglich. Es ist hilfreich, wenn man neue Ideen frei assoziieren kann, für eine Anpassung der jeweiligen Zielsetzungen aufgeschlossen und bereit ist, neue Herangehensweisen zu akzeptieren.

Die Fähigkeit, unabhängig zu arbeiten

Die meisten Positionen im Bereich Medical Affairs erfordern Initiative und die Fähigkeit, ohne direkte Betreuung arbeiten zu können.

Gute Urteilsfähigkeit

Zum unabhängigen Arbeiten gehört auch, dass man weiß, wann man Fragen stellen muss, wann Aufgaben zu lösen sind und wie man auf eigene Faust Entscheidungen trifft.

Gesellige, aufgeschlossene Persönlichkeiten

Viele Mitarbeiter im Bereich Medical Affairs sind wegen der zahlreichen Kundenkontakte und der kommunikativen Arbeitsatmosphäre eher kontaktfreudig.

Ausgezeichnetes Zeitmanagement, Organisationstalent, Projektmanagementkenntnisse und die Fähigkeit zum Multitasking

Die meisten Menschen in der Abteilung Medical Affairs arbeiten gleichzeitig an mehreren Projekten, und viele Positionen erfordern es, externe Auftragnehmer zu delegieren.

Ein Interesse an Wissenschaft und der Wunsch, neue Technologien kennenzulernen

In diesem Berufsfeld kommt man mit neuen Technologien und neuer Wissenschaft in Berührung, es wird verlangt, dass man fortwährend dazulernt.

Sie sollten eventuell eine Laufbahn außerhalb des Bereichs Medical Affairs in Betracht ziehen, falls Sie ...

- jemand sind, der einen starren Zeitplan liebt und unfähig ist, sich schnell Veränderungen anzupassen (die medizinische Information und Arzneimittelsicherheit ausgenommen).
- sich in einem stark strukturierten und überwachten Arbeitsumfeld am wohlsten fühlen (die medizinische Information und Arzneimittelsicherheit ausgenommen).
- unfähig sind, unabhängige Entscheidungen zu treffen, oder generell nicht entscheidungsfreudig sind.
- nicht sehr detailorientiert sind, keine gute Zeitplanung haben oder nicht mehrere Aufgaben gleichzeitig erledigen können.
- kein Interesse haben, in einer Umgebung zu arbeiten, in der „der Kunde König ist" (beispielsweise in der medizinischen Kommunikation).
- jemand sind, der lieber alles selbst entscheidet und immer recht haben will.
- jemand sind, der selbstgefällig ist.
- keine Selbstdisziplin haben (besonders an die gerichtet, die von zu Hause aus arbeiten).

Das Karrierepotenzial im Bereich Medical Affairs

Es gibt viele Betätigungsfelder im Bereich Medical Affairs. Wer woanders vorankommen möchte, kann ins Marketing gehen, in die Geschäftsentwicklung, in die klinische Entwicklung, in die Vertriebsschulung, in den Bereich Managed Care bei einer HMO (*Health Maintenance Organization*; ein bestimmtes Krankenversicherungsmodell) oder in den Bereich öffentliche Angelegenheiten (*public affairs*) (Abb. 11.1). Andere Möglichkeiten sind Tätigkeiten bei einem der zahlreichen Dienstleister der Abteilung Medical Affairs oder in der Pharmakoökonomie.

Jobsicherheit und Zukunftstrends

Im Allgemeinen bieten Positionen im Bereich Medical Affairs eine ausgezeichnete Arbeitsplatzsicherheit. Dies liegt daran, dass eine Firma an solchen Abteilungen nicht vorbeikommt, wann immer sie ein Produkt auf dem Markt hat. Arbeitsplätze in der Industrie sind nie garantiert, und wenn das Produkt von der FDA zurückgerufen wird, dann kann es sein, dass man sich rasch auf dem Arbeitsmarkt wiederfindet.

Die Nachfrage nach Mitarbeitern, die Erfahrungen mit klinischer Entwicklung haben, ist in der Biotechnologie hoch. Die Fähigkeit, sowohl in der Abteilung Klinische Entwicklung als auch in der Abteilung Medical Affairs arbeiten zu können, steigert den persönlichen Marktwert nochmals.

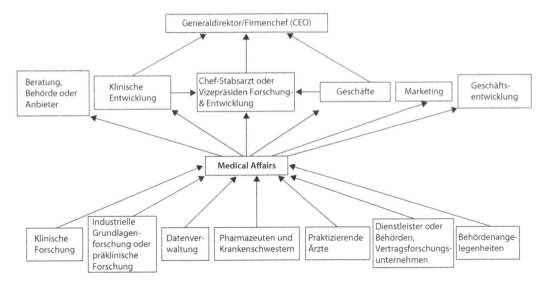

Abb. 11.1 *Übliche Wege in die Abteilung Medical Affairs und weitere Karriere-möglichkeiten*

Einen Job im Berufsfeld Medical Affairs bekommen

Erwünschte Ausbildung und Erfahrungen

Laufbahnen im Bereich Medical Affairs beinhalten Marketing, klinische Entwicklung und behördliche Angelegenheiten gleichermaßen. Infolgedessen kommen eine Vielzahl von Ausbildungen bzw. Werdegängen als Einstieg infrage: Medizin, Naturwissenschaft, Bibliothekswissenschaft, Informatik und Biostatistik.

In der Regel müssen Anwärter auf einen Job im Bereich Medical Affairs bereits Erfahrungen in der klinischen Forschung mitbringen, um für eine Position infrage zu kommen. Die Anforderungen sind hier die gleichen wie bei den klinischen Arbeitsprozessen, mit der Ergänzung, dass man Interesse am Marketing mitbringen sollte, ein tiefes Verständnis für behördliche Vorgänge besitzt und gut Probleme lösen kann. Jeder technische, wissenschaftliche oder klinische Abschluss ist ausreichend, z. B. Ph. D. (*philosophical doctor*, naturwissenschaftliche Promotion), MPH (*Master of Public Health*, Gesundheitswissenschaften), R. N. (*registered nurse*, Krankenschwester/-pfleger) und M. D. (*medical doctor*, Arzt nach dem medizinischen Staatsexamen). Beförderungen (insbesondere auf Direktorenpositionen) sind für Mitarbeiter, die in Besitz eines weiter gehenden medizinischen oder wissenschaftlichen Werdegangs sind, leichter.

Der Ausbildungshintergrund für jene im medizinischen Kommunikationsbereich variiert stark. In dieser Abteilung gibt es Personen mit den Abschlüssen Pharm. D., M. D., Ph. D. und M. Sc.; ebenso Personen mit einer Ausbildung im Bereich Bibliothekswesen oder Verwaltung. Support-Positionen in dieser Gruppe erfordern einen B.-Sc.-Abschluss (*Bachelor of Science*) auf irgendeinem Gebiet, aber für eine Beförderung sind höhere Abschlüsse oft eine Bedingung. In dieser Abteilung wandern die meisten Mitarbeiter mit einem Ph.-D.-Grad ins medizinische Texten (*medical writing*) und die Wettbewerbsanalyse ab. Krankenschwestern und Pharmazeuten mit klinischer Erfahrung haben normalerweise den besten Hintergrund für die Abteilung Medizinische Information; Mitarbeiter im Bereich Medizinische Ausbildung hingegen verfügen für gewöhnlich über einen M.-D.-, Ph.-D.-, Pharm.-D.-, R.-N.- oder MBA-Abschluss (*Master of Business Administration*, postgraduales generalistisches Managementstudium).

Die Kunden erwarten, dass die medizinischen Kontaktpersonen (MSLs, Medical Science Liaisons) eine Menge über Arzneimittel wissen, wie man eine Krankheit behandelt und alle pharmakologischen Möglichkeiten kennen. Generell besitzen in der Biopharmaindustrie etwa 80 % der Kontaktpersonen einen Pharm. D. oder sind Krankenschwestern, und bei 20 % handelt es sich um Angestellte mit Ph. D. oder M. D., diese Zahlen schwanken allerdings von Firma zu Firma und von Produkt zu Produkt. Da es schwierig sein kann, den Wirkmechanismus von biologischen Präparaten zu erklären, ziehen es viele Biotechnologiefirmen vor, MSLs zu beschäftigen, die eine medizinische Ausbildung haben. Solche Mitarbeiter sind dazu am ehesten in der Lage.

Wege in die Abteilung Medical Affairs

- Wenn Sie an den Arbeitsprozessen der Abteilung Medical Affairs Interesse haben, erwägen Sie zunächst eine Anstellung in der klinischen Entwicklung. Entwickeln Sie ein inniges Verständnis für Krankheiten. Erfahren Sie etwas über Pharmakologie, derzeit verfügbare Therapien und die Bedürfnisse im Bereich des Gesundheitswesens.

- Bewerben Sie sich bei Firmen, die bereits Produkte auf dem Markt haben. Firmen mit nur einem Produkt in Phase-III-Prüfungen sind riskant – falls das Arzneimittel keine Zulassung erhält, müssen Sie sich einen neuen Job suchen.

- Erwägen Sie zu einem Vertragsforschungsunternehmen (CRO) zu gehen. CROs stellen bevorzugt Leute ein, die einen naturwissenschaftlichen oder medizinischen Hintergrund haben. Hier ist der Einstieg leichter möglich als bei Biopharmafirmen, die normalerweise einschlägige Erfahrungen voraussetzen. CROs bieten Schulungen an und Sie kommen leichter in Kontakt mit unterschiedlichen Therapiebereichen und Produkttypen.

- Ziehen Sie in Betracht, zu einer der vielen Agenturen zu gehen, die Dienstleistungen für den Bereich Medical Affairs anbieten. Es gibt beispielsweise zahlreiche Agenturen für medizinische Weiterbildung (CME) und medizinische Kommunikation, die Spezialisten suchen. Solche Agenturen pflegen intensive Kontakte zu Firmen und medizinischen Fachleuten. Dies ist eine weitere Möglichkeit, um den Anforderungen der Biopharmazeutischen Firmen nach Industrieerfahrung, zu entsprechen.
- Falls Sie eine MSL-Position erwägen, sprechen Sie mit Kontaktpersonen und Vertriebsmitarbeitern. Die meisten Kontaktpersonen waren ursprünglich selbst Kunden, die über persönliche Kontakte zu Mitarbeitern des Vertriebs eine Anstellung erhielten.
- Falls Sie in der klinischen Praxis tätig sind, beteiligen Sie sich an Prüfungen, die von Prüfärzten initiiert wurden (*investigator-sponsored trials*). Nachdem eine Beziehung hergestellt ist, ist der Eintritt in eine Sponsorfirma viel einfacher.
- Falls Sie noch an der Hochschule sind, bewerben Sie sich für ein Praktikum, Stipendium oder eine Assistenzzeit bei einer Biopharmafirma oder arbeiten Sie bei CME-Programmen als Referent. Tun Sie, was in Ihrer Macht steht, um als Koryphäe auf Ihrem Gebiet wahrgenommen zu werden – reden Sie z. B. bei Foren. Firmen stellen bevorzugt anerkannte Experten ein.

Empfohlene Schulung, Berufsverbände und Quellen

Gesellschaften und Quellen

Center for Business Intelligence (www.cbinet.com) bietet Seminare für Medical Affairs

Drug Information Association (Gesellschaft für Arzneimittelinformation; www.diahome.org)

Kontaktstelle für Information und Technologie (www.kit.uni-kl.de): Dienstleistungszentrum der TU Kaiserslautern mit Veranstaltungen und Informationen für Wirtschaft und Wissenschaft

Academy of Pharmaceutical Physicians and Investigators (Akademie für Pharmaärzte und -forscher; appinet.org)

American Medical Writers Association (Amerikanische Gesellschaft der medizinischen Texter; www.amwa.org)

American Society of Health-System Pharmacists (Amerikanische Gesellschaft der Pharmazeuten im Gesundheitssystem; www.ashp.org)

Bücher

Fletcher AJ, Edwards LD, Fox AW, Stonier P (2002). Principles and practice of pharmaceutical medicine. John Wiley & Sons, New York

12 | Behördenangelegen-heiten

Die letzte Hürde – die FDA-Prüfung bestehen

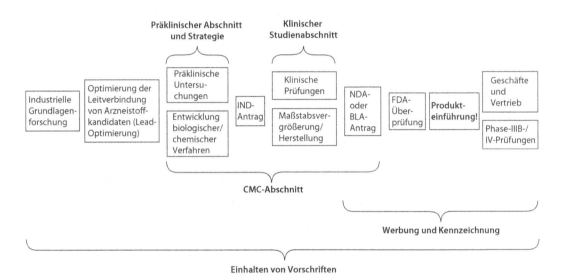

Präklinischer Abschnitt und Strategie

Klinischer Studienabschnitt

Industrielle Grundlagen-forschung

Optimierung der Leitverbindung von Arzneistoff-kandidaten (Lead-Optimierung)

Präklinische Untersu-chungen

Entwicklung biologischer/ chemischer Verfahren

IND-Antrag

Klinische Prüfungen

Maßstabsver-größerung/ Herstellung

NDA-oder BLA-Antrag

FDA-Über-prüfung

Produkt-einführung!

Geschäfte und Vertrieb

Phase-IIIB-/ IV-Prüfungen

CMC-Abschnitt

Werbung und Kennzeichnung

Einhalten von Vorschriften

Wenn Sie detailorientiert sind, gerne schreiben und die Arbeit im Team mögen, dann sind die Behördenangelegenheiten unter Umständen der richtige Berufszweig für Sie. Sie werden gut bezahlt und haben eine außergewöhnlich gute Arbeitsplatzsicherheit. Hier können Sie Ihre wissenschaftlichen, medizinischen oder klinischen Kenntnisse anwenden, Sie kommen mit topaktueller Wissenschaft und Technologien in Kontakt und arbeiten mit Gesetzen, welche die Rahmenbedingungen vorgeben. Die Mitarbeiter der Abteilung für Behördenangelegenheiten stehen im Zentrum der Arzneimittelforschung und -entwicklung. Sie spielen eine wichtige Rolle bei der Beaufsichtigung des Prozesses, der letztlich zur Zulassung von Arzneimitteln durch die Gesundheitsbehörden führt.

Die Behördenangelegenheiten sind ein spannender Karriereweg, der eine außergewöhnlich gute Arbeitsplatzsicherheit bietet.

Die Bedeutung der Abteilung für Behördenangelegenheiten in der Biotechnologie ...

Das Ziel der Abteilung für Behördenangelegenheiten ist es, das Produkt und die Anträge so rasch und reibungslos wie möglich durch den FDA-Begutachtungs- und -Zulassungsvorgang zu bringen.

Die Mitarbeiter der Abteilung für Behördenangelegenheiten spielen eine entscheidende Rolle bei der Bewältigung der behördlichen Zulassungsvorgänge in Firmen. Sie erteilen in Unternehmen strategischen Rat bei therapeutischen Programmen und Programmen der Geschäftsentwicklung, sie beaufsichtigen den behördlichen Antragsvorgang und fungieren als primäre Kontaktpersonen zwischen der Firma und den Gesundheitsbehörden.

Die Behördenangelegenheiten sind in der Regel eine gesonderte Organisationseinheit innerhalb der Firmen. Um die hohe Arbeitsbelastung zu bewältigen, sind die meisten behördlichen Abteilungen – je nach Firmenphilosophie und -größe – in Kernteams unterteilt. Üblicherweise wird die Arbeit entsprechend der Forschungsprogramme verteilt. In anderen Fällen sind jeweils andere Teams für die einzelnen Entwicklungsstadien der Arzneistoffkandidaten zuständig oder die Aufteilung erfolgt nach Krankheitsschwerpunkten oder technischen Bereichen. Normalerweise gibt es eine gesonderte Gruppe, die sich der Veröffentlichung von Dokumenten und der Archivierung von Informationen widmet.

Berufslaufbahnen in den Behördenangelegenheiten und Arbeiten bei der FDA

Die nationalen behördlichen Kontaktpersonen

Jobs als behördliche Kontaktperson sind am häufigsten (Abb. 12.1). Diese Kontaktpersonen erleichtern die Kommunikation zwischen der Firma und der FDA, und während des Antragsverfahrens vertreten sie die Firma gegenüber der FDA. Innerhalb der Firma helfen sie mit, die großen komplizierten Behördenanträge sowie andere Dokumente vorzubereiten. Sie haben intensiven Umgang mit den inhaltlich Verantwortlichen (mit den Personen, welche die Daten produziert haben), um sicherzustellen, dass alles korrekt dargestellt und richtig formatiert ist. Vor und während der klinischen Entwicklung leisten sie außerdem strategischen Input, um die Produktzulassung zu beschleunigen. Sie tragen die Verantwortung dafür, dass die Anforderungen der Behörden innerhalb der Firma erfüllt werden.

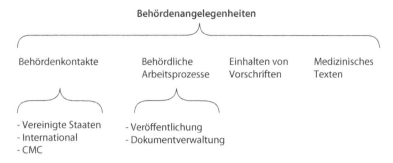

Abb. 12.1 *Übliche Spezialisierungen bei den Behördenangelegenheiten.*

Die verschiedenen Teilbereiche der Anträge (z. B. präklinische, klinische und chemische Fertigungskontrollen; CMC, *chemistry manufacturing controls*) werden unter Umständen von gesonderten Teams von Kontaktleuten abgedeckt. Auch für die Kennzeichnung und die Werbung ist eine Gruppe zuständig; diese Gruppe reicht Anträge bei der Abteilung Arzneimittelmarketing, Werbung und Kommunikation (DDMAC; *Division of Drug Marketing, Advertising and Communications*) der FDA ein.

Die internationalen behördlichen Kontaktpersonen

Internationale behördliche Kontaktpersonen sind in der Regel für ein bestimmtes geografisches Gebiet zuständig. Sie spezialisieren sich auf die internationale Zulassung und die Anforderungen der Marktgenehmigung. Behördliche Kontaktpersonen, die in den Vereinigten Staaten ansässig sind, konzentrieren sich schwerpunktmäßig auf den Umgang mit der FDA und, falls die Firma keinen Standort in Europa unterhält, auch mit der Europäischen Arzneimittelagentur (EMEA). Diese Organisationen repräsentieren die beiden wichtigsten Märkte weltweit. Andere internationale Aufsichtsbehörden sind Health Canada (kanadische Gesundheitsbehörde) und die International Conference of Harmonization (ICH, Internationale Konferenz für Angleichung).

Behördliche Tätigkeiten: Veröffentlichung

Früher haben die Firmen große Fotokopierer besessen, um damit riesige Papiermengen zu produzieren, heute wird der größte Teil der Arbeit am Rechner erledigt. Technische Verleger erzeugen komplexe Drucke und elektronische Antragsformulare für die Aufsichtsbehörden. Wie die Herausgeber von Büchern, halten sie alle Fäden in der Hand und stellen sicher, dass die Publikationen keine Fehler enthalten. Bei elektronischen Anmeldungen stellen sie sicher, dass sich die Dateien öffnen lassen und der korrekte Hypertext verwendet wurde.

Behördliche Tätigkeiten: Dokumentenverwaltung und -archivierung

Dokumente und Nachrichten an und von den Aufsichtsbehörden werden zentral archiviert, um einen reibungslosen Zugriff auf die Informationen zu gewährleisten.

Medizinische Texter

Medizinische Texter ver-
wandeln Daten in Texte.

Medizinische Texter (Medical Writer) entwerfen Zusammenfassungen von Berichten (Behördenanträge, klinische Protokolle, klinische Studienberichte u. a.). Sie erstellen normalerweise einen Textentwurf aus Rohdaten und senden die Information in mehreren Klärungs- und Korrekturrunden an die Autoren. Dies ist eine Kunst für sich, für die es Abschlüsse gibt. Um mehr über das medizinische Texten zu erfahren, siehe Kapitel 10.

Staatliche Angelegenheiten

Manche Fachleute der Abteilung für Behördenangelegenheiten fungieren als Verbindung zwischen der Firma, den Zulassungsbehörden und den Regierungsstellen. Weil sich die Bestimmungen ständig ändern, arbeiten Spezialisten für staatliche Angelegenheiten daran, bestehende Richtlinien zu modifizieren und neue zu entwickeln – häufig indem sie auf staatliche Vertreter Einfluss nehmen.

Befolgung von Bestimmungen

Obwohl die Aufgabe der Abteilung für Behördenangelegenheiten hauptsächlich darin besteht, den Vorgang der Behördenprüfung zu betreuen, stellen Spezialisten für die Behördenbestimmungen sicher, dass die internen Systeme und Verfahren die Produktqualität gewährleisten und Bestimmungen eingehalten werden. Die Befolgung von Bestimmungen wird in Kapitel 13 ausführlicher behandelt.

Um etwas über die Behördenlaufbahn bei der FDA zu erfahren, lesen Sie die Karriere-Schnappschüsse: Arbeiten bei der FDA auf Seite 153.

Behördenanträge

In den Vereinigten Staaten von Amerika gibt es eine Vielzahl von Behördenanträgen, dazu gehören kurze Routineantworten auf FDA-Anfragen, aber auch umfangreichere Anträge, beispielsweise zur Untersuchung neuer Arzneimittel (INDs, *Investigational New Drug Applications*), Antragstellungen für neue Arzneimittel (NDAs, *New Drug Applications*) und Anträge auf Zulassung biologischer Präparate (BLAs, *Biologics Licensing Applications*).

Bei einem IND-Antrag handelt es sich um die präklinischen Daten, die eingereicht werden, bevor eine Firma die Erlaubnis erhält, mit den klinischen Prüfungen am Menschen zu beginnen. NDA- oder BLA-Anträge sind sehr große Anträge auf Marktzulassung, nach den entscheidenden Studien der Phase III (Kapitel 10). Um eine Vorstellung von der Informationsmenge eines NDA-Antrags zu bekommen: Die Schriftstücke können bis zu drei Lastwagen füllen. Die gute Nachricht ist, dass die FDA jetzt elektronische Einreichungen akzeptiert. Die FDA braucht etwa zehn Monate, um den Inhalt zu prüfen, dies lässt sich jedoch bei Produkten, die unerfüllte medizinische Bedürfnisse betreffen, auf eine sechsmonatige Dringlichkeitsprüfung verkürzen (siehe unten). Während dieser Zeit werden die Fertigungsanlagen der Firma Inspektionen unterzogen, die vor der Zulassung von den Gesundheitsbehörden durchgeführt werden. Die Prüfungszeiträume eines NDA- oder BLA-Antrags sind Zeiten hoher Aktivität für die beteiligten Teams, weil FDA-Anfragen häufig sehr rasch beantwortet werden müssen. Dieser Informationsaustausch gipfelt beispielsweise in sorgfältigen Verhandlungen über die endgültigen Formulierungen auf den Produkthinweisschildern (Kapitel 11).

Um bisher unheilbare Krankheiten, wie z. B. Morbus Parkinson oder Morbus Alzheimer, in den Griff zu bekommen, sind neue Medikamente nötig. Neue Arzneimittel besitzen häufig auch neue Wirkmechanismen, im Gegensatz zu den Generika.

Aufgaben und Kompetenzen in den Behördenangelegenheiten

Je nach Position oder Größe der Firma können Mitarbeiter in der Abteilung für Behördenangelegenheiten einige der folgenden Aufgaben haben:

Behördliches Verständnis

Leitliniendokumente (Richtlinien) werden von der FDA
und anderen Aufsichtsbe-
hörden verfasst und stellen
die aktuelle Sichtweise der
Behörde zu bestimmten
Themen dar.

Behördliches Verständnis ist nötig, um wichtige klinische Entscheidungen oder Entscheidungen im Rahmen der Geschäftsentwicklung zu
treffen. Die Behördenfachleute liefern den Projektteams Informationen
zu behördlichen Aspekten, auf die man zuvor bei bestimmten Arzneimitteln und Therapien gestoßen ist, sowie zu den aktuellen FDA-Richtlinien und -Vorschriften.

Behördenstrategie

Behördenfachleute assistieren häufig bei der strategischen Planung klinischer Entwicklungsprogramme. Sie identifizieren im Vorfeld mögliche
Fallgruben, aufgrund derer die Produkte im FDA-Zulassungsvorgang
scheitern könnten, und helfen, die verfügbaren Entwicklungsoptionen
zu beurteilen. Jede dieser Aktivitäten kann helfen, die Entwicklungszeit
eines Arzneimittels zu verkürzen und somit die Marktexklusivität zu
verlängern, was natürlich im Interesse des Unternehmens liegt.

Behördeneinreichungen

Die Kontaktpersonen für
Behördenangelegenheiten
tragen die Informationen
aus den verschiedenen
Fachgebieten zusammen
und bündeln sie, damit sie
die FDA begutachten kann.

Die Abteilung für Behördenangelegenheiten spielt eine wichtige Rolle
bei der Interaktion der Abteilungen, die mit FDA-Anträgen befasst
sind. Dazu gehören die industrielle Grundlagenforschung, präklinische,
klinische, Bio-/pharmazeutische Produktentwicklung und die Herstellung. Vor Weiterleitung an die FDA, werden die Daten aller Abteilungen gesammelt, analysiert und aufbereitet, um die Marktzulassung
sicherzustellen. Behördenfachleute helfen den Projektleitern in diesem
Zusammenhang, ihre Argumente zu bündeln und klar zu formulieren.
Die Behördenkontaktpersonen müssen nicht unbedingt technisches
Fachwissen zur Verfügung stellen, aber sie können den Antrag aus
behördlicher Sicht beurteilen.

Dokumentation und Herausgabe

Behördenfachleute überwachen den technischen Teil der Publikationen
und die Archivierung der Dokumente, sodass alle Einreichungen den
formalen Standards entsprechen und die FDA leicht Zugang zu den
Informationen hat.

Gesprächstermine und Kommunikation mit der FDA und anderen Gesundheitsbehörden

Behördenfachleute treffen sich mit der FDA und anderen Gesundheitsbehörden und kommunizieren mit ihnen während der verschiedenen
Phasen der Produktentwicklung. Eine weitere wichtige Aufgabe ist
auch, die FDA-Anfragen kompetent und überzeugend zu beantworten,
um den Zulassungsvorgang zu verkürzen.

Kennzeichnung, Werbung und Vigilanz-Berichterstattung nach der Markteinführung

Nachdem ein Produkt von der FDA für den Markt zugelassen wurde, ringen Behördenkontaktpersonen weiter um die Genehmigung des exakten Wortlauts auf dem Arzneimitteletikett, falls neue sachdienliche Informationen zur Verfügung stehen. (Zur Definition des Begriffs „Beipackzettel" oder „Hinweisschild" (*label*) siehe Kapitel 11; in diesem Zusammenhang ist es die Information über das Medikament auf der Arzneimittelverpackung.)

Manche Behördenfachleute beaufsichtigen auch Produktankündigungen und Werbeaktionen. Sie tragen Sorge dafür, dass die Informationen, die über das Produkt verbreitet werden, den Sicherheitsbestimmungen und den Behördenanforderungen exakt entsprechen.

Projektmanagement

Die Arbeit in der Abteilung für Behördenangelegenheiten beinhaltet – insbesondere in kleineren Firmen – häufig Projektmanagementaufgaben. Zu den Pflichten gehören der Umgang mit Vertragsforschungsunternehmen (CROs), Gesprächstermine ansetzen, Teams organisieren und/oder betreuen, Zeitpläne erstellen und die Wahl der Mitarbeiter, die an dem Projekt beteiligt sein sollen.

Geschäftsentwicklung

Es ist nicht unüblich, dass die Fachleute für Behördenangelegenheiten darum gebeten werden, über behördliche Hürden zu berichten, die unter Umständen bewältigt werden müssen, damit man für Produkte eine Zulassung erhält. Sie nehmen außerdem an Untersuchungen teil, um die Stärken und Schwächen der Firmenprodukte oder der Produkte potenzieller Partner abzuschätzen.

Verfassen von Standardarbeitsanweisungen

Wenn man neue Programme etabliert, dann werden Standardarbeitsanweisungen (SOPs, *standard operating procedures*) geschrieben, um sicherzustellen, dass interne Abteilungsvorgänge eindeutig definiert und die Arbeiter umfassend informiert und geschult sind.

Umsetzung von Richtlinien

Fachleute für die Umsetzung von Richtlinien beaufsichtigen Programme und stellen sicher, dass die Teammitglieder die Bestimmungen einhalten: Unterstützung von Maßnahmen wie die Qualifizierung von Mitarbeitern an den Prüforten oder Anbietern klinischer Prüfungen und Labortests; Kontrolle der Umsetzung der SOPs, um sich zu vergewissern, dass die Richtlinien eingehalten und Aufzeichnungen korrekt durchgeführt werden; Beurteilung elektronischer Systeme, elektronischer Verlags-Tools und von Computern, die bei klinischen Prüfungen zum Einsatz kommen; Erstellung von Sicherheitsberichten, Ausübung von Kontrollfunktionen und Durchführung von Inspektionen von Gesundheitsbehörden.

Ein typischer Arbeitstag in den Behördenangelegenheiten

Je nach Position im Unternehmen könnten Sie an einem typischen Arbeitstag in der Abteilung für Behördenangelegenheiten Folgendes machen:

- An Besprechungen von Projektteams teilnehmen, dazu zählen technische, Kennzeichnungs-, Kern- oder klinische Teams oder Subunternehmer, um über den aktuellen Zustand des Projekts oder Belange der strategischen Planung zu sprechen.
- Mit den Gesundheitsbehörden kommunizieren und verhandeln; Gesprächstermine vorbereiten oder auf Fragen der FDA antworten.
- Dokumente per E-Mail verschicken, z. B. Dokumente für die Begutachtung, Zulassung und Abzeichnung.
- Werbematerial oder Beipackzettel begutachten, um sicherzustellen, dass die Aussagen korrekt sind und dass Sicherheitsinformationen in ausreichendem Umfang enthalten sind.
- Dokumente für Anträge an die Gesundheitsbehörden begutachten und vorbereiten, wie z. B. IND-, NDA- oder BLA-Anträge, oder Dokumente für Dringlichkeitsprüfungen vorbereiten.
- Die Historie bestimmter Arzneistoffe recherchieren und Informationen über neue Behördenrichtlinien sammeln. Die FDA um Informationen ersuchen.
- Krisen bewältigen und „Brände löschen". Die Situation einschätzen, das Problem lösen und jeden wieder auf den richtigen Weg bringen.
- SOPs (Standardarbeitsanweisungen) verfassen. Sicherstellen, dass interne Abteilungsvorgänge eindeutig definiert sind, die Leute geschult werden und die SOPs befolgen.
- Inspektionen durch die Gesundheitsbehörden abhalten. Funktionsbereichsleiter in Alarmbereitschaft versetzen, dass eine Inspektion bevorsteht. Besprechungen mit den Inspektoren durchführen und diese protokollieren. Dafür sorgen, dass Personal zur Verfügung steht, um Fragen zu beantworten und diese weiterzubearbeiten.
- Klinische Daten mithilfe der Statistikabteilung absichern.

Gehalt und Vergütung

Es besteht ein Mangel an qualifizierten Fachleuten in diesem Bereich, weil es viele Jahre braucht, um die Nuancen dieses Geschäfts zu erlernen. Die Ausbildung ist hoch spezialisiert, und an Hochschulen oder in der Industrie gibt es kein ausreichendes Bewusstsein für das Gebiet. Aus diesem Grund sind die Gehälter hoch. Behördenfachleute können mehr verdienen als vergleichbare Kollegen in der Qualität, industriellen Grundlagenforschung, Toxikologie, Fertigung, im Projektmanagement und in der Verfahrenstechnik. Für Mitarbeiter ohne einen höheren Abschluss kann die Bezahlung hier 10–30 % über der einer vergleichbaren Position in der Forschung liegen.

Wegen der großen Nachfrage und des erforderlichen Spezialwissens werden Positionen in den Behördenangelegenheiten gut bezahlt.

Wie wird Erfolg gemessen?

An Produktanträgen sind viele Leute beteiligt, und der persönliche Beitrag des Einzelnen ist schwer abzuschätzen. Fachleute für Behördenangelegenheiten neigen allgemein dazu, sich auch über kleine Erfolge zu freuen, wie die Fertigstellung einzelner Schritte innerhalb eines Programms oder die erfolgreiche Einhaltung von Fristen. Ein anderes Maß für Erfolg ist, wie lange es dauert, den Antrag durch die FDA zu bringen, die Anzahl der Nachbesserungsrunden und wie schnell aufkommende Fragen beantwortet werden.

Das Für und Wider der Arbeit

Positive Aspekte einer Laufbahn in den Behördenangelegenheiten

- Es ist spannend, an der Entwicklung eines Produkts mitzuarbeiten, das der Menschheit von Nutzen sein wird. Die Fertigstellung von Anträgen und deren Einreichung bei den Gesundheitsbehörden sind konkrete Ergebnisse der Arbeit.
- Die Behördenangelegenheiten stehen im Mittelpunkt der Arzneistoffentwicklung. Sie lernen das ABC der Arzneistoffentwicklung: das große Ganze, die kleinen Details und wie dies alles miteinander verknüpft ist.
- Es gibt ständig neue Herausforderungen und wenig tägliche Routine.
- Die Fachleute für Behördenangelegenheiten spielen insbesondere in kleinen Unternehmen eine entscheidende Rolle, da deren Überleben unter Umständen vollständig von einer Arzneimittelzulassung abhängt.
- Es besteht eine ausgezeichnete Arbeitsplatzsicherheit.

- Dies ist ein optimales Betätigungsfeld für Personen ohne einen höheren Abschluss. Je nach Firma kann man bis zur Ebene eines Vizepräsidenten aufsteigen, ohne einen höheren Abschluss zu besitzen, was für die meisten anderen Abteilungen nicht zutrifft.
- Verhandlungen können Spaß machen und faszinierend sein – die Gesundheitsbehörden davon zu überzeugen, dass sie Ihrem Ansatz zustimmen, kann aufregend sein.
- Sie lernen ständig neue Technologien kennen, und Sie bleiben in der Wissenschaft auf dem Laufenden. Es besteht zudem die Möglichkeit, mit Personen aus anderen Abteilungen zusammenzuarbeiten.
- Die Fachleute für Behördenangelegenheiten reisen eher weniger als ihre Kollegen in anderen Abteilungen.

Sie werden in den Behördenangelegenheiten ein enormes Quantum dazulernen – etwa so viel wie Sie in einem Ph.-D.- oder M.-D.- Programm lernen würden.

Die möglicherweise unangenehme Seite der Behördenangelegenheiten

Der letzte übriggebliebene Dominostein der Produktentwicklung sind die Behördenangelegenheiten.

- Weil die Behördenangelegenheiten der letzte Schritt sind, bevor der Antrag bei der FDA gestellt wird, müssen Sie sogar dann rechtzeitig abliefern, wenn Mitarbeiter, die Ihrer Arbeit vorgeschaltet sind, in Verzug geraten. Die Folge ist, dass die Behördenfachleute häufig Überstunden machen, um die Termine zu halten. Im täglichen Geschäft haben Sie es ständig mit neuen Fristen zu tun.
- Es wird viel Zeit damit verbracht, Brände zu löschen und Krisen zu bewältigen. Es gibt eine endlose Liste von Situationen, die Probleme verursachen können, wie z. B. die Entdeckung einer Verunreinigung in einem Arzneimittel, eine ernste Nebenwirkung, die bei einem Patienten in einer klinischen Prüfung aufgetreten ist, Arbeitsabläufe, die von klinischen Monitoren nicht korrekt durchgeführt wurden, und das Versäumen von Stichtagen für neue Anträge.

Im Umgang mit Behörden gibt es häufig nicht nur eine beste Lösung.

- Die Abläufe in Behörden sind komplex, undurchsichtig und geben oft Rätsel auf. Für die meisten innovativen Arzneimittelentwicklungen, einschließlich eines Großteils der biologischen Präparate, existiert keine definierte behördliche Vorgehensweise. Jede Verbindung ist einzigartig. Als weitere Erschwernis kommt hinzu, dass sich die Krankheiten der Menschen nicht immer so verhalten, wie es im Lehrbuch steht. Wegen dieser Schwierigkeit müssen manche FDA-Regeln strikt befolgt werden, wohingegen andere verschieden ausgelegt werden können. Manchmal müssen sogar Regeln, die keinen Sinn ergeben, strikt befolgt werden, und selbst dann ist die Zulassung nicht garantiert. Kurz gesagt, die Entwicklung erfordert eine maßgeschneiderte und unerschrockene Herangehensweise ohne Erfolgsgarantie (siehe unten, „Sich in den Behördenangelegenheiten auszeichnen ...").

- Fachleute, die für die Befolgung von Vorschriften verantwortlich sind, werden von manchen als Polizisten oder Quälgeister empfunden. Der Grund ist folgender: Damit Regeln und Bestimmungen in ausreichendem Maße Rechnung getragen wird, sind Forscher häufig gezwungen, Experimente durchzuführen, die sie nicht durchführen wollen. Gelegentlich müssen ihnen Experimente sogar untersagt werden. An manchen Tagen sind Ihnen die Mitarbeiter für Ihren Rat dankbar, aber an anderen Tagen werden sie es Ihnen übel nehmen.

Die größten Herausforderungen des Jobs

Abwägung der FDA-Anforderungen und der internen Beschränkungen

In bestimmten Situationen können Behördenexperten persönlich haftbar gemacht werden. Deshalb ist es wichtig, sich entsprechend abzusichern, um die Laufbahn und den Ruf nicht zu gefährden. Hier ein Beispiel: Das gehobene Management möchte den geringsten Arbeitsaufwand aufbringen, um die Marktzulassung zu erreichen, und den Gesundheitsbehörden möglichst keine schlechten oder vermeintlich unwichtigen Daten vorlegen. Die Folgen können schrecklich sein: Die FDA kann Geldbußen verhängen oder die Firma schließen, wenn sich herausstellt, dass sie nicht kooperationsbereit ist. Nicht nur Mitarbeiter im Bereich behördlicher Angelegenheiten, sondern alle, die von den betrügerischen Daten wussten, können persönlich haftbar gemacht werden.

> Es gibt einen internen Konflikt zwischen dem, was die FDA verlangt, und dem, was das gehobene Management möchte.

Die Truppen geschlossen hinter sich bringen, „Führung ohne Machtbefugnis" und mit der großen Arbeitslast Schritt halten

Der Bereich Behördenangelegenheiten weist starke Parallelen zum Projektmanagement auf, und genau wie dort, muss man sich mit dem Thema „Führung ohne Machtbefugnis" befassen (zu weiteren Einzelheiten, siehe Kapitel 9). Die Teammitglieder können die Arbeitslast kaum bewältigen, und es kann schwierig sein, sie bei Laune zu halten.

Bei Behördenrichtlinien auf dem Laufenden bleiben

Es ist schwierig, bei den sich ständig ändernden Behördenrichtlinien nicht den Überblick zu verlieren. Dies kann besonders dann entmutigend sein, wenn man die weltweite Situation in Betracht zieht. Jede internationale Aufsichtsbehörde hat ihre eigenen Anforderungsprofile.

Interessengruppen können ihre Objektivität verlieren und Dinge persönlich nehmen

Einem Forscher mitzuteilen, dass seine Experimente modifiziert werden müssen, kann so ähnlich sein, wie wenn man jemandem sagt, sein Kind habe Fehler.

Gelegentlich sind Erfinder von ihrem Produkt so entzückt, dass sie ihre Objektivität verlieren. Jeder Hinweis darauf, dass eine Reihe von Experimenten den Ansprüchen einer Behörde unter Umständen nicht genügt, kann dann als persönlicher Angriff gewertet werden.

Sich in den Behördenangelegenheiten auszeichnen ...

Großes behördliches Geschick und die Fähigkeit, strategisch zu denken

Strategisches Denken bedeutet, zu entscheiden, welche Kämpfe zu führen sind und wie man diese am besten gewinnt.

Es gibt viele Mitarbeiter, die zielsicher Anträge zusammenstellen können. Um aber überdurchschnittlich erfolgreich zu sein, muss man die Produktentwicklungspläne und Strategien der Firma mit den Anforderungen der Behörden in Einklang bringen. Eine erfolgreiche Herangehensweise erfordert Denken auf höchster Ebene, wozu ein Verständnis der Feinheiten des politischen Umfelds, des Markts, neuester Entwicklungen im Zusammenhang mit der FDA und vieles mehr gehören.

Jahre an Arbeitserfahrung mit der FDA

Personen, die sich in diesem Bereich auszeichnen, haben eine scharfe Intuition und Urteilsfähigkeit, die für gewöhnlich mit den Jahren an Arbeitserfahrung zunimmt. Ausgerüstet mit umfangreichen Informationen, beurteilen sie das Behördenklima und entwickeln Instrumente, die ihnen helfen, die Verantwortlichen bei der FDA von den Vorzügen des Produkts zu überzeugen.

Die Arzneimittelentwicklung und Behördenvorgänge verstehen

Erfolgreiche Mitarbeiter zeigen keine Überreaktion, sondern stellen nur ein vernünftiges Maß an Mitteln bereit, um die Situationen in Ordnung zu bringen.

Erfolgreiche Mitarbeiter sind in der Lage, die komplexen Vorgänge in der Arzneimittelentwicklung in ihrer Gesamtheit zu verstehen. Herausragende Behördenfachleute kommen kostengünstig und mit einer minimalen Anzahl an Studien zum Ziel. Sie wissen, wie die FDA-Richtlinien zu interpretieren sind und welche Studien durchgeführt werden müssen und welche nicht. Jene mit wenig Erfahrung sind zu konservativ im Umgang mit den Richtlinien und befolgen die Regeln bis zum letzten Buchstaben. Erfahrenes Personal weiß, welche Richtlinien nicht angewandt werden müssen.

Ein solider wissenschaftlicher Hintergrund

Für den Erfolg im Bereich Behördenangelegenheiten ist ein wissenschaftlicher Hintergrund unverzichtbar. Um über die Produkte gut Bescheid zu wissen, ist es wichtig, dass man sich intensiv mit der Herstellung, der Toxikologie, den pharmakologischen Studien, den klinischen Daten und den Machbarkeitsstudien und Wirkmechanismen der Produkte auseinandersetzt – all dies wird in den Behördenanträgen beschrieben.

Die Behördenangelegenheiten erfordern, dass man jeden Schritt der Arzneimittelentwicklung begreift, vom Anfang bis zum Ende.

Teamführung

Behördeneinreichungen sind umfangreich und mühsam, und sie erfordern den Einsatz von Experten aus verschiedenen technischen Bereichen. Es ist erforderlich, viele Mitarbeiter, die unter intensivem Termindruck stehen, zielsicher zu leiten. Nur Teamleiter, die es verstehen, ihre Mitarbeiter zu motivieren, sind auf Dauer erfolgreich.

Zu den Gesundheitsbehörden eine Beziehung aufbauen und Vertrauen schaffen

Die FDA ist in den Vereinigten Staaten von Amerika die Instanz, die letztlich über eine Marktzulassung entscheidet. Personen, die sich im Bereich der Behördenangelegenheiten von der Masse abheben, haben zu den FDA-Gutachtern eine Beziehung entwickelt, die auf Vertrauen und Glaubwürdigkeit gründet. Ehrlichkeit den Gutachtern gegenüber und sorgfältig geplante Analysen sind eine wesentliche Voraussetzung dafür, dass sich die FDA während des Arzneimittelzulassungsvorgangs flexibel zeigt.

Sind Sie ein guter Anwärter für die Behördenangelegenheiten?

Mitarbeiter, die im Bereich Behördenangelegenheiten erfolgreich sind, haben meist die folgenden Eigenschaften:

Die Fähigkeit, sich gleichzeitig auf Einzelheiten und auf das große Ganze zu konzentrieren

Genauigkeit und Aufmerksamkeit für Einzelheiten sind erforderlich.

Sie brauchen die Augen eines Falken: die Fähigkeit, zur selben Zeit sowohl das große Ganze als auch die winzigen Details zu sehen.

Die Fähigkeit, in einer stark reglementierten Umgebung mit vielen Regeln und Prozessen zu arbeiten

Obwohl Kreativität hilfreich sein kann, gibt es im Arbeitsfeld Behördenangelegenheiten, insbesondere was die Methoden der Problemlösung betrifft, klare Beschränkungen.

Hervorragende verbale Fähigkeiten

Innerhalb des Unternehmens gibt es kaum Menschen, mit denen Sie nicht zusammenarbeiten müssen, und jeder hat eine etwas andere Funktion. Daher sind ausgeprägte mündliche Kommunikationsfähigkeiten unerlässlich.

Außergewöhnlich gute Lese- und Schreibfertigkeiten

Vieles von dem, was Sie machen, wird in schriftlicher Form vermittelt, es muss gut gegliedert und für die FDA verständlich sein. Sie müssen sich klar und prägnant ausdrücken können. Sie müssen überzeugend schreiben können, sodass die Gesundheitsbehörden die Inhalte verstehen und ihnen zustimmen können. Man muss beachtlich viel lesen, Fakten recherchieren und prüfen.

Ausgezeichnete zwischenmenschliche Fähigkeiten und die Begabung, mit vielen Persönlichkeitstypen zu arbeiten

Um erfolgreich zu sein, muss man freundlich sein und fähig, mit Menschen gut zusammen zu arbeiten.

Man muss ein Team-Player sein. Abteilungen für Behördenangelegenheiten arbeiten stark teamorientiert; man verlässt sich auf andere und diese wiederum auf einen selber. Sie müssen für sich selbst Verantwortung übernehmen und Arbeit an Kollegen delegieren können. (Für Einzelheiten siehe Kapitel 2.)

Führungsqualitäten

Man muss durchsetzungsfähig sein und nichts dagegen haben, regelmäßig zu diskutieren.

Angestellte auf der Vizepräsidentenebene sind selbstbewusst, sprechen bei Konferenzen und vertrauen ihrem eigenen Urteil. Sie besitzen die Offenheit, FDA-Gutachter zu kontaktieren, wenn Fragen aufkommen.

Die Fähigkeit, gut zuzuhören

Aufgrund des ständigen Kommunikationsbedarfs ist es wichtig, ein scharfsinniger Zuhörer zu sein, insbesondere, wenn man mit der FDA und mit Teammitgliedern spricht. Die durch genaues Zuhören gesammelte Information ermöglicht es Ihnen, die Meinung anderer zu beurteilen, sodass Sie die optimalen Strategien entwickeln können.

Die Fähigkeit, komplexe Themen strategisch analysieren zu können

In den Behördenangelegenheiten müssen Sie immer mindestens zwei Schritte vorausdenken. Alle Einzelteile richtig zusammenzusetzen, um eine stimmige Geschichte für die Gesundheitsbehörden zu verfassen, erfordert eine strategische Denkweise.

Eine starke Arbeitsethik, Stehvermögen und Ausdauer

Grenzenlose Energie und der Wille, hart zu arbeiten, sind für die Vorbereitung von Einreichungen erforderlich. Manche Projekte können sich über Jahre hinziehen! Es braucht ausdauernde Energie und Hartnäckigkeit, um winzige Details zu verfolgen. Die meisten Unternehmen haben allerdings nicht genügend Personal, um die zusätzliche Arbeit, die kurz vor Ablauf der Antragsfristen anfällt, zu bearbeiten. Es gibt Mitarbeiter, die sogar im Büro kampieren, um ihre Arbeit zu schaffen.

Ein solider wissenschaftlicher Hintergrund

Ohne einen wissenschaftlichen Hintergrund kann es schwierig sein, zu verstehen, um was es in den Anträgen geht und ob die Daten die Schlussfolgerungen belegen.

Wissensdurst

Sie kommen mit Wissenschaft in all ihren Facetten in Berührung. Es ist wichtig, dass man daran interessiert ist, seinen Wissensumfang auf viele Bereiche auszudehnen, um reibungslos mit Teammitgliedern kommunizieren zu können. Damit man erfolgreich ist, sollte man sich mit der gegenwärtigen wissenschaftlichen Literatur auf dem Laufenden halten.

Die Fähigkeit, streng analytisch, objektiv und kritisch zu denken

Sie müssen fähig sein, sorgfältig und objektiv die Daten zu bewerten und sich ein unabhängiges Urteil zu bilden. Dazu gehört, dass man Informationen mit kritischem Blick prüft und feststellt, ob die Daten die Schlussfolgerungen bestätigen.

Die Fähigkeit, rasch neue Prioritäten zu setzen

Sie müssen intellektuell wendig sein, um vernünftige Entscheidungen zu treffen, und rasch den Kurs ändern, wenn die Situation dies erfordert. Wichtig ist auch, dass Sie „Antennen" dafür entwickeln, welche Konsequenzen es haben kann, ein Projekt anstelle eines anderen auszuwählen.

Ausgezeichnete organisatorische Fertigkeiten und die Fähigkeit, mehrere Aufgaben gleichzeitig zu erledigen

Häufig sind viele Projekte gleichzeitig im Gang, mit jeweils anderen Aufgabenstellungen.

Eine hohe Belastungstoleranz und die Fähigkeit, tägliche Krisen zu bewältigen

Die Mitarbeiter in Abteilungen für Behördenangelegenheiten müssen den starken Stress, der mit nahenden Deadlines einhergeht, verkraften können. Da Krisen oft von Dauer sind, muss man ein „Adrenalin-Junkie" sein, um die Lage zu meistern.

Eine bedachte Vorgehensweise

Da Sie Ihre Firma gegenüber den Gesundheitsbehörden vertreten, ist es wichtig, nachzudenken, bevor Sie sprechen. Sie müssen aufpassen, wie Sie Dinge sagen, damit Sie später Ihre Stellungnahmen nicht zurückziehen oder abändern müssen.

Die Fähigkeit zum kreativen und flexiblen Denken

Die Behördenfachleute sind relativ einfallsreich. Sie können die Daten durchsehen und sie auf eine solche Weise „drehen", dass es wahrscheinlicher ist, dass diese von der FDA akzeptiert werden. Sie sind flexibel und zu Kompromissen bereit, während sie wissenschaftlich, ehrlich und objektiv bleiben.

Grandioses diplomatisches und Verhandlungsgeschick

Die Fachleute für Behördenangelegenheiten sollten in der Lage sein, erfolgreich und diplomatisch zu verhandeln, und mit den FDA-Beamten Ergebnisse erzielen, die für beide Seiten ein Gewinn sind. Innerhalb der Firma müssen Sie selbstbewusst genug sein, um Ihre Positionen darzustellen und zu verteidigen, jedoch ausreichend diplomatisch, wenn Sie anderer Meinung sind. Wichtig ist es auch, dass man Konferenzen moderieren und Teams bei der Konfliktlösung unterstützen kann.

Ein bescheidenes Maß an Perfektionismus

Alles perfekt haben zu wollen, ist bis zu einem gewissen Punkt eine gute Eigenschaft, man kann es aber auch übertreiben, dann wird der eigene Perfektionismus zu einer Behinderung. Behördenanträge werden niemals perfekt sein, und letztendlich zwingen die Termine zur Einreichung. Notorische Perfektionisten überarbeiten sich und leiden dann an Erschöpfungszuständen (Burn-out).

Eine Arbeitshaltung, die zielorientiert ist, aber nicht aggressiv

Um die schwere Arbeitslast zu erfüllen und die Termine einzuhalten, ist es hilfreich, wenn man eine zielorientierte Arbeitsethik besitzt. Um erfolgreich zu sein, muss man auch delegieren können und mit den Kollegen professionell und respektvoll umgehen.

Sie sollten eventuell eine Laufbahn außerhalb der Behördenangelegenheiten in Betracht ziehen, falls Sie ...

- ein „Freigeist" sind, der schlecht in einer stark reglementierten Umgebung arbeiten kann.
- unbekümmert oder voreingenommen sind; falls Sie wertend sind oder Spontanentscheidungen treffen.
- kein Interesse an wissenschaftlichen Details haben, schludrig sind, zu faul, um schwierige und komplizierte Probleme in Angriff zu nehmen.
- nicht bereit sind, Fragen zu stellen, zuzuhören und Informationen zu sammeln.
- jemand sind, der lieber alleine in seinem Büro arbeitet und nicht gerne Umgang mit anderen hat.
- jemand sind, der eine perfekte Ordnung liebt. Die Behördenangelegenheiten können chaotisch sein. Unterbrechungen und sich ändernde Prioritäten sind zu erwarten.
- ständige Beachtung Ihrer Arbeit brauchen, sehr selbstgefällig sind.
- ein Schwarzseher oder ein Anwalt des Teufels sind.
- unflexibel und schulmeisterlich sind.
- zu leise sprechen und kleinlaut sind.
- nicht fähig sind, unter ungünstigen Bedingungen gut zu arbeiten, oder sich ständig Sorgen darüber machen, die Sympathie Ihrer Kollegen zu verlieren.

Das Karrierepotenzial in den Behördenangelegenheiten

Nachdem die Mitarbeiter in den Behördenangelegenheiten geschult sind, verlassen sie diese gewöhnlich nicht mehr. Es handelt sich hier um ein enorm breites Betätigungsfeld, das viele Möglichkeiten eröffnet und in dem man seine Fertigkeiten vervollkommnen und dazulernen kann. Es gibt die Möglichkeit, in verschiedenen therapeutischen Bereichen zu arbeiten, sich weltweit zu betätigen oder die Überwachung von Vorschriften oder andere verantwortungsvolle Aufgaben zu übernehmen. Es ist leicht aufzusteigen. Man kann als Dokumenten- oder Behördenspezialist beginnen und über eine Direktorenfunktion bis zum Vizepräsidenten aufsteigen. Erfahrene Fachleute im Bereich für Behördenangelegenheiten entscheiden sich häufig dafür, in die Unternehmensberatung zu gehen (Abb. 12.2).

Da sich die Behördenangelegenheiten über sämtliche Geschäftsbereiche erstrecken, bereiten sie die Mitarbeiter für Managementaufgaben und eine Karriere in anderen Fachgebieten vor. Viele Fachleute gehen

Die meisten Mitarbeiter „geraten" durch Zufall in die Abteilung für Behördenangelegenheiten. Einmal drin, gehen sie im Allgemeinen nicht mehr weg.

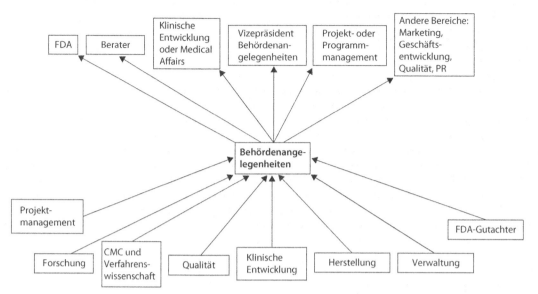

Abb. 12.2 *Übliche Karrierewege in und aus den Behördenangelegenheiten.*

in das Programm- oder Projektmanagement, wo die Aufgabe ebenfalls darin besteht, komplizierte Programme voranzutreiben und Mitarbeiter mit unterschiedlichen Aufgaben anzuleiten. Mitarbeiter, die für die Behördenangelegenheiten ausgebildet sind, können schließlich auch in andere Berufszweige überwechseln: in den Bereich Clinical bzw. Medical Affairs, das Marketing, die Qualitätssicherung, die Geschäftsentwicklung, den Bereich Staatliche Angelegenheiten, die Öffentlichkeitsarbeit oder Werbung (Abb. 12.2).

Jobsicherheit und Zukunftstrends

Die Behördenangelegenheiten verlangen ein spezielles Fachwissen, das sehr gut vermarktbar und äußerst gefragt ist.

Die Positionen in den Behördenangelegenheiten gehören zu den am schwierigsten zu besetzenden, weil es nicht genügend qualifiziertes Personal gibt. Infolgedessen besteht eine ausgezeichnete Arbeitsplatzsicherheit. Personen, die tüchtig und kompetent sind, werden ständig von Personalvermittlern gesucht, und jene, die Arbeitserfahrung bei der FDA gesammelt haben, sind noch gefragter (siehe „Karriere-Schnappschüsse: Arbeiten bei der FDA").

Es wird vorhergesagt, dass die Nachfrage nach Behördenfachleuten ansteigen wird, da die Reglementierung der Industrie in Zukunft sogar noch zunehmen wird. Die Regularien werden komplizierter und ändern sich ständig. Mit der Einführung der elektronischen Einreichungen wird sich die Landschaft in den kommenden Jahren weiter ändern.

Solange eine Firma Produkte in der Entwicklung und auf dem Markt hat, ist eine Abteilung für Behördenangelegenheiten zwingend notwendig; wenn aber etwas falsch läuft, so werden unter Umständen Positionen in dieser Abteilung leicht geopfert. Die Vizepräsidenten der Abteilungen für Behördenangelegenheiten werden häufig für eine gescheiterte Arzneimittelzulassung verantwortlich gemacht, auch wenn sie dafür nichts können. Die Leiter und Direktoren der Behördenangelegenheiten können jedoch im Allgemeinen einen Jobabbau umgehen.

Jobs in diesem Bereich werden wahrscheinlich nicht ins Ausland verlagert. Obwohl ein Teil der Arbeiten ortsunabhängig durchgeführt werden kann, ist dennoch ein direkter persönlicher Umgang mit den Kollegen nötig, und man muss für persönliche Treffen anwesend sein.

Einen Job in den Behördenangelegenheiten bekommen

Erwünschte Ausbildung und Erfahrungen

Die meisten Menschen finden ihren Weg in die Behördenangelegenheiten, indem sie als Mitglied in einem Projektteam arbeiten und in die Dokumentation einer Produkteinreichung einbezogen werden. Andere haben Erfahrung mit den Arbeitsprozessen oder dem Texten. Im Allgemeinen kommen die Menschen aus vielen unterschiedlichen Disziplinen. Zu empfehlen ist ein Werdegang in der präklinischen Forschung, der Pharmakologie, der industriellen Grundlagenforschung, der klinischen Forschung, der Chemie, der Fertigung, der Qualitätssicherung, der Verwaltung oder Dokumentation. Personen mit Erfahrung in klinischen Prüfungen wie Ärzte, Pharmazeuten und Krankenschwestern sind ebenfalls geeignet.

In den meisten Firmen ist für die Behördenangelegenheiten ein höherer Abschluss nicht zwingend erforderlich. Erfahrung in der Arzneimittelforschung und -entwicklung und die Fähigkeit, analytisch zu denken, werden im Allgemeinen höher geachtet als der universitäre Werdegang. Personen mit einem höheren Bildungsabschluss steigen jedoch höher ein und kommen schneller voran. Personen mit Ph. D., Pharm. D., MPH und MBA sind häufig anzutreffen, und Bewerber mit J.-D.-Abschluss (*juris doctor*, Dr. jur., Doktorgrad der Rechtswissenschaft) sind aufgrund ihrer Fähigkeit, beispielsweise mit der FDA zu verhandeln, besonders beliebt. Größere Pharma- und Biotechnologiefirmen verlangen von Bewerbern auf Direktoren- oder Vizepräsidentenstellen einem höheren Studienabschluss; kleineren Biotechnologiefirmen und medizintechnischen Geräteherstellern genügt dagegen meist ein Master-Abschluss (Diplom).

Endlich „dämmert" es den Hochschulen, dass das Berufsfeld Behördenangelegenheiten ausgezeichnete Karrieremöglichkeiten bietet und dass hier eine gesunde Nachfrage nach qualifiziertem Personal existiert. Deshalb sprießen neue Hochschulprogramme aus dem Boden, die Abschlüsse und Zertifikate für die Wissenschaft der Behördenangelegenheiten ermöglichen.

Wege in die Behördenangelegenheiten

Ohne Vorerfahrung ist es schwierig, eine Einstiegsposition in diesem Bereich zu bekommen. Hier sind einige Tipps, wie es dennoch gelingen kann:

Eine Berufsausbildung in der Arzneimittelforschung und -entwicklung wird im Bereich Behördenange-legenheiten hoch geschätzt.

- Wenn Sie bereits in einem Biotechnologieunternehmen arbeiten, dann versuchen Sie Erfahrung zu sammeln, indem Sie zumindest an Teilen einer Behördeneinreichung mitarbeiten. Wenn Sie im Labor arbeiten, schließen Sie sich einem Projektteam an, sodass Sie die Chance haben, an einer Fachgruppeneinreichung mitzuarbeiten.
- Versuchen Sie zunächst Erfahrungen im Projektmanagement zu sammeln. Die Fertigkeiten, die man sich als Projektleiter angeeignet hat, bieten eine ausgezeichnete Vorbereitung für eine Karriere in den Behördenangelegenheiten. Zudem kommen Sie durch das Projektmanagement mit dem gesamten klinischen und Arzneimittelentwicklungsprozess in Berührung (Kapitel 9).
- Ziehen Sie es in Betracht, für eine Vertragsforschungsfirma (CRO) zu arbeiten, bei der man mit beträchtlich mehr Wissenschaftsdisziplinen und Therapiefeldern in Berührung kommt. Im Allgemeinen ist es einfacher, bei einer CRO eine Anstellung zu bekommen als bei Biopharmafirmen, die häufig Vorerfahrung verlangen.
- Wenn Sie erwägen, in eine Firma einzutreten, versuchen Sie zunächst herauszubekommen, wie die Managementteams arbeiten. Schätzen diese es, in einer geregelten Umgebung zu arbeiten? Werden sie ihren Abteilungsleiter unterstützen? Werden sie die Richtlinien der FDA befolgen, auch wenn die Zeit knapp ist, oder werden sie versuchen, diese zu umgehen?
- Der Arbeitsbereich Behördenangelegenheiten ist noch jung, und viele Universitäten beginnen gerade damit, vorbereitende Berufsprogramme zu entwickeln. Ausgewählte Universitäten bieten spezielle Zertifikate oder sogar ganze Master-Abschlüsse für Behördenwissenschaften an. Die Gesellschaft der Fachleute für Behördenangelegenheiten (RAPS, Regulatory Affairs Professional Society) bietet ein Zertifizierungsprogramm für die Behördenangelegenheiten (RAC, *Regulatory Affairs Certificate program*) an, aber man braucht mindestens zwei bis drei Jahre Vollzeiterfahrung im Job, um für das Examen infrage zu kommen. Bewerben Sie sich auf eine Position als Gutachter bei der FDA. Als Gutachter sehen Sie, wie die FDA intern arbeitet, Sie überschauen den gesamten Vorgang der Arzneimittelzulassung und bekommen ausgiebigen Kontakt mit vielen unterschiedlichen Therapiebereichen und Arzneimittelklassen (siehe unten).

Karriere-Schnappschüsse: Arbeiten bei der FDA

Wenn Sie tiefer in den Arbeitsbereich Behördenangelegenheiten eintauchen und verstehen wollen, wie Produktbegutachtungsabläufe funktionieren, dann eignet sich dazu eine Arbeit bei der FDA als Produktgutachter am besten. Sie bekommen eine echte Chance, etwas zu lernen, und es handelt sich hierbei um einen sehr sicheren Job.

Die Arzneimittelgutachter beurteilen die Zulassungsanträge für neue Arzneimittelprogramme und helfen den Firmen, sichere und wirksame Produkte zu entwickeln. Der Auftrag der FDA ist, die Volksgesundheit zu schützen, indem sie sicherstellt, dass von den Produkten keine Gefahr für die menschliche Gesundheit ausgeht und dass neue wirksame Therapien Zugang zum Markt erhalten.

Der primäre Auftrag der FDA ist, die Volksgesundheit zu schützen.

Mögliche Aufgaben bei der FDA

Je nach Position kann ein Job bei der FDA unter Umständen Folgendes beinhalten:

- Begutachten von Anträgen wie z. B. INDs, NDAs und BLAs.
- Strategien entwickeln, um die Produktzulassungen zu beschleunigen oder die Sicherheit zu erhöhen.
- An Konferenzen mit Hochschul- oder Firmensponsoren teilnehmen.
- Entwicklung von Anleitungsdokumenten.
- Teilnahme an Gutachterausschüssen, die sich aus führenden Experten zusammensetzen.

Eine gute Idee für einen Arzneistoff zu haben, muss nicht unbedingt heißen, dass es eine gute Idee ist, diesen Arzneistoff in Verkehr zu bringen.

Positive Aspekte einer Arbeit bei der FDA

- Die Öffentlichkeit zu schützen, ist eine äußerst wichtige Aufgabe. Die rechtlichen und gesundheitlichen Folgen Ihrer Entscheidungen können sich unter Umständen auf Tausende von Menschen auswirken.
- Man kommt intensiv mit topaktuellen Technologien, unterschiedlichen Produkten und Entwicklungsstrategien in Berührung.
- Die FDA bietet Pensionspläne, medizinische Versorgung und Ruhestandspakete an.
- Nachdem Sie bei der FDA Erfahrungen gesammelt haben, warten ausgezeichnete Jobaussichten auf Sie. Viele Firmen sind an Ihnen interessiert.

Die möglicherweise unangenehme Seite einer Arbeit bei der FDA

- Die Gehälter sind um etwa 30 % niedriger als bei vergleichbaren Industriepositionen.

- Die Arbeit ist sehr fordernd und stressig. Die FDA hat ständig zu wenig Mittel und ist überlastet.
- Die FDA ist eine große bürokratische Organisation, und folglich laufen die Dinge langsam.
- Die meisten Stellen sind in Washington D. C. oder in der Nähe davon.

Laufbahnen bei der FDA

Es gibt eigenständige Disziplinen für die Produktgutachter, wie z. B. die präklinische Forschung, Chemie, klinische Forschung, Statistik und Fertigung. Personen mit M. D. werden häufig medizinische Gutachter (Kapitel 10). Nachdem Sie die Arbeitsabläufe kennengelernt haben, können Sie sich auf einen bestimmten Produktbereich spezialisieren, z. B. auf die Gentherapie. Nach einer erfolgreichen Arbeit als Produktgutachter sind die nächsten Karriereschritte Abteilungschef für einen therapeutischen Bereich und dann eventuell stellvertretender Abteilungsdirektor. Je nach Ehrgeiz und Interesse können Sie an der Richtlinienentwicklung, der Ausbildung oder weiter reichenden Programmen beteiligt sein, um die Standpunkte der FDA im In- und Ausland zu vertreten.

Außer als Produktgutachter zu arbeiten, gibt es noch eine Vielzahl anderer Positionen, wie z. B. Forscher (*research scientist*) oder Projektmanager, die eng mit den Wissenschaftlern der Hochschule und Industrie zusammenarbeiten, Zusammenkünfte organisieren und Änderungsanträge verschicken.

Inspektoren haben normalerweise einen Master- oder Bachelor-Abschluss und arbeiten im ganzen Land. Es gibt viele Labor- und Verwaltungsmitarbeiter, internationale Kontaktpersonen, Rechts- und Verfahrensexperten, Epidemiologen, Ingenieure u. a. Auch in der Abteilung zur Mittelbereitstellung der FDA gibt es Karrieremöglichkeiten. Das Zentrum für Gesundheit und radiologische Hilfsmittel (CDRH) sucht normalerweise Ingenieure und ebenso die anderen, oben beschriebenen Experten, die Anträge auf Mittelbereitstellung prüfen können.

Erfahrungs- und Ausbildungsanforderungen

Bei der FDA besteht immer eine große Nachfrage nach talentierten Mitarbeitern mit technischem Hintergrund. Um eine Position bei der FDA zu bekommen, muss man mindestens einen Bachelor-Abschluss in Naturwissenschaften haben. Die Mehrzahl der Kandidaten mit einem medizinischen oder wissenschaftlichen Hintergrund kommt zu der Behörde mit der Erfahrung eines Postdoktoranden oder mit Industrieerfahrung. Die FDA schätzt zusätzlich zu akademischen Zeugnissen Erfahrungen im Gesundheitswesen, in der Biotechnologie oder im Bereich Behördenangelegenheiten. Erfahrungen in der Industrie und in der Technik sind von Vorteil. Die FDA braucht auch Epidemiologen und Personen mit statistischem Wissen, um bei Zwischenfällen mit Arzneimitteln eventuelle Tendenzen zu erkennen.

Wege zu einer FDA-Laufbahn

- Um weitere Informationen zu erhalten, besuchen Sie die FDA-Website unter www.fda.gov und klicken Sie auf *„job opportunities"* (Jobchancen) oder gehen Sie auf die Website des Bevollmächtigten Dienstes des US-amerikanischen Gesundheitsdienstes (U.S. Public Health Service Commissioned Corps) unter www.usphs.gov oder www.usajobs.com. Suchen Sie nach Jobs für Ärzte, Wissenschaftler und andere gesundheitsorientierte Fachleute bei der FDA, der Seuchenschutzbehörde (CDC, Centers for Disease Control) und dem nationalen Gesundheitsinstitut (NIH, National Institutes of Health). Es gibt noch weitere Zentren, die man in Betracht ziehen kann: das Zentrum für die Evaluierung und Erforschung Biologischer Präparate (CBER, Center for Biologics Evaluation and Research), das Zentrum für Gesundheit und radiologische Hilfsmittel (CDRH, Center for Devices and Radiological Health), das Zentrum für Tiermedizin (CVM, Center for Veterinary Medicine) und das Zentrum für Lebensmittelsicherheit und angewandte Ernährung (CFSAN, Center for Food Safety and Applied Nutrition).
- Falls beim Zentrum für die Arzneimittel-Evaluierung und -forschung (CDER, Center for Drug Evaluation and Research) keine Gutachterposition frei ist oder wenn Sie gerne weiterhin Laborforschung betreiben möchten, dann erwägen Sie ein Stipendium für die Behördenangelegenheiten oder eine Forschungsposition bei der FDA. Personen, die direkt von der Hochschule zu einer Forschungsposition bei der FDA wechseln, betreiben im Allgemeinen angewandte Forschung. Sobald Sie in einer Forschungsposition sind, können Sie schließlich aufsteigen und Gutachter werden.
- Die FDA zieht es vor, Mitarbeiter einzustellen, die sich in neuen, innovativen Bereichen auskennen. Denken Sie darüber nach, Spezialist in einem solchen Bereich zu werden. Die FDA ist auch bestrebt, erfahrene Mitarbeiter einzustellen, legen Sie deshalb Ihrer Bewerbung eine umfassende Liste Ihrer technischen Fertigkeiten und Ihres Fachwissens in speziellen Therapiebereichen bei.
- Falls Sie sich auf FDA-Positionen bewerben, so denken Sie daran, dass die Annahme ein formaler Vorgang ist, der bis zu sechs Monate oder länger dauern kann. Sie müssen US-amerikanischer Bürger ohne Vorstrafen sein. Die FDA verlangt, dass Sie jede Aktie, die Sie von Pharmafirmen besitzen, veräußern. Sie können Ihre Bewerbung alle sechs Monate einreichen.

Empfohlene Berufsverbände und Quellen

Gesellschaften und Quellen

Informationsportal für Pharmaindustrie und Gesundheitswesen (www.atkearney.de/content/industriekompetenz/industriekompetenz.php/practice/pharma)

Parenteral Drug Association (Gesellschaft für Parenterale Arzneimittel; www.pda.org)

The American Society of Quality (Amerikanische Gesellschaft für Qualität; www.asq.org)

European Medicines Agency (www.emea.europa.eu; Europäische Zulassungsbehörde für neue Pharmazeutika)

The American Medical Writers Association (Amerikanische Gesellschaft der medizinischen Texter; www.amwa.org)

Good Manufacturing Practice Navigator (www.gmp-navigator.com) stellt Informationen zur Guten Herstellungspraxis zur Verfügung, bietet Kurse an und beinhaltet eine Liste verschiedener Zulassungsbehörden.

Biotechnologische und Pharmazeutische Gesellschaften mit einer breiteren Zielgruppe

DECHEMA Gesellschaft für Chemische Technik und Biotechnologie e.V. (www.dechema.de).

Verband der forschenden Arzneimittelhersteller (www.vfa.de)

Advanced Medical Technology Association (Gesellschaft für zukunftsweisende medizinische Technologie; www.advamed.org)

National Emergency Medicine Association (Nationale Gesellschaft für Notfallmedizin; www.nemahealth.org)

Association for the Advancement of Medical Instrumentation (Gesellschaft zur Verbesserung der medizinischen Geräte; www.aami.org)

13 | Qualität

Regelmäßig gute Produkte herstellen

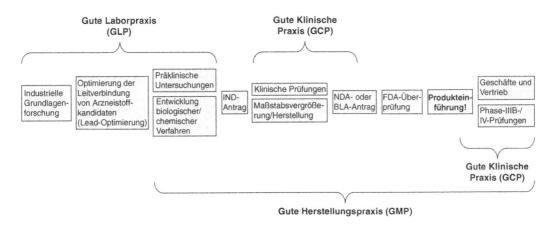

Für diejenigen, die gerne detaillierte Aufzeichnungen machen und ein Interesse an der Entwicklung von Prozessen haben, durch die Vorgänge effizienter ablaufen, könnte eine Laufbahn in der Abteilung Qualität unter Umständen das Richtige sein. Zur dieser Abteilung gehören die Qualitätskontrolle (QK), Qualitätssicherung (QS), die Sicherstellung der Umsetzung behördlicher Regeln und Qualitätssysteme; sie gewährleistet, dass die Produkte einheitlich sind und dass Prozesse und Systeme den FDA-Standards entsprechen. Die Qualitätsabteilungen bieten unterschiedliche Betätigungsfelder und umfassen sowohl Routinejobs als auch solche, die von ständigen Herausforderungen und Überraschungen geprägt sind.

Die Bedeutung der Qualität in der Biotechnologie

Ein Produkt muss einen geregelten Qualitätsprozess durchlaufen, um zur Krankheitsdiagnose oder -behandlung an Patienten eingesetzt zu werden.

Die Abteilung Qualität gewährleistet, dass die Produkte von gleichbleibender Qualität sind und die firmeninternen Verfahren den FDA-Richtlinien entsprechen. Bei therapeutischen Firmen stellt die Qualitätsabteilung auch sicher, dass die Produkte rein sind, sodass sie beim Menschen angewendet werden können.

Die Bedeutung der Qualität lässt sich an Beispielen veranschaulichen

Qualitätsfachleute sind wie Küchenchefs, die in teuren Restaurants arbeiten: Sie erstellen detaillierte Kochrezepte, sodass Gerichte von gleichbleibender Qualität und Geschmack zubereitet werden können.

Die meisten Daten in den frühen Phasen der Produktentwicklung stammen aus der industriellen Grundlagenforschung (*discovery research*). Wenn ein Produkt in die Herstellung geht, dann setzen Qualitätsfachleute die in der Erforschungsphase entwickelten Protokolle in Standardarbeitsanweisungen (SOPs, *standard operating procedures*) um.

Wenn ein IND- oder ein NDA-Antrag bei der FDA eingereicht wird, dann verspricht das Unternehmen, dass es ein Produkt gemäß speziellen Abläufen herstellt und testet. Qualitätsfachleute überprüfen selbstständig, ob diese Zusage eingehalten wird. Sie erstellen SOPs, sodass alles ordnungsgemäß aufgezeichnet wird und die Firma beweisen kann, dass die Abläufe auf die vereinbarte Weise durchgeführt wurden.

Die Abteilung Qualität erstellt spezielle Anweisungen, sodass alle Daten nachvollziehbar, archiviert und verknüpft sind und leicht abgerufen und geprüft werden können. Diese Unterlagen können während eines Audits von den Aufsichtsbehörden verwendet werden.

Was bedeutet Regeln befolgen?

„Regeln befolgen" heißt, dass die Firma sich in Übereinstimmung mit den FDA-Verordnungen an bestimmte interne Auditabläufe hält. Die Prüfungsgruppe handelt wie eine interne Version der FDA; sie prüft Systeme, Abläufe und Verfahren, um sicherzugehen, dass sie mit den Bestimmungen und Richtlinien übereinstimmen.

Berufslaufbahnen: Qualitätskontrolle, Qualitätssicherung, Befolgen der behördlichen Regeln und Qualitätssysteme

Wie in Tabelle 13.1 aufgeführt ist, gibt es in der Abteilung Qualität mehrere Spezialbereiche, die sich zum Teil erheblich in ihren Aufgaben unterscheiden.

Tab. 13.1 *Übliche Spezialisierungen in der Abteilung Qualität.*

Qualitätskontrolle	Qualitätssicherung und Befolgung behördlicher Regeln	Qualitätssysteme
Chemielabor	Dokumentation und Prüfung	Validierung (Computervalidierung/ IT-Qualität u. a.)
Mikrobiologielabor	Betriebsprüfungsgruppe	Schulung
Zellbiologielabor	Erlaubnis für verschreibungspflichtige Medikamente	Dokumentenverwaltung
Tiergruppe	Befolgung behördlicher Regeln (manchmal in der QS, in den Behördenangelegenheiten oder einer separaten Abteilung)	Korrektur- und Vorbeugemaßnahmen
Umweltüberwachung		Qualitätstechnik
Messwesen		

Als allgemeine Regel gilt: Die mehr technisch orientierten Chemiker und „Laborratten" strömen eher in die Qualitätskontrolle, die Biologen bevorzugen die Qualitätssicherung und Einhaltung der behördlichen Regeln, und die Informatiker favorisieren Qualitätssysteme. In manchen kleinen Biotechnologiefirmen handelt es sich bei der Qualitätssicherung und Qualitätskontrolle um Teile der gleichen Organisationseinheit, in den meisten Unternehmen hingegen sind sie Teil von getrennten und unabhängigen Abteilungen. Die Sicherstellung der Einhaltung der behördlichen Regeln kann von den Abteilungen für Behördenangelegenheiten oder Qualitätskontrolle oder auch von einer eigenen Abteilung übernommen werden.

Der Unterschied zwischen Qualitätskontrolle und Qualitätssicherung

Die Gruppe Qualitätskontrolle macht Messungen, um zu zeigen, dass die Arbeit ordentlich ausgeführt wurde und die Produkte den Vorgaben entsprechen. Die Gruppe Qualitätssicherung sorgt für die Dokumentation, dass die Arbeit korrekt ausgeführt wurde und die Systeme zur Qualitätsüberwachung vorhanden sind.

Qualitätskontrolle

Die Abteilung Qualitätskontrolle testet Produkte und überprüft, ob die gefertigten Produkte den Vorgaben entsprechen.

In den meisten Firmen gehören zur Qualitätskontrolle:

Chemielabors

QK-Chemiker überprüfen, ob die Arzneimittel rein sind. Sie verwenden biochemische und anorganisch-chemische Analysemethoden, um auf Verunreinigungen zu prüfen und die Zusammensetzung des End-produkts zu bestätigen.

Mikrobiologielabors

QK-Mikrobiologen führen Sterilitätsprüfungen und eine Umweltüber-wachung durch. Die Richtlinien zur Guten Herstellungspraxis (GMP, *Good Manufacturing Practice*) schreiben vor, dass auch dann, wenn Sterilität nicht ausdrücklich verlangt wird, trotzdem gezeigt werden muss, dass z. B. bestimmte *E. coli*-Stämme oder andere krankheits-verursachende Organismen, nicht vorhanden sind (siehe Kasten „Die GXP-Vorschriften", S. 205)

Zellbiologielabors

Die QK-Zellbiologen gewährleisten die Reinheit und bestätigen die Zusammensetzung der Endprodukte. Um die Reinheit und Qualität zu überprüfen, setzen sie Methoden wie die Polymerase-Kettenreaktion (PCR) und Zellkulturtests ein.

Tiergruppe

Personen, die mit Tieren arbeiten, führen an diesen präklinische toxiko-logische Untersuchungen durch. Diese Abteilung kann auch Teil der präklinischen Abteilung sein.

Umweltüberwachung

Angestellte in dieser Abteilung entsorgen den Abfall. Sie stellen sicher, dass das Material, das in den Abwasserkanal geht, den Vorschriften der Umweltschutzbehörde entspricht.

Messwesen

Messtechniker kalibrieren die Maschinen und Instrumente.

Qualitätssicherung

Die Qualitätsabteilung garantiert, dass sich die Firma an die Vereinbarun-gen hält, die mit den Auf-sichtsbehörden getroffen wurden.

Normalerweise gibt es zwei Aufgaben in der Qualitätssicherung: QS-Fachleute arbeiten eng mit allen Abteilungen zusammen, um Systeme und Verfahren zu entwickeln, welche die Einhaltung von Vorschriften sicherstellen, und sie machen Aufzeichnungen und archivieren diese, um zu zeigen, dass Arbeitsverfahren korrekt durchgeführt werden. Die Qualitätssicherung ist „papierbezogener" als die Qualitätskontrolle.

In den meisten Firmen hat die Qualitätssicherung drei wichtige Aufgaben:

Dokumentationsprüfung

Diese Gruppe bearbeitet und prüft die schriftlichen Dokumentationen aus der Fertigung und den Laboratorien. In manchen Firmen ist sie auch für die klinischen Dokumente verantwortlich.

Prüfungswesen

Es ist von entscheidender Bedeutung, Produkte, Abläufe und Systeme zu überwachen. Auftretende Probleme sind häufig auf schlechte Arzneimittelrohstoffe zurückzuführen. Deshalb ist es wichtig, die Rohstofflieferanten und Vertragsfirmen zu besuchen und zu kontrollieren, ob diese ordentlich und seriös arbeiten.

Befolgung des Gesetzes über den Vertrieb verschreibungspflichtiger Arzneimittel (PDMA)

Es gibt eine Gruppe, die sicherstellt, dass die Firma das Gesetz über den Vertrieb verschreibungspflichtiger Arzneimittel (PDMA) befolgt. Dieses Gesetz wurde erlassen, um zu gewährleisten, dass verschreibungspflichtige Arzneimittel sicher und wirksam sind. Weiterhin soll es Sorge dafür tragen, dass keine Fälschungen, verfälschten, falsch gekennzeichneten, unwirksamen oder abgelaufenen Arzneimittel in Verkehr gebracht werden. In Deutschland ist manches davon über das Arzneimittelgesetz geregelt.

Befolgung der Behördenregeln

Die „Compliance-Gruppe" (Gruppe zur Befolgung der Behördenregeln) innerhalb eines Unternehmens führt Stichprobenerhebungen durch, um zu gewährleisten, dass Systeme und Abläufe den Qualitätsanforderungen entsprechen und mit den Vorschriften übereinstimmen. Die Compliance-Gruppe ist entweder innerhalb der Abteilung Qualitätssicherung oder der Abteilung für Behördenangelegenheiten angesiedelt (Kapitel 12).

Die Compliance-Gruppe ist wie eine interne FDA.

Fachleute für die Befolgung der Behördenregeln schulen die Angestellten, damit diese mit den FDA-Vorschriften, -Richtlinien und internen Vorgängen und Arbeitsabläufen vertraut sind. Sie überprüfen die Lieferanten, die an der Entwicklung und Bewertung elektronischer Systeme für klinische Prüfungen, Sicherheitsberichten und elektronischen Publikations-Tools sowie an Computervalidierungen beteiligt sind.

Qualitätssysteme

Große Firmen verfügen über eine separate Gruppe mit der Bezeichnung „Qualitätssysteme", die normalerweise in fünf Untergruppen unterteilt ist: Validierung, Schulung, Dokumentenverwaltung, Korrekturen und Qualitätstechnik.

Validierung

„Validierung" heißt, dass man ein System getestet hat und dass es das tut, was von ihm erwartet wird.

Die Validierung beinhaltet Maßnahmen zur Erbringung eines dokumentierten Beweises, dass ein bestimmter Prozess oder ein System durchweg ein Produkt erzeugt, welches den vorbestimmten Beschreibungen und Qualitätseigenschaften entspricht. Die Validierung kann man in verschiedene Bereiche unterteilen, dazu gehören die Validierung von Computersystemen, Geräten, Abläufen, analytischen Methoden und Anlagen.

Computervalidierung

Die Validierung von Computersystemen ist erforderlich, falls diese im Rahmen von Prozessen zum Einsatz kommen, die von der FDA geregelt sind. Dazu gehören die Testung von Software, Hardware, Datenbanken, deren Sicherung und Wiederherstellung.

Dieser Bereich ist sehr kompliziert. Gesetze stellen sicher, dass Daten, die für die Produktentwicklung gesammelt wurden, wie z. B. präklinische und klinische Informationen, kontrolliert werden. Abläufe und Kontrollen müssen etabliert sein, um die Glaubwürdigkeit, Vollständigkeit und Vertraulichkeit der Daten zu gewährleisten.

Qualität der Informationstechnologie (IT)

Wie ein Klempnermeister sucht die Gruppe IT-Qualität nach Lecks und vergewissert sich, dass die Rohre aus dem richtigen Material bestehen.

Diese Abteilung prüft die Gesamtqualität und Vollständigkeit der IT-Infrastruktur und schützt die Daten. Sie etabliert Kontrollen, um die Risiken zu mindern, die mit der Verwendung von Computersystemen verknüpft sind. Zu den Risiken zählen Hardware-Störungen, Bedrohungen der Netzwerksicherheit, Computerviren, Kommunikationsfehler, unbeabsichtigter Datenverlust und Naturkatastrophen.

Schulung

Die GXP-Vorschriften verlangen speziell geschultes Personal, das die ihm übertragenen Aufgaben erfüllen kann. Die meisten Unternehmen führen diesbezüglich Schulungsprogramme durch.

Dokumentenverwaltung

Manche Mitarbeiter in der Qualitätsabteilung sind der festen Überzeugung, dass „wenn etwas nicht dokumentiert wird, wird es nicht gemacht!"

In allen reglementierten Bereichen spielt die Dokumentation eine äußerst wichtige Rolle. Die Vorschriften verlangen schriftlich fixierte Abläufe, Chargenprotokolle, Testbeschreibungen, Testergebnisse und Übersichtsberichte, Dokumentationen der Validierung, Schulungsprotokolle usw. Diese Dokumente sind zu verwalten und zu kontrollieren.

Korrekturen und vorbeugende Maßnahmen

Es kommen Maßnahmen zur Anwendung, um Probleme zu untersuchen, und um Vorkehrungen zu treffen, dass diese Probleme in der Zukunft nicht erneut auftreten (z. B. Qualitätsverbesserung).

Qualitätstechnik

Qualitätsingenieure testen Systeme und Anwendungen. Sie legen Kriterien fest und führen Programme aus, um Tendenzen oder Probleme im Produktentwicklungsablauf zu ermitteln. Hier wird genau festgelegt, was man von den Systemen erwartet.

Die „GXP"-Vorschriften

Die GXPs sind FDA-Vorschriften, welche die Entwicklung, Testung und Herstellung von Arzneimitteln, Medizingeräten und biologischen Präparaten regeln. Die GXPs sind das Gesetz, und sie sind im US-Bundesgesetzbuch unter Titel 21 festgelegt. Unternehmen, die von der FDA reguliert werden, müssen die GXPs einhalten.

Die GXPs enthalten drei wichtige Arten von Vorschriften:

- Die Gute Laborpraxis (GLPs, *Good Laboratory Practices*) regelt die industrielle Grundlagenforschung und die präklinischen Studien bei der Validierung neuer Arzneistoffe, Medizingeräte oder biologischer Präparate.
- Die Gute Herstellungspraxis (GMPs, *Good Manufacturing Practices*) regelt die Herstellung, Testung und Verteilung neuer Arzneimittel, Medizingeräte oder biologischer Präparate für die Anwendung am Menschen oder Tier.
- Die Gute Klinische Praxis (GCPs, *Good Clinical Practices*) regelt das Design, die Durchführung, das Ergebnis, die Überwachung, die Prüfung, die Aufzeichnung, die Analyse und die Berichterstattung klinischer Prüfungen.

Was bedeutet es, unter GXP-Vorschriften zu arbeiten?
Die GXP-Vorschriften erläutern unter anderem, wie Testergebnisse darzustellen sind. Wenn z. B. ein Fehler in der Herstellung auftritt, schreiben die GMPs vor, wie die Untersuchungen durchzuführen und zu dokumentieren sind. Im Labor wird von den Wissenschaftlern an der Laborbank verlangt, dass sie die Ergebnisse schriftlich festhalten und ihre Laborprotokollbücher unterschreiben (siehe unten, „21CFR58.130(e)"). Am Ende des Tages oder nach einer Chargenreihe überprüft der Aufsichtsführende die Notizbücher, um sicherzugehen, dass sie ordentlich ausgefüllt wurden. Ein Vertreter der Qualitätssicherung kontrolliert diese Aufzeichnungen nochmals.

Das US-Bundesgesetzbuch, 21CFR58.130(e)
»Alle Daten, die während der Durchführung einer nicht klinischen Laborstudie erzeugt werden, mit Ausnahme jener, die von automatisierten Datensammelsystemen produziert werden, müssen umgehend und in leserlicher Form schriftlich fixiert werden. Alle Datenzugänge müssen datiert und« von der Person, welche die Daten einträgt, unterschrieben werden.«

In der Qualität gilt: Zwei Augenpaare sehen mehr als eines.

Aufgaben und Kompetenzen in der Abteilung Qualität

Die Qualität umfasst unterschiedliche Berufsfelder, viele verschiedene Aufgaben fallen in diesen Bereich. Nachfolgend sind einige der Aufgaben und Kompetenzen genannt:

Labortests

Die Angestellten in der Qualitätskontrolle (QK) führen anhand von Proben aus Produktchargen Analysen durch. Die Ergebnisse werden geprüft und von einem Aufsichtsführenden abgezeichnet und an die Qualitätssicherung (QS) weitergeleitet.

Validierungssysteme

Die Angestellten in den Qualitätssystemen entwickeln und testen Systeme, basierend auf deren Verwendungszweck. Obgleich die Nutzer die Systemanforderungen festlegen, gewährleisten die Validierungsleiter, dass diese Anforderungen erfüllt werden.

Vertragsdienstleister hinsichtlich der Befolgung von Vorschriften beaufsichtigen

Die QS ist verantwortlich für die Einhaltung der Richtlinien und für den Umgang mit den Dienstleistern. Sie baut Geschäftsbeziehungen zu Dienstleistern auf, formuliert Qualitätsvereinbarungen und Verträge, setzt diese um und leitet Arbeitsprozesse.

Einhaltung der Laborvorschriften

Fachleute für die Einhaltung der Laborvorschriften prüfen Protokolle und Dienstleister und gewährleisten, dass die an der Laborbank verrichtete Arbeit dazu konform ist. Beispielsweise prüfen sie die *In-vitro-* und Tierexperimente, die zur Unterstützung der Behördeneinreichungen durchgeführt wurden.

Dienstleisteraudits durchführen

Qualität kann man nicht auslagern – man kann nur die Arbeit auslagern.

Der Sponsor (die Firma, die das Produkt entwickelt) ist letztendlich für das Gerät oder das Arzneimittel verantwortlich – auch dann, wenn das Produkt von Lieferanten oder Vertragsdienstleistern hergestellt wird. Aus diesem Grund ist es außerordentlich wichtig, dass ein Sponsor bestätigt, dass die Dienste oder Produkte, die von einem Drittanbieter geliefert werden, den Vorschriften entsprechen. Um dies tun zu können, führen Sponsoren Lieferantenaudits durch. Je nach Art des Audits beurteilt der Prüfer (Auditor), ob der Lieferant die nationalen und regionalen Vorschriften einhält und die Anforderungen des Sponsors erfüllt. Prüfer prüfen normalerweise Systeme, Prozesse, Arbeitsabläufe sowie deren Dokumentation, und sie befragen das Personal.

Interne Audits durchführen

Die Fachleute für die Einhaltung der Vorschriften stellen sicher, dass ihr eigenes Unternehmen auf die FDA-Audits vorbereitet ist, indem sie interne Audits durchführen.

Audits und Inspektionen der Gesundheitsbehörden in den Firmen

Vor oder nach Zulassung eines neuen Arzneimittels können die FDA-Regulierungsbehörden die Herstellungsanlagen und Orte der klinischen Forschung inspizieren oder das Sponsorunternehmen besuchen. Die Fachleute für die Einhaltung der Vorschriften treffen die Vorbereitungen für diese Inspektionen und sind für die praktische Durchführung zuständig. Sie stellen sicher, dass die gesamte Dokumentation vollständig, exakt und zugänglich ist. Sie sind die Kontaktpersonen für die Inspektoren, stellen die angeforderten Dokumentationen bereit und organisieren Befragungen zwischen Inspektoren und Angestellten. Außerdem sind sie dafür verantwortlich, alles zu koordinieren, was von den Inspektoren an Folgeaktivitäten verlangt wird.

Dokumentenprüfung für die Produktfreigabe

QS-Fachleute verbringen Zeit damit, die relevanten Dokumentationen zu prüfen und ermitteln, ob die Aktivitäten, die mit dem Freigabevorgang in Beziehung stehen, ordnetlich und in Übereinstimmung mit den Standardarbeitsanweisungen durchgeführt wurden; sie begutachten, ob das Produkt für die Freigabe geeignet ist. Die Dokumentation, die mit dem Freigabevorgang einhergeht, ist außerordentlich wichtig, weil sie im Fall eines Produktrückrufs herangezogen wird.

Gute Dokumentationspraxis

Eine gute Aufbewahrung der Aufzeichnungen ist sehr wichtig, weil die FDA bei den Audits die Dokumentation prüft. Es ist wichtig, Informationen zu speichern und diese wiederzufinden, auch lange nachdem Angestellte die Firma verlassen haben. Wenn die Daten gut gegliedert, leserlich und leicht wiederzufinden sind, erleichtert dies das Leben eines FDA-Inspektors.

Die gesamte Dokumentation, die mit der Entwicklung, Testung und Herstellung eines Arzneimittels, eines Geräts oder eines biologischen Produkts verknüpft ist, muss in Übereinstimmung mit den Vorschriften archiviert und aufbewahrt werden.

Dokumentenkontrolle, Schreiben und Handhabung von SOPs und Regeln

Fachleute der QS fassen eine Vielzahl verschiedener Dokumente ab, wie z. B. Standardarbeitsanweisungen (SOPs) und Regeln. Regeln sind hochrangige Dokumente, die festlegen, wie Vorschriften in die Praxis umgesetzt werden. SOPs sind detaillierte Arbeitsanweisungen.

Mitarbeiterschulung

Die Qualitätsfachleute schulen die Mitarbeiter bezüglich neuer SOPs, Regeln und anderer Arbeitsanweisungen. Sie stellen sicher, dass die Schulungen lückenlos dokumentiert werden.

Arbeiten für Behördeneinreichungen

Personen in der Abteilung Qualität sind an der Prüfung von Dokumenten beteiligt, die in die FDA-Behördenanträge Eingang finden. Sie bestätigen, dass die Daten im Einklang mit den Ergebnissen der klinischen Prüfungen stehen und dass die Schlussfolgerungen plausibel sind.

Der Umgang mit Beschwerden

Nach Zulassung eines Produkts ist eine Gruppe für die Bearbeitung qualitätsbezogener Beschwerden zuständig sowie für Aufgaben, die im Zusammenhang mit Rückrufen von Produkten stehen. Wenn es eine Beschwerde über ein Produkt gibt, dann dokumentieren, untersuchen und lösen sie das Problem.

Ein typischer Arbeitstag in der Qualität

Je nach Position könnte ein typischer Arbeitstag einige der folgenden Tätigkeiten beinhalten:

* In der Qualitätskontrolle Laboranalysen durchführen, Daten analysieren und die Ergebnisse aufzeichnen. Diese werden von einem Aufsichtsführenden abgezeichnet und an die Qualitätssicherung weitergeleitet.
* Dokumente prüfen, z. B. Berichte, Protokolle oder FDA-Einreichungen, um sicherzustellen, dass die Vorgaben der Behörden beachtet wurden.
* Die Einhaltung der geltenden externen Vorschriften und Richtlinien sicherstellen, dies gilt ebenso für interne Regeln und Abläufe.
* Systeme, Prozesse, Abläufe, Dienstleister und Lieferanten prüfen, um sicherzugehen, dass die geltenden Vorschriften befolgt werden. Auditberichte schreiben und dafür sorgen, dass Probleme entsprechend angegangen werden.

- Trainingsprogramme entwickeln und umsetzen, um zu gewährleisten, dass das Personal über neue oder überarbeitete Regeln und Abläufe auf dem Laufenden ist – Dokumentierung von Schulungen.
- Qualitätsvereinbarungen schreiben und Dienstleistern und Vertragspartnern gegenüber als Kontaktperson fungieren.
- An Projekten teilnehmen, welche die Infrastruktur des Unternehmens betreffen. Dazu gehört beispielsweise Dokumentenverwaltungssysteme einrichten und Mitarbeiter in deren Nutzung schulen.
- An Besprechungen teilnehmen. Als allgemeine Regel gilt: Aufsichtsführende und Leiter nehmen öfter an Besprechungen teil als andere Mitarbeiter.
- Mit den FDA-Aktivitäten Schritt halten. Dazu gehört Warnbriefe der FDA an andere Firmen studieren, um daraus Tendenzen abzuleiten.

Gehalt und Vergütung

Im Allgemeinen verdienen die Mitarbeiter in den Berufszweigen Qualität geringfügig weniger als jene in der Forschung und Entwicklung, aber in etwa soviel wie diejenigen in der Fertigung. Es gibt bestimmte Bereiche in der Qualität, in denen die Nachfrage nach qualifizierten Mitarbeitern sehr hoch ist – und die Vergütung ebenfalls. Außerdem kann das erworbene Expertenwissen auf einem bestimmten Gebiet lukrative Beratungsgeschäfte nach sich ziehen.

Wie wird Erfolg gemessen?

Das absolute Maß für den Erfolg ist die Erteilung von Produktzulassungen und das Bestehen von Behördeninspektionen.

Qualität heißt, die Dinge durchweg richtig machen.

Es gibt wichtige Leistungsmerkmale, die für die einzelnen Qualitätsbereiche spezifisch sind, z. B.:

- Eine makellose Historie, was die Befolgung von Regeln betrifft.
- Die Behördeninspektionen ohne große Probleme bestehen.
- Die dauerhaft hohe Qualität der Arbeit, ohne dabei mit der FDA in Konflikte zu geraten.
- Tests durchführen und zeigen, dass neue Systeme den Akzeptanzkriterien entsprechen.

Für die Abteilung ist ein Maß für Erfolg:

- Als Mitarbeiter betrachtet werden, der mit anderen gut zusammenarbeitet und Abläufe innerhalb des Unternehmens verbessert.
- Fähig sein, Neuerungen praktisch umzusetzen und Methoden ermitteln, die das behördliche Risiko verringern, entschärfen oder beseitigen.
- Die Effizienz erhöhen, den Mitarbeitern Zeit ersparen oder deren Arbeitsabläufe erleichtern.

Wenn Sie Abläufe für Mitarbeiter verbessern und so deren Arbeit erleichtern, dann haben Sie Ihre Arbeit gut gemacht.

Das Für und Wider der Arbeit

Positive Aspekte einer Laufbahn in der Qualität

* In Firmen spielt Qualität eine wichtige Rolle. Ihre Arbeit kann möglicherweise Auswirkungen auf die Gesundheit von Patienten haben.

* In der Qualitätsabteilung herrscht im Allgemeinen eine gute Kameradschaft. Da vieles routiniert abläuft, können die Mitarbeiter viel Spaß an ihrer Arbeit haben. Die Kollegen in der Qualität sind freundlich, teamorientiert und respektvoll.

* Manche Aufgaben erfordern es, dass man inhaltliche Parallelen zwischen unterschiedlichen technischen Bereichen erkennt und versteht. Diese Jobs sind interessant, weil hier viele Aufgabenbereiche existieren, die es gestatten, bei neuesten industriellen mikrobiologischen und QK-Techniken auf dem Laufenden zu bleiben.

* In der Qualität herrscht ein gutes Gleichgewicht zwischen Verwaltungs- und Laborarbeit.

* Wenn es Ihnen Freude macht, in einer in hohem Maße reglementierten Umgebung zu arbeiten, in der nur wenig Unvorhergesehenes passiert, dann ist eine Arbeit als QK-Analytiker ideal. Die meiste Arbeit ist tatsächlich Routine, aber es gibt auch etwas Abwechslung.

* Wenn Sie die intellektuelle Herausforderung, Probleme zu lösen, vorziehen, dann passen Führungsaufgaben gut zu Ihnen. Es gibt endlose Möglichkeiten, sich mit technisch anspruchsvollen Themen zu beschäftigen.

* Wenn Sie die Effizienz der Mitarbeiter steigern, können Ihre Bemühungen einen positiven Einfluss auf die Arbeitsabläufe ausüben. Die Automatisierung von Prüfprozessen beispielsweise erspart den Kollegen Zeit.

* Im Allgemeinen werden Sie von 9 bis 17 Uhr arbeiten. Sie können Ihre Arbeit tagsüber erledigen, ohne diese mit nach Hause nehmen zu müssen. Wenn Dinge schieflaufen, müssen Führungskräfte unter Umständen Überstunden machen.

* Es gibt Chancen in Hülle und Fülle, um neue Fertigkeiten zu erlernen, und die Laufbahn ermöglicht eine berufliche Entwicklung. Mitarbeiter mit einem Bachelor-Abschluss (Vordiplom) haben in der Qualität mehr Möglichkeiten zum Vorwärtskommen als in anderen Berufsfeldern der Biotechnologie.

* Sie werden täglich Neues lernen. Manche Bereiche der Qualität, besonders die Computersysteme, ändern sich rasch; dies erfordert, dass man fortwährend neue Vorschriften verinnerlicht und die Verwendung neuer Tools und Systeme lernt.

* Die Abteilung Qualität bietet die Chance, das große Ganze und viele Nuancen der Produktentwicklung und -fertigung zu verstehen. Sie kommen mit einer großen Spannbreite an Geschäftsabläufen, staatlichen Vorschriften und neuen Technologien in Berührung.

- Prüfer können auch international tätig sein. Ob Sie in den Vereinigten Staaten von Amerika arbeiten oder sonstwo, die Chancen sind gut, dass Sie an einem länderübergreifenden Audit beteiligt sind.
- Positionen in der Qualität – Führungskräfte ausgenommen – verlangen eher weniger Reisen im Vergleich zu vielen anderen Laufbahnen.

Die möglicherweise unangenehme Seite der Abteilung Qualität

- Die Arbeit kann sich häufig wiederholen und langweilig sein. Viele Positionen, insbesondere die der QK-Analytiker, erfordern es, dass die gleichen Tätigkeiten wieder und wieder durchgeführt werden.
- Prüfer reisen ausgiebig, bis zu fünf Monate im Jahr. Mitarbeiter in Führungspositionen müssen aufgrund von FDA-Treffen und anderen Veranstaltungen unter Umständen noch mehr reisen.

In der Qualitätssicherung müssen Sie entweder ausgiebig reisen oder überhaupt nicht.

- Ein plötzlicher Produktionsanstieg kann Überstunden mit sich bringen, und es kann schwierig sein, einen hohen Qualitätsstandard aufrechtzuerhalten. Bei manchen schlecht geführten Firmen besteht ein fortwährender Druck, der die Wahrscheinlichkeit erhöht, dass Fehler gemacht werden – möglicherweise mit katastrophalen Folgen.
- Das gehobene Management versteht häufig nicht, wie viel Zeit es braucht, Qualitätssysteme zu etablieren und zu handhaben und weiß deshalb den Aufwand auch nicht zu schätzen. Eine schlechte Planung oder unerwartete Systemprobleme können die Einhaltung von Terminen gefährden.
- Die Qualitätssicherung und die Gruppen für die Einhaltung der Vorschriften werden manchmal als ein „notwendiges Übel" oder sogar als „Polizei" betrachtet, die andere nicht das machen lassen, was sie machen wollen (siehe unten, „Die größten Herausforderungen"). Es ist schwierig, in einem Unternehmen erfolgreich zu sein, wenn die Mitarbeiter eine negative Einstellung zu ihrer Gruppe haben.

Die größten Herausforderungen des Jobs

Die Initiative zur Produktqualität ergreifen

Die Abteilung Qualität sollte unabhängig sein und Entscheidungsbefugnis haben, auch wenn dies eine Unterbrechung der Produktion oder einen Produktrückruf zur Folge hat. Eine gute Qualitätsabteilung hat den Weitblick, Probleme vorherzusehen und wird dem gehobenen Management die nötigen Schritte zu deren Entschärfung anraten.

Bezüglich der sich ständig ändernden Behördenumgebung auf dem Laufenden bleiben

In den meisten Fällen erklären die FDA-Vorschriften nicht genau, wie Dinge zu machen sind.

Die Vorschriften ändern sich nicht stark, aber deren Interpretation und die Art und Weise, wie man sie erfüllt, schon. Wenn FDA-Behördenvertreter Inspektionen vornehmen und Einreichungen prüfen, dann gewinnen sie dadurch neue Erkenntnisse und ändern möglicherweise ihre Prioritäten dementsprechend. Darauf müssen Unternehmen in angemessener Weise reagieren.

Diplomatie

Diplomatie ist auf allen Ebenen vonnöten. Um eine hohe Qualität zu gewährleisten, muss man Mitarbeiter unter Umständen taktvoll darauf hinweisen, dass ihre Arbeit nicht den FDA-Anforderungen entspricht oder dass Mängel im Rahmen eines Audits gefunden wurden.

Sich in der Abteilung Qualität auszeichnen ...

Optimierung der Qualität und Verbesserung des Nettoprofits

Qualität ist der schnellste Weg, den Nettogewinn der Firma zu verbessern – sie ist Teil einer guten Geschäftspraxis.

Erfolgreiche Mitarbeiter sind in der Lage, die Qualitätssicherung in die Arbeitsprozesse zu integrieren. Sie betrachten die Qualität als ein wichtiges Geschäftsziel der Firma und können diesen Aspekt mit einer wirtschaftlichen Arbeitsweise in Einklang bringen. Die FDA-Vorschriften sind absichtlich unklar verfasst, sodass sie individuell an die Bedürfnisse der Firma angepasst werden können. Qualitätsfachleute, die gut arbeiten, sind in der Lage, die Vorschriften entsprechend zu interpretieren, ohne gegen sie zu verstoßen.

Belastbarkeit und Diplomatie

Innerhalb einer Firma treten immer wieder Probleme auf, und die strategische Ausrichtung kann sich ändern. Erfolgreiche Angestellte betrachten die Qualität im Gesamtzusammenhang mit Forschung und Entwicklung, und sie versuchen diese kontinuierlich zu verbessern. Ihnen ist klar, dass es ihre Aufgabe ist, die Öffentlichkeit zu schützen. Sie lassen deshalb nicht locker, bis diesbezüglich Konsens zwischen den Mitarbeitern herrscht und alle an einem Strang ziehen.

Sind Sie ein guter Anwärter für die Qualität?

Weil dieser Bereich viele verschiedene Arbeitssegmente umfasst, ist er für ganz unterschiedliche Typen von Mitarbeitern geeignet. Introvertierte werden beispielsweise Aufgaben von QK-Analytikern vorziehen, während Extrovertierte unter Umständen lieber Aufsichts- oder QS-Positionen einnehmen.

Menschen, die in der Qualität zur Entfaltung kommen, haben meist die folgenden Eigenschaften:

Eine minutiöse Aufmerksamkeit für Einzelheiten

Ein Auge für das Detail ist entscheidend, wenn man Chargenaufzeichnungen prüft und Audits durchführt. Aufsichtsführende müssen in der Lage sein, die Einzelheiten bei bestimmten Arbeitsprozessen im Zusammenhang mit der größeren Geschäftsperspektive zu sehen.

Eine systematische, methodische und organisierte Herangehensweise

Es ist wichtig, umfangreiche und gut strukturierte Notizen zu machen und systematisch vorzugehen.

Die Fähigkeit, sich Regeln zu eigen zu machen

Sie müssen die Regularien befolgen und sie im Unternehmen umsetzen und kundtun. Die FDA-Vorschriften sagen einem, *was* man machen muss, aber in der Regel nicht *wie*. Flexibilität und Kreativität können einem helfen, Regeln zu interpretieren – insbesondere wenn man dem gehobenen Management angehört.

Sie müssen die Richtlinien kennen und sich innerhalb deren Grenzen bewegen können.

Der Wunsch, in einem festgelegten Arbeitsumfeld zu arbeiten

Bei den QK-Analytikern (nicht bei leitenden Angestellten) ist die meiste Arbeit Routine und vorhersagbar.

Außergewöhnlich gute Fähigkeiten zur Problemlösung und mit plötzlichen Notfällen und Veränderungen umgehen können

Für Mitarbeiter in Führungspositionen kann die Problemlösung eine andauernde Notwendigkeit sein. Veränderungen aller Art, seltsame Proben und defekte Instrumente erfordern die Fähigkeit, trotzdem dafür zu sorgen, dass die Abläufe den Vorschriften entsprechen.

Schreibtalent

Ein deskriptives Schreibtalent ist erforderlich, um die verfassten Vorschriften in eindeutige SOPs umzusetzen und eine Vielzahl weiterer

Dokumente zu entwerfen. Von einer Führungspersönlichkeit werden außerdem gute kommunikative Fähigkeiten verlangt.

Gute Präsentations- und verbale Kommunikationsfähigkeiten

Man hat viel Kontakt zu Mitarbeitern. Insbesondere QS-Fachleute müssen in der Lage sein, Regeln und Vorschriften genau zu erklären und darstellen können, wie man diese auf neue Systeme anwendet.

Diplomatie und Fingerspitzengefühl

Manager und leitende Angestellte müssen aus vielen Gründen geschickt verhandeln können. Dies reicht vom Versuch, Mitarbeitern zu erklären, was sie tun sollen, bis hin zum Fingerspitzengefühl, das bei der Überprüfung von Studienstandorten nötig ist (insbesondere wenn der leitende Kliniker ein großes Ego hat).

Ausgezeichnete zwischenmenschliche Fähigkeiten

Die Qualitätsfachleute auf der Leitungsebene sind kontaktfreudig und besitzen eine hohe soziale Kompetenz. Erfolgreich mit einer Vielzahl von Persönlichkeiten umzugehen, bedeutet, Menschen offen und ehrlich zu behandeln und fähig sein, schwierige Situationen zu bewältigen (Kapitel 2).

Eine teamorientierte Haltung

Mitarbeiter in der Qualität sind kollegial und respektieren einander. Man muss gut mit anderen Menschen arbeiten können.

Die Fähigkeit, an seinen Werten festzuhalten

Sie müssen unter Umständen Ihre Grundsätze verteidigen, wenn Sie merken, dass etwas schiefläuft. Die Verbrauchersicherheit ist von vorrangiger Bedeutung in der Qualität.

Gutes Zeitmanagement

Es ist wichtig, bei Aufgaben Prioritäten zu setzen, um die Zeit effizient zu nutzen. Manchmal kann ein plötzliches Problem Ihren Zeitplan umwerfen. Dies gilt ganz besonders für leitende Angestellte.

Gut zuhören können

Um Glaubwürdigkeit und Akzeptanz zu erhalten, ist es wichtig, dass man mitfühlend und verständnisvoll ist und die Menschen ermuntert, über ihre Probleme zu sprechen. Wenn Sie zeigen, dass Sie sich für die

Probleme anderer interessieren, dann kann dies der Beginn einer fruchtbaren Zusammenarbeit sein.

Service oder Kundenorientierung

In den Qualitätssystemen oder der QS schulen Sie Mitarbeiter, indem Sie Ihnen Kenntnisse über die Regeln und Vorschriften vermitteln und sicherstellen, dass Abläufe und Systeme mit diesen konform sind. Sie sind dazu da, Kollegen zu zeigen, wie die Vorschriften auf die Arbeitsabläufe anzuwenden sind.

Fähigkeiten, Informationen zu sammeln

In der Qualitätssicherung ist es wichtig, regelmäßig Informationen von anderen Arbeitsgruppen zu erhalten, damit bestimmte Prozesse reibungsloser ablaufen. Auf diese Weise können Sie die Einhaltung der Vorschriften besser überwachen.

Ausdauer und Hartnäckigkeit

Ein Teil der Arbeit kann langweilig und Routine sein. Belastbarkeit und Hartnäckigkeit sind erforderlich, um die Arbeit effizient und erfolgreich zu erledigen.

Allgemeinwissen

Für viele Positionen in der Qualität, insbesondere in der Qualitätskontrolle (QK), ist ein Fundament an Allgemeinwissen besser als Spezialwissen. Die Anforderungen der Arbeitsabläufe variieren enorm. Diejenigen, die über Spezialwissen in einem bestimmten Bereich verfügen, sollten eher bei einem großen Unternehmen arbeiten, das sich Spezialisten leisten kann.

Kenntnisse über den Ablauf und die Vorschriften der Arzneimittelforschung und -entwicklung

Es ist zwingend erforderlich, die grundlegenden Abläufe der Arzneimittelforschung und -entwicklung zu verstehen, um die Abläufe und Vorschriften im Gesamtkontext zu sehen.

Die Fähigkeit, ein Coach für den Erfolg des Unternehmens zu sein

Ihre Rolle in der Qualität sollte eher die eines Trainers als die eines Polizeibeamten sein. Die Mitarbeiter sollten aus ihren Fehlern lernen können und sich in einer unterstützenden Umgebung verbessern können, anstatt sich vor Bestrafung zu fürchten.

Der reizbare, brillante
Wissenschaftler kann
vielleicht in der Forschung
und Entwicklung überleben,
aber nicht in der Abteilung
Qualität.

**Sie sollten eventuell eine Laufbahn außerhalb der Abteilung
Qualität in Betracht ziehen, falls Sie ...**

- unfähig sind, in schwierigen Situationen gut zu arbeiten, oder falls
  es für Sie wichtig ist, dass jeder Sie mag.
- ein reizbarer Wissenschaftlertyp sind.
- unorganisiert, nicht detailorientiert, unlogisch oder unsystematisch
  in Ihrer Herangehensweise sind.
- zu kreativ oder ein Nonkonformist sind.
- zu starr, unfähig zur Zusammenarbeit oder autoritär sind.
- gewillt sind, Abkürzungen zu nehmen, ungeachtet der Regeln oder
  ethischer Betrachtungen.
- jemand sind, der die FDA-Vorschriften nicht akzeptieren kann.
- unfähig sind, die eigenen Überzeugungen zu verteidigen.
- jemand sind, der Gefallen daran hat, Fehler zu finden und Justiz zu
  üben.
- mehr daran interessiert sind, grundlegende biologische Probleme
  zu lösen (erwägen Sie stattdessen die industrielle Grundlagenforschung).

Das Karrierepotenzial in der Abteilung Qualität

Die Abteilung Qualität hält zahlreiche Karrieremöglichkeiten bereit.
Sie können beispielsweise eine interessante Tätigkeit als Vizepräsident der Qualität oder leitender Kontrollbeamter finden (Abb. 13.1),
oder in den operativen Bereich oder in das höhere Management wech-

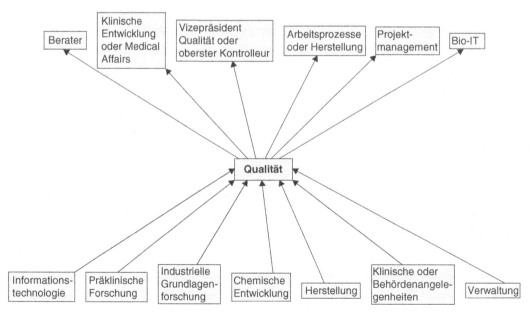

Abb. 13.1 *Übliche Wege in eine Laufbahn in der Abteilung Qualität.*

seln. Personen, die an anderen Karrieremöglichkeiten interessiert sind, haben keine Schwierigkeiten, ihre gewonnenen Erfahrungen auf die Behördenangelegenheiten, die Fertigung, das Projektmanagement, das Marketing, die Geschäftsentwicklung, die Informationsverwaltung (Bio-IT), die Arzneimittelsicherheit, den Bereich Medical Affairs, die klinische Entwicklung, das medizinische Texten und andere Bereiche anzuwenden.

Ähnlich wie in der industriellen Grundlagenforschung gibt es auch in der Abteilung Qualität zwei allgemeine Laufbahnen: leitende Funktionen oder „normale Angestellte". Führungskräfte können bis zur Vizepräsidentenebene aufsteigen, wohingegen normale Angestellte eher weniger nach Führungsverantwortung streben.

Gewöhnlich kehren Personen nicht in die industrielle Grundlagenforschung zurück, nachdem sie in der Qualitätsabteilung waren. Dies liegt daran, dass es schwierig ist, mit der Geschwindigkeit des technischen Fortschritts und dem Umfang an Literatur in der Grundlagenforschung Schritt zu halten, besonders wenn man in einem anderen Bereich tätig ist.

> Personen, die in die Abteilung Qualität gehen, kehren selten in eine Position in der industriellen Grundlagenforschung zurück.

Jobsicherheit und Zukunftstrends

Laufbahnen in der Qualität sind einigermaßen sicher. Solange Ihre Firma zugelassene Produkte hat und solange sich die Vorschriften weiter ändern, wird es immer einen Bedarf für Qualitätsabteilungen geben. Man geht davon aus, dass sich die augenblicklich große Nachfrage in den meisten Qualitätsbereichen fortsetzt. Im Besonderen besteht eine starke Nachfrage nach spezialisierten Funktionen wie Computervalidierung. Falls Sie sowohl über Führungsqualitäten als auch über die passende technische Ausbildung verfügen, steht Ihnen auch das mittlere Management offen. Für das Personal der unteren Ebenen sieht es nicht so gut aus: Neue FDA-Initiativen unterstützen die zunehmende Umsetzung automatisierter Tests; dadurch wird es weniger Jobs für die externen Qualitätsinspektoren und die technischen Laborassistenten der unteren Ebene geben.

Die Auslagerung ins Ausland wird für viele Positionen in der Qualität kein Thema sein. Die Verantwortlichkeiten können nicht ausgelagert werden, weil die Firma letzten Endes für das Produkt verantwortlich bleibt.

Einen Job in der Abteilung Qualität bekommen

Erwünschte Ausbildung und Erfahrungen

Für diese Arbeit sind eine breite technische Basis und ein Verständnis für die Vorschriften erforderlich. Weil die Menge an technischem

Wissen enorm ist, ist es im Allgemeinen leichter, einem Wissenschaftler die Grundlagen der Sicherheit beizubringen, als jemandem mit einem Hintergrund in Qualität Wissenschaft zu erklären. In der Ausbildung wird keine Qualität unterrichtet, deshalb ist einschlägige Erfahrung so wichtig. Jene mit einem Bachelor-Abschluss in einer wissenschaftlichen Disziplin können in der Abteilung Qualität eher Karriere machen als in anderen Berufszweigen in der Biopharmaindustrie. Ein höherer Abschluss ist jedoch von Vorteil, und Mitarbeiter mit Ph. D. sind im Allgemeinen in der Führungsetage oder darüber zu finden.

Üblicherweise erfolgt der Einstieg in die Qualität über die industrielle Grundlagenforschung, präklinische Forschung oder die klinische Entwicklung – dies hängt ganz vom Fachgebiet ab. Angestellte in der Computervalidierung benötigen z. B. Computerkenntnisse, und Mitarbeiter, die sich um die Einhaltung der Behördenregeln kümmern, haben eher klinische Erfahrung.

Für die QS ist ein allgemeiner biologischer Hintergrund gut, wohingegen QK-Abteilungen aus einer Mischung von Personen mit verschiedenen Abschlüssen zusammengesetzt sind, zumeist mit einem Bachelor-, Master- oder Ph.-D.-Abschluss in analytischer oder klinischer Chemie, Mikrobiologie oder medizinischer Technologie. In kleinen Biotechnologiefirmen werden statt Spezialisten Generalisten gebraucht, wohingegen große Pharmafirmen es sich leisten können, Spezialisten einzustellen. Ein höherer Abschluss an sich reicht nicht aus für die breite Palette an Fertigkeiten und Abläufen, die in einem QK-Labor in einer kleinen Firma verlangt werden.

Personen mit einer großen Spannbreite an Erfahrung können in Positionen zur Einhaltung von Vorschriften und Richtlinien (Compliance) gelangen, obwohl hier ein klinischer Hintergrund üblich ist. Um die Einhaltung von Laborregeln zu kontrollieren, sind Erfahrungen in einem Forschungs- oder analytischen Labor nützlicher. In der Herstellung sind Werdegänge in der Pharmaindustrie, Chemie oder Technik verbreitet. Für Aufgaben im Umgang mit Qualitätssystemen sind Abschlüsse in Informatik oder Technik üblich.

Wege in die Qualität

- Für eine Laufbahn in der QK versuchen Sie möglichst viele Laborprozesse kennenzulernen. Allgemeine technische Erfahrung ist eine gute Vorbereitung.
- Studieren Sie die GXP-Vorschriften. Diese Information ist auf der Website der FDA unter www.fda.gov erhältlich.
- Es kann unter Umständen einfacher sein, wenn Sie sich Ihren ersten Job bei einem Anbieter sichern, der Dienstleistungen für Biopharmafirmen anbietet. Es gibt eine Unmenge an Dienstleistern und eine Arbeit dort ist eine gute Schulung. Sie lernen zahlreiche therapeu-

tische Bereiche und Arzneimittelklassen kennen und erhalten eine Einführung in den Prozess der Produktentwicklung. Sobald Sie einmal Erfahrung haben, ist es leichter bei einer Biopharmafirma eingestellt zu werden.

- Für forschende Wissenschaftler mag eine Aufgabe in der QK zunächst leichter sein als eine Aufgabe in der QS. Sie können Ihre Laborerfahrung unmittelbar einsetzen und später zur QS wechseln.

- Falls Sie an der Hochschule sind, dann ist ein Wechsel in die Abteilung Qualität unter Umständen einfacher, wenn Sie zunächst in der industriellen Grundlagenforschung oder in der präklinischen Forschung Erfahrungen sammeln. Dies ermöglicht Ihnen, sich mit der Arzneimittelentwicklung vertraut zu machen und Einblicke zu bekommen, wie Grundlagenforschung und Qualität in das große Schema passen.

- Erwägen Sie, sich als Validierungsspezialist Managementberatungsfirmen anzuschließen.

- Streben Sie eine Position als Prüfer bei der FDA an. Zu weiteren Informationen über eine Arbeit bei der FDA lesen Sie Kapitel 12.

Wenn Sie aus der industriellen Grundlagenforschung kommen, ist es einfacher, zunächst in der QK Fuß zu fassen und dann zur QS zu gehen.

Empfohlene Schulung, Berufsverbände und Quellen

Gesellschaften und Quellen

DECHEMA Gesellschaft für Chemische Technik und Biotechnologie e.V. (www.dechema.de) bietet Kurse, Ausstellungen und Fachnetzwerke an.
Biocentury (www.biocentury.com) bietet Informationen zur Biotechnologie und Industrie an.
Gesellschaft Deutscher Chemiker e.V. (www.gdch.de)
Apothekenberufe (www.apothekenberufe.de): Jobs rund um die Gesundheit.
Society of Quality Assurance (Gesellschaft zur Qualitätssicherung; www.sqa.org)
Good Manufacturing Practice Navigator (www.gmp-navigator.com) stellt Informationen zur Guten Herstellungspraxis (auch Validierung und QA) zur Verfügung, bietet Kurse an und beinhaltet eine Liste verschiedener Zulassungsbehörden.
Regulatory Affairs Professional Society (Gesellschaft der Fachleute für Behördenangelegenheiten; www.raps.org)
Drug Information Association (Gesellschaft für Arzneimittelinformation; www.diahome.org)
British Association of Research Quality Assurance (Britische Gesellschaft für die Qualitätssicherung in der Forschung; www.barqa.com)
Association of Clinical Research Professionals (Gesellschaft der Fachleute für die klinische Forschung; www.acrpnet.org)
The Institute of Validation Technology (Institut für Validierungstechnik; www.ivthome.com)
International Quality & Productivity Center (Internationales Zentrum für Qualität und Produktivität; www.Iqpc.com)
Parenteral Drug Association (Gesellschaft für Parenterale Arzneimittel; www.pda.org)
American Association of Pharmaceutical Scientists (Amerikanische Gesellschaft der Pharmazeuten; www.aaps.org)

Kurse und zertifizierte Programme

Einführungskurse für die Datenverwaltung, Bioinformatik, Chemieinformatik und Computervalidierung.
Universitätnahe Institutionen und ausgewählte Universitäten bieten Kurse oder Masterprogramme in Qualität, Befolgung von Regeln und Vorschriften an.
Die American Society of Quality (Amerikanische Gesellschaft für Qualität) bietet Zertifizierungen und Kurse für Audits und Statistik an.

Regulatory Affairs Professional Society (Gesellschaft der Fachleute für Behördenangelegenheiten; www.raps.org) bietet Kurse zur Befolgung von Behördenvorschriften und Zertifikate an.

Bücher und Zeitschriften

BioProcess International (www.bioprocessintl.com): ein freies Magazin.

BioPharm International (www.biopharminternational.com): ein freies Magazin.

Journal of Pharmaceutical Innovation (http://www.springer.com/biomed/pharmaceutical+science/journal/12247)

Lieberman HA, Rieger MM, Banker GS (1998) Pharmaceutical dosage forms: Disperse Systems (Bd. 3). Marcel Dekker, New York

Prince R (Hrsg) (2004) Pharmaceutical quality. DHI/PDA, River Grove, Illinois; dieses Buch kann über die Website der Parenteral Drug Association (Gesellschaft für Parenterale Arzneimittel; www.pda.org) bezogen werden.

Vesper J (1997) Quality and GMP auditing: clear and simple. CRC Press, Boca Raton, Florida

14 | Arbeitsprozesse

Sicherstellen, dass Arbeitsabläufe reibungslos und effizient vonstattengehen

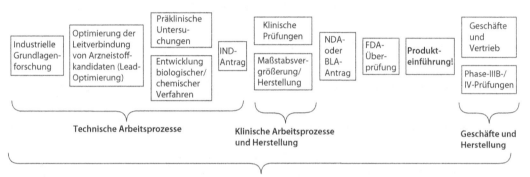

Wenn Sie eine Laufbahn anstreben, die Wissenschaft, Geschäft, Finanzen und Unternehmensmanagement verbindet und gleichzeitig einen engen Kontakt mit der Biotechnologie und Arzneimittelentwicklung ermöglicht, dann versuchen Sie es in der Abteilung Arbeitsprozesse. Personen, die ihren Arbeitsplatz gerne effizienter und produktiver machen möchten, können in dieser Abteilung zur Entfaltung kommen und die Früchte ihrer Arbeit in Form von zugelassenen Arzneimitteln und anderen Produkten nachvollziehen. Motivierte Mitarbeiter, die gerne Probleme lösen, Erwartungen erfüllen und die Kommunikation mit Kollegen mögen, eignen sich gut für eine Laufbahn in der Abteilung Arbeitsprozesse. Die Chancen für eine Karriere sind ausgezeichnet und man kommt schnell voran. Andauernder Termindruck kann die Arbeit allerdings ziemlich stressig machen.

Personen in der Abteilung Arbeitsprozesse beziehen ihre Befriedigung aus der Produktion und der Vermarktung qualitativ hochwertiger Produkte, auf die die ganze Firma stolz sein kann.

Eine Laufbahn in der Abteilung Arbeitsprozesse gestattet Ihnen, unterschiedliche Funktionen auszuüben.

Die Bedeutung der Arbeitsprozesse in der Biotechnologie ...

Weil das Umfeld der Abteilung Arbeitsprozesse eine umfangreiche Teamarbeit erfordert und über eine Matrix mit anderen Abteilungen verknüpft ist, bietet es Managern und Angestellten eine ausgezeichnete Gelegenheit, ihre Talente für die Arbeit zu nutzen und mit Kollegen eng zusammenzuarbeiten.

Die Arbeitsprozesse haben für eine Firma eine wichtige und strategische Bedeutung, sie sind mit dem Vertrieb, dem Marketing, dem technischen Support und der Produktentwicklung verknüpft. Im Kern geht es bei den Arbeitsprozessen um die Fertigung und die Auslieferung der Produkte an die Kunden und zwar mit höchstmöglicher Qualität bei geringen Kosten. Um dies und die vielen anderen Aufgaben zu bewerkstelligen, beinhaltet eine Arbeitsgruppe in den Arbeitsprozessen normalerweise eine komplette Fertigungsabteilung mit all den dazugehörigen Funktionen. Dazu zählen die Lieferkette (Rohstoffe), die Logistik, Fabrikmanagement, Versand/Annahme, Einkauf, Beschaffung, Qualitätskontrolle, Produktionstechnik und vieles mehr – je nach Art der Firma.

Obwohl sich dieses Kapitel auf die Arzneimittelentwicklung konzentriert, ist eine Laufbahn in den Arbeitsprozessen nicht auf Firmen beschränkt, die Arzneimittel produzieren. Es gibt viele gleichwertige Laufbahnen im Zusammenhang mit der Entwicklung und Herstellung von Instrumenten, Reagenzien, Diagnostika, medizinischen Geräten, Plattformtechnologien, Dienstleistungen und chemischen und landwirtschaftlichen Anwendungen (Kapitel 6).

Berufslaufbahnen in der Abteilung Arbeitsprozesse

Die Arbeitsprozesse sind für den täglichen Ablauf des Geschäfts verantwortlich, und sie beinhalten ein Sammelsurium von Aktivitäten. In den Arbeitsprozessen gibt es drei wesentliche Bereiche.

Technische Arbeitsprozesse

Die technischen Arbeitsprozesse können Teil der industriellen Grundlagenforschung oder der Produktforschung sein, oder den Arbeitsprozessen zugerechnet werden. Bei Firmen in der Anfangsphase, die noch über keine Produkte verfügen, überwacht diese Abteilung das Tagesgeschäft des Unternehmens.

Klinische Arbeitsprozesse

In Firmen gibt es oft eine Gruppe „Klinische Arbeitsprozesse", die klinische Prüfungen leitet und durchführt (Kapitel 10). Die klinische Fertigung und Produktion wird entweder von der Abteilung Forschung und Entwicklung (F & E) oder von der Abteilung Arbeitsprozesse realisiert, je nach Struktur des Unternehmens.

Geschäfte

Die Geschäfte sind eine Unternehmensfunktion. Spezielle Teams beaufsichtigen die Produktion und verwalten das Budget, sie organisieren den Vertrieb, die Firmeninfrastruktur, die internationalen Geschäfte usw. Nähere Informationen dazu finden Sie in den Kapiteln 18, 19 und 20.

Abteilungen in den Arbeitsprozessen

Fertigung

Die Fertigungsabteilung befasst sich mit der Qualität, Produktion, Verpackung und Auslieferung der Produkte. Nach Beendigung der Experimentierphase sind die Mitarbeiter für die Verbesserung der Effizienz des Produktionsprozesses und für dessen Überwachung verantwortlich.

Es gibt zwei generelle Arten der Fertigung:

Klinische Fertigung

In großen Firmen existiert unter Umständen eine separate Gruppe – gewöhnlich wird diese Prozessentwicklung genannt –, die Arzneimittelkandidaten oder Medizingeräte im Modellmaßstab für die Tests in klinischen Prüfungen vorbereitet. Die klinische Produktion wird im Allgemeinen weniger streng kontrolliert als die kommerzielle Fertigung. Die Arbeit ist vielseitiger und wissenschaftlich anspruchsvoller. In der klinischen Produktion werden Prozesse optimiert und später auf die kommerzielle Fertigung im großen Maßstab übertragen. Nähere Informationen dazu finden Sie in Kapitel 15.

Kommerzielle Fertigung

Die kommerzielle Fertigung findet statt, nachdem Produkte zugelassen oder verfeinert wurden und für eine Produktion im großen Maßstab bereitstehen. Therapeutische Produkte werden unter den strengen Richtlinien der „aktuellen guten Herstellungspraxis" gefertigt, die in den 1980er-Jahren von der FDA entwickelt wurden, um sicherzustellen, dass das US-Arzneimittelangebot verlässlich und sicher ist (Kapitel 13). Die Manager in der kommerziellen Fertigung sind für die Verkürzung der Durchlaufzeit, Prozessverbesserungen und Kostenreduktion verantwortlich. In kleinen Firmen wird die kommerzielle Fertigung gewöhnlich an externe Dienstleister ausgelagert. Diese Abteilung beschäftigte früher meist gering qualifizierte Personen. Jetzt werden zunehmend besser ausgebildete Mitarbeiter eingestellt, zumeist Universitätsabsolventen der Naturwissenschaften.

Technik und Programmierung

Ingenieurwissen ist für den Betrieb von Fertigungsanlagen unerlässlich. Ingenieure bewältigen eine Vielzahl von Aufgaben, dazu zählen

Fluiddynamik, Dampfsterilisation, ferngelenkte Prozesse oder Arbeits-
folgeprozesse im Großmaßstab, Anlagenplanung, Bewertungen, Beaufsichtigung der Ausrüstung usw. Softwareprogrammierer werden für
die Steuerung und Überwachung automatisierter Systeme und Abläufe
benötigt.

Validierung und technische Dienstleistungen

Personen mit einem Ingenieurs- oder wissenschaftlichen Hintergrund
arbeiten Kontrollpläne aus und schreiben Protokolle, um die Ausrüstung und den ordentlichen Betrieb der Anlagen und Arbeitsabläufe
zu überwachen. Die Validierungsbestimmungen sind in Kapitel 13
beschrieben.

Beschaffungswesen

Das Beschaffungswesen wickelt den Einkauf von Rohstoffen ab, die
für die Produktherstellung verwendet werden. Wenn eine Firma groß
genug ist, dann gibt es unter Umständen Beschaffungs- oder Einkaufs-
leiter oder eine „Lieferkettengruppe".

Lieferantenmanagement

Das Lieferantenmanagement kümmert sich um die Bereitstellung der
Rohstoffe für die Fertigung. Es definiert die technischen Abläufe, um
den Materialfluss von den Anbietern zu überwachen und um dafür zu
sorgen, dass die Güter zur richtigen Zeit an die richtige Stelle gelangen.

Logistik

Die Mitarbeiter in der Logistik planen und stellen Fertigungsabläufe
zusammen (einschließlich Produktion), um zu gewährleisten, dass die
Schritte in der Fertigung überwacht werden können und reibungslos
ablaufen.

Versand und Annahme

Diese Gruppe überwacht den Versand der Produkte an Kunden und die
Verwaltung der Verträge mit den Anlieferern wie z. B. United Parcel
Service (UPS) und Federal Express. Sie überwacht den Eingang der
Rohstoffe und anderer Güter und kümmert sich beispielsweise um Zoll-
abfertigungen und weitere bürokratische Aufgaben.

Qualitätskontrolle

Personal in der Qualitätskontrolle testet Produkte oder Chargen, um
sicherzugehen, dass sie die Behörden- und Kundenforderungen erfüllen.
Manche Firmen besitzen ihre eigenen Qualitätsabteilungen, wohinge-

gen sie in anderen ein Teil der Arbeitsprozesse oder der Behördenangelegenheiten sind. Um mehr darüber zu erfahren, siehe Kapitel 13.

Qualitätssicherung

Angestellte der Qualitätssicherung dokumentieren die Qualität der
Testdaten und stellen Behördenrichtlinien bereit.

Anlagen und IT-Infrastruktur

Es gibt viele Unterabteilungen in der Anlagen- und der Informations-
technologie(IT)-Infrastruktur. Dazu gehören unter anderem die Sicherheit,
Anlagenverpachtung, IT-Infrastruktur, Energiesparinitiativen, Pilotanla-
genarbeitsprozesse, Luftbearbeitung, Systemkontrollen, Kältetechnik und
Anlagenwartung, die erforderlich sind, damit die Produktion reibungslos
läuft. Andere IT-bezogene Laufbahnen werden in Kapitel 16 erörtert.

Prozessentwicklung

Potenzielle therapeutische Produkte werden anfangs in kleinen Mengen
für die klinischen Prüfungen hergestellt. Nach erfolgreichen klinischen
Prüfungen entwickeln Prozessentwicklungsingenieure Methoden für die
Fertigung im großen Maßstab, um auf diese Weise Kosten zu reduzieren
und die Effizienz zu erhöhen. Die frühen Schritte der Prozessentwicklung für Therapeutika werden in Kapitel 15 ausführlicher beschrieben.

Projektmanagement

Firmen übertragen Projektmanagern der Fertigungs- oder Arbeitsprozesse
eine Vielzahl von funktionsübergreifenden Aufgaben. Manche überwachen zusätzlich zu ihren Verwaltungsaufgaben noch größere Projekte
wie z. B. Bauerweiterungen. Das Hauptziel des Projektmanagements ist
es, sicherzustellen, dass die richtigen Leute die richtige Information zur
richtigen Zeit erhalten. Für weitere Informationen siehe Kapitel 9.

Finanzen

Große Firmen stellen normalerweise eine spezielle Finanzgruppe für
den Bereich Arbeitsprozesse zusammen, die für die Budgetkontrollen
verantwortlich ist. Wenn eine Firma beispielsweise große Baumaßnah-
men plant, dann kalkulieren die Mitarbeiter in den Finanzen die Kosten
und veranschlagen die mögliche Rendite aus der Investition.

Personalmanagement

In einer Fabrik, in der 24 Stunden täglich an sieben Tagen in der Woche
gearbeitet wird, können 200–5000 Personen beschäftigt sein. Aufgrund
der großen Mitarbeiterzahl in der Herstellung etablieren viele Firmen

zusätzlich zu der allgemeinen Personalabteilung noch eine separate Personalabteilung für die Herstellung.

Aufgaben und Kompetenzen in der Abteilung Arbeitsprozesse

Die Arbeitsprozesse sind ein Sammelsurium von Funktionen. Im Folgenden sind einige grundlegende Aufgaben und Verantwortlichkeiten zusammengestellt. Die Besonderheiten hängen von der Position und der Art der Firma ab.

Fertigung, Produktüberwachung, Testung und Freigabe

Produkte werden auf Basis der Nachfrage produziert, verpackt und vertrieben. Bevor Produkte zum Verkauf freigegeben werden, müssen viele Tests durchgeführt werden.

Neue Mitarbeiter einstellen und Menschen führen

Erhebliche Zeit wird damit verbracht, Mitarbeiter einzustellen und sie zu schulen. In einer großen Abteilung sind unter Umständen zusätzliche personalbezogene Funktionen zu erfüllen wie z. B. Disziplinarmaßnahmen, Leistungsbewertung u. a.

Kapazitätsausnutzung

Eines der größten Probleme der Arbeitsprozesse ist es, genügend Produkte für den zukünftigen Bedarf der Abteilungen Forschung und Entwicklung oder den Markt zu produzieren. Eine wichtige Aufgabe ist zudem, sicherzustellen, dass die Fabrikation mit maximaler Kapazität läuft und voll ausgelastet ist. Die meisten Fabriken arbeiten Vollzeit, Tag und Nacht.

Probleme beheben

Manager sind intensiv mit „Troubleshooting" beschäftigt, insbesondere in der Prozessentwicklung.

Dokumentation

Manche Aufgaben – am markantesten ist dies in der Qualitätssicherung – erfordern ein ausgiebiges Verfassen, Bewerten und Prüfen von Dokumenten.

Dienstleister- und Allianzmanagement

Ein wichtiger Aspekt der Arbeitsprozesse ist der Kontakt mit den Dienstleistern, Vertragsforschungsunternehmen und Partnern. Dazu gehört auch Vereinbarungen zu treffen, die Geheimhaltung und Diskretion erfordern, aber auch Forschungszusammenarbeit und Beratung.

Sicherstellen von umfassenden Qualitätssystemen

„Umfassendes Qualitätssystemmanagement" bezieht sich auf die Einhaltung guter Geschäftspraktiken im ganzen Unternehmen. Die Manager sind unter anderem dafür verantwortlich, technische Qualitätskontrollen in allen Abteilungen zu beaufsichtigen, um die Gesamtqualität sicherzustellen.

Anlagenmanagement

Fällt aufgrund technischer Schwierigkeiten eine Anlage für einen kompletten Arbeitstag aus, dann kann dies möglicherweise den Verlust von einigen Millionen Euro bedeuten. Das Anlagenmanagement umfasst den Erhalt und die Optimierung der Ausrüstung, die Beaufsichtigung von Renovierungen, die Implementierung neuer Geräte und vieles mehr.

Budgetverwaltung

Die Mitarbeiter in der Abteilung Arbeitsprozesse planen und verwalten Budgets für wissenschaftliche Projekte, Renovierungen und andere Investitionen; damit soll sichergestellt werden, dass Betriebsmittel korrekt ausgegeben und Abläufe optimal unterstützt werden.

Strategie- und Vermögensverwaltung

Die Mitarbeiter in der Abteilung Arbeitsprozesse setzen Entscheidungen und strategische Projekte, die auf höherer Ebene erarbeitet wurden, in die Praxis um. Beispiele sind die Vermögensverwaltung, Initiativen zur Kostensenkung, Betriebsmittelzuweisung u. a. Zu dieser Arbeit gehört die Beschaffung der notwendigen Dokumente, die zur Durchführung bestimmter Vorgänge notwendig sind.

Sicherheit

Das Personal, das innerhalb der Abteilung Arbeitsabläufe für Umweltschutz zuständig ist, knüpft Kontakte mit verschiedenen staatlichen Gruppen und Interessenvertretungen, um sicherzustellen, dass die Regeln befolgt werden, Dokumente unterzeichnet und die jährlichen Sicherheitsinspektionen erfolgreich absolviert werden. Die Führungskräfte für die Arbeitsprozesssicherheit sind für interne Audits innerhalb ihres Unternehmens verantwortlich. Sie bereiten Sicherheitsleitfäden vor, verwalten sie und stellen sicher, dass die Angestellten eine geeignete Schutzausrüstung tragen, z. B. entsprechendes Schuhwerk. Die

Abteilung Umweltschutz arbeitet mit externen Organisationen zusammen wie z. B. der FDA, der Nuclear Regulatory Commission (NRC, für Atomkraft zuständige Aufsichtsbehörde), dem US-Landwirtschaftsministerium (USDA), der Animal Care and Use Commission (ACUC; Ausschuss für Haltung und Verwendung von Versuchstieren), der Drug Enforcement Administration (DEA; Drogenbekämpfungsbehörde), verschiedenen Umweltgruppen u. a.

Kommunikationsbereich

Das gehobene Management würdigt herausragende Mitarbeiter, informiert die Angestellten über die Firmenentwicklung, berechnet den Wert der Firma und veröffentlicht, falls nötig, schlechte Nachrichten. Firmen tätigen diese Mitteilungen manchmal verbal. Sie können dazu auch Newsletter verschicken und eine interne Website oder ein Intranet betreiben.

Ein typischer Arbeitstag in der Abteilung Arbeitsprozesse

Je nach Aufgabe und Dienstgrad können Sie an einem typischen Arbeitstag mit einigen der folgenden Führungs- oder Projektmanagement-Tätigkeiten rechnen:

Es gibt so viele Arten von Verantwortlichkeiten in der Abteilung Arbeitsprozesse, dass kein Tag dem anderen gleicht.

- Teilnahme an Besprechungen, insbesondere wenn Sie eine Führungskraft sind. Bei den Besprechungen geht es um die Bewertung von Daten und Produktionsabläufen sowie Prioritäten setzen bezüglich kommender Projekte, die neuesten Kunden- oder Firmenprobleme erörtern oder über Herstellungsfragen diskutieren.
- Lösen dringender Fertigungsprobleme oder betrieblicher Probleme.
- Prüfen von Analysen, um die besten Geschäftspraktiken für die Herstellung neuer Produkte festzulegen.
- Verschiedenen Zielgruppen Daten präsentieren.
- Neue interne Systeme oder Arbeitsabläufe einführen oder dabei Unterstützung leisten.
- Die Sicherheit der Arbeiter gewährleisten und Risikovorsorge für die Fabrik betreiben.
- Arbeitsaufträge und Dokumentationen fertigstellen und Produkte für die nächsten Entwicklungs- oder Fertigungsschritte vorbereiten.
- Festlegung von Mitarbeiterzahlen und Komponenten, die erforderlich sind, um die Fertigungs- und Versandziele zu erreichen.
- Das monatliche Auftragsvolumen und die Zahl ausgelieferter Produkte überprüfen und die Zahlen mit denen der vorausgegangenen Monate vergleichen.
- Mit Dienstleistern Verträge aushandeln oder Konditionen überprüfen.
- Finanzielle Prognosen entwickeln.

- Vorstellungsgespräche mit neuen Mitarbeitern führen und Einstellungen vornehmen.
- Angestellte betreuen, die Ihnen direkt Bericht erstatten, und an diese Verantwortung delegieren.
- Angestellte schulen, Arbeitsbeurteilungen verfassen und Disziplinarmaßnahmen ergreifen.
- Die Qualitätssicherungs- und Fertigungsdokumente prüfen.

Gehalt und Vergütung

Im Allgemeinen sind die Gehälter der Angestellten in der Abteilung Arbeitsprozesse zu Beginn niedriger, steigen aber dann stärker als jene in der industriellen Grundlagenforschung bei gleicher Erfahrung. Der Grund ist, dass es mehr Arten von Führungspositionen gibt und man in der Abteilung Arbeitsprozesse schneller vorankommt. In der Fertigung sind die Gehälter im Allgemeinen niedriger.

Wie wird Erfolg gemessen?

Das Ziel ist, kontinuierlich Produkte mit gleichbleibend hoher Qualität – im Rahmen des bewilligten Budgets – zu fertigen und auszuliefern. Wenn dies erfolgreich vonstattengeht, dann erhöht sich der Nettoprofit der Firma. Ihr persönlicher Erfolg hängt zum Teil davon ab, ob Sie mit Ihrem Team einen positiven Umgang haben und die Produktivitätsanforderungen erfüllen.

Andere Zeichen für Erfolg sind:

- Die Kosten für die Waren niedrig halten.
- Einen hohen Sicherheitsstandard beibehalten.
- Kapitalprojekte und Produkteinführungen bewerkstelligen.
- Einen hohen Produktivitäts-Index aufrechterhalten.
- Nur wenige oder keine Kundenbeschwerden haben.
- Ein *enterprise resource planning system* (ERP, „Planung des Einsatzes/der Verwendung der Unternehmensressourcen"; ein Geschäftsmanagementsystem) ohne Produktfehler.
- Ein Minimum an Lieferrückständen und Produkten im Lagerbestand.
- Die richtige Anzahl an Beschäftigten haben und sie so schulen, dass sie effizient arbeiten.
- Sicherheitstests bestehen und Vorfälle vermeiden, die von der Occupational Safety and Health Administration (OSHA; Bundesbehörde für Arbeitsschutz) erfasst werden.
- Die Abfallmengen und Abfallprobleme klein halten.

Das Für und Wider der Arbeit

Positive Aspekte einer Laufbahn in der Abteilung Arbeitsprozesse

- Jobs in der Abteilung Arbeitsprozesse sind hektisch. Jeder Tag ist anders, es gibt viele Arten von Verantwortlichkeiten und Ihre

Die Mitarbeiter genießen die hektische, sich wechselseitig beeinflussende Umgebung, die in der Abteilung Arbeitsprozesse herrscht.

Sie können stolz sein auf die Tatsache, dass Sie Produkte für die medizinische Versorgung produzieren, und nicht nur irgendwelche Konsumartikel.

Arbeit erfordert, dass Sie ständig mehrere Aufgaben gleichzeitig erledigen. Dies trifft jedoch nicht auf einfache Positionen in der Herstellung zu.

- Ihr persönliches Engagement kann einen bedeutenden und wahrnehmbaren Unterschied im Unternehmen ausmachen, und es ist enorm lohnend, für eine erfolgreiche Produktherstellung verantwortlich zu sein. Es ist befriedigend, die fertigen Produkte zu sehen und für eine gesteigerte Produktivität und höhere Umsätze verantwortlich zu sein.

- Die Tatsache, dass Sie dazu beitragen, Qualitätsprodukte zu erzeugen, die das Leben von Patienten verbessern oder retten (vielleicht sogar das Ihrer Freunde oder Familie), gibt zusätzliche Motivation.

- Ihr Job kann intellektuell und technisch herausfordernd sein und die Chance bieten, Ihre wissenschaftlichen Fähigkeiten, Ihren Geschäftssinn oder Ihre Ingenieurs- und analytischen Fertigkeiten anzuwenden. Diese Fertigkeiten müssen Sie ständig unter Beweis stellen, besonders wenn neue Produkte und Technologien entwickelt werden.

- Die Produktentwicklung ist in Firmen eine notwendige Aufgabe und kann viel Verantwortung mit sich bringen. Es ist anregend, mit Kunden und Mitarbeitern über neue Technologien zu diskutieren und über deren mögliche Platzierung am Markt.

- Die Arbeitsprozesse verlangen sowohl wissenschaftliches als auch geschäftliches Können. Sie können neue Fertigkeiten erlernen und ein Generalist werden, der dann in andere Bereiche wechseln kann.

- Die Arbeitsprozesse bieten Ihnen die Chance, viel Zeit mit der Schulung und Beratung von Angestellten zu verbringen.

- In der Abteilung Arbeitsprozesse ist mehr Raum für berufliches Fortkommen als in der industriellen Grundlagenforschung, Sie können sogar ohne einen höheren Abschluss weiter auf der Karriereleiter emporsteigen. Sie werden nicht auf ein Arbeitsgebiet reduziert, nur weil Sie Fachmann auf einem speziellen Gebiet sind.

- Durch Ihre vielseitige Arbeit, bei der Sie externe Allianzen und Partnerschaften schmieden und mit Vertragspartnern Umgang haben, sind Sie in der Lage, wertvolle Erfahrung im Verhandeln und in den Bereichen Geschäftsentwicklung und Allianzmanagement zu sammeln.

- Diese Laufbahnen bieten Gelegenheiten, neue Menschen zu treffen und bringen Sie mit verschiedenen Geschäftsbereichen in Kontakt. Die Leute in der Abteilung Arbeitsprozesse haben häufig Umgang mit Mitarbeitern der Abteilungen Recht, Geschäftsentwicklung, Klinische Entwicklung, Anlagenmanagement, IT-Infrastruktur, Marketing und Vertrieb.

- Viele Nichtführungspositionen verlangen wenig Reisen und haben einen Achtstundentag. Manche Teams haben flexible Zeitpläne.

- Manche Unternehmen gestatten den Mitarbeitern der Abteilung Arbeitsprozesse zu publizieren. Es gibt unter Umständen die Chance für Patenterteilungen, insbesondere solche, die mit chemischen Verfahren in Beziehung stehen.
- In der Abteilung Arbeitsprozesse ist die Arbeitsplatzsicherheit geringfügig höher als in der industriellen Grundlagenforschung.

Die möglicherweise unangenehme Seite in der Abteilung Arbeitsprozesse

- Routinetätigkeiten können die Arbeit langweilig machen. Dies gilt hauptsächlich für Positionen, die keinen wissenschaftlichen Hintergrund erfordern. Das Maß an Monotonie hängt von der Firma ab. Wenn das Unternehmen verschiedene Produkte entwickelt, dann bleibt die Arbeit gewöhnlich interessant.
- Während die Mitarbeiter mit normalen Anstellungsverhältnissen von 9 bis 17 Uhr arbeiten, betragen die täglichen Arbeitsstunden in Führungspositionen bis zu 12 Stunden. Wenn Sie eine Produktionsanlage leiten, dann sind Sie wahrscheinlich 24 Stunden am Tag, an jeweils sieben Tagen in der Woche in Rufbereitschaft, und es kann passieren, dass Sie nachts angerufen werden, wenn etwas schiefläuft. Es kann schwierig sein, einen festen Zeitplan zu verfolgen oder Ferien zu planen.

  Seien Sie bei manchen Positionen darauf vorbereitet, dass Sie jederzeit telefonisch erreichbar sein müssen.

- Jobs in der Abteilung Arbeitsprozesse sind mit hohem Druck verbunden. Es gibt wenig Spielraum für Fehler, und eine Menge Geld steht auf dem Spiel. Ein gescheiterter Produktionslauf kann das Budget der ganzen Firma nennenswert beeinträchtigen.
- Die Geschäftsführung hat häufig unrealistische Erwartungen bezüglich dessen, wie lange es dauert, Produkte und Prozesse zu entwickeln. Gleichzeitig erwartet man von den Leitern der Arbeitsprozesse, dass sie allwissend sind.

  Es scheint oft so, als müsste alles bereits gestern erledigt sein.

- Es gibt eine Grenze bis zu der Prozesse verbessert werden können, und jede Veränderung wirft neue Probleme auf. Um die Effizienz zu erhöhen, müssen Sie zunächst die möglichen Verbesserungen genau analysieren, oft ist man geneigt, alles beim Alten zu lassen.
- Je nach Position kann viel Schreibarbeit anfallen. Jede Aktivität wird dokumentiert, sodass Arzneimittel, Lieferantenmanagement, Ausrüstung und Warenbestand überwacht und hinsichtlich der Qualität beurteilt werden können.
- Wenn Produkte mangelhaft entwickelt wurden oder Fehler aufweisen, dann wird häufig die Fertigung dafür verantwortlich gemacht.
- Sie werden schnell feststellen, dass Sie von der Grundlagenforschung „abgehängt" werden, da Wissenschaft und Technologie rasch voranschreiten. Trotzdem gibt es in den Arbeitsprozessen viel Wissenschaft zu erlernen.

Die größten Herausforderungen des Jobs

Die Planung des Produktnachschubs

Ein dauerhaftes Problem ist die Notwendigkeit, rechtzeitig liefern zu müssen. Dies liegt daran, dass sich die Nachfrage nach Produkten ständig ändert. Unerwartete Nachfragesteigerungen können die Produktionspläne umwerfen. Die meisten Firmen betreiben eine bedarfsorientierte Fertigung („*Just-in-time*-Fertigung"), aber wenn etwas schiefgeht, dann kann dieser Ansatz eskalieren und Handlungsabläufe durcheinanderbringen. In solchen Zeiten scheint es an Betriebsmitteln und Angestellten zu mangeln.

Personalverwaltung

Viel Zeit wird für Personalthemen aufgewendet, wie Beförderungen zuerkennen, unzufriedenen Angestellten Trost spenden, Schulungen durchführen und Stellen neu besetzen. Da die Produktionsanforderungen enorm schwanken, erfordern Einstellung, Entlassung und Schulung von Angestellten dauerhafte Aufmerksamkeit.

„Einen Sack Flöhe hüten"

Wenn Sie in eine Firmenmatrix eingebunden sind, kann es zeitraubend und schwierig sein, sich mit anderen Abteilungen abzustimmen und gemeinsam auf Ziele hinzuarbeiten. Dies nennt man „einen Sack Flöhe hüten" und ist in Kapitel 17 ausführlicher beschrieben.

Wechselnde Nachfrage aus der Forschung

Die Nachfrage nach Arzneimitteln für Tierversuche oder klinische Prüfungen ändert sich häufig; dies macht es schwierig, den richtigen Vorrat bereitzuhalten.

Sich in den Arbeitsprozessen auszeichnen ...

Die Entschlossenheit, Dinge fristgerecht mit minimalen Kosten fertigzustellen

Technische Verbesserungen und Maßnahmen zur Kostenreduktion sorgen für tatsächliche Einsparungen. Erfolgreiche Mitarbeiter verfügen über umfangreiche Erfahrungen und das Wissen, innovative Lösungen zu entwickeln. Sie besitzen ein tiefes Verständnis für die firmeninternen Abläufe und Produkte.

Die Fähigkeit, strategisch zu denken und verschiedene Abteilungen zu koordinieren

Angestellte, die aus der Masse herausragen, kennen das Unternehmen genau und wissen, welche Rolle jede Abteilung spielt. Da die Abteilungen in einem Unternehmen eng miteinander verzahnt sind, ist es wichtig, bei Entscheidungen die Interessen aller zu berücksichtigen. Bevorzugungen einzelner Personen oder Teams sollten möglichst vermieden werden.

Mitarbeiter, die hoch motiviert, gerissen und logische Denker sind, werden in der Abteilung Arbeitsprozesse ihre Sache gut machen.

Die Fähigkeit, zu kommunizieren und zu motivieren

Eine notwendige Kunst in den Arbeitsprozessen ist die Fähigkeit, eindeutig und effektiv zu kommunizieren und die Mitarbeiter und Angestellten zu motivieren.

Sind Sie ein guter Anwärter für die Abteilung Arbeitsprozesse?

Personen, die in einer Laufbahn in den Arbeitsprozessen zur Entfaltung kommen, haben meist die folgenden Eigenschaften:

Hervorragende organisatorische Fähigkeiten

Dieser Bereich verlangt, dass man aufmerksam und verantwortungsbewusst ist und die durchzuführenden Arbeiten sehr ernst nimmt. Ausgezeichnete organisatorische Fähigkeiten und eine systematische Vorgehensweise sind ebenfalls erforderlich.

Die Fähigkeit, gleichzeitig mehrere Aufgaben zu verrichten

Sie müssen in der Lage sein, spontan auftretende Probleme und langfristige Planungen unter einen Hut zu bekommen. Es kann Zeiten geben, in denen Ihre Fähigkeit, gleichzeitig verschiedene Aufgaben zu verrichten, auf eine harte Probe gestellt wird.

Sie müssen rasch spontan auftretende Probleme lösen können und gleichzeitig für die Zukunft planen.

Ein engagierter, selbstmotivierter Tatmensch

Sie müssen gewillt sein, die Initiative zu ergreifen und keine Angst haben, schwierige Probleme in Angriff zu nehmen. Sie sollten bereit sein, bei dringenden Problemen einzuspringen, auch wenn es nicht zu Ihrem Verantwortungsbereich gehört und Sie der Chef sind.

Die Fähigkeit, unter Druck und mit beschränktem Zeitkontingent zu arbeiten

Das Arbeitsumfeld ändert sich ständig: Stressige Arbeitsphasen kommen regelmäßig vor, ebenso ungeduldige Telefonanrufe von Vertriebsrepräsentanten und anderen wichtigen Personen, die dringend für ihre Kunden etwas benötigen. Produktionsprobleme und andere ärgerliche Themen sind alltäglich, deshalb ist es wichtig, Ruhe zu bewahren, und sich weiter auf die wichtigen Ziele zu konzentrieren.

Mit ganz verschiedenen Menschen umgehen können

Wenn Sie den Reinigungsdienst beleidigen, dann bringt er Ihren Müll nicht weg.

Die Arbeitsprozesse beinhalten intensive Teamarbeit und erfordern es, mit Menschen mit verschiedenem kulturellen und erzieherischen Hintergrund gut zusammenarbeiten zu können. Es ist von Vorteil, wenn man kontaktfreudig, sympathisch und anderen gegenüber rücksichtsvoll und fähig ist, den Standpunkt anderer Leute zu respektieren. Es ist wichtig, die Menschen mit Respekt zu behandeln, ungeachtet der Unterschiede bezüglich Herkunft oder Position in der Firmenhierarchie.

Ausgezeichnete Aufmerksamkeit für Einzelheiten

Manche Positionen verlangen viel Dokumentation und die Fähigkeit, Einzelheiten Aufmerksamkeit zu schenken.

Verhandlungsfähigkeit

Zu viel zu versprechen, kann in der Abteilung Arbeitsprozesse ein Fehler sein. Wenn Sie etwas zusagen, dann sollten Sie es besser auch halten.

Sie benötigen viel Verhandlungsgeschick, um zum einen mit Dienstleistern und Vertragsnehmern Vereinbarungen zu treffen und zum anderen intern, damit beispielsweise die Abteilung Forschung und Entwicklung ein Produkt rechtzeitig liefert. Wenn Produkte aus der Forschung kommen, dann sind sie gewöhnlich noch nicht direkt für die Produktion geeignet. Sie müssen sich unter Umständen behaupten und auf Schwierigkeiten vorbereitet sein, wenn Sie verhandeln.

Eine flexible Haltung

Es gibt viele Situationen, in denen eine flexible Haltung der Schlüssel zu einer Problemlösung ist. Manchmal funktioniert eine Idee besser als eine andere. Es ist wichtig, dass man sich die Meinungen und Vorschläge anderer Mitarbeiter aufmerksam anhört und diese berücksichtigt. Zur Lösung eines Problems kann man auch nachforschen, was andere Firmen in diesem Fall gemacht haben.

Exzellente Problemlösungsfähigkeiten

Große technische Fähigkeiten, gepaart mit der Fähigkeit, Probleme in kreativer Weise zu lösen, sind willkommene Eigenschaften in diesem Berufszweig.

*Außergewöhnlich gute Kommunikations-
und Präsentationsfähigkeiten*

Aufgrund des intensiven Umgangs mit Menschen ist es wichtig, klar formulieren zu können, was man von den Mitarbeitern verlangt. Mitarbeiter der Abteilung Arbeitsprozesse sollten in der Lage sein, brillante Reden vor einer großen Zuhörerschaft zu halten.

Die Fähigkeit zu delegieren

Um den zahlreichen Aufgaben gerecht zu werden, müssen Sie unter Umständen Aufgaben an andere delegieren.

*Die Fähigkeit, in einer stark reglementierten
Umgebung zu arbeiten*

Obwohl es einen Spielraum für etwas Kreativität gibt – insbesondere wenn Probleme zu lösen sind, oder neue Projekte verfolgt werden – sind die Arbeitsprozesse am besten für Personen geeignet, die sich an vereinbarte Methoden und Abläufe halten können. Ständige Verbesserungsversuche können Zeit rauben und sogar kontraproduktiv sein.

Sie sollten eventuell eine Laufbahn außerhalb der Arbeitsprozesse in Betracht ziehen, falls Sie …

- schüchtern sind und lieber allein arbeiten.
- nicht bereit sind, Einzelheiten Aufmerksamkeit zu schenken.
- nicht gewillt sind, bei akzeptierten Regeln und Vorschriften zu bleiben.
- jemand sind, der langsam oder unfähig ist, unter ständigem Termindruck zu arbeiten.
- erwarten, ein Erfinder sein zu können.
- jemand sind, der lieber nicht mit Menschen arbeitet, die in der Hierarchie unter Ihnen stehen.

Das Karrierepotenzial in der Abteilung Arbeitsprozesse

Eine Laufbahn in der Abteilung Arbeitsprozesse eröffnet die Chance, bis zum Fabrikleiter, Vizepräsidenten der Arbeitsprozesse und, falls Sie mehr Geschäftserfahrung haben, zum Geschäftsführer oder leitenden Geschäftsführer (*chief operating officer*) und Generaldirektor (CEO, *chief executive officer*; Abb. 14.1) aufzusteigen. Eine Anstellung in der Abteilung Arbeitsprozesse ist auch deshalb attraktiv, weil Sie horizontal in viele andere Bereiche wechseln können. Der intensive Austausch mit vielen verschiedenen Disziplinen macht einen Wechsel in andere Bereiche relativ einfach. Es ist tatsächlich eine gute Strategie,

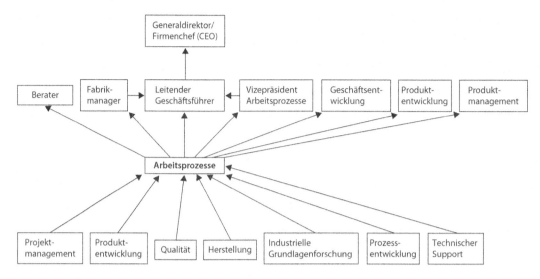

Abb. 14.1 *Übliche Karrierewege in die Abteilung Arbeitsprozesse.*

vorher in mehrere Abteilungen zu gehen, bevor man die Position eines Direktors anstrebt. Für diejenigen, die eine Laufbahn in der Abteilung Arbeitsprozesse als ein Sprungbrett in andere Bereiche ansehen, ist das übliche Ziel, in die Produktentwicklung zu gelangen. Andere Möglichkeiten sind der Kunden-Support und technische Service, die Qualität, das Marketing, die Geschäftsentwicklung, Firmenkommunikation, klinische Arbeitsprozesse und Beratung.

Für diejenigen, die sich auf der Einstiegsebene der Herstellung befinden, gibt es eine Fülle von Bereichen zu erkunden, dazu gehören die Lagerbestandsführung, Einkauf, Auslieferung, Qualität, Planung und Bioproduktion. Viele Mitarbeiter erlangen einen MBA-Abschluss (*Master of Business Administration*, postgraduales generalistisches Managementstudium) und gehen dann in das Produkt- oder Projektmanagement oder ins Marketing.

Jobsicherheit und Zukunftstrends

Es gibt einen Mangel an Personen mit Arbeitsprozesserfahrung in der Biotechnologie, weil es lange dauert, bis man in verschiedenen Disziplinen die nötige Erfahrung gesammelt hat. Es werden viele neue Fabriken gebaut, und es gibt derzeit nicht genügend qualifiziertes Personal, um diese zu betreiben. Innerhalb der Abteilung Arbeitsprozesse besteht ständig eine Nachfrage nach ranghohen Direktoren, die technisch qualifiziert sind und Führungsqualitäten besitzen. Zudem werden Mitarbeiter mit einem B.-Sc.-Abschluss und mehr als fünfjähriger Herstellungserfahrung gesucht.

In den Arbeitsprozessen gibt es eine höhere Arbeitsplatzsicherheit als in der industriellen Grundlagenforschung; die Gründe dafür sind zahlreich: Für Firmen, die Produkte am Markt haben, sind in Betrieb befindliche Fertigungsanlagen für die Einnahmen unverzichtbar. Kleine Biofirmen wiederum können sich häufig keine weitere Grundlagenforschung mehr leisten, nachdem ein Produkt in die klinische Entwicklung gegangen ist. Die in den Arbeitsprozessen erlangten Qualifikationen sind leicht von einer Biopharmafirma auf eine andere übertragbar; man ist nicht auf einen speziellen Produktbereich beschränkt wie in der industriellen Grundlagenforschung.

Stellen in der Herstellung sind relativ sicher, solange die Abteilung gut geführt wird. Allerdings sind diese Abteilungen ständig Gegenstand von Kostensenkungsmaßnahmen. Ein augenblicklicher Trend ist z. B., dass Arbeitsabläufe mithilfe von Robotern automatisiert werden, wovon vor allem minderqualifizierte Mitarbeiter betroffen sind. Ein anderer Trend ist die Verringerung der Arbeitskosten, indem die Fertigung ins Ausland verlagert wird (Outsourcing). Aufgrund der hoch entwickelten Technologien, die zur Herstellung biologischer Präparate nötig sind, ist hier eine Auslagerung schwieriger als bei pharmazeutischen Produkten. Während die Biopharmaindustrie Jobs auslagert, sind Personen mit Erfahrung im Bereich Arbeitsprozesse und Herstellung in der Lage, ihr Fachwissen Vertragsforschungsunternehmen oder kleinen neu gegründeten Unternehmen anzubieten. Internationale Vorschriften werden wahrscheinlich zum neuen Industriestandard werden.

Einen Job in der Abteilung Arbeitsprozesse bekommen

Erwünschte Ausbildung und Erfahrungen

Die meisten Menschen legen es anfangs nicht darauf an, in die Abteilung Arbeitsprozesse zu gehen – es ergibt sich gewöhnlich zufällig. Man kann aus praktisch jedem Bereich kommen, obwohl es üblich ist, dass Mitarbeiter zunächst in der Herstellung, Qualität oder Prozessentwicklung gearbeitet haben. Andere Bereiche sind der Einkauf, die Planung und das Projektmanagement sowie die industrielle Grundlagenforschung. Man kann sich auch aus den verschiedenen Unterabteilungen der Herstellung und Arbeitsprozesse hocharbeiten (Abb. 14.1).

Da die Arbeitsprozesse zunehmend wissenschafts- und geschäftsorientierter werden, verlangen die Unternehmen nun häufiger einen technischen Abschluss, und ein MBA ist wünschenswert. Ein ABS-Abschluss (*associate of business science*; Abschluss eines US-Junior-Colleges nach zweijährigem Studium) mit einem wissenschaftlichen Hintergrund wird als Mindestanforderung angesehen, und in manchen Firmen sind für Führungspositionen höhere Abschlüsse erforderlich. Die meisten Angestellten haben entweder einen Abschluss im Ingenieurswesen oder in den Naturwissenschaften. Je nach Firma gibt es

Die Arbeitsprozesse sind eine Laufbahn, in die man gehen kann, nachdem man in anderen Abteilungen Industrieerfahrung gesammelt hat.

auch höher spezialisierte Positionen für Personen mit einem Hintergrund in der Qualität oder der Software-Technologie. Für Stellen in der Herstellung ist je nach Firma mindestens ein Highschool-Abschluss (Oberschule) erforderlich.

Für leitende Positionen in den Arbeitsprozessen und der Produktion werden im Allgemeinen keine höheren Abschlüsse verlangt, diese sind aber nützlich. Direktoren haben normalerweise einen B.-Sc.-, M.-Sc.-, Ph.-D.- oder MBA-Abschluss. Um befördert zu werden, müssen sich Mitarbeiter mit einem höheren Abschluss Managementerfahrung aneignen. Diejenigen mit einem Ph.-D.-Abschluss gehen in erster Linie in die Prozessentwicklung, das Projektmanagement, die Prozessverbesserung und ins Programmmanagement.

Wege in die Abteilung Arbeitsprozesse

- Um eine Anfangsposition in der Abteilung Arbeitsprozesse zu bekommen, gibt es zwei wesentliche Wege, die man beschreiten kann: Herstellung oder Qualität. Um auf höherer Ebene in die Arbeitsprozesse einzusteigen, ist es vorteilhaft, aus den Abteilungen Industrielle Grundlagenforschung, Prozessentwicklung, Projektmanagement, Produktentwicklung und Technischer Support zu kommen.
- Erwägen Sie eine Position im Projektmanagement oder schließen Sie sich einem Projektteam an. Sie werden mehr über die wesentlichen Bestandteile der Produktentwicklung erfahren und Einblicke erhalten, wie Firmen arbeiten. Diese Fertigkeiten erleichtern Ihnen den Wechsel in die Abteilung Arbeitsprozesse.
- Zeigen Sie Interesse an der geschäftlichen Seite der Biotechnologie. Lernen Sie, wie man ein Budget verwaltet und den Einkauf überwacht. Erfahren Sie etwas über die Produktreproduzierbarkeit und Qualität. Nehmen Sie an Kursen über Finanzen teil oder erwerben Sie einen MBA-Abschluss.
- Erfahren Sie etwas über die Logistik, wie Produkte hergestellt und verkauft werden, und zeigen Sie, dass Sie Ihren wissenschaftlichen Hintergrund anwenden können, um Prozesse stabiler und effizienter zu machen.
- Entwickeln Sie Ihre Fähigkeiten zur Menschenführung. Angestellte zu führen, ist ein großer und wichtiger Bestandteil der Arbeitsprozesse. Wenn Sie in der Hochschule sind, betreuen Sie Angestellte und leiten Sie Laboratorien, um erste Erfahrung in der Mitarbeiterführung zu sammeln.
- Belegen Sie Kurse in Verhandlungsführung. Diese Fertigkeit ist in der Herstellung und den Arbeitsprozessen äußerst nützlich.
- Schließen Sie sich Firmen an, die verschiedene Arbeitsprozessgruppen haben.

- Erwägen Sie eine Anstellung bei einem Vertragsforschungsunternehmen (CRO) oder Vertragshersteller (CMO), die Dienstleistungen für Biopharmafirmen anbieten. Dadurch bekommen Sie einen ersten Kontakt mit der Produktentwicklung und einen breiten Kontakt mit vielen Produktarten und Therapiefeldern.
- Manche Firmen bieten einen internen Wechsel zwischen den Arbeitsprozessen und der Herstellung an. Kontaktieren Sie dazu die Personalabteilung.

Empfohlene Schulung, Berufsverbände und Quellen

Kurse und zertifizierte Programme

Kurse in Geschäftsführung und Strategieplanung
Kurse über die Sechs-Sigma-Methode, ein System von Praktiken, um Firmenabläufe zu verbessern

Gesellschaften und Quellen

Parenteral Drug Association (Gesellschaft für Parenterale Arzneimittel; www.pda.org)
Bundesverband der Pharmazeutischen Industrie (www.bpi.de)
International Society of Pharmaceutical Engineering (Internationale Gesellschaft für Pharmazeutische Technik; www.ispe.org)
American Association of Pharmaceutical Scientists (Amerikanische Gesellschaft der Pharmazeuten; www.aaps.org)
Pharmaindustrie Biotechportal, News, Trends (www.pharmaindustry.com)
Drug Information Association (Gesellschaft für Arzneimittelinformation; www.diahome.org)
American Chemical Society (Amerikanische Chemische Gesellschaft; www.acs.org)
The Association for Operations Management (APICS, Gesellschaft für operatives Controlling; www.apics.org)

Zeitschriften

Nature Biotechnology (www.nature.com/nbt/index.html)
Genetic Engineering & Biotechnology News (www.genengnews.com)
Science Magazine (www.sciencemag.org)
Journal of Pharmaceutical Innovation (www.springer.com/biomed/pharmaceutical+science/journal/12247)
Journal of Pharmaceutical Sciences (www.interscience.wiley.com)
Innovations in Pharmaceutical Technology (www.iptonline.com)

15 | Biologische/ Pharmazeutische Produktentwicklung

Die Chemie muss stimmen

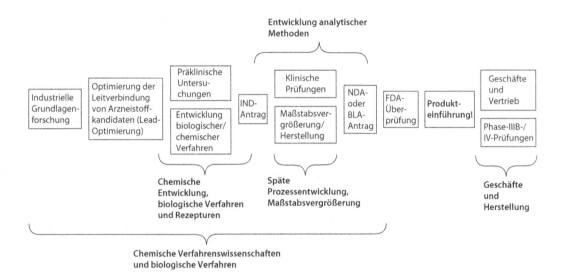

Es gibt einen gesonderten und zur industriellen Grundlagenforschung parallelen Weg, der Biologische/Pharmazeutische Produktentwicklung genannt wird. Hier liegt der Schwerpunkt auf der Produktion von chemischen oder biologischen Substanzen. In diesem Bereich werden biologische oder pharmazeutische Arzneimittel entworfen, rezeptiert und produziert.

Die Produktentwicklung zieht Chemiker, Biochemiker, Mikrobiologen und Molekularbiologen an, die ihre praktischen und theoretischen Laborfertigkeiten verbessern möchten oder in eine Führungslaufbahn wollen. Einer der attraktiveren Aspekte dieser Laufbahn ist, dass man hier Produkte schaffen und sie bis zum greifbaren Endprodukt verfolgen kann. Verfahrenswissenschaftler arbeiten an Arzneimittelkandidaten, die bereits einen hoch selektiven Auswahlprozess in der industriellen Grundlagenforschung überstanden haben; somit besteht eine größere

Die Produktentwicklung ist für Personen geeignet, die an Produkten arbeiten möchten, die unmittelbar vor der Vermarktung stehen.

Wahrscheinlichkeit, dass sich die Bemühungen letztlich durch die Erteilung einer Produktzulassung auszahlen.

Als Laufbahn ist die Produktentwicklung wissenschaftlich faszinierend, weil dieser Industriezweig riesige Fortschritte macht, und die Geschwindigkeit der Innovation rasch zunimmt. Die Karrierechancen sind zahlreich und die Arbeitsplatzsicherheit ausgezeichnet.

Die Bedeutung der Biologischen/ Pharmazeutischen Produktentwicklung in der Biotechnologie ...

Die Produktentwicklung ist die Brücke zwischen der industriellen Grundlagenforschung und der Herstellung.

Die Produktentwicklung ist ein wichtiger Schritt bei der Herstellung von Waren. Die chemischen Verbindungen, die als Arzneimittel zu „Kassenschlagern" wurden und zur positiven Geschäftsentwicklung bestimmter Pharmafirmen beitrugen, wären nicht so weit gekommen, ohne die Entwicklung von chemischen Synthesewegen und Rezepturen. Die biotechnologische Industrie entwickelte sich zum Teil synchron zu den Bioverfahren. Insulin war das erste gentechnisch erzeugte Therapeutikum, dessen Entwicklung und Vermarktung trug maßgeblich zum Entstehen des Biotechnologieriesen Genentech bei.

Die Hauptaufgabe der Produktentwicklung ist es, die aus der industriellen Grundlagenforschung stammenden Arzneimittelkandidaten über die klinischen Versuche schließlich in den Handel zu bringen. In dieser Abteilung entwickeln die Wissenschaftler Rezepturen und produzieren den Bedarf für die klinischen Prüfungen. Sie übertragen auch die chemischen oder biologischen Verfahren in einen größeren Maßstab, damit eine kommerzielle Produktion möglich wird. Neben der Herstellung der wirksamen Bestandteile stellt die Produktentwicklung auch sicher, dass das Arzneimittel sowohl für die Verbraucher als auch für das Laborpersonal sicher ist und dass die Abläufe im industriellen Maßstab reproduzierbar sind, bevor mit der Produktion begonnen wird.

Berufslaufbahnen in der Biologischen/ Pharmazeutischen Produktentwicklung

Es gibt verschiedene Berufsfelder in der Abteilung „Entwicklung biologischer Präparate und Pharmaka". Die Wissenschaft hinter der chemischen und biologischen Entwicklung ist sehr verschieden, auch wenn letztendlich alles in Form therapeutischer Produkte zusammengeführt wird. Es sei daran erinnert, dass auch nicht therapeutische Produkte (z. B. Reagenzien, Basischemikalien, Katalysatoren und industrielle Enzyme) eine Produktentwicklung erfordern.

Die Kerndisziplin in der pharmazeutischen Produktentwicklung: die Pharmazie

Verfahrenschemie, chemische Entwicklung oder synthetische Chemie

Nachdem ein Arzneistoffkandidat ermittelt und in der industriellen Grundlagenforschung ausgetestet wurde, werden chemische Synthesewege entwickelt, um ihn sicher, effizient und kostengünstig zu produzieren (zunächst für präklinische und klinische Untersuchungen und letztendlich für die kommerzielle Herstellung im großen Maßstab). Die kommerzielle Produktion unterscheidet sich stark von der Synthese einer Verbindung im Labormaßstab, deshalb müssen die Ausgangsstoffe und Reaktionen modifiziert und optimiert werden.

Falls Sie mit chemischen Reaktionen gut klarkommen, ist die Verfahrensentwicklung der richtige Weg für Sie.

Rezeptur

Galeniker entwickeln die am besten geeignete Darreichungsform für die aktiven Bestandteile des Arzneimittelkandidaten. Die Verabreichung kann intravenös, oral in Form von Tabletten oder einer Flüssigkeit, in Salbenform oder durch Inhalation erfolgen. Es gibt mehrere Kernfächer, die mit der Entwicklung von Rezepturen verknüpft sind, z. B. Kristall-, Chemie- und pharmazeutische Technologie.

Analytische und bioanalytische Chemie

Analytische Chemiker entwickeln Methoden und setzen sie um, um sicherzustellen, dass die Reinheit, Wirksamkeit, Qualität und Stabilität der Wirkstoffe die präklinischen und klinischen Forschungsstandards erfüllen. Erst dann sind die Voraussetzungen erfüllt, dass das Produkt auf den Markt kommen kann. Die bioanalytische Gruppe ist in der Lage, selbst kleinste Mengen des Arzneistoffs in Zellen nachzuweisen.

Die analytischen Chemiker sind Wachhunde, die gewährleisten, dass der Arzneistoff durchweg rein und von hoher Qualität ist.

Die wichtigsten Fachgebiete für die Entwicklung biologischer Präparate: biologische Verfahrenstechnik

Biologische Verfahren beziehen sich auf die Entwicklung großmolekularer Produkte, wie rekombinante Proteine, DNA, RNA, RNAi oder Antikörper-Therapeutika. Es gibt auch biologische Produkte, die nicht für die Therapie gedacht sind, z. B. Reagenzien und industrielle Enzyme.

Zellkultur

Rekombinante Proteine werden von verschiedenen biologischen Systemen hergestellt, z. B. von Mikroben-, Hefe- und Säugerzellkulturen.

Kleinmolekulare Produkte werden aus chemischen Bausteinen hergestellt; die Schwierigkeit ist, den optimalen Syntheseweg zu finden. Biologische Produkte entstehen aus gentechnisch veränderten Zelllinien; die Schwierigkeit hier ist, sie zu reinigen.

Das Gen, das von Interesse ist, wird in ein Plasmid eingebaut, das dann dazu dient, eine geeignete Zelllinie zu transfizieren. Nach einem komplizierten Überprüfungsvorgang werden die „tüchtigsten" Klone aus dem Transfektions-Pool isoliert und zur Kultivierung ausgewählt. Monoklonale Antikörper werden oft auf diese Weise hergestellt, ebenso industrielle Enzyme und wichtige Arzneistoffe wie Insulin. Man nutzt die Gentechnik auch, um gentherapeutische Agenzien in Form von Plasmid-DNA oder gentechnisch veränderten Viren herzustellen. Andere Arten von DNA- und RNA-basierten Arzneimitteln werden mithilfe chemischer Synthesen erzeugt.

Fermentierung

Wissenschaftler für die Entwicklung der Fermentierung legen die Bedingungen fest, unter denen Zellkulturen gehalten werden, damit eine optimale Zelldichte und eine hohe Expression des rekombinanten biologischen Produkts erreicht wird.

Reinigung

In Fermentations- und Zellkulturprodukten gibt es eine Menge Verunreinigungen. Durch hoch entwickelte Filtrations- und Chromatografietechniken kann das Produkt von den Verunreinigungen befreit werden.

Biologische Verfahren oder Fertigungstechnik: Produktion biologischer Präparate im industriellen Maßstab

Spezialisten sind nötig, um es zu ermöglichen, dass die Produktion biologischer Präparate im großen Maßstab erfolgen kann. So erzeugt beispielsweise ein größeres Volumen der Zellkulturen, die in größeren Tanks gezogen werden, mehr Druck auf das Medium und die Zellen. Das Volumen der im Kulturmedium gelösten Gase verändert sich, und es entsteht mehr Wärme. Diese Faktoren können das Wachstum der Zelllinien nennenswert beeinflussen. Außerdem sind manche Proteine, die bei der Fermentierung entstehen, unlöslich und bilden Aggregate, die schwierig aufzureinigen sind.

Aufgaben und Kompetenzen in der Produktentwicklung

Nachfolgend sind ein Teil der Aufgaben und Kompetenzen in diesem Bereich aufgelistet. Je nach Abteilung und Rang können sich diese unterscheiden.

Technische Aufgaben

Experimente durchführen

Wissenschaftler in der Abteilung Produktentwicklung beginnen schon früh mit der Arbeit an neuen Synthesewegen, normalerweise in der Phase der präklinischen Forschung. Zu ihren Hauptverantwortlichkeiten zählen die Durchführung von Reaktionen und die Entwicklung bzw. Modifikation von Synthesewegen. Sie arbeiten auch daran, die Reaktionsausbeute zu optimieren, die Kosten zu minimieren und die weiteren Reaktionsschritte hin zur Fertigung zu entwickeln.

Sich intelligente Synthesewege für Verbindungen auszudenken, macht einen Teil der Attraktivität der chemischen Entwicklung aus.

Modelle im großen Maßstab erstellen

Bevor Wissenschaftler beispielsweise Syntheseschritte von einer Größenordnung auf die nächste übertragen, entwerfen sie mithilfe von Computersimulationen Modelle, um vorherzusagen, wie die Maßstabsvergrößerung die Reaktionskinetik beeinflussen wird.

Bei einer Maßstabsvergrößerung multipliziert sich der chemische Syntheseweg eines Arzneistoffs um das Tausendfache.

Optimierungsprozesse

Strategien der Verfahrenschemie verändern sich, wenn neue chemische Produkte in die Entwicklung gehen. Zunächst stellen die Chemiker kleine Mengen des Produkts für Zellkulturuntersuchungen her.

Wenn ein Arzneistoff in die toxikologische Bewertung und Austestung am Tiermodell geht, dann stellt ein Verfahrenschemiker sicher, dass alle Verunreinigungen näher charakterisiert sind und die Methode bereit ist für die klinischen Prüfungen der Phase I. Während der klinischen Entwicklung fahren die Verfahrenswissenschaftler fort, alle Verunreinigungen zu ermitteln und quantitativ zu bestimmen, und sie stellen sicher, dass die Methoden reproduzierbar sind. Sie entwickeln außerdem Synthesewege für die kommerzielle Produktion im großen Maßstab. Während der Fertigung spielen die Kosten eine wichtige Rolle.

Die Rohstoffe, Reagenzien, Lösungsmittel und Temperaturen können für jeden einzelnen Prozess individuell optimiert werden. Es wird jeweils genau ermittelt, welche Veränderungen am wirksamsten sind.

Entwicklung analytischer Methoden

Wenn die Firma einen Antrag auf Untersuchung neuer Arzneimittel (IND, *Investigational New Drug Application*) stellt, ist bereits eine vorläufige Analysemethode geschaffen worden. Während der klinischen Entwicklung werden die Analysetechniken optimiert und bewertet, sodass die Gruppe Qualitätskontrolle die Arzneimittelchargen auf ihre Konzentration, Reinheit und chemische Stabilität untersuchen kann.

Festlegung des Verunreinigungsprofils

Verunreinigungen kommen vor!

Normalerweise entdeckt man Verunreinigungen, wenn die Reaktionen in größeren Volumina ablaufen. Toxikologen sagen Verunreinigungen voraus, bestimmen sie und bewerten deren Gefährdungspotenzial.

Stabilitätsuntersuchungen

Stabilitätsuntersuchungen werden durchgeführt, um zu bestimmen, wie lange der Arzneistoff im Regal die richtige Rezeptur behält (Haltbarkeitsdauer) und um die Zerfallsprodukte zu ermitteln.

Entwerfen und Optimieren der Rezeptur

Arzneimittelkandidaten werden zu klinischen Prüfungszwecken und schließlich für den Handel produziert. Die Marketingabteilung kann die Problematik weiter verschärfen, indem sie festlegt, ob der Arzneistoff später als Tablette, Flüssigkeit oder in Form einer Injektion verabreicht werden soll.

Design der Experimente (DOE, design of experiment)

Das Design eines Experiments legt genau fest, wie viel von jedem Bestandteil bei jeder Reaktion hinzuzufügen ist und wie schnell dies zu geschehen hat. Diese Information beschreibt genau den Bereich, in der Reaktionen sicher und wirksam ablaufen können.

Übertragung der Technologie an die Herstellung

Nachdem der Syntheseweg optimiert wurde, werden die festgelegten Methoden auf die Fertigung/Herstellung übertragen; diesen Vorgang nennt man „Technologietransfer". Wissenschaftler der Produktentwicklung beraten das Fertigungsteam, wie die Arbeitsabläufe und die Analyse der Daten weiter zu verbessern sind. Eine Kontaktperson der Fertigung ist erforderlich, um sicherzustellen, dass sowohl der Wirkstoff (der wirksame Bestandteil) als auch das Arzneimittel (die Rezeptur des Arzneistoffs) rechtzeitig und in der erforderlichen Weise hergestellt und ausgeliefert werden kann.

Schreiben von wissenschaftlichen Artikeln und Teilnahme an Konferenzen

Viele Firmen verlangen, dass Wissenschaftler an Konferenzen teilnehmen, Präsentationen durchführen und in begutachteten Fachzeitschriften wissenschaftliche Artikel veröffentlichen. Für kleinere Firmen ist dies ein Luxus; für größere Firmen kann es ein Auftrag sein.

Neue Technologien analysieren und testen

Da die Arzneistoffentwicklung immer anspruchsvoller wird, gilt insbesondere für die biologischen Verfahren, dass Lösungsansätze für neue Fragestellungen zunächst geprüft werden müssen. Es existiert ein großer Industriezweig, der die Produktentwicklung mit Fermentations- und Chromatografiezubehör, Filtern und vielem mehr unterstützt.

Aufgaben des Projektmanagements

Teil eines Projektteams sein

Als Mitglieder des Teams kümmern sich Wissenschaftler der Produktentwicklung bereits früh um neue Verbindungen, die sich in der Pipeline befinden, um die erforderlichen neuen Technologien und Ausrüstungen rechtzeitig bereitstellen zu können.

IND-Anträge unterstützen

Führungskräfte in der Produktentwicklung sind zusammen mit der Gruppe für Behördenangelegenheiten dafür verantwortlich, die Abschnitte für die IND-Anträge zu schreiben und durchzusehen, bei denen es um den Arzneistoff und die analytischen Tests geht.

Als Kontaktperson für die FDA dienen

Manche Wissenschaftler der Abteilung Produktentwicklung fungieren gegenüber der FDA als Vertreter der technischen Entwicklung. Sie bleiben während des gesamten Entwicklungsvorgangs in ständigem schriftlichem Kontakt mit der FDA und sind unter Umständen dafür verantwortlich, die Informationen für die FDA-Einreichungen zusammenzustellen. Die Kommunikation beinhaltet beispielsweise, dass die FDA über Veränderungen im Produktionsprozess und über auftretende Verunreinigungen in Kenntnis gesetzt wird.

Personalmanagement

Vorgesetzte sind für die Motivation der Angestellten verantwortlich. Sie bemühen sich um eine offene Kommunikation mit allen Beteiligten, um sicherzugehen, dass diese gut arbeiten, die Arbeit ihnen Freude macht und sie sich für eine hohe Qualität des Arzneimittels verantwortlich fühlen.

Dienstleister-Management (vendor management)

Viele Bereiche der Produktentwicklung werden insbesondere bei kleinen Firmen an externe Dienstleister ausgelagert, wie z. B. die Beschaffung pharmazeutischer Zutaten, die Maßstabsvergrößerung der Prozesse und die Fertigung. Für den Umgang mit den Vertragsforschungs- und -fertigungsunternehmen ist viel persönlicher Einsatz erforderlich.

Aufgaben des Informationsmanagements

Informationsmanagement und Vorbereitung technischer Dokumente

Jedes Mal, wenn eine Charge des Medikaments produziert oder eine Testrunde abgeschlossen ist, werden interne technische Berichte geschrieben. Dabei kann es sich um sehr detaillierte Berichte handeln, die jeden Test, jedes Ergebnis und jede ungewöhnliche Beobachtung oder Angabe einzeln auflisten. Für jede Charge werden 20 verschiedene Tests durchgeführt! Die Qualitätskontrolle und Qualitätssicherung überprüft jeden Test, bevor das Produkt schließlich freigegeben wird. Das Ausmaß der erforderlichen Schreibarbeiten kann gewaltig sein, aber eine solche Dokumentation ist absolut notwendig, um schlechte Chargen zu identifizieren, deren Rückruf zu gewährleisten und die FDA-Vorschriften einzuhalten.

Ein typischer Arbeitstag in der Produktentwicklung

Je nach Position ist ein Wissenschaftler aus der Produktentwicklung an einem typischen Arbeitstag mit einigen der folgenden Tätigkeiten beschäftigt:

- Arbeiten an der Laborbank, Experimente entwerfen und durchführen; Synthesewege modifizieren; Daten in Laborbücher eintragen.
- Aufzeichnen von Tätigkeiten, die während des Tages zur Befolgung der Vorschriften durchgeführt wurden.
- Verfassen von Berichten, die auf den Testergebnissen basieren. Mitarbeit an Behördenanträgen, z. B. die Erstellung der Chemie-, Fertigungs- und Kontrollabschnitte (CMC-Abschnitte).
- Teilnahme an Besprechungen mit Projektteams, um sich über den aktuellen Stand der Produktentwicklung zu informieren.
- Angestellte führen, deren Daten überprüfen und Ergebnisse erörtern.
- Notfälle bewältigen.
- Dienstleister- und Zulieferer-Management.
- Teilnahme an lokalen und nationalen Konferenzen über chemische Entwicklungen und biologische Verfahren.
- Angestellte in der Guten Herstellungspraxis (GMP) schulen.

- Teilnahme an Seminaren und Professoren und Jobanwärter besuchen.
- Lesen wissenschaftlicher Literatur.

Gehalt und Vergütung

In den letzten fünf bis zehn Jahren haben Chemiker und Chemieingenieure im Durchschnitt mehr verdient als die Mitarbeiter in den meisten anderen Fachgebieten. Chemiker werden etwa 10–20 % besser bezahlt als Biologen. Dafür sind mehrere Faktoren verantwortlich: Es herrscht die allgemeine Auffassung, dass Chemieabschlüsse schwieriger zu schaffen sind als Biologieabschlüsse; es gibt weit mehr Biologen als Chemiker, und im Allgemeinen besteht eine positive Beziehung zwischen dem Vergütungsniveau und der Nähe zum Vertrieb des Produkts. Chemiker mit gleichen Abschlüssen werden in der industriellen Grundlagenforschung und in der chemischen Entwicklung gleich bezahlt. Chemiker in der organischen Chemie bekommen jedoch geringfügig mehr als andere Chemiker, dies gilt ebenso für solche, die ihre Abschlüsse an renommierten Universitäten gemacht haben. Die American Chemical Society (Amerikanische Chemische Gesellschaft) veröffentlicht jedes Jahr Gehaltsübersichten, die man unter der Webadresse www.acs.org findet, wenn man „*Professionals*" und dann „*Careers*" anklickt.

Wie wird Erfolg gemessen?

Das Maß für den Erfolg hängt teilweise von den Aufgaben und Kompetenzen ab, die jemand hat. Bei Wissenschaftlern in der chemischen Entwicklung wird Erfolg daran gemessen, ob Entwicklungsziele erreicht werden oder nicht sowie an der Robustheit des Produktionsvorgangs. Bei anderen heißt Erfolg, dass allen Verunreinigungen Rechnung getragen wird, nachdem die industrielle Produktion begonnen hat.

Ein wichtiges Zeichen für Erfolg ist, wenn man den Respekt und die Bewunderung der Mitarbeiter bekommt. Eine hohe persönliche Reputation entsteht mit der Zeit, wenn die Leute Ihren Beitrag zum Projekt anerkennen und Ihre Fähigkeit, eine produktive Teamarbeit zu fördern.

Das Für und Wider der Arbeit

Positive Aspekte einer Laufbahn in der Produktentwicklung

- Wenn Sie gerne mit Ihren Händen arbeiten und Laborarbeit schätzen, dann kann eine Tätigkeit in diesem Bereich als Wissenschaftler an der Laborbank höchst befriedigend sein.

Die Befriedigung, dass man Produkte schafft, die der Weltgesundheit dienen, macht die Produktentwicklung zu einer lohnenden Aufgabe.

Es ist ein freudiger Anlass, wenn das Produktionsteam die ersten 100 Kilogramm eines zu 99 % reinen Wirkstoffs – auf der Grundlage Ihrer Arbeit – hergestellt hat.

Wenn Sie die Universität besuchten, um Chemiker zu werden, so ermöglicht Ihnen dieser Berufszweig, einer zu bleiben.

Die Prozessentwicklung ist wie die Kunst – Sie möchten als der Künstler bekannt werden, der ein berühmtes Meisterwerk der Arzneistoffsynthese geschaffen hat.

- Der Arzneimittelentwicklung liegt ein altruistischer Ansatz zugrunde. Eines Tages können Sie unter Umständen sagen, dass Sie an einem Medikament mitgearbeitet haben, das Menschenleben rettet oder noch besser, das Leben Ihrer eigenen Verwandten.
- Verfahrenschemikern kann es viel Freude bereiten, Syntheseprozesse im großen Maßstab zu entwerfen, die funktionieren und greifbare Produkte schaffen.
- Sie arbeiten im Kernbereich der Arzneimittelentwicklung, haben Umgang mit vielerlei Menschen und entdecken innerhalb der Firma neue Aufgabenfelder. Während Ihre Kollegen in der Grundlagenforschung nur in einem therapeutischen Bereich arbeiten, sind Sie unter Umständen an der Entwicklung von Produkten beteiligt, die sich über vier oder fünf verschiedene therapeutische Felder erstrecken. Jeder Tag bietet Möglichkeiten, Neues zu lernen, und es wird Ihnen selten langweilig werden.
- Sie bekommen eine Idee von den Schwierigkeiten, die einer Produktentwicklung anhaften, und verstehen besser, warum die Entwicklung ein rekursiver Vorgang sein kann.
- Die Produktentwicklung ist wissenschaftlich faszinierend. Es gibt viele Chancen, um seinen Interessen an der Chemie ausgiebig nachzugehen, z. B. wie man Reaktionen steuert, die Ausbeute maximiert und Verunreinigungen kontrolliert.
- Im Gegensatz zu manchen anderen Disziplinen ermöglicht Ihnen diese Laufbahn, die praktische Seite Ihrer Ausbildung anzuwenden und Ihre Kernkompetenzen und -interessen auszuleben.
- Die Abteilung Produktentwicklung ist für den Erfolg der Firma von entscheidender Bedeutung, da sie die vielversprechendsten Produkte der Abteilung Forschung und Entwicklung in die kommerzielle Produktion überführt und somit direkt zur Wertsteigerung beiträgt.
- In dieser Laufbahn können Sie Ihre Kreativität einsetzen, indem Sie chemische Verfahren auf intelligente und erfolgreiche Weise handhaben. Es ist eine sehr befriedigende Erfahrung, wenn man erkennt, dass die Verfahren, die man entworfen hat, sich nicht weiter verbessern lassen.
- Die Arbeitsumgebung ist weniger strukturiert als in anderen Disziplinen. Zwischen den Angestellten findet ein intensiver Dialog statt, ungeachtet des Rangs und der Ausbildung, und die Arbeit ist datengetrieben.
- Die Beurteilung der Arbeitsleistung ist fair und objektiv. Die Angestellten in der Abteilung Produktentwicklung tragen Verantwortung dafür, dass die Zeitpläne und Erwartungen erfüllt werden, und es ist deutlich erkennbar, wer hart arbeitet und einen nützlichen intellektuellen Einsatz bringt. Beförderungen können in der Abteilung Produktentwicklung geringfügig schneller stattfinden als in anderen Abteilungen, ungeachtet des Abschlusses. Man kann in verwandte Bereiche ausweichen und dort Karriere machen.

- Probleme zu lösen, erfordert in der Produktentwicklung eine Menge Teamarbeit, dies fördert die Kameradschaft und wirkt einem unproduktiven Konkurrenzkampf entgegen.
- Im Vergleich zu einer Arbeit in der Qualitätssicherung, Qualitätskontrolle, Fertigung und den präklinischen Studien gibt es hier weniger einschränkende behördliche Regeln.
- Es besteht die Möglichkeit, Ergebnisse, patentierte Synthesewege und Verfahren zu publizieren.
- Je nach Firma und Position müssen Sie seltener reisen als in anderen Abteilungen. Im Allgemeinen werden Angestellte kleinerer Firmen, die mit externen Partnern zusammenarbeiten, mehr reisen als Angestellte größerer Firmen, die eigene Fertigungsanlagen haben.

Die möglicherweise unangenehme Seite in der Produktentwicklung

- Da die Projekte einem strikten Zeitplan unterliegen, können die Arbeitszeiten lang sein und gelegentlich Wochenenden und Nächte umfassen.
- Aufgrund des Drucks, Aufgaben rasch und billig zu erledigen, wird die Arbeit oft in einem hohen Tempo erledigt. Die Folge davon ist eine Frustration darüber, dass man nicht ausreichend Zeit hat, neue Synthesewege vollständig zu erforschen oder neue Techniken auszuprobieren.
- Die Produktentwicklung ist weniger exponiert als andere Disziplinen, und die Rolle der Abteilung wird oft als selbstverständlich betrachtet. Im Allgemeinen stehen in der Arzneistoffentwicklung die klinischen Prüfungen im Fokus des Interesses, und üblicherweise wird angenommen, dass die Haupthürden in der Klinik überwunden werden müssen. Es kann sein, dass sich das gehobene Management nicht der vielen Hindernisse und Schwierigkeiten bewusst ist, auf die man in der Produktentwicklung stoßen kann.
- Biologische Präparate sind kompliziert, und es kann technisch anspruchsvoll sein, mit ihnen zu arbeiten. Eine solche Tätigkeit erfordert unter Umständen eine fortwährende Bewertung der neuen technologischen Ansätze und die Hartnäckigkeit, sich durch Schwierigkeiten hindurchzuarbeiten. Es kann sein, dass ein Molekül in der Grundlagenforschung vielversprechend erscheint, aber wenn die Herstellung nicht gelingt oder zu teuer ist, dann wird das Projekt möglicherweise beendet.
- Führungskräfte sind zu einer umfangreichen Dokumentation verpflichtet, um die Sicherheits-, Umwelt- und FDA-Vorschriften zu erfüllen. Manche Menschen verabscheuen diesen Aspekt der Arbeit. In großen Pharmafirmen kann die Dokumentation 25 % der gesamten Arbeitszeit in Anspruch nehmen!

Die größten Herausforderungen des Jobs

Arbeit unter Druck und mit einem geringen Zeitkontingent

In der Industrie kann man lernen, wie man wissenschaftlichen Perfektionismus mit den Bedürfnissen des Geschäfts in Einklang bringt.

Die Biopharmaindustrie steht unter enormem Druck, neue Arzneistoffe schnell und günstig zu entwickeln. Eine Firma kann täglich Millionen dadurch verlieren, dass ein Arzneimittel nicht auf dem Markt ist. Jeder Schritt in der chemischen und biologischen Entwicklung muss sorgfältig gemanagt werden, um Verzögerungen zu vermeiden – die Produktentwicklung steht in diesem Zusammenhang unter einem besonderen Druck. Das gehobene Management unterschätzt oftmals die Zeiträume der Produktentwicklung. Infolgedessen gibt es nicht ausreichend Zeit, um den Prozess vollständig zu optimieren oder neue Wege zu entwickeln. Es kann frustrierend sein, Projekte voranzubringen, die aufgrund zeitlicher Beschränkungen wissenschaftlich nicht ausgereift sind.

Die unvorhersehbare Beschaffenheit der Arzneimittel

Bei biologischen Präparaten muss man immer mit dem Unerwarteten rechnen.

Wenn größere und komplexere Moleküle aus der industriellen Grundlagenforschung kommen, dann bewirkt die hohe Komplexität der chemischen Syntheseschritte oft, dass man sich in einen unerforschten Bereich der wissenschaftlichen Produktentwicklung begeben muss. Diese Tendenz ist eine der größten Herausforderungen in der Produktentwicklung.

Sicherheit

Die hektische Natur dieses Berufszweigs und die instabile finanzielle Situation junger Firmen veranlassen diese oftmals, den Weg des geringsten Widerstands zu gehen. Sie setzen damit die Qualität des Endprodukts aufs Spiel und können während des Produktionsprozesses nicht die Sicherheit der Angestellten und der Umwelt gewährleisten.

Die Industrie wandelt sich

Es ist ein Entwicklungstrend festzustellen, von einer Universalmedikation chronischer Krankheiten hin zu einer spezifischeren Medikation, die auf Krankheiten in kleinen Bevölkerungsgruppen abzielt. Indem nun die Industrie verstärkt spezielle medizinische Lösungen (beispielsweise in der Onkologie und Neurologie) anbietet, müssen auch die Fertigungsstätten diesem Trend angepasst werden.

Sich in der Produktentwicklung auszeichnen ...

Eine Kombination von Talenten

Menschen, die intelligent sind und eine entsprechende Arbeitsethik und herausragende soziale Kompetenz besitzen, können hochgradig erfolgreich sein. Erfolg verlangt die Fähigkeit, in einer Matrixumgebung zielorientiert zu arbeiten sowie das technische Fachwissen, um weise Entscheidungen zu treffen.

Eine strategische Sicht der Entwicklung

Die Arzneimittelentwicklung unterliegt einem enormen Wettbewerb, und es besteht ein enormer Druck, Medikamente für unerfüllte medizinische Bedürfnisse zu schaffen. Erfolgreiche Mitarbeiter haben den Weitblick, eine Myriade von Faktoren, wie z. B. behördliche Aspekte, Fragen zum geistigen Eigentum, die Warenkosten, Termine und Wettbewerb, in ihre Entscheidungen einzubeziehen. Angesichts des Wettbewerbs und zeitlicher Limitierungen kann beispielsweise ein ineffizienter Prozess geschäftlich den größten Sinn ergeben. Dies ist eine Fertigkeit, die sich nach Jahren an Erfahrung entwickelt.

Wissen, wie viel und wann

Oft ist in der Prozessentwicklung nicht klar, wie viel Zeit und Geld für jeden sich in der klinischen Phase befindlichen Kandidaten ausgegeben werden soll, weil dessen Erfolg oder Misserfolg nicht abzusehen ist. Ein erfahrener Verfahrenswissenschaftler entwickelt eine intuitive Fähigkeit, zu wissen, wann und wie viele Mittel während der klinischen Prüfungen bereitzustellen sind.

Eine Bereitschaft, neue Vorgehensweisen zu versuchen

Die moderne Produktentwicklung ist hoch kompliziert und hoch entwickelt. Mitarbeiter, die sich bezüglich technologischer Entwicklungen auf dem Laufenden halten, erweitern ihr Arsenal an Werkzeugen, um auf zukünftige Herausforderungen optimal reagieren zu können.

Sind Sie ein guter Anwärter für die Produktentwicklung?

Menschen, die in einer Laufbahn in der Biologischen/Pharmazeutischen Produktentwicklung zur Entfaltung kommen, haben meist die folgenden Eigenschaften:

Eine gewissenhafte und engagierte Arbeitsethik

Sie müssen von dem, was Sie tun, begeistert sein und motiviert sein, Projekte zu Ende zu bringen. Sie sollten achtsam und objektiv sein, und Sie sollten nach ständiger Verbesserung streben.

Eine ausgezeichnete Aufmerksamkeit für das Detail

Das Ausfüllen der nötigen Qualitätsformulare verlangt penible Aufmerksamkeit.

Eine bestimmtes Quantum Tapferkeit und Selbstvertrauen

In der Verfahrenstechnik ist es wichtig, dass man bereit ist, innerhalb der Sicherheitsgrenzen Risiken einzugehen. Man verlangt von Ihnen unter Umständen, ein Produkt in einen größeren Maßstab zu übertragen, bevor die nächsten Schritte erfolgen können.

Die Fähigkeit, ruhig zu bleiben und unter Belastung rationale Entscheidungen zu treffen

Unvorhergesehene Dinge passieren häufig und man kann sich dadurch verunsichern lassen. Es ist wichtig, dass man Ruhe bewahrt und während stressiger Phasen logisch denkt. Wenn sich beispielsweise herausstellt, dass eine Charge verunreinigt ist, was ist dann zu tun? In solchen Fällen sind Risiko/Nutzen-Entscheidungen rasch zu treffen, um zu ermitteln, ob man mit der Fertigung fortfährt oder sie abbricht.

Die Fähigkeit, mit Menschen gut umgehen zu können

Da die Produktentwicklung Teil einer interdisziplinären Welt ist, muss man ausreichend gewandt sein, um erfolgreich mit Menschen aus verschiedenen Bereichen umgehen zu können. Dazu gehören medizinische Chemiker, Klinikspezialisten, Forscher, Fertigungsanalysten und Personal aus den Abteilungen Qualität und Behördenangelegenheiten.

Herausragende kommunikative Fähigkeiten

Wenn das Team nicht hört oder versteht, was der Star-Chemiker sagt, dann geht das Fachwissen bei der Entscheidungsfindung verloren.

Die Arzneimittelentwicklung ist kompliziert, und viel Zeit wird damit verbracht, Informationen auszutauschen. Man sollte auf überzeugende und klare Weise sprechen und schreiben können.

Ausgezeichnete analytische Fähigkeiten

Die Mitarbeiter in der Produktentwicklung sind eher praktisch veranlagt und gehen empirisch an die Versuchsgestaltung heran. Sie sind kritische Denker, und zwar nicht nur dann, wenn sie anderer Leute Daten interpretieren, sondern auch, wenn sie ihre eigenen Daten durchsehen, und sie sind für Anregungen anderer empfänglich.

Große Ausdauer

Projekte misslingen manchmal, aber es ist wichtig, dass man weiter nach Erfolg strebt. Ausdauer wird Sie durch langfristige Projekte tragen.

Ein Verständnis davon, wie die Produktentwicklung in das große Ganze passt

Die großen Biotechnologie- und Pharmafirmen sind auf Profit ausgerichtet und stark reglementiert. Man muss sowohl Geschäftsmann/-frau als auch Wissenschaftler(in) sein und sich der bürokratischen Erfordernisse und der übergeordneten Unternehmensziele und anderer Themen bewusst bleiben.

Geistige Anpassungsfähigkeit und Beweglichkeit

Bedingungen schwanken und Techniken ändern sich von einer Situation zur anderen, deshalb muss man flexibel bleiben.

Ausgezeichnete organisatorische Fähigkeiten

Dieser Berufszweig erfordert viel Dokumentation und Umgang mit externen Dienstleistern. Alle Informationen sollten gut gegliedert sein.

Sie sollten eventuell eine Laufbahn außerhalb der Biologischen/Pharmazeutischen Produktentwicklung in Betracht ziehen, falls Sie ...

* ein unabhängiger Arbeiter und kein Team-Player sind.
* leicht gekränkt und defensiv sind.
* jemand sind, der persönliche Beachtung braucht oder ständig in Wettstreit mit seinen Kollegen tritt.
* nicht bereit sind, wissenschaftliche Kenntnisse und Ressourcen zu teilen.
* ein Perfektionist sind.
* jemand sind, der „Papierkram" verabscheut.
* nicht unter Druck arbeiten oder mit Notfällen umgehen können.
* unentschlossen sind und keine logischen Entscheidungen treffen können.
* kein Selbstvertrauen haben.
* ungeduldig sind oder nach ständiger Befriedigung suchen.

Das Karrierepotenzial in der Produktentwicklung

Wenn Sie Leistung erbringen, werden Sie sich schließlich bis zur Führungsebene der Abteilung Biologische/Pharmazeutische Produktentwicklung hocharbeiten (Abb. 15.1). Sie können auch zusätzliche

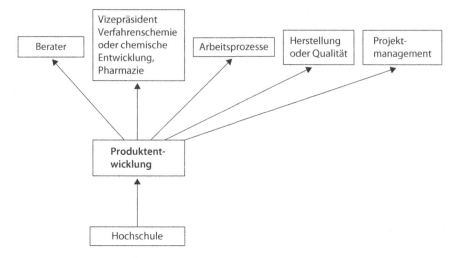

Abb. 15.1 *Übliche Karrierewege in der Biologischen/Pharmazeutischen Produktentwicklung.*

firmenspezifische Fertigungs- und Arbeitsprozesskompetenzen erwerben. Es ist auf diese Weise möglich, die Ebene des leitenden Geschäfts-
führers oder Generaldirektors zu erreichen.

Wenn Sie Ihr berufliches Weiterkommen in anderen Bereichen
fortsetzen möchten, dann kann Ihnen eine Schulung in der Produktentwicklung den Übergang in die Abteilungen Arbeitsprozesse, Qualität, Projektmanagement, Patentrecht sowie Behördenangelegenheiten
ermöglichen.

Jobsicherheit und Zukunftstrends

In diesen Laufbahnen scheint die Arbeitsplatzsicherheit hoch zu sein.
In Zeiten wirtschaftlicher Rückschläge werden eher Programme der
Grundlagenforschung eingestellt, während die Firmen weiterhin an den
Produkten in der klinischen Phase arbeiten.

Allgemein ist die Nachfrage nach talentierten Mitarbeitern höher
als das Angebot. Dies ist teilweise darauf zurückzuführen, dass für
Produkte in der klinischen Entwicklung eine sehr intensive Kontrolle
der chemischen und biologischen Weiterentwicklung erforderlich ist. In
den Bereichen Säugerzellexpressionssysteme, Antikörperentwicklung,
Verfahrenschemie, medizinische Chemie, Fermentierung und Reinigung herrscht ein besonders großer Bedarf an talentierten Mitarbeitern. Obwohl die Nachfrage nach Fachwissen bezüglich biologischer
Präparate hoch ist, werden mehr kleinmolekulare Produkte entwickelt
als biologische. Die Folge davon ist, dass es zehnmal mehr Jobs in der
kleinmolekularen Produktentwicklung gibt als in der Entwicklung biologischer Präparate.

Obgleich die Auslagerung von Kapazitäten ins Ausland im Augenblick nicht das Jobwachstum in der Produktentwicklung beeinträchtigt, ist zu erwarten, dass sich dies ändern wird. Die Ökonomie der billigen Arbeit ist unwiderstehlich, obgleich Aspekte, das geistige Eigentum betreffend, manche Auslagerungen unter Umständen verlangsamen. Die Produktion biologischer Präparate ist kapitalintensiver und anspruchsvoller, somit wird die Verlagerung ins Ausland für biologische Präparate wahrscheinlich langsamer vonstattengehen als für pharmazeutische Produkte. Dass Positionen für medizinische Chemiker oder Verfahrenschemiker, die eng mit Forschern und klinischen Wissenschaftlern zusammenarbeiten, ins Ausland verlagert werden, ist unwahrscheinlich.

Einen Job in der Produktentwicklung bekommen

Erwünschte Ausbildung und Erfahrungen

Erforderlich ist ein B.-Sc.-, M.-Sc.- oder Ph.-D.-Abschluss. Die überwiegende Mehrheit der Angestellten kommt direkt von der Hochschule, zumeist nachdem sie promoviert haben (Abb. 15.1).

Im Allgemeinen zählt in der Produktentwicklung die Erfahrung mehr als die Ausbildung.

Es ist von Nutzen, wenn man in einem der folgenden Fächer eine technische Ausbildung und Erfahrungen hat: Chemie, analytische Methoden, pharmazeutische Chemie, Pharmakologie, Galenik und Chemotechnik oder Maschinenbau. Für biologische Verfahren ist es hilfreich, wenn man in Biochemie, Zell- und Molekularbiologie oder Mikrobiologie ausgebildet wurde.

Viele behaupten, dass ein höherer Abschluss nicht erforderlich ist, aber es ist äußerst nützlich, einen solchen zu haben. Im Allgemeinen lässt sich sagen: Wenn man nach einer Führungsposition strebt, dann ist dies ohne einen Ph.-D.-Abschluss (Promotion) schwieriger. Falls sie einen Master-Abschluss erwägen, dann wird sich der zusätzliche Aufwand für einen Ph.-D.-Abschluss auszahlen.

Wege in die Produktentwicklung

Einstellungsleiter favorisieren qualifizierte Bewerber mit einer Grundlagenausbildung in Chemie oder Biochemie, vor allem wenn diese von einer renommierten Hochschule kommen. Für weiteren praktischen Rat, siehe Kapitel 3 und 7.

- Viele große Pharmafirmen bieten Sommerpraktika für Studenten an. Praktika ermöglichen einen ausgezeichneten Einblick in die Industrie, und wenn „die Chemie stimmt", dann wartet unter Umständen nach Ihrem Ausbildungsabschluss eine Stelle auf Sie.
- Nehmen Sie an Jobmessen und an Veranstaltungen zur Personalrekrutierung auf dem Universitätscampus sowie an Chemie-Tagungen

teil, bei denen Sie Netzwerke knüpfen und sich über Firmen erkundigen können. Das Zusammentreffen mit Firmenangestellten hilft eventuell, Ihre Karriereziele weiterzuentwickeln und festzustellen, zu welcher Firma Sie passen (*cultural fit*). Die American Chemical Society (Amerikanische Chemische Gesellschaft) hält Jobmessen ab und schreibt auf ihrer Website www.acs.org unter „*actions and reactions*" Stellen aus. Auch in Deutschland bieten Berufs- und Wissenschaftsverbände Jobmessen an.

- Einige wenige ausgewählte Universitäten lehren Prozessentwicklung, dazu gehören das MIT (Massachusetts Institute of Technology), die Universität von Kalifornien, die Universität von Minnesota, die Universität von Colorado und die Universität von Iowa [Anm. d. Übers.: in Deutschland z. B. an der Fachhochschule Köln in Gummersbach].
- Arbeiten Sie bei Firmen, bei denen Sie die breitestmögliche Ausbildung erhalten, um Ihren Hintergrund in analytischer, mechanistischer und Synthesechemie zu stärken.
- Denken Sie daran, dass es Industrien gibt, die Ausrüstungen, industrielle Enzyme, Reagenzien usw. für die Produktentwicklung biologischer Präparate und Pharmaka herstellen. In diesen Unternehmen ergeben sich Berufschancen für technische Spezialisten oder Wissenschaftler in der Produktentwicklung. Erwägen Sie auch, zu Vertragsunternehmen zu gehen, die dem Biopharmasektor ihre Dienste anbieten.

Empfohlene Schulung, Berufsverbände und Quellen

Kurse und zertifizierte Programme

Statistik

Gesellschaften und Quellen

Bundesverband der Pharmazeutischen Industrie (www.bpi.de)

Deutsche Gesellschaft für experimentelle und klinische Pharmakologie und Toxikologie (www.dgpt-online.de/)

Kontaktstelle für Information und Technologie (www.kit.uni-kl.de). Dienstleistungszentrum der TU Kaiserslautern mit Veranstaltungen und Informationen für Wirtschaft und Wissenschaft

Gesellschaft Deutscher Chemiker e.V. (www.gdch.de)

DECHEMA Gesellschaft für Chemische Technik und Biotechnologie e.V. (www.dechema.de)

Deutsche Vereinte Gesellschaft für Klinische Chemie und Laboratoriumsmedizin e.V. (www.dgkl.de)

American Chemical Society (Amerikanische Chemische Gesellschaft; www.acs.org oder www.chemistry.org)

American Association of Pharmaceutical Scientists (Amerikanische Gesellschaft der Pharmazeuten; www.aaps.org): Diese Gruppe hat eine Sektion, die ihren Schwerpunkt auf der pharmazeutischen Prozessentwicklung, Pharmakodynamik und pharmazeutischen Entwicklung hat. Innerhalb der AAPS gibt es eine Analyse- und pharmazeutische Qualitätssektion (APQ), die die Analytik mit der Bioanalytik verbindet.

Verband Biologie, Biowissenschaften & Biomedizin in Deutschland (www.vbio.de)

European Medicines Agency (www.emea.europa.eu): Diese Quelle liefert eine gute Übersicht über die Arzneimittelforschung, -entwicklung und die -vorschriften.

U. S. Food and Drug Administration (FDA, US-amerikanische Bundesbehörde für Lebensmittel und Arzneimittel; www.fda.gov): Diese Quelle liefert eine gute Übersicht über die Arzneimittelforschung, -entwicklung und die -vorschriften.

American Society of Gene Therapy (Amerikanische Gesellschaft für Gentherapie; www.asgt.org)

American Society for Cell Biology (Amerikanische Gesellschaft für Zellbiologie; www.ascb.org)

Allgemeine Biotechnologiegesellschaften

Biotechnology Industry Organization (Verband der Biotechnologieindustrie, BIO; www.bio.org)

Zeitungen und Fachzeitschriften

Genetic Engineering News (www.genengnews.com)
Chemical & Engineering News (www.acs.org)
The Journal of Organic Chemistry (http://pubs.acs.org/journals/joceah/index.html)
Tetrahedron letters (www.elsevier.com)
BioProcessing Journal (www.bioprocessingjournal.com)
Organic Preparations and Procedures International (OPPI; www.oppint.com)
Nature Biotechnology (www.nature.com)
Science Magazine (www.sciencemag.org)
Journal of Chromatography
Journal of the American Chemistry Society

Bücher

Friary R (2006) Jobs in the drug chemistry: A career guide for chemists. Academic Press, San Diego
Bücher über Pharmakokinetik von Leslie Benet
Bücher von Malcolm Rowland

Freie Websites mit Biotechnologienachrichten und Ankündigungen von Konferenzen

FierceBiotech (www.fiercebiotech.com)
BioSpace (www.biospace.com)
Biotechnology Industry Organization (BIO; www.bio.org)

16 | Biodatenverwaltung

Die Kombination aus Informatik und Biowissenschaften

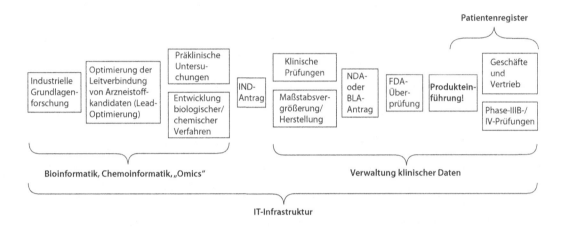

Wenn Sie ein Wissenschaftler sind, der an Informatik interessiert ist, oder wenn Sie einen Hintergrund in der Informationstechnologie (IT) haben und mehr über eine Laufbahn in der Biotechnologie- und Pharmaindustrie erfahren möchten, dann erwägen Sie, Ihre Interessen miteinander zu verbinden, indem Sie in der Biodatenverwaltung arbeiten. Es ergeben sich Berufschancen in der Validierung von Computersystemen, Datenverwaltung, Algorithmen-Entwicklung, Software-Entwicklung, Qualität und Regelbefolgung. Diese Jobs sind gut bezahlt und einigermaßen sicher, zumindest wenn man eine entscheidende Karriereschwelle überschritten hat. Firmen entwickeln laufend neue Wege für den Einsatz der Computertechnologie, um die Entdeckung neuer Arzneimittel zu beschleunigen, und das Wachstum vollzieht sich in diesem Bereich rasch.

Ein positiver Aspekt dieses Berufszweiges ist, dass er die Chance bietet, ein wesentlicher Bestandteil einer großen Industrie zu werden, die sich für die Entwicklung neuer Arzneimittel engagiert, um die Welt-

Tauschen Sie Ihr Reagenzglas gegen eine Computertastatur ein!

Eines der Ziele der Biodatenverwaltung ist die Umwandlung einer biologischen Fragestellung in eine Aufgabe, die von einem Rechner ausgeführt werden kann.

gesundheit zu verbessern. Man kann hier persönlich „etwas bewirken" und die Vorteile eines innovativen Industriezweiges für sich nutzen.

Die Bedeutung der Biodatenverwaltung in der Biotechnologie ...

Daten sind von entscheidender Bedeutung in der Arzneistoffforschung und -entwicklung.

Das letztendliche Ziel der IT ist es, die computergestützte Arzneistoffforschung und -entwicklung voranzutreiben. Die Verbreitung der Computeranwendungen hat in der Vergangenheit exponentiell zugenommen, und die IT spielt heute eine unverzichtbare Rolle in der Industrie. Biopharmafirmen investieren in Systeme zur Biodatenverwaltung, um die Geschwindigkeit und die Effizienz der Produktentwicklung zu steigern. Um die riesigen Datenmengen zu verkraften, die erzeugt werden, vollzieht die gesamte Industrie einen enormen Wandel, von der Datenerfassung und -verwaltung auf Papier hin zur elektronischen Erfassung und Verwaltung. Computer werden eingesetzt, um die chemischen und biologischen Prozesse besser zu verstehen und um Geschäftsvorgänge zu realisieren, wie z. B. Gehaltsabrechnungen, Terminierung und Berichterstellung sowie als Werkzeug in den Biopharmadisziplinen. Personen, die sowohl in der IT als auch in der Arzneimittelentwicklung erfahren sind, sind stark gefragt, und man geht davon aus, dass diese Nachfrage noch steigen wird.

Berufslaufbahnen: Biodatenverwaltung

Je nachdem, mit wem Sie sich unterhalten, hat der Begriff „Bio-IT" viele mögliche Bedeutungen.

Die Datenverwaltung ist wahrscheinlich einer der sich am schnellsten entwickelnden Bereiche in der Industrie. Aufgrund des hohen Tempos, mit dem neue IT-Werkzeuge Einzug in die Biopharmawelt halten, ändern sich die bestehenden Jobbeschreibungen ständig und neue Berufe tauchen auf. Berufe in der IT voneinander abzugrenzen ist so, als ob man auf ein sich ständig bewegendes Ziel schießt, und die Berufsbezeichnungen ändern sich häufig. Entsprechend ändern sich die Titel, Aufgaben und Organisationsstrukturen der IT-Abteilungen.

Die meisten Firmen differenzieren zwischen ihren IT-Infrastruktureinrichtungen und Biodatenverwaltungs(Bio-IT)-Abteilungen. Um es allgemein auszudrücken: Mit einem reinen IT-Hintergrund kann man eine Arbeit in Abteilungen finden, die sich mit der Infrastruktur und Datenverwaltung beschäftigen, aber kombinierte Biologie- und Informatikqualifikationen ermöglichen eine Karriere in Bio-IT-Abteilungen.

Es besteht ein enormer Unterschied zwischen einer Arbeit in einer reglementierten und einer nicht reglementierten Umgebung.

Wenn man die Karrieremöglichkeiten betrachtet, so ist zu bedenken, dass zwischen der Arbeit in einem regulierten und weniger regulierten Bio-IT-Bereich ein großer Unterschied besteht. Zu den FDA-reglementierten Bereichen gehören beispielsweise die Fertigung, Qualitätskontrolle und Prozessdaten, klinische Datenverwaltung, Dokumentenverwaltung, Änderungssteuerung, Software- und Hardware-Validierung. In einer reglementierten Umgebung existieren strenge Qualitätssicherungen, die auf Systeme und Verfahren angewandt werden. Dies bedeutet, dass es hier weniger Programmiertätigkeiten gibt, aber mehr Arbeit in den Bereichen Dokumentation, Qualifikationsprotokollierung und -testung anfällt. Darüber hinaus wird viel Wert darauf gelegt, dass Prozesse und Verfahren den Vorschriften, internen Richtlinien und Standardarbeitsanweisungen (SOPs, *standard operating procedures*) entsprechen.

Die FDA-Vorschrift für Computersysteme: 21 CFR Teil 11

Die FDA-Vorschrift für Computersysteme heißt „21 CFR Teil 11". Sie deckt viele Bereiche ab, dazu zählen Sicherheit, Daten- und Aufzeichnungsschutz und Nachweiskenndaten. Das Ziel ist, zu gewährleisten, dass Systeme sicher sind und die Echtheit, Vollständigkeit und Vertrauenswürdigkeit der elektronischen Daten aufrechterhalten wird. Die Vorschriften gestatten, dass elektronische/digitale Unterschriften ebenso rechtlich bindend sind wie handschriftliche.

Im Folgenden finden Sie eine Zusammenstellung einiger Berufszweige und Abteilungen, die in der Datenverwaltung der Biopharmaindustrie vorkommen.

Informatik

Informatik ist eine allgemeine Bezeichnung, die sich auf den Vorgang der Datenerfassung bezieht und die Klassifizierung, Kommentierung und Speicherung der Daten beinhaltet. Bioinformatik, Chemoinformatik und Verwaltung klinischer Daten sind spezielle Informatikanwendungen.

Bioinformatik

In der klassischen Bioinformatik dienen IT-Werkzeuge dazu, um mehr über ein bestimmtes Gen oder Protein zu erfahren. Die Bioinformatik verwendet Algorithmen für die Suche nach (oder Nachahmung) einer bestimmten DNA- oder Aminosäuresequenz in Datenbanken. Die Bioinformatik umfasst auch die Entwicklung von Werkzeugen, die es ermöglichen, den Zugang zu Informationen über bestimmte Gene oder Proteine zu erhalten. Dazu zählt beispielsweise zu welcher Proteinfamilie ein Protein gehört, wo es in der Zelle vorkommt, was seine möglichen Aufgaben sind und an welchem biologischen Zellvorgang es unter Umständen teilnimmt (z. B. Zellzyklus, Apoptose). Auch ein Vergleich der Genexpressionsprofile von erkranktem und nicht

Bioinformatik ist die mathematische Darstellung der Chemie und Biologie.

erkranktem Gewebe bringt wertvolle Erkenntnisse und gibt Hinweise darauf, welche Arzneimittelklassen auf das Protein abzielen könnten.

Chemoinformatik

Chemoinformatik ist die Informatik der Chemie.

Chemoinformatik, auch als Cheminformatik oder Chemieinformatik bezeichnet, ist die Informatik der Chemie. Sie beinhaltet die Anwendung der Informatik auf chemische Daten, um Produkte zu analysieren und aussichtsreiche Leitsubstanzen für Arzneistoffkandidaten zu ermitteln.

Für die Chemoinformatik gibt es zahlreiche Anwendungen in der Arzneistoffforschung. Ein Beispiel ist die Verwendung von Computermodellen, um Vorhersagen über mögliche chemische Bindungseigenschaften eines Proteins zu treffen. Chemoinformatikanwendungen dienen auch dazu, aktive Bestandteile in Molekülgemischen zu ermitteln (als „CombiChem" bekannt). Chemiker synthetisieren Moleküle, mischen diese und untersuchen die Aktivität der Mischung. Wenn die Mischung funktioniert, dann verwenden sie die Chemoinformatik, um den wirksamen Bestandteil zu finden.

Die „Omics"

Außer der Bioinformatik und der Chemoinformatik gibt es weitere Wissenschaftsdisziplinen. Die Genomics, Proteomics und die Systembiologie (diese werden zusammengefasst als „Omics" bezeichnet). Diese Bereiche basieren stark auf Informatikanwendungen und Computersystemen.

Medizinische Informatik

Die Medizinische Informatik beschäftigt sich mit der Verwaltung und Erfassung von Daten aus klinischen Prüfungen. Die Mitarbeiter, die mit der Verwaltung klinischer Daten und Statistik befasst sind, haben die Aufgabe, Versuchsergebnisse und weitere Informationen zu interpretieren und für Berichte aufzubereiten. Sie sind auch an der Validierung und Testung von Daten beteiligt, ebenso am Entwerfen von Datenbanken und Arbeitsabläufen. Die Laufbahnen in der Verwaltung klinischer Daten sind in Kapitel 10 ausführlicher beschrieben.

Labor-Informations-Management-Systeme (LIMS)

LIMS ist ein elektronisches System, das entwickelt wurde, um im Labor erzeugte Daten zu erfassen, zu handhaben und einen firmenweiten Zugang zu diesen Daten zu ermöglichen. Chemiker und Biologen können z. B. ihre Daten in eine zentrale LIMS-Datenbank eingeben, wo die Information von Teammitgliedern und von Mitgliedern anderer Abteilungen verfolgt und analysiert werden kann.

Elektronische Datenerfassung, eNotebooks, FDA-Einreichungen, ePRO

Die gesamte Industrie vollzieht einen Wechsel hin zur elektronischen Datenerfassung. So werden beispielsweise heute die klinische Datensammlung, Ergebnisse elektronischer Patientenberichte (ePRO, *electronic patient reported outcomes*), Forschungsdateneinträge und FDA-Anträge elektronisch gehandhabt. Elektronische Notizbücher (eNotebooks) ersetzen die Laborbücher und schaffen einen elektronischen Überblick über die Experimente. Indem sich die Industrie zunehmend automatisiert, erzeugen Geräte Daten, und es werden neue Möglichkeiten entwickelt, um die Daten zu erfassen, abzurufen, zu analysieren und zu archivieren. Die elektronische Einreichung von Arzneistoffsicherheitsberichten ist bei den meisten europäischen Behörden verpflichtend und wird auch schon bald von der FDA vorgeschrieben werden.

Dokumentenverwaltung

Riesige Informationsmengen werden gespeichert und so strukturiert, dass sie leicht abrufbar sind. Wegen der strengen Behördenrichtlinien betreiben die meisten Abteilungen ein spezielles System zur „Dokumentenverwaltung", das diesen Zweck erfüllt. Um mehr darüber zu erfahren, siehe Kapitel 11 und 12.

Patientenregister

Patientenregister sind Datenbanken, die Informationen über Patienten mit besonderen Krankheiten enthalten oder über solche, die spezielle Behandlungen erhalten. Die Register können vielfältig genutzt werden, sie dienen hauptsächlich dazu, Auskunft darüber zu geben, ob ein therapeutisches Produkt für den Patienten von Nutzen war oder nicht. Ärzte nutzen Register auch, um die richtige Medikation für eine Krankheit zu ermitteln. Dies wird in Kapitel 11 ausführlicher beschrieben.

Business-Anwendungen

Es gibt viele geschäftsorientierte Computeranwendungen. Computeranwendungen und Systeme werden in nahezu jedem Bereich eingesetzt, angefangen von der industriellen Grundlagenforschung, über das Marketing, bis hin zum Finanzwesen. So verfolgen beispielsweise Systeme (CRM, *customer relationship management*) den Umgang mit den wichtigen Meinungsführern, helfen bei der Durchführung von Marktanalysen und geben Auskunft darüber, wie oft Arzneimittel auf Rezept verordnet werden.

Hardware-Entwicklung und Konfiguration

Der Begriff Hardware bezieht sich auf die Computer und Chips, die in der Biotechnologie- und Pharmaindustrie verwendet werden. Die meisten Hardware-Anbieter haben eine Biosparte. Diese Hardware-Spezialistenteams für den Bereich Biowissenschaften arbeiten daran, Computerprobleme, die spezifisch sind für die Arzneimittelforschung und -entwicklung, zu lösen. Es gibt viele Anbieter und Unternehmensberatungsfirmen, die auf diesem Gebiet tätig sind.

Software-Entwicklung

Viele Software-Firmen und Programmierer entwickeln kundenspezifische Software für Anwendungen in der Bio- oder Chemoinformatik, beispielsweise zur DNA-Sequenzierung, zur Erstellung von Genexpressionsprofilen, interaktive Spracherkennungssysteme für klinische Prüfungen, Software für die Verwaltung von Daten aus klinischen Prüfungen u. a.

Unternehmens-IT oder IT-Infrastruktur

Die IT-Infrastruktur befasst sich mit der Konfigurierung und Bedienung von Computern. Zu diesen Betriebsmitteln zählen unter anderem Netzwerkverbindungen und Router, Netzknoten (Hubs), Schalter, Funktionseinheiten für relationale Datenbankmanagementsysteme (RDMS), Laptops, aber auch die Datenspeicherung und Datensicherung, E-Mails sowie Websites. Im Allgemeinen sind diese Spezialisten nicht biotechnologiespezifisch, und die Computerbenutzer kommen nicht in direkten Kontakt mit ihnen. Viele große Firmen haben auch einen internen IT-Helpdesk (IT-Informationsdienst), um Computerprobleme zu lösen.

IT-Qualität und Validierung

Da die Pharmaindustrie FDA-reglementiert ist, werden die Computersysteme und digitalen Abläufe einer strengen Überprüfung unterzogen, und sie müssen die Richtlinien erfüllen. IT-Qualitätsabteilungen sind nötig, um Geschäftsabläufe zu bewerten, zu prüfen und zu inspizieren und um sicherzustellen, dass Kontrollverfahren und Computersysteme den Vorschriften entsprechen. Die Systeme, die es zu prüfen und zu bewerten gilt, sind zahlreich, hier einige Beispiele: Laborinstrumente, Systeme für die Verwaltung klinischer Daten, Systeme für Sicherheitsberichte, Fertigungssysteme und Systeme für die elektronische Dokumentenverwaltung sowie Fertigungskontrollsysteme. Laufbahnen in der Computervalidierung und IT-Qualität sind in den Kapiteln 10 und 13 ausführlicher beschrieben.

Ein typischer Arbeitstag in der Biodatenverwaltung

Mitarbeiter in der Biodatenverwaltung sehen sich unter Umständen mit einigen der folgenden Aufgaben konfrontiert:

- Anwender dabei unterstützen, Geschäfts- oder Prozesserfordernisse so zu formulieren, dass daraus maßgeschneiderte IT-Lösungen entwickelt werden können.
- Beurteilung geeigneter Technologien und Anwendungen, die auf den Bedürfnissen der Nutzer basieren.
- Projektmanagement oder Projektplanung. Entwickeln von Zeitplänen, sicherstellen, dass durchzuführende Arbeiten auf dem Weg sind.
- Festlegen einer Anwendungsarchitektur, Chiffrierung und Programmierung.
- Dokumentation von funktionalen Spezifikationen, Gerätetests und Entwürfen. Entwickeln von Validierungsplänen, um festzulegen, wie ein System untersucht wird.
- Entwerfen und Testen von Systemen und Instrumenten zur Datensammlung für die elektronische Datenerfassung und -speicherung. Testen von Software und Arbeitsabläufen. Sich mit der Nutzergemeinschaft treffen, deren Bedürfnisse und Vorgaben erfassen, Software konfigurieren und Nutzerprüfungen durchführen.
- Schulung der Endanwender.
- Lösen von computerbezogenen Aufgaben.
- Die neuesten computerbezogenen FDA-Richtlinien im Auge behalten.
- Die Einhaltung der Standards prüfen und dokumentieren.

Gehalt und Vergütung

Im Allgemeinen sind die Gehälter in der IT vergleichbar mit denen in der Qualität und Forschung oder geringfügig höher. Ein höherer Abschluss ist im Gegensatz zur Forschung nicht erforderlich. Im Vergleich zu den Fachleuten in Hightech-Firmen werden die IT-Fachleute in der Pharmaindustrie unter Umständen geringer bezahlt, aber es besteht eine höhere Arbeitsplatzsicherheit. Die Spannweite der Vergütung für die IT-Berufszweige hängt vom Fach ab. Weil die Nachfrage nach Personen, die sowohl in Biologie als auch in Informatik qualifiziert sind, das Angebot übersteigt, werden hohe Gehälter bezahlt.

Wie wird Erfolg gemessen?

Der Erfolg wird zum Teil am Ausmaß der Effizienzsteigerung in einem Unternehmen gemessen: IT-Systeme sind von Nutzen, indem sie Daten automatisieren oder eine bessere Kontrolle über Daten ermöglichen. Behördeninspektionen bestehen und die Erlaubnis bekommen, ein Produkt zu vermarkten, sind ebenfalls Hinweise auf den Erfolg. Individuelle Leistungsbewertungen sind nützlich, dazu zählt auch, ob jemand ein Experte auf einem bestimmten Gebiet geworden ist und ob er über die neuesten Trends auf dem Laufenden ist.

Das Für und Wider der Arbeit

Positive Aspekte einer Laufbahn in der Biodatenverwaltung

Sie können eventuell mehr Geld verdienen, wenn Sie in der Finanzbranche arbeiten, aber die Bio-IT ist sehr viel spannender!

- Im Vergleich zu anderen IT-Bereichen kann die Bio-IT interessanter und befriedigender sein, weil sie möglicherweise die Weltgesundheit positiv beeinflusst.
- Dadurch, dass Sie die Effizienz verbessern und den Mitarbeitern Zeit einsparen, ermöglicht Ihnen ein solcher Job, eine wichtige und wahrnehmbare Rolle in Ihrer Firma zu spielen.
- Es sind schwierige Aufgaben zu lösen, und die Herausforderungen sind faszinierend und komplex. Die intellektuelle Herausforderung des Programmierens kann viel Freude bereiten.
- Sie erhalten die Gelegenheit, viel über Geschäftspraktiken und -prinzipien zu erfahren (und sie sogar zu verbessern).
- Sie können an vorderster Front der Biologie, Chemie und Informatik tätig sein, und es steht Ihnen frei, neue Technologien, Systeme und Abläufe zu erkunden und auszuprobieren. Es besteht eine ausgewogene Mischung aus Wissenschaft und Technik.
- Sie haben die Chance, eine Menge über die Pharmaindustrie zu erfahren, indem Sie deren Computersysteme und Abläufe kennenlernen.
- Projekte sind oft hektisch und Routinearbeiten sind selten.
- Eine IT-Laufbahn bietet die großartige Gelegenheit, mit interessanten Menschen zusammenzukommen, die unterschiedliche Biografien haben. Sie können Freundschaften mit anderen wissenschaftlichen Mitarbeitern schließen. Es hat seinen Reiz, führende Wissenschaftler zu kennen, die bahnbrechende Erfindungen gemacht oder wichtige Arbeiten veröffentlicht haben.
- Es handelt sich um eine stark ergebnisorientierte Tätigkeit. Projekte haben klare Ziele, und auf dem Weg dorthin müssen zahlreiche Einzeletappen zurückgelegt werden. Es ist spannend, neue Daten zu sichten, Tendenzen herauszulesen und das Endergebnis zu erfahren.

- Es handelt sich im Vergleich zur Hightech-Industrie um einen stabilen Industriezweig und die Arbeitsplatzsicherheit in der Pharma- und Biotechnologieindustrie ist im Allgemeinen sehr hoch. Die Nachfrage nach qualifizierten und erfahrenen Mitarbeitern ist groß und das Arbeitsklima gut.
- Wenn Sie gerne Daten analysieren, ohne die schwere Arbeit der Datenerzeugung verrichten zu müssen, dann ist die IT eine ideale Laufbahn. Experimente lassen sich auf Knopfdruck löschen.
- Unter Umständen besteht die Möglichkeit, von zu Hause aus zu arbeiten, dies hängt von der Position und der Firma ab. Im Allgemeinen gilt: In Positionen, die einen intensiven Umgang mit Biologen verlangen, muss man bei den Besprechungen körperlich anwesend sein. Programmierern wird gelegentlich die Heimarbeit gestattet.
- Im Vergleich zu anderen Positionen in der Biotechnologieindustrie sind Dienstreisen eher selten.

Die möglicherweise unangenehme Seite der Biodatenverwaltung

- Da die Computersysteme eine so große Rolle in den Firmen spielen, sind die Nutzer schnell ärgerlich, wenn sie nicht einwandfrei funktionieren. Es gibt häufig Notfälle, und Aufgaben sollen möglichst sofort erledigt werden.
- Biotechnologie-, Pharma- und Medizingeräteindustrie sind streng reglementiert, deshalb ist eine detaillierte Dokumentation erforderlich. Dies gilt insbesondere für die validierten Bereiche, in denen manche Angestellte 75–80 % ihrer Zeit mit nebensächlichen Tätigkeiten zubringen, wie z. B. Dokumente vorbereiten und Gesetzbücher durchsehen. Wenn man unter FDA-Richtlinien arbeitet, dann ist man derart beschränkt, dass die Software-Entwicklung schwierig ist. So sind beispielsweise in einer validierten Umgebung Probleme mit einem Code schwieriger zu beheben, nachdem eine Prüfungsstudie begonnen hat.

  Nach Auffassung der FDA hat eine Sache nicht stattgefunden, wenn sie nicht dokumentiert wurde.

- Die IT ist ein schwer nachvollziehbarer Beruf. Sie müssen Ihren Kollegen unter Umständen ausführlich erklären, was Sie machen und warum sie Ihnen Aufmerksamkeit schenken sollten. Da Systeme so kompliziert sind, tun sich Unternehmen schwer, sich auf alle Eventualitäten vorzubereiten. Auftretende Probleme können Projekte oder Projektabschnitte verzögern, was den Nettoertrag der Firma schmälert.
- Die ständigen Fristen führen zu hohem Stress, insbesondere gegen Ende großer Projekte, wenn sich die Fristen verdichten. Unerwartete Systemprobleme und eine schlechte Planung erhöhen den Druck, die Projekte rechtzeitig fertigzustellen. Computerprobleme sind deutlich wahrnehmbar, was den Druck noch verstärkt.

- Zwischen den Informatikern und Anwendern können sich leicht feindliche Beziehungen entwickeln. Datenverwaltungsanalytiker machen Stichprobenkontrollen von der Arbeit der klinischen Monitore und finden eventuell Fehler. Außerdem haben Wissenschaftler häufig Schwierigkeiten, ihre Bedürfnisse in die Computersprache zu übersetzen oder haben keine Zeit, sich um die technischen Einzelheiten zu kümmern.

Die größten Herausforderungen des Jobs

Die Biologie hinter der IT verstehen

Biologie ist nicht bloß eine Wissenschaft – sie ist eine Kunst und kann manchmal etwas sonderbar sein.

Informatikalgorithmen und chemische Syntheseschritte lassen sich präzise ausdrücken, aber die Biologie ist schwieriger zu verstehen und zu erklären. Es existiert ein enormes biologiebezogenes Wissen, das sich rasch ausdehnt. Vieles ist immer noch unbekannt und die Ergebnisse häufig unvorhersehbar. Biotechnologiefirmen arbeiten an vorderster Front der biologischen Forschung. Ihr eigentliches Kapital sind Forschungsergebnisse und wissenschaftliche Informationen, die sogar Hochschulen nicht zur Verfügung stehen. Infolgedessen kann es beängstigend sein, mit den Anforderungen der Forschung Schritt halten und die neuen hoch entwickelten biologischen Anwendungen verstehen zu müssen.

Den neuesten Fortschritten der Informationstechnologie Rechnung tragen

Der IT-Bereich wandelt sich schnell, und man muss sich Zeit nehmen, bei all den neuen Entwicklungen auf dem Laufenden zu bleiben. Dies gilt insbesondere für die Abwehr von Computerviren.

Richtige Entscheidungen treffen, die auf begrenzten Daten basieren

Zur Bio-IT gehört auch, dass man gelegentlich auf fundierte Vermutungen angewiesen ist.

Diplomatie

Diplomatie ist gefragt, wenn man Anwender darüber unterrichtet, dass sie Dokumente nochmals schreiben müssen, weil diese nicht den FDA-Standards entsprechen. Dies gilt insbesondere für Personen, die in einer validierten Umgebung arbeiten. Es erfordert Taktgefühl, Menschen dazu zu bringen, dass sie gewisse Notwendigkeiten verstehen und nachvollziehen können.

Bezüglich der sich ändernden Behördenlandschaft
auf dem Laufenden bleiben

Die FDA-Vorschriften ändern sich kaum, aber deren Interpretation und die Art und Weise, wie man sie erfüllt, schon. Es kann von Vorteil sein, wenn man Warnbriefe der FDA an andere Firmen, die sich auf deren Computersysteme beziehen, regelmäßig verfolgt und berücksichtigt. Auf diese Weise lernt man die Erwartungshaltung der FDA besser kennen.

Sich in der Biodatenverwaltung auszeichnen ...

Ein tieferes Verständnis davon, wie sich die IT auf die Arzneimittelforschung und -entwicklung anwenden lässt

Personen, die sich in der Biodatenverwaltung behaupten, haben ein umfassendes Verständnis von der Biotechnologie und davon, wie das Betriebsmittel Computer für die Arbeitsabläufe eingesetzt werden kann. Sie blicken hinter die unmittelbaren Verantwortlichkeiten der Datenverwaltung und können Situationen aus Sicht der Anwender oder der Firma betrachten. Indem sie sich optimal auf die Anwender einstellen, können sie deren Bedürfnisse besser befriedigen und fördern nicht nur deren Erfolg, sondern auch den Erfolg der Firma.

Großer Weitblick

Herausragende Fachleute der Biodatenverwaltung können die Konsequenzen ihrer Entscheidungen abschätzen. Sie verstehen beispielsweise, dass die Auswahl der Daten und wie sie gesammelt werden, einen großen Einfluss auf die Ergebnisse und Analysen hat. Sie sind in der Lage, Tendenzen zu erkennen, und zwar nicht nur in Bezug auf die unmittelbare Geschäftsanwendung, sondern auch in Hinblick auf eventuelle Wettbewerbsvorteile gegenüber der Konkurrenz.

Die Fähigkeit, beide Sprachen zu beherrschen

Erfolgreiche Mitarbeiter beherrschen sowohl die biologische als auch die Informatiksprache fließend. Sie nutzen die Fachterminologie, sodass sie von Informatikern und Biologen gleichermaßen verstanden werden.

Sind Sie ein guter Anwärter für die Biodatenverwaltung?

Weil dieses Berufsfeld so viele verschiedene Funktionen und Fachrichtungen zu bieten hat, kommen hier die unterschiedlichsten Persönlichkeiten zum Zuge. Es können sowohl introvertierte Programmierer als auch extrovertierte Analysten auf diesem Gebiet erfolgreich sein.

Menschen, die in einer Laufbahn in der Biodatenverwaltung zur Entfaltung kommen, haben meist die folgenden Eigenschaften:

Ausgezeichnete organisatorische und Multitasking-Fähigkeiten

Um den Nutzern durchdachte Lösungen anbieten zu können, sind organisatorische Fähigkeiten vonnöten. Häufig muss an mehreren Projekten gleichzeitig gearbeitet werden, dies erfordert eine ganzheitliche und geordnete Vorgehensweise.

Gute Problemlösungsfähigkeiten auf der Mikro- und der Makroebene

Die Fähigkeit, winzige Details im Auge zu behalten, ist ebenso wichtig, wie übergeordnete Probleme bei Geschäftsvorgängen lösen zu können.

Gute soziale Kompetenz und eine Team-Player-Haltung

Ihre Arbeit wird wahrscheinlich eine Menge „Teamwork" erfordern. Es ist wichtig, zu Mitarbeitern und Nutzern freundlich zu sein. Dies gilt nicht für alle IT-Positionen; manche Programmierer haben beispielsweise wenig Kontakt mit anderen Menschen.

Toleranz gegenüber ärgerlichen Kunden und die Fähigkeit, sie zu beruhigen

Computer sind nicht perfekt, und Programmierfehler werden schließlich von den Kunden entdeckt. Es ist wichtig zu wissen, wie man mit aufgebrachten Kunden umgeht, ohne deren Ärger persönlich zu nehmen.

Eine Dienstleistungsorientierung

Viele IT-Abteilungen erbringen eine Dienstleistung. Es ist wichtig, dass man kundenorientiert ist, die Fähigkeit besitzt, die Arbeitsabläufe anderer zu analysieren und die Probleme aus deren Sicht sieht. Einen Helferinstinkt zu besitzen, ist von Vorteil.

Ein hohes Maß an Geduld

Manche Nutzer benötigen mehr Zeit als andere, um neue Fertigkeiten zu erlernen. Es kann auch äußerst schwierig sein, im Rahmen der FDA-Vorschriften zu arbeiten; manche Programme, die in zwei Minuten geschrieben werden, benötigen zwei Tage Arbeit, um sie zu dokumentieren. Es ist nützlich, wenn man eine ruhige Persönlichkeit ist und akzeptieren kann, dass Dinge auf eine bestimmte Weise getan werden müssen.

Starke analytische, mathematische und kriminalistische Fähigkeiten

Ein hohes Maß an technischem Interesse und eine Eignung, Software zu programmieren, sind von Vorteil.

Kenntnisse in der Arzneimittelforschung und -entwicklung

Es ist nötig, dass man die richtige Terminologie benutzt und weiß, welche Datenpunkte von Bedeutung sind und welche nicht. Man muss die Daten verstehen, das Gesamtbild begreifen und wissen, wie Vorschriften auf den Vorgang angewendet werden. Nur auf Basis eines umfassenden Verständnisses aller Abläufe ist es möglich, den Datenaustausch zwischen verschiedenen Abteilungen (beispielsweise zwischen der industriellen Grundlagenforschung und der klinischen Entwicklung) zu koordinieren.

Eine flexible Haltung

Prioritätenänderungen und neue klinische Anweisungen kommen häufig vor.

Gute kommunikative Fähigkeiten

Kommunikative Fähigkeiten sind im Umgang mit Mitarbeitern entscheidend, vor allem wenn Dinge nicht optimal laufen, oder um zu erklären, warum Arbeitsabläufe und Vorschriften wichtig sind.

Die Bereitschaft, fortwährend neue Techniken und Fertigkeiten zu erlernen

Die Biologie und die IT sind Gebiete, die sich rasch weiterentwickeln. Sie müssen bei beiden auf dem Laufenden bleiben und Ihre Fertigkeiten weiter verbessern, um Ressourcen optimal zu nutzen.

Die Fähigkeit, den Einzelheiten genaue Aufmerksamkeit zu schenken

Arbeiten in einer validierten Umgebung erfordert eine sorgfältige Aufmerksamkeit für jedes Detail und die Dokumentation aller Schritte eines Vorgangs. Sie müssen unter Umständen Zeit investieren, um verborgenen Problemen auf die Spur zu kommen.

Eine rührige Persönlichkeit mit Eigeninitiative

Die meisten Positionen dieser Art erfordern die Fähigkeit, unabhängig zu arbeiten und die Initiative zu ergreifen.

In der Bio-IT nur wegen des
Geldes zu arbeiten, ist ein
großer Fehler – Kollegen
merken schnell, wenn das
auf Sie zutrifft.

**Sie sollten eventuell eine Laufbahn außerhalb der Biodaten-
verwaltung in Betracht ziehen, falls Sie …**

- jemand sind, der nicht logisch denkt; jemand sind, der impulsiv ist
  oder instinktgetrieben.
- ein Perfektionist oder zu detailorientiert sind.
- ein Nonkonformist sind oder lieber den Weg des geringsten Widerstands gehen (dies gilt besonders, wenn Sie in einem validierten
  Bereich arbeiten).
- jemand sind, der nicht mit Deadlines umgehen kann.
- nur in diesem Bereich arbeiten, um Geld zu verdienen.
- nicht bereit oder unfähig sind, die Bedürfnisse der Anwender zu
  respektieren.

Das Karrierepotenzial in der Biodatenverwaltung

Im IT-Bereich kann man sich als Experte in einem bestimmten Gebiet qualifizieren und hoch spezialisierte Programmierfähigkeiten entwickeln, ohne mit Menschen umgehen zu müssen. Wenn Sie am gehobenen Management interessiert sind, können Sie schließlich Leiter der Technologieabteilung (CIO, *chief information officer*), Vizepräsident der Forschungs- und Entwicklungs-IT oder leitender technischer Geschäftsführer (CTO, *chief technology officer*) werden (Abb. 16.1). Eine Beratertätigkeit ist eine übliche Karriere, ebenso eine Tätigkeit bei einem der vielen Dienstleister, die sich auf IT-Lösungen für die Biowissenschaften spezialisiert haben.

Falls Sie nicht beabsichtigen, in der Datenverwaltung zu bleiben, gibt es andere Orte, wo Sie Ihre Fertigkeiten einsetzen können. In der Bio-IT kommt man mit vielen verschiedenen Aufgabenfeldern in Kontakt, dazu gehören z. B. die klinische Entwicklung, die Fertigung und

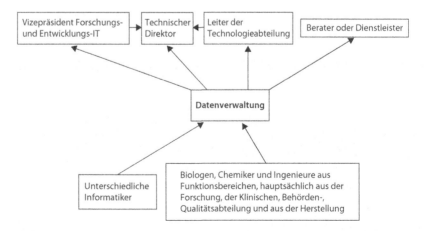

Abb. 16.1 *Übliche Karrierewege in der Biodatenverwaltung.*

die Arbeitsprozesse. Ein anderer Bereich ist das Patentrecht, in dem ein erfahrener Informatiker interessante Betätigungsfelder finden kann.

Jobsicherheit und Zukunftstrends

Es besteht eine große Nachfrage nach Personen mit biotechnologie-spezifischen IT-Kenntnissen und Erfahrungen. Es ist relativ einfach, Angestellte mit allgemeiner Computererfahrung zu finden, aber jene, die Computerkenntnisse in Kombination mit Erfahrungen in der Arzneimittelforschung und -entwicklung, Qualität oder Wissenschaft aufweisen, sind rar.

Manche Bereiche haben Auf- und Abschwünge erlebt. Während der Genomics-Epoche hat die Industrie eine enorme Nachfrage nach Bioinformatikexperten erlebt. Aufgrund des starken Zuwachses an Bioinformatikprogrammen, die von Universitäten angeboten werden, und des wirtschaftlichen Misserfolges vieler Genomics-Firmen, sank die Nachfrage. Dies mag sich in Zukunft wieder ändern; worauf es ankommt ist, dass man anderen voraus ist und bezüglich der neuesten technologischen Fortschritte auf dem Laufenden bleibt.

Die Bio-IT ist modern und unbeständig.

In der Biodatenverwaltung besteht eine höhere Arbeitsplatzsicherheit als in der Forschung. Die Laborwissenschaftler sind Spezialisten in bestimmten Therapiefeldern und Fachgebieten, deshalb ist es häufig schwierig für sie, eine Position zu finden, die zu ihrem speziellen Fachwissen passt. Die Fertigkeiten der Biodatenverwaltung werden jedoch in jeder Biopharmafirma gebraucht, ungeachtet des therapeutischen Fachgebiets.

In Biotechnologiefirmen, insbesondere in neu gegründeten, ist nichts sicher. Die Industrie ist unbeständig und häufig von Behördenentscheidungen und Börsenkursen abhängig. Wenn eine Arzneimittelzulassung abgelehnt oder verzögert wird, dann ist ein Stellenabbau zu erwarten. Da IT-Fachleute jedoch wichtige Aufgaben bei der Datenkontrolle erfüllen und die Aufrechterhaltung der IT-Infrastruktur gewährleisten, haben sie einen relativ sicheren Arbeitsplatz.

Manche Aufgaben, wie die Software-Entwicklung, LIMS, Validierung und insbesondere Helpdesk-Aufgaben, laufen Gefahr, ins Ausland verlagert zu werden. Zentrale Schnittstellen können die Firmen aber nicht auslagern, weil die Menschen, die an Besprechungen teilnehmen, mit den Endanwendern persönlichen Kontakt haben müssen.

Einen Job in der Biodatenverwaltung bekommen

Erwünschte Ausbildung und Erfahrungen

Es gibt viele IT-bezogene Positionen in Biotechnologie- und Pharmafirmen, aber es ist schwierig, hier einen Fuß in die Tür zu bekommen.

Die Mitarbeiter der Bio-IT kommen aus allen möglichen Fachgebieten und haben sehr unterschiedliche Werdegänge, und die Berufserfahrung scheint wichtiger zu sein als Ausbildungsqualifikationen.

Für viele Positionen ist es hilfreich, ein fundamentaleres Verständnis von der Biologie als von der Informatik zu haben. Die Informatik ist ein sehr analytisches und logisches Feld, wohingegen die Biologie viele subtilere Nuancen aufweist, deren Verständnis mehr Schulung benötigt. Die Biologie ist ein sehr umfangreiches Wissensgebiet und die Informationsmenge wächst stetig.

Die meisten Angestellten haben einen wissenschaftlichen oder technischen Hintergrund. Etwa die Hälfte hat eine wissenschaftliche Ausbildung, entweder in Chemie, Biologie oder Mikrobiologie, und je nach Position kommen Ph.-D.- oder Master-Abschlüsse häufig vor. Die andere Hälfte hat Erfahrungen mit Datenbanken, Anwendungen oder Software-Entwicklung. Es ist von Vorteil, wenn man einen Informatik- oder Ingenieursabschluss besitzt. Für die Bioinformatik ist ein Ph.-D.- Abschluss die Norm.

Die Karrierewege unterscheiden sich enorm, und es gibt viele Möglichkeiten, sich in dem Bereich zu etablieren. Mit einer Ausbildung in Chemie, Biologie oder in der Produktentwicklung ist ein Einstieg von der Anwenderseite aus möglich. Bereiche mit einem relativ leichten Zugang sind die Datensuche oder die Laborautomatisierung, dazu muss man Roboter programmieren können. Biologen, die mit großen Datenreihen oder in der Datenverwaltung arbeiten, können leicht die Computerfertigkeiten lernen, die für einen Wechsel nötig sind. Für jene mit einem Computerwerdegang gibt es mehrere Wege, um in die Bio-IT zu gelangen. Die Infrastruktur ist unter Umständen der beste Ausgangspunkt für diejenigen, die keinen wissenschaftlichen Werdegang haben. Weitere Bereiche sind die Labordatenverwaltung und die Entwicklung der Qualitätskontrolle.

Berufsanfänger in der Datenverwaltung kommen normalerweise aus der klinischen Entwicklung. Viele haben einen B.-Sc.- oder Informatikabschluss. Die Jobanwärter kommen aus der Krankenpflege, aus klinischen und IT-Abteilungen sowie aus der Datenerfassung. Wissenschaftliche Mitarbeiter in der klinischen Forschung (CRAs, *clinical research associates*) mit Monitorerfahrung haben ideale Voraussetzungen.

Wege in die Biodatenverwaltung

Wege für Informatiker und Biologen

- Ziehen Sie in Betracht, sich bei einer der vielen Firmen zu bewerben, die für die Industrie IT-Dienstleistungen anbieten; klinische Forschungsunternehmen, Vertragsforschungsunternehmen (CROs, *contract research organizations*), LIMS-Firmen, Instrumentenhersteller, Firmen, die Automatisierungstechniken und Verwaltungssysteme für klinische Prüfungen herstellen, ePRO, Warenwirtschaft (ERP, *enterprise resource planning*), interaktive Sprachausgabedienste (IVRS, *interactive voice response service*) usw. Positionen bei Anbietern gibt es reichlich. Man kann als Anwendungsspezialist beginnen, als Ingenieur, als Geschäftsanalytiker, im Vertrieb, im Marketing, als Berater u. a. Wenn man für einen solchen Dienstleister arbeitet, so ermöglicht dies auch den Sprung in eine leitende technische Position oder in eine leitende Position in der Informationstechnologie. Tatsache ist, wenn Sie ein erfahrener Mitarbeiter in einer Biotechnologie- oder Pharmafirma sind, kann Ihre Karriere beträchtlich Fahrt aufnehmen, wenn Sie sich entschließen, zu einem Dienstleister zu wechseln. Es ist im Allgemeinen einfacher, bei einer Dienstleistungsfirma beschäftigt zu werden als bei einer Biopharmafirma.

- Messen und Industriekongresse sind fantastische Orte, um Anbieter und Nischendienstleister zu treffen. Die meisten Software- und Hardwarefirmen und Industrieriesen wie IBM haben bei solchen Veranstaltungen Stände.
- Erwägen Sie, zu einer Managementberatungsfirma zu gehen. Diese arbeiten an Projekten für Krankenhäuser und große Pharma- und Biotechnologiefirmen.
- Die Industrie verwendet meist die Oracle-Datenbankplattform und eines von mehreren elektronischen Dokumentenverwaltungssystemen. Vertiefen Sie Ihre Kenntnisse über Oracle und Structure Query Language (SQL, Datenbanksprache zur Definition, Abfrage und Manipulation von Daten in relationalen Datenbanken). Erwerben Sie Qualifikationen in einem Statistischen Analysesystem (SAS), DB(Datenbank)-, SQL-, Documentum- oder Oracle-Datenbank-Kenntnisse.
- Für die verschiedenen Fachgebiete, z. B. Verwaltung klinischer Daten, Bioinformatik, Dokumentenverwaltung und Informatik, kann man Zertifikate erwerben.
- Für Berufseinsteiger ist eine Position in der Dateneingabe zu erwägen. Ein Aufstieg ist hier schnell möglich.
- Ziehen Sie in Betracht, Projektmanagementfertigkeiten oder eine Zusatzqualifikation in Projektmanagement zu erwerben, wenn Sie Ihre Chancen für berufliches Fortkommen erhöhen wollen. Mehr darüber finden Sie in Kapitel 9.
- Die FDA stellt Positionen für Computersystemexperten und -inspektoren bereit. Schauen Sie im Internet unter www.usphs.gov, um mehr darüber zu erfahren.

Wege für Informatiker

- Bewerben Sie sich auf Stellen, für die Sie bereits Erfahrung mitbringen, z. B. auf Stellen in der Netzwerkkonfiguration oder als Oracle-Datenbankadministrator.

- Denken Sie über Infrastruktur-, Computervalidierungs- oder LIMS-Positionen nach. Für Einstiegspositionen braucht man keinen biologischen Hintergrund, und die genannten Jobs sind am leichtesten zu bekommen.
- Gehen Sie zu Firmen, welche die Pharmaindustrie unterstützen, wie Oracle und IBM. Nahezu jede pharmazeutische oder Biotechnologiefirma verwendet Oracle-Datenbanken und IBM-Hardware-Server.
- Werden Sie Experte für die Programme, die in der Arzneimittelforschung und -entwicklung eingesetzt werden. Es existiert auch eine bestimmte Anzahl von Software-Systemen zur Arzneimittelsicherheit. Lernen Sie, wie man mit diesen Programmen umgeht, machen Sie ein Praktikum oder arbeiten Sie ein paar Monate kostenlos. Erlernen Sie für Positionen in der klinischen Analyse die SAS-Programmierung.
- Machen Sie sich mit der medizinischen Terminologie und medizinischen Konzepten vertraut und entwickeln Sie ein umfassenderes Verständnis von den komplexen Abläufen in der Arzneimittelforschung und -entwicklung.
- Wenn Sie an Bioinformatik interessiert sind, dann bilden Sie sich in den wissenschaftlichen Disziplinen Allgemeine Biologie, Genetik und Molekularbiologie weiter. Letzten Endes kommen Sie eventuell um einen Ph.-D.-Abschluss in den Biowissenschaften nicht herum. Es gibt Bioinformatik-Master-Programme und Zertifikate; obwohl diese Programme auf ein wissenschaftliches Arbeiten vorbereiten, ist es besser, wenn man ein solides Fundament an biologischem Wissen mitbringt.
- Lernen Sie mehr über Computersysteme. Besuchen Sie Computervalidierungskurse, lesen Sie die FDA-Richtlinien und machen Sie sich mit den wesentlichen Konzepten vertraut.
- Sammeln Sie Erfahrungen mit dem Arbeiten in einer reglementierten Umgebung. Sie können in beinahe jedem Industriezweig in der Computervalidierung arbeiten. Diese Erfahrung qualifiziert Sie möglicherweise für einen Job in der Biotechnologie.

Wege für Wissenschaftler mit einem Interesse an einer Laufbahn in der Informationstechnologie

- Ergattern Sie einen Job, bei dem es um die Erzeugung, Handhabung oder Verwaltung von Daten geht. Dies kann die Verwendung einer einfachen Excel-Tabellenkalkulation sein oder der Einsatz von Bioinformatik-Anwendungen.
- Erwägen Sie, ein Microsoft- oder Java-Zertifikat zu bekommen, mit dem Sie sich als Experte qualifizieren können. Manche Kurse stehen online zur Verfügung und sind in sechs Wochen zu bewältigen.

- Besuchen Sie einige Computerkurse, z. B. Grundlagen des Programmierens, Computeralgorithmen, Java, XML und C++. Entwickeln Sie Fertigkeiten zur Softwareprogrammierung und zum Aufbau von Datenbanken.
- Lernen Sie flüssig einige Skriptsprachen und entwickeln Sie Tools, um detailorientierte Fragen zu beantworten. Vielleicht erwägen Sie eine Einstiegsposition in der Dateneingabe der Datenverarbeitung. Sie können schnell in die „Datenqualität" oder die „Datenintegration" aufsteigen.
- Ein guter Weg, um praktische Erfahrungen zu sammeln, ist die Übernahme von Laborautomatisierungs-Verantwortlichkeiten. Hierzu gehört die Programmierung von Robotern, die mit Flüssigkeiten hantieren oder die Ergebnisse umfangreicher Versuchsanordnungen auswerten.
- Werden Sie als Laborwissenschaftler ein intensiver Softwarenutzer, und stellen Sie fest, ob Sie das interessiert.
- Wenn Ihnen der Vertrieb und der Umgang mit Kunden liegt, erwägen Sie eine Position als Applikationsspezialist oder in der Schulung bei Firmen, die entsprechende Produkte anbieten, oder bei Dienstleistungsfirmen. Manche Unternehmen entwickeln umfangreiche Software-Anwendungen. Derartige Stellen sind in Kapitel 20 ausführlicher beschrieben.

Empfohlene Schulung, Berufsverbände und Quellen

Kurse und zertifizierte Programme

Einführungskurse zur Datenverwaltung, Bioinformatik, Chemoinformatik und Computervalidierung.

Internetportal (www.chemie.de) bietet verschiedene Fortbildungen und Tagungen zur Informatik in den Naturwissenschaften an.

Zahlreiche Programme von Universitäten und Angliederungen. Manche Universitäten bieten Spezialisierungen in Form von Aufbaustudiengängen an.

Gesellschaften und Quellen

Die Drug Information Association (Gesellschaft für Arzneimittelinformation; www.diahome.org) ist die größte und umfassendste Gesellschaft für die Pharmaindustrie. Sie hat eine spezielle Interessengruppe für die Datenverwaltung und bietet spezielle Konferenzen an.

Das National Center for Biotechnology Information (Nationales Zentrum zur Biotechnologieinformation; www.ncbi.nlm.nih.gov) ist die Institution der NIH (National Institutes of Health), die sich mit der Bereitstellung von Bibliotheksdiensten für Wissenschaftler und IT-Tool-Designer befasst – eine unentbehrliche Quelle.

Das Clinical Data Interchange Standards Consortium (Arbeitsgemeinschaft für den Austausch von Standards für klinische Daten; www.cdisc.org) ist eine von der Industrie geförderte Einrichtung zu Datenstandards für die Interfunktionsfähigkeit von Informationssystemen.

Die International Society of Pharmaceutical Engineering (Internationale Gesellschaft für pharmazeutische Technik; www.ispe.org) ist eine Technikgruppe, die den Schwerpunkt auf dem Einsatz von Maschinen und der Computertechnologie zur Automatisierung der Fertigung hat. Sie bietet eine Reihe von GMP-Handbüchern zur automatisierten Guten Herstellungspraxis an.

Die Parenteral Drug Association (PDA, Gesellschaft für Parenterale Arzneimittel; www.pda.org) gibt eine technische Zeitschrift heraus und berichtet über Kurse in der Qualitätssicherung, der Qualitätskontrolle, Fertigung, Schulung, den Behördenangelegenheiten, der Validierung, Technik und Informationstechnologie, die sie anbietet.

Association for Laboratory Automation (ALA, Gesellschaft für die Laborautomatisierung; www.labautomation.org)

Society for Biomolecular Sciences (Gesellschaft für Biomolekulare Wissenschaft; www.sbsonline.org)

Institute of Validation Technology (Institut für Validierungstechnik; www.ivthome.com)

Das International Quality & Productivity Center (Internationales Zentrum für Qualität und Produktivität; www.iqpc.com) hat seinen Schwerpunkt auf Technologie, Kontrollen und Validierungen.
American Society of Quality (Amerikanische Gesellschaft für Qualität; www.asq.org)

Bücher und Fachzeitschriften

Claverie J-M, Notredame C (2007) Bioinformatics for dummies. Wiley Publishing, Indianapolis, Indiana
Albert B, Johnson A, Lewis J, Raff M, Roberts K, Walter P (2002) Molekularbiologie der Zelle. 4. Aufl. Wiley-VCH, Weinheim
Die Bibel der Molekular- und Zellbiologie.
IT World; eine Fachzeitschrift über Informationstechnologie
Bio-IT World Magazine (www.bio-itworld.com) bietet kostenlose E-Mail-Newsletter und Zeitschrift.
Pharmaceutical Technology (www.pharmtech.com); eine freie Zeitschrift

17 | Geschäfts- und Unternehmens-entwicklung

Warum große Geschäfte wirklich eine große Sache sind

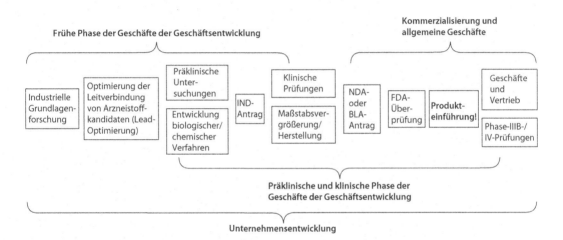

Frühe Phase der Geschäfte der Geschäftsentwicklung

Kommerzialisierung und allgemeine Geschäfte

| Industrielle Grundlagen-forschung | Optimierung der Leitverbindung von Arzneistoff-kandidaten (Lead-Optimierung) | Präklinische Unter-suchungen / Entwicklung biologischer/ chemischer Verfahren | IND-Antrag | Klinische Prüfungen / Maßstabsver-größerung/ Herstellung | NDA- oder BLA-Antrag | FDA-Über-prüfung | Produkt-einführung! | Geschäfte und Vertrieb / Phase-IIIB-/ IV-Prüfungen |

Präklinische und klinische Phase der Geschäfte der Geschäftsentwicklung

Unternehmensentwicklung

Wenn Sie dem Labor entkommen und in einem Bereich arbeiten möchten, der Wissenschaft mit Geschäft verbindet, wenn Sie beim Umgang mit anderen Menschen aufblühen, dann erwägen Sie eine Laufbahn in der Abteilung Geschäfts- und Unternehmensentwicklung. Sie finden hier interessante Positionen, welche die Zukunft einer Firma entscheidend beeinflussen können. Die Aufgaben reichen von der Entwicklung von Strategieplänen über die Auftragsakquise bis zum Abschluss von Geschäften und deren Überwachung. Analyse-, Planungs- und Verhandlungsgeschick sowie Diplomatie sind unbedingt notwendig, ebenso Entschlusskraft und die Fähigkeit, Ungewissheit, Stress und ausgiebiges Reisen zu bewältigen.

Zur Geschäftsentwicklung gehört, dass man sich in der Produktentwicklung etabliert. Man trifft interessante Menschen und erfährt von faszinierenden neuen wissenschaftlichen Entdeckungen.

Geschäfts- und Unternehmensentwicklung in der Biotechnologie

Die Partnerschaft zwischen der Biotechnologie- und Pharmaindustrie kann als Symbiose betrachtet werden. Biotechnologiefirmen sind eher klein und beweglich und erforschen brandaktuelle Technologien. Dies birgt ein hohes Risiko, und es fehlen ihnen normalerweise die finanziellen Mittel, um teure klinische Prüfungen durchzuführen. Die großen und häufig finanzstarken Pharmafirmen sind risikoscheuer und haben das Expertenwissen für die Fertigung, die klinischen Prüfungen und die Vermarktung. Da der Patentschutz ihrer Produkte jedoch irgendwann ausläuft und potenzielle Produkte während der klinischen Prüfungen scheitern können, ergänzen die Pharmafirmen zunehmend ihre eigenen Forschungsanstrengungen, indem sie sich vielversprechende Projekte von Biotechnologiefirmen herauspicken. Die Fachleute der Geschäftsentwicklung identifizieren die Produkte mit dem größten Marktpotenzial, und über Forschungsallianzen und Lizenzverträge entwickeln sie diese Produkte weiter und kommerzialisieren sie. Dadurch versorgen die Pharmafirmen die Biotechnologiefirmen mit den Mitteln und dem Fachwissen, um ihre Produkte entwickeln und vermarkten zu können. Damit erfüllen sie ihre Verpflichtung den Aktionären gegenüber und stellen ein weiteres Wachstum der Firma in der Zukunft sicher. Die Gründung eine Biotech-Pharma-Partnerschaft erhöht sofort den Wert einer Biotechnologiefirma sowie den ihrer Produkte und sorgt für Gewinne, die neue Investitionen ermöglichen.

Die Geschäftsentwicklung im Vergleich zur Unternehmensentwicklung

Die Geschäftsentwicklung befasst sich mit der Erforschung und der Analyse neuer Geschäftsmöglichkeiten, um letztendlich neue Produkte zu erzeugen und diese zu vermarkten.

Der Unterschied zwischen der Geschäftsentwicklung (Business Development) und der Unternehmensentwicklung (Corporate Development) ist verschwommen, und je nach Firma sind die Begriffe manchmal gegeneinander austauschbar. Die Unternehmensentwicklung entwickelt interne Strategien, um sicherzustellen, dass ausreichend finanzielle Mittel und Ressourcen für weitere Firmenaktivitäten zur Verfügung stehen. Die Geschäftsentwicklung wird oft als das Gesicht der Firma nach außen angesehen: Die Mitarbeiter, die die Geschäfte abschliessen (Deal-Maker), handeln nach dem Strategieplan, wie er von der Unternehmensentwicklung und den Führungskräften erstellt wurde.

Es sei darauf hingewiesen, dass dies unter Umständen eine künstliche Unterscheidung ist. In den meisten jungen Biotechnologiefirmen sind Geschäftsentwicklung und Unternehmensentwicklung ein und dasselbe. Wenn Firmen sich entwickeln, werden Geschäfts- und Unternehmensentwicklung in zwei Abteilungen aufgeteilt, obgleich beide weiterhin die finanzielle Unterstützung der Wissenschaftler sicherstellen.

Wichtig ist auch zu wissen, dass in Firmen, die kommerzieller ausgerichtet sind (z. B. Dienstleistungsunternehmen), der Begriff „Geschäftsentwicklung" in Wirklichkeit „Vertrieb" meint. Falls Sie sich also auf eine Position in der „Geschäftsentwicklung" (Business Development) bewerben, vergewissern Sie sich, um welche Art von Anstellung es sich handelt.

Unternehmensentwicklung: die Strategiemacher

Die Hauptaufgabe der Abteilung Unternehmensentwicklung ist, mit den Führungskräften zusammenzuarbeiten, um für die Firma Strategiepläne zu erstellen und Kapital für betriebliche Aufgaben zu beschaffen. Führungskräfte der Unternehmensentwicklung sind unter Umständen an der Erarbeitung von Strategien oder an der Schaffung technischer Plattformen beteiligt, welche die Forschungsprogramme validieren sollen. Sie stellen sicher, dass ein fortschrittliches, diszipliniertes Vorgehen gewählt wird und dass die Wissenschaftler der Firma an sinnvollen Programmen arbeiten, die solide finanziert sind. In jungen Firmen arbeiten die Fachleute der Unternehmensentwicklung häufig mit dem Generaldirektor (CEO, *chief executive officer*) und dem Leiter der Finanzabteilung (CFO, *chief financial officer*) zusammen, um Geld zu beschaffen – gewöhnlich von Risikokapitalanlegern oder Unternehmenspartnern

Geschäftsentwicklung: die „Deal-Maker"

Die vorrangige Aufgabe der Geschäftsentwicklung ist es, Geschäfte zu Ende zu bringen, um den Strategieentwicklungsplan der Firma, wie er vom Führungsteam erstellt wurde, voranzubringen. Sie öffnet Türen für mögliche Partnerschaften und erleichtert den Informationsfluss zwischen den Parteien. Die Geschäftsentwicklung hat das Ziel, Einkünfte zu erzielen, indem sie Vermögenswerte an andere Firmen auslizenziert (*Out-Licensing*) oder Lücken in der Produkt-Pipeline füllt; letzteres bewerkstelligt sie beispielsweise dadurch, dass sie neue Technologien oder Produkte aus externen Quellen akquiriert (*In-Licensing*). In kleineren Firmen gehört der Vorstand der Geschäftsentwicklung zur Führungsmannschaft der Firma.

Die Geschäftsentwicklung ist Aufgabe der gesamten Firma: Die Aufgabe der Fachleute der Geschäftsentwicklung ist es, diesen Vorgang zu dirigieren.

> **Vergleich zwischen *In-Licensing* und *Out-Licensing***
>
> Wenn Produkte oder geistiges Eigentum an andere Firmen verkauft werden, nennt man dies Auslizenzierung (*Out-Licensing*). Im Gegensatz dazu spricht man von Einlizenzierung (*In-Licensing*), wenn Technologien von anderen erworben werden. Die Auslizenzierung erfordert normalerweise mehr Vertriebsmentalität: Wie findet man die besten Kunden, wie erhält man den besten Preis für die Technologien? Die Personen auf der Seite der Einlizenzierung sind eher von der wissenschaftlichen Sorte, die neue Technologien bewerten und analysieren. Sie hinterfragen den Nutzen und die Anwendung der Technologie, entscheiden, ob das Konzept wissenschaftlich sinnvoll ist, ob es gut zu den anderen Programmen oder zu den Unternehmenszielen passt usw. Manche Mitarbeiter spezialisieren sich auf einen Bereich, aber es ist gut, wenn man mit beidem Erfahrung hat.

Berufslaufbahnen in der Geschäfts- und Unternehmensentwicklung

Viele Biotechnologiefirmen haben eine „Alles-aus-einer-Hand"-Geschäftsentwicklung, wohingegen bei Pharmafirmen die Aufgaben und Kompetenzen der Geschäftsentwicklung auf mehrere Bereiche verteilt sind.

Es gibt mehrere Laufbahnen, die in die Kategorie Geschäfts- und Unternehmensentwicklung fallen. Dazu gehören das Portfolio-Management, Suche und Bewertung/Akquisition, wissenschaftliche Lizenzierung, Technologietransfer und Allianzmanagement. Man beachte, dass in den meisten kleineren Biotechnologiefirmen die Fachleute der Geschäftsentwicklung unter Umständen alle diese Aufgaben übernehmen müssen.

Portfolio-Management: das Portfolio analysieren, um eine Strategie zu entwickeln

Wenn Firmen viele Produkte haben, aber nur über beschränkte finanzielle Mittel verfügen, dann müssen sich die Bemühungen auf jene Produkte konzentrieren, welche die höchste Erfolgswahrscheinlichkeit und das größte Renditepotenzial besitzen. Portfolio-Manager berücksichtigen alle Details zu einem Produkt und präsentieren die Daten der Unternehmensentwicklung und der Geschäftsleitung; diese können dann sachkundige Entscheidungen darüber treffen, welchen Produkten der Vorrang gegeben wird.

Biotechnologiefirmen betrachten das Portfolio-Management im Allgemeinen nicht als eigenständige Disziplin, es kann Teil der Abteilungen Geschäftsentwicklung, Forschung und Entwicklung oder Projektmanagement sein, oder, was üblicher ist, es wird an Dienstleister abgegeben, die sich auf das Portfolio-Management spezialisiert haben. In Pharmafirmen ist das Portfolio-Management normalerweise eine eigene Abteilung oder ist Teil der Abteilung Forschung und Entwicklung. Portfolio-Manager müssen ein umfassendes Wissen über Arzneimittelentwicklung besitzen sowie eine starke mathematische und analytische Denkweise haben.

Suche und Bewertung/Akquisition: die Geschäfts-Scouts

Große Pharmafirmen beschäftigen unter Umständen Expertengruppen, deren einzige Aufgabe darin besteht, geeignete Technologien für eine Lizenzierung zu suchen und zu bewerten. Sie reisen um den Erdball, ermitteln mögliche Produkte und führen Analysen durch, die Vorhersagen über die Kostenentwicklung und Informationen über mögliche Wettbewerber u. a. enthalten. Sie arbeiten auch mit dem Transaktionsteam und nehmen an Verhandlungen der Geschäftsentwicklung teil.

Jobs in der „Suche und Bewertung" können intellektuell anregend sein, man kommt mit vielen Forschungsfeldern und neuen Technologien in Kontakt. Die Aufgabe erfordert mindestens zehn Jahre Erfahrung in der Arzneimittelforschung und -entwicklung, weil hier ein umfangreiches Fachwissen unumgänglich ist. Eine schnelle Möglichkeit, dieses Wissen zu erlangen, ist eine Arbeit als Projektmanager, ein Job, der die gesamte Skala der Arzneimittelentwicklung beinhaltet.

Lizenzierungsfachleute: diejenigen, die das Geschäft abschließen

Die Lizenzierung wird manchmal von den Fachleuten der Akquisition ausgeführt, sie kann aber auch von einer getrennten Abteilung realisiert werden. Lizenzierungsleiter haben einen Werdegang im Finanzwesen, in der Geschäftsentwicklung, im Bereich geistiges Eigentum oder Recht (insbesondere Transaktionsrecht). Sie arbeiten an allen Aspekten, welche die Geschäftsabschlüsse beeinflussen, dazu zählen auch das Aushandeln und die Ausgestaltung der Zahlungen sowie das Vereinbaren der endgültigen Modalitäten eines Geschäfts.

Amt für Technologietransfer: Lizenzierungstechnologie von den Universitäten

An Universitäten befasst sich das Amt für Technologietransfer (OTT, *Office of Technology Transfer*) mit Lizenzierungsangelegenheiten, es regelt Fragen zum geistigen Eigentum und hilft dabei, neue Technologien aus der Hochschulforschung zu kommerzialisieren. Das OTT regelt jede Phase der Entwicklung von Erfindungen. Wenn eine Erfindung von einem Fakultätsmitglied bekanntgegeben wird, dann prüft das OTT deren möglichen Nutzwert in der Industrie. Es werden Lizenzkonditionen mit dem Käufer ausgehandelt und die Technologie verkauft. Der mit dem Technologietransfer Beauftragte beaufsichtigt die Einhaltung der Lizenzkonditionen und -vereinbarungen in der Folgezeit.

Viele Personen im OTT sind ehemalige graduierte Studenten und noch häufiger ehemalige Postdoktoranden, die am Geschäft und am direkten Einsatz der Grundlagenforschung in der Industrie interessiert sind. Eine Arbeit im OTT ist eine ausgezeichnete Vorbereitung für eine zukünftige Laufbahn in der Geschäftsentwicklung oder im Rechtswesen. Es gibt eine ständige Fluktuation aus OTT-Abteilungen der Hochschule in die Industrie, aber es sei daran erinnert, dass OTT-Positionen hoch begehrt sind. Manche Personen bieten an, zunächst umsonst zu arbeiten, um eine Vollzeitbeschäftigung zu erhalten.

Allianzmanagement: diejenigen, die das Geschäft durchführen

Allianzmanager sind der „Klebstoff", der Partnerschaften zusammenhält.

Während der Verhandlungen arbeiten die Abteilungsleiter und beide Allianzteams zusammen, um einen Plan für den Ablauf des Geschäfts abzufassen, und um außerdem zu erkunden, ob beide Seiten erfolgreich zusammenarbeiten können. Nachdem das Geschäft abgewickelt ist, bleibt jedes Allianzteam weiterhin zuständig und pflegt die Partnerschaft.

Das Allianzmanagementteam kann zwar an den frühen Verhandlungen beteiligt gewesen sein, seine Hauptaufgabe ist jedoch, sich um die Umsetzung der geschäftlichen Vereinbarung zu kümmern und dabei gleichzeitig die Interessen beider Parteien im Auge zu behalten sowie die Partnerschaft zu pflegen, nachdem das Geschäft unterzeichnet ist. Die Aufgabe des Allianzmanagementteams zu Beginn eines Projekts ist es, für eine Kontinuität bei den Verhandlungen zu sorgen, um das Projekt zu einem erfolgreichen Abschluss zu bringen. Allianzmanager sind während der Dauer der Partnerschaft wichtige interne und externe Kommunikatoren.

In kleineren Biotechnologiefirmen fungieren Allianzmanager gelegentlich als Projektmanager, welche die Umsetzung der Ziele und den Ablauf der Projekte überwachen. In großen Pharmafirmen sind die Allianzmanager häufig erfahrene hochrangige Führungskräfte, und als solche haben sie einen erheblichen Einfluss innerhalb des Unternehmens. Sie verfügen gewöhnlich über die erforderliche Erfahrung, um den zahlreichen Problemen gewachsen zu sein, die sich aus rechtlichen, finanziellen und produktionstechnischen Beziehungen ergeben.

Allianzmanager müssen gut Konflikte lösen können und diplomatisch sein. Die besten Allianzmanager sind in der Lage, Meinungsverschiedenheiten auszuräumen und Lösungen zu finden, die beiden Seiten nutzen. Es ist zudem erforderlich, dass Allianzmanager rasch große Informationsmengen verdauen können und einen klaren Blick für Gewinnmaximierung und Erfolg entwickeln.

Aufgaben und Kompetenzen der Geschäfts- und Unternehmensentwicklung

Unternehmensentwicklung und -strategie

Die Führungskräfte legen den langfristigen Strategieplan für die Firma fest. Wichtige Entscheidungen müssen getroffen werden, ob man beispielsweise an die Börse geht oder nicht. Weiterhin muss sicherge-stellt sein, dass die Strategie den langfristigen Zielen und dem Auf-trag der Firma entspricht. Andere strategische Entscheidungen sind der mögliche Ankauf und die Auslizenzierung von Vermögenswerten.

Wettbewerbsanalyse

Mitarbeiter der Geschäftsentwicklung verbringen beträchtliche Zeit mit dem Studium von Industrienachrichten. Sie müssen mit dem Markt und seinen Akteuren, Tendenzen und potenziellen Konkurrenten auf Tuch-fühlung gehen. Dies gilt insbesondere für die Therapiefelder und Tech-nologien, die ihre eigene Firma betreffen.

Portfolio-Management

Portfolio-Manager untersuchen die Details von Produkten und präsen-tieren die Daten den Teams der Unternehmensentwicklung und den Führungskräften, um sie bei der Prioritätensetzung der Projekte zu un-terstützen. Die Berechnung des Nutzens, der sich aus der Entwicklung oder dem Kauf bestimmter Produkte gegenüber anderen ergibt, kann außerordentlich kompliziert sein. Manager müssen hoch strukturiert, logisch und systematisch vorgehen. Zur Entscheidungsfindung werden häufig spezielle Computermodelle eingesetzt. Es werden viele Faktoren berücksichtigt wie die Kosten, behördliche Hürden und der mögliche kommerzielle Wert eines Produkts in den verschiedenen Entwicklungs-stadien. Das gehobene Management nutzt die gesammelten Informati-onen dazu, Entscheidungen zu treffen, die eine maximale Rendite für das Portfolio gewährleisten.

Akquisition

„Technologie-Scouts" verbringen ihre Zeit damit, nach neuen Techno-logien und Produkten Ausschau zu halten, die sich für Lizenznahmen eignen könnten. In großen Pharmafirmen prüft ein ganzes Team aus Fachleuten ständig neue Produkte und reicht die aussichtsreichsten zur genaueren Analyse weiter.

Akquisition ist als ob man einen Baum schüttelt und dann die interessantesten Früchte, die abgefallen sind, aufliest.

Analytik

Die Finanzanalyse macht einen großen Teil der Geschäftsentwicklung aus. Durch eine gezielte Markt- und Finanzanalyse entwickeln die Teams ein Konzept, das für beide Firmen von Vorteil ist. Ohne eine detaillierte finanzielle Analyse, welche die Verhandlungen begleitet, werden unter Umständen Vereinbarungen getroffen, die das Geschäft negativ beeinflussen.

Wirklich revolutionäre Ge-schäftsstrukturen können mit starken Finanzanalysen möglich gemacht werden.

Es werden Computerberechnungen durchgeführt und Prognosen er-stellt, um für jeden Vermögenswert eine realistische finanzielle Bewertung vorzunehmen. Mathematische Analysen dienen dazu, die Rendite von Investitionen abzuschätzen, und gemeinsam mit den Prognosedaten wird diese Information dann dazu verwendet, strategische Entscheidungen zu treffen. Diese Analysen sind außerdem ein wichtiges Mittel, um die Risiken der Produktentwicklung zu messen und zu entschärfen.

Kaufprüfung

In der Geschäftsentwicklung ist es wichtig, dass man sich des Wertes eines Vermögensgegenstands bewusst ist.

Bevor Ein- oder Auslizenzierungen angestoßen werden, wird eine sorgfältige Bewertung des geistigen Eigentums (IP, *intellectual property*; z. B. Patente), der Technologie, des Managements u. a. durchgeführt; diesen Vorgang bezeichnet man als „Kaufprüfung". Er verringert das Risiko böser Überraschungen während der weiteren Verhandlungen und validiert die Technologie und den Wert des Geschäfts. Das geistige Eigentum dient oft als Grundlage für die Zusammenarbeit. Die Patentanwälte arbeiten häufig mit den Teams der Geschäftsentwicklung zusammen, um den Wert des Patents zu beurteilen und um rechtliche Probleme zu besprechen.

Verhandlungen führen

Der Zeitabschnitt zwischen dem Verhandlungsbeginn und dem Abschluss eines Geschäfts kann lang sein – manchmal neun Monate bis zu einem Jahr –, aber nur ein kleiner Teil dieser Zeit wird tatsächlich für die Verhandlungen mit der anderen Partei verwendet. Die meisten Verhandlungen vollziehen sich innerhalb der Firma. Die Fachleute der Geschäftsentwicklung müssen die Unterstützung der ranghohen Manager haben, dies gelingt nur, wenn sie für jedes potenzielle Geschäft ein solides Geschäftsszenario präsentieren können. Dies kann ein schwerer Kampf sein. Manager unterstützen bestimmte Geschäfte und lehnen andere ab. Infolgedessen kann die Geschäftsentwicklung eine komplexe politische Herausforderung sein, die raffiniertes diplomatisches Geschick und eine sorgfältige Vorbereitung erfordert.

Allianzmanagement

Der Erfolg eines Geschäfts hängt letztendlich davon ab, wie gut es umgesetzt wird.

Das Allianzmanagementteam stellt sicher, dass die Geschäftskonditionen ordentlich umgesetzt werden und zwar nicht nur im Hinblick auf die rechtlichen Anforderungen, sondern auch bezüglich der Unternehmensziele. In manchen Firmen wird dies als eine Aufgabe des Projektmanagements angesehen. Dazu gehören die Koordinierung der beteiligten Teams, Erstellen von Arbeitsplänen und das Organisieren von Besprechungen. Auf diese Weise ist sichergestellt, dass jeder weiß, was seine Aufgabe ist. Die Allianzmanager sind dafür verantwortlich, die Bedürfnisse der Partner ihren eigenen Teams kundzutun, Problemlösungen anzubieten, deren Durchführung voranzutreiben sowie sicherzustellen, dass die wechselseitigen Beziehungen als Gewinn empfunden werden.

Anlegerbeziehungen und Öffentlichkeitsarbeit

In manchen Firmen können sich die Aufgaben der Geschäftsentwicklung auf die Anlegerbeziehungen und die Öffentlichkeitsarbeit (PR, *public relations*) ausdehnen. Das Personal, das mit den Anlegerbeziehungen zu tun hat (IR, *investor relations*), ist das Gesicht der Firma nach außen. Es ist dafür verantwortlich, Botschaften nach außen zu kommunizieren und dient als Kontaktstelle für Investoren und künftige Kunden. Bei jungen Firmen, die noch kein absatzfähiges Produkt haben, hat die Öffentlichkeitsarbeit die Aufgabe, Begeisterung zu wecken und damit bei Risikokapitalanlegern Interesse hervorzurufen. Wenn Firmen wachsen, verlassen sie sich zunehmend auf PR-Agenturen, um in den Medien präsent zu sein.

Rechtliche Schnittstelle

Die Abteilungen Geschäfts- und Unternehmensentwicklung können in der Firma auch die Aufgaben einer rechtlichen Schnittstelle übernehmen. Manchmal werden hoch komplexe Transaktionen mit Beratern, Unternehmen der klinischen Forschung (CROs), Zulieferern und weiteren Partnern von der Geschäftsentwicklung abgewickelt, obgleich dies eigentlich die Aufgabe von Rechtsanwälten ist.

Netzwerke knüpfen

Angestellte in der Geschäftsentwicklung verbringen eine Menge Zeit damit, den Markt zu beobachten und Kontakte mit anderen Führungskräften in der Industrie zu knüpfen. Das Knüpfen von Netzwerken ist hilfreich, um etwas über die Interessen anderer Firmen zu erfahren und zu ermitteln, wie die Technologie der eigenen Firma in die Strategiepläne eines möglichen Partners integriert werden könnte.

> Die Geschäftsentwicklung ist wie die Brown'sche Molekularbewegung: Je mehr Menschen Sie treffen, umso größer sind Ihre Chancen, dass Sie zukünftige Geschäftsbeziehungen knüpfen können.

Aushandeln von Geschäften

Wenn man ein Geschäft aushandelt, dann ist es wichtig, dass die Modalitäten und Konditionen mit dem Strategieplan der Firma übereinstimmen. Welche Aspekte des Geschäfts werden der Firma nützen? Wiegen die Vorteile die getätigten Investitionen auf? Welche Modalitäten können angepasst werden und welche könnten zum Scheitern des Geschäfts führen?

Bis Geschäfte abgeschlossen sind, vergehen durchschnittlich neun Monate. Es gibt viele mögliche Faktoren, die einen Geschäftsabschluss gefährden, wie z. B. die Konkurrenz (einer der wichtigsten Faktoren), man wird sich über die Modalitäten nicht einig, eine Änderung der Unternehmensstrategie bei beiden Parteien oder neue negative Daten aus klinischen Prüfungen, um nur einige wenige zu nennen. Eine der größten Schwierigkeiten ist, dass alle beteiligten Entscheidungsträger den genauen Modalitäten des Geschäfts zustimmen müssen... eine frustrierende Aufgabe, die oft als „einen Sack Flöhe hüten" bezeichnet wird (siehe S. 297 „Die größten Herausforderungen des Jobs"). Die Geschäfte werden erst im letzten Augenblick unterzeichnet, und Beziehungen können sich über Nacht ins Negative verkehren. Weil die Ergebnisse im Allgemeinen nicht vorhersagbar sind und häufig von Faktoren abhängen, über die Sie keine Kontrolle haben, kann der ganze Vorgang äußerst stressig sein.

Nach Monaten der Verhandlungen kennen die beiden Geschäftsentwicklungsteams einander gut und haben im Idealfall ein gutes Verhältnis aufgebaut. Es hat sich ein Verständnis für die Erwartungen, Prioritäten und Unternehmenspläne des Partners entwickelt sowie gegenseitiges Vertrauen. Wenn alles gut geht, dann wird das Geschäft unterzeichnet und das Allianzmanagementteam beginnt mit der Umsetzung des Geschäfts.

Ein typischer Arbeitstag in der Geschäfts- oder Unternehmensentwicklung

Aufgrund der äußerst wechselhaften Aufgaben in der Geschäfts- und Unternehmensentwicklung gibt es keinen „typischen" Arbeitstag. Im Folgenden wird ein allgemeines Bild skizziert, wie Mitarbeiter ihren Arbeitstag verbringen könnten.

Die Fachleute der Geschäftsentwicklung verbringen eine Menge Zeit am Telefon und prüfen den Puls des Markts.

- Telefongespräche führen und auf E-Mails antworten.
- Kontakte auffrischen, Fortschritte erörtern, Probleme anhören und mögliche Lösungen besprechen.
- Industrienachrichten lesen, um über den Markt auf dem Laufenden zu bleiben.
- Teilnahme an internen Besprechungen mit funktionsübergreifenden Kernteams, strategischen Beratungen und Vorstandssitzungen. Mit den Führungskräften den Wert von potenziellen Geschäften erörtern.
- Kontakte zu Analytikern und Fachleuten für die Umsetzung finanzwirtschaftlicher Methoden (*financial modelers*) aufbauen. Eine Rückmeldung bezüglich finanzieller Prognosen von den Fachbereichsleitern anfordern.
- Nach neuen Gelegenheiten Ausschau halten; den Markt nach Beispielen für mögliche Einlizenzierungen durchkämmen und das Ergebnis der Recherchen zur weiteren Prüfung an geeignete Kollegen (gewöhnlich Wissenschaftler) weiterleiten.
- Besprechungen der Geschäftsentwicklung vorbereiten und durchführen (sowohl interne Besprechungen als auch externe Konferenzen und Fachtagungen).
- Mit Rechtsanwälten Vertragsentwürfe durchsehen.

Gehalt und Vergütung

Positionen in der Geschäftsentwicklung scheinen lukrativer zu sein als vergleichbare wissenschaftliche Positionen. Bei einer vergleichbaren Erfahrung verdienen Fachleute der Geschäftsentwicklung 10–20 % mehr als ein Wissenschaftler. Auf Direktorenebene können die Führungskräfte der Geschäftsentwicklung manchmal so viel wie ein Vizepräsident der Forschung verdienen! Dies ist teilweise auf Angebot und Nachfrage zurückzuführen, weil es wenige erstklassige Fachleute der Geschäftsentwicklung gibt; es spiegelt aber auch deren herausragende Rolle im Unternehmen wider: Ihre Transaktionen haben eine direkte und unmittelbare Auswirkung auf den Wert der Firma.

Wie wird Erfolg gemessen?

Im Allgemeinen wird der Erfolg der Mitarbeiter in der Geschäftsentwicklung an der Zahl ihrer erfolgreichen Geschäftsabschlüsse gemessen. Weitere Aspekte sind langfristige Partnerschaften mit anderen Unternehmen und die daraus erwachsenen Vorteile und erkennbaren finanziellen Auswirkungen für das eigene Unternehmen. Es ist leicht, eine Menge Zeit mit Geschäften zu verbringen, die schließlich „in die Binsen gehen", und die Anzahl der abgeschlossenen Geschäfte spiegelt nicht die getätigten Bemühungen wider. Zu wissen, an welchen Geschäften man sich besser nicht beteiligt, kann genauso wichtig sein.

Das Für und Wider der Arbeit

Positive Aspekte einer Laufbahn in der Geschäfts- und Unternehmensentwicklung

- Es gibt kaum einen langweiligen Augenblick – jeder Tag bringt neue Aufgaben mit sich, die für geistige Anreize in Hülle und Fülle sorgen. An einem Tag arbeitet man unter Umständen an Preiskalkulationen und an einem anderen hat man es mit Lizenzierungen oder finanziellen Details zu tun.
- Hier kann man exzellent seine wissenschaftlichen, Geschäfts- und analytischen Fertigkeiten einsetzen, ohne im Labor zu arbeiten. Man kommt ständig mit neuen wissenschaftlichen Entdeckungen und Technologien in Berührung.
- In der Geschäftsentwicklung stellen sich schneller Erfolge ein als in der Forschung, und die Ergebnisse der Arbeit sind greifbarer. Man kann parallel an mehreren Projekten arbeiten, von denen jedes ein individuelles Ziel verfolgt. Falls eines erfolgreich ist, spürt man eine unmittelbare Auswirkung auf die Firma.
- Verhandeln kann spannend sein. Es ist wie beim Pokerspiel – man muss in der Lage sein, die Körpersprache der Gegenseite zu lesen,

ohne sich durch die eigene zu verraten. Die Bedürfnisse eines potenziellen Partners zu verstehen und ihnen Rechnung zu tragen, ist eine wirkliche Herausforderung, während gleichzeitig das Geschäft so zu gestalten ist, dass es sich zuallererst mit den Interessen der eigenen Firma deckt. Die meisten Menschen haben ein enormes Erfolgserlebnis, wenn alles zusammenpasst und das Geschäft schließlich unterzeichnet ist.

- Die Geschäftsentwicklung ist von zentraler Bedeutung für das Unternehmen: Sie bietet die Möglichkeit, mit vielen verschiedenen Fachabteilungsleitern zusammenzuarbeiten, von der Wissenschaft über das Recht bis zu den Finanzen, und etwas über den gesamten Ablauf der Produktentwicklung zu erfahren.

- Es gibt häufig Gelegenheit zum Reisen; für manche Menschen ein echtes Plus. Siehe jedoch auch nachfolgenden Abschnitt.

Die möglicherweise unangenehme Seite der Geschäfts- und Unternehmensentwicklung

- Man muss unter Umständen ausgiebig reisen. Mitarbeiter der Geschäftsentwicklung können ohne Weiteres über 50 % ihrer Zeit auswärts verbringen. Hotelaufenthalte und auswärts essen verlieren rasch ihre Anziehungskraft und können für das Familienleben eine enorme Belastung darstellen. Zudem lassen sich Dienstreisen häufig nicht lange im Voraus planen.

- Ständig Netzwerke zu bilden und zu kommunizieren, kann ermüdend sein. Zu viele Geschäftsessen und geschäftliche Ereignisse fordern ihren Tribut, insbesondere wenn die Erfolgsrate nicht den Zeitaufwand rechtfertigt.

- Es handelt sich um einen stressreichen Job. Der Druck, dass Geschäftsabschlüsse zustande kommen, kann extrem sein – das gehobene Management kann oft nicht einschätzen, wie zeitraubend und schwierig dies manchmal ist. An jedem Tag herrscht Ausnahmezustand; wenn man mit vielen Projekten zu tun hat, sind viele Fristen einzuhalten und „Brände zu löschen".

- Wenn man mit der Auslizenzierung von Produkten beschäftigt ist, dann sollte man sich eine dicke Haut zulegen; die Ablehnungsraten können hoch sein und man wird leicht entmutigt. Um Erfolg zu haben, muss man eine grenzenlose Belastbarkeit haben und den unaufhörlichen Willen, neue Kontakte (*leads*) anzubahnen.

- Manche Kollegen sind der Meinung, dass sie die Geschäftsentwicklung beherrschen und einen besseren Geschäftsabschluss erreicht hätten. Stellen Sie sich darauf ein, dass Sie von Personen in anderen Abteilungen kritisch hinterfragt werden.

- Es ist nicht ungewöhnlich, dass Geschäftsanbahnungen scheitern, aber es ist enttäuschend, wenn dies der Fall ist. Man kann eine Menge Zeit und Mühe in ein Projekt investieren und muss doch dabei zuschauen, wie es „in die Binsen geht". Häufig sind daran Umstände schuld, die nicht unter Ihrer Kontrolle stehen. Aber sogar ein misslungenes Geschäft vergrößert Ihr Kontaktnetzwerk und kann unter Umständen später zu etwas Vielversprechendem führen.

- Ihr „Deal Sheet" kann durch die Unternehmensstrategie der Firma, deren Budget oder andere Faktoren, die außerhalb Ihrer Kontrolle sind, eingeengt sein. Falls dies der Fall ist, dann ist es unter Umständen Zeit, sich zu neuen Ufern aufzumachen.

- Verträge können langweilig sein. Sie sind normalerweise 20–100 Seiten lang und müssen sehr ausführlich studiert werden – für viele Menschen eine eintönige und wenig reizvolle Aufgabe.

- Die Geschäftsentwicklung kann sehr viel Firmenpolitik beinhalten; die Ergebnisse Ihrer Bemühungen haben direkte Auswirkungen auf einige Ihrer Kollegen, und Mitarbeiter können sich dadurch bedroht fühlen. Forscher, die an einem Produkt gearbeitet haben, verlieren möglicherweise ihren Job, wenn es auslizenziert wird. Es könnte sein, dass sie Ihnen die Schuld dafür geben. Man kann unerwartet in einen politischen Sumpf geraten, wenn man nicht aufpasst.

Die größten Herausforderungen des Jobs

„Einen Sack Flöhe hüten"

Die Fachbereichsleiter der Firma dazu zu bewegen, dass sie einer Idee zustimmen, sie mit den Modalitäten eines Geschäfts vertraut zu machen, sie zur Teilnahme an Besprechungen zu überreden und an Prüfungsaktivitäten und Planungen zu beteiligen, ist eine nahezu unmögliche Aufgabe – es ist so, als wenn man versuchen wollte, „einen Sack Flöhe zu hüten". Jeder Fachbereichsleiter in der Firma hat ein Mitspracherecht, von dem gerne Gebrauch gemacht wird. Dieser Vorgang ist wichtig, weil der Erfolg eines Geschäfts von der richtigen Umsetzung abhängt, und die Teilnehmer müssen mit den Modalitäten des Geschäftsabschlusses einverstanden sein. Es ist keine einfache Aufgabe, die Fachbereichsleiter ständig wegen auftretender Probleme zur Mitarbeit zu bewegen und das Management davon zu überzeugen, dass ein bestimmter Geschäftsabschluss den Firmenzielen dient – insbesondere, wenn Stolz und persönliche Interessen dabei eine Rolle spielen.

Wahl des richtigen Zeitpunkts und im Einklang mit den Unternehmenszielen sein

Das Team der Geschäftsentwicklung ist immer begierig, Geschäfte abzuschließen, aber es müssen Hindernisse überwunden werden: Das

Tätigen Sie die Geschäfte, die Sie machen können. Was heute heiß ist, kann morgen eiskalt sein!

Management hat unter Umständen den Vermögenswert überbewertet; vielleicht wirkt der Strategieplan der Firma als Bremsklotz; vielleicht ist das Budget zu klein; es kann sogar sein, dass die Technologie überholt ist und es einfach unmöglich ist, Begeisterung für das Projekt zu wecken. Die allergrößte Schwierigkeit besteht jedoch darin, sicherzustellen, dass das Ergebnis der Verhandlungen im Einklang mit den Unternehmenszielen steht. Das Ergebnis wird eine Auswirkung auf die Zukunft der Firma haben, deshalb sollte es sich um ein gutes Geschäft handeln. Wenn das Projekt schlecht strukturiert ist, dann könnte es langfristige negative Folgen für die Firma haben. Wie bereits erwähnt, ist es niemals eine gute Idee, die Kontrolle über einen Vermögenswert einem Partner zu überlassen, aber Sie müssen sicherstellen, dass der Partner einen Anreiz hat, das Produkt voranzubringen. Wenn der Partner die Begeisterung verliert, dann wird sich der Fortgang verlangsamen und die Entwicklung könnte insgesamt zum Stillstand kommen. Es ist unbedingt notwendig, dass das Geschäft beiden Firmen einen Anreiz bietet, damit es Früchte trägt.

Das „HNE"-Syndrom

In der Geschäftsentwicklung spricht man vom „Hier-nicht-erfunden"-Syndrom („HNE"-Syndrom). Wenn eine Firma eine Technologie oder ein Produkt einlizenziert, so kann das Forschungsteam, das mit der Übernahme betraut ist, dies unter Umständen als Beweis dafür ansehen, dass es ein Produkt nicht selbst entwickeln kann. Es kann sogar gezwungen sein, seine eigenen Projekte zugunsten des Neuankömmlings aufzugeben, was ein erhebliches Maß an Unmut und einen Motivationsverlust nach sich ziehen kann. In manchen Fällen werden sogar Versuche unternommen, das neue Produkt zu sabotieren. Glücklicherweise ist das Problem jetzt im Schwinden begriffen, da große Pharmafirmen viel häufiger als bisher Abnehmer von Lizenzen sind.

Sich in der Geschäfts- und Unternehmensentwicklung auszeichnen ...

Es bedarf vieler Jahre Erfahrung

Im Allgemeinen ist die Erfahrung einer der Schlüssel zum Erfolg in der Geschäftsentwicklung. Je mehr Beziehungen man hat, desto einfacher ist es, weitere zu knüpfen. Beziehungen treiben die Geschäfte an. Erfahrenes Personal ist versierter bei Verhandlungen. Erfahrene können Menschen, Produkte, Technologien und Computerstrategien besser beurteilen, und sie wissen, wann man warten und wann man handeln muss – wann man vorangeht und wann man sich zurückzieht. Sie können sich rasch auf potenzielle Partner einstellen und schneller bei Verhandlungen zum Ziel kommen.

Strategisches Verhandlungsgeschick und die Fähigkeit, sich in jemanden einzufühlen

Erfolgreiche Mitarbeiter der Geschäftsentwicklung sind mit dem Auftrag ihrer Firma innigst vertraut und können rasch die Interessen ihrer potenziellen Partner erkennen. Dieses Verständnis verbessert die Beziehungen zu den Partnern und ermöglicht es, Probleme vorherzusehen. Je besser die Analysen sind, je mehr Weitblick ein Verhandelnder hat und je genauer ein „Ehevertrag" formuliert ist, desto einfacher wird es für die Firma sein, auf Probleme zu reagieren, die Jahre später vielleicht auftreten. Falls es dazu kommt und eine Trennung unvermeidlich ist, dann sollte diese so freundschaftlich wie möglich ablaufen: keine einfache Aufgabe, wenn beide Firmen um die Hauptrechte am selben Produkt wetteifern. Wenn eine Seite die Kontrolle an die andere abtritt, dann liefert sie sich selbst an ihren früheren Partner aus, eine möglicherweise fatale Position. Ein erfahrener Verhandlungspartner hat mehr Chancen, dabei die Oberhand zu gewinnen.

> Die Geschäftsentwicklung ist wie das Balzen der Tiere: Es geht darum, eine Hochzeit auf einer soliden Grundlage zu arrangieren und die Wahrscheinlichkeit für eine Scheidung zu minimieren.

Sind Sie ein guter Anwärter für eine Laufbahn in der Geschäfts- und Unternehmensentwicklung?

Menschen, die in der Geschäfts- und Unternehmensentwicklung erfolgreich sind, haben meist die folgenden Eigenschaften:

Eine ausgeprägte soziale Kompetenz

Zwischenmenschliche Fähigkeiten sind für den Aufbau von Beziehungen und für eine funktionierende interne und externe Kommunikation nötig (siehe Kapitel 2).

Exzellentes diplomatisches Geschick

Vor allem im Bereich Geschäftsentwicklung sollten Sie in der Lage sein, sich selbst gut zu beherrschen und mit den internen Themen vertrauensvoll umzugehen. Um erfolgreich zu sein, sollten Sie persönlichen Auseinandersetzungen aus dem Weg gehen, die während angespannter Verhandlungen leicht entstehen können. Ein erfolgreicher Mitarbeiter der Geschäftsentwicklung ist in der Lage, Konflikte zu vermeiden, indem er rechtzeitig Präventivmaßnahmen einleitet.

Gut zuhören können und sehr einfühlsam sein

Um die Bedürfnisse des Kunden zu verstehen, muss man die richtigen Fragen stellen und die Antworten sehr genau zur Kenntnis nehmen. Sie sollten auch die Körpersprache deuten können. Dies wird Ihnen helfen zu verstehen, wie sich Ihre Kunden wirklich fühlen – die Körpersprache verrät normalerweise mehr als das was sie sagen.

Die Fähigkeit, die kleinen Details und das große Ganze gleichzeitig zu sehen

Sie müssen erkennen können, wie ein Geschäft in die Unternehmensstrategie passt und dies bei Vereinbarungen berücksichtigen. Das erlaubt Ihnen, bei unwichtigen Aspekten Zugeständnisse zu machen, während Sie bei wichtigen Punkten hart bleiben.

Ausgezeichnete Kommunikationsfähigkeiten

Diese Positionen erfordern die Fähigkeit, die Ziele und das Potenzial eines Projekts sowie das zu erwartende Ergebnis vermitteln zu können; zunächst an die internen Führungskräfte, an mögliche Partner und schließlich an die Verhandlungsführenden. Sie müssen eine schlüssige Geschichte erzählen und Kunden für sich gewinnen können.

Starke analytische Fähigkeiten und rasches Denkvermögen

Wenn man Geschäfte aushandelt, dann ist es wichtig, dass man an Ort und Stelle die finanziellen und geschäftlichen Folgen bewerten kann. Portfolio-Manager brauchen einen scharfen mathematischen und analytischen Verstand, um mit solch komplizierten und anspruchsvollen Berechnungen umgehen zu können.

Außergewöhnlich gute strategische und Problemlösungsfertigkeiten

Um in der Geschäftsentwicklung erfolgreich zu sein, muss man äußerst strategisch, grausam ehrlich und geistig strapazierfähig sein sowie seine Position verteidigen können.

Es ist ein Vorteil, schnell und kreativ denken zu können und adäquate Lösungen für Probleme zu finden.

Hartnäckigkeit und Geduld

Geschäftsabschlüsse können lange dauern und frustrierend und stressig sein. Wichtig ist, dass man Ruhe bewahrt, wenn bestimmte Dinge nicht rund laufen. Man muss unnachgiebig sein und Hindernisse überwinden können.

Eine kontaktfreudige und gesellige Persönlichkeit

Diese Position erfordert, dass man gut plaudern und Netzwerke knüpfen kann, damit viele geschäftliche Kontakte entstehen. Zudem sind ausgezeichnete Konversationsfähigkeiten ein Muss.

Visionäre Führungsfähigkeiten

Die Mitarbeiter der Geschäftsentwicklung müssen überzeugend sein und die obere Führungsebene und andere von den guten Eigenschaften ihres Produkts überzeugen können. Wenn Sie ein Geschäft abschließen, müssen Sie die Regie übernehmen, die Truppen hinter sich sammeln und sie durch den gesamten Prozess führen.

Mehrere Aufgaben gleichzeitig erledigen können, Organisationsgeschick und Projektmanagementfertigkeiten

Für Angestellte in der Geschäftsentwicklung ist es nicht ungewöhnlich, dass sie an 6–20 Projekten gleichzeitig arbeiten. Manchen Projekten muss ein Vorrang eingeräumt werden, und man muss mit einem sich immer wieder ändernden Zeitplan zurechtkommen.

Die Bereitschaft, kalkulierte Risiken einzugehen

Die Mitarbeiter der Geschäftsentwicklung verbringen eine Menge Zeit damit, ihren Chefs Vorschläge zu unterbreiten. Es gibt einen schmalen Grat zwischen einer innovativen Technologie, die ein Erfolg für die Firma werden kann und einer Idee, die an der ersten Hürde scheitert. Wenn man in diesem Bereich erfolgreich sein will, kann man nicht immer auf Nummer sicher gehen.

Verkaufen können

Diese Fähigkeit spielt bei Auslizenzierungsgeschäften und bei internen Verhandlungen eine zentrale Rolle.

Kulturbewusstsein

Bei dieser Arbeit hat man Umgang mit Menschen sehr unterschiedlicher Herkunft, ein Verständnis für verschiedene Kulturen ist deshalb von Vorteil.

Umfassende Industriekenntnisse

Hierzu gehören nicht nur Geschäftsthemen, sondern auch wissenschaftliche und rechtliche Fragestellungen. Erforderlich ist ein tiefes Verständnis von der Arzneimittelforschung und -entwicklung.

Eine Person mit Eigenantrieb, die selbst die Initiative ergreift

Man muss Spaß an der Jagd nach Geschäften haben – sie kommen nicht einfach zur Tür herein.

Sie sollten eventuell eine Laufbahn außerhalb der Geschäfts- und Unternehmensentwicklung in Betracht ziehen, falls Sie ...

- unflexibel und von Krisen, wechselnden Zeitplänen und häufigen Prioritätsänderungen schnell genervt sind.
- jemand sind, der bei seiner Arbeit Kontinuität vorzieht.
- zu ruhig oder zu redselig sind.
- unterwürfig, passiv oder unentschlossen sind.
- jemand sind, der dazu neigt, sich in Details zu verlieren, und den Blick für das Gesamtziel verliert.
- vor Treffen oder Partys Angst haben, wo Sie niemanden kennen.
- streitlustig, eigensinnig oder halsstarrig sind.
- jemand mit einer sprunghaften und unberechenbaren Persönlichkeit sind.
- arrogant, egoistisch und den Bedürfnissen und Empfindungen anderer gegenüber unempfindlich sind.
- zu aggressiv oder zu verkaufsbesessen sind.

Das Karrierepotenzial in der Geschäfts- und Unternehmensentwicklung

Erfahrungen in der Geschäftsentwicklung sind eine gute Vorbereitung für eine Reihe von betrieblichen Führungspositionen, wie leitender An-

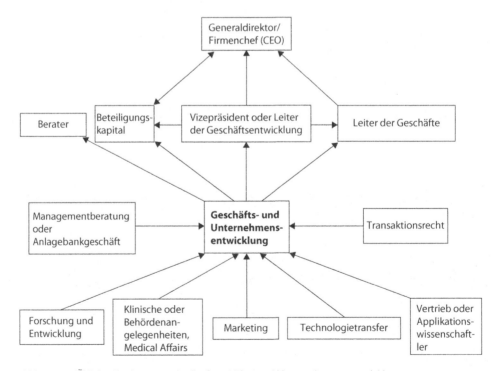

Abb. 17.1 *Übliche Karrierewege in die Geschäfts- und Unternehmensentwicklung.*

gestellter der Geschäftsentwicklung (CBO, *chief business officer*), Betriebsdirektor, Geschäftsführer und Generaldirektor (CEO) (Abb. 17.1). „CBO" bezeichnet für gewöhnlich eine ranghohe Position in der Geschäftsentwicklung innerhalb eines Teams von Führungskräften. Normalerweise sind CBOs an der Geschäfts- und Unternehmensentwicklung beteiligt, und häufig, aber nicht immer, erstatten ihnen Finanz-, Vertriebs- oder Marketingchefs Bericht.

Die Geschäfts- und Unternehmensentwicklung kann auch den Einstieg in andere Berufsfelder ermöglichen, dazu zählen Positionen in der Managementberatung, in der biotechnologischen Finanzanalyse, im Finanz- und Rechnungswesen, im Anlagebankgeschäft und/oder der Vermögensverwaltung, im Vertrieb, im Marketing oder in der Forschungsleitung, um nur einige zu nennen. Erfahrungen in der Geschäftsentwicklung erleichtern die Beurteilung der Märkte, die sachkundige Beurteilung konkreter Fälle und Geschäftsabschlüsse – gute Voraussetzungen für eine Karriere im Berufsfeld Risikokapital.

Jobsicherheit und Zukunftstrends

Die Nachfrage nach Mitarbeitern in der Geschäftsentwicklung nimmt ständig zu. Spitzenkräfte sind knapp, dies liegt zum Teil daran, dass nur sehr wenige Firmen Führungs- oder Einstiegsstellen in der Geschäftsentwicklung anbieten, und zum anderen an dem geringen Handelsvolumen in der Biotechnologieindustrie. Es gibt einfach nicht genügend geeignete Projekte, anhand derer man Mitarbeiter ausbilden kann. Sobald sie allerdings geschult sind, ist die Nachfrage nach Fachleuten der Geschäftsentwicklung groß.

In der Geschäftsentwicklung herrscht eine hohe Fluktuation. Dies liegt zum Teil an dem eben erwähnten eingeschränkten Angebot und der hohen Nachfrage. Die Fachleute der Geschäftsentwicklung ziehen unter Umständen auch deshalb rasch weiter, weil sie die Kapazität ihrer Firma, Geschäfte abzuschließen, ausgeschöpft haben, d. h. sie haben sich selbst arbeitslos gemacht.

Die Geschäfts- und Unternehmensentwicklung stellt eine kleine Gemeinde dar – Nachrichten sprechen sich in etwa zwei Nanosekunden herum.

Einen Job in der Geschäfts- und Unternehmensentwicklung bekommen

Erwünschte Ausbildung und Erfahrungen

Es gibt keinen typischen Werdegang für die Fachleute in der Geschäfts- und Unternehmensentwicklung, und sie können praktisch aus jedem Bereich der Biotechnologie- und Pharmaindustrie überwechseln. Angestellte werden oft innerhalb der Firma befördert, vor allem wenn sie in Forschungs-, Vertriebs- und Marketingabteilungen arbeiten. Personen mit detaillierten Kenntnissen im Finanzwesen machen ihre Sache gut in der Geschäftsentwicklung, ebenso Managementberater, Investmentbankkaufleute und Kapitalanalytiker. Ein anderer üblicher Weg führt über den Technologietransfer.

Es gibt Kurse, die für die Geschäftsentwicklung schulen, aber die beste Ausbildung erhält man durch die Erfahrungen im richtigen Leben. Der beste Weg zu lernen, ist, bei einem erfahrenen Fachmann in die Lehre zu gehen, der einem die Tricks des Geschäfts zeigen kann.

Wie schon erwähnt, ist ein direkter Wechsel von der Hochschule in die Geschäftsentwicklung nicht unbedingt der beste Weg. Es ist bei Weitem sinnvoller, zunächst einige Erfahrung in der Biotechnologieindustrie zu sammeln, insbesondere Erfahrung im Betriebs- und Projektmanagement, bevor man in die Abteilung Geschäftsentwicklung geht. Umfangreiches Wissen und ein Verständnis von den komplexen Feinheiten der Biotechnologiebranche sind äußerst nützlich. Als Fachmann in der Geschäftsentwicklung werden Sie von Ihren Industrieerfahrungen zehren. Fehlen solche Erfahrungen, dann ist es unter Umständen schwieriger, auf der Karriereleiter nach oben zu klettern.

Sobald ein Kontakt zu der Geschäftsentwicklung hergestellt ist, sollten Sie in folgenden Bereichen Erfahrungen sammeln: Ein- und Auslizenzierungen, Firmenfusionen, Ankäufe, Börsengänge und unternehmerische Vorhaben (*venturing*). Dies erhöht Ihren Marktwert.

Die meisten Fachleute sind sich einig, dass für die Geschäftsentwicklung bestimmte Persönlichkeitsmerkmale wichtiger sind als Qualifikationen. Es existiert auch kein genaues Anforderungsprofil für Bewerber. Abgesehen davon bevorzugen Einstellungsleiter in der Regel Kandidaten mit einem wissenschaftlichen Abschluss und etwas Geschäftsqualifikation. Wünschenswert ist ein MBA (*Master of Business Administration*, postgraduales generalistisches Managementstudium)-, ein Rechts- oder ein M.-D.-Abschluss, und der Besitz eines Ph.-D.- oder MBA-Abschlusses wird im Allgemeinen als das Optimale angesehen. Manche Positionen erfordern jedoch eine speziellere Ausbildung. Die Akquisitionsteams verlangen z. B. normalerweise einen Ph.-D.-, M.-D.- oder Pharm.-D.-Abschluss, wohingegen Transaktionsaufgaben einen MBA- oder einen Rechts-Abschluss erfordern.

In der Geschäftsentwicklung werden zunehmend Personen mit Ph. D. und M. D. eingestellt. Überzeugend reden zu können und die wissenschaftliche Fachsprache zu beherrschen, sind wichtige Fähigkeiten. Es ist meist einfacher, einem Wissenschaftler einen Geschäftssinn anzuerziehen als einem Geschäftsfachmann Wissenschaft beizubringen. Abgesehen davon ist ein Wissenschaftler mit Ph. D., der in der Geschäftsentwicklung arbeitet, zuallererst ein Geschäftsmann bzw. eine Geschäftsfrau. Er oder sie kann mit Wissenschaftlern innerhalb oder außerhalb der Firma Verbindung aufnehmen, um den wissenschaftlichen Wert eines potenziellen Geschäfts besser einzuschätzen.

Wege in die Geschäfts- und Unternehmensentwicklung

Positionen der Geschäftsentwicklung sind sehr umkämpft, und es kann schwierig sein, einen Fuß in die Tür zu bekommen. Einstiegsbewerber müssen zeigen, dass sie wirklich am Geschäft interessiert sind.

- Netzwerk, Netzwerk, Netzwerk – alles dreht sich darum, wen Sie kennen. Für die Geschäftsentwicklung braucht man ein ausgedehntes Netzwerk, und Kontakte können Ihnen den Eintritt verschaffen. Treffen Sie Menschen bei Konferenzen und fragen Sie sie um Rat. Wenn Sie ein umfangreiches Kontaktnetz aufgebaut haben, dann werden Sie eher jemanden finden, der Sie einstellt.

- Wenn Sie in einer Biotechnologiefirma arbeiten, bitten Sie darum, spezielle Projekte in der Abteilung Geschäftsentwicklung übernehmen zu dürfen. Sie könnten z. B. neue Technologien bewerten oder Kaufprüfungen durchführen. Erwägen Sie, ins Allianz-, Projekt- oder Portfolio-Management zu gehen, hier können Sie Erfahrungen mit Geschäftsabschlüssen sammeln. Von dort aus ist es ein kleiner und relativ einfacher Schritt in die Geschäftsentwicklung. Wenn Sie Projektleiterfähigkeiten erwerben und diese anwenden können, dann sind Sie auch für Aufgaben in der Geschäftsentwicklung geeignet.

- Sie sollten so viel wie möglich über die Arzneimittelforschung und -entwicklung lernen. Dies wird Ihnen dabei helfen, die Einblicke zu erlangen, die Sie benötigen, um potenziell erfolgreiche Produkte zu erkennen. Einer der schnellsten Wege, um etwas zu lernen, ist eine Arbeit im Projektmanagement. Als Projektmanager bekommen Sie einen guten Überblick über den gesamten Ablauf der Arzneimittelforschung. Sie werden sich auch andere wertvolle Fertigkeiten aneignen, die sich direkt auf die Geschäftsentwicklung anwenden lassen.

- Erwägen Sie, einen MBA-Abschluss zu erwerben. Eine solche Qualifikation in Verbindung mit einem entsprechenden wissenschaftlichen Hintergrund ist eine solide Basis für eine Einstiegsposition in der Geschäftsentwicklung. Falls ein MBA-Abschluss keine Option für Sie ist, dann ziehen Sie andere Möglichkeiten in Betracht, um Geschäftskontakt zu bekommen. Machen Sie sich mit dem Patentrecht und den Grundlagen der Biotechnologieindustrie vertraut. Abonnieren Sie Newsletter der Industrie und bleiben Sie informiert darüber, was sich auf dem Gebiet tut. Lernen Sie, wie die Industrie arbeitet, wer die Hauptspieler sind und machen Sie sich mit den Geschäftsstrukturen usw. vertraut.

- Erwägen Sie – eventuell auch als Praktikant – in einem Büro für Technologietransfer an der Universität zu arbeiten. Unglücklicherweise sind Positionen im Technologietransfer heiß begehrt. Sie könnten in Betracht ziehen, Patentanwalt zu werden und in einer

Anwaltskanzlei zu arbeiten oder sogar ein unentgeltliches Praktikum machen, um eine Stelle als leitender Technologietransfer-Angestellter zu bekommen. Neue Mitarbeiter beginnen normalerweise als Lizenzierungsanalytiker oder Kontaktpersonen und steigen dann nach ein paar Jahren zum leitenden Lizenzierungsangestellten auf. Mit Technologietransfer-Erfahrung kann man dann zu einer Anwaltskanzlei oder in die Geschäfts- oder Unternehmensentwicklung gehen.

• Erwägen Sie eine Arbeit bei einem Management-Beratungsunternehmen, im Anlagebankgeschäft oder in der Kapitalanalyse, um einen ersten Industrie- und Geschäftskontakt zu bekommen. Einige der größeren Einrichtungen bieten Mini-MBA-Programme an, die Ihnen helfen können, die Finanzierungskosten für Ihren eigenen MBA-Abschluss zu umgehen.

• Bewerben Sie sich bei etablierten Firmen, die finanziell stabil sind und die es sich leisten können, technische und finanzielle Risiken einzugehen. Versuchen Sie, sich bei Firmen zu bewerben, die ein breites Themenspektrum im Bereich Geschäftsentwicklung abdecken, sodass Sie mit einer Vielzahl von Geschäftsarten in Kontakt kommen.

Empfohlene Schulung, Berufsverbände und Quellen

Kurse

Deutsche Patentanwaltskammer (www.patentanwalt.de). Hier werden Termine für Seminare angegeben und der Karierreweg zum Patentanwalt dargestellt.

Verschiedene Universitäten bieten Bachelor- oder Masterstudiengänge im Bereich Technologiemanagement an.

Finanzwesen, einschließlich Finanzmodellerstellung

Marketing und Marktposition

IP-Bewertung

Kurse über Verhandlungsführung und Geschäftsanbahnung

Gesellschaften für die Geschäftsentwicklung und Quellen

Licensing Executives Society (Gesellschaft für Lizenzierungsführungskräfte; www.lesi.org)

Association of University Technology Managers (Vereinigung der Hochschul-Technologiemanager; www.autm.net)

Kommission für Technologie- und Innovationsmanagement (www.timkommission.de)

Bücher

Robbins-Roth C (2001) From alchemy to IPO: The business of biotechnology. Perseus Books Group, New York

Fisher R, Ury W, Patton B (1991) Getting to yes: Negotiating agreement without giving in. Penguin Books, New York

Ury W (1993) Getting past no: Negotiating your way from confrontation to cooperation. Bantam Books, New York

Freie Online-Nachrichtendienste

Signals Magazine (www.signalsmag.com)

BioSpace (www.biospace.com); abonnieren Sie *Genepool* und *Deals & Dollars*, freie Newsletter, die die Nachrichten und Geschäfte aus der Industrie der Biowissenschaften beschreiben.

Fierce Biotech (www.fiercebiotech.com), ein freier täglicher E-Mail-Dienst, der Industrienachrichten und Geschäftsbewegungen bietet.

Biotechnology Industry Organization (BIO; www.Bio.org)

Kostenpflichtige Biopharma-Nachrichtendienste

Das Abonnement neuer Dienste kostet eine beträchtliche Menge Geld, sie verschaffen aber tiefer gehende Analysen als die freien Dienste. Für Jobsuchende mag die Investition nicht gerechtfertigt sein, da aber die meisten Geschäftsabteilungen diese Quellen nutzen, sollten Sie wissen, dass es sie gibt.

BioWorld (www.bioworld.com)

BioCentury (www.biocentury.com)

18 | Marketing

Dem Kunden eine Botschaft vermitteln

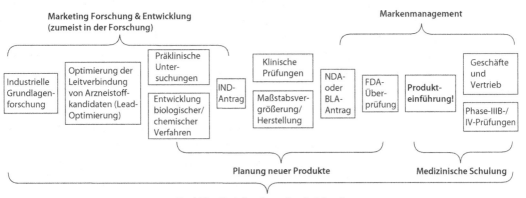

Marketing Forschung & Entwicklung (zumeist in der Forschung)

Markenmanagement

Industrielle Grundlagenforschung

Optimierung der Leitverbindung von Arzneistoffkandidaten (Lead-Optimierung)

Präklinische Untersuchungen

Entwicklung biologischer/ chemischer Verfahren

IND-Antrag

Klinische Prüfungen

Maßstabsvergrößerung/ Herstellung

NDA- oder BLA-Antrag

FDA-Überprüfung

Produkteinführung!

Geschäfte und Vertrieb

Phase-IIIB-/ IV-Prüfungen

Planung neuer Produkte

Medizinische Schulung

Geschäfte, Marktforschung, Ergebnisforschung

Das Marketing wird oft für eine einfache Sache gehalten, bei der man smarte Slogans oder nette Anzeigen entwirft. Tatsächlich handelt es sich um eine datengetriebene rationale Wissenschaft. Die Marketingfachleute gehen bei der Entwicklung von Strategieplänen planmäßig vor, um ihre Ziele zu erreichen. Es gibt eine Wissenschaft und eine faszinierende Psychologie zur „Positionierung" von Produkten, um den Verbrauchern Kaufanreize zu vermitteln. Marketingexperten sind häufig an dem gesamten Entstehungsprozess eines Produktes beteiligt – und sogar darüber hinaus. Sie beraten bei der Erstellung von Produktentwicklungsplänen und bewerten die kommerziellen Erfolgsaussichten von Geschäften der Abteilung Geschäftsentwicklung.

Im Marketing kann man auf großartige Weise seine wissenschaftlichen, medizinischen und unternehmerischen Fähigkeiten anwenden. Dieser Berufszweig ist vielschichtig und bietet die Möglichkeit, in sehr verschiedenen Jobs zu arbeiten, die alle ein fortwährendes Lernen und Weiterentwicklung erfordern. Die im Marketing erworbenen Fertigkeiten, wie die Entwicklung von Strategien und die Übernahme von Umsatzverantwortung, bieten eine ausgezeichnete Vorbereitung für

Eine gute Marketingkampagne verlangt taktischen und kreativen Scharfsinn.

leitende Positionen und eine hochrangige Geschäftsperspektive in der Biotechnologieindustrie. Marketingfachleute in der Biotechnologie kommen mit einem breiteren Spektrum von Jobverantwortlichkeiten und -erfahrungen in Berührung als das Vertriebspersonal, und sie können ihre Fertigkeiten erweitern, wenn sie verstehen, wie eine Wertsteigerung geschaffen wird und wie man Märkte ausbaut.

Marketingleute werden durch die intellektuelle Vielfalt ihres täglichen Jobs motiviert. Sie haben Freude daran, ein Geschäft aufzubauen und zu betreiben und eine langfristige Produktbindung aufrechtzuerhalten. Die hektische, leistungsorientierte und gemeinschaftliche Umgebung schafft einen aufregenden Arbeitsalltag.

Die Bedeutung des Marketings in der Biotechnologie und Arzneimittelentwicklung

Marketingfachleute vermitteln potenziellen Kunden den Wert von Produkten.

Kunden (Patienten, Ärzte und Wissenschaftler) werden von der Materialfülle und Produktwerbemitteln überschüttet und haben dabei oft Schwierigkeiten, das für sie am besten geeignete Material zu erkennen. Im weitesten Sinne ist es das Ziel der Marketingfachleute, die medizinische wissenschaftliche Community schneller über neue und bessere Technologien zu informieren.

Ohne das Marketing bliebe eine neue Technologie womöglich unbeachtet, aber mit einer tollen Marketingkampagne und einem Produkt, das die Erwartungen erfüllt, könnte sie zu einer Standardanwendung werden. Wenn das Produkt allerdings unzureichend ist, dann wird es niemand annehmen, egal welche Qualität die Marketingkampagne hat.

Die Marketingleute sind Generäle, welche die Richtung vorgeben und die Infanteristen des Außendiensts unterstützen.

Die Marketingleute erfüllen mehrere Aufgaben bei der Produktentwicklung und der Markteinführung. Früh in der Produktentwicklung sorgen sie für kommerziellen Rat und analysieren die finanzielle Durchsetzbarkeit der Produkte. Sie unterstützen das Bestreben, die Konkurrenz zu schlagen. Im späteren Prozess liefern sie dem Vertriebspersonal strategische Unterstützung, Umsatzprognosen und andere Ressourcen. Im Gegenzug arbeitet der Außendienst eng mit Kunden zusammen und übermittelt laufend die Rückmeldungen der Kunden an die Marketingabteilung.

Laufbahnen: Markenmanagement und andere marketingbezogene Aufgaben

Das Marketing ist ein Sammelsurium aus verschiedenen Disziplinen, ohne eine dazu gehörende Struktur.

Im Marketing gibt es keine Standardkarriereleiter. Die meisten Arbeitnehmer wechseln zwischen Vertrieb, Marketing und dem Verkauf, um in verschiedenen Bereichen Verantwortung zu übernehmen (Kapitel 19).

Abb. 18.1 *Typische Bereiche im Marketing und der Geschäftsentwicklung.*

Das Marketing ist eine breite und vielfältige Tätigkeit, zu der viele Spezialdisziplinen gehören (Abb. 18.1). Bei den meisten Menschen beschwört das Wort „Marketing" das Konzept des „Markenmanagements" herauf, aber zum Marketing gehören viele andere Aufgaben. Diese Aufgaben können innerhalb von Unternehmensabteilungen oder in einer separaten Marketingabteilung ausgeführt werden. Hier sprechen wir vom „Marketing", obgleich die Aufgaben in der realen Welt unter Umständen etwas differenzierter betrachtet werden müssen.

Markenmanager (In-Line-Marketing)

Markenmanager sind geschäftlich für eine „Handelsmarke" (Brand) verantwortlich, d. h. für ein Produkt. Bei einer Firma wie Honda beispielsweise ist eines der Produkte der Accord. Der Markenmanager trägt die Verantwortung für alles, was mit dem Accord zusammenhängt – von der Festlegung, welche neuen Eigenschaften die Kunden möglicherweise gerne hätten, bis zur Zusammenarbeit mit der Herstellung, um die Kundenwünsche umzusetzen. Der Markenmanager ist auch dafür verantwortlich, für die Marke direkt beim Kunden zu werben, indem er ihre hervorragenden Qualitäten herausstellt und die Konkurrenz auf subtile Weise schlecht macht. Die wirkliche Herausforderung für das Marketing besteht darin, zu erkennen, was ein potenzieller Kunde hören möchte: der praktische Nutzen des Produkts, seine emotionale Wirkung und die Assoziationen, die es in der Wahrnehmung der Menschen auslöst. Der Honda Accord ist in Wirklichkeit ein Transportmittel, aber sein Image ist unter Umständen mit vagen Eigenschaften wie Luxus, Verlässlichkeit und Prestige verknüpft.

Die Markenmanager legen die Gesamtstrategie für die Vermarktung einer Marke fest und leiten multidisziplinäre Teams, um Projekte und den Vertrieb anzutreiben. Zu den Teams gehören Vertreter aus den Abteilungen Marketing, Vertrieb, Verkauf, Marktforschung,

Jede Handelsmarke ist wie eine Mini-Firma.

Ein Markenmanager steht im Zentrum der Marketingaktivitäten für ein Produkt.

Recht, Klinische Forschung, Behördenangelegenheiten und Herstellung/Fertigung. Diese Abteilungen können jeweils aus einer Person oder einer großen Abteilung mit vielleicht 30 Personen und zusätzlichen unterstützenden Gruppen bestehen. Der Markenmanager eines großen Marken-Teams kann ein Produktdirektor, der Direktor einer Geschäftseinheit, ein Marketingdirektor, ein Produktzyklus-Leiter, ein Geschäftsführer oder ein Vizepräsident des Marketings und Vertriebs sein. Diese Führungskräfte sind häufig für den Profit und den Verlust der gesamten Geschäftseinheit oder der Marke verantwortlich.

Innerhalb des Markenmanagement-Teams gibt es vier Arten von Produktmanagern, die verantwortlich sind für ...

Werbeförderndes Marketing

Produktmanager im werbefördernden Marketing beaufsichtigen die Durchführung der Kundenwerbung. Sie definieren die Markenelemente und ein wiedererkennbares „Erscheinungsbild" des Produkts. Sie entwickeln Material für die Vertriebsmitarbeiter und sind an der Produktpositionierung und der Entwicklung der Produktbotschaft beteiligt; die Materialien werden für direkte Kundenwerbeaktionen, die Öffentlichkeitsarbeit und die Firmenkommunikation verwendet. Produktmanager im werbefördernden Marketing entwickeln nur die Information auf dem Etikett („*on-label*"); z. B. Material über Arzneimittel, die offiziell für eine bestimmte Krankheit zugelassen sind – dies muss auf dem Beipackzettel (dem „Etikett"; *label*) vermerkt sein. Die zulassungsüberschreitenden Informationen („*off-label*") werden hingegen von der Abteilung Medizinische Fortbildung (siehe unten) erarbeitet, die neue Daten über zugelassene Arzneimittel veröffentlicht, beispielsweise zur Arzneimittelsicherheit, zu Wechselwirkungen mit anderen Arzneimitteln, neue Krankheitsindikationen u. a. Sobald diese Daten in den Beipackzettel aufgenommen wurden, erfolgt unter anderem auf Basis der zulassungsüberschreitenden Informationen die formale Produktpositionierung und die Formulierung der Werbebotschaften.

Marketing durch medizinische Beratung

Produktmanager im Marketing kommunizieren durch medizinische Beratung neue klinische Daten an Ärzte; dies geschieht mithilfe von regelmäßigen Fortbildungsprogrammen für Mediziner (CME, *continuing medical education*; Medizinische Fortbildung) oder durch Besprechungen mit den Firmenberatern. Sie laden Redner ein, organisieren Symposien und stellen sicher, dass die Daten veröffentlicht und bei wissenschaftlichen Konferenzen, Patientenselbsthilfegruppen und im Rahmen von Ausbildungsprogrammen präsentiert werden. Da diese Aktivitäten Daten einbeziehen, die noch nicht auf dem Produktbeipackzettel stehen, arbeiten die Produktmanager oft sehr eng mit der Abteilung Forschung und Entwicklung (F & E) zusammen, um zu gewährleisten, dass die Daten angemessen dargestellt und keine falschen Behauptungen verbreitet werden. Sie sind unter Umständen auch an der Erarbeitung der zentralen Aussagen für kommerzielle Publikationen beteiligt.

Patienten-, Verbraucher- und allgemeines Marketing

Das an den Patienten oder den Verbraucher gerichtete Marketing (DTC, *direct-to-consumer*) spielt eine wichtige Rolle bei erfolgreichen Werbekampagnen. Die zunehmende Einbeziehung der Patienten bei der Behandlung von Krankheiten und die wachsende Zahl von Patientenselbsthilfegruppen haben aus den Patienten eine kritische Zielgruppe für die Marketingleute gemacht. Obwohl sich die Vermarktung einiger großer Marken (z. B. jene für Cholesterinsenker oder Erektionsstörungen) immer noch auf wichtige Fernseh- und Printwerbekampagnen verlässt, werden viele Arzneimittel für Spezialgebiete im Internet oder in anderen nichttraditionellen Vermarktungskanälen beworben, wo sie ihre Ziel-Patientengruppe viel direkter erreichen können. Manche Firmen kaufen beispielsweise Speicherplatz von Internet-Suchmaschinen, die dann die Anzeigen mit Suchbegriffen verknüpfen, die mit der Krankheit, auf die das Arzneimittel abzielt, in Beziehung stehen. Firmen arbeiten auch mit Patientenselbsthilfegruppen zusammen, um Informationsbroschüren oder Anzeigen in Mitgliedermailing-Aktionen zu integrieren.

Strategie

Strategische Produktmanager beurteilen den Markt und ermitteln, welche Faktoren die Marke beeinflussen könnten. Sie helfen, die Produktpositionierung und das negative Image bestimmter Marken zu verbessern. Da der Kampf um Marktanteile zunehmend rauer und schnelllebiger wird, gibt es in Firmen Vollzeitbeschäftigte, die sich auf die kurzfristigen Strategien konzentrieren.

In manchen Marketingabteilungen werden diese Pflichten von einem Markenmanager des Marketings auf Direktorenebene erfüllt, während andere Firmen die gesamte Strategie und die analytischen Verantwortlichkeiten an eine eigenständige, getrennte Abteilung übertragen. Das Personal, das sich mit den umfassenden und langfristigen Strategien befasst, unterstützt oft auch das Team Klinische Entwicklung, indem es Marketingbeurteilungen über mögliche neue Indikationen für ein Produkt erstellt. Diese Mitarbeiter arbeiten auch mit der Abteilung Geschäftsentwicklung zusammen, um Faktoren, wie die Größe des Markts, zu bestimmen und herauszufinden, wie man die Lizenzierung und Akquisition neuer Produkte vorantreibt. Das Strategie-Markenmanagement kann auch in einer Abteilung untergebracht sein, die sich mit der Planung neuer Produkte beschäftigt.

Planung und Entwicklung neuer Produkte oder Marktplanung

Die in der Produktplanung Tätigen verleihen jedem Produkt eine Identität und eine Persönlichkeit, bevor es an das Markenmanagement übergeben wird.

Normalerweise haben die Beschäftigten der Abteilung „Produkt-Neuplanung" zwei Aufgaben: Erstens erteilen sie kommerziellen Rat (Marktbewertung) zu Produkten, die sich in der Phase des Machbarkeitsnachweises (*proof-of-concept*) bzw. in der Phase-III-Prüfung befinden. Zweitens sind sie während der Prüfungen der Phase III an der Positionierung, Markenentwicklung und Schaffung von Bewusstsein für bestimmte Krankheiten beteiligt („den Markt ankurbeln"), bevor die Produkte vom Markenmanagement-Team übernommen und in den Markt eingeführt werden.

Wenn man seine wissenschaftlichen, medizinischen oder Geschäftskenntnisse einsetzen möchte, dann ist die Planung neuer Produkte unter Umständen eine besonders attraktive Laufbahn. Zur Planung neuer Produkte gehört die Beurteilung des Marktwerts von Produkten sowie die Klärung der Frage, ob sie die Geschäftsentwicklung positiv beeinflussen können. In diesem Berufszweig kommt man während der frühen Phasen der klinischen Entwicklung eines Produkts mit einer Reihe von therapeutischen Fachgebieten in Kontakt, deshalb kann hier ein starker wissenschaftlicher Hintergrund nützlicher sein als im Markenmanagement. Es ist jedoch wichtig zu erwähnen, dass solche Positionen normalerweise auf der Direktorenebene oder in der Nähe davon angesiedelt sind und gewöhnlich Erfahrungen im Markenmanagement erfordern.

Produktentwicklungsmanagement

Innerhalb der Gruppe „Produkt-Neuplanung" kann es eine Untergruppe geben, die Produktentwicklungsmanagement genannt wird. Die Produktmanager in dieser Abteilung sind über das Land verteilt und arbeiten normalerweise von zu Hause aus. Sie ermitteln die zentralen Meinungsführer und versuchen diese dafür zu gewinnen, bei Symposien, medizinischen Tagungen usw. die Produkte in ein positives Licht zu rücken.

Globales Marketing, Strategiemarketing oder internationales Marktplanungs-Produktmanagement

Globale Marketingmanager erstellen eine weltweite Marketingstrategie. Sie entwickeln für den Vertrieb in neuen Ländern Vertriebschancen und koordinieren potenzielle Partner, um sicherzustellen, dass die entsprechenden Ressourcen vorhanden sind. Die meisten Firmen besitzen ein Markenteam und im Idealfall in jedem Land, in dem die Produkte verkauft werden sollen, einen Außendienst. Damit gewährleisten sie, dass die Produktaussagen in jeder Sprache einheitlich sind. Internationale Marketingteams sind auch an globalen Preisgestaltungs- und Vergütungsthemen beteiligt.

Managed-Care-Marketing

Managed-Care-Organisationen und andere Gesundheitsfinanzierer, wie Gesundheitspflegeorganisationen (HMO, *Health Maintenance Organizations*; ein bestimmtes Krankenversicherungs- und Versorgungsmodell), kassenärztliche Organisationen, staatliche Gesundheitsprogramme und firmeneigene Gesundheitsvorsorgeeinrichtungen, haben eine enorme Marktbedeutung. Die Kostenübernahme für bestimmte Produkte oder Verfahren durch diese Organisationen kann einen dramatischen Einfluss auf den Vertrieb haben: Falls die Kosten für Produkte nicht übernommen werden, werden weniger Produkte verkauft, und der Preis, den der Hersteller erzielt, kann je nach Art des Zahlenden enorm schwanken. Vergütungen (die Bezahlung der Ärzte für Eingriffe und Behandlungen) werden ein zunehmend wichtiges Thema bei der Arzneimittelentwicklung, und individuelle Strategien sind vonnöten, um die potenziellen Einkünfte zu maximieren. Eine Vergütung für eine bestimmte Dienstleistung zu erreichen, ist schwieriger geworden. Um einen Spitzenpreis zu verlangen, muss ein Produkt klar unterscheidbare Eigenschaften haben und von einem sorgfältigen Datenpaket begleitet sein. Die Abteilung „Managed-Care-Marketing" zieht gesundheitsökonomische Argumente heran, um die Managed-Care-Organisationen davon zu überzeugen, dass sie bestimmte Produkte auf die Liste, der für die Behandlung zugelassenen Produkte, setzen.

Kommerzielle Strategie, Analyse und Planung

Die Produktmanager der kommerziellen Strategie, Analyse und Planung sehen die benötigten Mittel voraus, die von den Marketing- und Vertriebsteams benötigt werden, und nutzen diese Schätzungen, um zu ermitteln, wie man den Außendienst am besten einsetzt.

Marktforschung

Marktforschungsanalytiker sammeln Daten über die Größe des Markts, die Kunden und die Interessen der Kunden. Marktforschung wird betrieben, indem unvoreingenommene Meinungserhebungen bei potenziellen Kunden durchgeführt werden, um z. B. deren Interesse an den Produkten oder den möglichen Erfolg von Werbekampagnen zu ermitteln. Diese Daten sind für viele Marketingmaßnahmen von Bedeutung und für sachkundige Entscheidungen unverzichtbar.

Auswertung der Behandlungsergebnisse

Analytiker, die die Behandlungsergebnisse auswerten, sogenannte *Health-outcomes*-Analytiker, erzeugen Daten, die für die Bewertung der „Erstattungsfähigkeit" von Produkten verwendet werden, die sich in der Entwicklung befinden oder akquiriert werden sollen. Sie führen detaillierte Analysen durch, um sicherzustellen, dass diese Produkte

Wenn Sie gerne über Wissenschaft sprechen, aber nicht an der Laborbank arbeiten möchten, dann gefällt Ihnen vielleicht eine Laufbahn in der Marktforschung oder in der Auswertung von Behandlungsergebnissen.

kosteneffiziente Lösungen für Gesundheitsversorgungspläne sind und einen klar definierten Nutzen haben. Sie befragen die „Zahlungspflichtigen" (zumeist Managed-Care-Organisationen und (Kranken-)Versicherungen) sowie Industrieexperten, um besser zu verstehen, wie Produkte vergütet werden, und um die Bedenken der Verwender kennenzulernen. Sie helfen bei der Lösung von Kostenübernahme-Problemen für einzelne Marken, indem sie pharmakoökonomische Modelle entwickeln, welche die Gesundheitsversorgungspläne berücksichtigen. Sie konstruieren auch exemplarische Fälle, um zu zeigen, dass ein neues Arzneimittel – obwohl es teurer ist als das Konkurrenzpräparat – aufgrund seiner ausgezeichneten Wirksamkeit eine deutliche Kostenersparnis für Versorgungspläne und Versicherungsunternehmen erbringen wird.

Stellen für Marktforschungsanalytiker und Analytiker, die Behandlungsergebnisse auswerten, sind übliche Einstiegspositionen für Wissenschaftler, die an einer Laufbahn im Marketing interessiert sind. Die Arbeit hat Ähnlichkeit mit der Laborarbeit: Eine Hypothese wird formuliert, Daten werden erzeugt und die Ergebnisse analysiert. Weil der Job komplexe wissenschaftliche Konzepte einbezieht, bevorzugen Marktforschungsfirmen häufig Personen mit einem medizinischen oder wissenschaftlichen Werdegang. Deren Fachwissen erleichtert es, Ärzte und andere Wissenschaftler zu befragen.

Produktvermarktung innerhalb der Wissenschaftsgemeinde

Die Marketingarbeit in einer nichttherapeutischen Biotechnologiefirma kann ein wunderbarer Weg sein, sein naturwissenschaftliches Fachwissen geschäftlich anzuwenden (Kapitel 6). Die Produkte werden im Rahmen von Forschung & Entwicklung verwendet und die Zielgruppe sind zumeist Wissenschaftler. Derartige Produkte sind gewöhnlich nicht durch die FDA reglementiert. Deshalb ist ihr Lebenszyklus viel unkomplizierter und kürzer, und sehr viele Produkte können gleichzeitig gemanagt werden – bis zu 100. Produktmanager in nichttherapeutischen Firmen haben allumfassende Verantwortlichkeiten, ähnlich wie in therapeutischen Firmen. Sie beurteilen die Marktfähigkeit und Konkurrenz und helfen mit, zu entscheiden, welche Produkte am Markt platziert werden sollen. Sie entwerfen Broschüren und Marketingkampagnen, legen die Preis- und Positionierungsstrategie fest, erstellen Prognosen, schulen den Außendienst u. a.

Aufgaben und Kompetenzen im Marketing

Im Marketing gibt es viele Aufgaben und Verantwortlichkeiten. Die folgende Liste umfasst nur die wichtigsten. Weitere Informationen dazu finden sich in den zahllosen Büchern, die sich diesem Thema widmen; einige davon sind am Ende dieses Kapitels aufgeführt.

Forschen

Die Bedürfnisse der Kunden zu verstehen, ist ein bedeutsamer Teil des Marketings. Normalerweise engagieren Firmen Marktforschungsdienste, um die Zahl potenzieller Kunden zu ermitteln (Marktgröße) und Ertragsprognosen zu entwickeln. Man gewinnt Daten, indem man mögliche und existierende Kunden kontaktiert und sie über ihre Praktiken, Bedürfnisse und Meinung zu neuen Technologien befragt.

Kennen Sie den Markt!

Diese Daten fließen dann beispielsweise in Marktbewertungen ein. Auf der Basis von Befragungen ist es möglich, potenzielle Produkte zu ermitteln, die für Kunden von Interesse sein könnten. Diese Information ist hilfreich, wenn es darum geht, für bestimmte Produkte „Ja"- oder „Nein"-Entscheidungen zu fällen. Die Marktforschung ist besonders nützlich, um den Erfolg von Werbekampagnen zu ermitteln und um die beste Zielgruppe für ein bestimmtes Produkt zu identifizieren.

Analytiker für die Auswertung der Behandlungsergebnisse (*Health-outcomes*-Analytiker) sichten klinische Daten und untersuchen die Wirtschaftlichkeit von Produkten in der Entwicklung. Die Daten können unter anderem für Kostenkalkulationen im Gesundheitswesen verwendet werden. Auch für Produktplaner sind dies entscheidende Informationen, die dabei helfen, Phase-II- und Phase-III-Prüfungen zu entwerfen und Entscheidungen bezüglich der Aufnahme bestimmter Endpunkte zu treffen. Nicht zuletzt profitieren Führungskräfte der Geschäftsentwicklung, indem sie das Kostenerstattungspotenzial bestimmter Produkte genauer abschätzen können.

Strategie der Produktentwicklung

In der Vergangenheit wurden Produktmanager erst kurz bevor das Produkt ins Markenmanagement ging, hinzugezogen. Heute werden die Überlegungen des Marketings viel früher im Produktentwicklungsvorgang berücksichtigt. Marketingleute sind auch an der Namensgebung von Produkten und an der Gestaltung der Verpackung beteiligt.

Marketingleute arbeiten mit dem Team der Produktentwicklung zusammen, um neue Anwendungen für die Produkte zu ermitteln. Klinische Abteilungen suchen nach neuen Argumenten, um die Arzneimittelindikation zu erweitern und auf die Firmenmittel Einfluss zu nehmen, mit dem Ziel, zusätzliche klinische Prüfungen durchzuführen.

Den Markt „ankurbeln"

Jahre bevor ein Produkt auf den Markt kommt, beginnen die Marketingleute damit, eine mögliche Nachfrage im Markt zu schaffen. Sie unterstützen die Veröffentlichungen zu bestimmten Krankheiten, um ein öffentliches Bewusstsein zu schaffen, damit ihr Produkt freudig begrüßt wird, wenn es schließlich auf den Markt kommt.

Marketingleute verlassen sich zum Teil auf die Befürwortung wichtiger Meinungsführer, um eine Marktnachfrage zu schaffen. Sie bauen zu diesen Experten Beziehungen auf und ermuntern sie, die Produkte der Firma zu verwenden, in der Hoffnung, dass sich die erzeugte Begeisterung auf andere Kunden überträgt.

Markenmeisterschaft und Markenmanagement

Die Produkteinführung ist kein leichtes Spiel!

Das Herz des Marketings ist das Markenmanagement. In gewisser Hinsicht betreiben die Markenmanager ihre eigenen Mini-Firmen: Sie sind letzten Endes für die Wertentwicklung ihrer Marke(n) verantwortlich. Ihre Hauptziele sind die Maximierung des Vertriebs und den größten Marktanteil für ihr Produkt zu erzielen. Sie erstellen einen spezifischen Plan für die Marke und setzen ihn um, etwa so wie einen Geschäftsplan, auf dessen Grundlage Strategien entwickelt werden. Die Markenmanager fungieren auch als internationale Vorkämpfer und bemühen sich darum, zusätzliche Mittel für die Vertriebsmaschine zu generieren.

Positionierung

Marketingleute verbringen Zeit mit der „Positionierung" ihrer Marken. Die Positionierung beinhaltet die Entwicklung von wichtigen Botschaften an die Kunden, um eine eindeutige Wahrnehmung der Produkteigenschaften aufzubauen. Ein gutes Beispiel hierfür ist die „rote Tablette" Nexium. Wenn sich der Markt weiterentwickelt und für ein Produkt neue Anwendungen ermittelt werden oder die Konkurrenz stärker wird, müssen Marken eventuell neu positioniert werden. Zu weiteren Informationen über die Positionierung und die Psychologie, die dahinter steht, lesen Sie Jack Trouts *Positioning, the Battle for Your Mind*.

Werbung

Um mit Werbeaussagen zu den Produkten an die Öffentlichkeit zu dringen, nutzen Marketingleute verschiedene Medienarten. Die Botschaften werden oft während wissenschaftlicher Tagungen, auf Ärzteweiterbildungen, im Fernsehen oder durch direkte Postsendungen kommuniziert. Marketingleute entwickeln auch Faltblätter, die Details zu dem Produkt, Literatur und Marketingmaterial enthalten. Diese werden an Vertriebsmitarbeiter zur Weitergabe an die Kunden verteilt.

Öffentlichkeitsarbeit

Marketingleute, die in der Öffentlichkeitsarbeit tätig sind, prüfen Literatur, bevor sie veröffentlicht wird, um sicherzugehen, dass diese stimmige Kernaussagen enthält. Pressemitteilungen, Werbe- und Vertriebsmaterial unterliegen einem ausgiebigen Prüfungsprozess. Diese Informationen werden dem Personal der Abteilung Behördenangelegenheiten vorgelegt und dann – zumindest in den USA – der FDA.

Preisgestaltung

Die Preisgestaltung ist ein schwieriges Geschäft. Es gibt keine magische Formel und die endgültige Entscheidung hängt von der Nachfrage nach dem Produkt und den Entwicklungskosten ab. Weil Kosten oft der entscheidende Faktor sind, wenn Produkte für Managed-Care-Pläne ausgewählt werden, wird die Preispolitik eingehend geprüft.

Konkurrenzbewertung

Kunden befragen die Vertriebsangestellten oft über die Konkurrenzprodukte, insbesondere wenn die Konkurrenten ein gleichwertiges Produkt anzubieten scheinen. Die Marketingleute helfen dem Vertriebspersonal, die Fragen zu beantworten: Sie analysieren sorgfältig die Konkurrenz und liefern Schulungsmaterial, das die hervorragenden Qualitäten ihrer eigenen Marke aufzeigt. Auch für die Planung neuer Produkte und für die Geschäftsentwicklung sind Konkurrenzanalysen wichtig, um den potenziellen Markt und den Wert von Produkten zu ermitteln.

Kennen Sie die Konkurrenz!

Analytik

Manche Marketingleute verbringen ihre Zeit damit, Finanzanalysen durchzuführen. Dazu gehören finanzielle Bewertungen verschiedener Programme, Einnahmevorhersagen, Verkaufsprognosen, Berechnungen des augenblicklichen Nettowerts verschiedener Produkte und Risikobewertungen. Diese komplizierten Analysen werden häufig von spezialisierten Teams innerhalb der Marketingabteilung durchgeführt.

Geschäftsentwicklung

Manche Marketingleute unterstützen das Team der Geschäftsentwicklung bei der Bewertung von Ein- und Auslizenzierungschancen, indem sie kaufmännischen Rat zur Marktfähigkeit von Produkten erteilen und Einnahmeprognosen entwickeln. Die Marketingleute berücksichtigen verschiedene Aspekte des Produkts, beispielsweise Unterscheidungsmerkmale gegenüber Konkurrenzpräparaten oder um aufzuzeigen, dass es einen höheren Nutzen als das Konkurrenzpräparat hat. Zudem schätzen Marketingleute die Risiken möglicher Nebenwirkungen und das Potenzial des Produkts für neue Indikationen ab.

Ein typischer Arbeitstag im Marketing

Ein typischer Arbeitstag im Marketing kann folgende Tätigkeiten beinhalten:
- Sich mit Mitarbeitern des Marketings oder anderer Abteilungen treffen, um Strategien zu erörtern und/oder Werbematerialien zu entwerfen.

- Schulungsunterlagen für den Außendienst erstellen und durchsehen.
- Mit Dienstleistern Kontakt halten – zumeist Anzeigen- oder Marktforschungsagenturen.
- Symposien für Ärzte oder Patientenselbsthilfegruppen vorbereiten.
- Markt- und Wettbewerbsanalysen durchführen und durchsehen.
- Sich mit Ärzten und wichtigen Meinungsführern treffen und sich mit Vertriebsmitarbeitern beraten.
- Andere Firmen besuchen, um Bereiche auszukundschaften, die von gemeinsamem Interesse sind, und um das Potenzial für eine Zusammenarbeit zu untersuchen.
- Reisen, manchmal 30–40 % der Zeit.

Gehalt und Vergütung

Normalerweise verdienen die Fachleute des Marketings geringfügig weniger als ihre Kollegen im Vertrieb, in der Geschäftsentwicklung und in der klinischen Entwicklung, jedoch mehr als Wissenschaftler in der Forschung bei gleicher Berufserfahrung.

Wie wird Erfolg gemessen?

Die Marketingfachleute tragen auf unterschiedliche Weise zum Firmenerfolg bei, und es ist schwierig, den Einfluss eines Einzelnen zu beurteilen. Wenn eine Marke auf dem Markt ist, dann ist es relativ einfach, die Vertriebszahlen zu ermitteln. Falls dies nicht der Fall ist, sind persönliche Leistungen schwieriger zu beurteilen.
Erfolg kann anhand der folgenden Kriterien abgeschätzt werden:
- Vertriebszahlen, insbesondere Marktanteile; wie die Marke im Vergleich zur Konkurrenz abschneidet.
- Verbraucherrückmeldung, die gewöhnlich durch die Angestellten des Vertriebs weitergegeben wird.
- Erreichen persönlicher Ziele; Umsetzung von Taktiken und das Erreichen bestimmter Ziele.

Das Für und Wider der Arbeit
Positive Aspekte einer Laufbahn im Marketing

- Das Marketing ist eher hektisch, und die Tätigkeiten sind vielfältig und interessant. Weil sich die Nachfrage nach Produkten und Technologien beständig ändert und für jedes Produkt eine neue Marketingstrategie erforderlich ist, gibt es wenig Routine im Job.

Im Marketing gibt es uneingeschränkte Karrieremöglichkeiten.

- Das Marketing bietet ein breiteres Spektrum an Jobverantwortlichkeiten und Erfahrungsmöglichkeiten, als dies im Vertrieb und in anderen Berufszweigen der Fall ist. Die Möglichkeit, viele unterschiedliche Tätigkeiten auszuüben, während man gleichzeitig im

Marketing bleibt, bietet die Chance, fortwährend zu lernen und sich beruflich weiterzuentwickeln.

- Das Marketing ist ein strategisches und intellektuell anregendes Betätigungsfeld. Die langfristigen Analysen, die durchgeführt werden, um eine Marketingstrategie zu entwickeln, sind mindestens genauso herausfordernd wie die naturwissenschaftliche Forschung. Zudem besteht ein ständiger Bedarf, neue und kreative Wege zu entwickeln, um auf den Markt einzuwirken.
- Das Marketing bietet die Chance, sowohl kreativ als auch analytisch zu sein. Technische Fertigkeiten kann man einsetzen, um wissenschaftliche Daten durchzusehen, die Bedeutung der neuen Technologien zu verstehen und deren kommerzielle Auswirkungen vorherzusagen. Es braucht Einfallsreichtum, mit einem komplexen wissenschaftlichen Produkt zu beginnen und eine prägnante und aussagekräftige Botschaft abzuleiten, welche die Zielgruppe erreicht.
- Markenmanager und hochrangige Marketing-Führungskräfte haben einen bedeutenden Einfluss auf die Firma und tragen deshalb eine hohe Verantwortungslast. Diese Positionen erhalten entsprechende Anerkennung, wenn die Dinge gut verlaufen.
- Im Marketing erhält man eine rasche Rückmeldung, was die Beurteilung des Erfolgs erleichtert. Eine Idee für eine Marketingkampagne kann in einigen Wochen ausgearbeitet und realisiert werden, und es zeigt sich rasch, ob die Vorgehensweise die richtige war.
- Ein Job im Marketing birgt die Chance, mit einer großen Vielfalt von Menschen in multidisziplinären Funktionen in Kontakt zu kommen und verschafft Einblicke, wie der Prozess der Produktentwicklung funktioniert. Intern haben die Marketingleute engen Kontakt mit den Kollegen aus dem Vertrieb, der klinischen Forschung, der Abteilung für Behördenangelegenheiten, der Forschung, der Geschäftsentwicklung, dem Finanzwesen, der Rechtsabteilung und der Herstellung/Fertigung. Extern gibt es Chancen, wichtige Meinungsführer, Mitglieder von Beratungsgremien u. a. zu treffen.
- Fachleute des Marketings reisen häufig, um an Konferenzen, Tagungen zur Ärzteweiterbildung und an Treffen mit wichtigen Meinungsführern teilzunehmen sowie Kundentermine wahrzunehmen. Da Symposien im Allgemeinen an attraktiven Orten abgehalten werden, um Ärzte anzulocken, kann dies ein netter Bonus sein.

Die möglicherweise unangenehme Seite im Marketing

- Zu viele Reisen können stressig sein. Manche Menschen, insbesondere jene im Markenmanagement, verbringen 50 % ihrer Zeit mit Reisen, aber der Durchschnitt im Marketing beträgt 30–40 %. Dies ist nicht so schlecht wie im Vertrieb, aber die Reisen können ebenso unvorhersehbar sein – vor und während Produkteinführungen werden sie häufiger. Das Reisen kann ein normales Familienleben in Mitleidenschaft ziehen.

- Das Marketing ist kein Job von 9 bis 17 Uhr, und in manchen Positionen, insbesondere im Markenmanagement, kann es die Angestellten vollständig einnehmen und enormen Stress verursachen. Häufig gibt es nicht ausreichend Zeit, um alles zu erledigen. Für Perfektionisten kann es frustrierend sein, aufgrund von zeitlichen Beschränkungen Kompromisse einzugehen.
- Das Marketing wird für die Einnahmen verantwortlich gemacht. Die Marketingteams versorgen die Vertriebsmitarbeiter mit der richtigen Ausrüstung für ihren Job, aber es ist schwierig, ihre individuelle Leistung zu kontrollieren. Wenn eine Marke schlecht läuft, dann bekommt das Marketing die Schuld.
- Viele marketingbezogene Aufgaben dienen dazu, andere zu informieren. Dies bedeutet, dass die Ergebnisse der Bemühungen eines Einzelnen auf dem Schreibtisch von jemand anderem landen.

Die größten Herausforderungen des Jobs

Die strategische Entscheidungsfindung in einer sich ändernden Umgebung

In einer unvorhersehbaren Umgebung strategische Entscheidungen zu treffen, ist eine der wesentlichen Herausforderungen im Marketing. Um das Marktpotenzial zu maximieren, reicht es nicht aus, bloß auf Veränderungen und auf die Konkurrenz zu reagieren; man muss eine Grundlage für die Zukunft schaffen und eine langfristige Marketingstrategie entwickeln.

Konkurrenz

Der externe Wettbewerb kann hart sein, und der Erfolg kann davon abhängen, ob man in der Lage ist, andere Produkte zu verdrängen. Es gibt viele andere Produkte auf dem Markt, die alle von professionellen Marketingteams unterstützt werden und die auf die gleiche Zielgruppe abzielen. Es kann auch zu einer internen Konkurrenz kommen, weil der Vertrieb, das Marketing sowie die Forschung und Entwicklung um die gleichen Gelder und Mittel buhlen.

„Einen Sack Flöhe hüten"

Wie bei der Geschäftsentwicklung und anderen Berufszweigen in der Biotechnologie, so erfordert auch das Marketing, dass man innerhalb und außerhalb der Abteilung auf Menschen Einfluss nimmt. Die Fähigkeit, diese Interessenvertreter davon zu überzeugen, dass sie Ihrer Führung folgen, wird oft mit dem „Hüten eines Sacks voll Flöhe" verglichen (siehe „Größte Herausforderungen", Kapitel 17). Weil das Marketing das gesamte Unternehmen betrifft, haben die an der Strategie beteiligten Abteilungsleiter oft ihre eigenen Vorstellungen und Absichten. Um mit ihren Meinungen umgehen zu können und einen Konsens zu erreichen, sind Führungsqualitäten erforderlich. Diese Probleme lassen sich normalerweise diplomatisch lösen, aber sie stellen sicherlich eine zusätzliche Schwierigkeit dar.

Vorschriften der FDA

Das Marketing ist in den USA stark von der FDA reglementiert, und die Richtlinien ändern sich laufend. Diese Richtlinien beschränken die Art und Weise, wie eine Marketingaussage präsentiert werden darf, sie legen den Schwerpunkt auf eine wortgetreue Darstellung der Tatsachen. Da bekannt ist, dass die Verbraucher am besten auf emotionale Botschaften reagieren, können die FDA-Vorschriften der Kreativität Grenzen setzen. Jede Information, die der Öffentlichkeit zur Verfügung gestellt wird, muss von der Dienststelle zugelassen werden – somit verlangsamt sich die Geschwindigkeit beträchtlich, mit der neue Informationen veröffentlicht werden. Die Folge ist, dass Marketingteams auf Verbraucherrückmeldungen nicht so schnell reagieren können, wie sie möchten.

Ethik versus Geschäftsstrategien

Weil die Biotechnologiegeschäfte profitgetrieben sind, steht das Personal des Marketings und Vertriebs unter starkem Druck, die Einkommensziele zu erfüllen. Angesichts des Ausmaßes des Wettbewerbs zwischen Firmen und der engen rechtlichen und behördlichen Zwänge bezüglich der Art, wie Firmen werben dürfen, kann es Versuche geben, die Vorschriften zu umgehen. Marketingfachleute befinden sich üblicherweise in einer Zwangslage: den Interessen der Firma und den Interessen der Gesellschaft zu dienen. Eine Firma kann beispielsweise die Entwicklung aussichtsreicher Medikamente stoppen, weil der Kundenkreis entweder zu klein oder zu arm ist.

Sich im Marketing auszeichnen ...

Führerschaft und Produkt-Meisterschaft

Mitarbeiter, die sich im Marketing behaupten, können Initiativen leiten, ihre Botschaften in der ganzen Firma verkaufen und erfolgreich mit Menschen umgehen. Produktmanager müssen in der Lage sein, in Übereinstimmung mit Mitgliedern aus anderen Abteilungen zu arbei-

Um harmonisch zusammenzuarbeiten, muss jeder im Marketingteam nach der gleichen Partitur singen.

ten. Dazu gehört die Fähigkeit, den Nachwuchs zu führen, zu motivieren und ihm Entscheidungsbefugnis zu geben. Um sich das Vertrauen und die Unterstützung des Teams zu sichern und um Pläne in die Tat umzusetzen, sind starke Führungsqualitäten und die Fähigkeit, Argumente klar zu strukturieren, vonnöten.

Die Fähigkeit, solide strategische Entscheidungen zu fällen

Strategisches Marketing ist wie eine Partie Schach: Man muss eine klare langfristige Strategie haben und bereit sein, die Angriffe des Konkurrenten abzuwehren.

Da der Markt dynamisch ist und die Anzahl der Marktszenarien endlos, bedarf es viel Erfahrung, um einen starken Marketinginstinkt zu entwickeln. Personen, die im Marketing überleben, haben gelernt, ihrer Intuition zu vertrauen weil die Daten, die für sachkundige Beurteilungen nötig sind, nicht in ausreichendem Maße zur Verfügung stehen. Erfolgreiche Marketingleute sind in ihrem Denken und ihren Entscheidungen diszipliniert. Sie haben eine klare Vorstellung davon, was erreicht werden muss, sowie von den Führungsfähigkeiten, die benötigt werden, um die Ziele zu realisieren. Sie können Pläne entwickeln, die auf fünf- bis zehnjährigen Vorhersagen beruhen, und sich die möglichen Folgen vorstellen, wenn sich die Variablen ändern (für eine umfassendere Beschreibung der strategischen Eigenschaften, siehe Kapitel 2).

Den Status quo anzweifeln

Diejenigen, die sich im Marketing auszeichnen, sind weiter um Verbesserungen bemüht. Sie bewerten ständig die gewählten Strategien von Neuem und nehmen auch dann nötige Veränderungen vor, wenn die Zeiten gut sind.

Die Kunden verstehen

Gute Marketingleute können sich – wie gutes Vertriebspersonal – in ihre Kunden hineindenken. Sie sprechen deren Sprache, verstehen deren Probleme und sind mit deren Haltung vertraut.

Sind Sie ein guter Anwärter für eine Laufbahn im Marketing?

Aufgrund der zahlreichen Aufgaben im Marketing, kommen viele Persönlichkeiten für diese Jobs infrage. Die Firmen besetzen die Teams mit unterschiedlichen Persönlichkeitstypen, die sich in ihren Fähigkeiten ergänzen. Ein Markenteam, das nur aus ehrgeizigen, selbstbewussten, kontaktfreudigen, willensstarken Personen besteht, wird wahrscheinlich sehr rasch auseinanderfallen. Mit anderen Worten, die unten beschriebenen Eigenschaften sind Verallgemeinerungen und gelten nicht für jeden!

Menschen, die in einer Laufbahn im Marketing zur Entfaltung kommen, haben meist die folgenden Eigenschaften:

Starke zwischenmenschliche Fähigkeiten und gut in einem Team arbeiten können

Im Marketing muss man in einer multidisziplinären Teamumgebung arbeiten können (Kapitel 2). Wichtig ist, dass man sympathisch ist und gerne Umgang mit Menschen hat. Auch in Führungspositionen kann man nicht die ganze Arbeit selbst verrichten und muss sich auf die Fähigkeiten und Bemühungen des Teams verlassen, um seine Ziele zu erreichen.

Führungsqualitäten

Man muss in der Lage sein, das Team und andere um den Markenplan zu scharen. Wichtig ist, dass man Partner und Mitarbeiter fesselt, anregen und motivieren sowie seine Vorstellungen überzeugend vermitteln kann. Man muss seine Pläne gegenüber Kritik verteidigen können.

Starke kommunikative Fähigkeiten

Ranghohe Marketingleute und die Angestellten im Markenmanagement müssen ihre Vorstellungen und Strategien erfolgreich kommunizieren können. Sie sollten in der Lage sein, komplizierte Ideen und Daten prägnant und überzeugend verschiedenen Zuhörern erklären zu können. Um schriftliche Anträge zu verfassen, sind gute Schreibfertigkeiten erforderlich.

Gut zuhören können

Die Fähigkeit, zuzuhören, ist notwendig, damit man die richtigen Fragen stellen kann.

Große Zeit- und Projektmanagementfähigkeiten

Die Fähigkeit, gleichzeitig mehrere Aufgaben zu verrichten und Prioritäten zu setzen, ist unverzichtbar. Das Markenmanagement ist ein hektischer, temporeicher Job mit viel Zeitdruck. Wenn Sie lieber mehr Zeit haben möchten, um sich einzelnen Projekten zu widmen, erwägen Sie die Marktforschung, Analytik, Ergebnisforschung (*outcomes research*) und andere Positionen im Geschäftsbereich.

Anpassungsfähigkeit

Marketingleute sollten eine eventuelle Änderung der Produktnachfrage vorhersehen und ihre Pläne der neuen Situation anpassen können.

Mit Stress umgehen können und sich mit Verantwortung wohlfühlen

Das Markenmanagement ist eine exponierte Position mit enormer Verantwortung und Stress. Man sollte keine Probleme damit haben, dem gehobenen Management sowohl gute als auch schlechte Nachrichten zu überbringen. Man muss Kritik einstecken können, offensiv sein und seine Handlungen mit soliden Daten und einem guten Urteilsvermögen begründen können.

Durchhaltevermögen und grenzenlose Energie

Diese sind nötig, um mit der hektischen, dynamischen Umgebung und der zusätzlichen Reisebelastung umgehen zu können.

Eine starke Motivation und den Ehrgeiz zum Erfolg

Marketingleute lieben das Gefühl, jeden Tag etwas erreicht zu haben. Zielorientierten „Machern" bereitet eine Laufbahn im Marketing Freude.

Starke analytische Fähigkeiten

Manche Marketingpositionen verlangen die Fähigkeit, Daten zu sammeln und zu interpretieren, um Strategiepläne zu erstellen, Prognosen abzugeben und andere Analysen durchzuführen.

Kreatives Talent

Glänzende Marketingleute können „querdenken".

Der Job erfordert einen kreativen Geist, da man Produkt-Positionierungen und Werbekampagnen durchführen sowie innovative Wege zu den Kunden finden muss. Auch Strategien müssen entwickelt und realisiert werden, damit die Marktanteile wachsen.

Außergewöhnliche Fähigkeiten, Entscheidungen zu treffen, auch auf Basis ungeeigneter Daten

Die Daten können auf viele verschiedene Weisen interpretiert werden, und sogar wenn nur mangelhafte Daten vorliegen, müssen rasche Entscheidungen getroffen werden; andernfalls könnte dies das Unternehmen lahmlegen.

Wissbegierde und breite Kenntnisse

Die meisten Marketingleute haben den starken Wunsch, weiterhin zu lernen. Es ist wichtig, dass man Freude daran hat, mit dem ständigen Informationsfluss Schritt zu halten.

Ein wetteiferndes Wesen

Die Konkurrenz kann hart sein, und Ihr Erfolg wird unter Umständen an den Marktanteilen Ihrer Produkte im Vergleich zu denjenigen anderer Firmen gemessen (siehe oben, „Die größten Herausforderungen").

Ein Interesse an Menschen

Das Marketing beinhaltet viel Psychologie und lebt vom Verständnis, wie Menschen denken und wie sie sich verhalten. Die Marketingleute verbringen eine Menge Zeit damit, die Vorstellungen, Wertesysteme und Ziele der Kunden zu untersuchen sowie herauszufinden, worauf die Kunden reagieren. Wenn Sie empathisch sind und sich in die Lage Ihrer Kunden versetzen können, dann ist es wahrscheinlicher, dass Sie die Menschen vom Kauf Ihrer Produkte überzeugen.

Eine optimistische Haltung

Nicht alle Produkte, für die Sie Verantwortung tragen, werden Erfolg haben, aber Sie müssen sie dessen ungeachtet auf den Erfolg vorbereiten.

Die Fähigkeit, den Details Aufmerksamkeit zu schenken und gleichzeitig das große Ganze zu sehen

Es ist wichtig, dass man seine strategischen Ziele im Auge behält und sich taktisch verhält, um seine Pläne umzusetzen.

Sie sollten eventuell eine Laufbahn außerhalb der Abteilung Marketing in Betracht ziehen, falls Sie ...

- jemand sind, der lieber alleine arbeitet und nicht bereit ist, sich mit anderen zu beraten und Arbeit an andere zu delegieren.
- schrecklich schüchtern oder zu passiv sind. Sie können die besten Ideen haben, solange Sie aber nicht den Mut besitzen, darüber zu sprechen, wird keiner je etwas davon erfahren.
- zu aggressiv oder zu wenig diplomatisch sind oder mangelndes Taktgefühl besitzen. Als Marketingperson sind Sie von der Mitarbeit Ihres Teams abhängig, deshalb sollten Sie die Kollegen nicht „vor den Kopf stoßen".
- ein Perfektionist sind. Diejenigen, die Schwierigkeiten haben, Entscheidungen auf der Grundlage mangelhafter Daten fällen zu müssen oder nicht gerne unter Zeitdruck arbeiten, sind unter Umständen frustriert.
- ständig positive Bestärkung brauchen.
- unflexibel sind. Situationen können sich rasch ändern, und wenn man nicht fähig ist, Prioritäten anzupassen oder seine Arbeitspläne zu ändern, dann kann es schwierig werden, sich als Markenmanager zu behaupten.

Das Karrierepotenzial im Marketing

Es gibt im Marketing nicht nur einen üblichen Karriereweg. Weil es so viele verschiedene Aufgaben gibt und der Vertrieb und das Marketing so eng verflochten sind, stehen den Mitarbeitern viele Karrierewege offen.

Die Handelsausbildung, die man im Marketing erhält, bietet eine ausgezeichnete Vorbereitung für Führungspositionen, wie etwa Vizepräsident des Geschäftsbereichs, leitender Geschäftsführer und Generaldirektor. Tatsächlich haben die meisten Generaldirektoren in großen Pharmafirmen eine beträchtliche Zeit im Geschäftsbereich oder im Marketing verbracht.

Falls Sie im Marketing bleiben möchten, so finden Sie dort zahlreiche Entwicklungsmöglichkeiten. Das Marketing ist sehr vielschichtig und es ist einfach, „seitwärts" zu wechseln. Abbildung 18.2 zeigt, dass Marketingerfahrung unter anderem im Vertrieb, im Bereich Medical Affairs und in der Geschäftsentwicklung benötigt wird. Möglich sind

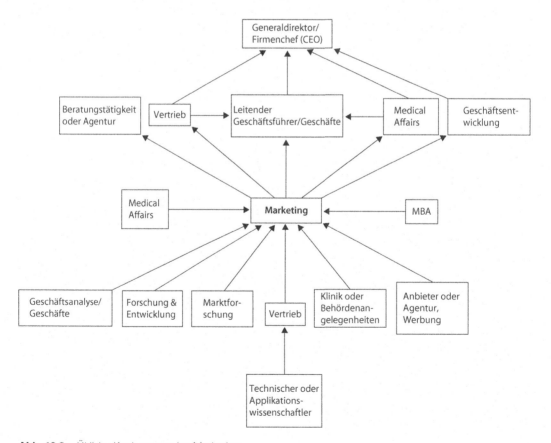

Abb. 18.2 *Übliche Karrierewege ins Marketing.*

auch Portfolio-Planung, das Projektmanagement, Allianzmanagement, Schulung, Analytik oder Finanzwesen, Firmenkommunikation und Betreuung von Investoren oder Öffentlichkeitsarbeit. Sie könnten auch zu einer Werbeagentur oder zu einer Agentur gehen, die medizinische Fortbildungen organisiert, oder selbst Beratungen durchführen.

Jobsicherheit und Zukunftstrends

Die Arbeitsplatzsicherheit hängt zum Teil von der Firma und der Lebensdauer der Marke ab. Eine große Firma hat wahrscheinlich eine Anzahl vielversprechender Produkte in der Entwicklung; wenn ein Produkt scheitert, dann ist das Markenteam aufgefordert, das nächste Produkt zu bearbeiten.

Einen Job im Marketing bekommen
Erwünschte Ausbildung und Erfahrungen

Personen, die im Marketing vorankommen, haben häufig schon früh Erfahrung im Vertrieb gesammelt. Denn ein Verständnis für die Bedürfnisse und das Verhalten des Kunden und des Vertriebsprozesses sind unbedingt notwendig. Viele werden direkt aus MBA(*Master of Business Administration*)-Programmen heraus eingestellt oder kommen aus Marktforschungsfirmen, Managementberatungs- oder strategischen Planungsabteilungen. Ungeachtet des Werdegangs, den jemand hat, ist es eine gute Idee, etwas Zeit im Vertrieb zu verbringen. Es ist entscheidend, dass man sowohl für die Kunden als auch für den Vertrieb eine Wertschätzung entwickelt.

Gewöhnlich gibt es keine festen Ausbildungsanforderungen für Marketingstellen. Der üblichste Werdegang ist ein MBA-Abschluss. In Firmen trifft man auf eine Mischung verschiedener Ausbildungen, dazu zählen Psychologie, Geschichte und Krankenpflege. Die meisten haben zumindest einen akademischen Basisabschluss in den Biowissenschaften, und viele besitzen einen höheren Abschluss, wie z. B. einen Masterabschluss, Ph. D., M. D., Pharm. D. oder MPH (*Master of Public Health*).

Obwohl ein höherer Abschluss äußerst hilfreich ist, wird er nicht verlangt. Indem man die Wissenschaft, die der Marke zugrunde liegt, besser zu verstehen versucht, erhöht man seine persönlichen Erfolgsaussichten. Ein naturwissenschaftlicher Hintergrund verschafft mehr Glaubwürdigkeit bei Kunden, wichtigen Meinungsführern und Klinikpartnern, und er kann das Marketingteam fachlich bereichern.

Für Marketingpositionen in nichttherapeutischen Firmen, die Produkte entwickeln und diese an Forscher verkaufen, sind ein naturwissenschaftlicher Abschluss und Laborerfahrung besonders von Vorteil.

Laborerfahrung ist wichtig, um den Standpunkt des Kunden zu verstehen und um Anregungen zur praktischen Anwendung des Produkts in der Forschung zu geben. Infolgedessen sind sehr viele Menschen mit einem Ph. D. oder einem anderen höheren wissenschaftlichen Abschluss im Marketing für Biotechnologie-Tool- und Dienstleistungsfirmen tätig.

Für kommerzielle Analysepositionen, insbesondere die Markt- und Ergebnisforschung, sind höhere Abschlüsse in der Naturwissenschaft, in der Wirtschaft, im Bereich öffentliche Ordnung, in der Gesundheitsfürsorge und Gesundheitspolitik, in der Statistik und Epidemiologie üblich. Der Ausbildungshintergrund für Fachleute in der Planung neuer Produkte ist im Allgemeinen ein Pharm.-D.-, Master- oder Ph.-D.-Abschluss. Diese Qualifikationen sind von Vorteil, werden aber im Allgemeinen nicht verlangt.

Wege ins Marketing

Ins Marketing zu kommen, ist schon die halbe Miete!

Positionen im Marketing sind sehr begehrt. Die größten Schwierigkeiten sind, die Anfangshürden des Berufseinstiegs zu überwinden und Erfahrung zu bekommen. Es gibt wenige Einstiegspositionen im Marketing, und es gibt eine große Zahl von Vertriebsfachleuten, die sich darum bewerben. Infolgedessen herrscht ein Überangebot an Jobsuchenden. Für jene mit einem wissenschaftlichen Hintergrund kann es schwierig sein, „einen Fuß in die Tür zu bekommen". Einstellungsleiter ziehen es vor, Leute mit einem MBA-Abschluss, Vertriebsangestellte und Marktforschungsanalysten einzustellen.

Man muss in den sauren Apfel beißen und zuerst in den Vertrieb gehen!

Des Weiteren wenden Firmen für Positionen, die Umsatzverantwortung beinhalten, konservative Einstellungspraktiken an. Deshalb ist es unwahrscheinlicher, dass Personen ohne spezifische Erfahrung eingestellt werden. Sobald man aber etwas Marketingerfahrung hat, sind die Chancen grenzenlos.

Tipps, wie man eine Marketingposition bekommen kann

- Wenn Sie für das Marketing bestimmt sind und wenn Sie nur für diese Beschäftigung leben wollen, dann werden Sie wahrscheinlich mehr Erfolg haben, wenn Sie als Vertriebsmitarbeiter beginnen. Es ist ein großartiger Weg, etwas über das Marketing zu erfahren, zu beobachten, wie Kunden Kaufentscheidungen treffen und mit Vertriebsthemen in Kontakt zu kommen. Tatsächlich stellen viele Marketing-Einstellungsleiter nur Personen ein, die Vertriebserfahrung mitbringen. Viele Menschen, insbesondere Wissenschaftler, werden möglicherweise von der Vorstellung, als Vertriebsangestellter zu arbeiten, abgeschreckt. Man sollte aber berücksichtigen, dass die Arbeit des Vertriebs dazu dient, Ärzte und Wissenschaftler über Produkte zu schulen. Manche Menschen stellen fest, dass sie den Vertrieb lieben und gehen nicht mehr weg (Kapitel 19) .

- Erwerben Sie einen MBA-Abschluss an einer erstklassigen Schule oder arbeiten Sie in einer Managementberatungsfirma. Versuchen Sie ein MBA-Sommerpraktikum in einer Biotechnologie- oder Pharmafirma zu absolvieren. Sommerpraktika verwandeln sich oft in Vollzeitanstellungen, je nach Ihrer Arbeitsleistung und wie Sie zur Firmenkultur passen.

- Bewerben Sie sich auf Stellen als Marktforschungsanalytiker oder Analytiker zur Auswertung von Behandlungsergebnissen. Dies sind großartige Einstiegspositionen und sie verschaffen einen Überblick über die Biotechnologie und das Marketing. Unternehmen stellen normalerweise bevorzugt Personen mit einem höheren naturwissenschaftlichen oder medizinischen Abschluss ein.

- Wenn der Vertrieb für Sie nicht infrage kommt, erwägen Sie eine Aufgabe in der Abteilung Medical Affairs. Ihre naturwissenschaftlichen oder medizinischen Qualifikationen werden unter Umständen in einer Position als Medizinkontaktperson sehr geschätzt. Diese Positionen sind leichter zu bekommen als Jobs im Marketing (Kapitel 11).

- Gehen Sie in die Marketingabteilung einer Firma für Biotechnologie-Tools, -dienstleistungen oder medizinische Geräte, wechseln Sie dann seitwärts in eine Pharmafirma oder umgekehrt (Kapitel 6).

- Bewerben Sie sich beispielsweise um eine Position als Handelsvertreter des technischen Kundendienstes, Applikationsspezialist oder Projektmanager, oder schließen Sie sich einem Produktentwicklungsteam an. Diese Positionen gestatten Ihnen, eng mit Marketingteams zu arbeiten, und wieder wird der Wechsel ins Marketing leichter fallen.

- Erwägen Sie eine Position als Analytiker oder Mitarbeiter in einer Beratungsfirma oder einer Agentur, die für Marketingabteilungen Dienstleistungen anbietet. Gehen Sie zu Dienstleistern, die sich auf Werbung, Marktforschung oder Auswertung von Behandlungsergebnissen, Publikationsplanung, Kommunikation, Öffentlichkeitsarbeit oder Wettbewerberanalyse spezialisiert haben, oder zu Unternehmen, die neue Märkte bewerten. Diese Aufgaben werden normalerweise an externe Anbieter abgegeben, die es vorziehen, Personen mit einem technischen Hintergrund oder Industriekenntnissen einzustellen.

- Denken Sie über andere Wege nach, die es Ihnen ermöglichen, enger mit Kunden zu arbeiten, etwa ein Job bei einem Vertragsforschungsunternehmen (CRO) oder als klinischer Monitor. Hier haben Sie direkten Kontakt zu Ärzten und Patienten.

- Wenn Sie bereits in einer Biotechnologiefirma arbeiten, fragen Sie nach einem Praktikum oder einem turnusmäßigen Wechsel in die

Marketingabteilung. Viele Firmen gestatten Ihnen eine Rückkehr in Ihren ursprünglichen Job, falls Sie feststellen, dass das Marketing nichts für Sie ist. Manchmal sind Betreuungsaufgaben zu bekommen. Bitten Sie eventuell Mitglieder von klinischen Teams, Ihnen eine klinische Marke zur Betreuung zu überlassen.

Empfohlene Schulung, Berufsverbände und Quellen

Gesellschaften und Quellen

Medical Marketing Association (Gesellschaft für medizinisches Marketing; www.mmanet.org)
International Society for Pharmacoeconomics & Outcomes Research (Internationale Gesellschaft für Pharmakoökonomik & Auswertung der Behandlungsergebnisse; www.ispor.org)

Bücher

Bazell R (1998) Her-2. The making of herceptin, a revolutionary treatment für breast cancer. Random House, New York
Gladwell M (2000) The tipping point: How little things can make a big difference. Little, Brown and Company, New York
Lehmann D, Winter R (2004) Product management, 4. Aufl. McGraw-Hill/Irwin, New York
Ries A, Trout J (1981) Positioning: The battle for your mind. McGraw-Hill, New York
Ries A, Trout J (1994) The 22 immutable laws of marketing. Harper-Business, New York
Ries A, Trout J (2005) Marketing warfare. 20. Aufl. McGraw-Hill/New York
Trout J (2000) Differentiate or die: Survival in our era of killer competition. John Wiley & Sons, New York

Kurse

Wirtschaftswissenschaft
Biostatistik
Klinische Arzneistoffentwicklung und -forschung

19 | Vertrieb

Einnahmen erzielen und Kunden informieren

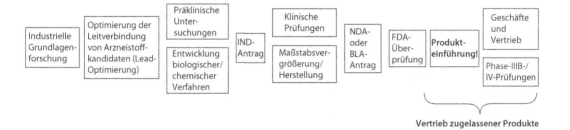

Vertrieb zugelassener Produkte

Wenn Sie lieber mit Menschen Umgang haben, als im Labor oder Büro zu arbeiten, wenn Sie kontaktfreudig sind, gerne wissenschaftliche Details erklären und eine unternehmerische Einstellung haben, könnte der Vertrieb vielleicht die richtige Laufbahn für Sie sein. Die Arbeit im Vertrieb gibt Ihnen die Möglichkeit, unabhängig zu arbeiten, persönlich für Ihren Erfolg verantwortlich zu sein und eine angemessene Bezahlung zu erhalten. Die Schulung und Erfahrung im Vertrieb verschaffen eine ausgezeichnete Grundlage für andere Laufbahnen, insbesondere im Marketing und der Geschäftsentwicklung.

An fremde Orte reisen, Wissenschaft mit dem Geschäft verbinden ... der Vertrieb ist ein Abenteuer!

Die Bedeutung des Vertriebs in der Biotechnologie ...

Egal um welches Produkt es sich handelt, die wichtige Aufgabe eines Verkäufers ist es, zu informieren. Es ist sein Job, die Kunden über die speziellen Eigenschaften und den Nutzen neuer Produkte zu unterrichten und wie diese helfen können, Probleme zu lösen und die Arbeit zu erleichtern. Die besten Vertriebsleute kennen ihr Produkt in- und auswendig und können dessen Eigenschaften mit den Bedürfnissen des Kunden in Einklang bringen.

Das Vertriebspersonal entspricht Mitochondrien, die für eine Firma ATP erzeugen.

Für eine Firma ist der Vertrieb nötig, um Einnahmen für die Aufrechterhaltung der Arbeitsprozesse und die Entwicklung neuer Produkte zu erzielen. In Aktiengesellschaften hat die Steigerung der Erträge direkten Einfluss auf die Bestandsbewertung und Zufriedenheit der Aktionäre.

Wissenschaftlicher, Arzneimittel- und Medizingerätevertrieb

In Biotechnologie- und Pharmafirmen gibt es drei wesentliche Vertriebsarten: den wissenschaftlichen, Arzneimittel- und Medizingerätevertrieb. Beim wissenschaftlichen Vertrieb sind die Endkunden Wissenschaftler aus Forschung und Entwicklung. Die Prozesse der Arzneimittelforschung und -entwicklung haben sich in den letzten Jahren rasant weiterentwickelt. Durch die jüngsten technologischen Fortschritte muss eine riesige Informationsmenge verarbeitet werden. Die Fachleute des wissenschaftlichen Vertriebs sind dafür verantwortlich, diese komplexen Informationen an die Kunden weiterzugeben und auf potenzielle Nutzungsmöglichkeiten hinzuweisen. All diese Informationen sind entscheidend, damit die Kunden den Wert der Produkte für ihre Forschungsaktivitäten erkennen können. Es gibt unter anderem in der Bedarfsartikel- (z. B. Reagenzien und Glaswaren) und Produktionsgüterindustrie (z. B. teure Instrumente und Software) wissenschaftliche Vertriebsstellen.

Die direkten Zielgruppen des Arzneimittel- und Medizingerätevertriebs sind Ärzte und Patienten. Ärzte sind äußerst beschäftigt und werden mit Informationen über Arzneimittel überschüttet. Vertriebsmitarbeiter (z. B. Handelsvertreter) bewerben Produkte und halten Ärzte auf dem Laufenden, sodass diese sachkundig entscheiden können, welche Arzneimittel sie ihren Patienten verordnen.

Laufbahnen im Vertrieb

Kundenbetreuung und gebietsbezogener Vertrieb

Die Bezeichnungen und Aufgaben unterscheiden sich je nach Firma. Im Allgemeinen arbeiten die Kundenbetreuer (Handelsvertreter), Gebietsleiter und Leiter der Geschäftsentwicklung gebietsbezogen im Außendienst. Sie sind die wichtigste Kontaktstelle für die Kunden und erzielen Einkünfte für die Firma. Sie sind dafür verantwortlich, bestehende Kundenkontakte aufrechtzuerhalten und in zugewiesenen geografischen Gebieten neue zu schaffen. In manchen Firmen sind die Kundenbetreuer nicht direkt für den Vertrieb verantwortlich, sondern fungieren stattdessen als Vergütungsexperten oder sind für Kundenkontakte verantwortlich.

Vertriebsteams sind normalerweise hierarchisch aufgebaut. Junior-Vertriebsmitarbeiter können zu Gebiets- oder Kundenbetreuern aufsteigen, die wiederum als Bereichsleiter oder Großkundenbetreuer

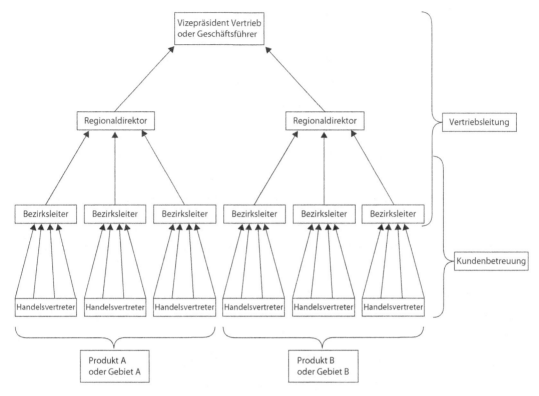

Abb. 19.1 *Charakteristische Strukturen im Vertrieb.*

(*key account manager*) Karriere machen. Auf der Ebene des Vertriebssleiters sind hochrangige Vertriebsangestellte dafür verantwortlich, den untergeordneten Vertriebsangestellten die nötigen Ressourcen zur Verfügung zu stellen und sie strategisch zu schulen. Sie beaufsichtigen unter Umständen eine bestimmte Produktlinie oder ein geografisches Gebiet und leiten den korrespondierenden Außendienst. Im Pharmavertrieb hat ein Regionaldirektor oft fünf oder sechs Bezirksleiter (*district manager*), die jeweils acht bis zwölf Junior-Vertriebsmitarbeiter beaufsichtigen (Abb. 19.1).

Der Führungsstab im Vertrieb

Auf der oberen Vertriebsebene leiten Direktoren der Geschäfteinheit, Vizepräsidenten des Vertriebs oder Vizepräsidenten der Konzession ein Kostenzentrum oder eine Geschäfteinheit und sind für den erfolgreichen Vertrieb und für Produkteinführungen verantwortlich. Sie tragen eventuell die Verantwortung für den Gewinn oder Verlust einer gesamten Geschäfteinheit oder Marke (Abb. 19.1) und sind normalerweise in der Konzernzentrale ansässig.

Mitarbeiter im Arzneimittelvertrieb

In Biotechnologie- und Pharmafirmen beantworten Handelsvertreter oder Pharmareferenten (auch als therapeutische oder klinische Spezialisten bezeichnet) Fragen, liefern Informationen und bieten den Ärzten manchmal Muster ihrer Produkte an. Jeder Vertreter ist für ein Gebiet mit 50 bis 100 Ärzten verantwortlich. Die Handelsvertreter organisieren auch Symposien und andere Schulungsprogramme oder treffen sich gelegentlich mit Fachleuten aus dem Gesundheitswesen zum Essen, um über die Arzneimittel, die sie vertreten, zu sprechen und für sie zu werben.

Vertriebstätigkeiten

Innerhalb mancher Vertriebsgruppen gibt es Personen, die dem Außendienst Schulung, Verwaltungsunterstützung und andere Hilfe anbieten. Sie tragen so dazu bei, dass die Vertriebsabläufe reibungslos und erfolgreich vonstattengehen.

Vertriebsinnendienst

Das Personal im Vertriebsinnendienst beantwortet Fragen vom Firmenstandort aus und besucht keine Kunden.

Vertrieb der Primärversorgung im Vergleich zum Vertrieb von Spezialpräparaten

Mitarbeiter im Arzneimittelvertrieb können in zwei verschiedenen Vertriebsbereichen arbeiten: in der Primärversorgung und in der Versorgung mit Spezialpräparaten. Pharmareferenten, die für die Präparate der Primärversorgung verantwortlich sind, versorgen Ärzte mit etablierten Produkten zu gut untersuchten Krankheiten, wie z. B. Schmerzmittel und Produkte, die bei Allergien Linderung verschaffen. Es gibt viele Tausend Pharmareferenten für die Primärversorgung und bei dieser Tätigkeit herrscht eine starke Konkurrenz. Diese Vertreter benötigen ein minimales Verständnis von Krankheiten und Produkten, und sie sind darin geschult, den Ärzten die Informationen in überzeugender Weise zu präsentieren. Insofern ist es sinnvoll, für diese Positionen Nichtakademiker einzustellen und zu schulen.

Vertriebsangestellte für Spezialartikel verkaufen Nischenarzneimittel für bestimmte Therapiebereiche, wie die Onkologie, Augenheilkunde oder Medikamente gegen Infektionskrankheiten. Die Fachinformationen zu den Produkten sind nur für bestimmte Zielgruppen interessant, deshalb ist der Vertriebsansatz ein anderer. Wegen ihres spezifischen und ausgedehnten Wissens spielen diese Handelsvertreter eine eher beratende Rolle und bauen zu den Ärzten eine engere persönliche Beziehung auf. Sie bieten auch spezielle Hilfestellungen an, wie die Beschleunigung von Vergütungsabläufen, sie erklären den Krankenschwestern, wie sie die Arzneimittel für ihren Einsatz vorbereiten können und überwachen die Reaktionen der Patienten auf die Therapie.

Technische Spezialisten des Vertriebs

Partnerschaftlich helfen die technischen Spezialisten des Vertriebs den Kundenberatern bei schwierigen Geschäften. Sie fungieren als Experten für bestimmte Produktlinien und beraten Kunden, indem sie Technologien demonstrieren und Produkteigenschaften erörtern. Technische Spezialisten unterscheiden sich von Applikationswissenschaftlern, indem sie den Vor-Vertrieb stärker unterstützen und die Umsätze und Provisionen im Auge haben. Sie verfügen normalerweise über einen Ph.-D.-Abschluss oder über Laborerfahrung.

Applikationsspezialisten oder -wissenschaftler

Wie die technischen Vertriebsspezialisten, so arbeiten auch die Applikationsspezialisten (FAS, *field application specialists*) eng mit Kundenbetreuern zusammen und fungieren als Technologieexperten, die hauptsächlich Nachverkaufs-Unterstützung bieten. Sie haben ein gründliches Verständnis von den Produktlinien erworben und beraten die Kunden. Sie führen Verkaufs-Vorführungen und Präsentationen durch und helfen den Kunden, Geräte in Betrieb zu nehmen, sie zu bedienen und lösen technische Probleme. Die Aufgaben der Applikationswissenschaftler sind in Kapitel 20 ausführlicher beschrieben.

Aufgaben und Kompetenzen im Vertrieb

Die allgemeine Aufgabe von Angestellten des Vertriebs ist es, Einnahmen zu erzielen und den Markenwert zu erhöhen. Dies bewerkstelligen sie, indem sie ihre Sollvorgaben für den Verkauf erreichen.

Suche nach potenziellen Kunden und Geschäftspartnern

Handelsvertreter sind immer auf der Suche nach neuen Kunden. Sie verbringen eine Menge Zeit am Telefon, stellen neue Kontakte her und versuchen die Verantwortlichen für die Kaufentscheidungen zu ermitteln.

Gebiets- und Kundenbetreuung

Dies ist das Herz des Vertriebs. Handelsvertreter pflegen bestehende Kundenkontakte und akquirieren in einem zugewiesenen Gebiet neue Kunden. Diese Vertreter nehmen Anregungen auf, führen Präsentationen durch, machen Vorschläge, handeln Verträge aus und schließen Geschäfte ab. Sie stellen auch Kontakte zwischen Ausbildern, technischen Vertriebs- und/oder Applikationsspezialisten oder Medizinkontaktpersonen und Kunden her, falls diese Hilfe benötigen. Eine wichtige Komponente der Kundenbetreuung ist es, klar und überzeugend darzulegen, welchen Wert das Produkt für den Käufer hat.

Vertriebsleitung

Intern werden Anstrengungen unternommen, um sicherzustellen, dass der Vertriebsablauf reibungslos vonstattengeht. Die Führungskräfte beaufsichtigen die Leistung des Personals, entwickeln strategische Initiativen und führen Analysen durch, um zu ermitteln, wie man die Leistungsfähigkeit des Außendienstes verbessern kann. Die Führungskräfte sind auch für die Mitarbeitermotivation verantwortlich und an der Festlegung der Gehälter beteiligt. Zu den zusätzlichen Verantwortlichkeiten können auch Personalschulungen und die Koordinierung der Vertriebsbesprechungen, die Überwachung von Software-Einträgen zum Kundenbeziehungsmanagement (CRM, *customer relationship management*) u. a. gehören.

Engagement vor Ort (Community-outreach-Programme)

Bemühungen vor Ort helfen, das Image der Firma zu verbessern und die Bekanntheit des Unternehmens und seiner Produkte zu erhöhen. Viele Handelsvertreter arbeiten mit örtlichen Gesellschaften und anderen Organisationen zusammen, um das Gemeinwesen zu unterstützen und eine bestimmte Therapie oder ein Produkt bekannt zu machen. Sie bieten unter Umständen Unterstützung bei Schulungsprogrammen oder Tagungen an und betreuen eingeladene Redner.

Ein typischer Arbeitstag im Vertrieb

Je nach Position im Vertrieb und abhängig von der Firma könnte ein typischer Arbeitstag einige der folgenden Tätigkeiten umfassen:
- Sich ein bis zwei Stunden täglich Telefonaten mit potenziellen Kunden widmen. Dies nennt man liebevoll „Kaltakquise".
- Treffen mit potenziellen Kunden anberaumen, vorangegangene Treffen nachbereiten und am Abschluss von Geschäften arbeiten.

Sie müssen gerne reisen!
- Zu Treffen fahren. Dies kann 25–70 % des Arbeitstages ausmachen.
- Teilnahme an Netzwerkereignissen, Handelsmessen und Konferenzen.
- Mit Führungskräften die Kundenlisten durchsehen, bevorstehende Geschäfte besprechen und Vertriebsprognosen erstellen.
- Arztpraxen besuchen, Fragen beantworten, Schulungsinformationen verteilen und Ärztemuster anbieten.
- Mit Kunden, Krankenschwestern oder Ärzten der Primärversorgung Essen gehen, um sie über die positiven Eigenschaften eines Produkts oder Arzneimittels zu unterrichten.
- Werbeessen, Tagungen mit Ärztegremien oder Symposien organisieren und durchführen.
- Patienten-*Outreach*-Programme leiten, wie z. B. freie Untersuchungen auf bestimmte Krankheiten in speziellen Therapiebereichen.
- Mitarbeiter trainieren und beraten, damit sie bessere Strategien entwickeln und ihre Fähigkeiten, Einkünfte zu erzielen, steigern.

Ein typischer Arbeitstag könnte bei der Vertriebsleitung und den leitenden Vertriebsangestellten Folgendes beinhalten:

- Das Vertriebsteam trainieren und motivieren. Kundenstrategien erarbeiten, indem man spezifische Ziele vorschreibt. Ressourcen bereitstellen und geeignete Informationen an den Außendienst weiterleiten.
- Auf die Führungs- und Vorstandsebene einwirken. Mit Experten und dem Aufsichtsrat zusammenarbeiten, um Strategiepläne und Programme zu platzieren.

Gehalt und Vergütung

Eine Anstellung im Vertrieb kann lukrativ sein. Weil der Erfolg im Vertrieb für das Überleben der Firma entscheidend ist, ist der Vertriebschef wahrscheinlich einer der höchstbezahlten Personen in einer Firma und kommt gleich nach dem Generaldirektor (CEO). Die Vertriebsfachleute verdienen normalerweise mehr als die Mitarbeiter im Marketing und in der Geschäftsentwicklung. Die Gehälter können doppelt oder sogar dreimal so hoch sein wie die von Wissenschaftlern in der Forschung bei gleicher Berufserfahrung.

Arzneimittelvertreter erhalten unter Umständen mehr Umsatzbeteiligung als wissenschaftliche Vertreter, und diejenigen, die hochpreisige Produkte verkaufen, haben die Möglichkeit, die kräftigste Umsatzbeteiligung zu erzielen. Deshalb ist der Vertrieb von Betriebsmitteln und Instrumenten am lukrativsten, wohingegen der Bedarfsartikelvertrieb für die Forschung (z. B. Reagenzien) am unteren Ende der Gehaltsskala rangiert.

Wenn Sie eben erst beginnen, erwarten Sie nicht sofort ein beträchtliches Einkommen. Je nach Position kann es mehrere Jahre dauern, bis Sie das Ansehen erworben haben, das Ihnen die wohlverdiente Entlohnung verschafft.

Die Vergütungspläne im Vertrieb sind kompliziert und unterscheiden sich von Firma zu Firma. Im Allgemeinen erhalten die Vertriebsmitarbeiter ein niedriges Grundgehalt, das durch eine leistungsabhängige Umsatzbeteiligung ergänzt wird. Mit zusätzlichen Boni und Leistungsanreizen kann man rechnen, wenn man die Sollvorgaben für den Verkauf übertrifft.

Man kann davon ausgehen, dass man seinen Verdienst im Vergleich zu einer Forschungsposition verdoppelt oder verdreifacht!

Wie wird Erfolg gemessen?

Der Erfolg wird normalerweise daran gemessen, ob man die Sollvorgaben für den Verkauf erreicht oder nicht. Andere Faktoren sind die Gewinnung neuer Kunden, die Anzahl von Treffen, die mit potenziellen Kunden arrangiert sind, Kundenrückmeldungen sowie die Steigerung der Marktanteile. Im Vertriebsmanagement lässt sich der Erfolg am Erreichen finanzieller Zielvorgaben festmachen und anhand von Marktanteilsanalysen.

Das Für und Wider der Arbeit

Positive Aspekte einer Laufbahn im Vertrieb

- Das Einkommenspotenzial ist bemerkenswert. Es hängt von vielen Faktoren ab, z. B. von der Firmenart und den Marktbedingungen; ein Job im Vertrieb kann eine der lukrativsten Positionen in Biotechnologie- und Pharmafirmen sein. Wenn die Dinge gut laufen, dann erzielen Sie hohe Verkaufszahlen und werden gut bezahlt. Es stellt sich auch das starke Gefühl ein, etwas geleistet zu haben.

- Man hat die Freiheit, unabhängig zu arbeiten. Da die Handelsvertreter zumeist alleine arbeiten, regeln sie ihre Terminpläne selbst. Man kann beispielsweise wählen, auf welche Kunden man sich konzentriert und an welchen Treffen man teilnimmt. Diese Freiheit verleiht dem Job eine unternehmerische Dimension: Je härter man arbeitet, umso mehr Geld kann man normalerweise verdienen.

- Außerdem arbeiten die meisten Vertriebsfachleute von zu Hause aus und genießen den Vorteil, schnell im Büro zu sein. Dies bedeutet eine große Freiheit bei der Wahl des Wohnorts, was insbesondere hilfreich sein kann, wenn man Familie hat. Ein weiterer Vorteil ist, dass man Kaffee- und Mittagspausen dazu verwenden kann, um Hausarbeiten zu erledigen, wie z. B. Wäsche waschen, oder man kann eine Pause machen und im Garten arbeiten. Ein zusätzlicher Vorteil dieser Unabhängigkeit ist, dass man durch sozialen Stress, den man häufig in einem Büroumfeld erlebt, nicht abgelenkt wird.

- Es besteht die Möglichkeit, interessante Menschen zu treffen und etwas über neue Technologien zu erfahren. Sie können auf Nobelpreisträger treffen, auf die Erfinder der meistverkauften Arzneimittel der Welt, auf Vordenker in der Industrie u. a. Ihre Kunden schenken Ihnen Vertrauen und verlassen sich darauf, dass Sie ihnen spezielle Ideen liefern, wie sie Probleme lösen oder ihre Patienten besser versorgen können. Es handelt sich hier auch um eine hervorragende Möglichkeit, etwas über die neuesten Technologien und über das Innenleben der Forschung und Entwicklung zu erfahren.

- Sie können Ihren technischen Hintergrund auf zahllose Situationen anwenden. Es kann ziemlich befriedigend sein, jenen zu helfen, die Arzneimittel verordnen oder Arzneimittelforschung betreiben. Man hilft anderen, indem man ihnen neue Produkte zur Verfügung stellt, die deren Produktivität steigern.

- Es gibt Abwechslungen in diesem Job in Hülle und Fülle. Diejenigen, die keine Tagesroutine mögen, finden im Vertrieb den passenden Arbeitsstil.

- Die Belohnung der Bemühungen findet unmittelbarer statt als in den meisten anderen Biotechnologiejobs. Die Vertriebszyklen sind viel kürzer als in der Geschäftsentwicklung. Ein Geschäft kann innerhalb von 3–12 Monaten begonnen und abgeschlossen werden, je nach

Kosten des Produkts. Es gibt im Vergleich zu Forschungsprojekten, die gelegentlich „dahin dümpeln", klar abgegrenzte Projektphasen mit messbaren Endpunkten.

- Der Vertrieb hat einen großen Einfluss und ist deutlich wahrnehmbar innerhalb der Firma. Der Erfolg einer Firma kann davon abhängen, ob das Vertriebsteam die Einkommensprognosen erfüllt.
- Die Vertriebsschulung in pharmazeutischen Firmen ist gewaltig. Außer dem Training für erfolgreichen Vertrieb gibt es Workshops zur situativen Führung, Betreuung und diverse andere Schulungen.
- Interne Vertriebstreffen können Spaß machen und anregend sein. Die Leute im Vertrieb entwickeln eine starke Kameradschaft. Es ist unterhaltsam, andere Kollegen aus dem Vertrieb zu treffen, „Geschichten von der Front" weiterzugeben und neue Freunde zu gewinnen. Die Vertriebsmitarbeiter können anregende, aufgeweckte, hoch dynamische und motivierte Leute sein.
- Wenn Sie gerne reisen, kann der Vertrieb eine wunderbare Laufbahn sein. Das Reisen kann besonders lohnend sein, wenn Sie für ein geografisches Gebiet zuständig sind, das zu Ihren Freizeitinteressen passt. Sie können einen Wochenendurlaub im Anschluss an eine Geschäftsreise planen und die Chance ergreifen, neue Gebiete des Landes zu erkunden, die Sie andernfalls nicht besucht hätten. Auch die Nutzung von Flugbonusmeilen für Ihre Urlaubsreisen ist gelegentlich möglich.

> Versuchen Sie einen Job zu finden, bei dem Ihr Vertriebsgebiet in einer attraktiven Gegend liegt oder in der Nähe von großen Golf- oder Ski-Ferienorten!

- Ein Job im Vertrieb ist eine Chance, etwas über die Kultur anderer Menschen zu erfahren. Sie werden Menschen mit vielen verschiedenen Werdegängen vorgestellt.
- Zusätzliche Vergünstigungen sind ein Firmenwagen und ein Spesenkonto, um mit Kunden zu speisen. Wenn man die Sollvorgaben des Vertriebs übertrifft, dann bieten viele Firmen große Belohnungen, wie z. B. einen Urlaub an exotischen Plätzen, für den alle Kosten übernommen werden.

Die möglicherweise unangenehme Seite im Vertrieb

- Es herrscht ein ständiger Druck, die Quartalsvorgaben zu erfüllen. Intern wird die Marktforschung dazu eingesetzt, die Vertriebserwartungen für Ihr Produkt zu prognostizieren. Wenn Sie weniger verkaufen, als Ihre Zielvorgabe vorsieht, dann stehen Sie unter intensivem Druck, insbesondere wenn Sie in der Probezeit sind; Sie können sogar Ihre Arbeit verlieren. Auch wenn Sie ein starkes Quartal hatten und Ihre Quoten erreicht haben, dann wechselt der Zyklus ins nächste Quartal, und so geht es immer weiter. Es braucht auch Zeit, sich einen guten Ruf aufzubauen, und die ersten Jahre im Job können außerordentlich schwierig sein.

> Die Sollvorgaben des Vertriebs zu erreichen, ist vergleichbar mit einer elektrischen Batterie: Sie geht und geht und geht …

- Im wissenschaftlichen Vertrieb können die zahlreichen Flugreisen ermüdend sein und für das Familienleben eine echte Belastung darstellen. Trotz dieser Probleme müssen Sie bei den Kunden fröhlich und enthusiastisch erscheinen, auch dann, wenn Sie keinen Schlaf gehabt haben. Die durchschnittliche Zeit, die mit Reisen zugebracht wird, beträgt etwa 50–70 % der Arbeitszeit, kann aber in manchen Positionen bis zu 90 % ausmachen. Falls es in Ihrem örtlichen Umfeld ausreichend Geschäftsmöglichkeiten gibt, dann ist es möglich, die Flugreisen einzuschränken. Die Vertriebsmitarbeiter in der Arzneimittelbranche haben eher kleinere geografische Gebiete und reisen somit weniger.

- Die Arbeit von zu Hause aus kann ein Segen und ein Fluch sein: Man kann der Arbeit nicht entkommen. Gehen Sie davon aus, dass Sie täglich 10–12 Stunden arbeiten und manchmal auch an Wochenenden.

- Wie in den meisten Berufszweigen in der Biotechnologie, kann im Vertrieb eine beträchtliche Menge an Firmen-Korrespondenz anfallen. Dazu gehören die Einreichung von Spesenabrechnungen, monatliche Berichte, das Führen einer Kundendatenbank oder die Dokumentation der täglichen Kundenbesuche.

- Mit der Vertriebstätigkeit ist ein Makel verknüpft. Die Menschen misstrauen den Handelsvertretern und können häufig nicht nachvollziehen, welches Ausbildungsniveau erforderlich ist, um den Job erfolgreich auszuüben. Sobald Sie zu einem Kunden ein harmonisches Verhältnis aufgebaut und ein Maß an Respekt erworben haben, wird der Job einfacher, aber die ersten Jahre können schwierig sein.

- Die Arbeit kann sich immerzu wiederholen, insbesondere im Arzneimittelvertrieb. Manchmal müssen die gleichen Verkaufstrategien viele Male angewendet werden, bevor sie Ergebnisse zeigen, und es kann schwierig sein, positiv und motiviert zu bleiben.

- Die Leistungsmessungen können frustrierend sein. Es gibt keine perfekte Messung, und es ist schwierig, den Umsatz exakt vorherzusagen. Es ist möglich, dass jeder Handelsvertreter gleich hart arbeitet, die Leistungen aber aufgrund von Variablen, welche die Messungen beeinflussen, unterschiedlich wahrgenommen werden.

Die größten Herausforderungen des Jobs

Erreichen der Sollvorgaben für das Quartal

Die größte Schwierigkeit im Vertrieb ist es, die vierteljährlichen Sollvorgaben für den Umsatz zu erreichen. Auch wenn die Wirtschaft schleppend geht und es in der Industrie und Hochschule zu Kürzungen kommt, müssen Sie trotzdem Ihre Vertriebsziele erreichen.

Zu viele Handelsvertreter

Die Größe des Außendienstes ist explosiv gewachsen.

Es hat sich gezeigt, dass ein direkter Zusammenhang besteht zwischen der Größe des Außendienstes einer Firma und der Anzahl an Verordnungen ihrer Medikamente. Dies hat zu einer explosiven Zunahme des

Außendienstes geführt, da jede Firma bestrebt ist, mit der Konkurrenz Schritt zu halten. Unglücklicherweise sind die Kunden von den vielen Vertretern, die um Gesprächstermine wetteifern, ziemlich genervt, und manche Ärzte möchten überhaupt keine Außendienstmitarbeiter mehr empfangen. Die Industrie reagiert nun darauf, und große Pharmafirmen verringern ihren Außendienst.

Sich im Vertrieb auszeichnen ...

Der Vertrieb ist unverzichtbar, wenn es darum geht, zu Kunden eine dauerhafte Beziehung, Vertrauen und ein harmonisches Verhältnis aufzubauen. Um dies zu erreichen, muss man glaubwürdig erscheinen und die Kunden und ihre Ziele verstehen.

Glaubwürdigkeit herstellen

Handelsvertreter müssen über Expertenwissen und persönliche Seriosität verfügen und sich verlässlich und glaubwürdig darstellen. Wenn Kunden ein Missbehagen haben und daran zweifeln, ob ihre Bedürfnisse verstanden wurden, dann ist es unwahrscheinlicher, dass sie einen Kauf tätigen. Diese Aufgabe ist einfacher, wenn man bei einer etablierten Firma arbeitet, die anerkannte Marken und einen guten Ruf hat.

Kenne Deinen Kunden! Reden ist nicht Verkaufen.

Die Bedürfnisse des Kunden verstehen

Erfolgreiche Vertriebsmitarbeiter veranlassen Kunden zum Kauf, indem sie sie wertschätzen. Dazu gehört eventuell, dass man spezielle Lösungen für die Probleme der Kunden anbietet oder eine Lösung präsentiert, die der Kunde zuvor noch nicht in Betracht gezogen hat. Der Außendienstmitarbeiter kann seinen Kunden auch Preisnachlässe gewähren oder für schnelle Produktlieferungen sorgen.

Jeder Kunde hat ein Problem. Es liegt an Ihnen, eine befriedigende Lösung zu finden.

Sind Sie ein guter Anwärter für den Vertrieb?

Personen, die im Vertrieb zur Entfaltung kommen, haben meist die folgenden Eigenschaften:

Tatendrang, Seriosität und einen starken ethischen Charakter

Man muss in diesem Job äußerst motiviert und ehrlich sein (der finanzielle Anreiz hilft dabei).

Disziplin und Ausdauer

Dauerhafte Beziehungen zu Kunden sind im Vertrieb der Schlüssel zum Erfolg. Dies braucht Zeit und eine große Menge an Ausdauer, Fleiß

Ausdauer, Disziplin und Fleiß sind unbedingt notwendig.

und Disziplin. Erfolgreiche Handelsvertreter halten immer nach neuen Märkten Ausschau und lassen bei der Suche nach potenziellen Kunden nichts unversucht.

Belastbarkeit

Sie werden oftmals „nein" hören, aber Sie müssen optimistisch und enthusiastisch bleiben und dürfen Ablehnungen nicht persönlich nehmen. Ärzte treffen Entscheidungen, die in erster Linie der Gesundheit ihrer Patienten dienen und nicht, weil sie den Handelsvertreter mögen. Es ist wichtig, dass man scharfsinnig ist und die zeitlichen Beschränkungen seiner Kunden respektiert.

Exzellente kommunikative und Präsentationsfähigkeiten

Kontaktfreudige, motivierte und tatkräftige Menschen passen hier hinein!

Da viel Zeit damit verbracht wird, mit Kunden zu sprechen, sind kommunikative Fähigkeiten unverzichtbar. Sie sind wichtig, um die Bedürfnisse der Kunden kennenzulernen, Präsentationen durchzuführen, aber auch für den schriftlichen Kontakt mit Kunden. Weil man es mit sehr vielen Kunden zu tun hat, sind kontaktfreudige und gesellige Mitarbeiter im Vorteil.

Ausgezeichnete Zeitmanagement- und organisatorische Fähigkeiten

Das Arbeitspensum ist hoch; dennoch ist es erforderlich, dass man detailorientiert ist und auf die Bedürfnisse der Kunden eingeht.

Starke zwischenmenschliche Fähigkeiten

Die Fähigkeit, Kunden dazu zu bringen, dass sie sich wohlfühlen, sollte jeder Handelsvertreter haben.

Sie müssen sich selbst als vertrauenswürdig, verlässlich und glaubhaft präsentieren. Ein ungezwungenes und sympathisches Auftreten hilft Ihnen, das Vertrauen der Kunden zu gewinnen, sodass diese gerne mit Ihnen arbeiten und erneut Geschäfte abschließen (Kapitel 2). Ein Sinn für Humor ist ebenso ein Pluspunkt!

Begeisterung für die Produkte

Handelsvertreter, die von den Technologien, die sie verkaufen, begeistert sind und an sie glauben, sind normalerweise die erfolgreichsten. Dies ist etwas, was man im Hinterkopf behalten sollte, wenn man sich nach einem Job umsieht.

Spezialkenntnisse über das Produkt und den Markt

Es ist von unschätzbarem Wert, wenn man ein gründliches Verständnis von der Technologie hat, die man verkauft, und mit ihren Anwendungen ausreichend vertraut ist. Es ist auch hilfreich, wenn man andere Produkte genau kennt, die den sich ändernden Bedürfnissen des Kunden am besten entsprechen.

Die Fähigkeit, rasch zu denken

Sehr häufig hat man nur eine einzige Gelegenheit für eine Präsentation. Wenn Sie schlecht vorbereitet sind und die Fragen nicht auf Anhieb beantworten können, verlieren Sie eventuell Umsatz.

Eine unternehmerische Einstellung

Wenn man auf der Karriereleiter nach oben klettert und Verantwortung für junge Mitarbeiter übernimmt, dann ist es so, als ob man seine eigene Firma betreibt. Erfolgreiche Vertriebsleute lernen geschäftstüchtig und unternehmerisch zu sein.

Grenzenlose Energie

Im Vertrieb sind Sie ständig unterwegs, um Gesprächstermine zu arrangieren, Kunden zu treffen und Ihre Umsatzziele zu erreichen.

Flexibles Denken

In diesem Geschäft sind Unvoreingenommenheit und die Bereitschaft, neue Lösungen zu akzeptieren, ein Vorzug.

Ein Geschick, technische Probleme zu lösen

Wenn man im wissenschaftlichen Vertrieb die technischen Probleme der Kunden lösen kann, dann hilft dies, zu den Kunden eine harmonische Beziehung aufzubauen (und unterstützt die Möglichkeit für einen späteren beruflichen Aufstieg!).

Die Fähigkeit, rasch die Persönlichkeit des Kunden zu erkennen und sein Verhalten zu „lesen"

Viele sehr erfolgreiche Vertriebsfachleute haben gelernt, was die Kunden motiviert und wie man den Persönlichkeitsstil der Kunden erkennt (siehe Kasten „Persönlichkeitsstile"). Um den Verkaufsvorgang zu beschleunigen, ist es wichtig, den Kunden die Nervosität zu nehmen, indem man auf ihr Verhalten angemessen reagiert.

> Sie müssen in der Lage sein, den Persönlichkeitsstil Ihres Kunden innerhalb einer Nanosekunde zu beurteilen.

Eine glänzende Aufmachung

Im Vertrieb ist es wichtig, dass man gut gekleidet und vorzeigbar ist.

Für Vertriebstätigkeiten braucht man die folgenden Eigenschaften:

Starke analytische Fähigkeiten

Diese Position verlangt die Fähigkeit, Daten zu analysieren und Schlüsse zu ziehen, ebenso die Fähigkeit, die Nuancen der Daten zu verstehen.

Gute Führungsqualitäten und die Fähigkeit, zu motivieren und Freude daran zu haben, den Erfolg anderer zu fördern

Es ist befriedigend, wenn man sieht, dass die verdienstvollen Mitarbeiter befördert werden, wenn sie Erfolge erzielt haben.

Sie sollten eventuell eine Laufbahn außerhalb des Vertriebs in Betracht ziehen, falls Sie …

- nicht mit Ungewissheit umgehen können. In diesem Job sind viele Dinge unvorhersehbar; es ist beispielsweise schwierig zu wissen, wann ein Kunde ein Produkt kaufen wird.
- mit Ablehnung nicht umgehen können. Viele Leute sagen eher Nein als Ja.
- schrecklich schüchtern sind oder das genaue Gegenteil – übertrieben extrovertiert sind. Wenn Sie zu temperamentvoll sind, dann kann Ihr Gegenüber dies als Tarnung für ein mangelndes Selbstbewusstsein interpretieren. Wenn man zu introvertiert ist, erzielt man kaum Umsatz.
- nicht in der Lage sind, den Wert der Produkte zu verstehen oder ihn dem Kunden zu vermitteln oder den Nutzen der Produkte mit den Bedürfnissen der Kunden abzugleichen.
- zu sehr auf technische Einzelheiten konzentriert sind oder nicht selbstbewusst genug vorgehen, um einen Verkauf abzuschließen.
- zu sehr auf sich selbst konzentriert sind. Man sollte verständnisvoll und einfühlsam mit seinen Kunden sein.
- geltungsbedürftig oder arrogant sind. Im Vertrieb gibt es wenig Ruhm, sondern nur finanzielle und berufliche Anreize.
- zu aggressiv oder darauf aus sind, dem schnellen Geld nachzujagen, manipulierend und eigennützig sind.

Persönlichkeitsstile

Menschen haben verschiedene Persönlichkeitsstile (hier sei auf das Buch von Bolton und Bolton, *People Styles at Work* verwiesen, das am Ende dieses Kapitels aufgeführt ist). Es ist wichtig, dass man den Stil eines Kunden rasch abzuschätzen lernt, damit man das eigene Vorgehen entsprechend anpassen und die verfügbare Zeit zur Lösung des Problems nutzen kann, anstatt persönliche Spannungen abzubauen. Wenn sich Kunden mit Ihrem Stil nicht wohlfühlen, dann werden sie sich nach einem Fluchtweg umsehen, anstatt einen Kauf zu tätigen.

Beispielsweise nehmen sich manche Kunden viel Zeit, um Daten durchzusehen und Entscheidungen zu fällen, wohingegen andere in enormer Eile sind und schnell handeln. Viele möchten sich mit einem Handelsvertreter wohlfühlen, bevor sie zum Geschäft kommen. Im Vertrieb, wie in anderen Berufsfeldern, ist es eine Kunst, ein Geschäft abzuwickeln und es zu einer angenehmen Erfahrung für alle Beteiligten werden zu lassen.

Das Karrierepotenzial im Vertrieb

Im Vertrieb gibt es drei wesentliche Laufbahnen: Kundenbetreuung, Verkauf sowie Vertrieb und Marketing. Die meisten hochrangigen Vertriebsfachleute haben zu irgendeinem Zeitpunkt in ihrer Laufbahn eine Marketingposition innegehabt, und die meisten Marketingfachleute besitzen Vertriebserfahrung. Die Bereiche sind eng verflochten und personelle Wechsel zwischen beiden kommen oft vor.

Diejenigen, die im Vertrieb bleiben, wollen in höhere Positionen befördert werden und irgendwann der Vertriebsleitung angehören. Es ist jedoch ebenso möglich und lukrativ, Kundenbetreuer zu bleiben.

Im Außendienst für Umsätze verantwortlich zu sein, ist eine ausgezeichnete Vorbereitung für Jobs mit Leitungsfunktion, wie z. B. Leiter der Geschäfte (CCO, *chief of commercial operations*), leitender Geschäftsführer (COO, *chief operating officer*), Generaldirektor (CEO, *chief executive officer*) oder Unternehmer (Abb. 19.2). Tatsächlich haben viele Generaldirektoren, insbesondere in großen Pharmafirmen, ihre Laufbahn im Vertrieb begonnen.

Für diejenigen, die daran interessiert sind, Vertriebserfahrung zu sammeln, um diese in der Biopharmaindustrie zu nutzen, tun sich zahl-

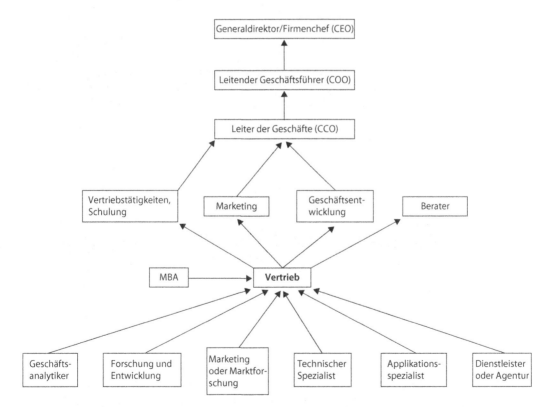

Abb. 19.2 *Übliche Laufbahnen in den Vertrieb.*

reiche Karrieremöglichkeiten auf. Der Vertrieb kann ein Sprungbrett sein für das Marketing, die Abteilung Geschäfte, die Geschäftsentwicklung, die Produktentwicklung oder die Unternehmensleitung. Manche Vertriebsmitarbeiter werden Ausbilder, Einkäufer oder Applikationswissenschaftler. Mit einer Vertriebsschulung ist man außerdem nicht auf die Biopharmaindustrie beschränkt – man kann seinen Horizont erweitern und in praktisch jeder anderen Industrie Verkäufe tätigen.

Jobsicherheit und Zukunftstrends

Ein Job im Vertrieb ist ein hohes Risiko, aber sehr lohnend.

Sowohl im wissenschaftlichen als auch im Arzneimittelvertrieb werden erfahrene Fachleute unter Umständen stark nachgefragt, insbesondere dann, wenn sie Experten auf einem bestimmten Gebiet sind.

Beim wissenschaftlichen Vertrieb gilt: Solange sich die Forschungsbudgets in der Industrie und der Hochschule gut entwickeln, verkaufen sich die Produkte – und die Umsatzbeteiligung ist gesichert! Der Arzneimittelvertrieb ist unter Umständen weniger stabil als der wissenschaftliche Vertrieb. Arzneimittel können unerwartet vom Markt genommen oder von den Versorgungsplänen gestrichen werden, oder neue Generika werden eingeführt. Dies hat häufig eine Reduzierung oder Umstrukturierung des Außendienstes zur Folge.

Jobs im Vertrieb von Spezialpräparaten sind eventuell sicherer als jene im Vertrieb von Präparaten zur Primärversorgung. Es gibt ein Überangebot an Handelsvertretern für den Vertrieb in der Primärversorgung, weil große Pharmafirmen geeignete Nichtakademiker einstellen und sie durch eine dreimonatige Schulung auf die Tätigkeit vorbereiten. Pharmareferenten müssen eine IHK-Prüfung ablegen. Die Zahl der wirklich sachkundigen Handelsvertreter für Spezialpräparate ist begrenzt.

Es gibt einen Vertriebsbereich, der von einer Auslagerung ins Ausland (Outsourcing) bedroht sein kann. Es handelt sich hierbei z. B. um Verwaltungsfunktionen des Innenvertriebs, die den Einkauf regeln, oder Tätigkeiten in der Auftragsannahme.

Einen Job im Vertrieb bekommen

Erwünschte Ausbildung und Erfahrungen

Wissenschaftlicher Vertrieb

Die beste Vorbereitung für eine Laufbahn im wissenschaftlichen Vertrieb sind Erfahrungen in der Grundlagenforschung. Die meisten Mitarbeiter des wissenschaftlichen Vertriebs sind ehemalige Forscher aus privaten oder Hochschullaboratorien, die über die alltägliche Laborarbeit frustriert waren und mehr Kontakt zu Menschen suchten.

Oft ist es wichtiger, praktische Erfahrung und ein gutes Verständnis von der Technologie zu haben als eine ganze Hand voll Qualifikationen. In manchen Fällen bevorzugen Einstellungsleiter jedoch stärker spezialisierte Vertriebsmitarbeiter, die einen höheren Abschluss haben. Positionen für technische Spezialisten erfordern normalerweise einen Ph.-D.- oder Master-Abschluss. MBA-Abschlüsse sind ebenfalls vorteilhaft, aber im Allgemeinen nicht zwingend notwendig.

Arzneimittelvertrieb

Die meisten Handelsvertreter beginnen im Vertrieb für Präparate der Primärversorgung. Ein Abschluss mit medizinischem oder naturwissenschaftlichem Hintergrund ist in jedem Fall von Vorteil.

Die Arbeit im Vertrieb von Spezialpräparaten erfordert ein tieferes Verständnis der zugrunde liegenden Wissenschaft, der Konkurrenz und der betreffenden Krankheiten. Ein wissenschaftlicher, medizinischer oder betriebswirtschaftlicher Hintergrund ist wünschenswert. Obwohl sich die Qualifikationen unterscheiden, hat die Mehrzahl des Vertriebspersonals mindestens Abitur und unter den höheren Abschlüssen ist der MBA-Abschluss am häufigsten. Es gibt viele Handelsvertreter für Spezialpräparate mit einem Master-Abschluss oder einer Krankenpflegeausbildung.

Für die Vertriebsleitung ist eine betriebswirtschaftliche Qualifikation erforderlich, die das Finanzwesen, die Wirtschaft, Statistik und Geschäftsanalytik umfasst. Ein MBA-Abschluss wird bevorzugt und ein wissenschaftlicher Abschluss ist von Vorteil, obwohl keiner von beiden zwingend notwendig ist.

Wege in den Vertrieb

- Bauen Sie Beziehungen zu Handelsvertretern auf, oder sprechen Sie mit Vertriebspersonal bei großen Industrietagungen. Hier können Sie offene Stellen finden. Rufen Sie Handelsvertreter an und bitten Sie sie um ein Informationsgespräch. Die meisten Handelsvertreter sind freundlich und reden gerne über ihren Job.
- Versuchen Sie einen Tag mit einem Handelsvertreter oder einem Kundenbetreuer zu verbringen. Es gibt keinen besseren Weg, um herauszufinden, ob diese Laufbahn etwas für Sie ist, als einen typischen Tag im Vertrieb mitzuerleben.
- Erwägen Sie, sich für eine Position als Applikations- oder technischer Spezialist zu bewerben. Sie werden eng mit Kundenbetreuern zusammenarbeiten und mit dem Vertriebsablauf in Berührung kommen, ohne direkt Umsatzverantwortung zu haben.
- Bewerben Sie sich auf Vertriebspositionen in Firmen, die Sie respektieren und die Produkte verkaufen, denen Sie trauen und die Sie kennen. Der Job wird einfacher sein, wenn Sie an Ihre Produkte glauben, und Firmen stellen bevorzugt Endverbraucher (Kunden)

ein. Denken Sie auch daran, dass es oft einfacher ist, Produkte von Firmen zu verkaufen, die bekannt und angesehen sind.

- Ziehen Sie in Betracht, sich bei Produktionsfirmen oder bei Dienstleistern für den Vertrieb zu bewerben. Diese Anbieter sind normalerweise kleinere Firmen, die auf die Bedürfnisse der Pharma- und Biotechnologiefirmen ausgerichtet sind und Daten, Dienstleistungen und Verwaltung bieten. Zu diesen kleinen Firmen zu gehen, kann ein erster Abstecher in den Vertrieb sein.

- Kontaktieren Sie Ihren Arzt oder andere Ärzte, die Sie kennen, um Sie nach ihren bevorzugten Handelsvertretern zu fragen. Auf diese Weise werden Ihnen erfolgreiche Handelsvertreter vorgestellt, und diese könnten sich durch die Empfehlung sogar geschmeichelt fühlen.v

- Denken Sie daran, dass Biotechnologiefirmen erfahrenes Vertriebspersonal einstellen, wohingegen Pharmafirmen Einstiegsbewerber schulen. Solange Sie keine Erfahrung haben, könnte es deshalb einfacher sein, bei einer Pharmafirma zu beginnen (siehe nächster Punkt).

- Bewerben Sie sich bei Firmen, die bereit sind, in Ihre Vertriebsschulung zu investieren. Die meisten großen Pharmafirmen haben ausgezeichnete Schulungsabteilungen und investieren Zeit und Geld, um ihre Angestellten zu professionellen Vertriebsmitarbeitern auszubilden. Gehen Sie davon aus, dass die ersten drei Monate Ihrer Tätigkeit zumeist aus Schulungen bestehen. Kleine Biotechnologiefirmen haben Geldmangel und sind weniger geneigt, ihr Personal zu schulen.

- Wenn Sie einen naturwissenschaftlichen Hintergrund haben, bewerben Sie sich bei Firmen, die biologische Präparate oder wissenschaftlich anspruchsvolle, topaktuelle Arzneimittel verkaufen. Ihr naturwissenschaftliches Fachwissen und Ihre naturwissenschaftliche Ausbildung werden dort am meisten geschätzt, wo ein beratender Verkauf praktiziert wird.

Empfohlene Schulung, Berufsverbände und Quellen

Kurse und zertifizierte Programme

Miller Heiman (www.millerheiman.com) bietet eine weltberühmte Vertriebssystemschulung an.

MBA-Programme, Kurse in Geschäftsbetrieb, Finanzwesen, Wirtschaft, Statistik und Marketing

Kurse, um die Verwendung von Microsoft-Excel- und -PowerPoint-Programmen zu erlernen.

Die Fortbildung zum Pharmareferenten ist bundeseinheitlich in der PharmRefPrV geregelt. Die Prüfung erfolgt vor der IHK.

Gesellschaften und Quellen

Toastmasters International (www.toastmasters.org) ist höchst empfehlenswert für ein Rhetorikseminar.

Society of Pharmaceutical and Biotech Trainers (Gesellschaft für pharmazeutische und Biotechnologie-Ausbilder; www.spbt.org)

www.pharmaberater.de

Bücher und Zeitschriften

Bolton R, Bolton DG (1996) People styles at work, making bad relationships good and good relationships better. Amacom Books, New York

Fisher R, Ury W (1991) Getting to yes: Negotiating agreement without giving in. Penguin Books, New York

Rackham N (1988) SPIN selling. McGraw-Hill, New York

Zoltners A, Sinha P, Zoltners G (2001) The complete guide to accelerating sales force performance. How to get more sales from your sales force. Amacom Books, New York

20 | Technische Anwendung und Support

Dafür bezahlt werden, der Experte zu sein

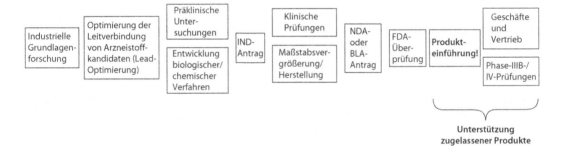

Industrielle Grundlagenforschung → Optimierung der Leitverbindung von Arzneistoffkandidaten (Lead-Optimierung) → Präklinische Untersuchungen / Entwicklung biologischer/chemischer Verfahren → IND-Antrag → Klinische Prüfungen / Maßstabsvergrößerung/Herstellung → NDA- oder BLA-Antrag → FDA-Überprüfung → Produkteinführung! → Geschäfte und Vertrieb / Phase-IIIB-/IV-Prüfungen

Unterstützung zugelassener Produkte

Sind Sie jemand, an den sich Ihre Kollegen wenden, wenn sie im Labor technischen Rat suchen? Macht es Ihnen Spaß, komplizierte Konzepte zu vermitteln und zu erklären? Falls Sie kommunikativ sind und gerne mit Menschen arbeiten, gefällt Ihnen vielleicht eine Laufbahn in der technischen Anwendung und im technischen Support. Dort haben Sie Gelegenheit, ihre Kommunikationsfähigkeit einzusetzen, während Sie gleichzeitig mit den Wissenschaftlern im Labor in Verbindung bleiben. Die tägliche Arbeit ist vielfältig, ohne oder mit nur wenig Laborarbeit, und Sie sind nicht direkt im Verkauf tätig. Außerdem sind diese Jobs weniger aufreibend als viele andere, sodass man ein ausgeglichenes Privatleben führen und sogar freie Wochenenden genießen kann.

In der technischen Anwendung und im technischen Support geht es darum, dass Kunden mit ihren Produkten und Technologien erfolgreich sind.

Bedeutung der technischen Anwendung und des Supports in der Biotechnologie ...

Produktive Kunden sind glückliche Kunden, und glückliche Kunden kehren für weitere Geschäfte wieder.

Es ist wichtig, dass man langfristige und produktive Beziehungen zu Kunden aufbaut, sodass diese anderen davon berichten und immer wiederkommen. Dies kann zum Teil durch einen erfolgreichen Support vor und nach dem Verkauf bewerkstelligt werden. Ein guter Support hilft den Kunden, das volle Potenzial der Produkte einer Firma zu erkennen und erhöht die Kundenbindung. Dies kurbelt den Vertriebsmotor an und verbessert den Ruf der Firma.

Laufbahnen in der technischen Anwendung und im Support

Dieses Kapitel beschreibt die drei wichtigsten Laufbahntypen in der Applikation, im technischen Support und in der technischen Schulung. Diese Positionen stellen Schnittstellen zwischen der Firma und den Kunden dar und ähneln einander in erster Linie wegen des Supports nach dem Verkauf. Sie verlangen technische Kompetenz, beinhalten aber keinen direkten Vertrieb (Geschäftsabschlüsse). Der technische Support betreut die Kunden per Telefon oder über E-Mails, wobei Schulungskräfte und Fachleute in der Applikation normalerweise direkten persönlichen Kundenkontakt haben. Andere Berufslaufbahnen sind technische Fachingenieure und Geschäftsanalytiker.

Applikationsspezialisten oder -wissenschaftler

Applikationsspezialisten sind gerissene Lösungsanbieter für technische Fragen.

Während sich die Biotechnologie weiterentwickelt, fällt es den Kunden schwer, mit der Flut an neuen Technologien und Methoden Schritt zu halten. Sie fordern häufig die Handelsvertreter auf, den kundenspezifischen Nutzen und die Besonderheiten der hoch entwickelten Produkte aufzuzeigen. Bei den Kunden handelt es sich normalerweise um promovierte Wissenschaftler. Sie haben oft das Gefühl, dass promovierte Kollegen ihre Bedürfnisse besser beurteilen können und besser verstehen, wie man die Produkte einer Firma einsetzt. Als Reaktion darauf haben Firmen Positionen für Applikationsspezialisten (*field application specialist*) oder Applikationswissenschaftler (*field application scientist*; FAS) geschaffen. FAS sind technische Experten, die ein tiefes Verständnis von den Produkten haben, mit denen sie arbeiten.

Nach Ihrer Promotion könnte eine Tätigkeit als Applikationsspezialist, das interessanteste und produktivste Training sein, das Sie je mitmachen werden.

Die Aufgaben des FAS unterscheiden sich von Firma zu Firma. Normalerweise bieten FAS hauptsächlich Unterstützung nach dem Verkauf an. Sie arbeiten aber auch eng mit Handelsvertretern zusammen, damit mögliche Kunden die Produkte beurteilen können, bevor sie sie kaufen, und um den Kunden Tipps für ihre Experimente zu geben.

Technischer Support

Nach außen arbeiten die Angestellten des technischen Supports an vorderster Front, sie beantworten technische, produktbezogene Fragen und lösen Kundenprobleme über Telefon oder per E-Mail. Innerhalb der Firma helfen sie, die Produktentwicklung zu steuern, indem sie Rückmeldungen der Kunden nach innen kommunizieren. Darüber hinaus sind diese Positionen ein Tummelplatz, aus dem heraus intern Angestellte rekrutiert werden, die über die Firmenprodukte und inneren Abläufe gut Bescheid wissen.

Im technischen Support arbeiten die Leute, die Anworten geben.

Technische Ausbilder

Ausbilder bringen Kunden bei, wie sie die Produkte verwenden sollen, und ermöglichen Menschen, ihre Arbeit besser auszuführen, indem sie ihnen neue Techniken und Fertigkeiten vermitteln.

Technische Anwendungsingenieure oder Servicetechniker

Das sind die Techniker, die etwas in Ordnung bringen, also Experten, die erklären, installieren und komplizierte Hardware oder Software reparieren und sich mit Problemen befassen. Diese Positionen sind in Firmen, die Instrumente oder Betriebsmittel verkaufen, am weitesten verbreitet.

Geschäftsanalytiker oder Sachgebietsexperten

Sachgebietsexperten (*subject matter experts*; SME) arbeiten normalerweise als wissenschaftliche Experten in Beratungsfirmen. Sie bieten wissenschaftlichen Rat zu Geschäftsvorgängen oder Projekten. Der angesiedelte Experte hilft kaufmännischen oder technischen Gruppen und hat engen Umgang mit Kunden.

Aufgaben und Kompetenzen in der technischen Anwendung und im Support

In großen Firmen sind die Aufgaben und Kompetenzen der FAS, der Mitarbeiter des technischen Supports und der technischen Ausbilder unter Umständen klar abgegrenzt – in kleineren Firmen hingegen möglicherweise kombiniert. Nachfolgend ist eine allgemeine Liste der Aufgaben und Kompetenzen zusammengestellt.

Applikationsspezialisten

Vor-Verkaufs-Support

Die FAS verkörpern den technischen Bereich einer Firma. Sie erörtern auf Grundlage der Kundenbedürfnisse die Eigenschaften und den Nutzen der Produkte. Normalerweise machen sie Vorführungen, technische Präsentationen und halten Schulungsseminare ab, beantworten Fragen und helfen bei der Fehlersuche. FAS unterstützen beispielsweise Kunden, indem sie ein Produkt bewerten, die Daten der Kunden durchsehen oder beim Entwerfen von Experimenten Hilfestellung leisten.

Produkteinführung

FAS entwickeln beratende Beziehungen zu Kunden und helfen ihnen eventuell sogar bei der Durchführung von Experimenten unter Verwendung der Firmenprodukte. Ihre veröffentlichten Ergebnisse dienen als Bestätigung Dritter und können als Werbematerial für künftige Verkaufspräsentationen genutzt werden. FAS bauen außerdem Beziehungen zu „Meinungsbildnern in der Industrie" (führende Akademiker und Industrieexperten) auf. Wenn diese exponierten Personen die Produkte befürworten, dann übernehmen auch andere Forscher auf diesem Gebiet deren Meinung, und möglicherweise werden dadurch Umsatz und Akzeptanz der Produkte verbessert.

Nach-Verkaufs-Support

Nachdem Produkte verkauft wurden, helfen FAS bei deren Implementierung, beantworten Fragen, suchen Fehler, warten Instrumente (in größeren Firmen die Aufgabe eines Anwendungstechnikers oder Servicetechnikers) und pflegen Kundenbeziehungen.

Produktentwicklung und Marketing

Innerhalb der Firma sind die FAS eine ergiebige Informationsquelle für die Abteilungen Produktentwicklung, Marketing und Qualitätssicherung. Da sie eng mit Kunden zusammenarbeiten, verstehen sie deren Bedürfnisse und Probleme gut. FAS testen oft frühe Produktversionen. Sie beurteilen die Konkurrenz, Trends und neue Technologien, die den Produktabsatz beeinträchtigen könnten.

Technisch auf dem Laufenden bleiben

FAS müssen bei den neuesten wissenschaftlichen Trends in den ihnen zugewiesenen technischen Bereichen auf dem Laufenden bleiben. Sie müssen über die Publikationen ihrer Kunden und Konkurrenten Bescheid wissen, damit sie erklären können, warum ihre Produkte besser sind als die der Konkurrenz und worin sie sich von diesen unterscheiden. Gelegentlich ergeben sich Möglichkeiten, originäre Forschung zu betreiben und Fachartikel zu veröffentlichen.

Technischer Support

Telefonische Hilfestellung

Die Mitarbeiter des technischen Supports verbringen die meiste Zeit damit, sich am Telefon oder per E-Mail mit den Problemen der Kunden zu beschäftigen. Bei manchen Anrufen handelt es sich einfach nur um das Auffinden einer Katalognummer, wohingegen andere sehr kompliziert sein können. Die Lösung solcher Probleme kann Wochen oder sogar Monate in Anspruch nehmen. Die Mitarbeiter des technischen Supports tragen so lange die vollständige Verantwortung für jeden Fall, bis der Kunde zufriedengestellt ist. Bei schwierigen Fällen beraten sie sich unter Umständen mit Spezialisten oder dem Produktentwicklungsteam.

Die Produktionsabteilung über Funktionsfehler unterrichten

Die Mitarbeiter des technischen Supports berichten der Fertigungsgruppe von Problemen und sind manchmal dafür verantwortlich, die Ursachen für Funktionsfehler zu ermitteln.

Produktentwicklungsexperten

Die meisten Vertreter des technischen Supports sind „Produktspezialisten" und bieten für eine bestimmte Produktgruppe Expertenwissen an. Sie erfüllen eine Schlüsselfunktion, wenn ihre Kollegen mit schwierigen Problemen konfrontiert sind. Vor der Markteinführung werden den neuen Produkten Spezialisten zugewiesen. Diese halten während der Entwicklung neuer Produkte gleichermaßen Kontakt zur Fertigung und zur Forschung und Entwicklung (F & E); dabei bringen sie neue Erkenntnisse und die Sichtweise des Kunden in den Entwicklungsprozess ein. Sie prüfen unter Umständen Gebrauchsanleitungen, um sicherzugehen, dass die Anweisungen klar und präzise sind. Nach der Markteinführung des Produktes haben diese Spezialisten weiterhin mit der Fertigung und der Forschung und Entwicklung zu tun, um das Produkt weiterzuentwickeln.

Technische Schulung

Planung von Kursen

Ausbilder entwickeln Kurse für gewöhnlich durch Aktualisieren und Ergänzen früherer Kursmaterialien und anhand von Produktneuzugängen, aktuellen Methoden und Anwendungen aus der Industrie.

Schulungen anbieten

Wenn sich Kunden nach einer Schulung erkundigen, dann beurteilen die Ausbilder zunächst den Bedarf, damit der Inhalt zur Zielgruppe passt. Die Schulung kann beim Kunden oder am Firmenstandort erfolgen. Danach nutzen die Ausbilder die Kundenbewertungen, um den Erfolg des Kurses abzuschätzen.

Interne Schulung

Ausbilder nehmen an F & E-Meetings teil und arbeiten mit den Teams der Produktentwicklung zusammen, um die Produkte voll zu verstehen. Sie unterrichten häufig andere Angestellte innerhalb der Firma, dazu gehören die FAS, die Mitarbeiter des technischen Supports, Techniker, Servicetechniker, Handelsvertreter u. a.

Vertriebssupport

Ausbilder werden oft hinzugezogen, um Handelsvertreter bei der Präsentation der Produkte beim Kunden zu unterstützen. Sie können indirekt auch den Umsatz fördern, indem sie Kontakte zu Kunden aufbauen um herauszufinden, ob diese zusätzliche Produkte benötigen.

Ein typischer Arbeitstag in der Abteilung Technische Anwendung und im Support

Fachleute in der technischen Anwendung und im technischen Support können an einem typischen Arbeitstag mit den folgenden Tätigkeiten rechnen:

Applikationsspezialisten

- Zeit mit Kunden verbringen im Rahmen von Präsentationen oder Vorführungen, Unterstützung vor und nach dem Verkauf (ca. 25–60 % der Zeit) technische Probleme der Kunden lösen und Lösungen per E-Mail oder telefonisch weitergeben.
- Präsentationen für neue Produkte entwickeln.
- An Konferenzen teilnehmen.
- Sich durch wissenschaftliche Literatur auf dem Laufenden halten.

Technischer Support

- Kundenprobleme am Telefon oder per E-Mail lösen (ca. 90 % der Zeit).
- An Besprechungen der Produktentwicklung teilnehmen.

Schulung

- Kurse planen und Materialien aktualisieren (ca. 30 % der Zeit).
- Kurse abhalten; den Veranstaltungsort auf die Kurse vorbereiten sowie Reisetätigkeit (ca. 40 % der Zeit).

Gehalt und Vergütung

Die Applikationsspezialisten erhalten Grundgehälter, die mit denen von Laborwissenschaftlern in der Industrie vergleichbar sind; sie bekommen aber auch Boni. Die Boni sind nicht garantiert, aber bei erfolgreichem Absatz können sich die Gehälter dadurch um 10–20 % pro Jahr erhöhen. Erfahrene Applikationswissenschaftler sind so in der Lage, sechsstellige Einkommen zu erzielen. Das Grundgehalt eines promovierten FAS ist hingegen etwa so hoch wie das Anfangsgehalt eines Handelsvertreters mit einem Bachelor-Abschluss.

Mitarbeiter im technischen Support verdienen im Allgemeinen 10–20 % weniger als Forscher in der Industrie mit entsprechender Berufserfahrung. Der technische Support wird vom gehobenen Management als ein Mehraufwand angesehen, weshalb sich Kostensenkungen häufig auf die Gehälter in diesem Bereich konzentrieren.

Technische Ausbilder verdienen normalerweise 25–30 % weniger als Forscher in der Industrie, aber ihre Gehälter sind immer noch weit höher als die von Dozenten an der Universität.

Wie wird Erfolg gemessen?

Wiederholte Geschäftsabschlüsse sind das beste Mittel, um den Erfolg in einem solchen Berufszweig zu messen. Es ist unwahrscheinlich, dass Kunden weitere Produkte kaufen, wenn sie keinen ordentlichen Support bekommen.

Es kann schwierig sein, den Beitrag der Applikationsspezialisten zum Vertrieb zu messen, weil sich die Aufgabenfelder nur zum Teil vergleichen lassen. Häufig verwendete Maßstäbe sind Leistungsbewertungen, Kundenbefragungen sowie die Anzahl der Verkäufe, die sich aus den Präsentationen ergeben – auch die Anzahl der Kundenbesuche, Seminare oder Schulungsveranstaltungen kann herangezogen werden.

Die Leistungsbewertung eines Mitarbeiters des technischen Supports ist etwas subjektiver. Die Vorgesetzten können die Zahl der abgeschlossenen Fälle betrachten und die Fallgeschichten und Kundenbefragungen durchsehen.

Bei den technischen Ausbildern misst man die Leistung anhand von Bewertungsformularen, der Anzahl der geschulten Personen, des Umsatzes nach der Schulung, der Nachfrage nach weiteren Schulungen und von Empfehlungen anderer Kunden. Die Schulung kann unter Umständen auch dazu führen, dass die Telefonanrufe beim technischen Support abnehmen.

Das Für und Wider der Arbeit

Positive Aspekte einer FAS-Laufbahn

- Es gibt eine enorme Jobvielfalt. Die Arbeit ist unvorhersehbar, dynamisch und variabel. Es gibt täglich Gelegenheit, sich mit einer Vielzahl von Themen, Aufgaben und Fragen zu beschäftigen und Ziele in Angriff zu nehmen.
- Man kommt regelmäßig mit sehr unterschiedlichen Wissenschaftsdisziplinen in Kontakt. Das ist eine gute Möglichkeit, auf einem bestimmten Gebiet Expertenwissen zu erwerben.
- FAS haben die Flexibilität und Freiheit, so zu arbeiten, wie sie es für angemessen halten. Die meisten tun dies von zu Hause aus. Sie erstellen ihre eigenen Terminpläne und legen ihre eigenen Prioritäten fest.

Als FAS gibt es so viel zu lernen, dass es am Anfang so ist, als würde man aus einem Feuerwehrschlauch Wasser trinken!

- Man hat die Chance, intelligente und talentierte Wissenschaftler aus Industrie und Hochschule zu treffen. Mit den meisten Kunden macht die Arbeit Spaß, und es gibt reichlich Gelegenheiten, das Kontaktnetzwerk auszubauen.
- Man kommt mit den Grundlagen des Geschäfts in Berührung und wird darin geschult. Die Bandbreite reicht vom Vertrieb und Marketing bis zur Geschäftsentwicklung und zu Vertragsverhandlungen.

In der Abteilung Technische Anwendung und technischer Support kann man mit einem Fuß im Labor und mit dem anderen im Geschäft stehen.

- Ihre Arbeit kann einen positiven Einfluss auf die Forschungstätigkeiten von Wissenschaftlern haben. Letzten Endes tragen Sie zum Fortschritt der Wissenschaft bei und somit zur Verbesserung der menschlichen Gesundheit. Sie genießen Vergünstigungen wie Reisen, Kundenbewirtungen, Spesen für das Auto, ein von der Firma bezahltes Handy, ein Laptop u. a.

Die möglicherweise unangenehme Seite einer FAS-Laufbahn

- Es kann nötig sein, viel zu reisen. Dies kann wiederum das Privatleben einschränken. Abhängig vom Wohnort verbringt man unter Umständen die Hälfte der Zeit mit Reisen, zumeist um Kunden zu besuchen oder bei Konferenzen Messestände zu betreuen.
- Häufig ist es schwierig, den finanziellen Effekt Ihrer Bemühungen zu messen. Infolgedessen müssen Sie ständig die Wichtigkeit Ihrer Abteilung betonen, insbesondere während finanziell schwieriger Zeiten.
- Die meisten FAS stehen am unteren Ende der Organisationshierarchie der Vertriebsabteilung. Diese Berichtstruktur kann frustrierend sein, denn obwohl die FAS ein tiefes Verständnis der Kunden und der Produkte haben, werden ihre Aussagen und Erkenntnisse von der Führung unter Umständen nicht gehört.

- Gelegentlich gibt es unangenehme, grundsätzlich negativ einge-stellte Kunden oder es tauchen unklare Fragen zu Problemen auf, die schwierig zu lösen sind. In solchen Fällen sind Diplomatie, Takt und Toleranz unbedingt erforderlich.

Positive Aspekte einer Laufbahn im technischen Support

- Der technische Support kann ein wunderbarer Job für diejenigen sein, die ihre Privatinteressen oder ihr Familienleben nicht für ihre Laufbahn opfern möchten.
- In manchen Firmen ist die Arbeitsatmosphäre freundlicher und kol-legialer als in anderen Industriepositionen. Die Mitarbeiter des tech-nischen Supports arbeiten als Team in einer entspannten familiären Umgebung zusammen.
- Man kann zum wissenschaftlichen Fortschritt beitragen, indem man seine umfangreichen technischen Kenntnisse und soziale Kompe-tenz einsetzt, um anderen zu helfen.
- Es gibt täglich viel Abwechslung. Da ständig neue Technologien entwickelt werden, bedeutet dies, dass man immer wieder mit neuen Produktinformationen konfrontiert wird und neue technische Pro-bleme lösen muss.
- Sie erfahren etwas über die topaktuellen Technologien, die in Ihrer Firma entwickelt werden und tragen zur Produktentwicklung bei.
- Es kann lohnend sein, anspruchsvolle Kunden so zufriedenzustellen, dass man das Gefühl hat, sowohl für die Firma als auch für den Kun-den das Richtige getan zu haben.
- Man muss kaum oder überhaupt nicht reisen.

Im technischen Support hat man freie Wochenenden, man muss nicht nachts arbeiten, und wenn man nach Hause geht, dann bleibt die Arbeit am Arbeits-platz zurück.

Die möglicherweise unangenehme Seite des technischen Supports

- Der Job kann eintönig sein. Obwohl Sie gelegentlich Anfragen erhal-ten – die alles fordern, was Sie gelernt haben –, sind viele Fragen banal und uninteressant.
- Wie bei den FAS, so ist es auch hier schwierig, den Einfluss Ihrer Bemühungen auf den finanziellen Erfolg des Unternehmens zu mes-sen. Infolgedessen müssen Sie ständig betonen, wie wichtig Ihre Abteilung ist.
- Zunehmende staatliche Vorschriften haben mehr Bürokratie gebracht und machen eine strengere Einhaltung der staatlich auferlegten Beschränkungen erforderlich.
- Beim technischen Support kommt es vor, dass manche Kunden fru-striert oder ärgerlich sind, wenn sie anrufen. Auch wenn Sie selten

Der Kunde hat immer Recht, auch wenn er im Unrecht ist.

mit schwierigen Kunden zu tun haben, so sind doch die Tage lang, an denen man mehr als einen solchen Vorfall hat.

- Da jemand das Telefon während der Geschäftszeiten betreuen muss, kann es eine Weile dauern, bis man sich auf die Notwendigkeit eingestellt hat, die Anwesenheitszeiten sorgfältig einzuhalten. Sie können Ihren Arbeitsplatz nicht einfach verlassen, wenn Ihnen danach zumute ist. Sie können Pausen machen, aber die Kollegen müssen darüber informiert werden.

Positive Aspekte einer Laufbahn als technischer Ausbilder

- Diese Laufbahn kann besonders lohnend für diejenigen sein, die gerne unterrichten, auch weil die Bezahlung besser als für eine entsprechende Dozentenstelle an der Hochschule ist.

Reizvoll an Schulungen ist, wenn den Menschen ein Licht aufgeht, sobald sie etwas verstanden haben. Das ist ein Aha-Erlebnis.

- Die Kunden *wollen* Ihre Hilfe und schätzen Ihr Engagement. Es kann befriedigend sein, den Kunden neue Kenntnisse und Fertigkeiten zu vermitteln, die deren Arbeit positiv verändern.
- Die Ausbildung bietet viele Möglichkeiten, interessante Menschen zu treffen und ein Netzwerk von Kontakten aufzubauen. Gegenseitiger Respekt zwischen Ihnen und Ihren Kunden führt unter Umständen zu lange währenden, fruchtbaren Arbeitsbeziehungen.
- Ihre Zeiteinteilung kann flexibel sein, insbesondere wenn Sie nicht selbst unterrichten. Sie können die Kurse weit genug im Voraus planen, sodass sie zu Ihren Urlaubsplänen passen.
- Wenn Sie gerne reisen, haben Sie Gelegenheiten, Orte zu besuchen, die Sie andernfalls nie gesehen hätten.

Die möglicherweise unangenehme Seite der technischen Schulung

- Das ausgiebige Reisen, das manchmal erforderlich ist, kann nach einer Weile lästig werden.
- Wie bei den Applikationsspezialisten und dem technischen Support, so ist es auch hier schwierig, den Erfolg Ihrer Bemühungen und Ihre Bedeutung für die Firma zu messen.
- Schulungen werden vom gehobenen Management oft als ein Heftpflaster für andere, tiefer sitzende Probleme wahrgenommen. Manchmal erwarten die Kunden mehr, als innerhalb eines bestimmten Zeitraums machbar ist.
- Die Ausbilder befinden sich an unterster Stelle der Organisationshierarchie einer Firma oder in der Nähe davon und werden eher unterbewertet. Infolgedessen werden sie gewöhnlich vergleichsweise niedrig bezahlt.
- Wenn Sie unterrichten, kann Ihr Zeitplan absolut unflexibel sein. Sie *müssen* ihn einhalten, da es gewöhnlich keinen Ersatz gibt, wenn Sie krank sind oder ein Notfall vorliegt.

Die größten Herausforderungen des Jobs

Verstehen, was der Kunde will

Die größte Herausforderung in der technischen Anwendung und im technischen Support ist, zu verstehen, was der Kunde will oder braucht. Man muss in der Lage sein, konstruktiv zu antworten und sachdienliche Inhalte zu liefern. Häufig wissen nicht einmal die Kunden selbst, was sie brauchen.

Lernen Sie Ihre Zielgruppe kennen! Informationen sind nur so gut, wie sie nützlich sind. Charakterisieren Sie Ihre Zielgruppe gründlich, damit Sie sie effizient beteiligen können.

Sich in der Abteilung Technische Anwendung auszeichnen

Applikationsspezialisten – Geschäft und Wissenschaft in einem

Das Ziel der FAS ist es, den Verkaufsvorgang zu beschleunigen, indem sie den Kunden technische Unterstützung anbieten. Menschen, die in dieser Laufbahn erfolgreich sind, können im Gespräch fließend von der Wissenschaft zum Geschäft umschwenken. Dabei bieten sie technisches Expertenwissen, beantworten gleichzeitig Vertriebsfragen und bereiten den Kunden auf die Kaufentscheidung vor; damit erleichtern sie dem Handelsvertreter den Geschäftsabschluss. Großartige FAS kennen die Bedürfnisse ihrer Kunden. Sie sind in der Lage zu zeigen, wie ihre Produkte diese Bedürfnisse befriedigen können.

Personen, die sich in der technischen Anwendung und im technischen Support auszeichnen, haben außergewöhnliche zwischenmenschliche Fähigkeiten und können schwierige Konzepte auf einfache, gut verständliche Weise vermitteln.

Technischer Support – sich in die Kunden hineinversetzen können

Das Ziel des technischen Supports ist es, die Probleme der Kunden zu lösen. Menschen, die erfolgreich im Support arbeiten, können sich in die Situation der Kunden hineinversetzen. Kunden, die der Meinung sind, dass der Firmenmitarbeiter ihre Frustration teilt und aufrichtig helfen will, sind mit dem Kunden-Support zufriedener und eher geneigt, über die Firma Positives zu sagen.

Technische Schulung – den Kunden befähigen

Das Ziel des Ausbilders ist es, sicherzustellen, dass Kunden die Firmenprodukte mit Erfolg einsetzen können. Menschen, die erfolgreich Schulungen durchführen, beantworten nicht bloß Fragen; sie bringen den Kunden auch bei, wie sie ihre Probleme selbst lösen können. Sie schneiden die Schulungsprogramme auf die speziellen Interessen und Lernstile ihrer Kunden zu und können schwierige Konzepte auf eine leicht verständliche Weise erklären.

Ein guter Ausbilder kann informieren. Ein hervorragender Ausbilder kann dem Kunden zeigen, wie er selbst Antworten findet.

Sind Sie ein guter Anwärter für die technische Anwendung und den technischen Support?

Menschen, die eine erfolgreiche Laufbahn in der technischen Anwendung und dem technischen Support eingeschlagen haben, besitzen meist folgende Eigenschaften:

Das Herz eines Dieners

Für diese Berufszweige eignen sich Personen, die anderen leidenschaftlich gerne helfen und befriedigt sind, wenn sie andere Menschen unterstützen können.

Starke zwischenmenschliche Fähigkeiten

Sie müssen rasch eine harmonische Beziehung aufbauen sowie Glaubwürdigkeit und Vertrauen der Kunden und Mitarbeiter gewinnen können (siehe Kapitel 2, „Zwischenmenschliche Fähigkeiten"). Sobald der Kunde sich wohlfühlt und entspannt ist, können Sie sich leichter auf die Lösung der technischen Probleme konzentrieren. Einige nützliche soziale Kompetenzen in diesem Zusammenhang sind:

- Eine enorme Geduld. Jedes Mal, wenn Sie einen Kurs abhalten oder eine Frage beantworten, müssen Sie die Inhalte so präsentieren können, als würde der Kunde dies zum allerersten Mal erfahren. Nicht jeder Kunde lernt auf die gleiche Weise oder mit der gleichen Geschwindigkeit, deshalb funktionieren kreative Schulungsansätze manchmal am besten.
- Eine außerordentlich gute Fähigkeit zuzuhören. Dazu gehört, nicht nur darauf zu achten, was die Kunden sagen, sondern auch darauf, was sie nicht sagen.
- Empfindsamkeit und Mitgefühl. Mitgefühl kann einen weiten Bereich abdecken, beispielsweise zu dem Kunden eine Verbindung aufzubauen oder verstimmte Kunden zu besänftigen.
- Ein hervorragendes diplomatisches Geschick. Kunden können leicht vor den Kopf gestoßen werden, wenn sie glauben, dass sie nicht ernst genommen werden. Sie müssen auch in der Lage sein, schwierige Menschen taktvoll daran zu hindern, die Schulungsveranstaltung zu dominieren und geschickt Unstimmigkeiten zu entschärfen.
- Objektivität. Die Kunden werden Sie wieder um Rat fragen, wenn Sie sachkundigen und unvoreingenommenen Rat erteilen.
- Die Fähigkeit, die Persönlichkeit und den Lernstil der Kunden rasch einzuschätzen und sich danach zu richten (siehe Kapitel 19, „Persönlichkeitsstile").

Technische Kenntnisse und einen breiten wissenschaftlichen Hintergrund

Das sind technisch anspruchsvolle Positionen. Man muss rasch große Informationsmengen zu neuen Produkten und Technologien erfassen und verarbeiten können. Wenn Sie über die neuesten Technologien auf dem Laufenden sind und schnell reagieren, dann können Sie geschickt auf die Anfragen Ihrer Kunden antworten.

Ausgezeichnete Kommunikations- und Präsentationsfähigkeiten

Sie sollten komplizierte Zusammenhänge einfach erklären können. FAS und Ausbilder sollten sich wohlfühlen, wenn sie vor mehreren Zuhörern reden. Ein ausgezeichneter Schreibstil ist ebenso wichtig, weil diese Positionen es oft verlangen, dass man Schulungsunterlagen verfasst und aufbereitet.

Außergewöhnlich gute Fähigkeiten, Probleme zu lösen

Diese Laufbahnen passen gut zu kreativen Menschen, denen es Freude macht, für Probleme innovative Lösungen zu finden.

Die Fähigkeit, auf Kunden, die anderer Meinung sind, ausgeglichen zu reagieren

Sie sollten nicht streitsüchtig sein, aber wenn Sie zu kompromissbereit oder unterwürfig sind, können Sie Ihre Glaubwürdigkeit verlieren. Sie müssen auf die Kritik der Kunden objektiv und ehrlich reagieren können. (Es ist für Sie leichter, wenn Sie bei der wissenschaftlichen Literatur auf dem Laufenden sind.)

Erstklassige Multitasking- und Zeitmanagement-Fähigkeiten

Ihre Zeit wird stark beansprucht werden, und es sind viele Aufgaben zu erledigen.

Flexibel sein und sich Veränderungen anpassen können

Wichtig ist, dass man die Fähigkeit besitzt, neue Technologien und Prozesse zu erlernen, und sich an Terminplanänderungen, Firmenumstrukturierungen und Änderungen in der Führungsspitze anpassen kann. Sogar der geregelte Zeitplan eines Angestellten im telefonischen Support kann durch einen komplizierten Fall durcheinandergeraten, dessen Lösung Tage oder sogar Monate in Anspruch nimmt.

Eine Team-Player-Haltung

Diese Positionen verlangen oft eine gemeinschaftliche Herangehensweise, um die Probleme zu lösen; deshalb müssen Sie sich eine positive, unterstützende Einstellung gegenüber Ihren Mitarbeitern bewahren. Dies gilt besonders in der kollegialen Arbeitsumgebung des technischen Supports.

Zugänglichkeit und Gewissenhaftigkeit

Sie müssen den Kunden rasch Lösungen bieten.

Eine dicke Haut

Kunden können hin und wieder grausam sein. Sie sind unter Umständen über das Produkt Ihrer Firma frustriert und wollen ihren Unmut an Ihnen persönlich auslassen. Sie müssen ausreichend belastbar und selbstbewusst sein, um sich durch deren Verhalten nicht aus der Fassung bringen zu lassen; gleichzeitig müssen Sie aber sensibel für die Ursachen der Frustrationen sein.

Glaubwürdigkeit bei Kunden und bei Gruppierungen innerhalb der Firma

Sie können als Brücke zwischen den Kunden und dem Produktentwicklungsteam dienen, deshalb müssen Sie sich mit beiden Seiten auf zielführende Weise unterhalten können.

Dynamik, Selbstmotivation und die Fähigkeit, unabhängig zu arbeiten

Sie müssen ausreichend Selbstdisziplin mitbringen, um in einer unstrukturierten Umgebung arbeiten zu können, insbesondere, wenn Sie von zu Hause aus arbeiten. Sie sollten auch gewissenhaft genug sein, um die Hauptstandorte Ihrer Firma regelmäßig mit Informationen auf dem Laufenden zu halten.

Ehrlichkeit und Rechtschaffenheit

Angestellte sollten für ihre Handlungen die Verantwortung tragen, insbesondere die Mitarbeiter des telefonischen Supports und die FAS. Sie können Ihre Glaubwürdigkeit verlieren und einen Geschäftsabschluss gefährden, wenn es sich herausstellt, dass Sie unehrlich sind oder einem Kunden etwas versprechen, was nicht eingehalten werden kann.

Begeisterungsfähigkeit

Wenn Sie selbst von Ihren Produkten begeistert sind und von den Informationen, die Sie weitergeben, dann helfen Sie mit, mehr Produkte zu verkaufen.

Sie sollten eventuell eine Laufbahn außerhalb der Abteilung Technische Anwendung und technischer Support in Betracht ziehen, falls Sie …

- besitzergreifend oder vereinnahmend in Bezug auf Ihre Daten, Fachwissen oder Kunden sind.
- jemand sind, der unerfreuliche Kontakte mit Kunden persönlich nimmt (dies gilt besonders für diejenigen im technischen Support).
- arrogant oder ungeduldig sind oder sich leicht in die Ecke gedrängt fühlen.
- nicht bereit sind, sich persönlich einzubringen oder dem Vertriebsteam bei seinen Bemühungen zu helfen (dies gilt insbesondere für FAS).
- nicht bereit sind, sich die Zeit zu nehmen, um die Bedürfnisse des Kunden zu verstehen.
- nicht in der Lage sind, sich an einen fest strukturierten Telefonplan zu halten (wenn Sie im technischen Support sind).
- zu negativ oder ein Nörgler sind.

Das Karrierepotenzial in der Abteilung Technische Anwendung und Support

Positionen in der technischen Anwendung und im technischen Support bieten Wissenschaftlern großartige Chancen für einen Einstieg in den Beruf. Vielen Menschen in diesem Bereich macht ihr Job so viel Spaß, dass sie niemals wechseln. Unglücklicherweise bieten diese Positionen – abgesehen von Leitungsfunktionen im technischen Dienst – nur beschränkte Aufstiegsmöglichkeiten. Für diejenigen, die bereit für neue Herausforderungen sind, können Jobs in der technischen Anwendung und im technischen Support als Sprungbrett für eine Karriere in einem andern beruflichen Umfeld dienen. Menschen in diesen Positionen haben die Chance, die Industrie genau kennenzulernen. Sie haben nicht nur Umgang mit Kunden, sondern auch mit den Kollegen in der Produktion und in der Forschung und Entwicklung und lernen Marketing und Vertrieb kennen.

Bei den FAS ist ein Wechsel in den Vertrieb eine natürliche Entwicklung. Auch Laufbahnen in der Produktentwicklung, im Marketing, in der Geschäftsentwicklung, im Kundendienst und in der Schulung stehen ihnen offen (Abb. 20.1). FAS werden wegen ihrer technischen Fachkenntnisse oft von Kunden abgeworben.

Mitarbeiter des technischen Supports machen häufig Karriere in der Produktentwicklung und im Marketing, indem sie firmenintern in diese Abteilungen wechseln. Manche wechseln auch in den Vertrieb, die Forschung und Entwicklung, Schulung, Fertigung, Geschäftsentwicklung oder ins Projektmanagement.

Erfahrungen als Ausbilder sind eine gute Voraussetzung für die erfolgreiche Bewältigung von Managementaufgaben wie z. B. Botschaften zu kommunizieren, Angestellte zu motivieren, Präsentationen

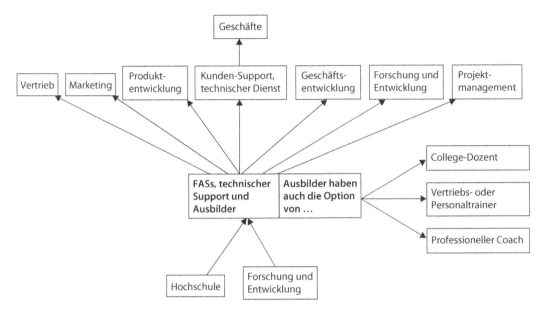

Abb. 20.1 *Übliche Karrierewege der Abteilung technische Anwendung und technischer Support.*

durchzuführen, Mitarbeitern eine Rückmeldung über ihre Leistung zu geben sowie Menschen zu trainieren und Teams zu führen. Karrieremöglichkeiten für Ausbilder sind üblich in FAS-Positionen, im Vertriebsmanagement, Marketing, Kunden-Support, Projektmanagement, in der Produktentwicklung und im Benutzerdesign. Außerdem sind Laufbahnen als Leistungsberater (Performance Consultant), Professional Developer und Trainer von Führungskräften (Executive Coach) möglich.

Jobsicherheit und Zukunftstrends

Weil Produkte zunehmend komplizierter werden, braucht man Personen, die genau erklären können, wie sie funktionieren und wie man sie nutzt. Support-Funktionen werden dennoch vom gehobenen Management eher als ein Luxus angesehen, mit einem nur indirekten Einfluss auf die Einnahmen des Unternehmens – deshalb wirken sich Wirtschaftsabschwünge unmittelbar auf diese Positionen aus.

Weil FAS und Angestellte des technischen Supports häufig in andere Positionen wechseln, gibt es eine hohe Fluktuation in diesen Bereichen. Obwohl die Gesamtzahl der Positionen ziemlich stabil bleibt, besteht eine konstante Nachfrage nach qualifizierten Personen.

Diejenigen, die sich um eine Verlagerung dieser Berufe ins Ausland Sorgen machen, mögen daran denken, dass FAS und Ausbilder im direkten Kundenkontakt stehen und innerhalb der Firma arbeiten. Da sich der größte Markt für die industrielle Forschung in den USA befindet, werden diese Positionen dort wahrscheinlich nicht ausgelagert. Aus ähnlichen Gründen ist es wahrscheinlich, dass der technische Support an den Hauptstandorten der Firma verbleibt. Die Mitarbeiter des Supports arbeiten eng mit den Teams der Produktentwicklung zusammen und sind häufig in den Labors anzutreffen, insbesondere dann, wenn sie versuchen, Kundenprobleme zu lösen. Sie fungieren auch als Beta-Tester und liefern Rückmeldungen der Kunden – zwei Funktionen, die sich am besten durch eine enge Zusammenarbeit mit den Kollegen erfüllen lassen.

Einen Job in der Abteilung Technische Anwendung und Support bekommen

Erwünschte Ausbildung und Erfahrungen

Für diese Positionen stellen die Firmen gerne Bewerber ein, die über ausreichend Erfahrung in der Laborforschung verfügen, wie z. B. Industrieforscher, Postdoktoranden und manchmal Studenten im Aufbaustudium. Im Allgemeinen sind Erfahrungen in der Industrie von Vorteil, und es kann nützlich sein, wenn man selbst Kunde ist und die Produkte gekauft und ausgiebig verwendet hat.

Die geforderte Ausbildung hängt zum großen Teil von den Bedürfnissen der Firma, der Position und der Art des Produkts ab. Für die meisten Positionen reicht ein B.-Sc.-, Master- oder Ph.-D.-Abschluss aus, sofern man bereits beträchtliche Laborerfahrungen hat. Bewerber mit einem B.-Sc.-Abschluss benötigen bis zu zehn Jahre Laborerfahrung, wohingegen Promovierte (Ph. D.) unter Umständen bereits ausreichend Laborerfahrung mitbringen. Anwärter mit einem Ph.-D.-Abschluss werden in der Regel bevorzugt, weil sie häufig über breitere wissenschaftliche Kenntnisse verfügen und bereits während ihrer Ausbildung kreative Fähigkeiten zur Problemlösung entwickeln konnten. Zusätzlich sind Promovierte für den Kunden glaubhafter.

Wege in die technische Anwendung und den Support

- Sprechen Sie mit FAS oder Kundenbetreuern, die bei großen Industriemessen Stände betreuen. Erkundigen Sie sich nach offenen Stellen. Das ist eine gute Gelegenheit, um seinen Lebenslauf abzugeben und einen guten ersten Eindruck zu hinterlassen. Kleiden Sie sich so, als ob Sie zu einem Vorstellungsgespräch gehen würden.
- Bewerben Sie sich direkt bei den Firmen, die Sie interessieren, insbesondere bei denjenigen, deren Produkte Sie verwendet haben.
- Denken Sie darüber nach, zunächst in der industriellen Grundlagenforschung zu arbeiten, um erste Erfahrungen in der Industrie zu sam-

meln, und wechseln Sie später. Werden Sie ein „erfahrener Nutzer" des Produkts, das Sie repräsentieren möchten.

- Wenn Sie an einer Laufbahn im technischen Support interessiert sind, erkundigen Sie sich telefonisch in den Abteilungen des technischen Supports betreffender Firmen, ob Stellen zu besetzen sind. Die Person, die Ihren Anruf beantwortet, wird den Einstellungsbedarf der Firma kennen.

- Wenn Sie an der technischen Schulung interessiert sind, dann kontaktieren Sie Ihre eigene Schulungsabteilung und schauen Sie, wo Sie helfen können. Melden Sie sich freiwillig, um beim Unterrichten und Planen von Kursen zu helfen. Verfolgen Sie Schulungsveranstaltungen oder fungieren Sie als „Experte für ein Thema". Unterbreiten Sie Vorschläge und Empfehlungen für die Gestaltung von Kursen. Versuchen Sie frühzeitig Lehrerfahrung zu sammeln, um ihr aufrichtiges Interesse an Ausbildung zu zeigen.

Empfohlene Schulung, Berufsverbände und Quellen

Gesellschaften und Quellen

Toastmasters International (www.toastmaster.org), zur Verbesserung der rhetorischen Fähigkeiten
Bücher für Ausbilder sind auf der Website von The Bob Pike Group (www.bobpikegroup.com) erhältlich.
VNULearning (www.vnulearning.com) bietet elektronische Newsletter und Ausbildungsmagazine.

Kurse für Ausbilder

Kurse und Bücher zur Unterrichtsgestaltung

21 | Firmen-
kommunikation

Kommunikation zwischen Außen- und Innenwelt

Die Firmenkommunikation bietet Chancen für Menschen, die gerne schreiben und wortgewandt technische Informationen für verschiedene Zielgruppen extrahieren und interpretieren können. Eine solche Laufbahn ermöglicht es, an der Gestaltung und dem Aufbau einer Firma teilzunehmen. Die Mitarbeiter in diesem Bereich stehen mit der Außenwelt in engem Kontakt, wie z. B. mit den Medien, der Regierung und Investoren sowie intern mit Firmenchefs und Angestellten.

Die Firmenkommunikation liefert bestimmten Zielgruppen relevante Informationen und gibt den Vorgesetzten Rückmeldungen.

Die Bedeutung der Firmen-kommunikation für die Biotechnologie ...

Die Firmenkommunikation weckt Interesse an der Marke und stärkt das Vertrauen in die Firma. Kommunikation ist nötig, um Nachrichten weiterzugeben und letztendlich die Firma in der Öffentlichkeit bekannt zu machen. Der Ruf und die Glaubwürdigkeit einer Firma müssen gepflegt werden, um das Vertrauen der Investoren aufrechtzuerhalten. Die Informationspolitik sollte ebenfalls im Einklang mit den Aufsichtsbehörden stehen. Die Firmenkommunikation hat die Aufgabe, die Botschaften des Generaldirektors oder Firmenchefs in angemessener Weise an die Medien und die Angestellten weiterzugeben und sie spielt eine zentrale Rolle im Krisenmanagement.

Die Firmenkommunikation wacht über den Ruf und die Glaubwürdigkeit der Firma.

Die Abteilung Firmenkommunikation hilft auch dabei, die Unternehmensbotschaften zu definieren. Sie registriert zudem Rückmeldungen von außen und leitet die Informationen an das gehobene Management weiter (Abb. 21.1)

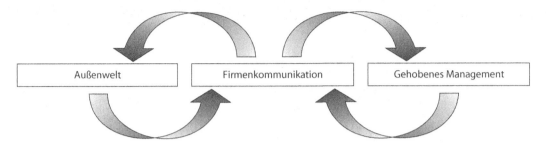

Abb. 21.1 *Kommunikationsfluss in der Firmenkommunikation.*

Laufbahnen in der Firmenkommunikation

Firmenkommunikation ist ein Überbegriff, der mehrere miteinander verknüpfte Abteilungen abdeckt. Diese Abteilungen können beispielsweise in Aktiengesellschaften eine beträchtliche Größe erreichen. Tatsächlich besitzen die meisten kleinen Firmenneugründungen keine Abteilung für Firmenkommunikation. Sie engagieren normalerweise Berater, um Pressemitteilungen zu verfassen und auszugeben, und sie teilen die anderen Aufgaben intern auf, bis die Firma groß genug ist, um Kommunikationsfachwissen alleine bereitstellen zu können. Wenn eine Firma wächst, spezialisiert sich jede der folgenden Funktionen zunehmend.

Investorbeziehungen (IR): die Firma an die Investorengemeinde vermarkten

Spezielle Mitarbeiter fungieren als Kontaktpersonen zwischen der Firma und den Investoren.

In Firmen gibt es spezielle Kontaktpersonen für Investoren. Sie entwickeln unter anderem Firmenbroschüren und erstellen Jahresberichte, um bei in Aussicht stehenden Investoren Interesse zu wecken. Die IR-Strategen optimieren die Botschaften des Unternehmens und kümmern sich darum, dass sie angemessen kommuniziert werden.

In den frühen Lebensphasen einer Aktiengesellschaft, wenn noch kein Umsatz gemacht wird, hängt der Wert einer Firma größtenteils vom Potenzial seiner Produkte sowie von der anvisierten Marktgröße ab. Deshalb ist es wichtig, wie die Produkte in Investorenkreisen wahrgenommen werden. Dies beeinflusst den Aktienkurs des Unternehmens und die Möglichkeiten der Kapitalbeschaffung.

Öffentlichkeitsarbeit (PR) und Medienbeziehungen

Die Mitarbeiter der Öffentlichkeitsarbeit tragen relevante Informationen zusammen und geben sie an Presseagenturen, an die Fachpresse, Zeitungen, Geschäftsmedien sowie an Fernsehen und Radio weiter. Es ist ihre Aufgabe, Beziehungen zu Journalisten und Medienfachleuten aufzubauen und zu pflegen.

Öffentliche Angelegenheiten und Firmenangelegenheiten

Allgemein betrachtet hat ein Teil der PR, die öffentlichen Angelegenheiten, mit staatlichen Institutionen sowie mit Verbraucher- und Patientenselbsthilfegruppen Umgang. Zu ihren speziellen Aufgaben gehört unter anderem, die karitativen und gesellschaftlichen Aktivitäten des Unternehmens bekannt zu machen, um den Ruf der Firma zu verbessern.

Beziehungen zur Allgemeinheit

Personen in dieser Abteilung arbeiten daran, den Ruf der Firma innerhalb der Gesellschaft zu verbessern. Sie rufen Stipendien und Unterstützungsprogramme für lokale gemeinnützige Gesellschaften, Schulen, Krankenhäuser, Wohlfahrtsorganisationen und andere Organisationen ins Leben. Die Angestellten werden ermutigt, sich für gesellschaftliche Anlässe zur Verfügung zu stellen.

Staatliche Beziehungen oder staatliche Angelegenheiten

Große Biotechnologie- und Pharmafirmen gründen oft eine Abteilung für staatliche Beziehungen. Zu deren Aufgaben gehören der Aufbau und die Pflege von Beziehungen zu den gesetzgebenden Organen und zu politischen Lobbyisten. Die Mitarbeiter dieser Abteilung informieren die staatlichen Stellen über den gesellschaftlichen und ökonomischen Nutzen, den die Unternehmensaktivitäten bringen und sie befassen sich mit kritischen technologischen Themen.

Arbeitnehmerbeziehungen oder interne Kommunikation: intern kommunizieren

Angestellte werden als „Investoren" in die Firma angesehen, deshalb ist es wichtig, dass man sie unterstützt und motiviert. In Partnerschaft mit der Personalabteilung ist die Abteilung für Arbeitnehmerbeziehungen dafür verantwortlich, den Angestellten eine interne Informationsplattform zur Verfügung zu stellen und sie über die Gesamtziele und -strategien der Firma zu informieren.

Marketingkommunikation (Marcom): Produktinformation kommunizieren

Marcom ist die Kommunikation, die für die öffentlichen Medien gedacht ist und direkt für den Vertrieb und das Marketing von Produkten von Bedeutung ist. Die Aufgabe der Marcom ist es, den Vertrieb zu unterstützen, indem Eigenschaften und Nutzen des Produkts vermittelt werden. Die Marcom-Mitarbeiter planen Veranstaltungen, Messen und Ausstellungen, Seminare, Informationsveranstaltungen, Treffen mit Nutzern und beratenden Gremien. Informationen werden auch an die medizinischen oder wissenschaftlichen Zirkel kommuniziert. Die Marcom ist normalerweise im Geschäftsbereich angesiedelt (Kapitel 18).

Die Spezialisten der Firmenkommunikation übermitteln technische und wissenschaftliche Details auf einfache Weise, sodass Nichtwissenschaftler den Wert der Firmentechnologien nachvollziehen können.

Technischer Kommunikationsbereich

Teams für die technische Kommunikation oder das technische Texten erstellen Gebrauchsanleitungen, Online-Produktanleitungen und Texte für Broschüren.

Grafik

Manche Firmen engagieren Grafiker, um das Design ihrer Websites und Unternehmensbroschüren sowie das Erscheinungsbild von Messeständen zu verbessern. Die Arbeit wird oft an Nischenanbieter ausgelagert.

Aufgaben und Kompetenzen in der Firmenkommunikation

Nachfolgend ist eine Liste mit allgemeinen Verantwortlichkeiten aufgeführt, die abhängig vom Firmentyp und von der betreffenden Position variieren.

Strategien der Firmenkommunikation entwickeln

Die Führungskräfte und die Leiter der Firmenkommunikation arbeiten zusammen, um die Vorgehensweise in der Kommunikation festzulegen. Dazu gehört unter Umständen, zukünftige, berichtenswerte Ereignisse vorherzusehen und wirtschaftliche Leistungen zu übermitteln. Damit wird sichergestellt, dass Bekanntmachungen im Einklang mit den Vorschriften stehen und die Unternehmenskultur gestärkt wird.

Kommunikation abstimmen und Meldungen erstellen

Kommunikation findet nicht im luftleeren Raum statt – Mitteilungen müssen widerspruchsfrei und gut eingebunden sein.

Die Firmenkommunikation ist dafür verantwortlich, dass die Informationen und Meldungen, die an die verschiedenen Zielgruppen und Werbeträger gehen, widerspruchsfrei sind.

Zusätzlich haben die meisten Firmen ein leitendes Komitee, das darüber entscheidet, welche Informationen öffentlich gemacht werden sollen. Gemäß der U. S. Securities and Exchange Commission (SEC, US-Wertpapier- und Börsenaufsichtsbehörde) wird von den Firmen verlangt, dass sie über alle wichtigen Ereignisse berichten, die für Investoren relevant sind

Die Geschäftsstrategie der Firma gestalten

Die Führungskräfte der Firmenkommunikation unterstützen mitunter auch die Entwicklung einer Geschäftsstrategie der Firma, indem sie Informationen innerhalb der Branche sammeln und diese intern zur Verfügung stellen. Wenn die Firma beispielsweise den Kauf eines anderen Unternehmens in Betracht zieht, dann wird ein erfahrener leitender

Angestellter der Firmenkommunikation versuchen, die Investoren von den Vorteilen einer solchen Investition zu überzeugen und deren Antworten beurteilen.

Mitteilungen erstellen

Bevor irgendeine Firmennachricht herausgegeben wird, werden die Kernbotschaften strategisch festgelegt. Solche Botschaften haben möglicherweise visionäre Ziele des Unternehmens zum Inhalt oder transportieren Produktinformationen.

Externe Kommunikation für allgemeine Zielgruppen

Die Firma bringt ihre Nachrichten in Form von Pressemitteilungen und anderer journalistischer Darstellungsformen in die Öffentlichkeit. Wenn es wichtige Ereignisse gibt, wie etwa Produktzulassungen, Ergebnisse klinischer Prüfungen oder einen Wechsel in der Führungsetage, dann werden Pressemitteilungen verfasst. Diese werden von der Rechtsabteilung überprüft und dann erst veröffentlicht. Die Mitarbeiter der Firmenkommunikation arbeiten auch daran, dass die Firma und ihre Produkte in unterschiedlichen Medien und bei Konferenzen Erwähnung finden.

> Erfolgreiche Kommunikationsfachleute können unterschiedliche Informationen so bündeln, dass daraus eine stimmige und klare Aussage wird, die zur Gesamtstrategie der Firma passt.

Beziehungen zu Investorenkreisen entwickeln

Die leitenden Angestellten für Investorbeziehungen bauen zu den Investoren und Aktienanalysten Beziehungen auf und dienen als Kontaktpersonen. Sie kommunizieren die Strategien der Firma, die medizinischen Schwerpunkte und informieren über den Entwicklungsstand der Arzneimittelkandidaten sowie über die Firmenumsätze in Form von Quartalsberichten und Jahresberichten.

Kapitalbeschaffung

Der Chef der Investorbeziehungen führt häufig zusammen mit dem Generaldirektor (CEO) und dem Leiter der Finanzabteilung Informationsveranstaltungen durch, bei denen Investoren und Analysten anwesend sind. Der Zweck solcher Veranstaltungen ist, die Firma bekannter zu machen und Kapital zu beschaffen. Das IR-Team hilft beim Vorbereiten von Treffen, leitet die Informationsveranstaltungen, erstellt Präsentationen und berät den Generaldirektor dahingehend, welche Informationen er zur Verfügung stellen soll.

Broschüren und Firmenpräsentationen erstellen

Das Team für Investorbeziehungen erstellt Firmenbroschüren und Jahresberichte. Es ist oft verantwortlich für die vom Generaldirektor bei Investorentreffen gehaltenen Präsentationen und für die Erstellung von

Schriften, die der Generaldirektor für die vierteljährlichen Investor-Telefonkonferenzen oder Internetkonferenzen benötigt.

Ein Firmenimage kreieren (Corporate Identity)

Die Abteilung Firmenkommunikation entwickelt die Firmenidentität. Sie verfasst das Leitbild der Firma, entwirft die Website und das Firmenlogo und denkt sich alles äußerlich Sichtbare aus, wie z. B. das Firmenbriefpapier.

Interne Kommunikation

Die Mitarbeiter in der internen Kommunikation stellen sicher, dass die Angestellten über die Firmenneuigkeiten auf dem Laufenden sind. Sie informieren über die neuesten Geschäftsabschlüsse, Ergebnisse klinischer Prüfungen und allgemeine Firmenaktivitäten. Sie unterstützen die Angestellten dabei, mit Veränderungen zurechtzukommen, die sich aus bestimmten Ereignissen wie Kündigungen ergeben. Sie koordinieren Gespräche zwischen den Angestellten und der Geschäftsführung, pflegen das Intranet als Kommunikationsportal und erstellen und verteilen Newsletter.

Veranstaltungen planen, Firmen-/Industrieveranstaltungen und Messen

Das Team der Firmenkommunikation plant Urlaubspartys und Firmenpicknicks. Es ist auch an der Unterstützung von Konferenzen, Messeaktivitäten, Seminaren und Technologie-Arbeitstreffen (Workshops) beteiligt.

Medientraining

Eine der Aufgaben der Firmenkommunikation ist beispielsweise, Firmensprecher so zu trainieren, dass sie Informationen in korrekter Form herausgeben. Weil die US-Wertpapier- und Börsenaufsichtsbehörde sorgfältig die Kommunikation einer Firma überwacht, um die Einhaltung der Vorschriften zu gewährleisten, ist es zwingend erforderlich, dass Firmensprecher kein nichtöffentliches Material offenlegen.

Coachen von Führungskräften

Der Leiter der Firmenkommunikation betreut das gehobene Management im Vorfeld von Investorenpräsentationen und anderen Vortragsverpflichtungen, um den Präsentationsstil zu optimieren, eine widerspruchsfreie Nachrichtenvermittlung zu gewährleisten und um mitzuhelfen, die Informationen, die bekannt gegeben werden sollen, auszuwählen. Er weist das Führungsteam auf die Erwartungen der

Investoren hin, ermittelt Hauptinvestoren und erläutert deren Bedeutung für die Kapitalbeschaffungsaktivitäten der Firma.

Krisenmanagement

Negative Ereignisse, etwa wenn eine klinische Prüfung scheitert oder ein Produkt zurückgerufen wird, müssen den Angestellten und Investoren mitgeteilt werden. In solchen kritischen Phasen ist es wichtig, die Glaubwürdigkeit der Firma und den Ruf des Managementteams zu schützen. Manchmal ist eine Betreuung erforderlich, um beispielsweise Angestellte zu beruhigen. Außerdem stehen vorher ausgearbeitete Krisenmanagementpläne für solche besonderen Ereignisse bereit.

Öffentlichkeitsarbeit an Hochschulen und im unmittelbaren gesellschaftlichen Umfeld

Manche Firmen unterstützen die Hochschulforschung, um in der Öffentlichkeit positiv wahrgenommen zu werden und um für hochkarätige Angestellte attraktiv zu sein. Sie bieten z. B. Studenten, die an der biotechnologischen Forschung interessiert sind, Stipendien an, und ausgewählte Angestellte stellen sich gemeinnützigen Vereinigungen zur Verfügung.

Intern Meldung erstatten und die Firmenethik festsetzen

Jedes börsennotierte Unternehmen muss über einen ethischen Verhaltenskodex verfügen, der es Angestellten ermöglicht, in anonymer und geschützter Form über Missstände zu berichten. Das gehobene Management und das Direktorium sind an der Begründung dieser Politik beteiligt, aber sie werden im Allgemeinen von den Richtlinienbeauftragten oder dem Leiter der Rechtsabteilung angeleitet.

Mit Dienstleistern umgehen

Das Personal der Firmenkommunikation arbeitet eng mit Dienstleistern aus den Bereichen Werbung und Grafik zusammen.

Ein typischer Arbeitstag in der Firmenkommunikation

Je nach Aufgabe könnte ein typischer Arbeitstag einige der folgenden Tätigkeiten beinhalten:
- Die Markt- und Biotechnologieindustrie-Nachrichten prüfen. Die Aktienindizes der Biotechnologie durchsehen und das Managementteam auf wichtige zukünftige Entwicklungen vorbereiten.

- Reisen, vielleicht 50 % der Zeit.
- Pressemitteilungen verfassen, sich mit den Medien abstimmen und Führungskräfte darin trainieren, wie man die Nachrichten formuliert.
- Sich mit potenziellen Kunden, Selbsthilfegruppen oder anderen Organisationen treffen.
- Material für Jahresberichte und Firmenbroschüren entwerfen, verfassen und durchsehen.
- Telefonkonferenzen durchführen und an internen Besprechungen teilnehmen, um die Strategie und Auswirkungen von Programmen zu erörtern. An Lagebesprechungen teilnehmen. Beratungen zur Ideenfindung abhalten und die Ergebnisse koordinieren.
- Für die vierteljährlichen Telefonkonferenzen und Internetkonferenzen schriftliche Unterlagen erstellen. Den Generaldirektor bei der Vorbereitung dieser Konferenzen unterstützen und den Inhalt gestalten.
- Für Investorenkonferenzen Firmenpräsentationen vorbereiten.
- Zusammen mit Dienstleistern Produkteinführungen und andere Ereignisse vorbereiten.
- Pflege der Firmenwebsite oder Änderungen des Firmenlogos oder der -identität beaufsichtigen.
- Investoren- und Analystentreffen bei Industrietagungen koordinieren.
- Firmenveranstaltungen arrangieren, wie z. B. Urlaubspartys und Firmenpicknicks.
- Sich mit Investoren, Analysten und Investmentbankern treffen und mit ihnen reden.
- Für die Angestellten die relevante Firmeninformation aktualisieren.
- An Industriekonferenzen und Investorentreffen teilnehmen.

Gehalt und Vergütung

Die Vergütung in der Firmenkommunikation ist ähnlich oder vielleicht etwas geringer als im Marketing und der Geschäftsentwicklung, aber höher als in der industriellen Grundlagenforschung. Positionen in Biotechnologiefirmen bieten höhere Gehälter als vergleichbare Positionen in Hochtechnologiefirmen. Gehaltsübersichten sind auf der Website des National Investor Relations Institute (NIRI, www.niri.org) zu finden.

Im Allgemeinen bezahlen Privatunternehmen weniger als Aktiengesellschaften, aber Privatunternehmen bieten möglicherweise lukrative Aktienbezugsrechte vor dem Börsengang. Dies liegt daran, dass, sobald eine Firma an die Börse geht, der Kommunikationsbedarf exponentiell steigt. Privatunternehmen kümmern sich mehr um die Bekanntmachung von Ereignissen, wie die Veröffentlichung klinischer Prüfungsergebnisse. Aktiengesellschaften und Firmen, die kurz vor einem Börsengang stehen, sind hingegen mit der Auswahl einer geeigneten Investmentbank, mit der Pflege von Beziehungen zu Analysten und Investoren und mit der Prüfung der US-Wertpapier- und Börsenaufsichtsbehörde beschäftigt.

Wie wird Erfolg gemessen?

Der einfachste, aber am wenigsten verlässliche Weg, um den Erfolg der Firmenkommunikation für Aktiengesellschaften zu messen, basiert auf den Aktienkursen und der Aktienperformance der Firma. Aber selbst die beste Kommunikationsstrategie hat nur einen indirekten Einfluss auf den Aktienkurs. Dies liegt daran, dass der Aktienkurs nicht nur durch Firmenereignisse beeinflusst wird, sondern auch durch externe, unkontrollierbare und unvorhersehbare Faktoren der Mikro- und Makroökonomie.

Der Erfolg kann aber auf andere Weise gemessen werden:
* Am Image der Firma und wie erfolgreich sie verschiedene wichtige Zielgruppen erreicht.
* Ob die Firma durch Aktienanalysten auf Verkäuferseite eine Coverage erhalten kann (Kapitel 24).
* An der Kombination der Firmeninvestoren.
* Zu erreichen, dass Artikel in wichtigen Zeitungen und Fachzeitschriften abgedruckt werden.
* Wie oft die Firma in den Nachrichten erwähnt wird.
* Wie Kunden die Firma sehen, einschließlich der Reaktionen auf Werbekampagnen.
* Am Verhalten der Angestellten, Mitarbeiterbindung und Zufriedenheit mit der Arbeit.
* Am dauerhaft guten Ruf des Managements.
* An angemessener Vorbereitung der wichtigsten Ereignisse und wie gut sie gehandhabt werden.

Das Für und Wider der Arbeit

Positive Aspekte einer Laufbahn in der Firmenkommunikation

* Die Arbeit ist interessant, ändert sich ständig und ist temporeich.
* Die Biotechnologieindustrie ist faszinierend, und die Menschen sind von ihrer Arbeit begeistert. Das Managementteam und die Angestellten sind dynamisch und hilfsbereit. Die Motivation ist hoch, weil der wissenschaftliche Fortschritt und die Verbesserung der menschlichen Gesundheit im Zentrum der Bemühungen stehen.
* Es ist befriedigend, eine aufregende Geschichte zu erzählen. Dem Rest der Welt und den Mitarbeitern interessante Nachrichten zu liefern, kann Spaß machen. Ihre Bemühungen tragen zum Wohlergehen der Firma bei und machen aus ihr einen Ort, an dem man besser arbeiten kann.

Es ist lohnender, Biotechnologienachrichten mit gesellschaftlicher Relevanz herauszugeben, als irgendwelche Meldungen.

* Dieser Job ist wichtig; man hat mit vielen wichtigen Leuten in der Firma zu tun sowie mit Medien- und Investoren. Dies ermöglicht Ihnen den Aufbau eines ausgedehnten Kontaktnetzwerks und steigert Ihren persönlichen Marktwert.
* Die Menschen in der Firmenkommunikation sind für die Umsetzung der Firmenstrategie und Nachrichtenvermittlung verantwortlich; sie haben Einfluss auf das Wachstum der Firma.

- Ein Teil des Jobs beinhaltet, mit der Außenwelt positive Beziehungen zu unterhalten. Gleichgültig, um welche Nachrichten es sich handelt – wenn es gelingt, die Investoren und Analysten zufriedenzustellen und sie zeitnah über alles Wesentliche zu unterrichten, dann hat man das Gefühl, etwas geleistet zu haben.
- Schreiben kann großen Spaß machen. Über die Geschichte der Firma zu berichten und gleichzeitig den Angestellten und dem Rest der Welt interessante Nachrichten zu liefern, ist eine erfreuliche Arbeit.
- Die Jobs in der Firmenkommunikation können höchst kreativ und strategisch sein. Sie sind unter Umständen an der Entwicklung neuer Konzepte, der Auswahl neuer Logos oder der Entwicklung von Wegen, Produkte zu positionieren, beteiligt.
- Die Fachleute der Firmenkommunikation haben die Finger am Puls der Firma.
- In der Firmenkommunikation können die Mitarbeiter effektiv ihren wissenschaftlichen oder geschäftlichen Hintergrund einsetzen. Sie unterstützen den wissenschaftlichen Fortschritt, indem Sie wissenschaftliche Zielgruppen und die Allgemeinheit über die Firmenentwicklungen informieren.
- Sie können eventuell an ein oder zwei Tagen in der Woche von zu Hause aus arbeiten.

> Wenn Sie daran glauben, dass sich Ihre Firma für die richtigen Ziele einsetzt, dann versuchen Sie umso mehr, ihr zum Erfolg zu verhelfen.

Die möglicherweise unangenehme Seite der Firmenkommunikation

- Hochrangige Angestellte reisen 50 % ihrer Zeit. Am meisten reisen Fachleute für Investorbeziehungen und Öffentlichkeitsarbeit, insbesondere zu medizinischen, Investoren- und Industrietagungen.
- Ein solcher Job verlangt Ihnen einiges ab. Wichtig zu sein, bedeutet unter Druck zu stehen. Dies gilt insbesondere während schwieriger Zeiten, mit schlechten Firmennachrichten.
- Die Arbeit kann intensiv und endlos sein. Rechnen Sie damit, dass Sie während arbeitsreicher Zeiten auch zu Hause weiterarbeiten müssen. Das Interesse an Nachrichten hört nie auf.
- Wie in den meisten Biotechnologiejobs, so können auch hier der Termindruck und das hohe Tempo stressreich sein.
- Führungskräfte können ichbezogen und konkurrenzorientiert sein. Insbesondere Generaldirektoren sind manchmal widerspenstig, und sie haben oft unrealistische Erwartungen. Es kann schwierig sein, eine konstruktive Rückmeldung zu erhalten.
- Der Wert und die Bedeutung der Firmenkommunikation sind schwer zu messen und die Leistungen werden vom Vorstand häufig nicht ausreichend gewürdigt. Trotz ihrer Bedeutung für die Firma kann die Firmenkommunikation lediglich als Kostenfaktor und nicht als eine Kernfunktion angesehen werden.

- Solange sie keine Produkte verkaufen, agieren die meisten kleinen Biotechnologiefirmen in einer Umgebung, die durch beschränkte Ressourcen und Geldmangel geprägt ist. Ein wichtiger Teil des Jobs besteht darin, Unterstützung bei der Kapitalbeschaffung zu leisten.

Die größten Herausforderungen des Jobs

Den Nachrichtenstrom in der Biotechnologie- und Pharmaindustrie lenken

Investoren und Analytiker sind „kurzsichtig" und denken in Monaten, nicht in Jahren. Gleichzeitig leidet die Biotechnologieindustrie im Gesundheitswesen unter langen Entwicklungszeiträumen. Wenn es wenig Berichtenswertes gibt, dann ist es schwierig, das Vertrauen und das Interesse der Zielgruppe aufrechtzuerhalten. Es kann Probleme bereiten, sie dazu zu bringen, das langfristige Potenzial des Unternehmens zu erkennen.

Mit der Botschaft an die Öffentlichkeit dringen

Es ist schwierig, auf breiter Basis öffentlich wahrgenommen zu werden, insbesondere für Privatunternehmen, denen kapitalkräftige Kommunikationsbudgets fehlen. Die Investoren werden bereits mit einer überwältigenden Menge elektronischer Kommunikation überschüttet – dies zu übertreffen, ist schwierig.

Sie müssen erkennen, was wirklich berichtenswert ist – was macht Schlagzeilen und hebt sich von dem Hintergrundrauschen ab.

Die Aussagen für verschiedene Zielgruppen anpassen

Es gilt, vielen verschiedenen Zielgruppen gerecht zu werden, und es ist erforderlich, die gleiche Aussage für jede Zielgruppe anzupassen. Nachrichten über eine bevorstehende Firmenübernahme, die für Investoren bestimmt sind, müssen sich auf die Wachstumsstrategie und die Entwicklungsziele konzentrieren. Richten sich die gleichen Nachrichten an die Angestellten, werden die Ressourcenzuwächse und Synergieeffekte in den Vordergrund gestellt.

Den Führungskräften eine konstruktive Rückmeldung geben, ohne gefeuert zu werden

Es ist ein Kunststück, dem Management eine negative Rückmeldung zu geben oder konstruktive Kritik zu üben, ohne bei den Managern eine abwehrende Reaktion hervorzurufen. Es erfordert diplomatisches Geschick, das Management davon zu überzeugen, dass man wirklich auf seiner Seite steht und nur als ein objektiver Übersetzer fungiert. Das Management glaubt möglicherweise, dass Sie eine negative Einstellung haben, oder schlimmer noch, es beschuldigt Sie, illoyal zu sein! Sie brauchen eine dicke Haut, um diese Arbeit gut erledigen zu können.

Sich in der Firmenkommunikation auszeichnen ...

Ein kreativer und strategischer Kommunikator sein

In jüngeren Biotechnologiefirmen ist es wichtig, die Technologie, das Image und den Wert der Firma zu verstehen sowie das, was sie einzigartig macht. Erfolgreiche Kommunikationsfachleute arbeiten mit dem Management zusammen, um eine Firmengeschichte zu entwerfen, die den Tatsachen entspricht und dennoch flexibel genug ist, dass die Firma mit ihr wachsen kann.

Eine Kernaussage zu entwickeln, ist eine Kunst, die eine anpassungsfähige Denkweise verlangt.

Ein objektiver und scharfsinniger Übersetzer sein

Es braucht Jahre an Erfahrung, um zu den Medien und zur Börse eine Beziehung zu entwickeln, die eine ehrliche Rückmeldung zulässt. Sehr erfolgreiche Fachleute der Kommunikation können die Außenwahrnehmung der Firma beurteilen und diese Information nutzen, um Firmenaussagen gegebenenfalls anzupassen.

Glaubwürdigkeit nähren

Die Glaubwürdigkeit der Firma und ihres Führungsteams zu erhöhen und zu schützen, ist entscheidend. Die Kommunikation ist nicht nur dazu da, innerhalb des Unternehmens Glaubwürdigkeit herzustellen, sondern auch außerhalb. Sie muss viele Faktoren betrachten und gegeneinander abwägen, um eine möglichst objektive Geschichte zu präsentieren.

Sind Sie ein guter Anwärter für die Firmenkommunikation?

Menschen, die in einer Laufbahn in der Firmenkommunikation zur Entfaltung kommen, haben meist die folgenden Eigenschaften:

Hervorragende Kommunikationsfähigkeiten

Schriftliche, mündliche und nonverbale Fertigkeiten sind außerordentlich wichtig. Man braucht Reife, Intelligenz, Redegewandtheit und Artikulationsfähigkeit. Man muss nicht unbedingt ein guter Redner sein, aber man sollte erkennen, wie man Menschen auf wirksame Weise erreicht.

Es ist wichtig, dass man überzeugend, klar und prägnant kommunizieren kann.

Erstklassige Schreibfertigkeiten

Es ist wichtig, flexibel texten zu können. Man sollte einschätzen können, wann man ernst sein muss und wann eher locker – je nach der gewünschten Stimmung, die man erzeugen möchte.

Außergewöhnlich hohe soziale Kompetenz

Eine liebenswerte Persönlichkeit und ausgezeichnete soziale Kompetenz sind erforderlich, um sowohl innerhalb der Firma als auch nach außen dauerhafte Beziehungen aufzubauen. Sie müssen mit institutionellen Investoren, den Medien und Menschen aus verschiedenen technischen Disziplinen erfolgreich kommunizieren können. Damit Dinge vorankommen, müssen Sie sich unter Umständen auf andere verlassen – dies erfordert eine gemeinschaftliche Teamausrichtung.

Ein starkes ethisches Gespür und die Fähigkeit, dem Druck der Obrigkeit standzuhalten

Als Fachmann/-frau der Firmenkommunikation sind Sie dafür verantwortlich, sicherzustellen, dass die Firma Informationen in geeigneter Weise transportiert. Wenn jemand etwas macht oder sagt, das nicht im Einklang mit Ihren Empfehlungen oder den Vorschriften steht, dann benötigen Sie Selbstvertrauen, um sich ihm gegenüber zu behaupten – sogar dann, wenn derjenige Ihr Generaldirektor ist.

Viel Sinn für Humor

In diesem Bereich darf man sich selbst nicht zu ernst nehmen. Schließlich ist Ihre Zielgruppe der Mensch, und Sie müssen mit Menschen Kontakt herstellen. Manchmal braucht man einen Sinn für Ironie und sarkastischen Humor, wenn man mit Investoren zu tun hat, die häufig unrealistische Ansprüche stellen. Sie müssen eine großzügige Wesensart und einen Sinn für Humor haben, um sich darüber hinwegzusetzen.

Die Fähigkeit, gleichzeitig mehrere Aufgaben zu erledigen und Prioritäten zu setzen

An einem typischen Tag arbeiten Sie unter Umständen gleichzeitig an drei bis fünf verschiedenen Projekten, deshalb müssen Sie mit raschen Veränderungen umgehen und entsprechend Prioritäten setzen können. Die Fähigkeit, Projekte zu verfolgen und zu bewältigen und dabei gewissenhaft zu bleiben, ist von Vorteil.

> Die Firmenkommunikation ist wie die Arbeit in einem „gelenkten Chaos".

Selbstmotivation

Um Programme voranzutreiben, ist oft Entschlusskraft erforderlich.

Konfliktlösungsfähigkeit

Es ist hilfreich, wenn man ein aktiver und objektiver Vermittler bei Konfliktsituationen ist.

Mit Kritik umgehen können

Wenn Sie dem gehobenen Management mit Rat zur Seite stehen, dann erhalten Sie auch ein Feedback zu Ihrer Person. Sie sollten Kritik mit Fassung tragen.

Strategisch denken und planen können

Die Firmenkommunikation ist ein wichtiger Bestandteil der Firmenstrategie. Um erfolgreich Meinungen zu beeinflussen, muss man Signale interpretieren können, analytisch und kritisch sein. Man muss verstehen, wie die Zielgruppe denkt und was sie motiviert. Um die Abteilung erfolgreich zu führen, sollte man Überlegungen über die strategische Ausrichtung der Firma anstellen und beim Umgang mit Menschen taktvoll bleiben.

Krisen gut bewältigen können

Obwohl Krisen eher selten sind, verursachen sie Stress. Während dieser Zeiten muss man Ruhe bewahren und das Heft in der Hand haben.

Einfühlungsvermögen

Es ist hilfreich, wenn man seine Zielgruppen versteht und weiß, was sie hören möchten. Insbesondere für die Kommunikation mit Angestellten gilt, dass man feinfühlig sein muss, wenn man Informationen preisgibt. Man sollte seine Zielgruppen so behandeln, wie man selbst behandelt werden möchte.

Aufmerksam zuhören können

Sie müssen genau zuhören, um zu verstehen, was wichtig ist, und um daraus eine überzeugende Geschichte zu entwickeln.

Es ist unbedingt notwendig, dass man ein aufmerksamer Zuhörer ist und die Nuancen und die unterschwelligen Botschaften der anderen wahrnimmt. Man muss genau zuhören, um zu verstehen, wie man hoch technische Beschreibungen in klare Aussagen verwandelt, die von der Zielgruppe verstanden werden. Wenn man an Investorentreffen teilnimmt, ist es wichtig, dass man den feinen Rückmeldungen der Hörerschaft Aufmerksamkeit zollt, um besser einschätzen zu können, wie die Firma wahrgenommen wird.

Eine dienstleistungsorientierte Einstellung haben

Entscheidend ist insbesondere, dass man auf die Bedürfnisse der Investoren und Aktienanalysten reagiert.

Ein Grundverständnis von der Wissenschaft und dem Finanzwesen

Wenn Sie möchten, dass Ihre Zielgruppe die wissenschaftlichen Erfolge Ihrer Firma würdigt, dann müssen Sie die Wissenschaft zunächst selbst verstehen. Fachleute für Investorenbeziehungen sollten auch ein Verständnis für das Finanzwesen aufbringen, damit sie sich in geeigneter Weise mit Investoren unterhalten können.

Gesellige Persönlichkeiten

Im Allgemeinen braucht man für diese Laufbahn kontaktfreudige Menschen, da es sich um eine Tätigkeit in der Öffentlichkeit handelt. Sie müssen unter Umständen unangemeldet Investoren anrufen und sich selbst vorstellen. Sie werden eventuell zu gesellschaftlichen Ereignissen eingeladen und sollten sich dabei wohlfühlen, Partys zu besuchen und dort für Ihre Firma zu werben.

Allgemeinbildung

In dieser Laufbahn sind eine gute Allgemeinbildung und ein fortwährendes Interesse am Lernen vorteilhafter als ein tief greifendes, aber thematisch begrenztes Fachwissen.

Geistige Flexibilität

Ein Maß an geistiger Aufgeschlossenheit und Kompromissfähigkeit sind hilfreich. Als Kommunikationsspezialist müssen Sie inhaltlich nicht immer hundertprozentig hinter dem jeweiligen Text stehen. Manchmal sind Sie gezwungen, Botschaften zu übermitteln, denen Sie nicht zustimmen.

Ein gewissenhaftes Auge für das Detail

Sie müssen sich ständig nach Standards richten. Es ist notwendig, qualitativ hochwertige und makellose Arbeitsergebnisse hervorzubringen.

Kreativität

Manchmal ist die wissenschaftliche Denkweise der Firma zu eindimensional. An dieser Stelle ist Kreativität gefragt, um beispielsweise eine neue Marke richtig zu positionieren oder die Dinge aus einem anderen Blickwinkel zu sehen.

> Es ist Kreativität nötig, um Zusammenhänge so zu kommunizieren, dass sich unterschiedliche Zielgruppen gleichermaßen angesprochen fühlen.

Die Fähigkeit, visuell zu denken

Man muss technische Details in investorenfreundliche Präsentationen verwandeln können und in der Lage sein, sich einer Vielzahl von audiovisuellen Instrumenten zu bedienen.

Starke Ästhetik

Zur Beurteilung des Designs von Firmenlogos, Firmen-Websites und Firmenbroschüren ist ein Sinn für Ästhetik erforderlich. Man muss knackige und fesselnde Botschaften entwickeln können, die attraktiv sind und „hängen bleiben".

Sie sollten eventuell eine Laufbahn außerhalb der Firmenkommunikation in Betracht ziehen, falls Sie ...

- ein notorischer Perfektionist sind.
- jemand sind, der nicht gerne kommuniziert.
- eine extrem schüchterne Person sind.
- jemand sind, der eine klar strukturierte Arbeitsumgebung und unumstößliche Zeitpläne bevorzugt.
- jemand sind, der jeweils nur an einem Projekt arbeiten kann.
- unflexibel sind oder keine Kompromisse schließen können.
- zu sehr prozessorientiert und starr bürokratisch sind.
- mit Konflikten und Diskussionen nicht umgehen können.

Das Karrierepotenzial in der Firmenkommunikation

Sie können sich in diesem Berufsfeld bis zu einer Position als Leiter oder Vizepräsident der Firmenkommunikation, der öffentlichen Angelegenheiten oder der Investorbeziehungen hocharbeiten. Es gibt außerdem Gelegenheiten, zu Agenturen zu gehen oder Berater für die Firmenkommunikation zu werden (Abb. 21.2). Ranghohe Mitarbeiter

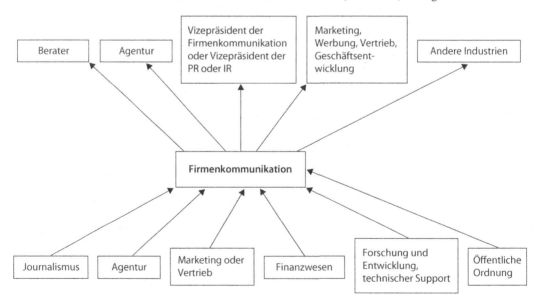

Abb. 21.2 *Übliche Karrierewege in der Firmenkommunikation.*

betreuen schließlich Teams von Führungskräften und berichten direkt dem Leiter der Finanzabteilung, dem Leiter der Verwaltung oder dem Generaldirektor.

Erfahrung in der Firmenkommunikation kann Ihnen helfen, einen Wechsel in andere Laufbahnen zu vollziehen, wie z. B. in das Marketing, die Werbung, das Veranstaltungsmanagement, den Vertrieb und die Geschäftsentwicklung. Weniger üblich ist ein Wechsel in den Bereich Behördenangelegenheiten, das medizinische Texten, das Anlagebankgeschäft oder zu wohltätigen Stiftungen. Es besteht die Möglichkeit, in der strategischen Planung bei gemeinnützigen Einrichtungen zu arbeiten oder Lobbyarbeit zu betreiben. Man kann auch in andere Industriezweige gehen, weil die Leitsätze der Firmenkommunikation grundsätzlich die gleichen sind, ungeachtet des Unternehmens.

Jobsicherheit und Zukunftstrends

Die Arbeitsplätze in der Biotechnologieindustrie sind insgesamt unsicher. Dies hängt von mikro- und makroökonomischen Faktoren ab, und insbesondere die Arzneimittelentwicklung ist niemals eine sichere Sache. Sogar die vielversprechendsten wissenschaftlichen Ansätze können enttäuschende klinische Resultate erbringen, was für eine kleine Firma möglicherweise das Ende bedeutet. Wenn es zum Personalabbau kommt, so ist die Firmenkommunikation einer der ersten betroffenen Bereiche. Wie die anderen Abteilungen, die nicht Teil der Forschung und Entwicklung sind, wird die Firmenkommunikation oft als entbehrlich angesehen.

Kleine Firmen können sogar ganz ohne eine Abteilung für Firmenkommunikation auskommen. Der Leiter der Finanzabteilung übernimmt die Kontaktpflege zu den Investoren, der Vizepräsident der Personalabteilung beaufsichtigt die Kommunikation der Angestellten, das Marketing betreut die Marcom-Aufgaben und Berater oder Mitarbeiter der Geschäftsentwicklung verfassen Pressemitteilungen. Für Aktiengesellschaften ist die Funktion der Firmenkommunikation jedoch unverzichtbar und wird gebraucht, wenn Produkte eingeführt werden.

Es besteht eine steigende Nachfrage nach Fachleuten mit Erfahrung in der Biotechnologiekommunikation, gleichzeitig gibt es eine Fülle von untergeordnetem Personal. Sobald sich Biotechnologiefirmen weiterentwickeln, steigt die Nachfrage nach erfahrenem Personal.

Einen Job in der Firmenkommunikation bekommen

Erwünschte Ausbildung und Erfahrungen

Die Ausbildungsanforderungen und benötigten Erfahrungen können in der Firmenkommunikation stark schwanken. Die Mitarbeiter haben

Die Leute gelangen eher auf Umwegen in die Firmenkommunikation.

vielfältige Werdegänge, und es wird kein bestimmter Abschluss verlangt. Viele Kommunikationsangestellte haben eine Berufslaufbahn in der Kommunikation, im Journalismus oder wissenschaftlichen Texten, im Marketing, Finanzwesen, in der Unternehmens- und Geschäftsentwicklung, im Bereich wissenschaftliche Angelegenheiten oder in der Naturwissenschaft vorzuweisen. Die erwünschten Erfahrungen hängen zum Teil von der Abteilung und dem Firmentyp ab. Wenn die Firma z. B. eine starke technologische Ausrichtung hat, ist es von Vorteil, einen Marketing- oder wissenschaftlichen Hintergrund zu haben, um technische Pressemitteilungen verfassen zu können.

Personen mit ausgezeichneten Kommunikationsfähigkeiten und einem guten wissenschaftlichen Verständnis sind höchst gefragt.

Der Ausbildungshintergrund variiert enorm in den Firmen, aber im Allgemeinen wird mindestens ein B.-Sc.-Abschluss (Bachelor oder Vordiplom) verlangt. Ein Abschluss in Jura oder ein MBA-Abschluss (*Master of Business Administration*, postgraduales generalistisches Managementstudium) ist ebenfalls vorteilhaft. Es besteht auch die Möglichkeit, sich mithilfe von Programmen in der Firmenkommunikation schulen zu lassen. Je nach Firma haben 15–50 % der Angestellten in der Firmenkommunikation einen wissenschaftlichen Hintergrund, aber nur die Hälfte dieser Personen hat promoviert (Ph. D.). Mitarbeiter im Bereich staatliche Angelegenheiten sowie Firmenangelegenheiten verfügen oft über einen Doktortitel. Für den Erfolg sind die naturwissenschaftlichen Abschlüsse nicht erforderlich, sie sind aber in technologieorientierten Firmen sehr hilfreich. Personen mit einer wissenschaftlichen Ausbildung gehen zunächst eher in Marcom-Positionen, wo sie ihr Wissen einsetzen können, um die Technologie und den Nutzen der Produkte zu erklären.

Die Firmenkommunikation ist eine der wenigen Tätigkeiten, in die man leicht aus anderen Industriebereichen überwechseln kann. Für hochrangige Führungskräfte sind jedoch ein Verständnis des behördlichen Umfelds der U. S. Food and Drug Administration (FDA, Bundesbehörde zur Überwachung von Nahrungs- und Arzneimitteln) und Beziehungen zu biotechnologiespezifischen Kreisen unverzichtbar.

Wege in die Firmenkommunikation

- Einstiegsbewerber sollten Positionen in Betracht ziehen, bei denen Pressemitteilungen verfasst und Messestände betreut werden müssen, wie z. B. Positionen in der PR-Kommunikation, der technischen Kommunikation oder der Marcom.
- Erwägen Sie ein Praktikum in einer Firma oder ein Volontariat, um an Biotechnologieprojekten zu arbeiten und Erfahrungen zu sammeln. Es gibt auch Möglichkeiten, die Kollegen bei der Erstellung von Firmen-Newslettern, Websites und Videos zu unterstützen.
- Erwägen Sie eine Arbeit in einem Grafikdesignstudio, um zu lernen, wie man Marketingmaterial für Firmen herstellt oder spezialisieren Sie sich in den Bereichen Design, Medien oder Werbung.

- Viele große Forschungsinstitute und Universitäten bieten Positionen für Firmenkommunikation, wissenschaftliche Angelegenheiten und öffentliche Angelegenheiten. Diese können den Einstieg in ein Umfeld ermöglichen, das voll ist mit wissenschaftlichen und technologischen Nachrichten, die darauf warten, veröffentlicht zu werden. Auf diese Weise erhöhen Sie Ihre Qualifikation, bevor Sie einen Job in der Industrie suchen.

- Wenn Sie an staatlichen Angelegenheiten interessiert sind, bewerben Sie sich für ein Stipendium der American Association for the Advancement of Science (AAAS, Amerikanische Gesellschaft zur Förderung der Wissenschaft; www.aaas.org). Diese Gesellschaft bietet ein Richtlinienprogramm (*policy fellows program*) in Washington D. C. Sie haben die Möglichkeit, im Kongress zu arbeiten und gewählte Funktionäre bei der Ausarbeitung von wissenschaftlichen Richtlinien zu unterstützen. Erwägen Sie Positionen bei PR Newswire oder Business Wire, die beiden wichtigsten Nachrichtenagenturen. Eine derartige Erfahrung gibt Ihnen eine gute allgemeine Einführung in die Firmenkommunikation und die Feinheiten der Pressearbeit.

- Arbeiten Sie in einer Agentur für Investorbeziehungen oder Öffentlichkeitsarbeit, wo Sie mit der biotechnologischen oder pharmazeutischen Praxis in Kontakt kommen. Hier können Sie viele nützliche Erfahrungen sammeln.

- Erstellen Sie eine Pressemappe Ihrer Arbeiten. Schreiben Sie Leitartikel für Industriefachzeitschriften. Erstellen Sie eine Website, um Ihre Pressemappe zu veröffentlichen.

- Erwägen Sie, Schreibkurse, Kurse in Philosophie, Handel und Sprachkurse zu besuchen. Lernen Sie, wie man Geschichten verfasst und entwickeln Sie grundlegende Kommunikationsfähigkeiten.

- Falls Sie keinen naturwissenschaftlichen Hintergrund haben, besuchen Sie biotechnologische und naturwissenschaftliche Kurse für die Weiterqualifizierung von Führungskräften in der Biotechnologie. Sie werden in aktuelle Biotechnologiethemen eingeführt, lernen die Herausforderungen der Wissenschaft kennen und knüpfen persönliche Kontakte.

- Ziehen Sie in Betracht, einen MBA-Abschluss zu erwerben oder betriebswirtschaftlichen Unterricht zu nehmen, um Finanzanalysen und Bilanzaufstellungen zu verstehen und mit Investoren und Analytikern auf gleicher Augenhöhe sprechen zu können. Ein grundlegendes Verständnis von geschäftlichen Vorgängen macht Sie glaubwürdig.

- Eignen Sie sich Projektmanagementerfahrung an. Diese wird Ihnen helfen, andere zu überzeugen und Kenntnisse zu sammeln, die für die Firmenkommunikation wichtig sind.

- Nehmen Sie an Investorentreffen teil, um zu beobachten, welche Kleidung die Leute tragen.

- Ein ausgezeichneter Weg, um Karriere zu machen, ist es, sich lokalen und nationalen Industrieorganisationen anzuschließen und an ihren Veranstaltungen teilzunehmen. Hier können Sie Netzwerke knüpfen und etwas über die Industrie erfahren.
- Versuchen Sie in einer Biotechnologie- oder Pharmafirma, die eine große Kommunikationsabteilung hat, eine Arbeit zu finden. Sie werden viele unterschiedliche Aufgaben zu erfüllen haben, was die Chancen für spätere berufliche Quereinstiege erhöht.
- Schauen Sie sich nach Firmen um, welche die Firmenkommunikation als einen festen Bestandteil der Managementaufgaben betrachten. Meiden Sie Firmen, welche die Auffassung vertreten, dass es sich bei der Firmenkommunikation lediglich um Meinungsmache, äußerliche Verpackung oder, sogar noch schlimmer, Werbung für den Generaldirektor handelt.
- Lesen Sie Pressemitteilungen und Firmeninformationen und analysieren Sie diese. Fragen Sie sich, warum gerade diese Informationen zusammengestellt wurden und wie sie präsentiert werden. Dies wird Ihnen einen Einblick verschaffen, wie Sie denken und schreiben müssen, damit Sie erfolgreich in diesem Job sein können. Für Pressemitteilungen zu wissenschaftlichen Themen gilt: Zuerst wird die Schlussfolgerung präsentiert und dann, wie man zu ihr gekommen ist.
- Versuchen Sie Aktiengesellschaften und Privatunternehmen genauer kennenzulernen. Es ist von Vorteil, wenn man direkt mitbekommt, wie eine Firma an die Börse geht.

Empfohlene Berufsverbände und Quellen

Wenn Sie etwas über diese Laufbahn erfahren möchten, dann ist die beste Organisation das National Investor Relations Institute (NIRI, Institut für nationale Investorbeziehungen; www.niri.org).

Andere Gesellschaften und Quellen

Public Relation Society of America (www.prsa.org)
Ortsverbände von Healthcare Communicators. Suchen Sie mit Google, wo eine in Ihrer Nähe ist.
American Association for the Advancement of Science (Amerikanische Gesellschaft zur Förderung der Wissenschaft; www.aaas.org)
Organisation for Economic Co-operation and Development (Organisation für wirtschaftliche Zusammenarbeit und Entwicklung; www.oecd. org) für internationale Erfahrungen für Wissenschaftler, die an staatlichen Angelegenheiten interessiert sind.
Medical Marketing Association (MMA, Gesellschaft für medizinisches Marketing; www.mmanet.org)
American Marketing Association (AMA, Amerikanische Gesellschaft für Marketing; www.marketingpower.com)

22 | Leitungsfunktionen und Unternehmertum

Ein Geschäft aufbauen

Jeder Manager wird sich zu irgendeinem Zeitpunkt in seiner Laufbahn entscheiden müssen, ob er tiefer in sein Fachgebiet eintaucht oder ob er sich breiter aufstellt und sich mehr auf die geschäftliche Seite konzentriert. Diejenigen, die sich für geschäftliche Vorgänge interessieren, können eine Führungslaufbahn einschlagen und schließlich Firmenchef (*chief executive officer, CEO*) oder Unternehmer/Existenzgründer werden. Firmenchefs erfüllen die wichtige Aufgabe, die Führungs-, Finanz- und Geschäftsaktivitäten der Firma zu lenken. Unternehmer haben eine Vision und entwickeln daraus Technologiekonzepte. Beide sind davon fasziniert, etwas Bleibendes zu schaffen, eine Firmenkultur zu definieren und zu sehen, wie ihre Ideen zu konkreten Produkten werden.

Die Industrie verwandelt abstraktes Wissen in Produkte, die den Menschen helfen können.

Die Bedeutung der Geschäftsleitung und des Unternehmertums in der Biotechnologie …

Führung (Executive Leadership) ist von entscheidender Bedeutung. Weil der Produktentwicklungszyklus so lang und der Kapitalbedarf in Biotechnologiefirmen so enorm ist, macht oft das Team mit den richtigen Führungskräften den Unterschied zwischen dem Erfolg und dem Scheitern einer Firma aus.

Firmenneugründungen sind die Grundbausteine der Biotechnologieindustrie. In ihnen finden die echten innovativen Projekte statt. Diese neuen Firmen schließen die Lücke zwischen der industriellen Grundlagenforschung und der Schaffung von Produkten.

Es ist aufregend, seine eigenen Anfangskonzepte Schritt für Schritt weiterzuentwickeln, daraus Produkte zu kreieren und diese auf den Markt zu bringen.

Laufbahnen in der Geschäftsleitung und im Unternehmertum

Dieses Kapitel gibt einen allgemeinen Überblick über Führungspositionen und das Unternehmertum. Dies sind keine offiziellen Berufslaufbahnen, sondern eher Berufsrichtungen.

Generaldirektoren

Generaldirektoren (*chief executive officers*, CEO) führen Menschen, legen Strategien fest und fungieren als Wortführer der Firmen gegenüber den Investoren. Sie richten die Firma inhaltlich aus und legen die Firmenziele und die Firmenkultur fest. Aus rechtlicher Sicht tragen sie die Verantwortung für das Unternehmen.

In einer großen etablierten Aktiengesellschaft unterscheiden sich die Aufgaben des Generaldirektors enorm von dessen Aufgaben in einer jungen neu gegründeten Firma. In der frühen Phase schreiben der Generaldirektor und das Führungsteam den Geschäftsplan und entwickeln eine Strategie. Sie stellen geeignete Leute ein und bringen die Arbeitsprozesse in Gang. Sie unterhalten enge Kontakte mit Finanzdienstleistern und potenziellen Firmenpartnern. Wenn die Firma wächst, ändert sich das Aufgabenspektrum des Generaldirektors dramatisch. Dies gilt vor allem, wenn das Unternehmen Erfolg hat und zu einer Aktiengesellschaft wird, die unter der strengen Aufsicht der U. S. Securities and Exchange Commission (SEC, US-Wertpapier- und Börsenaufsichtsbehörde) steht. Während dieses Prozesses ändert sich das Managementteam tief greifend.

Führung und Managementteam

Der Generaldirektor umgibt sich mit den Leitern der verschiedenen Fachrichtungen, die als Experten auf ihrem Gebiet fungieren. Zusammen sind sie an den wichtigen Entscheidungen, die für die Firma getroffen werden, beteiligt. Je nach Größe und Art der Firma gibt es unter Umständen einen Präsidenten, einen leitenden Geschäftsführer (COO, *chief operating officer*), einen Wissenschaftlichen Leiter (CSO, *chief scientific officer*), einen Vertriebsdirektor (CCO, *chief commercial officer*), einen Medizinischen Leiter (CMO, *chief medical officer*), einen Finanzvorstand/Kaufmännischen Geschäftsführer (CFO, *chief financial officer*) und einen Vizepräsidenten der Geschäftsentwicklung (Business Development). Weitere leitende Funktionen sind Vizepräsident des Vertriebs und/oder Marketings, Vizepräsident der pharmazeutischen Entwicklung und Vizepräsident der Personalabteilung und Rechtsbeistand. Kleine Firmen können sich normalerweise nur einen oder zwei Leiter leisten, die mehrere Aufgaben erfüllen, wohingegen große Pharmafirmen zahlreiche leitende Angestellte beschäftigen.

Unternehmer und Existenzgründer

Existenzgründer gründen eine Firma; sie können die Erfinder einer Technologie und/oder leitende Firmenangestellte sein. Sie arbeiten häufig als Generaldirektor während der frühen Phasen einer neu gegründeten Firma und bleiben dann während später Phasen Teil der Führungsmannschaft. Ihre wichtigste Aufgabe ist es, den Geschäftsplan und die Strategie vorzugeben und zu verkörpern sowie Investoren und geeignetes Personal anzuziehen.

Die meisten kleinen Firmen haben beschränktes Kapital, was bedeutet, dass sie mit minimalem Personal und wenigen Marktforschungsdaten arbeiten. Existenzgründer müssen alles selber machen, sogar sicherstellen, dass die Schlüssel für die Türen funktionieren, dass der Strom eingeschaltet ist und die Telefone betriebsbereit sind.

Unternehmergeist: Dinge tun, die noch keiner zuvor gemacht hat.

Aufgaben und Kompetenzen

Die Aufgaben und Kompetenzen hängen von der Position und der Firma ab. Im Folgenden finden Sie eine allgemeine Liste der Verantwortlichkeiten von Generaldirektoren, Unternehmern und Führungskräften.

Geschäftsplan verfassen und Kapital beschaffen

Die meisten Gründer und Generaldirektoren verbringen viel Zeit damit, einen Geschäftsplan abzufassen. Der Geschäftsplan beschreibt in allen Einzelheiten die geplante Vorgehensweise, angefangen von der Idee, bis zur Vermarktung der Produkte. Er beschreibt die Firmenziele, die Technologieplattform, den Produktionsplan, das Führungsteam u. a. Mit dem Geschäftsplan ausgerüstet, beschaffen die Unternehmer Kapital, indem sie ihr Konzept potenziellen Investoren „schmackhaft" machen.

Der Geschäftsplan einer Firma ist wie die Dissertation eines Promovenden vor der Disputation.

Beifall spenden

Eine Hauptaufgabe der Führungskräfte ist die Motivierung der Mitarbeiter. Sie ermuntern ihre Angestellten während guter und schlechter Zeiten. Wenn Projekte nicht funktionieren, dann erkennen sie an, dass das Team sich nach Kräften bemüht hat, analysieren die Situation, und erklären, welchen Nutzen man aus den gewonnenen Erfahrungen ziehen kann. Idealerweise verfügen Führungskräfte über eine optimistische Wesensart. Sie fordern sich selbst und ihre Mitarbeiter fortwährend heraus, Überdurchschnittliches zu leisten.

Man könnte Unternehmer als Chef-Animateure bezeichnen ... oder als Seelsorger für die Angestellten!

Erwartungen hegen und die Vision schaffen

Das Führungskräfteteam formuliert die „Vision" der Firma für die Angestellten und potenzielle Investoren. Die Vision sollte spannend, verlockend und realisierbar sein, wie z. B. bestimmte Werte schaffen

Die Führungskräfte kommunizieren die Vision innerhalb der Firma.

oder ein wichtiges technisches oder medizinisches Problem lösen. Die Führungskräfte schaffen ein Gefühl für die Dringlichkeit dieser Vision und schlagen Strategien vor, wie das Ziel am schnellsten erreicht werden kann. Gleichzeitig formulieren sie die realistischen Erwartungen und bereiten die Angestellten auf wahrscheinliche Ergebnisse vor.

Meilensteine und Budgets der Firma planen, einen Produktionsplan ausarbeiten

Der Generaldirektor ist der Finanzverwalter.

Die Geschäftsleitung gewährleistet, dass das Gesamtprogramm sinnvoll ist und dass die Firma marktfähige Produkte entwickelt. Sie stellt sicher, dass Dinge rechtzeitig gemacht werden, die Arbeit von hoher Qualität ist und alle wichtigen Fragen beantwortet sind. Die Geschäftsleitung erstellt Pläne zur Personalrekrutierung und zum Umgang mit Finanz- und Rechtsfragen und setzt sie in die Praxis um. Dies ist selten die Leistung eines Einzelnen, da sich die Geschäftsleitung mit technischen und betriebswirtschaftlichen Experten umgibt, die ihr bei Entscheidungen beratend zur Seite stehen.

Teams bilden und sie führen

Wie im Fußball, so ist es auch in der Geschäftswelt wahrscheinlicher, dass das Team mit dem besten Trainer gewinnt.

Eine der wichtigsten Aufgaben der Führungsmannschaft besteht in der Bildung eines produktiven Teams, das Talent, Erfahrung und die nötigen Fähigkeiten mitbringt und zur Unternehmenskultur passt. Insbesondere in neu gegründeten Firmen ist die Einstellung qualifizierter und flexibler Angestellter entscheidend für den Erfolg. Außerdem versuchen Firmen, Personen mit sich ergänzenden Fachkenntnissen zu gewinnen. Wenn der Generaldirektor beispielsweise einen wissenschaftlichen Hintergrund hat, dann ist es wichtig, jemanden mit Geschäfts- und Finanzerfahrung einzustellen. Hat der Generaldirektor hingegen eine betriebswirtschaftliche Ausbildung, wäre eine rangniedrigere Person qualifizierter für den Job, da sich neu gegründete Firmen selten mehrere Führungskräfte leisten können.

Angestellte führen

Führungskräfte verbringen eine Menge Zeit damit, Angestellte zu führen und sicherzustellen, dass die Gruppe als produktive, reibungslose Einheit funktioniert. Mit Angestellten muss geredet werden und sie müssen betreut werden. Manchmal ist es erforderlich, sie dazu zu bringen, persönliche Verhaltensmuster zu verändern. Zum Führen von Angestellten gehört auch, sie anzuerkennen und gute Leistungen mit Boni, Beförderungen und öffentlicher Anerkennung zu belohnen.

Eine Unternehmenskultur etablieren

Die Unternehmenskultur repräsentiert den Stil der Firma, die Art und Weise, wie die Angestellten miteinander umgehen und welchen Stellenwert die Angestellten innerhalb der Firma haben. Die Unternehmenskultur jeder Firma ist einzigartig, und sie beginnt im Allgemeinen ganz oben beim Generaldirektor. Näheres zur Firmen-/Unternehmenskultur ist in Kapitel 3 zu erfahren.

Marktbewertung, Strategie

Die Führungskräfte sind letzten Endes für den finanziellen Erfolg der Firma verantwortlich. Auf Basis einer soliden Geschäftsgrundlage bewerten sie den Markt, um zu ermitteln, welche Technologien benötigt werden.

Gremien einrichten und leiten

Eine Firmenneugründung wird zum Teil von Investoren ermöglicht, die der Geschäftsleitung Geld anvertrauen. Sie fungieren normalerweise als Aufsichtsratsmitglieder, um ihre Investition zu überwachen. Für den Generaldirektor bedeutet dies, dass neue strategische Ausrichtungen und kapitalintensive Programme nur mit dem Einverständnis des Aufsichtsrats in die Wege geleitet werden dürfen. Der Generaldirektor ist verpflichtet, den Aufsichtsrat zusammenzustellen, zu leiten und dessen Rat zu berücksichtigen. Der Generaldirektor ruft normalerweise auch einen wissenschaftlichen Beirat ins Leben.

Personalabteilungsbezogene Aktivitäten

Führungskräfte bereiten eine Vielzahl von Aktivitäten der Personalabteilung vor, wie z. B. die Absicherung der Gesundheitsversorgung und gegebenenfalls 401(k)-Pläne. Große Firmen beschäftigen normalerweise Personalabteilungs-Vizepräsidenten, um diese Aufgabe zu bewältigen.

Ein typischer Arbeitstag in der Geschäftsleitung und als Unternehmer

Je nach Art und Entwicklungsstand der Firma haben Führungskräfte an einem typischen Arbeitstag folgende Aufgaben:
* Mit Kunden sprechen und den Markt analysieren.
* Netzwerke bilden, an Investorentreffen teilnehmen und die wichtigen Personen in den Bereichen Risikokapital- und Unternehmenskapital ermitteln.
* Den Geschäftsplan ausarbeiten und Kapital beschaffen; Investoren überzeugen.
* Besprechungen abhalten. Dazu gehören Personaltreffen, Planungsbesprechungen für Entwicklungsprojekte, Besprechungen zur Statusermittlung oder Einzelgespräche.

- Mit dem Direktorium und den Teammitgliedern Strategien und Firmenziele entwerfen.
- Sich um die Geschäftsentwicklung kümmern.
- Reisen und an Konferenzen teilnehmen.
- Verwaltungstätigkeiten verrichten.
- Briefing von Beratern und anderen Dienstleistern.
- Personalakquise und Einstellungen vornehmen.
- Aktivitäten organisieren und delegieren.
- Mit Angestellten reden und sie unterstützen; sie beraten oder auf bestimmte Verhaltensweisen Einfluss nehmen; sicherstellen, dass das Team kollegial und produktiv zusammenarbeitet.
- Krisen bewältigen; mit der Belegschaft arbeiten und Investoren auf dem Laufenden halten.
- Sicherstellen, dass die Firma immer noch topaktuell ist; die Firma mit anderen Firmen vergleichen.
- Betriebswirtschaftliche und wissenschaftliche Literatur sowie industrierelevante Nachrichten lesen.

Gehalt und Vergütung

Die Vergütung für Generaldirektoren und Unternehmer schwankt stark, je nach Erfahrungsgrad des Betreffenden sowie nach Größe und Art der Firma. Aktiengesellschaften bieten eher höhere Gehälter, aber Privatunternehmen ermöglichen es den Angestellten, vor dem Börsengang (vor dem ersten öffentlichen Börsenangebot) Firmenaktien zu erwerben.

Generaldirektoren

Das Ziel des Spiels ist nicht nur eine Firma erfolgreich zu machen, sondern auch einen hohen Prozentsatz an Aktien und Eigentumsrechten zu halten!

Die Generaldirektoren in großen Biotechnologie- und Pharmafirmen können jährlich sechsstellige Einkommen (bis zu mehreren Millionen Euro) erzielen – je nachdem ob die Firma ein Privatunternehmen oder eine Aktiengesellschaft ist. Die Generaldirektoren sind normalerweise die höchstbezahlten Angestellten in einer Firma. Die Vizepräsidenten des Vertriebs, Marketings und der klinischen Entwicklung können manchmal noch mehr verdienen.

In den neu gegründeten Firmen sind die Gehälter der Generaldirektoren eher bescheiden. Viele arbeiten anfangs ohne ein Gehalt; eine Vergütung kommt unter Umständen erst Jahre später und auch nur dann, wenn die Firma erfolgreich ist. In vorfinanzierten neu gegründeten Firmen arbeiten Biotechnologie-Generaldirektoren anfangs unter Umständen kostenlos, mit der Hoffnung, dass sie durch ihre Aktienoptionen entlohnt werden. In kapitalstarken aufstrebenden Firmen wird beträchtlich mehr bezahlt.

Existenzgründer

In neu gegründeten Firmen müssen Unternehmer (Entrepreneurs) Leistungsbereitschaft zeigen, indem sie beispielsweise bereit sind, ohne Gehalt zu arbeiten und stattdessen Aktienoptionen als Vergütung akzeptieren. Erfahrene „Serienunternehmer" (siehe S. 411 „Das Karrierepotenzial") können mehr Aktien und ein höheres Gehalt erwarten, wohingegen unerfahrenen Unternehmern normalerweise ein niedriges Gehalt bezahlt wird. Wenn unerfahrene Unternehmer ein hohes Gehalt verlangen, dann werden die Beteiligungskapitalgeber unter Umständen kritische Fragen stellen.

Aktienoptionen sind vielversprechende Anreize in den Anfangstagen einer Firma.

Wie wird Erfolg gemessen?

Letztendlich wird der Erfolg einer Firma daran gemessen, ob die Investoren ihr Gesellschaftskapital vermehren können, indem die Firma an die Börse geht oder übernommen wird. Bei einer großen Mehrheit der Unternehmer wird Erfolg anhand des erwirtschafteten Gewinns gemessen, an der Aktienmenge, die sie besitzen, und daran, dass sie an einer erfolgreichen Neugründung beteiligt sind.

Beteiligungskapitalgeber investieren in wenige, sorgfältig ausgewählte Firmen. Eine solche erste finanzielle Beteiligung zu erreichen, insbesondere wenn sie von einem erstklassigen Kapitalbeteiligungsunternehmen stammt, ist ein frühes Maß für Erfolg. Es bedeutet, dass jemand an Ihr Konzept und die Firma glaubt. Wenn die Firma Fortschritte macht, sind weitere Indikatoren für Erfolg, ob es gelingt, ein produktives Team zusammenzustellen, Machbarkeitsnachweise, erfolgreich abgeschlossene Projektabschnitte, steigende Finanzbudgets und steigender Umsatz. Was noch wichtiger ist, eine erfolgreiche Firma erfüllt ein echtes unbefriedigtes medizinisches Bedürfnis.

Das Für und Wider der Arbeit

Positive Aspekte der Geschäftsleitung und des Unternehmertums

- Etwas zu schaffen, das wirklich von Bedeutung ist und einen positiven Einfluss hat, ist nur in wenigen Berufen möglich. Es ist ein gutes Gefühl, ein Teil der Geschichte zu sein. Es kann ungemein befriedigen, an einem Arzneimittel oder an einem medizinischen Gerät zu arbeiten, das Menschenleben retten oder der Welt auf bedeutsame Weise helfen kann.
- Etwas aus dem Nichts zu erschaffen, ist ein tolles Gefühl. Es ist sehr befriedigend zu beobachten, wie sich neue Wirkstoffe in vielversprechende Medikamente verwandeln.
- Es gehört ein gewisses Maß an Kühnheit dazu, in einer neu gegründeten Firma zu arbeiten. Man ist auf dem neuesten wissenschaftlichen Stand und befindet sich während der Kapitalbeschaffungsphase in einer andauernden euphorischen Stimmung.

Ein neues Geschäftsvorhaben ist wirklich ein Abenteuer!

- Es macht Spaß, das Kommando zu führen! Es ist außerdem sehr lohnend, zu wissen, dass man die Person ist, die die Firma erfolgreich gemacht hat. Während harter Zeiten war man der Steuermann und hat es geschafft, die Aktionäre der Firma zufriedenzustellen.
- Man hat die Chance, mit hervorragenden Leuten zu arbeiten. Die Biotechnologieindustrie ist von Menschen bevölkert, die hoch gebildet und äußerst motiviert sind. Viele haben einen starken Unternehmergeist, und es ist erfreulich, mit ihnen zu arbeiten.

Beim Unternehmertum geht es darum, mit außergewöhnlichen Angestellten etwas Außergewöhnliches zu schaffen.

- Es herrscht häufig eine gute Kameradschaft. Dies trifft besonders auf kleine und junge Firmen zu, in denen Menschen gemeinsam für den Erfolg arbeiten. Im Gegensatz dazu verfolgen viele Angestellte in größeren Firmen eher ihre persönlichen Ziele.
- Die Chancen, durch Aktienoptionen in einer neu gegründeten Firma reich zu werden, sind nicht schlecht. Es gibt viele Wege reich zu werden, und das Unternehmertum genießt in der Gesellschaft hohes Ansehen.
- Als Unternehmer haben Sie die Gelegenheit, viele Funktionen auszuüben. Sie haben sehr viel mehr Verantwortung als dies in großen Firmen der Fall wäre. Dort werden Ihnen Aufgaben gemäß Ihrer Ausbildung und Erfahrung zugeteilt. Als Unternehmer können Sie sich in der Geschäftsentwicklung, in den Arbeitsprozessen, im Finanzwesen, in Personalfragen, bei der Kapitalbeschaffung usw. engagieren.
- Die Wege der Entscheidungsfindung sind in kleinen Firmen kürzer. Die Firmen sind gezwungen, schwierige Entscheidungen sehr viel schneller zu treffen als große Pharmafirmen.

Die möglicherweise unangenehme Seite der Geschäftsleitung und des Unternehmertums

- Unternehmertum ist riskant, und es gibt sehr viel mehr Firmen, die scheitern, als solche, die erfolgreich sind. Ein Scheitern kann entmutigend sein.
- Executive Leadership und Unternehmertum sind stressige Tätigkeiten. Der Generaldirektor ist derjenige auf dem „heißen Stuhl", und er muss die Verantwortung für das Endergebnis der Firma übernehmen. Das persönliche Schicksal vieler Menschen hängt von Ihren Entscheidungen ab, und sogar etwas so Alltägliches, wie die Finanzierung der Lohnkosten, kann regelmäßig „Bauchschmerzen" verursachen.
- Gehen Sie davon aus, dass Sie hart arbeiten müssen – inklusive Überstunden. Rechnen Sie mit einer 100-Stundenwoche, was das Privatleben erheblich beeinträchtigen kann.
- Führungskräfte verbringen eine Menge Zeit mit Personalthemen. Die Bildung von Teams und die Führung schwieriger Menschen nimmt viel Zeit in Anspruch. Wenn man Personalakten pflegt, dann kann es schwer fallen, Angestellte darüber zu informieren, dass sie

nicht gut arbeiten. Die meisten Wissenschaftler sind dafür nicht ausgebildet – sie ziehen es vor, ihre Zeit wissenschaftlichen Arbeiten zu widmen und möchten nicht von personalbezogenen Themen abgelenkt werden.

- Weil die meisten Biotechnologiefirmen Geldmangel haben, sind die Generaldirektoren ständig damit beschäftigt, Kapital zu beschaffen, weshalb wenig Zeit für die anderen wichtigen Aspekte des Firmenbetriebs übrig bleibt. Ironischerweise sind sie oft so sehr beschäftigt, dass sie keine Zeit haben, geeignete Angestellte für diese Aufgaben zu rekrutieren.
- Die vielen Aufgaben, die ein Unternehmer erfüllen muss, beschränken ihn möglicherweise darin, die eigene Expertise auf einem bestimmten Gebiet auszubauen.
- Die Position des Generaldirektors kann einsam machen. Manche Dinge kann man weder mit dem Team, noch mit dem Gremium besprechen.

Zu Beginn einer Firmenneugründung können Sie es vergessen, sich ein großes Auto zuzulegen und in schicken Hotels abzusteigen!

Die größten Herausforderungen des Jobs

Kapital beschaffen, Kapital beschaffen, Kapital beschaffen

Die meisten Generaldirektoren und Existenzgründer verbringen eine Menge Zeit damit, Geld zu beschaffen. Sogar wenn Sie zuvor die Verantwortung für die Gewinne und Verluste in einer großen Firma hatten, so ist es doch etwas ganz anderes, Beteiligungs- oder Risikokapital (Venture Capital) zu beschaffen. Die Biotechnologie ist ein kapitalintensives Geschäft, und es kann einige Zeit vergehen, bis Gewinne erwirtschaftet werden. Deshalb hat eine kontinuierliche Geldbeschaffung für das Überleben des Unternehmens hohe Priorität. Dies ist häufig schwieriger, als es klingt – Faktoren, die nicht in Ihrer Macht liegen, wie z. B. Schwankungen im Biotechnologiemarkt, können die Kapitalbeschaffung beeinträchtigen. Es ist wichtig, dass man in jeder Phase ausreichend Geld organisiert, jedoch nicht so viel, dass man mehr Gesellschaftsanteile und Eigentumsrechte weggibt als nötig.

Beschaffen Sie Geld, wenn der Markt reif ist – die zeitliche Abstimmung ist alles!

Die vielen Aspekte handhaben

Unzählige Vorhaben müssen geplant und realisiert werden, um erfolgreich eine Firma zu betreiben. Häufig sind nicht ausreichend Betriebsmittel, Zeit und Leute vorhanden, um dies zu schaffen. Zeitpläne erstellen und Teilziele festlegen, entscheiden, wie viel Kapital benötigt wird – Generaldirektoren und Unternehmer sind für all diese Vorgänge und für vieles weitere verantwortlich. Zusätzlich müssen sie eine angenehme Firmenatmosphäre schaffen, in der sich die Angestellten gewürdigt fühlen und wo sie das Gefühl haben, etwas Wichtiges

Beim Unternehmertum geht es unter anderem darum, so wenig Geld wie möglich auszugeben, aber dennoch alle Aufgaben rechtzeitig zu erledigen.

zu tun. Insgesamt betrachtet, ist es eine enorme Herausforderung, aber auch eine lohnenswerte Aufgabe.

Die richtigen Leute einstellen

Es ist sehr wichtig, dass man ein Gespür dafür entwickelt, wer ins Team passt und wer nicht!

Führungskräfte suchen ständig nach geeigneten Mitarbeitern, weil der Erfolg eines Projekts oder der Firma von gutem Personal abhängt. Es ist wichtig, Personen zu finden, die in die Unternehmenskultur passen und mit Lust arbeiten. Wenn es hart auf hart kommt, dann müssen Sie sich auf Angestellte verlassen können.

Schwierige Entscheidungen treffen

Investitionen sind mit Eheschließungen zu vergleichen – sie beginnen mit den besten Absichten.

Manchmal müssen schmerzhafte Entscheidungen getroffen werden. Sie müssen eventuell ein vielversprechendes Programm einstellen, wenn es nicht zu den Firmenzielen passt, oder Sie sind gezwungen, sich von einer ganzen Abteilung zu trennen. Dies sind extrem schwierige Entscheidungen, und solche Veränderungen vorzunehmen, erfordert Kraft und Durchsetzungsvermögen.

Den Aufsichtsrat leiten

Sogar der Generaldirektor benötigt die Zustimmung und Rückendeckung des Gremiums, das sich aus Investoren, Beratern und Aktionären zusammensetzt. Um ein Gremium zu leiten, sind Vertrauen und eine offene Kommunikation nötig, und die Ziele sollten eindeutig definiert sein. Am wichtigsten ist, dass Sie sich die Rückendeckung des Gremiums verschaffen, denn wenn Ihre Ziele nicht mit denen des Gremiums übereinstimmen, wird es früher oder später Konflikte geben. Eine völlig uneinheitliche Gruppe zu überzeugen, als Team Entscheidungen zu treffen, kann sehr arbeitsintensiv sein – man nennt dies auch „einen Sack voll Flöhe hüten" (Kapitel 17).

Die Verantwortung übergeben

Sobald ein Gründer eine aufregende Technologie etabliert und etwas Geld beschafft hat, versuchen die Beteiligungskapitalgeber häufig, einen erfahrenen Generaldirektor ins Unternehmen zu bringen, der die Firma führen soll. Für die Gründer kann es schwierig sein, die Verantwortung abzugeben. Üblicherweise findet ein solcher Wechsel statt, wenn Firmen neue Produkte einführen oder planen, an die Börse zu gehen. Es kann emotional schwer zu verkraften sein, ausgetauscht zu werden, nachdem man solch große Risiken auf sich genommen hat und so viel Zeit und Energie in die Firma gesteckt hat.

Sich in der Geschäftsleitung und im Unternehmertum auszeichnen ...

Äußerst „kreditwürdig" sein

Es existiert eine Art Aura, die Investoren bei einem Generaldirektor oder Unternehmer spüren können und ihnen verrät, dass diese Person sie reich machen wird. Solche Führungspersönlichkeiten strahlen Begeisterung und Siegeswillen aus. Sie haben klare Ziele und wissen, wie sie diese erreichen können. Sie sind in der Lage, andere davon zu überzeugen, sie bei ihren Bemühungen zu unterstützen. Ebenso wichtig ist, dass sie die bestechende Fähigkeit haben, ihre Vision an Investoren zu verkaufen.

Eine Finanzierung zu erhalten, ist das Lebenselixier neu gegründeter Firmen.

Angestellte motivieren und Entscheidungsbefugnis erteilen

Manche Führungskräfte haben einen außergewöhnlich gewinnenden Führungsstil: Angestellte gehen für sie „bis ans Ende der Welt", weil ihnen der Job im Unternehmen sehr viel bedeutet. Erfolgreichen Leitern gelingt dies zum Teil dadurch, dass sie ehrlich und offen kommunizieren, Risiken frühzeitig erkennen und wissen, was in Krisenzeiten zu tun ist. Sie lassen das Team an dem Erfolg teilhaben, zollen außergewöhnlichen Angestellten Anerkennung, hören ihnen zu und geben ihnen das Gefühl, dass sie für die Firma wichtig sind.

Die treibende Kraft hinter einem Unternehmer ist nicht nur das Geld – es geht um die Verwirklichung einer Vision.

Ehrlichkeit

Glaubwürdigkeit ist alles für den Generaldirektor und die Führungskräfte. Investoren setzen unter anderem deswegen auf ein Unternehmen, weil sie dem Generaldirektor vertrauen. Deshalb ist es wichtig, zu den Gremienmitgliedern ehrlich zu sein.

Der Leiter einer Organisation gibt den Ton an und bestimmt, welche Menschen dort arbeiten sollen. Er oder sie sollte ein Vorbild sein, dem die Mitarbeiter nacheifern können. Erfahrene Generaldirektoren verfügen über die Fähigkeit, zu erkennen, wer befördert und wer entlassen werden muss.

Sie können kein großartiger Generaldirektor sein, wenn Sie nicht ehrlich sind – Sie können erfolgreich sein, aber nicht großartig.

Sind Sie ein guter Anwärter für die Geschäftsleitung und das Unternehmertum?

Menschen, die in einer Führungsrolle und als Unternehmer zur Entfaltung kommen, haben meist die folgenden Eigenschaften:

Enormen Ehrgeiz

Persönlicher Ehrgeiz ist eine starke Motivationskraft und wahrscheinlich die primäre Eigenschaft erfolgreicher Leiter. Generaldirektoren und Unternehmer genießen die Herausforderungen ihres Jobs. Sie sind sehr wettbewerbsorientiert und oft erfolgsbesessen; manche werden von Versagensangst angetrieben.

Persönlicher Ehrgeiz ist mit starken Gefühlen wie Rache und Liebe vergleichbar, er bestimmt das menschliche Handeln in hohem Maße.

Charismatische und missionarische Führerschaft

Erfolgreiche Führungskräfte verfolgen ihre Vision häufig mit religiösem Eifer. Diese Art von Begeisterung ist ansteckend und ermuntert andere zu folgen.

Begeistert von ihrer Firma, aber dennoch realistisch

Gute Unternehmer glauben voll und ganz an ihre Firma, aber gleichzeitig sind sie bereit, sich mit kritischen Rückmeldungen ihrer Angestellten auseinanderzusetzen.

Strategische Vision

Diejenigen, die aus der Masse herausragen, können eine Vision wahr werden lassen.

Unternehmer müssen eine Kernidee haben und sich vorstellen können, wie diese zu einem Produkt wird, das sich am Markt behauptet.

Große Belastbarkeit und die Fähigkeit, rasch wieder auf die Beine zu kommen

Unternehmer ziehen aus einem persönlichen Scheitern folgende Konsequenz: „Gut, wir haben eine Menge gelernt – jetzt wollen wir das nächste Unternehmen beginnen".

Wenn ein Projekt misslingt, ist es wichtig, dass man vorbereitet ist, Alternativen zur Hand hat und rasch darüber hinwegkommt. Dinge können schieflaufen und tun dies auch häufig – korrigieren Sie den Kurs, wenn nötig. Wenn Ihre Firma scheitert, dann sollten Sie das Scheitern als eine Lernerfahrung betrachten, deren Lektionen sich auf Ihren nächsten Job anwenden lassen.

Die Fähigkeit, hart zu sein

Führungsverantwortung ist nichts für Zaghafte. Leiter müssen unvermeidliche strategische Entscheidungen auch dann treffen, wenn sie damit die Aktionäre verärgern. Sie sollten das Selbstbewusstsein haben, Projekte zu beenden, die nicht die Firmenziele erfüllen, und trotz wiederholter Ablehnung weiter bei Kapitalgebern Finanzmittel einzuwerben.

Selbstbewusstsein

Direktoren und Unternehmer müssen „sich selbst kennen" und mit sich selbst „im Reinen" sein. Sie sind durch tägliche Krisen und schwierige Entscheidungen auf praktisch jeder Ebene herausgefordert, und manchmal müssen sie sich ausschließlich auf ihren Instinkt verlassen. Idealerweise verfügen diese Personen über die Zuversicht, jedes Problem lösen zu können. Zudem sollten sie über genug Selbstvertrauen verfügen, zu erkennen, wenn jemand schlauer als sie selbst ist und dessen Rat annehmen.

Führungsfähigkeiten

Erfolgreiche Chefs genießen den Respekt der Menschen, mit denen sie arbeiten. Sie schaffen eine Atmosphäre des gegenseitigen Vertrauens, und ihre Angestellten wissen, dass sie die Unterstützung des Chefs haben, wenn sie diese benötigen.

Menschen motivieren können

Chefs sollten ein Gespür dafür entwickeln, was andere Menschen fühlen, und wissen, was zu tun ist, um die Motivation der Angestellten aufrechtzuerhalten. Mitarbeitermotivierung ist keine triviale Angelegenheit; manche Menschen reagieren auf Druck mit besseren Leistungen, wohingegen man bei anderen durch Lob mehr erreicht.

Die Fähigkeit, eine positive Unternehmenskultur zu etablieren, in der sich Angestellte hervortun können

Für den Gesamterfolg der Firma ist es sehr wichtig, dass für die Angestellten eine produktive Umgebung geschaffen wird. Erfolgreiche Führungskräfte geben ihren Angestellten den nötigen Freiraum, bei ihrer Arbeit kreativ zu sein. Sie ermöglichen es Ihnen, sich weiterzuentwickeln und etwas zu bewirken.

> Um sich hervorzutun, ist eine Kombination aus innovativer Wissenschaft, erreichbaren Geschäftszielen und guter sozialer Kompetenz nötig.

Den Charakter schnell und genau beurteilen können und die Fähigkeit, Teams zu bilden

Es ist wichtig, seine eigenen Defizite zu erkennen, um sich mit Mitarbeitern zu umgeben, die sich optimal ergänzen.

Mit Risiken und Unsicherheit umgehen können

Menschen, die bereit sind, Risiken einzugehen, werden vom Unternehmertum angezogen. Unternehmer müssen auf die Möglichkeit vorbereitet sein, dass sie ihre persönlichen und finanziellen Investitionen nicht wieder hereinholen.

> Das Gefühl der Sicherheit in einer großen Firma kann sehr stark sein. Menschen sind abgeneigt, einen guten Job aufzugeben, und nur wenige ziehen das mit einer Neugründung verbundene Risiko vor.

Mut

Unternehmertum erfordert ein bestimmtes Maß an Furchtlosigkeit. Man darf keine Angst haben, insbesondere wenn man in Bereichen arbeitet, die für einen neu sind. Es ist wichtig, dass man sich nicht mit dem bestehenden Zustand zufriedengibt und auf Widerstand vorbereitet ist, wenn man bestehende Dogmen infrage stellt. Setzen Sie sich für kreative Lösungen ein.

> Es benötigt ein wenig anarchistische Veranlagung, um das etablierte Denken zu verlassen und wirklich innovativ zu sein.

Die Bereitschaft, hart zu arbeiten

Unternehmer machen viele Überstunden und sind von ihrer Arbeit besessen. Eine übliche irrige Meinung ist, dass erfolgreiche Unternehmer einfach nur Glück haben. Wie Thomas Jefferson sagte: »Ich glaube sehr an das Glück, und ich finde, je härter ich arbeite, je mehr habe ich davon.«

Kontaktfreudig sein und Mittel sammeln

Führungskräfte müssen energisch Netzwerke knüpfen, um Investoren für die Firma zu gewinnen und andere Quellen zu erschließen, damit die Finanzen der Firma maximiert werden.

Die Fähigkeit, sich darauf zu konzentrieren, die Sache durchzustehen

Manchmal ergeben sich innerhalb eines Projekts mehrere vielversprechende Optionen, aber nicht alle können zur gleichen Zeit verfolgt werden. Es ist wichtig zu erkennen, dass man nicht allen nachgehen kann. Erfolgreiche Führungskräfte können Prioritäten setzen. Dies kann bedeuten, dass man vorübergehend die Wissenschaft vernachlässigt, um sich verstärkt auf die Produktentwicklung zu konzentrieren.

Ausgezeichnete Fähigkeiten, Entscheidungen zu treffen

Bei der Entscheidungsfindung ist es oft notwendig, die Meinungen von vielen Menschen zu hören, diese zu bündeln, um letztlich zu einem konkreten Ergebnis zu kommen. Unternehmern macht es Spaß, schwierige Probleme zu lösen. Viele glauben, sie können mit jedem Problem fertig werden.

Breite Erfahrungen innerhalb der Industrie

Unternehmer müssen sowohl den Wald als auch die Bäume sehen und Treibsandflächen erkennen!

Biotechnologiefirmen erfolgreich zu führen, erfordert, dass man mit vielen Fachgebieten ausgiebig vertraut ist. Idealerweise sollte man eine solide wissenschaftliche Grundlage haben und etwas vom Geschäft verstehen. Es ist häufig besser, ein Generalist zu sein und die Experten einzustellen, die für bestimmte Aufgaben benötigt werden.

Enorme kommunikative Fähigkeiten

Die Eigenschaften, die man braucht, um ein erfolgreicher Wissenschaftler zu sein, und die Qualitäten, die nötig sind, um ein Geschäft aufzubauen, decken sich nicht immer – Personen, die beides beherrschen, sind rar.

Das Führungsteam investiert viel Zeit, um seine Produkte oder Ideen potenziellen Investoren, Kunden und Angestellten vorzustellen. Man muss die Ziele des Unternehmens klar formulieren können und die Technologien für unterschiedliche Zielgruppen nachvollziehbar machen.

Sie sollten eventuell Leitungsfunktionen und das Unternehmertum meiden, falls Sie ...

- nicht delegieren können oder alles selbst machen möchten.
- Risiken nicht tolerieren und sich auf unbekanntem Terrain nicht wohlfühlen.
- erwarten, dass Sie bei Ihren Geschäftsaktivitäten immer ausreichende Ressourcen zur Verfügung haben.
- erwarten, während der Arbeit ausgebildet zu werden.
- einen Job von 8 bis 17 Uhr suchen, mit freien Wochenenden oder einer vorhersagbaren Arbeitsumgebung.
- erwarten, sich selbst die Zeit einteilen zu können.
- in einer neu gegründeten Firma Urlaub, zusätzliche Versorgungsleistungen und eine Versicherung erwarten.
- vollständig auf die Technologie konzentriert sind und den Markt oder dringende Geschäftsfragen ignorieren.
- eigensinnig und nicht bereit sind, anderen zuzuhören.
- erwarten, alle Verantwortung delegieren zu können, sodass jemand anderes all die harte Arbeit machen muss.
- nicht bereit sind, Ihre Verantwortung mit denen zu teilen, die mehr Geschäftserfahrung haben.
- mit dem Scheitern nicht umgehen können.
- nur darauf aus sind, schnelles Geld zu machen.

Das Karrierepotenzial

Ein üblicher Karriereweg für Unternehmer ist, ein Seriengründer zu werden, der eine Firma zwei bis drei Jahre betreibt, dann seinen Platz räumt und eine neue Firma gründet. Erfolgreiche Generaldirektoren und Unternehmer können sich weiterentwickeln und immer größere Firmen leiten. Bezahlt wird man in Aktienoptionen, und wenn man gut ist, kann man reich werden. Diejenigen, die wirklich erfolgreich sind, werden schließlich Investoren (Business Angel/Angel Investors), Beteiligungskapitalgeber, Residenz-Existenzgründer (EIRs, Entrepreneurs in Residence [Anm. d. Übers.: Sein Büro wird von jemandem bezahlt.]) und Vorstandsmitglieder von Firmen (Abb. 22.1). Manche Menschen schreiben Bücher oder geben ihr Wissen in Form von Beratungstätigkeiten weiter, wohingegen andere karitativ tätig werden oder sich völlig anderen Projekten widmen, wie z. B. ein Weingut betreiben.

Jobsicherheit und Zukunftstrends

Generaldirektor zu sein, ist wahrscheinlich einer der unsichersten Jobs; der Generaldirektor ist derjenige, der die Schuld auf sich nimmt, wenn es Probleme gibt oder wenn es zwischen Investoren zu Meinungsverschiedenheiten über die Richtung der Firma kommt. Für junge Firmen Geld zu beschaffen, ist überaus schwierig, und den meisten Biotechnologiefirmen geht schließlich das Geld aus, und sie werden verkauft.

Wenn das Team verliert, dann entlässt man gewöhnlich nicht die Teammitglieder – man entlässt den Trainer!

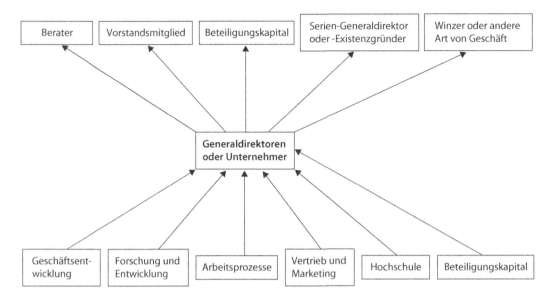

Abb. 22.1 *Übliche Karrierewege für Generaldirektoren und Unternehmer.*

In einer neu gegründeten Firma zu arbeiten, ist nicht bloß ein Job – Existenzgründer haben ihren Selbstwert, Stolz und manchmal ihre Eigenheime in die Firma investiert.

Ungeachtet des Firmenerfolgs, bleiben Gründungsgeneraldirektoren selten längere Zeit im Amt. Erfolg bringt oft Veränderungen, und ironischerweise wird ein Generaldirektor, der Beteiligungskapital (Venture Capital) beschafft hat, dafür unter Umständen mit dem Verlust seines Jobs belohnt. Sobald die Firma finanziert ist, kann es sein, dass der Vorstand den Gründungsgeneraldirektor rasch gegen einen anderen Generaldirektor austauscht, der dann wiederum durch einen Manager mit betrieblicher Erfahrung oder Erfahrung mit dem Gang an die Börse ersetzt wird. Es kommt selten vor, dass eine Person ausreichend Erfahrung hat, um den gesamten Prozess von der Idee bis zum Börsengang durchzustehen. Aufgrund der hohen Fluktuation in diesen Positionen werden ständig erfolgreiche Generaldirektoren gesucht. Gründer, die auch später in ihrer neu gegründeten Firma aktiv bleiben möchten, tun dies normalerweise als Wissenschaftlicher Leiter oder als Mitglied des wissenschaftlichen Beirats.

Einen Job in der Geschäftsleitung oder als Unternehmer bekommen

Erwünschte Ausbildung und Erfahrungen

Generaldirektoren

Sie sind entweder bereits ein Leiter oder Sie sind es nicht. Diese schwer greifbaren Eigenschaften erwirbt man nicht durch eine Ausbildung.

Die meisten Generaldirektoren (CEO) haben zuvor Erfahrungen in Führungsrollen gesammelt und innerhalb von Firmen als leitender Geschäftsführer (COO) oder Vizepräsident gearbeitet (Abb. 22.1).

Andere übliche Jobs sind Wissenschaftlicher Leiter (CSO) und Finanzvorstand/Kaufmännischer Geschäftsführer (CFO). Wenn Sie eine Generaldirektorenposition anstreben, versuchen Sie möglichst viel Erfahrung als Vizepräsident oder Chef eines Führungsteams zu bekommen.

Die Meinungen, über welche Qualifikationen ein Generaldirektor in der Biotechnologie verfügen sollte, gehen auseinander. Manchmal wird einem Promovierten mit Betriebserfahrung der Vorzug gegenüber einem Kandidaten mit einem MBA-Abschluss (*Master of Business Administration*, postgraduales generalistisches Managementstudium) gegeben, weil ein Naturwissenschaftler unter Umständen die Technologie einer Firma und deren Bedeutung besser verstehen und vermitteln kann. Die üblichste Wahl ist jedoch ein MBA mit einem medizinischen, wissenschaftlichen oder mathematischen Hintergrund, weil die wichtigsten Aufgaben eines Generaldirektors die Geldbeschaffung und die Finanzen sind. Ein Jura-Abschluss hilft beim Aushandeln von Verträgen und ist ein weiterer Vorteil.

Existenzgründer

Existenzgründer können praktisch aus jeder Laufbahnebene und aus jedem Funktionsbereich kommen. Alles, was nötig ist, ist die Bereitschaft, Risiken einzugehen und die Fähigkeit, Menschen zusammenzubringen, die helfen, die Vision zu verwirklichen. Im Idealfall hat ein Existenzgründer bereits auf hoher Ebene in multidisziplinären Funktionen für große und kleine Firmen gearbeitet.

Viele Existenzgründer haben anfangs in wichtigen Pharma- oder Biotechnologiefirmen Programme auf den Weg gebracht und betreut. Nachdem die Firma umstrukturiert wurde oder sich ihr Schwerpunkt änderte, haben sie ihre Technologie genommen und eine eigene Firma gegründet, um Produkte nach eigenen Vorstellungen zu kreieren. Ein anderer Ausgangspunkt für Existenzgründer ist die Hochschule – diese Gründer bleiben entweder in ihren Universitätspositionen oder verlassen sie und gründen Firmen. Professoren, die eine Firma „nebenbei" gründen, scheitern beinahe immer, weil die Aufgaben eines Unternehmers gewöhnlich 100 % der Zeit in Anspruch nehmen.

Um Existenzgründer zu werden, reicht es nicht, einfach nur eine Checkliste abzuhaken und loszulegen.

Wann ist der richtige Zeitpunkt für eine Existenzgründung?

Wenn man eine spannende Geschäftsidee entwickelt hat, die verspricht, die Chance des Lebens zu werden ... wenn man von dem Erfolg der Idee überzeugt ist ... wenn die Aufnahme einer Hypothek auf das eigene Haus ein vernünftiger Weg zu sein scheint, die Firmengründung zu finanzieren ... dann ist man bereit, ein Unternehmer zu werden!

Wege in die Geschäftsleitung und ins Unternehmertum

Lesen Sie in Kapitel 3 „Worauf bei einer neu gegründeten Firma zu achten ist".

Geschäftsleitung (Executive Leadership)

- Finden Sie einen Mentor, der Sie dabei unterstützt, ein Generaldirektor zu werden. Falls es möglich ist, suchen Sie einen erfolgreichen Generaldirektor, an dem Sie sich orientieren können. Wenn Sie auf Probleme stoßen, können Sie sich fragen: „Wie wäre mein Mentor mit dieser Situation umgegangen?"
- Ein Sprichwort besagt: „Überstrahle niemals den Meister". Ihr Erfolg in der Führungsetage hängt nicht nur von Ihren Fähigkeiten ab, sondern auch davon, wie stark Ihr Chef Ihnen vertraut und ob er Ihnen den nötigen Handlungsspielraum lässt. Stellen Sie Ihren Chef nicht bloß, und erniedrigen Sie ihn nicht.
- Projektmanagementerfahrung ist eine gute Vorbereitung auf eine Führungsposition. Projektmanager leiten Teams und beaufsichtigen die ganze Skala an Aktivitäten, von der Entstehung einer Idee bis zur Produktentwicklung. Sie sind nicht nur für das Projekt verantwortlich, sondern auch für das Endresultat (Kapitel 9).
- Arbeiten Sie wenn möglich für Firmen, die ihre Leiter beim Sammeln von Betriebs- und Führungserfahrung unterstützen. Zeigen Sie ein aktives Interesse an der finanziellen Seite des Geschäfts.
- Nehmen Sie Karriererisiken auf sich. Arbeiten Sie außerhalb Ihres Betätigungsbereichs, damit Sie Ihr Wissen erweitern können. Streben Sie Positionen an, in denen Sie funktionsübergreifendes Management organisieren können; dies wird Ihnen helfen, mit anderen Themen vertraut zu werden.
- Favorisieren Sie Firmen mit namhaften Investoren. Den Erfolg einer Firma kann man daran ablesen, wie gut der Ruf des Beteiligungskapitalgebers ist, der hinter ihr steht.
- Sobald Sie Generaldirektor geworden sind, schließen Sie sich einem Forum für Generaldirektoren an. Diese Foren sind wie die „Anonymen Generaldirektoren". Sie bieten einen geschützten Raum, um mit erfahrenen Kollegen aus anderen Industriezweigen zu diskutieren und Probleme zu lösen – die Unterhaltungen können vertraulich bleiben.

Unternehmertum und Executive Leadership

Erstklassige Investoren sind das Aushängeschild erfolgreicher Unternehmen.

- Sofern Sie kein Privatvermögen haben, mit dem Sie die Betriebskosten der Firma bestreiten können, versuchen Sie, eine Projektfinanzierung vonseiten hochrangiger Kapitalgeber zu erreichen. Die meisten Venture-Firmen investieren jährlich in nur zwei bis vier Firmenneugründungen aus vielen Hundert, die eine Finanzierung suchen. Dies bedeutet, Finanzierungen sind hart umkämpft. Der beste Weg, erstklassige Beteiligungskapitalgeberfirmen zu finden, ist, ihnen durch seine Rechtsanwälte, Wirtschaftsprüfer, Geschäftsfreunde oder Berater vorgestellt zu werden.

- Wenn Sie ein Erfinder sind und eine Idee haben, von der Sie glauben, dass sie erfolgversprechend ist, dann sollten Sie sie zuerst vom Geschäftsstandpunkt aus betrachten. Es ist wichtig, die Marktchancen realistisch zu beurteilen: Wer wird Ihr Produkt verwenden? Wird die Firma Gewinn erwirtschaften?
- Wenn Sie sich nicht in Finanzangelegenheiten auskennen, erwägen Sie an einem MBA-Kurs in Rechnungswesen und Finanzwesen teilzunehmen, um Ihre Kenntnisse zu verbessern.
- Delegieren Sie bestimmte Aufgaben an externe Dienstleister, die dafür qualifiziert sind. Sie gewinnen auf diese Weise Zeit für die wirklich wichtigen Themen.
- Suchen Sie den Kontakt zu Fachleuten in Ihrem Betätigungsfeld, oder werden Sie selbst Experte. Die Unterstützung von wichtigen Meinungsführern wird Ihnen helfen, das Interesse von Beteiligungskapitalgebern zu wecken.
- Werden Sie Vorstandsmitglied in einer Firma oder einer Organisation. Dadurch kommen Sie mit anderen Führungskräften und Beteiligungskapitalgebern in Kontakt und Sie erhalten Informationen aus erster Hand.
- Entwickeln Sie Beziehungen zu Beteiligungskapitalgebern. Sie haben starken Einfluss und können Ihnen helfen, eine geeignete Führungsposition in einer ihrer Portfolio-Firmen zu finden. Als Geschäftsfreund können Sie Rat suchen, beispielsweise wenn es um die Finanzierbarkeit einer aufkeimenden Geschäftsidee geht. Wenn Sie an der Hochschule sind, schicken Sie Ihren Lebenslauf an örtliche Beteiligungskapitalgeber, die in Firmen investieren, die in Ihrem Fachbereich aktiv sind.
- Werden Sie Residenz-Existenzgründer (EIR). EIRs gehen in die Führungsebene einer Portfolio-Firma eines Beteiligungskapitalgebers. Dies ist für Beteiligungskapitalgeber ein fantastischer Weg, um sicherzustellen, dass sich ihr Geld in guten Händen befindet, und Unternehmer haben den Vorteil, in einer risikogesicherten Firmenneugründung zu arbeiten. EIR-Programme werden von vielen Risikokapitalfirmen angeboten.
- Gehen Sie zu örtlichen Business-Angel-Organisationen, die auf für Sie interessanten Gebieten investieren. Angel-Gruppen sind locker organisierte, lokale Netzwerke wohlhabender Personen, die ihr eigenes Geld in unternehmerische Firmenneugründungen investieren. Wenn Sie sich einer Gruppe anschließen, bekommen Sie die Gele-

genheit, etwas über topaktuelle Technologien und die Leitung aufstrebender Firmen zu erfahren.

- Bewerben Sie sich um ein Kauffman-Stipendium (*Kauffman fellowship*). Dies ist ein wunderbarer Weg, um in die Unternehmenswelt einzusteigen. Kauffman Fellows sind Personen, die ausgewählt wurden, um in spezielle Risikokapitalfirmen einzutreten oder als Unternehmer tätig zu werden. Um mehr darüber zu erfahren, besuchen Sie www.kauffman.org.

Empfohlene Schulung, Berufsverbände und Quellen

Kurse und zertifizierte Programme

Kurse für Finanz- und Rechnungswesen

Gesellschaften und Quellen

Örtliche Foren für CEOs und Unternehmer

Bücher und Zeitschriften

de Bono E (1985) Six thinking hats. MICA Management Resources, Toronto

Jaffe DT, Levensohn PN (2003) After the term sheet: How venture boards influence the success or failure of technology companies: November 2003. A white paper. www.dennis-jaffe.com/publications_articles.htm

Lencioni P (2002) The five dysfunctions of a team: A leadership fable. Jossey-Bass, San Franciso

Werth B (1994) The billion dollar molecule. One company's quest for the perfect drug. Touchstone, New York

23 | Rechtswesen

Rechtlich beraten und geistiges Eigentum schützen

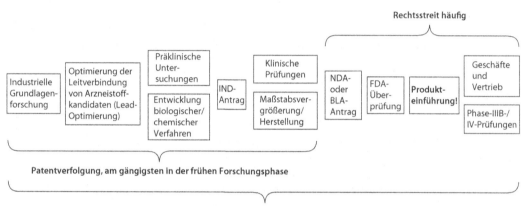

Rechtsstreit häufig

| Industrielle Grundlagen-forschung | Optimierung der Leitverbindung von Arzneistoff-kandidaten (Lead-Optimierung) | Präklinische Unter-suchungen / Entwicklung biologischer/ chemischer Verfahren | IND-Antrag | Klinische Prüfungen / Maßstabsver-größerung/ Herstellung | NDA-oder BLA-Antrag | FDA-Über-prüfung | Produkt-einführung! | Geschäfte und Vertrieb / Phase-IIIB-/ IV-Prüfungen |

Patentverfolgung, am gängigsten in der frühen Forschungsphase

Firmen- und Transaktionsrecht

Wenn Sie meisterhaft die deutsche (und englische) Sprache beherrschen, wenn Sie der Typ Mensch sind, der lieber über die Forschungsergebnisse schreibt, als tatsächlich die Arbeiten durchzuführen, oder wenn Ihnen intellektuelle Diskussionen Spaß machen und Sie sich gerne bei Debatten hervortun, dann ist eine Laufbahn im Rechtswesen vielleicht das Richtige für Sie. Seien Sie jedoch vorgewarnt, dies ist nichts für Menschen mit schwachen Nerven oder Halbherzige. Rechnen Sie mit harter Arbeit und hohem Stressniveau, allerdings begleitet von großen finanziellen Belohnungen, falls Sie erfolgreich sind.

Das Rechtswesen ist nicht nur ein Job – es ist ein Beruf!

Die Bedeutung des Rechtswesens in der Biotechnologie ...

Juristen spielen eine wichtige Rolle in der Biotechnologie. Sie gründen Gesellschaften, bieten Rechts- und Geschäftsberatung und führen Transaktionen durch. Sie verwalten auch das geistige Eigentum (IP, *intellectual property*) und managen die Patente, den Musterschutz und eingetragene Warenzeichen.

Die Bedeutung von Patenten

Patente sind die Währung der Forschung.

Gewinn zu machen, ist eines der wichtigsten und schwierigsten Ziele in der Industrie der Biowissenschaften. Ein Weg, um die Rentabilität zu erhöhen, sind Exklusivrechte für eine beschränkte Zeit. Damit kann man verhindern, dass andere das Produkt herstellen und verwenden; dieses Recht ergibt sich aus dem Patentschutz. Ohne einen solchen Schutz würden neue Produkte einfach kopiert werden. Wenn eine Firma Plagiate nicht verhindern könnte, dann gäbe es wenig Anreiz für sie, in die Entwicklung neuer Produkte zu investieren. Das Patentrecht ist behilflich, solche Investitionen zu schützen, und es schafft den Rahmen, in dem die Industrie der Biowissenschaften gedeiht.

Firmen setzen Geld ein, um die Forschung zu finanzieren, was sich schließlich in geistigem Eigentum niederschlägt. Patente sind die „Gefäße", in denen Firmen die Vermögenswerte des geistigen Eigentums sammeln, die durch die Forschung geschaffen werden. Solange eine Firma kein Patent hat, um ihr geistiges Eigentum zu schützen, hat sie keinen formalrechtlichen Schutz, um zu verhindern, dass eine andere Firma die Ergebnisse kopiert oder unabhängig davon entdeckt.

Der Erfolg eines Börsengangs einer Firma hängt maßgeblich vom geistigen Eigentum ab, über das sie verfügt.

Patente sind auch die Währung der Industrie, um Vermögenswerte des geistigen Eigentums gegen Finanzmittel einzutauschen oder gegen andere Vermögenswerte des geistigen Eigentums. Wenn Vermögenswerte des geistigen Eigentums wertvoll werden (d. h. wenn sie zu erfolgreichen neuen Arzneimitteln führen), dann können die Patente, die solch geistiges Eigentum schützen, wirksam eingesetzt werden (beispielsweise durch Lizenzabkommen), um der Firma Geld einzuspielen.

Patente werden auch eingesetzt, um den Wert einer Firma zu dokumentieren, wenn Investitionen von außerhalb angelockt werden. Beispielsweise bewerten Risiko- oder Beteiligungskapitalgeber (*venture capitalists*) den Patentbestand einer Firma, bevor sie in eine Firma investieren. Wenn Firmen an die Börse gehen, dann basiert ein großer Teil ihrer öffentlichen Erstemission (IPO, *initial public offering*) auf Patenten.

Tab. 23.1 *Vier wichtige Beschäftigungsbereiche für Biotechnologie-Juristen.*

Anwaltskanzlei	Innerbetrieblich	Staatliche und Hoch- schulforschungsinstitute	Patent- und Markenamt der Vereinigten Staaten (USPTO) oder Europäisches Patentamt, München
Partner	Chef-Syndikus	Patentvorbereitung und -verfolgung	Patentprüfer
angestellter Rechts- anwalt mit eigenen Mandanten (*of counsel*)	Anwalt für geisti- ges Eigentum	Technologietransfer	
angestellte Anwälte (*associates*)	Behörden- angelegenheiten		
Patentanwälte (*patent agents*)	Patentanwälte (*patent agents*)		
	Gerichtsverfahren (in großen Firmen)		

Laufbahnen im Rechtswesen

Es gibt vier allgemeine Bereiche, in denen Biotechnologie-Juristen arbeiten können: in Kanzleien, in Biotechnologie- und Pharmafirmen, an staatlichen und Hochschulforschungszentren und im US Patent and Trademark Office (USPTO, Patent- und Markenamt der Vereinigten Staaten) (Tab. 23.1). Das europäische Patentamt in München bietet entsprechende Positionen an. Wissenschaftler ohne juristische Abschlüsse können sehr attraktive Jobs als Patentanwälte (*patent agents*), Gutachter und Berater bekommen. Ein juristischer Abschluss erweitert jedoch die Karrieremöglichkeiten enorm. Er ermöglicht es, auf vielen Rechtsgebieten zu praktizieren und eine größere Funktionsvielfalt auszuüben. Der Wettbewerb um juristische Toppositionen ist hart, aber naturwissenschaftlich-technisches Fachwissen ist ungemein hilfreich bei der Verfolgung von Patenten, Gerichtsverfahren oder im Transaktionsrecht. Dadurch heben sich Mitarbeiter von der Masse ab.

Das IP-Recht

Im IP-Recht gibt es drei wichtige Bereiche, in denen Biotechnologie-juristen aktiv werden können.

- **Patentjuristen** (*patent attorneys*) verfassen Patentgesuche und das US Patent and Trademark Office (USPTO, Patent- und Markenamt der Vereinigten Staaten) [Anm. d. Übers.: In Deutschland vom Deutschen Patent- und Markenamt bzw. Europäischen Patentamt, beide mit Sitz in München] erteilt die Patente.
- **Patentkläger** fungieren für Mandanten als Rechtsanwälte in Patentstreitigkeiten, sie bereiten Gerichtsverfahren vor und betreiben sie.

- **Transaktionsjuristen** entwerfen und verhandeln Lizenzvereinbarungen und Geschäftstransaktionen, an denen geistiges Eigentum beteiligt ist.

Zusätzlich begleiten Biotechnologie-Juristen andere Spezialfunktionen

- **Firmenjuristen** bieten Rechtsbeistand bei Geschäfts- und Unternehmensstreitfällen. Sie helfen bei der Finanzierung von Firmen, wie z.B. bei privaten oder Unternehmens-Beteiligungskapitalfinanzierungen oder beim Börsengang. Sie helfen auch, Firmen zu gründen und bieten rechtliche Unterstützung in weiteren Geschäftsbelangen.
- **Chef-Syndikus** ist die ranghöchste Anwaltsposition in einer Firma und normalerweise berichten ihm alle anderen Juristen in der Firma. Der Chef-Syndikus berät eine Firma im Bereich Unternehmenswertpapiere, bei Fusionen und Übernahmen, im Transaktions- und Beschäftigungsrecht, beim Schutz geistigen Eigentums u. a.
- **Staatliche, Forschungsorganisations- und Universitätsjuristen** stehen im Dienst von staatlichen Forschungslabors, Universitäten und anderen Forschungszentren. Sie kümmern sich unter anderem um den Patentschutz für neue Erfindungen oder helfen dem Technologietransferamt bei der Auslizenzierung neuer Erfindungen.
- **Patent- und Markenamt-Prüfer** arbeiten beim Patent- und Markenamt (USPTO) und prüfen Patentanträge im Namen des Staates. Patentprüfer werden später oft Patentanwälte.
- **Juristen für Behördenangelegenheiten** bieten Firmen behördliche Rechtsberatung (Kapitel 12).

Juristische Aufgaben und Kompetenzen

Die Aufgaben und Kompetenzen von Juristen in der Biotechnologie variieren je nach Fachgebiet. Nachfolgend finden Sie eine allgemeine Liste möglicher Tätigkeiten:

Patente formulieren und Anträge weiterführen

In Kanzleien gibt es Scouts, Wächter und Arbeiter. Scouts entdecken ein Geschäft, Wächter kümmern sich um die Kanzlei und Arbeiter machen die Arbeit.

Wenn Forschungsergebnisse und Erfindungen vorliegen, beraten Patentjuristen (*patent attorneys*) und -anwälte (*patent agents*) Firmen oder Erfinder über die Chancen einer Patenterteilung. Außerdem führen Sie Patentrecherchen innerhalb von Datenbanken durch, um zu ermitteln, ob die von einer Firma ins Auge gefassten Forschungs- oder Entwicklungsaktivitäten irgendein Patentrecht verletzen könnten.

Patentjuristen und -anwälte arbeiten eng mit Erfindern zusammen, um deren Erfindungen abzustecken und Patentanträge zu entwerfen. Sie bieten Rat zu alternativen Schutzstrategien, wie z. B. Wahrung der

Betriebsgeheimnisse, und helfen, Aufzeichnungen zu verwalten, die später bei der Patentanklage und Rechtsstreitigkeiten helfen könnten.

Sobald die Patentanträge abgefasst sind, werden sie beim Patent- und Markenamt (in Deutschland: beim Deutschen Patent- und Markenamt oder Europäischen Patentamt in München) eingereicht, wo sie häufig abgelehnt werden! Im Fall einer Ablehnung überarbeiten die Patentjuristen und -anwälte den Antrag und verhandeln die Patentansprüche mit den Prüfern. Dieser Vorgang muss unter Umständen mehrere Male wiederholt werden, bis einem Patentantrag entweder endgültig stattgegeben wird oder er fallen gelassen wird. Durchschnittlich dauert es derzeit über zweieinhalb Jahre von der Einreichung einer Anmeldung für ein Gebrauchsmuster bis zur Erteilung des Schutzes.

Bevor ein Patent erteilt wird, kann es vorkommen, dass ein Kläger unter Umständen zusätzliche Anträge mit verwandten Patentansprüchen beim Patent- und Markenamt einreicht. Aus strategischen und technischen Gründen ist es wichtig, sich das Recht vorzubehalten, den Anspruch auf verschiedene Aspekte der Erfindung noch für lange Zeit geltend machen zu können.

Beschwerde einreichen und Interventionen beim Patent- und Markenamt (USPTO)

Wenn der Patentantrag ins Stocken gerät, ist es manchmal nötig, gegen die Entscheidung des Prüfers beim Patent Office Board of Patent Appeals and Interferences (Beschwerde- und Interventionsinstanz des Patentamts) Rechtsmittel einzulegen. Dazu gehört die Einreichung eines Beschwerdeschriftsatzes und unter Umständen die Erörterung des Falls vor einer Verwaltungsrechtsjury. Die gleiche Behörde beaufsichtigt ein undurchsichtiges Rechtsgebiet, das für das Patent- und Markenamt einmalig ist: die Intervention. Interventionen sind wie kleine Gerichtsverhandlungen, die stattfinden, wenn zwei Patentanträge die gleiche Erfindung beanspruchen. Da z. B. die Vereinigten Staaten von Amerika nach dem Prinzip des „Ersterfinders" vorgehen, sind Interventionen nötig, um zu ermitteln, welcher der Patenteinreicher der Ersterfinder war (Prioritätsstreitverfahren). Die Interventionen laufen nach definierten Regeln ab, welche die Interventionspraxis zu einer Besonderheit machen.

Kaufprüfungen vornehmen

Bei einem möglichen Firmenzusammenschluss oder wenn ein potenzieller Investor in eine Firma zu investieren beabsichtigt, werden mehrere Juristen herangezogen, um das geistige Eigentum der Firma sorgfältig zu prüfen. Patentjuristen (*patent attorneys*) und -anwälte (*patent agents*) werden gebeten, die Patente der Firma zu prüfen. Patentjuristen und Transaktionsjuristen untersuchen auch die Vereinbarungen, die sich auf das geistige Eigentum der Firma beziehen, sowie auf das geistige Eigentum, das die Firma durch Lizenzen und Käufe erworben hat; dadurch sollen eventuelle rechtliche Probleme, die sich aus diesen Vereinbarungen ergeben könnten, frühzeitig erkannt werden.

Gutachten zum Patentbestand anbieten

Die Aufgabe von Patentjuristen und -anwälten ist nicht nur, Patentanträge vorzubereiten, einzureichen und zu begleiten. Allgemeiner betrachtet, entwickeln Patentjuristen und -anwälte Strategien, um Produkte zu schützen. Zusammengenommen bilden die eingereichten Patentanträge und die erteilten Patente, einen Patentbestand, der für die Firma die Produkt-Verteidigungslinie ist. Es sei daran erinnert, dass der Verlust des Patentschutzes für ein „Kassenschlager"-Medikament in den USA (mit über einer Milliarde US-Dollar Umsatz pro Jahr) den Wert einer Firma um über eine Milliarde US-Dollar mindern kann.

Rechts- und Geschäftsvereinbarungen strukturieren und vorbereiten

Transaktionsjuristen und Patentanwälte beraten rechtlich bei der Vorbereitung von Geschäftstransaktionen wie z. B. Geheimhaltungsabkommen, Kooperationsverträge, Einlizenzierungen oder Materialübergaben. Sie übertragen Beschreibungen der Basistechnologie und grundlegende Voraussetzungen in die Vertragssprache.

Gerichtsverfahren

Prozessanwälte werden aktiv bei Patentrechtsverletzungen aller Art. Prozessanwälte prüfen Laboraufzeichnungen und Firmendokumente und bewerten die zugrunde liegenden wissenschaftlichen Inhalte, um daraus für ihre Mandanten überzeugende Argumente abzuleiten. Sie bereiten die relevanten wissenschaftlichen Daten vor, briefen Experten und entwickeln Strategien für die Gerichtsverhandlungen. Sie nehmen zudem eidesstattliche Aussagen auf und schreiben Kurzanträge, Klageschriften und Berufungsschriftsätze. Viele Patentanwälte vertreten ihre Fälle auch vor Richtern, Schiedsrichtern oder Verwaltungsbehörden, obgleich ihre Aufgabe häufig lediglich darin besteht, einen Hauptprozessanwalt zu unterstützen und zu beraten, der den tatsächlichen Beweis führt.

Rechtsbeistand bieten

Firmenjuristen helfen bei Firmengründungen, bei der Kapitalbeschaffung, sie arrangieren Handelsgeschäfte und verhandeln Fusionen und Übernahmen. Sie helfen geschäftliche Vorgänge der Abteilung Geschäftsentwicklung, Börsengänge und nachfolgende Aktienangebote zu strukturieren. Sie sind auch an anderen Unternehmensaufgaben beteiligt, wie z. B. Mitarbeiterverträge aushandeln.

Marketing

Kanzlei-Partner sind dafür verantwortlich, den Kanzleien neue Aufträge zu bringen. Zum Marketing gehört, an Tagungen teilzunehmen und dort zu sprechen, Veröffentlichungen zu schreiben, Netzwerke zu knüpfen oder sogar als außerordentlicher Professor bei einer juristischen Fakultät tätig zu sein. Der beste Weg, Aufträge an Land zu ziehen, ist, herausragende Arbeit zu leisten (siehe S. 427, „Wie wird Erfolg gemessen?").

Verwaltungsverantwortung, Betreuung und Schulung

Die Partner beaufsichtigen das Personal, schreiben Leistungsbewertungen und sind normalerweise an Einstellungsentscheidungen beteiligt. Man erwartet von ihnen auch, dass sie den Mitarbeiterstab betreuen und schulen.

Kostenlose Beratung

Alle Juristen haben die ethische Verpflichtung, Firmen und Personen kostenlos zu beraten, die sich keinen Rechtsbeistand leisten können. Obgleich manche Juristen nur Geld an Organisationen spenden, die kostenlosen Rechtsbeistand bieten, bemühen sich viele aktiv, anderen zu helfen. Diese Arbeit liegt oft außerhalb ihres Fachgebiets. Die meisten Kanzleien befürworten, dass ihre Anwälte einen Teil ihrer Zeit für kostenlose Beratungen zur Verfügung stellen, weil dies dem guten Ruf der Kanzlei zuträglich ist.

Ein typischer Arbeitstag im Rechtswesen

Der Arbeitstag eines Biotechnologie-Juristen enthält unter Umständen einige der folgenden Aktivitäten (dies ist eine verallgemeinerte Liste):
- Patentanträge verfassen, beim zuständigen Patent- und Markenamt einreichen und die Patentansprüche verhandeln (auf diese Weise verbringen die Juristen und Anwälte, die Patentanträge bearbeiten, die meiste Zeit).
- Berufungen oder Interventionen beim zuständigen Patent- und Markenamt einreichen.
- Kaufprüfungen zu Patenten durchführen.

- Recherchen bezüglich der Betätigungsfreiheit durchführen und Ratschläge vorbereiten.
- Sich auf Gerichtsverhandlungen vorbereiten und an ihnen teilnehmen (dies gilt vor allem für Patentprozessanwälte).
- Juristische Unterlagen und Verträge prüfen, geschäftliche Verhandlungen durchführen.
- Mit Kunden reden und ihnen Rat erteilen (viele Besprechungen!).
- Sich bezüglich neuer Gesetze und der neuesten Fälle auf dem Laufenden halten.
- Im Rahmen von Industrietagungen und Konferenzen Vorträge halten und Netzwerke bilden.
- Kanzlei-Partner betreuen und mit Bewerbern Bewerbungsgespräche führen.
- Kostenlose Beratungen durchführen.

Gehalt und Vergütung

Im Allgemeinen verhält sich der Druck, dem man ausgesetzt ist, proportional zum Verdienst.

Großartige Arbeit erzeugt noch mehr Arbeit!

Das Anfangsgehalt von Patentanwälten (*patent agents*) mit einem höheren Abschluss ist normalerweise doppelt oder manchmal sogar dreimal so hoch wie das eines Postdoktoranden – sogar bevor sie das Examen abgelegt haben. Die Gehaltserhöhungen sind beträchtlich, die Zuwächse betragen 8–9 % pro Jahr. Frisch eingestellte Anwälte (*associates*) (mit einem juristischen Abschluss) verdienen bis zum Doppelten dessen was Patentanwälte (*patent agents*) verdienen. Diese Lücke kann sich bei außergewöhnlichen Patentanwälten mit der Zeit schließen. Es können jedoch nur Juristen Kanzlei-Partner werden, und dort gibt es das große Geld. Partner können leicht zwei- bis dreimal so viel verdienen wie angestellte Anwälte (*senior associates*) – bis zu 740 000 Euro im Jahr, je nach Reputation und der Anzahl der Personen, die für sie arbeiten. Prozessjuristen (*litigation lawyers*) haben gewöhnlich die höchsten Einkommen. Dies ist auf den hohen Zeitaufwand zurückzuführen, der zur Vorbereitung auf die Gerichtsprozesse nötig ist. In den meisten Fällen verdienen die Juristen in Kanzleien mehr als jene, die innerbetrieblich für Biotechnologiefirmen arbeiten. Unter den Firmen-Juristen verdienen die ranghohen Rechtsanwälte wie Chef-Syndikus, Chef-Patentanwalt (*chief patent counsel*) und der Vizepräsident des Geistigen Eigentums am meisten. Sie können den Vorteil von Aktien-bezugsrechten nutzen, wenn eine Biotechnologiefirma gut arbeitet.

Die Gehälter schwanken von Firma zu Firma, sie hängen von der Größe, dem Typ und der Arbeitsethik des Unternehmens ab. Im Allgemeinen bezahlen große und bekannte Kanzleien das meiste Geld, weil man von Kanzleianwälten erwartet, dass sie sehr hart arbeiten.

Wie wird Erfolg gemessen?

Letztendlich wird der Erfolg zum großen Teil daran gemessen, ob die Mandanten mit der Arbeit zufrieden sind und ob man einen guten Ruf hat. Zufriedene Mandanten bringen dem Juristen oder der Kanzlei weitere Aufträge und neue Empfehlungen. Wenn die Auftragslage der Kanzlei zunimmt, steigt auch die Reputation, was wiederum neue Geschäfte nach sich zieht.

Der Ruf eines erfolgreichen Juristen kann sich auch auf einen besonderen Fall gründen, der einen bedeutenden Einfluss auf die Industrie hatte. Dabei kann es sich um Patentangelegenheiten zu revolutionären Erfindungen handeln, die von einem Juristen mit Erfolg zum Abschluss gebracht wurden. Weitere Beispiele sind, erfolgreich Fälle zu verteidigen, die in den Medien hohe Beachtung finden oder Biotechnologiefirmen gründen oder erfolgreichen Biotechnologiefirmen helfen, an die Börse zu gehen.

Das Für und Wider der Arbeit

Positive Aspekte einer Laufbahn im Rechtswesen

- Das Rechtswesen zeichnet sich durch hohe Verdienstmöglichkeiten aus. Erfolgreiche Partner können mehr als 740 000 Euro jährlich verdienen!

  > Das Rechtswesen ist finanziell attraktiv: Erfolgreiche Partner verdienen mehr als 740 000 Euro jährlich!

- Das Rechtswesen ist intellektuell stimulierend. Man kommt beständig mit den neuesten topaktuellen Technologien in Berührung, und der fortwährende Kontakt mit neuen Mandanten und Fällen stellt sicher, dass es niemals einen langweiligen Moment gibt.
- Eine Karriere im Recht kann höchst befriedigend sein. Man nutzt seine Fähigkeiten, schwierige Probleme zu lösen, indem man Mandanten und der Biotechnologieindustrie hilft.
- Das Recht bietet die Möglichkeit, Ihre Schreib- und analytischen Fertigkeiten einzusetzen, ohne dabei im Labor arbeiten zu müssen.
- Mitarbeiter in Kanzleien sind häufig überdurchschnittlich begabt.
- Vielen Juristen macht das Wesen der Juristerei Spaß, dazu gehören auch Rededuelle – aus einer Debatte als Sieger hervorgehen und sich den Respekt des Opponenten verdienen.
- Das Rechtswesen gibt Ihnen etwas Unabhängigkeit, wie Sie Ihren Tag organisieren.
- Es gibt häufige Reisemöglichkeiten, um Mandanten zu besuchen.
- Erstklassige Kanzleien behandeln ihre Juristen luxuriös. Sie speisen in den besten Restaurants, wohnen in den besten Hotels, nehmen an schicken Partys teil, haben schöne Büros und ihre persönliche Sekretärin usw.
- Wenn Sie Patentanwalt sind (*patent agent*), können Sie eine Familie gründen und von zu Hause aus, in Teilzeit oder auf Bedarfsbasis, arbeiten. Ihre Arbeitszeiteinteilung kann flexibel sein.

- Wenn Sie in einer Kanzlei für geistiges Eigentum arbeiten, dann ist die Umgebung entspannter als in anderen Kanzleiarten. Es geht weniger hierarchisch zu, die Leute werden mit mehr Respekt behandelt und die Atmosphäre ist gewöhnlich ungezwungener.
- Ihre Karriere kann von langer Dauer sein. Juristen werden mit zunehmender Erfahrung immer wertvoller.

Die möglicherweise unangenehme Seite des Rechtswesens

Es gibt keine Ruhe in der Juristerei!

- Eine Laufbahn im Recht kann enorm stressig sein (siehe „Die größten Herausforderungen")! Es gibt Überstunden und viel zu tun. Die Mandanten haben hohe Erwartungen, und der Konkurrenzkampf ist hart. Es besteht ein hoher Druck, jeden Monat die Quoten für „gebührenpflichtige Stunden" zu erreichen, aber gleichzeitig muss die Qualität Ihrer Arbeit überdurchschnittlich sein. Die Abrechnungssätze und Qualitätserwartungen steigen mit der Dauer des Beschäftigungsverhältnisses (der Abrechnungssatz eines angestellten Anwalts (*associate*) wird nach acht Jahren mehr als doppelt so hoch). Sie sind unter Umständen ständig in Rufbereitschaft für Mandanten, was jegliche Planung von Aktivitäten des Familienlebens schwierig macht. Bei Prozessanwälten kann der Stresspegel während Gerichtsprozessen besonders hoch sein.

Es ist stressig, wenn es zu viel Arbeit gibt, und genauso stressig, wenn es zu wenig Arbeit gibt.

- Der Weg zum Partner ist ein harter Kampf. Er erfordert ständige Selbstvermarktung. Der harte Wettbewerb durch die vielen anderen glänzenden Juristen in der Industrie kann es erschweren, ein überzeugendes Ansehen und einen Mandantenstamm zu bekommen. Wenn die Wirtschaft nicht gut läuft, ist es besonders schwierig, Kanzlei-Partner zu werden.

Mandanten bezahlen Juristen nur ungern dafür, die wissenschaftlichen Feinheiten zu verstehen, sondern sie wollen ihre Anliegen vertreten sehen.

- Die meiste Zeit müssen Sie für Ihre Mandanten oder Kunden opfern, was Ihre Möglichkeiten, eigene wissenschaftliche Interessen zu verfolgen, einschränkt.
- Es kann zu „sozialem Stress" in Kanzleien kommen. Manchmal entwickeln sich zwischen Partnern Machtkämpfe im Wettbewerb um Mandanten.
- Es kann schwierig sein, mit manchen Kanzleipartnern zu arbeiten. Partner schulen Konzipienten (*associates*) nicht immer systematisch, und es kann schwierig sein, einen unterstützenden Mentor zu finden.
- Die Gesetze ändern sich ständig, und man muss sich fortwährend weiterbilden und sich auf den neuesten Stand bringen.
- Erfinder können manchmal unkooperativ oder zu beschäftigt sein, um bei der Abfassung des Patentantrags mitzuhelfen. Naturwissenschaftler meiden gelegentlich den Umgang mit Juristen.
- Möglicherweise laden Sie sich hohe Schulden auf, wenn Sie eine juristische Fakultät besuchen. Denken Sie aber daran, dass diese Schulden

danach rasch zurückbezahlt werden können, wenn Sie als Patentanwalt arbeiten. Viele Kanzleien bezahlen Ihnen Ihre Studiengebühr.

- Manchmal verhalten sich Juristen unprofessionell und aggressiv, insbesondere in Gerichtsprozessen.

Speziell für Patentanwälte

- Obwohl Patentanwälte (*patent agents*) praktisch die gleiche Arbeit machen wie Patentjuristen (*patent attorneys*), werden sie nicht genauso gut behandelt und die Bezahlung ist ebenfalls geringer. Viele Patentanwälte sind schließlich wegen dieses unsichtbaren Makels frustriert und gehen an eine juristische Fakultät.

- In manchen Kanzleien werden Patentanwälte (*patent agents*) in eine Schublade gesteckt und schreiben nur Patentanträge, und es gibt keine Gelegenheiten, neue Fähigkeiten zu erlernen.

- Es ist normalerweise für einen Patentanwalt leichter, eine Lebensstelle in einer Kanzlei zu bekommen (insbesondere in kleineren Firmen) als für einen Patentjuristen.

Die größten Herausforderungen des Jobs

Mit Stress umgehen

Warum ist das Rechtswesen so anstrengend? Das Arbeitsvolumen ist nicht vorhersagbar und die Mandantenbedürfnisse können sich plötzlich ändern. Deshalb kann es äußerst schwierig sein, seine Arbeit zu planen. Es ist ein schmaler Grat zwischen zu vielen und zu wenigen Aufträgen. Häufig gibt es einfach zu viel Arbeit, und die ständigen Termine sorgen für eine andauernde Anspannung. Man ist ständig gezwungen, Einnahmen zu generieren, gleichzeitig erwarten die Mandanten eine erstklassige Dienstleistung. Außerdem tragen die Juristen eine schwere Verantwortungslast für ihre Mandanten. Es kann eine Menge Geld auf dem Spiel stehen, und Fehler können enorme Konsequenzen haben.

Die Mandanten bei Laune halten

Wegen des harten Wettbewerbs, ist es für eine Kanzlei unbedingt notwendig, dass sie dienstleistungsorientiert ist. Mandanten, die mit der Arbeit und dem persönlichen Umgang mit den Juristen zufrieden waren, kommen für weitere Geschäfte wieder. Deshalb sind gute Fähigkeiten im Umgang mit Mandanten und zwischenmenschliche Fähigkeiten gleichbedeutend mit Erfolg. Erfolgreiche Juristen sind anpassungsfähig und können mit verschiedenen Mandanten und Erfinderpersönlichkeiten zusammenarbeiten. Sie besitzen die Fähigkeit, rasch und scharfsinnig deren Bedürfnisse zu erkennen und darauf zu reagieren.

Mandanten bei Laune halten, hat etwas damit zu tun, mit deren Erwartungen zurechtzukommen. Mandanten unterschätzen oft den erforderlichen Aufwand und die Arbeitsmenge. Wenn Sie vermeiden möchten, dass Kunden später unzufrieden sind, dann müssen Sie sie im Voraus über die Dauer Ihrer Bemühungen unterrichten sowie über das mögliche Endergebnis, sei es positiv oder negativ.

Einen gut ausgewogenen Lebensstil aufrechterhalten

Die enormen Anforderungen des Jobs machen es manchmal schwierig, ein harmonisches Privatleben zu führen. Die Folge davon ist, dass überarbeitete Juristen irgendwann ausgebrannt sind (Burn-out-Syndrom).

Sich im Rechtswesen auszeichnen ...

Erfahrung, Kenntnisse und Kreativität

Erfahrung und Kenntnisse unterscheiden die Guten von den Exzellenten. Juristen mit vielen Jahren an Erfahrung haben einen solch ausgedehnten Wissensschatz, dass sie Dinge vorhersehen können, die bei Rechtsstreitigkeiten nicht unmittelbar naheliegend sind. Diese Fähigkeit verleiht ihnen einen Vorsprung bei der Beratung der Mandanten und im Umgang mit Problemen. Großartige Juristen müssen zudem kreativ sein, um innovative Lösungen für schwierige Probleme zu finden.

Gute Fähigkeiten, mit Mandanten und Personal umzugehen

Wenn die Mandanten das Gefühl haben, dass sie gut behandelt wurden und guten juristischen Rat erhielten, dann ist es wahrscheinlich, dass sie mit weiteren Aufträgen wiederkommen.

Weil das Rechtswesen eine Dienstleistungsindustrie ist, sind Juristen, die leicht Mandanten gewinnen können, am erfolgreichsten. Diejenigen, die ausgezeichnete zwischenmenschliche Fähigkeiten haben und dafür bekannt sind, dass sie ehrlich, gewissenhaft und vertrauenswürdig sind, können es zu hohem Ansehen bringen. Wenn die Mandanten das Gefühl haben, dass sie gut behandelt wurden, dann ergeben sich häufig Folgeaufträge (siehe „Die größten Herausforderungen").

Profilierte Juristen können gut mit Kollegen (*associate lawyer*) und dem Personal der Kanzlei umgehen. Sie besitzen Führungsqualitäten und können Mitarbeiter motivieren.

Sind Sie ein guter Anwärter für eine Laufbahn im Juristenberuf?

Menschen, die im Rechtswesen erfolgreich sind, haben meist die folgenden Eigenschaften:

Außerordentlich gute Schreibfertigkeiten

Wenn Sie nicht gerne schreiben, ist das Rechtswesen nichts für Sie.

Sie müssen gut und überzeugend schreiben können. Ansprüche in Patentanträgen müssen sorgfältig formuliert werden; scheinbar kleine

Änderungen bei der Wortwahl können bedeutende Folgen haben. Denken Sie daran, dass Ihre Aufzeichnungen nicht auf Rechtsdokumente beschränkt sind und dass ein großer Teil Ihrer Arbeit über E-Mails und Briefe abgewickelt wird.

Herausragende verbale Kommunikationsfähigkeiten

Sprachgewandte Juristen können komplizierte technische Details so erklären, dass die Mandanten sie verstehen. Sie können ihre Punkte in Debatten überzeugend vorbringen und sind in der Lage, knifflige Situationen mit Mitarbeitern und Mandanten diplomatisch zu steuern. In der niemals endenden Jagd nach Aufträgen erhöhen gute verbale Fertigkeiten die Chance, potenzielle neue Mandanten zu beeindrucken.

Ausgezeichnete zwischenmenschliche Fähigkeiten

Gute Juristen bauen dauerhafte Beziehungen zu ihren Mandanten auf. Man muss ausreichend anpassungsfähig sein, um mit Mandanten, die manchmal charakterlich schwierig sind, klarzukommen (Kapitel 2).

> Ein Chamäleon zu sein, ist hilfreich – das Rechtswesen ist eine Dienstleistungsindustrie, deshalb hat der Mandant immer Recht!

Eine gesellige, kontaktfreudige Persönlichkeit

Weil dies ein sehr auf Menschen ausgerichteter Beruf ist, zieht er Personen an, die kontaktfreudig und sozial sind. Da so viel Konkurrenz herrscht, sind diejenigen erfolgreich, die selbstbewusst und durchsetzungsfähig sind. Aber auch introvertierte Menschen können als Patentanwälte oder Juristen, die keinen Partnerstatus anstreben, recht erfolgreich sein.

Kreative analytische Fähigkeiten

Um stichhaltige Argumente zusammenzustellen, kreative und strategische Ansprüche zu entwerfen und für Hindernisse innovative Lösungen zu finden, sind analytische Fähigkeiten nötig.

Die Fähigkeit, technischen Details Aufmerksamkeit zu zollen

Ein kleines Versehen kann erhebliche negative Konsequenzen für den Mandanten haben. Tippfehler sind untersagt!

Ausgezeichnete Fähigkeiten der Zeiteinteilung und Prioritätensetzung

Es gibt ständig Deadlines und neue Projekte. Gleichzeitig mehrere Aufgaben zu erledigen und die Zeit einteilen zu können, sind wichtige Fähigkeiten, die man haben oder entwickeln muss.

Stress tolerieren können

Sie müssen Freude daran haben, wenn sich wieder ein Schriftstück weniger auf Ihrem Schreibtisch befindet – im Rechtswesen gibt es wenige unmittelbare Anerkennungen.

Häufige Fristen sind einzuhalten, und man steht ständig unter Druck, einen Auftrag zu bekommen und Mandanten zufriedenzustellen.

Beharrlichkeit und Geduld

Die Erteilung eines Patents zu erreichen, kann eine langwierige und frustrierende Aufgabe sein.

Grundsätzliches intellektuelles Talent

Man muss rasch lernen können; nicht nur neue Technologien, sondern auch Geschäftskonzepte schnell verstehen können und mit den sich ändernden Gesetzen auf dem Laufenden bleiben. Um seinen Mandanten am besten zu dienen, muss man deren Bedürfnisse erkennen können, ihnen ihre tatsächliche Situation plausibel machen und die rechtlichen Möglichkeiten aufzeigen.

Unermüdliche Energie und eine starke Arbeitsethik

Um ein guter Jurist zu sein, muss man eine standhafte Ethik besitzen.

Rechnen Sie damit, im Rechtswesen hart zu arbeiten. Man muss sich häufig über lange Zeiträume konzentrieren, um die Arbeit zu schaffen, während man gleichzeitig hohe Qualitätsstandards aufrechterhält.

Ein ausgeglichenes Berufs- und Privatleben

Schaffen Sie sich in Ihrem Privatleben einen starken positiven Gegenpol zu Ihrer Arbeit, um dem beruflichen Stress entgegenzuwirken.

Sie sollten eventuell eine Laufbahn außerhalb des Rechtswesens in Betracht ziehen, falls Sie …

- unmotiviert oder unzuverlässig sind.
- jemand sind, der lieber allein arbeitet und nicht gerne mit anderen Umgang hat (Patentanwälte (patent agents) sind hier eine Ausnahme).
- ein geradliniger Denker sind; jemand, der exakte Antworten braucht, bevor er zum nächsten Schritt weitergehen kann, oder jeweils nur ein Projekt bearbeiten kann.
- jemand mit häufigen Schreibblockaden sind; eine Person, die sich Worte überlegen, sie aber nicht aufs Papier bringen kann.
- konfliktscheu sind (insbesondere bei Prozessanwälten).

Das Karrierepotenzial im Rechtswesen

Falls Sie eine Laufbahn im Rechtswesen anstreben, erweitert ein juristischer Abschluss Ihr Karrierepotenzial enorm. Sie werden mehr verdienen und in der Lage sein, Rechtsgebiete zu erkunden, die den Patentanwälten nicht offenstehen. Juristen arbeiten oft darauf hin, Partner in einer Kanzlei zu werden. Es gibt aber auch andere Möglichkeiten, wie Rechtsbeistand in einem Betrieb zu werden oder in den Abteilungen Geschäftsentwicklung oder Behördenangelegenheiten einer Firma zu arbeiten (Abb. 23.1).

Alternativ werden viele Juristen Generaldirektoren in neu gegründeten Firmen oder arbeiten als Risikokapitalgeber (*venture capitalists*) oder als Spezialisten für geistiges Eigentum.

Ein juristischer Werdegang kann eine ausgezeichnete Vorbereitung für eine Generaldirektorenposition sein. Generaldirektoren müssen analytisch denken und gut kommunizieren können. Sie müssen auch überzeugend sein und wissen, wie man verhandelt, alles Fähigkeiten, die in einer juristischen Laufbahn wichtig sind.

Kanzlei-Partner zu werden, ist als ob man ein Tortenwettessen gewinnt.

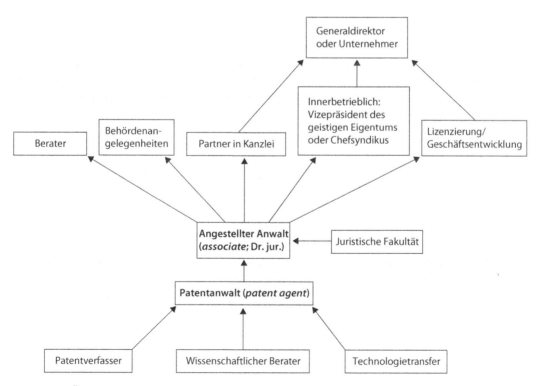

Abb. 23.1 *Übliche Karrierewege im Rechtswesen.*

Abb. 23.2 *Typische Hierarchie einer Kanzlei.*

Partner (Dr. jur.)

Ranghohe angestellte Anwälte (Dr. jur.)

Angestellte Anwälte (*associates*) (Dr. jur.)

Patentanwälte (*patent agents*) und wissenschaftliche Berater

Rechtsanwaltsgehilfen und Verwaltungsgehilfen

Der Weg zum Kanzlei-Partner

Der klassische Karriereweg für Juristen wird als „Kanzleimühle" bezeichnet (Abb. 23.2). Nur 10 % der angestellten Anwälte (*associates*) werden Partner, und es dauert etwa sieben bis zehn Jahre, um den Wechsel zu vollziehen. Die Wahrscheinlichkeit, Partner zu werden, steigt mit der Fähigkeit einer Person, Mandanten zu finden und mit ihrem guten Ruf.

Kanzlei-Partner zu werden, erfordert eine starke Leistungsbereitschaft, und viele Leute scheiden vorzeitig aus, bevor sie diese Ebene erreichen. Manche schätzen ein entspannteres Leben – sie wollen mehr Zeit mit der Familie verbringen oder den erhöhten Stress vermeiden. Anderen fehlt es an den notwendigen Fähigkeiten und der inneren Kraft. Eine Alternative zum Partner ist der angestellte Rechtsanwalt mit eigenen Mandanten (*of counsel*), eine Position, bei der man nicht Partner ist und keine Aufträge bringen muss. Der angestellte Rechtsanwalt mit eigenen Mandanten ist für eine Kanzlei eine zusätzliche Quelle für Expertenwissen. Er hat weniger Stress und verdient etwas weniger (aber dennoch gut). Es gibt noch andere Möglichkeiten für Juristen, die keine Partner werden möchten: innerbetrieblich für Biotechnologiefirmen arbeiten oder für Kanzleien während Zeiten des Arbeitsüberflusses einzelne Fälle übernehmen. Manche Juristen werden in einer Kanzlei geschult, gehen dann zu einer Biotechnologiefirma und kehren anschließend zu einer Kanzlei zurück, um ihren Weg zu einem Partnerstatus fortzusetzen.

Jobsicherheit und Zukunftstrends

Die Zukunft verspricht viele bedeutsame Durchbrüche in der Biotechnologie, und zum Schutz und Transfer der neuen Technologien braucht man Juristen. Weil Kanzlei-Partner höhere Stundensätze berechnen als Patentanwälte (*patent agents*), werden mehr Patentanwälte gebraucht, um die Kosten geringer und die Mandanten bei Laune zu halten.

Ist es besser, innerbetrieblich zu arbeiten oder zu einer Kanzlei zu gehen?

Vorteile einer innerbetrieblichen Arbeit:

- Ihre Bemühungen richten sich mehr auf eine erfolgreiche Entwicklung der Biotechnologiefirma, weniger auf den Umsatz.
- Ihr Lebensstil kann entspannter sein: Die Arbeitszeiten sind regelmäßig und Ihre Arbeitslast ist steuerbarer. (Jedoch nicht immer!)
- Man ist näher an der Forschung. Ihre Arbeit steht in Beziehung zum wissenschaftlichen Schwerpunkt der Firma, und Sie können an wissenschaftlichen Tagungen teilnehmen.
- Sie werden Teil eines Teams: Deshalb teilen Sie sowohl die Chancen als auch die Risiken der Firma. Die Beziehungen, die Sie mit Erfindern knüpfen, sind enger als wenn Sie in einer Kanzlei arbeiten.
- Sie kommen mit einer Vielzahl innerbetrieblicher Dinge in Kontakt, wie z. B. Personalentscheidungen, Behördenreformen und Einreichungen bei der U. S. Securities and Exchange Commission (SEC, US-Wertpapier- und Börsenaufsichtsbehörde).

Nachteile einer innerbetrieblichen Arbeit:

- Die Gehälter sind normalerweise niedriger.
- Die Entwicklung Ihrer juristischen Laufbahn wird möglicherweise gebremst: Beschränkte Mittel bedeuten, dass es in einer Biotechnologiefirma weniger Schulung und Betreuung gibt. Sie werden wahrscheinlich mit weniger Fällen zu tun haben, und die Fälle ähneln einander. Somit sind die Möglichkeiten, Erfahrungen zu sammeln, eingeschränkt. In einer Kanzlei werden Sie schneller lernen, wie man qualitativ hochwertige Arbeit verrichtet.
- Wenn Sie innerbetrieblich arbeiten, haben Sie wahrscheinlich mehr Verwaltungs- und Büroaufgaben.
- Die Beziehungen mit Ihren wissenschaftlichen Kollegen können schwierig sein. Wissenschaftler würdigen nicht immer den Wert des Rechtswesens, und sie nehmen manchmal Juristen als Menschen wahr, die die wissenschaftliche Freiheit einschränken.
- Es besteht ein größeres Risiko: Biotechnologiefirmen sind nicht so tragfähig wie Kanzleien.

In einer Kanzlei zu arbeiten, ist härter, aber man lernt Disziplin, die sich auszahlt.

Ihre Kollegen in einer Biotechnologiefirma müssen verstehen, was Sie machen, damit Sie nicht wie ein Außerirdischer erscheinen.

Das Rechtswesen scheint von der Biotechnologiewirtschaft weniger beeinflusst zu sein als andere Dienstleistungsindustrien. Juristen spielen eine unverzichtbare Rolle bei der Gründung von Firmen, beraten rechtlich bei Geschäftstransaktionen und sichern den Schutz des geistigen Eigentums. Diese Dienstleistungen werden sogar in Zeiten gebraucht, in denen die Wirtschaft schlecht läuft. Kanzleien, die mit Universitäten arbeiten oder einen großen Mandantenstamm haben, sind weniger von wirtschaftlichen Schwankungen abhängig. Juristen, die für neu gegründete Firmen arbeiten, erfahren eine unbeständigere wirtschaftliche Umgebung.

Juristen, die an Gerichtsverfahren interessiert sind, haben eine ausgesprochen glänzende Zukunft. Man rechnet damit, dass Rechtsstreitigkeiten in der Biotechnologie zunehmen werden und die Mandanten nachdrücklicher Wissenschaftler in ihren Prozessteams haben wollen. In dem Maße wie die Biotechnologieindustrie wächst, wird es mehr neue Technologien, mehr Patente und mehr Geld geben, um das gekämpft wird – und höhere Juristenhonorare.

Einen Job im Rechtswesen bekommen

Erwünschte Ausbildung und Erfahrungen

Im Allgemeinen ist für Patentanwälte (*patent agents*) in der Biologie und Chemie ein Ph.-D.-Abschluss zwingend erforderlich: Es gibt einfach zu viele Personen mit einem Ph.D.-Abschluss, die am Patentrecht interessiert sind, und die Mandanten erwarten, dass derjenige, der ihre Patentanträge abfasst, einen solchen Abschluss hat. Bei Ingenieuren oder Ärzten reicht jedoch ein Master- oder erster akademischer Abschluss aus.

Kanzlei-Partner und angestellte Anwälte (*associates*) benötigen einen Doktor der Rechtswissenschaften (Dr. jur.). Ein Ph.-D.-Abschluss wird nicht verlangt, aber er ist hilfreich, insbesondere für die Patentverfolgung, bei der Beratung von Biotechnologiefirmen und bei Prozessen. Für die mehr geschäftsorientierten Bereiche, wie das Unternehmens- oder Transaktionsrecht, ist ein MBA-Abschluss (*Master of Business Administration*, postgraduales generalistisches Managementstudium) sehr von Vorteil.

Im Allgemeinen haben heutzutage die meisten älteren Partner keinen Ph.D.-Abschluss, denn als ihre Karriere begann, war die Biotechnologie ein gerade entstehender Industriezweig. Obwohl ein Ph. D. augenblicklich nicht erforderlich ist, um Kanzlei-Partner zu werden, haben viele der heutigen neuen Partner einen solchen Abschluss, und in Zukunft kann es sein, dass er verlangt wird.

Wege in das Rechtswesen

Faulpelze brauchen sich nicht zu bewerben!

- Auch wenn Sie nicht beabsichtigen, an die juristische Fakultät zu gehen, reden Sie trotzdem mit Rechtsberatern der juristischen Fakultät. Sie können Ihnen Rat und Informationen geben und wertvolle Kontakte mit geeigneten Kanzleien herstellen.
- Erwägen Sie als wissenschaftlicher Berater oder Rechtsanalytiker zu einer Kanzlei zu gehen. Sie werden als Patentanwalt ausgebildet und gut bezahlt. Es wird einfacher sein, das Examen der Patentanwaltschaft zu bestehen, und Sie können „das Terrain sondieren", bevor sie Zeit und Geld in die juristische Fakultät investieren.
- Netzwerke knüpfen ist unter Umständen der beste Weg, um sich in einer Kanzlei eine Position als wissenschaftlicher Berater oder Patentanwalt zu sichern. Dies gilt insbesondere für Einstiegsbewerber. Versuchen Sie, für eine Kanzlei zu arbeiten, die einen großen

Mandantenstamm hat und viele technische Bereiche betreut, um Ihre Arbeitsplatzsicherheit zu erhöhen.

- Erwägen Sie, Patentanwalt zu werden. Das Patent- und Markenamt der Vereinigten Staaten (USPTO) hält zweimal jährlich die Patentanwaltsprüfung ab. Sie können Kurse für Patentrecht besuchen, aber der beste Weg, sich vorzubereiten, ist eine mindestens einjährige Arbeit in einer Kanzlei, um die Juristensprache zu lernen. 30–40 % der Kandidaten bestehen die Prüfung beim ersten Mal; die meisten Bewerber bestehen im zweiten Anlauf.

- Sie können direkt an die juristische Fakultät gehen und sich danach bei einer Kanzlei bewerben. Wichtig ist, dass Sie zu einer möglichst angesehenen Fakultät gehen (*US News and World Report* bewertet und klassifiziert juristische Fakultäten und IP-Programme; www. usnews.com/). Obwohl es bei Ph.-D.-Absolventen üblich ist, tagsüber als Patentanwalt zu arbeiten und nachts eine juristische Fakultät in der Nähe zu besuchen, ist es weit besser, in Vollzeit zu studieren, um einen guten Abschluss zu machen und bei einer herausragenden Kanzlei unterzukommen.

> Der beste Weg, in eine erstklassige Kanzlei zu gelangen, ist der Besuch einer angesehenen juristischen Fakultät – kombiniert mit guten Noten.

- Es ist wichtig, dass man an der juristischen Fakultät gute Zensuren erhält. Ein Sommerpraktikum hängt im Wesentlichen von den Noten ab, die Sie im ersten Studienjahr erzielen. Das IP-Recht verlangt eine umfangreiche Einzelbetreuung, deshalb ist die Anzahl der Einstiegspositionen beschränkt. Die Firmen und Kanzleien achten auf den technischen Werdegang, die Qualität der juristischen Fakultät und die Noten. Diese Faktoren müssen allesamt überzeugend sein. Ein Ph.-D.-Abschluss von einer angesehenen Universität in Verbindung mit schlechten Noten einer unbedeutenden juristischen Fakultät reichen unter Umständen nicht aus, um sich eine Position in einer erstklassigen Kanzlei zu sichern.

> Die zusätzliche Investition, die Sie tätigen, indem Sie eine juristische Fakultät besuchen, wird Ihre finanzielle Zukunft absichern.

- Wenn Sie sich entschließen, an eine Universität zu gehen, treten Sie einer Anwaltskammer für geistiges Eigentum bei, solange Sie an der Fakultät sind. Das ist ein günstiger Ort, um ein Netzwerk zu knüpfen und vielleicht lebenslange berufliche Partner und Freunde zu finden.

- Erwägen Sie vor Ihrem Examen Kurse zu belegen, in denen Sie lernen, Abschlussprüfungen der juristischen Fakultät zu meistern und studieren Sie die Antworten aus vorangegangenen Prüfungen. Juraprofessoren erwarten einen ganz anderen Schreibstil als in naturwissenschaftlichen Veröffentlichungen üblich. Es kann sein, dass Sie den Stoff perfekt beherrschen, aber wenn Sie nicht wie ein Jurist, sondern wie ein Naturwissenschaftler antworten, kann es sein, dass Sie durchfallen.

- Während Sie an der juristischen Fakultät sind, wählen Sie ein Referendariat, das Ihren Horizont erweitert. Versuchen Sie es mit Gebieten wie Gerichtsverfahren, Firmenrecht, Transaktionsrecht oder

Behördenangelegenheiten. Sie können niemals vorhersagen, was Ihnen am meisten Spaß macht, und ein Sommerpraktikum ist eine gute Möglichkeit dies zu erkunden. Wenn Sie die Kanzlei aussuchen, zu der Sie gehen möchten, wählen Sie diejenige aus, bei der Sie sich am wohlsten fühlen und das Gefühl haben, dass Sie mit den Juristen gut auskommen werden.

- Lernen Sie, wie man ein Bewerbungsgespräch führt! Firmen und Kanzleien suchen sympathische, soziale, selbstbewusste Angestellte – keine bescheidenen und schüchternen Naturwissenschaftler. Die Jobberatung für Absolventen der juristischen Fakultät bietet Unterstützung beim Erlernen von Interviewtechniken, und es gibt viele Bücher zu diesem Thema.

- Nehmen Sie Kurse in Personalmanagement. Dieses Fach wird gewöhnlich nicht an der juristischen Fakultät oder Hochschule für Aufbaustudien unterrichtet. Sie lernen in diesen Kursen, wie man erfolgreich mit verschiedenen Führungsstilen und Persönlichkeiten umgeht.

- Viele Personen raten dazu, zunächst zu einer Kanzlei zu gehen, bevor man in ein Unternehmen wechselt. In einer Kanzlei haben Sie bessere Chancen, betreut und ausgebildet zu werden, und Sie kommen mit einer viel größeren Technologievielfalt und mehr Fällen in Kontakt. Mit einem breiteren Fachwissen steigern Sie Ihren „Marktwert".

Empfohlene Schulung, Berufsverbände und Quellen

Kurse und zertifizierte Programme

Kurse zum Patentrecht an örtlichen Universitäten und Nebenstellen
Kurse in Personalmanagement
Betriebswirtschaftliche Kurse

Gesellschaften und Quellen

Deutsche Patentanwaltskammer (www.patentanwalt.de): Hier werden Termine für Seminare angegeben und der Karierreweg zum Patentanwalt dargestellt.

Verschiedene Universitäten bieten Bachelor- oder Masterstudiengänge im Bereich Technologiemanagement an.

DFG-Graduiertenkolleg „Geistiges Eigentum und Gemeinfreiheit"

Deutsche Stiftung Eigentum (www.deutsche-stiftung-eigentum.de)

Weltorganisation für geistiges Eigentum (IP) (www.wipo.int)

Europäisches Patentamt (www.epo.org)

Deutsches Patent- und Markenamt (www.dpma.de)

American Bar Association (ABA, US-Rechtsanwaltskammer; www.abanet.org)

Association of University Technology Managers (AUTM; www.autm.net)

Intellectual Property Law Server (www.intelproplaw.com) bietet Informationen zum Recht des geistigen Eigentums.

Law School Admission Council (www.last.org) bietet eine große Informationsmenge über den Ablauf an der juristischen Fakultät.

Licensing Executives Society International (LESI; www.lesi.org) bietet ein kleines MBA-Programm und hat ein Programm mit einem Schwerpunkt auf dem geistigen Eigentum.

Robert C. Byrd National Technology Transfer Center (www.nttc.edu)

US News and World Report veröffentlicht eine Liste guter Anwaltskanzleien und klassifiziert die juristischen Fakultäten und IP-Programme.

United States Patent and Trademark Office (USPTO, Patent- und Markenamt der Vereinigten Staaten; www.uspto.gov)

24 | Die Finanzwirtschaft in der Gesundheits-industrie

Risikokapital, institutionelles Investment, Anlagebankgeschäft und Kapitalanalyse

Zur finanziellen Seite der Biotechnologie und Arzneimittelentwicklung gehören das Risiko- oder Beteiligungskapital (Venture Capital, auch Wagniskapital genannt), institutionelles Investment, Anlagebankgeschäft (Investment Banking) und Kapitalanalyse. Fachleute in diesen Laufbahnen haben eine einzigartige Position in der Industrie: Obwohl sie nichts mit dem Labor zu tun haben, können sie das Leben der Menschen dramatisch verbessern, indem sie Firmen ermöglichen, Produkte oder Krankheitstherapien zu entwickeln.

Diese Laufbahnen bieten große Chancen, sich in die Biotechnologie-industrie zu vertiefen und zu lernen, wie die Finanzwelt und die Börse funktionieren, während man sein medizinisches, naturwissenschaftliches und betriebswirtschaftliches Wissen wirksam einsetzt. Außerdem gehören diese Jobs zu den bestbezahlten in der Industrie; infolgedessen sind sie am schwierigsten zu bekommen.

Die Bedeutung der Finanzwirtschaft der Gesundheitsindustrie in der Biotechnologie ...

Die Entwicklung biotechnologischer und pharmazeutischer Produkte ist sehr kapitalintensiv. Wenn man all die Fehlschläge unterwegs mitrechnet, dann kann die Entwicklung eines einzigen erfolgreichen Arzneimittels Hunderte Millionen Dollar oder Euro kosten. Kapital zu besitzen, um Produkte zu entwickeln, ist somit besonders in den frühen Phasen einer Firma entscheidend.

Risikokapitalgeber können Ideen aus wissenschaftlichen Laboratorien nutzen, um Firmengründungen zu unterstützen, die wiederum diese Ideen in marktfähige Produkte verwandeln.

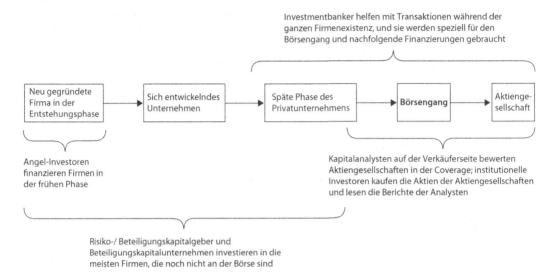

Abb. 24.1 *Die Entwicklung eines Privatunternehmens zu einer Aktiengesellschaft.*

Biotechnologie- und Pharmafirmen gehen durch einzelne Phasen, wenn sie sich zu einer Aktiengesellschaft weiterentwickeln (Abb. 24.1). Jede Phase bietet dem Kapitalgeber Chancen. Investoren (Angel-Investoren; Personen mit hohem Eigenkapital, die ihr eigenes Geld in eine Firma investieren) investieren normalerweise in neu gegründete Firmen; Risikokapitalgeber und Beteiligungskapitalunternehmen finanzieren sich entwickelnde private Firmen; und Anlagebankiers (Investmentbanker) unterstützen Firmen durch eine öffentliche Erstemission oder eine Firmenübernahme und helfen bei finanziellen Transaktionen. Wenn die Firma an der Börse ist, dann kaufen institutionelle Investoren Aktien, wohingegen die Kapitalanalysten auf der Verkäuferseite (*Sell-side*-Kapitalanalysten) die Aktien bewerten und eine Analyse der Firma (Coverage) durchführen.

Laufbahnen in der Finanzwirtschaft der Gesundheitsindustrie

Beteiligungskapitalismus: in Privatunternehmen investieren

Die Kunst des Beteiligungskapitals ist es, kleine Firmen erfolgreich und ihre Aktien wertvoll zu machen.

Beteiligungs- oder Risikokapitalgeber (*venture capitalists*) investieren hauptsächlich in Privatunternehmen. Sie ermitteln Personen oder Firmen mit neuen Technologien, die ein aussichtsreiches betriebswirtschaftliches Potenzial haben. Sie betreuen die Firmen dann von der Konzeptphase bis zu einem Punkt, an dem die Öffentlichkeit und institutionelle Anleger bereit sind, die Firmen durch eine Firmenübernahme oder den Gang an die Börse zu finanzieren.

Beteiligungskapitalgeber beschaffen große Geldbeträge – Fonds genannt – von Kommanditisten (wie z. B. große Pensionsfonds, Stiftungsgelder, Stiftungen und wohlhabende Personen) und investieren dieses Kapital in 10–40 Privatunternehmen, die sich in einer frühen Phase befinden. Sie überwachen ihre Kapitalanlagen, indem sie ihre Portfolio-Firmen (die Kapital nehmenden Unternehmen) unterstützen, gewöhnlich, indem sie Mitglied des Aufsichtsrats sind. Wenn Portfolio-Firmen an die Börse gehen oder übernommen werden, dann verkaufen die Beteiligungskapitalgeber normalerweise ihren Gesellschaftsanteil und geben den Kommanditisten die ursprüngliche Kapitalanlage zusammen mit einer Rendite zurück. Dieser Vorgang wird dann mit neuen Investoren und Firmenneugründungen wiederholt.

Beteiligungskapitalgeber spezialisieren sich auf bestimmte Anlagebereiche, wie z. B. die Biotechnologie, Medizingeräte, Gesundheitsdienstleistungen und Firmen in der frühen oder späten Phase. Risikokapitalfirmen sind eher klein und beschäftigen normalerweise zwischen zwei und zehn Partner sowie mehrere Mitarbeiter.

Es gibt verschiedene Arten von Beteiligungskapital. Institutionelle Anleger und Anlagebanken haben manchmal Risikokapital-Geschäftszweige. In manchen großen Biotechnologie- und Pharmafirmen sowie in Kliniken und Stiftungen gibt es auch unternehmenseigene Beteiligungszweige. Dieses Beteiligungs- oder Risikokapital gehört Unternehmen, wohingegen Beteiligungskapitalgeber das Geld von Kommanditisten anlegen.

Institutionelles Investment: in Aktiengesellschaften investieren

Man beachte: Das institutionelle Investment wird auch als „Kapitalanalyse auf Käuferseite" (*buy-side*) bezeichnet. Um eine Verwirrung zu vermeiden, wird in diesem Kapitel der Begriff „Kapitalanalyse" (*equity research*) nur für die Kapitalanalyse auf Verkäuferseite (*sell-side*) verwendet.

Institutionelle Investmentgesellschaften investieren Geld, das Stiftungen, Pensionsfonds, Dachfonds, Firmeninvestoren und Anlagebanken gehört. Es gibt viele Arten von institutionellen Investmentgesellschaften – die üblichsten sind Investmentfonds und Hedge-Fonds (siehe unten). Einige dieser Fonds investieren ausschließlich oder teilweise in das Gesundheitswesen. In dieser Gruppe der Gesundheitsfonds sind nur einige wenige auf die Biotechnologie spezialisiert; die meisten investieren in größerer Breite im Gesundheitsmarkt, dazu gehören Pharmafirmen, Medizingerätefirmen und Firmen für Gesundheitsdienstleistungen (z. B. private Krankenkassen und Kliniken).

Wie Beteiligungskapitalgeber, so kaufen auch institutionelle Investoren Aktien und verschaffen den Unternehmen Kapital. Institutionelle

Es gibt zwei Arten der Kapitalanalyse, auf „Verkäuferseite" (*sell-side*, diejenigen, die Aktien verkaufen) und auf „Käuferseite" (*buy-side*, diejenigen die Aktien erwerben).

Investoren investieren jedoch in erster Linie in Aktiengesellschaften und unterstützen deshalb ihre Portfolio-Firmen nicht durch eine Aufsichtsratstätigkeit. Häufig sind die institutionellen Beteiligungsfonds viel größer, und im Gegensatz zu den Beteiligungskapitalfirmen sind ihre Fonds oft öffentlich. Diese öffentlichen Fonds oder Publikumsfonds werden von der U. S. Securities and Exchange Commission (SEC, US-Wertpapier- und Börsenaufsichtsbehörde) geregelt.

Institutionelle Hedge-Fonds

Geldgeber für Hedge-Fonds streben nach Investitionen mit hoher Rendite, weil sie einen Prozentsatz des Gewinns bekommen; Geldgeber für Investmentfonds streben nach einer hohen Rendite, damit die Fonds wachsen und die Verwaltungsgebühren steigen.

Hedge-Fonds werden normalerweise von kleinen Firmen verwaltet. Sie verdienen das meiste Geld durch prozentuale Gewinnbeteiligungen (mit dem „Übertrag"; *carry*). Hedge-Fonds-Manager sind aggressiver und ziehen einen Nutzen aus der Leistungsschwäche des Markts. Es handelt sich dabei um keine öffentlichen Fonds, und sie werden deshalb auch nicht von der US-Wertpapier- und Börsenaufsichtsbehörde überwacht. Es gibt mindestens 100 Hedge-Fonds, die im Bereich der Biowissenschaften aktiv sind, und viele davon haben einen oder auch mehrere Manager mit einem echten Schwerpunkt auf dem Biotechnologiesektor.

Institutionelle Investmentfonds

Investmentfondsmanager verdienen den Löwenanteil ihres Geldes mit Verwaltungsgebühren und haben somit einen Anreiz, große Fonds zu besitzen. Während guter Jahre werben sie mit hohen Renditen und verwenden dazu verschiedene Aktienindizes als Maßstab. Investmentfonds sind öffentlich und werden deshalb von der US-Wertpapier- und Börsenaufsichtsbehörde geregelt. Von den über 500 Investmentfondsunternehmen haben nahezu alle einen Fonds des Gesundheitswesens (oder mehrere) in ihrem Portfolio. Viele davon beinhalten Biotechnologie-, Medizingeräte- und Pharmafirmen sowie andere Life-Science-Unternehmen.

Investmentbanker: das Transaktionsgeschäft

Investmentbanker sind wie Hochleistungssportler – sie arbeiten hart und viele Stunden lang in einer heftig umkämpften Umgebung.

Im Anlagebankgeschäft gibt es drei wesentliche Finanzlaufbahnen: Beratungsdienst, Kapitalanalyse auf Verkäuferseite (*Sell-side*-Analysten) sowie Verkauf und Handel.

Beratungsdienste

Anlagebankiers (Investmentbanker) bieten Finanzdienste, um Firmen bei der Kapitalbeschaffung zu helfen und die Vermögenswerte zu ermitteln und zu beschaffen, die nötig sind, damit der Wertentwicklungsplan erfüllt wird. Sie unterstützen Firmenfusionen und Firmenübernahmen, private Investitionen in Aktiengesellschaften, Börsengänge, Folgeemissionen, Anleiheemissionen, Wandelanleihen [Anm. d. Übers.: Schuldverschreibungen eines Unternehmens, die in Aktien umgewandelt werden können], außerbörsliche Unternehmensbeteiligungen und den Verkauf von öffentlichen Aktien.

Es gibt verschiedene Positionen innerhalb der Beratungstätigkeit im Anlagebankgeschäft. Ein „Beziehungsmanager" ist dafür verantwortlich, Generaldirektoren und Führungskräfte kennenzulernen, die Kontakte zu pflegen und die Sicherheit ihrer Geschäftsaktivitäten zu gewährleisten. Es gibt auch „Produktspezialisten", die Expertenwissen für verschiedene Transaktionstypen bieten, wie z. B. Fusionierungen und Firmenübernahmen oder Eigenkapital (*equity capital*) (z. B. Aktiengeschäfte).

Kapitalanalysten auf der Verkäuferseite, Anlageanalytiker oder Research-Analysten

Innerhalb der Anlagebanken erstellen Kapitalanlysten auf der Verkäuferseite (*Sell-side*-Analysten) Berichte und veröffentlichen sie, um ihren Institutionskunden zu helfen. Die Berichte enthalten gründliche Hintergrundanalysen (Due Diligence) über eine kleine Anzahl von Unternehmen, über die sie die Coverage erstellen. Die Berichterstattung beinhaltet Analysen der Wissenschaft, der klinischen Prüfungen, des Führungsteams, der Finanzmodelle und zusätzlich zu den Aktienbewertungen des Analysten eine Bewertung „kaufen", „verkaufen" oder „behalten". Diese Information wird angeboten, um Investoren anzulocken, damit sie in dieses Unternehmen investieren, sodass die Bank die Handelscourtage einstreichen kann.

Wertpapierhändler

Wertpapierhändler (Sales Traders) stehen in Kontakt mit Investoren auf der Käuferseite (*Buy-side*-Investoren) (Investment- und Hedge-Fonds), um den Handel über die Bank zu fördern (Aktienverkauf und -ankauf).

Aufgaben und Kompetenzen in der Finanzwirtschaft der Gesundheitsindustrie

Beteiligungskapital (Venture Capital)

Von Kommanditisten Kapital beschaffen

Die primäre Aufgabe von Beteiligungskapitalgebern ist es, für ihre Investoren und ihre eigenen Firmen Geld zu verdienen. Gleichzeitig helfen sie

Unternehmer vergessen oft, dass auch Beteiligungskapitalgeber Geld beschaffen müssen.

neu gegründeten Firmen, erfolgreich zu werden. Risikofinanzmittel zu beschaffen, ist für die meisten Beteiligungskapitalgeber ein schwieriger Vorgang, und es ist nicht der beliebteste Teil des Geschäfts. Sie reisen zu Informationsveranstaltungen und treffen sich mit Kommanditisten, um für ihre Fonds Interesse zu wecken. Weil das Kapital mehrere Jahre fest angelegt ist und die Erwartungen bei den Investoren hoch sind, sind die Finanzanlagen Gegenstand einer strengen Due-Diligence-Prüfung.

Entwicklung des Portfolios: Geschäftsakquisition und Due Diligence

Bevor jemand eine Geldanlage tätigt, nimmt er die Firma, den Markt und die naturwissenschaftliche Literatur genau unter die Lupe.

Es wird viel Zeit darauf verwendet, Firmen zu akquirieren, in die man investieren kann. Beteiligungskapitalgeber tätigen normalerweise zwei oder drei Investitionen pro Jahr. Sie beginnen zunächst mit der Bewertung einer großen Anzahl von Firmen und grenzen diese dann auf ein paar wenige ein. Anregungen für mögliche Geldanlagen kommen von überall her, wie z. B. von anderen Beteiligungskapitalgebern, die Syndikate bilden wollen, von Geschäftsfreunden und Gesellschaftern sowie von Juristen, mit denen sie in der Vergangenheit gearbeitet haben. Gelegentlich ist der Ausgangspunkt für eine Investition ein interessanter naturwissenschaftlicher Artikel. Technologietransferämter von Universitäten sind eine weitere Quelle für neue Anlageideen.

Geldanlagen zu tätigen, ist mit viel Arbeit verbunden. Im Durchschnitt vergehen sechs bis acht Monate von der anfänglichen Ermittlung einer potenziellen Anlage bis zur Verhandlung und Unterzeichnung des Vertrags. Während dieses Prozesses werden die Beteiligungskapitalgeber Experten für die Firma, ihre Technologie und diesen Marktsektor. Sie führen eine detaillierte Prüfung durch, um die Erfolgsaussichten einer möglichen Investition zu eruieren. Dazu werden die Qualität der Technologie oder Wissenschaft und die geistigen Eigentumsverhältnisse analysiert, die Referenzen des Führungsteams kontrolliert, Industrieexperten über das potenzielle Produkt und dessen Marktchancen befragt und Finanzanalysen durchgeführt, um die mögliche Rendite der Anlage zu ermitteln.

Verwaltung des Portfolios: das Unternehmen unterstützen und in Gremien mitwirken

Beteiligungskapitalgeber fungieren als strategisch denkende Partner für ihre Portfolio-Firmen.

Beteiligungskapitalgeber legen nicht nur Geld an – sie bringen auch ihre Erfahrung, Zeit und ihr Wissen ein und machen von ihren großen Kontaktnetzwerken Gebrauch, um ihre Portfolio-Firmen zu unterstützen. Indem sie manchmal als Aufsichtsratsmitglied fungieren, bieten die Beteiligungskapitalgeber strategische Beratung. Sie spielen eine wichtige Rolle bei der Geschäftsentwicklung (Business Development), Produktentwicklungsstrategien, der Beschaffung weiteren Kapitals und der Rekrutierung des Führungsteams und zusätzlicher Aufsichtsratsmitglieder.

Auf dem Laufenden bleiben

Beteiligungskapitalgeber bleiben über die neuesten Industrieentwicklungen auf dem Laufenden, indem sie an Konferenzen teilnehmen, dort Vorträge halten und wissenschaftliche Fachzeitschriften lesen.

Institutionelles Investment

Institutionelles Investment ist wie das Beteiligungskapital auf der Käuferseite; aber institutionelle Investoren investieren hauptsächlich in Aktiengesellschaften, und dementsprechend unterscheiden sich auch ihre Verantwortlichkeiten.

Mit Investoren kommunizieren

Mitarbeiter, die Hedge-Fonds betreuen, haben mit ihren Kommanditisten-Investoren einmal jährlich Umgang. Sie kommunizieren auch Industrienachrichten, die eine Portfolio-Firma betreffen. Investmentfonds-Investoren schicken ihren öffentlichen Investoren unter anderem Bekanntmachungen.

Portfolio-Management

Das Portfolio-Management eines institutionellen Investors fußt auf den Anlagestrategien und Zielen eines jeden Fonds (wie z. B. das Überbieten eines Biotechnologieindexes). Es entwickelt Wege, um in aussichtsreichen, unterbewerteten Firmen Anlagemöglichkeiten zu finden und durchkämmt den Markt nach erfolgversprechenden Firmen.

Auf Nachrichten reagieren

Institutionelle Investoren verfolgen die Nachrichten genau, insbesondere in Bezug auf jede Information, die mit ihren Portfolio-Firmen in Beziehung steht. Wenn Nachrichten zu einem Unternehmen veröffentlicht werden, dann reden sie mit den Generaldirektoren oder anderen Verantwortlichen, um weitere Informationen zu erhalten (Kapitel 21). Auf der Grundlage dieser Information korrigieren sie unter Umständen ihre Portfolio-Anlagestrategie und informieren die Aktionäre des Fonds.

Unternehmen als potenzielle Anlagen überprüfen

Institutionelle Investoren bewerten potenzielle Anlagen, indem sie aussichtsreiche Aktiengesellschaften überprüfen. Sie treffen sich oft auf Informationsveranstaltungen mit Biotechnologie-Führungsteams, die dort ihre Firmen vorstellen, um Geld zu beschaffen (Kapitel 22).

Bei in Aussicht stehenden Anlagen eine Due-Diligence-Prüfung durchführen

Institutionelle Investoren „treten gegen die Reifen der Firma", bevor sie investieren.

Obwohl sich institutionelle Investoren auf die Recherche der Aktienanalysten auf Verkäuferseite (*Sell-side*-Aktienanalysten) verlassen, führen sie im Allgemeinen auch ihre eigene sorgfältige Prüfung durch, bevor sie Geldanlagen tätigen. Sie prüfen die wissenschaftliche Seriosität des Führungsteams, die klinischen oder präklinischen Daten, die Konkurrenz der Firma und die Laufzeit ihrer Patente; daraus konstruieren sie ein Bild von der Wettbewerbslandschaft. Sie sprechen mit führenden Experten und Forschern der klinischen Prüfungen über die Technologie und die Markterwartungen.

Investment

Nach Auswertung aller Informationen werden die Anlageentscheidungen getroffen. Die eigentliche Investition zu tätigen, ist relativ unspektakulär: Die institutionellen Investoren beauftragen einen Händler, eine bestimmte Anzahl von Aktien aus dem Aktienbestand einer Firma zu kaufen.

Auf dem Laufenden bleiben: die Weltmarktumgebung verfolgen

Institutionelle Investoren sind über die allgemeine Wertentwicklung der Märkte auf dem Laufenden. Dies hilft ihnen, den weltwirtschaftlichen Puls zu messen und Entwicklungen innerhalb des Biotechnologie- und Pharmasektors zu verfolgen. Sie nehmen an medizinischen Kongressen und Konferenzen teil, die von Anlagebanken veranstaltet werden, um Vordenker in der Industrie kennenzulernen (gewöhnlich profilierte Kliniker oder Experten auf einem speziellen technischen Gebiet).

Anlagebankgeschäft

Investmentbanker (Anlagebankiers) führen geschäftliche Transaktionen durch oder suchen nach neuen Anlagemöglichkeiten.

Neue Geschäfte ausfindig machen und Beziehungen aufbauen

Investmentbanker verbringen viel Zeit damit, neue Kunden zu finden, Kontakte aufzubauen und diese zu vertiefen. Sie treffen sich mit Führungsteams der Firmen, erläutern die von ihnen angebotenen Dienstleistungen und schlagen Wege vor, wie sie helfen könnten, z. B. indem sie finanzielle und strategische Bewertungen durchführen und innovative Lösungen ausarbeiten.

Finanzanalysen durchführen

Eine wichtige Aufgabe eines Investmentbankers ist es, finanzielle Bewertungen durchzuführen, um den Wert von Firmen, ihre Aktiva und ihre strategischen finanziellen Möglichkeiten zu ermitteln. Diese Information dient dazu, auf den jeweiligen Kunden individuell zugeschnittene „Verkaufspräsentationsbücher" (*pitch books*) zusammenzustellen, um Geschäfte anzubahnen. Diese Präsentationsbücher beschreiben den finanziellen Wert der Firma, ihre strategischen Möglichkeiten sowie die Qualifikationen eines Bankiers.

Transaktionen durchführen

Investmentbanker führen im Auftrag ihrer Kunden Transaktionen durch. Dazu gehören Fusionen und Firmenübernahmen, Börsengänge, Geschäftsvorgänge der Abteilung Geschäftsentwicklung, die Kapitalbeschaffung und fremdkapitalfinanzierte Unternehmensübernahmen.

Investorkonferenzen abhalten

Investmentbanker halten Investorkonferenzen ab, bei denen ihre öffentlichen und privaten Kunden ihre Technologien und Geschäftskonzepte vorstellen. Dies sind mitunter große Veranstaltungen, die das Ziel haben, große Investorenkreise anzuziehen.

Auf dem Laufenden bleiben

Um ihren Kunden bei der Lösung schwieriger finanzieller Probleme zu helfen, müssen die Banker ein umfassendes Wissen des Gesamtmarkts und von den spezifischen Schwierigkeiten haben, denen Biotechnologiefirmen gegenüberstehen. Vor allem Markterfahrung und enge persönliche Beziehungen erlauben es den Bankern, bei der Durchführung von Transaktionen im Auftrag ihrer Kunden erfolgreich zu sein.

Kapitalanalyse auf Verkäuferseite

Auf die täglichen Nachrichten reagieren

Kapitalanalysten verfolgen täglich die Pressemitteilungen der Firmen. Über relevante Firmeninformationen erstellen sie kurze Notizen – eine Art Meinung – die an Investoren und Händler geschickt werden.

Recherchieren und Berichte über Firmen zur Verfügung stellen

Analysten sind normalerweise für mindestens 20 Firmen und deren Aktien verantwortlich. Ihre Kunden erhalten zu diesen Aktien Empfehlungen wie „kaufen", „verkaufen" oder „behalten". Die Analysten verbringen auch Zeit damit, die finanziellen Erwartungen der Firmen, die auf klinischen Prüfungen, potenziellen Umsätzen usw. beruhen, zu untersuchen und ihre Meinung dazu abzugeben. Sie lesen medizinische und wissenschaftliche Fachzeitschriften und suchen nach interessanten technischen Informationen. Ihre Anlageaufstellungen und Aktienbewertungen werden veröffentlicht und von den Kapitalhändlern als Kundeninformation genutzt.

Auf dem Laufenden bleiben

Analysten verbringen nahezu einen Monat im Jahr damit, an Anlagekonferenzen sowie an medizinischen und wissenschaftlichen Kongressen teilzunehmen.

Ein typischer Arbeitstag in der Finanzwirtschaft der Gesundheitsindustrie

Beteiligungskapital (Venture Capital)

Ein typischer Arbeitstag eines Beteiligungskapitalgebers könnte einige der folgenden Tätigkeiten beinhalten:

- An wöchentlichen Treffen der Partner teilnehmen und mögliche Anlagen besprechen.
- Portfolio-Firmen managen. Dem Führungsstab strategischen Rat erteilen, z. B. zu Firmenfusionen, zu Aktivitäten der Abteilung Geschäftsentwicklung sowie zur Kapital- und Personalbeschaffung.
- An den Aufsichtsratssitzungen teilnehmen.
- Firmen überprüfen. Zusammenfassungen von Geschäftsplänen lesen und Führungsteams einladen, um Informationen zu bestimmten Firmen zu präsentieren und diese gegebenenfalls weiterverfolgen.
- Telefongespräche mit Vordenkern und Forschern führen.
- Freunden helfen, indem man sie über Beteiligungskapitalthemen informiert.
- Auf dem Laufenden bleiben. Mit Kollegen sprechen, an Konferenzen teilnehmen, sich über die Finanzmärkte und wichtige Transaktionen auf dem Laufenden halten und wissenschaftliche und medizinische Fachzeitschriften lesen.

Institutionelle Investments

Mit Ausnahme der drei obigen Punkte ist ein typischer Arbeitstag eines institutionellen Investors ähnlich dem eines Beteiligungskapitalgebers. Zusätzlich ist ein institutioneller Investor noch mit Folgendem beschäftigt:

- Die Nachrichten in der Morgenzeitung lesen. Falls Ereignisse für das eigene Anlageportfolio von Bedeutung sind, sich mit den Aktienanalysten auf Verkäuferseite beraten, um deren Interpretation der Daten zu erfragen. Die Nachrichten gemeinsam mit den Generaldirektoren und Leitern der Anlagebeziehungen der aktuellen Firmen überprüfen. Gegebenenfalls Konsequenzen aus der veränderten Situation ziehen.
- Anlageentscheidungen treffen und Aktien kaufen oder verkaufen.

Anlagebankgeschäft

Ein typischer Arbeitstag eines Investmentbankers könnte unter Umständen folgende Tätigkeiten beinhalten:

- An Telefonkonferenzen mit den Teammitgliedern der Gruppe Gesundheitswesen teilnehmen, um die Ereignisse der vergangenen Woche zu diskutieren.
- Potenzielle und aktuelle Kunden besuchen. Sich mit dem Leiter der Finanzabteilung und dem Vorstandschef der Firma treffen.
- Finanzielle Wertermittlungen durchführen, um den relativen Wert von Firmen oder Anlagevermögen zu berechnen.
- Geschäftstransaktionen ausführen sowie finanzielle und rechtliche Konditionen aushandeln.
- Telefongespräche mit klinischen Forschern oder Juristen für geistiges Eigentum führen.
- An Finanzbesprechungen teilnehmen und dort vortragen.
- Veröffentlichungen und Pressemitteilungen lesen.

Kapitalanalyse auf Verkäuferseite

Ein typischer Arbeitstag eines Kapitalanalysten könnte Folgendes beinhalten:

- Morgens relevante Pressemitteilungen durchsehen. Falls es Nachrichten gibt, die für eine der „gecoverten" Firmen sachdienlich sind, die Information analysieren und Zusammenfassungen für den Außendienst und die Kunden vorbereiten. Investoren anrufen, um sie über die Nachrichten zu informieren.
- An Treffen mit Privatunternehmen und Aktiengesellschaften teilnehmen und abwägen, ob man die Coverage aufnimmt [Anm. d. Übers.: Als Initiierung von Coverage bezeichnet man das erstmalige Abfassen einer Research-Studie über einen Emittenten durch einen Analysten] (d. h. Unternehmensanalyse und Aktienbewertungen).
- Für eine Coverage Informationen über Firmen sammeln und schriftlich fixieren. Details zu klinischen Prüfungen oder Produkteinfüh-

rungen überprüfen und mit wichtigen Meinungsführern darüber diskutieren. Berichte erstellen oder Aufzeichnungen machen.

- Finanzmodelle erstellen und aktualisieren.
- Das Vertriebsteam zu Aktien und Firmenemissionen schulen.
- Sich auf Treffen mit Kunden vorbereiten, um über Anlagen und die Aktienbewertungen der Firma zu sprechen.
- An medizinischen, naturwissenschaftlichen und Anlagekonferenzen teilnehmen.
- Investorenkonferenzen organisieren und abhalten.
- Medizinische und naturwissenschaftliche Fachzeitschriften lesen, um auf dem Laufenden zu bleiben.
- Kapitalanalystenprüfungen ablegen, um zertifiziert zu bleiben.

Gehalt und Vergütung

Beteiligungskapital (Venture Capital)

Wenn es Ihr Ziel ist, reich zu werden, dann sollte das Beteiligungs- oder Risikokapital nicht Ihre erste Wahl sein. Erfolgreiche Investmentbanker verdienen häufig mehr als Beteiligungskapitalgeber. Die wenigen Leute, die in diesem Geschäft Milliardäre werden, sind die Gründer und Generaldirektoren von höchst erfolgreichen Biotechnologiefirmen (mehr darüber in Kapitel 22). Abgesehen davon ist das Beteiligungskapital immer noch hoch lukrativ – mehr als die meisten anderen Laufbahnen in der Biotechnologie und Arzneimittelforschung.

Der „Übertrag" ist der heilige Gral im Beteiligungskapital.

Die Gehälter im Beteiligungskapital stammen aus den Fondsverwaltungsgebühren und dem übertragenen Zins (dem „Übertrag", *carry*). Eine Verwaltungsgebühr, die von den Kommanditisten-Investoren bezahlt wird, deckt die Gehälter der Anlagefachleute und die Betriebsausgaben der Firma. Der übertragene Zins ist der Nettogewinn der Anlagen am Ende der Fondsdauer, der gewöhnlich auf den Verkauf von Aktienoptionen aus Portfolio-Firmen folgt, die an die Börse gingen oder übernommen wurden. Nachdem jeder investierte Dollar bzw. Euro an ihre institutionellen Anleger zurückgegeben wurde, wird der Rest im Verhältnis 80 zu 20 aufgeteilt – der Gewinn. Die 20 %, die die Beteiligungskapitalfirma zurückbehält (der Übertrag), können bei einem erfolgreichen Geschäft eine beträchtliche Summe ausmachen. Diese teilen die Seniorgesellschafter auf, und in manchen Firmen wird ein kleiner Prozentsatz an Juniorgesellschafter und Mitarbeiter ausgeschüttet. Ein Seniorgesellschafter (Partner) kann mit dem Übertrag mehrere Millionen Dollar bzw. Euro verdienen, was eine solide Vergütung für mehrere Jahre harter Arbeit ist.

Partner müssen häufig ihr eigenes Geld in den Fonds investieren – gewöhnlich etwa ein bis zwei Prozent, was sich auf mehrere Millionen

Dollar oder Euro belaufen kann. Wenn der Beteiligungskapitalgeber einen persönlichen finanziellen Anteil im Fonds hat, dann zeigt dies, dass er an den Erfolg dieser Anlage glaubt – ein starkes Verkaufsargument für seine Kommanditisten-Investoren.

Institutionelles Investment

Die Vergütung der institutionellen Investoren hängt zum Teil vom Erfolg der Aktien ab, die sie besitzen. Je nach Umständen und Leistung eines Einzelnen können Investoren Millionen an Dollars bzw. Euros pro Jahr verdienen. Aufgrund von Umschwüngen auf dem öffentlichen Markt gibt es beträchtliche Preisschwankungen, aber im Vergleich zum Beteiligungskapital erzielen institutionelle Investoren eine unmittelbarere Rendite mit den Anlagen, die sie verwalten. Die Verwaltungsgebühren können für diejenigen, die in Investmentfonds arbeiten, recht groß sein.

Anlagebankgeschäft

Investmentbanker erhalten häufig astronomisch hohe Sonderzahlungen (Boni) zusätzlich zu den hohen Grundgehältern. Geschäftsführende Direktoren können Millionen von Dollars bzw. Euros pro Jahr verdienen – aber nur einige wenige erreichen diese Ebene. Im Vergleich zum Beteiligungskapital ist die Vergütung unmittelbarer, obgleich das langfristige Potenzial unter Umständen nicht so gut ist. Investmentbanker verdienen beträchtlich mehr als die Angestellten in den meisten anderen Industriepositionen.

> Die wichtige Frage, die sich Investmentbankern stellt, ist nicht welches Porschemodell sie kaufen, sondern wie viele Porsches sie kaufen.

Wenn Sie daran interessiert sind, sehr viel Geld zu verdienen, dann erwägen Sie, zu einer der großen multinationalen Banken zu gehen. Diese Banken haben mehr Anlagevermögen und mehrere Einkommensarten, deshalb können sie Angestellten höhere Gehälter bezahlen als die kleineren Boutique-Banken und Firmen.

Kapitalanalyse auf Verkäuferseite

Die Tage, an denen man mehrere zehn Millionen Dollar oder Euro dafür verdient hat, dass man positive Dinge über schlechte Aktien gesagt hat, sind vorüber. Die Coverage, die von den Analysten erstellt wird, wird von der SEC (U. S. Securities and Exchange Commission, US-Wertpapier- und Börsenaufsichtsbehörde) reguliert, was die Analysten heutzutage daran hindert, diese Art von Einnahmen zu erzielen. Biotechnologie-Senior-Analysten bei Topfirmen können ansehnliche Grundgehälter und Boni in Höhe von Millionen von Dollars oder Euros erhalten; jedoch erreichen diese Ebene nur wenige Personen.

> Die Vergütung in der Kapitalanalyse ist vergleichbar zu der im Profisport. Die Starspieler sind diejenigen, welche die überdurchschnittlichen Einkünfte erzielen.

Investmentbanker verdienen mehr als ihre Kapitalanalysten. Die Gehälter der Kapitalanalysten schwanken stark, um den Faktor zehn oder mehr. Die Boni basieren auf der Dauer des Beschäftigungsverhältnisses und auf Bewertungen.

Wie wird Erfolg gemessen?

Beteiligungskapital

Der Erfolg eines Beteiligungskapitalgebers wird zum Teil daran gemessen, wie viel Geld er verwaltet sowie an den Renditen, welche die Anlagen bringen. Erfolgreiche Firmen aufzubauen und mit Portfolio-Firmen an die Börse zu gehen oder für eine Übernahme dieser Firmen zu sorgen, ist so lange ein Erfolg, solange sich die Aktien mit Gewinn verkaufen lassen. Ein anderes Maß für Erfolg ist die Fähigkeit, den Wert der Portfolio-Firmen zu steigern, indem man an entscheidenden geschäftlichen Vorgängen beteiligt ist (obgleich ein derartiger Erfolg schwer quantifizierbar ist). Beteiligungskapitalgeber messen auch ihre eigenen Leistungen an dem anhaltenden Erfolg der Firmen, die sie während ihrer Entstehung und früher Wachstumsphasen unterstützt haben, sogar lange nachdem die Beteiligungskapitalgeber die Aktien abgestoßen haben. Beteiligungskapitalgeber besitzen eine „Trophäenwand", an der sie die gerahmten Zertifikate der Börsengänge ihrer Portfolio-Firmen zur Schau stellen.

Institutionelle Investments

Bei institutionellen Investments basiert die Leistung auf jährlichen Anlagerenditen und darauf, wie viel Geld eingenommen wird. Potenzielle Investoren prüfen die Entscheidungsmuster eines institutionellen Investors eingehend: Wurden Aktien billig gekauft und teuer verkauft oder umgekehrt? Wurden bestimmte Aktien zu einer guten Zeit gekauft oder verkauft? Zusätzlich sind die Persönlichkeit eines Investors und die Fähigkeit, die Firma bei den Kunden gut zu repräsentieren, wichtige Faktoren bei der Festsetzung der Vergütung.

Bei Analysten wird der Erfolg an der Durchführung einer konstruktiven sorgfältigen Prüfung und dem Erhalt exakter Firmeninformationen gemessen, dazu gehört ein umfassendes Datenpaket.

Anlagebankgeschäft

Im Anlagebankgeschäft wird der Erfolg daran gemessen, wie viel Geld für die Bank verdient wird, und anhand des Potenzials, weiteres Geld mit neuen Geschäften zu verdienen. Geld wird mit Transaktionen verdient, zumeist aus Folgeemissionsangeboten von Aktien und Börsengängen. Eine weitere Messgröße für Erfolg ist die Fähigkeit, zu Firmen Beziehungen aufzubauen und diese als langjährige Kunden zu gewinnen.

Kapitalanalyse auf Verkäuferseite

Bei der Kapitalanalyse auf Verkäuferseite (*sell-side*) ist es für das Fortkommen Ihrer Karriere wichtig, dass Sie kontinuierlich die richtigen Ratschläge zur Aktienwahl geben. Personen, welche die Aktienperformance richtig vorhersagen können, gewinnen mit der Zeit an Ansehen, verdienen mehr und sind schließlich hoch profiliert. Ein Analyst wird vor allem dann positiv bewertet, wenn er hochwertige Informationen zur Verfügung stellt, die für die Investoren andernfalls nicht erhältlich sind.

Die Leistungsbeurteilung der Kapitalanalyse auf Verkäuferseite kann ziemlich subjektiv sein, und in manchen Firmen kann sie in einen Beliebtheitswettbewerb ausarten. Die Vergütung eines *Sell-side*-Analysten unterliegt einer Abstimmung, die auf Leistungsmessungen basiert. Kunden und das Vertriebsteam stimmen über ihre beliebtesten Analysemitarbeiter und Analysten ab. Zusätzlich schätzt eine objektive Messung mit der Bezeichnung StarMine das Ergebnis der Aktienempfehlungen der Analysten ein. Andere Maßstäbe sind die Anzahl der Geschäfte im Namen eines Betreffenden und die Qualität der Aktien, die jemand „covert".

Das Für und Wider der Arbeit

Positive Aspekte einer Laufbahn in der Finanzwirtschaft der Gesundheitsindustrie

Alle Laufbahnen in der Finanzwirtschaft der Gesundheitsindustrie

- Die enorme Jobvielfalt macht jeden Tag anders und dynamisch. Jeder Tag ist eine Lernerfahrung mit neuen intellektuellen Herausforderungen. Innerhalb solcher Laufbahnen werden betriebswirtschaftliche, wissenschaftliche und finanztechnische Fähigkeiten gleichermaßen benötigt.

- Man verfolgt topaktuelle technische Fortschritte hautnah und erhält eine Menge anregender neuer Informationen. Sie sind in die faszinierende Welt der Wissenschaft und Finanzen eingetaucht. Es handelt sich hier um eine der wenigen Laufbahnen, in denen jemand mit einem wissenschaftlichen oder medizinischen Hintergrund an der Börse tätig werden kann.

  Die Finanzwirtschaft der Gesundheitsindustrie ist eine aufregende Mischung aus Wissenschaft, Kommunikation und Geschäft – alles in einem.

- Sie haben die Chance, berühmte Menschen kennenzulernen, beispielsweise Nobelpreisträger, und Sie können ihnen unter Umständen dabei helfen, ihre Ideen voranzubringen. Es kann sehr anregend und lehrreich sein, zum näheren Umfeld herausragender und hoch motivierter Führungskräfte zu gehören.

- Millionen von Dollars oder Euros zu verwalten und mit hochrangigen Führungskräften Umgang zu haben, ist lohnenswert, da man Einfluss hat und etwas bewegen kann. Es fällt schwer, sich nicht wichtig zu fühlen.

- Die Führungskräfte in der Finanzwirtschaft der Gesundheitsindustrie helfen, aussichtsreiche Firmen mit Geld zu versorgen, oder verhelfen diesen zu einem Fonds. Die Investoren gewinnen, die Gesellschaft gewinnt, und die Biotechnologiefirmen haben ausreichend Mittel, um den Patienten ein neues Produkt zu liefern.

  Eine aussichtsreiche Firma, die Krebstherapien entwickelt, ginge ohne Investoren, die das nötige Kapital bereitstellen, rasch konkurs.

- Jobs in der Finanzwirtschaft der Gesundheitsindustrie haben ein großes Prestige. Man hat es mit hochrangigen Industrie-Führungskräften, wie Generaldirektoren, Investoren und wichtigen Meinungsführern zu tun, Personen, denen man andernfalls nur schwer begegnen würde.

- Die Vergütung ist ausgezeichnet. Viele Personen werden außerordentlich wohlhabend. Es handelt sich um eine gute Gelegenheit, solide Geschäftsfähigkeiten zu erwerben und gleichzeitig ansehnlich bezahlt zu werden.

- Diese Jobs bieten einen ausgezeichneten beruflichen Einblick in andere Wissenszweige und sorgen für ein großes Netzwerk an Kontakten, um einen eventuellen späteren Wechsel zu ermöglichen.

Speziell für Laufbahnen im Beteiligungskapital und institutionellen Investment

- Diese Jobs bieten Unabhängigkeit und Freiheit. Sie entscheiden jeden Tag, womit Sie Ihre Zeit verbringen und wen Sie treffen möchten. Sie haben die Freiheit, Ihren Job ohne bedeutende Einmischung und Beteiligung anderer zu machen.

- Im Gegensatz zum Anlagebankgeschäft besteht hier kein Zusammenhang zwischen den aufgewendeten Stunden und der Produktivität, deshalb arbeiten die meisten Angestellten weit weniger als Banker. Die Philosophie lautet, gerissener und nicht härter zu arbeiten, aber es handelt sich immer noch um harte Arbeit.

- Den Beteiligungskapitalgebern verschafft es eine enorme Befriedigung, eine Firma bei ihrer Wertsteigerung zu unterstützen. Sie können wirklich etwas bewegen und einen positiven Einfluss auf Firmen und die Lebensgrundlage ihrer Angestellten ausüben.

- Verglichen mit Beteiligungskapitalgebern arbeiten unbeschränkt haftende Gesellschafter in institutionellen Investmentgesellschaften unabhängiger. Die Investoren benötigen kein Konsortium oder Einigkeit, um Geschäfte abzuschließen, wie es für das Beteiligungskapital typisch ist. Außerdem ist es nicht erforderlich, mit externen Kommanditisten-Investoren zusammenzuarbeiten.

Speziell für das Anlagebankgeschäft

Wenn Sie ein Sportler sind und den Wettkampf lieben, dann ist jeder Tag in einer Anlagebank berauschend.

- Es ist ein gutes Gefühl, wenn man eine Geschäftstransaktion erfolgreich zu Ende gebracht hat, vor allem vor dem Hintergrund eines hart umkämpften Markts.

- Mehrere Jahre Erfahrung auf der Verkäuferseite verschaffen Ihnen eine Unmenge an Karriereoptionen, einschließlich eines Wechsels auf die Käuferseite. Die Arbeit auf der Verkäuferseite ist ein geeigneter Weg, um sich auf all dies vorzubereiten.

Speziell für die Kapitalanalyse auf Verkäuferseite

- Sie nutzen Ihr Investor- und Ausbildungswissen, stellen eine These auf und freuen sich darüber, wenn sie sich später als richtig erweist.

Sagen Sie beispielsweise korrekt voraus, dass eine Aktie steigen oder eine klinische Prüfung scheitern wird, und diese Dinge treten tatsächlich ein, dann zeigt dies, dass Sie der Richtige für den Job sind.

- Ihre Fähigkeit, aufschlussreiche Informationen über Firmen zu bekommen und diese mit eigenen Einschätzungen anzureichern, hilft den Kunden, Geld zu verdienen. Es macht Freude, wenn Kunden Ihre Arbeit wertschätzen.
- Die Arbeit ist nicht so stressig wie bei den Investmentbankern.
- Kapitalanalysten arbeiten als Mitglieder eines kleinen Teams eng zusammen und genießen die Kameradschaft.

Die möglicherweise unangenehme Seite der Finanzwirtschaft der Gesundheitsindustrie

Beteiligungskapital (Venture Capital)

- Die Beteiligungskapitalbranche ist nicht sehr teamorientiert. Hier herrscht nicht der gleiche Gruppenzusammenhalt wie er in einer Biotechnologiefirma üblich ist. Manche Firmen sind teamorientiert, wohingegen andere eine „Einzelkämpfer"-Kultur pflegen. Eine „freundliche Rivalität" ist üblich, indem die Mitarbeiter versuchen, einander die aussichtsreichen Geschäfte zu stehlen. Da die meisten Risikokapitalfirmen außerdem klein sind, kann die Arbeit im Vergleich zu großen Firmen, die viele Angestellte beschäftigen, durch wenig soziale Kontakte geprägt sein.
- Die Arbeit ist etwas konzeptionslos. Sie arbeiten nicht an direkt greifbaren Dingen, d. h. sie entwickeln kein Produkt, das man vermarkten kann. Menschen, die sich gerne die Finger schmutzig machen und gerne Daten erzeugen, die für die Produktentwicklung verwendet werden können, erhalten im Beteiligungskapital keine Befriedigung.
- Es dauert lange, bis man die Ergebnisse oder Renditen seiner Investitionen sieht (siehe „Die größten Herausforderungen"). Es ist möglich, dass man zehn Jahre als Beteiligungskapitalgeber arbeitet und keine Erfolge sichtbar werden. In dem Maße, in dem immer mehr Personen in das Gebiet eindringen, wird es zunehmend schwieriger, sich zu profilieren.

> Beteiligungskapitalanlagen sind langfristige Vorhaben, Sie ziehen selten unmittelbare Befriedigung aus Ihrer Arbeit.

- Beteiligungskapitalgeber reisen normalerweise ein- bis zweimal pro Woche, um an Aufsichtsratssitzungen der Portfolio-Firmen und Konferenzen teilzunehmen. Der Reiseumfang lässt sich verringern, wenn man in lokale Firmen investiert.
- Die Arbeit im Beteiligungskapital kann sehr fordernd sein. Man erwartet von Ihnen, dass Sie sich voll engagieren und sehr fleißig sind. Die reine Anzahl persönlicher Kontakte kann bisweilen abschreckend sein.

- Die Kapitalbeschaffung ist langweilig und ermüdend. Auf einer Standard-Informationsveranstaltung besuchen Sie unter Umständen zehn verschiedene Städte und geben 25-mal in fünf Tagen die gleiche Präsentation.
- Jobs in Risikokapitalfirmen sind heiß begehrt und hart umkämpft. Die Arbeit selbst kann wettbewerbsintensiv sein, da die Partner um die aussichtsreichsten Geschäfte konkurrieren.

Institutionelles Investment

- Es gibt zu wenig Zeit, um sich lange mit einem Thema zu beschäftigen.
- Die Investitionen in der Biotechnologie schwanken. Es ist deprimierend, wenn entscheidende klinische Prüfungen scheitern und die Firmenaktien abstürzen. Ein institutioneller Investor muss lernen, diese Aspekte des Geschäfts zu akzeptieren.
- Das Reisen kann anstrengend sein.

Anlagebankgeschäft

Die beiden einzigen Tage, an denen es akzeptabel ist, im Anlagebankgeschäft freizunehmen, sind Ihre eigene Hochzeit und Ihre eigene Beerdigung!

- Rechnen Sie damit, dass Sie Überstunden machen müssen und keine Kontrolle über Ihren Terminplan haben. Sie sind praktisch immer im Dienst. Junioranalysten erhalten nur wenige Wochen Urlaub pro Jahr, aber sie haben eigentlich keine Zeit, diesen zu nehmen. Ihre Urlaubspläne können Ihnen unter Umständen jederzeit zunichte gemacht werden (sogar während Sie reisen), und abzulehnen ist nicht akzeptabel. Das Anlagebankgeschäft und ein aktives Familienleben passen nicht gut zusammen. Kunden hängen von Ihnen ab. Wenn Sie nicht da sind, dann werden sie ihr Geschäft anderswo machen.
- Sich mit Kunden treffen und Geschäfte anbahnen, erfordert eine ausgiebige Reisetätigkeit. Es ist wichtig, dass man mit vielen Menschen spricht, um Beziehungen zu knüpfen und den Kunden neue Ideen zu präsentieren. Es braucht Zeit und viele Treffen, bis ein Geschäft unter Dach und Fach ist. Um Beziehungen zu knüpfen, sind persönliche Begegnungen nötig – Führungskräfte treffen keine Entscheidungen über Milliarden von Dollars oder Euros am Telefon.
- Das Anlagebankgeschäft ist stressreich. Es gibt nicht nur Überstunden, sondern die der Biotechnologieindustrie und dem Markt anhaftenden Unvorhersehbarkeiten können den Erfolg der finanziellen Transaktionen gefährden. Ein Scheitern schadet Ihrem Ruf und den zukünftigen Geschäftsaussichten enorm.
- Es gibt häufig Notfälle. Sie müssen unverzüglich auf die Bedürfnisse Ihrer Kunden reagieren. Probleme zu lösen, kann manchmal eine ganze Nacht in Anspruch nehmen.

- Ein großes Ego steht einem guten Geschäftsinstinkt häufig im Weg, insbesondere bei Fusionen und Firmenübernahmen. Dies kann Geschäfte platzen lassen. Die Belange der Menschen können nicht einfach gelöst werden, auch wenn es eine finanzielle Synergie gibt.
- Manche großen Banken haben 200 000 Angestellte. In einer solchen Umgebung ist es schwierig, wahrgenommen zu werden, um beruflich weiterzukommen. Dies macht den Büroalltag in manchen Firmen zu einer unerfreulichen Angelegenheit.
- „Einstellungsorgien" und Entlassungen sind verbreitet, je nach wirtschaftlichem Klima. Falls Sie eine Position mit guter Arbeitsplatzsicherheit suchen, dann ist das Anlagebankgeschäft ein gefährlicher Ort für Sie.

Kapitalanalyse auf Verkäuferseite

- Gehen Sie davon aus, dass Sie Überstunden machen müssen – auch an den Wochenenden. Ständig die relevanten Nachrichten zu verfolgen, ist Pflicht. Es ist schwierig, die täglichen Arbeitsanforderungen zu erfüllen und gleichzeitig so etwas wie ein Privatleben zu haben. Nach längerer Betriebszugehörigkeit (Senior-Analysten) verbessern sich die Arbeitszeiten geringfügig, aber manche Menschen sind schließlich ausgebrannt (Burn-out-Syndrom).
- Rechnen Sie damit, dass Sie häufig reisen, wenn auch nicht so oft wie die Investmentbanker.
- Die Beratung von Kunden zu Aktien bringt viel Stress mit sich. Wenn Sie eine reelle Begründung für Ihre Aktienbewertungen entwickelt haben, dann ärgern sich die Leute seltener über Sie, wenn Sie falsch liegen. Aber sogar bei der besten Analyse gibt es Faktoren, die außerhalb Ihrer Kontrolle liegen; somit ist es unvermeidbar, dass Sie Aktienprognosen abgeben, die sich als unrichtig erweisen. Wenn Menschen Geld verlieren, können sie durchaus unfreundlich werden. Viele neigen dazu, Analysten anzuschreien und zu beschimpfen. Sie könnten Ihnen unter Umständen sagen: „Sie sollten lieber wieder Patienten behandeln, aber auch das ist keine gute Idee, weil Sie sie wahrscheinlich umbringen würden!" Wenn Sie sich zu oft irren, schadet das Ihrem Ruf und Sie verlieren schließlich Ihren Job!

  Eine Aktie zu verteidigen, die abgestürzt ist, ist einfach widerwärtig!

- Man ist ständig auf der Jagd nach aktuellen Medieninformationen, die man an Kunden und sein Vertriebsteam weitergeben kann.
- Mit den Investmentbankern Einvernehmen herzustellen, ist nicht immer einfach. Investmentbanker sind engagiert, so viele Transaktionen wie möglich mit möglichst vielen Firmen durchzuführen. Von Kapitalanalysten wird im Allgemeinen verlangt, dass sie die Coverage über die Firmen abfassen, mit denen die Investmentbanker Geschäfte abgeschlossen haben, ungeachtet der Qualität der Firma. Die Analyse soll unabhängig von den Investmentbankern durchgeführt werden.

- Die persönlichen Leistungsbewertungen sind in der Kapitalanalyse ziemlich subjektiv. Wenn man eine ungünstige Bewertung bekommt, so hat das unter Umständen eine direkte Auswirkung auf die Bezahlung oder noch schlimmer auf den Job.
- Den Kapitalanalysten ist es nicht gestattet, persönlich in die Firmen zu investieren, über die sie die Coverage machen, weil dies zu einem Interessenkonflikt führt. Sie können jedoch in Firmen in anderen Industriezweigen investieren.

Die größten Herausforderungen des Jobs

Beteiligungskapital (Venture Capital)

Lange Zeithorizonte und eine unvorhersehbare Umgebung, in der man sich selbst beweisen muss

Bis die Investitionen reifen, braucht es viele Jahre, und während dieser Zeit gibt es kaum oder gar keine direkte Rückmeldung über Ihr Anlageergebnis. Dies macht es schwierig, eine stichhaltige Erfolgsgeschichte zu entwickeln und die Zuversicht zu bewahren, dass man in diesem Job gut arbeitet. Bei den jungen und unerfahrenen Beteiligungskapitalgebern dauert es sechs bis acht Jahre, um festzustellen, ob sie kompetent sind. Außerdem hängt Ihr Erfolg von Faktoren ab, die nicht in Ihrer Macht liegen, wie z. B. Konjunkturzyklen und ob eine klinische Prüfung genehmigt wird. Sie können unter Umständen ein fähiger Investor sein, wenn aber der Biotechnologiesektor aus Gründen in Schieflage gerät, die außerhalb Ihrer Kontrolle liegen, dann kann es sein, dass Sie scheitern.

In einer konkurrierenden Umgebung ein Ansehen aufbauen

Wenn Sie oder Ihre Firma den Ruf haben, ausgezeichnete Renditen zu erzielen, wird es einfacher, Kommanditisten-Investoren für den Fonds anzulocken. Deshalb wird ständig darum gekämpft, eine gute Anlagereputation aufzubauen und vor „der Meute" in Führung zu liegen. Beteiligungskapitalgeber neigen dazu, aktuellen Markttrends zu folgen. Die meisten Firmen entwickeln ähnliche Anlagestrategien und konkurrieren um Wertgeschäfte (siehe nächster Punkt).

Zu viel Geld jagt zu wenigen Geschäften nach

Es gibt einen Überschuss an Investoren, die in einem begrenzten Pool an verfügbaren und aussichtsreichen Geschäftsabschlüssen „fischen". Aus der Grundlagenforschung, welche die Biotechnologie unterstützt, kommen pro Jahr nur einige wenige Ideen mit Marktpotenzial. Aufgrund dieses beschränkten Pools ist der Wettbewerb intensiv, und die

Bewertung der Geschäfte wird üblicherweise in die Höhe getrieben. Wenn der Preis für ein Geschäft steigt, wird es für das Risiko-/Renditeprofil eines Beteiligungskapitalgebers weniger attraktiv. Es gibt immer jemanden, der bereit ist, zu viel zu bezahlen. Infolgedessen kann es sein, dass ein Beteiligungskapitalgeber am Ende keine Investition getätigt hat und gezwungen ist, in Firmen mit ungeeigneten Führungsteams oder einer ungeeigneten Technologie zu investieren. Solche unvorteilhaften Geldanlagen bergen für den Fonds ein größeres Risiko, eine schlechte Rendite zu erzielen. Dies macht es schwieriger, sich von anderen Beteiligungskapitalgebern zu unterscheiden und letztes Endes eine Finanzierung durch einen Kommanditisten zu erhalten.

Finanzierung von Firmen in der frühen Phase

In Unternehmen zu investieren, die sich in einer frühen Phase befinden, ist finanziell riskant, und infolgedessen erhalten weniger junge Unternehmen eine Unterstützung. Augenblicklich ziehen es die Beteiligungskapitalgeber vor, Firmen mit Finanzmitteln zu versorgen, die in einer fortgeschrittenen Phase sind und aussichtsreiche klinische Daten haben. Dies hat in der Industrie zu einem Problem geführt – bei der finanziellen Unterstützung von Projekten in der Frühphase herrscht ein großes Vakuum. Investoren sehen sich mit einer Situation konfrontiert, dass mehrere Finanzierungsrunden benötigt werden, bevor die Produkte der Firmen in die klinischen Prüfungen gehen können. Weil die Produkte jedoch noch am Anfang stehen, kann es schwierig sein, eine zusätzliche Finanzierung zu bekommen. Auch um Firmen an die Börse zu bringen, wird weiteres Kapital benötigt. Wenn weniger Firmen in der Frühphase finanziert werden, dann führen weniger Firmen klinische Prüfungen durch, und infolgedessen gibt es mehr Wettbewerb um die attraktiven Geschäftsabschlüsse in der klinischen Phase (siehe voriger Punkt). Dies macht es schwierig, im Beteiligungskapital seinen Lebensunterhalt zu verdienen und dabei qualitativ hochwertige Arbeit zu leisten.

Institutionelles Investment

Auf dem Laufenden bleiben

Bei der überwältigenden Informations- bzw. Nachrichtenmenge, die heute erhältlich ist, ist es unmöglich, vollständig auf dem Laufenden zu sein – niemand kann dies alleine bewältigen. Es ist eine ständige Herausforderung, die wichtigen Informationen zu extrahieren.

In einer sich ständig ändernden Umgebung gut arbeiten

Wegen des sich permanent verändernden wirtschaftlichen Umfelds ist es schwierig, wissenschaftliche Ansätze zu finden, die eine zukunftsfähige Rendite versprechen. Es ist entmutigend, während wirtschaftlicher

Abschwünge zu arbeiten, wenn die Aktienkurse niedrig sind. Es passiert leicht, dass man in Panik gerät und seine Aktien verkauft. Die Schwierigkeit besteht darin, klar denken zu können und an seinen Anlageprinzipien festzuhalten – Geschäftsobjektivität und Ausdauer sind während wirtschaftlich schlechter Zeiten Ihr Rettungsanker.

Anlagebankgeschäft

Gewinnen

Bei Geschäftstransaktionen als Sieger hervorzugehen, ist für die Investmentbanker die größte Herausforderung. Die Bankleute werden vergütet, wenn sie Finanzierungstransaktionen oder Fusions- und Firmenübernahmen abschließen; aber ebenso verhält es sich bei ihren Konkurrenten, dadurch entsteht eine starke Konkurrenzsituation.

Kapitalanalyse auf Verkäuferseite

Interessante Ideen finden, um täglich zu berichten

Es ist schwierig, den Investoren fortwährend interessante und relevante Informationen zu präsentieren. Manchmal muss man, nur um überhaupt etwas zu bieten, auf Ideen eingehen, hinter denen kein schlüssiges Konzept steht.

Sich in der Finanzwirtschaft der Gesundheitsindustrie auszeichnen ...

Beteiligungskapital (Venture Capital)

Visionäre Anlagefähigkeiten haben

Personen, die sich im Beteiligungskapital behaupten, können ihr Wissen und ihre Erfahrung dazu nutzen, um ein Produktkonzept umfassend zu bewerten und sich das Endergebnis vorzustellen. Sie verstehen, was nötig ist, um eine Rentabilität zu erreichen, ungeachtet des augenblicklichen Markts, und sie sind in der Lage, Wege aufzuzeigen, um das Risiko zu mindern. Erfolgreiche Beteiligungskapitalgeber investieren in Firmen, die liefern, was der Markt in drei bis fünf Jahren braucht.

Portfolio-Firmen wirksam unterstützen

Im Beteiligungskapital hängt der Erfolg unter Umständen davon ab, ob man in der Lage ist, effektive Unterstützung zu leisten und eng mit dem gehobenen Management seiner Portfolio-Firmen zusammenzuarbeiten. Beteiligungskapitalgeber, die Erfolg haben, stellen sicher, dass jede ihrer Firmen das produktivste Managementteam hat und verlässliche Absicherungspläne vorhanden sind. Sie sind bereit, die Führungskräfte aktiv darin zu unterstützen, die wichtigen Transaktionen zu vollenden, um das Unternehmen erfolgreich nach vorn zu bringen.

Eine Fähigkeit, die vielversprechendsten Unternehmer auszuwählen

Ein gutes Managementteam erhöht die Erfolgswahrscheinlichkeit enorm. Bedeutende Beteiligungskapitalgeber scheinen von Haus aus zu wissen, wie man die vielversprechendsten Unternehmer auswählt. Sie werden von erstklassigen Unternehmern wie von Magneten angezogen.

Institutionelles Investment

Mit Ihrer Forschung und Ihren Behauptungen überzeugen

Personen, die im institutionellen Investment erfolgreich sind, sind von ihren Anlagekonzepten überzeugt. Sie können den inneren Wert von Firmen ermitteln und jede Diskrepanz zwischen den Aktien und dem erkennbaren Wert einer Firma wahrnehmen. Sie haben einen „Riecher" dafür, wann es Sinn macht, auch während schlechter Zeiten zu investieren. Die Investoren, die auf Nummer sicher gehen und nur der Masse folgen, treiben die Aktienpreise in die Höhe.

Anlagebankgeschäft

Verkaufskunst

Erfolgreiche Investmentbanker haben herausragende Verkaufsfähigkeiten und können Beziehungen knüpfen und Vertrauen aufbauen. Das Anlagebankgeschäft ist eine anspruchsvolle Vertriebsart. Man muss das Verlangen der Investoren anspornen, als wollte man sein eigenes Unternehmen verkaufen. Bankleute, die über 20 Jahre Beziehungen aufgebaut haben, sind im Vorteil – sie nutzen das Kundenvertrauen und gewinnen auf diese Weise Transaktionsgeschäfte.

Kapitalanalyse auf Verkäuferseite

Ständig neue Informationen haben und den Investoren voraus sein

Sell-side-Kapitalanalysten streben danach, Kunden neue und zeitgemäße Informationen zu bieten. Sie liefern provokative Ideen, die durch solide Recherche und Bewertung abgesichert sind. Sie müssen ihre Konzepte erfolgreich erklären und kommunizieren können.

Sind Sie ein guter Anwärter für die Finanzwirtschaft der Gesundheitsindustrie?

Menschen, die in einer Laufbahn im Beteiligungskapital und im institutionellen Investment erfolgreich sind, haben meist die folgenden Eigenschaften:

Herausragende zwischenmenschliche Fähigkeiten

Sie müssen gut mit anderen arbeiten können, sozial kompetent sein und in der Lage sein, erfolgreich zu kommunizieren. Sie sollten über eine gute Kombination aus Selbstständigkeit und Teamarbeitsfähigkeiten verfügen. Sie müssen sich wohlfühlen, wenn Sie in Daten eintauchen und Sie sollten keine Angst davor haben, fremde Menschen anzurufen. Überragende zwischenmenschliche Fähigkeiten sind aus folgenden Gründen angezeigt:

- Charismatischen Beteiligungskapitalgebern fällt es leichter, Unternehmer anzuziehen, die eine Finanzierung suchen, und Führungskräfte, die von Portfolio-Firmen eingestellt werden. Vorbildliche Unternehmer wählen oft ihre beliebtesten Beteiligungskapitalgeber als Investoren und Aufsichtsratsmitglieder und schließen diejenigen aus, die den Ruf haben, mit Firmenrepräsentanten schroff umzugehen.
- Um mit den Managementteams erfolgreich zu arbeiten, ist eine überragende soziale Kompetenz erforderlich. Als Aufsichtsratsmitglied sind Sie aufgefordert, Probleme zu lösen und Entscheidungen zu fällen, denen oft ein gemeinsamer Meinungsbildungsprozess vorausgeht. Soziale Kompetenz ist erforderlich, um mit dem Stolz der Generaldirektoren und dem Managementteam umzugehen und sich selbst unter Kontrolle zu haben. Manche Beteiligungskapitalgeber werden mit der Zeit selbstherrlich.
- Zudem werden starke zwischenmenschliche Fähigkeiten von den Beteiligungskapitalgebern benötigt, um Kommanditisten-Investoren anzuziehen. Schließlich müssen Sie sich eine herausragende Reputation aufbauen, die auf einer langjährigen, erfolgreichen Investmenttätigkeit und Vertrauen basiert, bevor die Kommanditisten einen Scheck ausstellen. Außerdem wählen Kommanditisten und Unternehmer selektiv aus, mit wem sie arbeiten wollen. Sehr gute zwischenmenschliche Fähigkeiten befähigen die Investoren, mit Menschen verschiedener Herkunft, Ausbildung und Arbeitsideologien umzugehen und Informationen von ihnen zu erhalten.

Das Beteiligungskapital ist ein Geschäft, bei dem es auf Menschen ankommt – je mehr Menschen man kennt, umso besser klappt das Geschäft.

Ein umfangreiches Netzwerk

Ein großes persönliches Netzwerk ist vorteilhaft, um die Auftragsmenge zu steigern und die vielversprechendsten Anlagen zu sichern. Je größer

Ihr Netzwerk ist, umso mehr Gelegenheiten wird es geben, Personen mit einschlägigem Sachverstand ausfindig zu machen, die man um Rat fragen kann.

Starke analytische Fähigkeiten

Es ist unbedingt notwendig, dass man geistig beweglich ist und starke analytische Fähigkeiten besitzt. Es sollte Ihnen Spaß machen, sich um Details zu kümmern und dabei gleichzeitig den Gesamtkontext im Auge zu behalten.

Intellektueller Mut

Sie müssen mit dem Risiko umgehen können, sich in Bereiche zu wagen, in denen Sie kein Experte sind. Beteiligungskapitalgeber haben mit einer Fülle von Problemen des Finanzwesens, der Wissenschaft und des Personalmanagements zu tun. Es ist vorteilhaft, wenn man breit gefächerte Fähigkeiten besitzt.

Hohe Stress- und Risikotoleranz

Das Ergebnis eines Beteiligungsinvestments offenbart sich häufig erst nach sechs bis acht Jahren. In der Zwischenzeit bleibt man im Ungewissen, ob die Geldanlage richtig war. Es gibt unter Umständen eine Million Gründe, warum eine Aktie nicht erfolgreich ist, und vieles kann ein Investor nicht vorhersagen.

Solides technisches Wissen

Eine Investition in der Biotechnologie erfordert breite naturwissenschaftliche und medizinische Kenntnisse. Sie müssen die Sprache der Biologie, der klinischen Prüfungen und der Behördenangelegenheiten verstehen und damit vertraut sein, um nur einige wenige zu nennen.

Das Augenmerk nicht nur auf die Wissenschaft richten

Der häufigste Fehler naturwissenschaftlicher Investoren ist, dass sie sich zu sehr auf die Wissenschaft konzentrieren und glauben, dass technische Aspekte alles entscheiden. In der Mehrzahl der Fälle entstehen die kritischsten Probleme innerhalb der Managementteams. Das Lösen dieser Personalprobleme hat nichts mit Naturwissenschaft zu tun.

Die Fähigkeit, gleichzeitig mehrere Aufgaben zu verrichten

Verlangt wird die Fähigkeit, effizient zu arbeiten, gleichzeitig mehrere Projekte zu betreuen und jederzeit in der Lage zu sein, neue Prioritäten zu setzen.

Die Fähigkeit, flexibel zu denken

Biotechnologiefirmen müssen mehrfach ihren Geschäftsplan ändern, bis sie Erfolg haben. Sie brauchen die Fähigkeit zu erkennen, wann der Zeitpunkt gekommen ist, Dinge zu verändern. Trotz der Veränderung müssen Sie in der Lage sein, weiterhin Ihre Portfolio-Firmen zu unterstützen, oder der Versuchung zu widerstehen, während solch schwieriger Zeiten Aktien zu verkaufen.

Menschen, Märkte und die Wissenschaft gut beurteilen können

Es ist wichtig, dass man eine detaillierte Marktanalyse (Business Intelligence) durchführt und abschätzt, was einen finanziellen Sinn ergibt und wo man Geld verdient. Eine Intuition für Managementteams zu haben, erkennen und verstehen zu können, was Personen motiviert und deren Fähigkeiten einzuschätzen, sind elementare Eigenschaften, um die richtigen Investitionen zu tätigen.

Konflikttoleranz

Es werden harte Entscheidungen verlangt, wie z. B. einen Gründungsgeneraldirektor zu entlassen. Man muss sich auf Fakten stützen, diplomatisch und einfühlend sein und während Konflikten eine positive Haltung bewahren.

Diplomatie und ausgezeichnete Verhandlungsfähigkeiten

Um mit Kommanditisten Geschäfte abzuwickeln und Anlagen zu tätigen, sind ausgezeichnete Verhandlungsfähigkeiten vonnöten. Das optimale Ergebnis eines Geschäftsvorgangs ist dann erreicht, wenn die Beteiligten auf beiden Seiten mit den Konditionen zufrieden sind. Unternehmer sind motivierter, erfolgreich zu sein, wenn sie ein Geschäft abschließen, das für beide Seiten von Vorteil ist.

Die Fähigkeit, objektive und intelligente Entscheidungen zu fällen

Man sollte keine emotionale Beziehung zu einer bestimmten Technologie oder einem Managementteam aufbauen, sondern rational die besten Anlagestrategien auswählen. Institutionelle Investoren müssen während wirtschaftlich schwieriger Zeiten Ruhe bewahren und panische Entscheidungen vermeiden, wie z. B. Aktien abzustoßen, ohne die Konsequenzen zu bedenken.

Geduld und Ausdauer

Portfolio-Firmen haben ihre Höhen und Tiefen, und Anlagen haben lange Zeithorizonte. Geduld und Ausdauer sind nötig, um an einer Firma oder einer Aktie festzuhalten.

Die Fähigkeit, Einzelheiten zu untersuchen oder in sie einzutauchen

Wenn institutionelle Investoren Firmen im Vorfeld von Investitionen überprüfen, dann wollen sie vor allem mögliche Risikofaktoren ausfindig machen, bevor sie Geldanlagen tätigen. Sie tun alles, um an die entscheidenden Informationen zu kommen. Beteiligungskapitalgeber führen ebenfalls eine Sorgfaltsprüfung (Due Diligence) von Firmen durch, aber diese findet in einer früheren Phase des Unternehmens statt, deshalb gibt es unter Umständen weniger Firmengeschichte zu überprüfen und weniger dunkle Geheimnisse zu lüften. Sobald die institutionellen Investoren eine Anlage getätigt haben, liegt es in ihrem Interesse, ihre Entscheidung in das beste Licht zu rücken.

> Institutionelle Investoren sind wie investigative Journalisten – sie sind geübt, verdeckte Informationen ans Tageslicht zu bringen.

Menschen, die in einer Laufbahn im Anlagebankgeschäft und der *Sell-side*-Kapitalanalyse zur Entfaltung kommen, haben meist die folgenden Eigenschaften:

Ausgezeichnete kommunikative Fähigkeiten

Die Erfolgreichen wissen, wie man rücksichtsvoll und nicht herablassend erscheint. Man muss lernen, wie man eine Geschichte gestaltet, eine Empfehlung abgibt und die Kernaussage herausarbeitet.

Die Fähigkeit, in einer hektischen Umgebung zu arbeiten

Die Arbeit ist hektisch und Sie müssen rasch reagieren. Die Dinge passieren in Echtzeit, und Menschen können innerhalb von Sekunden sehr viel Geld verlieren.

Eine gut entwickelte Multitasking-Fähigkeit

Zeitmanagement und Effizienz sind von zentraler Bedeutung. Sie müssen gleichzeitig mit mehreren Aufgaben „jonglieren" können. Jede einzelne Aufgabe kann unter Umständen einfach bewältigt werden, aber viele Dinge gleichzeitig zu erledigen, ist das, was die Arbeit schwierig macht.

Die Bereitschaft, hart zu arbeiten, und eine gute Arbeitsmoral

Dies ist ein Job, der einen völlig vereinnahmt. Sogar wenn sie zu Hause sind, sehen Investmentbanker ihre Nachrichten durch. Das Bankgeschäft ist eine Lebenseinstellung, nicht nur ein Job. Eine starke Arbeitsmoral ist obligatorisch. Investmentbanker müssen jung und tatkräftig sein, um mit der hohen Arbeitsbelastung und den Überstunden fertig zu werden.

Einen beharrlichen und aggressiven Tatendrang zu gewinnen

Bankleute haben einen unstillbaren Drang, etwas zu erreichen.

Das Bankgeschäft ist eine hart umkämpfte Industrie. Man muss motiviert sein, gewinnen zu wollen. Einen „Deal" unter Dach und Fach zu bekommen und Transaktionen erfolgreich abzuschließen, kann schwierig sein. Auch ehemalige Sportler arbeiten in Banken. Sie genießen den Nervenkitzel der Verfolgungsjagd und des Gewinnens. Ihre Wettbewerbserfahrung verschafft ihnen Fähigkeiten, die sich direkt auf das Anlagebankgeschäft übertragen lassen.

Eine gewinnende Vertriebspersönlichkeit

Verkaufskompetenzen, wie z. B. ein guter Zuhörer zu sein und eine harmonische Beziehung zu den Kunden herzustellen, sind unverzichtbar. Zu den Verkaufskompetenzen gehört es, dass man die Reaktionen und die Körpersprache von Menschen lesen kann, scharfsinnig ist und weiß, wann man eine geschäftliche Zusammenarbeit anbahnt und wann nicht.

Analytische Fähigkeiten

Eine wissenschaftliche Ausbildung ist in diesem Berufsfeld von Vorteil. Sie müssen logisch denken können und wissen, wie man Hypothesen aufstellt, untersucht und testet. Nötig sind Erfahrungen bei der Entwicklung von Finanzmodellen, der Erforschung wissenschaftlicher Details sowie mit klinischen Prüfungen. Man sollte entscheiden können, welche der vielen verfügbaren Daten relevant sind.

Eine kontaktfreudige Persönlichkeit und ausgezeichnete zwischenmenschliche Fähigkeiten

Es ist wichtig, dass man kontaktfreudig ist. Sie müssen engagiert sein und harmonische Beziehungen entwickeln, indem Sie Ihr finanzielles und industrielles Expertenwissen zeigen.

Es ist vorteilhaft, wenn man kontaktfreudig, ausgiebig vernetzt und sehr sozial ist. Weil die Arbeit in facettenreichen Teams stattfindet, kann es sein, dass Sie viele Mitarbeiter koordinieren müssen, von denen jeder einen unterschiedlichen Antrieb und eine andere Motivation hat. Ein großer Teil der Arbeit besteht darin, mit Kunden Ideen zu erörtern und diese in Konzepte einzubinden. Es ist wichtig, dass man die Kunden gut behandelt und ehrlichen und aufrichtigen Rat gibt. Außerdem ist es wichtig, dass man politisch klug ist. Viele Kunden sind wohlhabend und problematische Persönlichkeiten, deshalb brauchen Sie soziale Kompetenz, um entsprechend mit ihnen umzugehen.

Kreative Problemlösungsfähigkeiten

Bei nahezu jeder Transaktion stößt man auf neue Probleme. Sie müssen beharrlich bleiben, von Ihrer Arbeit überzeugt sein und kreative Lösungen für schwierige Probleme finden.

Eine positive Haltung

Bankleute verbringen viel Zeit bei der Arbeit. Wenn Angestellte überlastet und überarbeitet sind, können sie leicht mürrisch und gereizt werden. Dies ist ein solch wichtiger Punkt, dass Einstellungsleiter es vorziehen, vor allem Analysten mit einer positiven inneren Haltung einzustellen, auch wenn es diesen an Fachkenntnis mangelt.

Dicke Haut

Es ist wichtig, mit Kritik umgehen zu können und aus Fehlern zu lernen. Viele Geschäfte kommen nicht zustande, deshalb sollte man bei Absagen nicht überreagieren oder mutlos werden. Banker mit langjähriger Berufserfahrung entwickeln schließlich eine dicke Haut und reagieren gelassen auf Absagen.

Der Wunsch, etwas über die Finanzmärkte zu erfahren

Die Arbeit einer Anlagebank bietet die Möglichkeit, etwas über die Funktionsweise des westlichen Kapitalismus zu erfahren. Das Ausmaß an Kontakten und Informationen, das Sie innerhalb weniger Jahre über die Finanzwirtschaft erwerben werden, kann enorm sein.

Schnelle Entscheidungen treffen können

Kapitalanalysten müssen rasch Entscheidungen treffen können. Wenn beispielsweise eine klinische Prüfung scheitert, dann muss man schnell entscheiden und bekannt geben, ob man die Aktien höher bewertet oder herunterstuft.

Ausgezeichnete Schreibfertigkeiten

Kapitalanalysten müssen klar und prägnant kommunizieren. Sie müssen ihre Zuhörer schnell einschätzen können, um wissenschaftliche Zusammenhänge auf einem geeigneten intellektuellen Niveau erklären zu können.

Sie sollten eventuell eine Laufbahn außerhalb der Finanzwirtschaft der Gesundheitsindustrie in Betracht ziehen, falls Sie ...

- jemand sind, der nicht gerne reist.
- nicht bereit sind, hart zu arbeiten oder Überstunden zu machen.

- jemand sind, der Projekte von Anfang bis Ende betreuen will. Dies ist eine der wenigen Laufbahnen, die Menschen mit kurzen Aufmerksamkeitsspannen belohnt.
- im Abschließen von Geschäften unerfahren sind.
- unfähig sind, erfolgreich mit problematischen Menschen umzugehen.
- nicht nachvollziehen können, wie die geschäftlichen Grundlagen sind und Bewertungen funktionieren.
- jede Situation voll unter Kontrolle haben wollen.
- Risiken nicht tolerieren.
- mit stressreichen Situationen, Verlusten und Rückschlägen nicht umgehen können.
- unschlüssig sind oder keine schnellen Entscheidungen treffen können.
- zu schüchtern oder ängstlich sind.
- nur wegen des Geldes dabei sind.

Das Karrierepotenzial in der Finanzwirtschaft der Gesundheitsindustrie

In der Finanzwirtschaft der Gesundheitsindustrie kann ein Laufbahnwechsel bedeuten, dass man zu einer Firma geht oder Firmen gründet, ein Einzelinvestor oder Business Angel wird und Kapital bereitstellt. Viele Leute wechseln zu neu gegründeten Firmen und arbeiten in der Geschäftsentwicklung (Business Development) oder in anderen exponierten Positionen oder werden Unternehmer (Abb. 24.2).

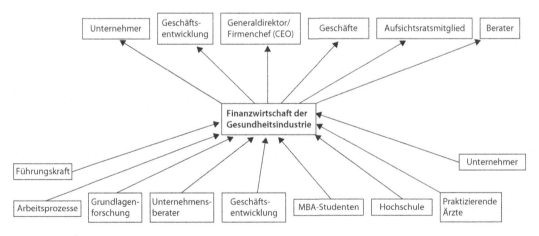

Abb. 24.2   *Übliche Karrierewege in die Finanzwirtschaft in der Gesundheitsindustrie.*

Beteiligungskapital (Venture Capital)

Die meisten Beteiligungskapitalgeber betrachten ihre Laufbahn als einen Endpunkt und nicht als Sprungbrett für andere Berufe. Diejenigen, die weggehen, wechseln oft in die Geschäftsentwicklung oder in Führungspositionen innerhalb junger Firmen.

Beteiligungskapitalfirmen sind eher klein, und die Berufsbezeichnungen sind nicht standardisiert. Unbeschränkt haftende Gesellschafter besitzen die volle Haftung, verwalten den Übertrag und sind für die Entscheidungsfindung innerhalb der Firma verantwortlich. Sie sind an der Kapitalbeschaffung beteiligt und tätigen und verwalten Geldanlagen. Unternehmenspartner (Venture-Partner) haben das Recht, sich finanziell an Geschäften zu beteiligen und erhalten im Gegenzug einen Prozentsatz des Übertrags aus diesen Geschäften. Juniorpartner besitzen die Freiheit, unabhängig zu agieren und Anlagen zu tätigen. Die primäre Aufgabe von Mitarbeitern ist es, die unbeschränkt haftenden Gesellschafter bei der Durchführung von Unternehmensbewertungen zu unterstützen und mitzuhelfen, dass ihre Portfolio-Firmen erfolgreich sind. Die meisten Mitarbeiter verbringen ein paar Jahre im Beteiligungskapital und weiten ihre Erfahrung später auf Portfolio-Firmen aus, normalerweise in Positionen der Geschäftsentwicklung oder der Geschäftsleitung. Eine Mitarbeiterposition ist keine Garantie dafür, irgendwann eine Partnerschaft angeboten zu bekommen – Mitarbeiter werden häufig nicht mit der Erwartung eingestellt, dass sie jemals Partner werden. Analysten gehören zum Nachwuchs, sie realisieren die Finanzmodelle.

Institutionelles Investment

Bei den institutionellen Investoren gibt es zwei Varianten: Analysten (*Buy-side*-Kapitalanalysten) und Portfolio-Manager (Senior-Kapitalanalysten). Beide analysieren den wissenschaftlichen Fortschritt und die Lebensfähigkeit von Firmen und führen eine Unternehmensbewertung durch. Portfolio-Manager recherchieren nach Aktien, wählen diejenigen aus, in die investiert wird, und verwalten dann ihre Anlageportfolios. Mitarbeiter (*associates*) und Analysten können schließlich Portfolio-Manager werden. Aber das Hauptziel ist, Kapital zu beschaffen und eigene Finanzierungen zu betreiben.

Anlagebankgeschäft

Investmentbanker können zu Firmen gehen und dort in der Geschäftsentwicklung arbeiten oder sie widmen sich dem Beteiligungskapital oder dem institutionellen Investment.

Kapitalanalyse auf Verkäuferseite

Wenn man die Verkäuferseite verlassen möchte, ist ein Wechsel auf die Käuferseite die erste Wahl.

Einstiegskapitalanalysten beginnen als Mitarbeiter (*associates*) und werden unter Umständen schließlich Senior- oder leitende Analysten. Mitarbeiter und Analysten verbringen ihre Zeit mit der Suche nach Firmen und entwickeln Anlagestrategien und Finanzmodelle. Senior-Analysten sind für die Pflege der Beziehungen zu ihren institutionellen Investmentkunden verantwortlich. Ein üblicher Karriereweg ist auch, dass man auf die Käuferseite wechselt (z. B. Beteiligungs- oder Unternehmenskapital).

Jobsicherheit und Zukunftstrends

Jobs in der Finanzwirtschaft der Gesundheitsindustrie sind hart umkämpft, den vielen hoch qualifizierten Jobsuchenden stehen relativ wenig offene Stellen gegenüber. Am schwierigsten ist es wahrscheinlich, eine Einstiegsposition zu bekommen.

Beteiligungskapital (Venture Capital)

Die wichtigsten Gründe, warum Beteiligungskapitalgeber ihre Firmen verlassen, sind eine düstere Investment-Erfolgsgeschichte und noch häufiger persönliche Kämpfe mit den Partnern.

Risikokapitalfirmen sind kleine Unternehmen mit zwei bis zehn Partnern. Infolgedessen gibt es nur wenige Jobchancen, qualifizierte Bewerber hingegen in Fülle. Die Firmen bekommen jeden Monat buchstäblich Hunderte von Bewerbungen von sehr talentierten Fachleuten, die eine Anstellung suchen. Noch schwieriger ist es, in renommierten Firmen mit glänzenden Reputationen und einer großen Kapitalmenge unter Verwaltung eine Position zu bekommen. Die Gesamtzahl der aktiven Beteiligungskapitalpartner liegt in den Biowissenschaften wahrscheinlich unter 200, diese werden von einer noch kleineren Anzahl von Mitarbeitern (*associates*) und Juniorpartnern unterstützt.

Partner tragen „goldene Handschellen", deshalb wechseln sie selten die Firma. Es dauert viele Jahre, bis sie ihren Übertrag (*carry*) erhalten, dies ist ein kluger Mechanismus, der dafür sorgt, dass diejenigen, die hohe Leistung bringen, einen Anreiz haben, bei der Firma zu bleiben.

Institutionelles Investment

Die Arbeitsplatzsicherheit im institutionellen Investment steht in Beziehung zum Abschneiden einzelner Finanzierungen und hängt außerdem von der gesamten Biotechnologiewirtschaft ab. Finanzierungen werden aufgrund ihrer vierteljährlichen oder jährlichen Renditen bewertet. Wenn die gesamte Biotechnologie rückläufig ist und die Märkte schwach sind, dann sind die Investoren weniger geneigt, die institutionellen Investoren für die Verwaltung ihres Geldes zu bezahlen. Hegde-Fonds können jedoch sowohl bei steigendem als auch bei rückläufigem Markt Erfolg haben.

Anlagebankgeschäft

Es gibt nur 300–500 Anlagebankiers (Investmentbanker), die auf dem Biotechnologiesektor arbeiten. Laufbahnen im Anlagebankgeschäft sind aufgrund von launenhaften wirtschaftlichen Faktoren, die eine Ausweitung oder einen Rückgang der Beschäftigung zur Folge haben, äußerst unbeständig.

Kapitalanalyse auf Verkäuferseite

Die Jobsicherheit hängt im Wesentlichen von der wirtschaftlichen Situation, dem Aktienmarkt und der Rentabilität der Firma ab. Es gibt 100–200 *Sell-side*-Kapitalanalysten, die sich auf die Biotechnologie- und Pharmaindustrie spezialisiert haben.

Einen Job in der Finanzwirtschaft der Gesundheitsindustrie bekommen

Erwünschte Ausbildung und Erfahrungen

Beteiligungskapital (Venture Capital)

Um ein Beteiligungskapitalgeber (Risikokapitalanleger) zu werden, sind eine ausgedehnte Schulung und Fertigkeiten in Bereichen wie Geschäftsentwicklung, Arbeitsprozesse, Beratung, Bankgeschäft, Rechtswesen und Naturwissenschaften erforderlich. Viele Beteiligungskapitalgeber haben einen höheren naturwissenschaftlichen bzw. medizinischen Abschluss *und* einen MBA-Abschluss (*Master of Business Administration*, postgraduales generalistisches Managementstudium). Weniger als 15 % besitzen nur einen MBA-Abschluss.

Die beste Vorbereitung auf eine Tätigkeit im Beteiligungskapital sind ausgiebige Erfahrungen mit Arbeitsprozessen und eine exemplarische Erfolgsgeschichte in der Geschäftswelt. Um den Wert von Portfolio-Firmen zu maximieren und Aufsichtsratsmitglied zu werden, sind ein ausgiebiges Industriewissen, eine persönliche Erfolgsgeschichte und Erfahrung in den Arbeitsprozessen eine optimale Vorbereitung. Wenn Beteiligungskapitalgeber Geld beschaffen, dann bewerten ihre potenziellen Investoren zusätzlich die Erfolgsgeschichte der Senior-Partner.

Man kann aus einer Vielzahl verschiedener Fachgebiete ins Beteiligungskapital einsteigen. Beispielsweise ist es erfolgreichen Führungskräften großer oder kleiner Firmen möglich, Partner zu werden. Es kommen für eine solche Aufgabe auch ehemalige Existenzgründer, Generaldirektoren, Senior-Vizepräsidenten der Forschung und Entwicklung oder der Geschäftsentwicklung großer Firmen infrage. Die Personen sollten 10–20 Jahre Betriebserfahrung, ein ausgedehntes

Netzwerk an Kontakten und umfassende Kenntnisse darüber besitzen, wie man Firmen betreibt.

Residenz-Existenzgründer (EIRs, *Entrepreneurs in Residence*) sind zuverlässige Führungskräfte, die vorübergehend in Portfolio-Firmen untergebracht sind. Sie unterstützen auch Risikokapitalfirmen bei deren Sorgfaltsprüfung (Due Diligence). EIRs haben gewöhnlich enorme Industrieerfahrung, nachdem sie mehrere erfolgreiche Firmen gegründet haben; dadurch werden sie zu potenziellen Partnern in Risikokapitalfirmen.

Junior-Partner waren gewöhnlich Vizepräsident einer oder mehrerer großer Unternehmen, Managementberater oder Mitarbeiter im Beteiligungskapital.

Mitarbeiter (*associates*) haben neben einem höheren Abschluss unter Umständen eine relativ begrenzte Industrieerfahrung. Sie können häufig einen technischen oder klinischen Werdegang vorweisen und verfügen über Erfahrung in der Geschäftsentwicklung, den Arbeitsprozessen, der Unternehmensberatung oder einer Anlagebank. Viele haben einen höheren Abschluss und die Hälfte hat einen MBA-Abschluss. Mitarbeiter werden selten direkt von der Hochschule kommend eingestellt.

Es gibt viele Varianten des oben beschriebenen Szenarios. Beim jüngeren Personal ist es üblich, zunächst in eine Firma zu wechseln, um Erfahrungen im Bereich Arbeitsprozesse zu sammeln und dann wieder zu Risikokapitalfirmen zu gehen.

Institutionelles Investment

Zunehmend wird von den institutionellen Investoren in der Gesundheitsindustrie verlangt, dass sie einen höheren medizinischen oder naturwissenschaftlichen Abschluss haben. Ein MBA-Abschluss ist ebenfalls sehr nützlich. Die meisten institutionellen Investoren haben Erfahrungen im Anlagebankgeschäft, in der Kapitalanalyse auf Verkäuferseite, der Geschäftsentwicklung, dem Finanzwesen oder den Arbeitsprozessen. Die natürliche Entwicklung ist, in der *Sell-side*-Kapitalanalyse zu arbeiten, bevor man in das institutionelle Investment auf Käuferseite geht.

Anlagebankgeschäft

Etwa 75 % der Investmentbanker haben einen MBA-Abschluss und keinen höheren naturwissenschaftlichen Abschluss. Der Rest besitzt einen M.-D.- oder Ph.-D.-Abschluss, Erfahrung in der Geschäftsentwicklung oder der Forschung und/oder einen MBA-Abschluss.

Kapitalanalyse auf Verkäuferseite

Früher reichte ein MBA-Abschluss aus, aber in den letzten Jahren hat es einen dramatischen Zustrom von Personen mit einem naturwissenschaftlichen Hintergrund gegeben, insbesondere für die Erstellung der Coverage in der Gesundheitsindustrie. Heutzutage hat der ideale Anwärter einen Ph.-D.-, oder M.-D.-Abschluss (*medical doctor*, Arzt nach dem Staatsexamen), einen MBA-Abschluss, etwas Industrieerfahrung und Kenntnisse des Finanzwesens.

Wege in die Finanzwirtschaft der Gesundheitsindustrie

- Die Anzahl der Jobs in der Finanzwirtschaft der Gesundheitsindustrie ist beschränkt, und viele qualifizierte Leute wollen diese Jobs. Um eine solche Anstellung zu bekommen, muss man sich deshalb vom Rest der Bewerber unterscheiden. Eine Taktik ist, Fachleute auf diesem Gebiet zu treffen, indem man Netzwerke knüpft und an Investmentkonferenzen teilnimmt.
- Arbeiten Sie mit Berufsberatern oder kontaktieren Sie Verbände ehemaliger Studenten auf dem Campus, um ehemalige Studenten ausfindig zu machen, die in der Finanzwirtschaft der Gesundheitsindustrie tätig sind. Ein Beteiligungskapitalgeber reagiert eher auf eine Kaltakquise eines ehemaligen Studenten als auf diejenige eines vollkommen Fremden.
- Wenn Sie eine naturwissenschaftliche Ausbildung haben, erweitern Sie Ihre Kenntnisse im Finanzwesen. Arbeiten Sie ein paar Jahre in der Geschäftsentwicklung oder erwerben Sie einen MBA-Abschluss.
- Ein MBA-Abschluss von einer der Top-Lehranstalten erhöht Ihre Chancen, in der Finanzwirtschaft der Gesundheitsindustrie eine Anstellung zu finden beträchtlich. Sie bekommen dadurch auch Kontakt mit hoch qualifizierten Kollegen und ehemaligen Studenten, die Ihnen während Ihrer Karriere von Nutzen sein werden. Suchen Sie sich während Ihres MBA-Programms Sommerpraktika bei Banken und Investmentfirmen. Auch wenn diese Sommerpraktika hart umkämpft sind, sind Sie im Vorteil, wenn Sie sich für Ihren ersten Job bewerben.
- Innerhalb der Finanzwelt gibt es eine ausgewählte Gruppe von Personalvermittlern, die Sie im Internet recherchieren können. Knüpfen Sie Netzwerke und finden Sie heraus, wer diese sind. Wenn Sie Analysten und Mitarbeiter anrufen, fragen Sie nach Personalvermittlern, die sich auf die Finanzwirtschaft in der Gesundheitsindustrie spezialisiert haben.

- Lernen Sie alles, was Sie über die Biotechnologie- und Pharmaindustrie lernen können. Lesen Sie so viel wie möglich, erfahren Sie etwas über klinische Prüfungen und finden Sie heraus, wer die wichtigen Firmen sind und welche Strategien diese anwenden, um Erfolg zu haben.

Für Beteiligungskapitalgeber

- Einer der besten Wege, Beteiligungskapitalgeber zu werden, verläuft über ein Kauffman-Stipendium. Dieses Stipendium wird von einer gemeinnützigen Gesellschaft gesponsert, die das Unternehmertum fördert. Als Kauffman-Stipendiat haben Sie die Chance, in einer Risikokapitalfirma oder für eine ihrer Portfolio-Firmen zu arbeiten. Gehen Sie zu www.kauffmanfellows.org, um mehr darüber zu erfahren.
- Erwägen Sie, sich im Bereich Unternehmensbeteiligungskapital eines großen pharmazeutischen oder biotechnologischen Unternehmens zu betätigen. Dies ist vermutlich erfolgversprechender als sich bei Wagniskapitalfirmen zu bewerben. Alternativ könnten Sie sich Ihren Weg in das Unternehmensrisikokapital erarbeiten, indem Sie zunächst in der Geschäftsentwicklung beginnen. Falls Sie in der industriellen Grundlagenforschung oder in der klinischen Forschung tätig sind, erwerben Sie Erfahrungen in der Bewertung potenzieller Chancen der Geschäftsentwicklung.
- Einer der besten Wege, um Beteiligungskapitalgeber kennenzulernen, ist als Führungskraft in einer neu gegründeten Firma zu arbeiten. Dort haben Sie unter Umständen die Chance, auf Beteiligungskapitalgeber zu treffen und ihnen Ihre Ideen vorzustellen.
- Ranghohe Führungskräfte sollten erwägen, als Residenz-Existenzgründer (EIR, *Entrepreneur in Residence*) zu arbeiten, dies wird von vielen Firmen angeboten. EIRs sind Führungskräfte, die vorübergehend in Portfolio-Firmen arbeiten, die durch Risikokapital finanziert sind.
- Beteiligungskapitalgeber suchen oft betriebsfremde Berater, um zu speziellen Technologien eine Sorgfaltsprüfung (Due Diligence) durchzuführen oder Geschäftspläne zu bewerten. Sie können Ihre Bewerbung einreichen und nach einer Möglichkeit fragen, als betriebsfremder Berater zu arbeiten.
- Sammeln Sie Erfahrung im Bereich Arbeitsprozesse. Dies wird als der optimale Hintergrund eines Beteiligungskapitalgebers angesehen. Mehr darüber in Kapitel 14 und 22.
- Erfahrungen in der Geschäftsentwicklung und in der Unternehmensberatung sind sehr wertvoll, um in das Beteiligungskapital zu wechseln.

- Bewerben Sie sich bei Firmen um Mitarbeiterpositionen (*associates*). Als Mitarbeiter können Sie unter Umständen langsam in eine Partnerschaftsposition aufsteigen.
- Wenn Sie ein Bewerbungsgespräch bei einer Firma haben, müssen Sie in der Lage sein, umfassende Industriekenntnisse zu dokumentieren. Seien Sie auf Fragen gefasst wie: „In welche technischen Bereiche sollte die Firma investieren? Von welchen Privatunternehmen halten Sie viel und warum?" (Erwähnen Sie jedoch keine Unternehmen, in die die Firma bereits investiert hat. Dies zeigt nur, dass Sie deren Website durchgesehen haben.)
- Prüfen Sie die Firma, an der Sie interessiert sind, genau und erfahren Sie etwas über den Ruf der Partner. Obwohl manche Firmen den aufstrebenden Mitarbeitern (*associates*) eine ausgezeichnete Betreuung bieten, herrscht in anderen Firmen eine „Vogel-friss-oder-stirb"-Haltung. Da es keine vorgeschriebene Schulung gibt, um Beteiligungskapitalgeber zu werden, entwickeln die Partner ihren eigenen Stil.
- Aufgrund des Wesens des Beteiligungskapitals stellen kleine Firmen wegen der langfristigen Verpflichtungen ungern Partner ein. Von Analysten und Mitarbeitern (*associates*) erwartet man, dass sie nach zwei bis drei Jahren ausscheiden. Praktika sind ein attraktiver Weg, um herauszufinden, ob die persönliche Dynamik eines Bewerbers innerhalb der Firma funktioniert. Falls Sie eine Position auf Partnerebene erwägen, dann müssen Sie sicher sein, dass Sie gut zur Firma passen. Schließlich werden Sie mit diesem Team die nächsten 20–30 Jahre zusammenarbeiten.
- Werden Sie „Angel-Investor" und gehen Sie zu örtlichen Angel-Gruppen, um über neu gegründete Firmen und Kapitalanlagen weitere Erfahrung zu sammeln.

Für das institutionelle Investment

- Arbeiten Sie mindestens zwei Jahre auf der Verkäuferseite als Investmentbanker oder als Kapitalanalyst, bevor Sie zur Käuferseite wechseln.

Speziell für das Anlagebankgeschäft und die Kapitalanalyse auf Verkäuferseite

- Belegen Sie Kurse im Finanzwesen, um Ihr Engagement und Interesse zu zeigen und um Ihren Finanzverstand zu verbessern.
- Kontaktieren Sie Senior-Analysten und Investmentbanker, und arbeiten Sie an Ihren Beziehungen. Beginnen Sie mit Personen, von denen Sie wissen, dass sie an der Börse arbeiten. Die Anzahl der

Analysten ist begrenzt. Sie können jeden einzeln anrufen oder ihm mailen und um ein Informationsgespräch bitten oder nach offenen Stellen fragen.

- Bewerben Sie sich im Frühling oder Sommer. Die Leute wechseln ihre Jobs, nachdem sie die Gehaltsboni bekommen haben, und diese werden meist im Winter ausbezahlt. Wenn Sie sich als Kapitalanalyst bewerben, verfassen Sie einen Probe-Analysebericht, um Ihre Befähigung zu dokumentieren, und reichen Sie diesen mit Ihrer Bewerbung ein.

Empfohlene Schulung, Berufsverbände und Quellen

Kurse und zertifizierte Programme

Zertifikate sind erhältlich, falls Sie ein zertifizierter Kapitalanalyst werden möchten
Unterricht in Statistik und Finanzwesen
Bücher und Kurse über Arzneimittelentwicklung

Gesellschaften und Quellen

Speziell für die Finanzwirtschaft

Die Kauffman-Stiftung (www.kauffman.org); dies ist ein einzigartiges und fabelhaftes Programm, das Subventionen bietet, um das Unternehmertum zu unterstützen.
National Venture Capital Association (www.nvca.org) ist eine Gesellschaft für Beteiligungskapitalgeber und eine gute Quelle, wenn Sie Firmen prüfen.
Das Chartered Financial Analyst (CFA) Institute (www.cfainstitute.org); diese Organisation für Anlagefachleute bietet ein CFA-Zertifikat.
Unites States Security and Exchange (SEC) EDGAR Database (www.sec.gov); sie können mithilfe der EDGAR-Datenbank recherchieren, um etwas über Firmen und die Grundsätze der Unternehmensführung zu erfahren.
Price Waterhouse Coopers (www.pwcglobal.com) hat auf seiner Website Informationen über Firmen und Trends.
Gehälter im Anlagebankgeschäft sind jährlich in der *New York Post* aufgelistet.

Biotechnologie- und pharmazeutische Gesellschaften

Biotechnology Industry Organization (www.bio.org)
Pharmaceutical Research and Manufacturers of America (PhRMA; www.phrma.org)

Bücher

Jaffe DT, Levensohn PN (2003) How venture boards influence the success or the failure of technology companies (A White Paper). Dieser Artikel über das Beteiligungskapital ist auf der Website www.dennisjaffe.com unter „publications" zu finden.
Lewis M (1990) Liar's poker: Rising through the wreckage on Wall Street. Penguin Books, New York
Rolfe J, Troob P (2000) Monkey business: Swinging through the Wall Street jungle. Warner Business Books, New York

Vault (www.vault.com). Vault verkauft eine Vielzahl von Büchern zum Berufsleben und hat auch eines über die Finanzwirtschaft.

Zeitschriften, die Geld kosten

BioCentury (www.biocentury.com), biotechnologischer Informationsdienst

BioWorld (www.bioworld.com), weltweite Biotechnologienachrichten und -informationen

Windhover journals (www.windhover.com): *Start-Up* und *In vivo*

Nature Biotechnology hat Abschnitte über Investment.

Price Waterhouse Coopers (www.pwcglobal.com) veröffentlicht eine Biotechnologieübersicht.

Täglich kostenlose elektronische Biotechnologienachrichten

FierceBiotech (www.FierceBiotech.com)

BioSpace (www.BioSpace.com)

Biotechnology Industry Organization (www.bio.org)

25 | Unternehmens-
beratung

Die Strategieberater

Die Unternehmensberatung kann ein wunderbarer Weg sein, um seine analytischen Fähigkeiten und seine naturwissenschaftliche oder medizinische Ausbildung einzusetzen, während man geschäftliche Expertise entwickelt. Sie werden lernen, wie man Teams und Menschen führt und sich mit vielfältigen Problemen unterschiedlicher Firmen beschäftigen. Der Zugang, den Sie zu Top-Geschäftsprofis bekommen, wird Ihnen weitere Berufschancen eröffnen. Das Allerbeste ist vielleicht, dass Ihre Bemühungen möglicherweise dramatische Auswirkungen auf die Zukunft der Firmen, mit denen Sie arbeiten, haben!

Wenn Sie leidenschaftlich gerne Neuerungen vornehmen, Änderungen herbeiführen und Firmen helfen, erfolgreicher zu sein, dann ziehen Sie die Unternehmensberatung in Betracht.

Die Bedeutung der Unternehmensberatung in der Biotechnologie ...

Die meisten hochrangigen Führungskräfte sind damit beschäftigt, die Betriebsabläufe ihrer Firma zu organisieren, sodass sie keine Zeit oder Mittel haben, um strategische Analysen durchzuführen. Diese Aufgaben werden häufig an Unternehmensberatungsfirmen ausgelagert (Outsourcing). Unternehmensberater bringen einen ganzheitlichen, funktions- und industrieübergreifenden Blickwinkel für ihre Aufgaben mit. Diese Firmen besitzen eine Art kollektive Intelligenz und einen scharfen Geschäftssinn, sie bieten ihren Auftraggebern taktische Unterstützung oder helfen ihnen, komplexe Geschäftsprobleme zu lösen.

Die Aufgaben, mit denen Unternehmensberater konfrontiert sind, variieren; sie reichen von globalen Themen, wie der Einführung neuer Geschäftsmodelle oder Technologien, bis zu grundlegenderen Fragen darüber, wie man Veränderungen in der Industrie vorhersieht. Typische Aufgaben sind unter anderem: Entwicklung von Strategieplänen für die Zukunft, Hilfestellung bei der Auswahl der biochemischen Wirkstoffe, die schwerpunktmäßig weiterverfolgt werden sollen, Ausarbeiten von Preisstrategien oder Wege entwickeln, um die Produktivität zu verbessern.

Unternehmensberater nehmen die Probleme in Angriff, die Generaldirektoren schlaflose Nächte bereiten.

Laufbahnen in der Unternehmensberatung

Unternehmensberatung

Das Ausmaß, in dem sich Firmen innerhalb der Industrie spezialisieren, variiert. Die meisten großen Firmen sind innerhalb abgegrenzter Industriesegmente tätig (z. B. Biotechnologie und pharmazeutische Bereiche im Vergleich zu Hightech). Sie sind außerdem funktionsspezifisch tätig (z. B. Kostenreduktion, Betriebsleitung nach Fusionen, Finanzwesen).

Unter den Firmen, die sich auf die Gesundheitsindustrie spezialisiert haben, gibt es Unterspezialisierungen, wie pharmazeutische, Biotechnologie-, Versicherungs- und Medizingeräteunternehmen. Zu dieser Gruppe gehören auch Firmen, die mit Krankenhäusern und gemeinnützigen Organisationen, die sich um die globale und nationale Gesundheit kümmern, zusammenarbeiten.

Es gibt mehrere wichtige, weltweit agierende Firmen, die sich auf die Biowissenschaften spezialisiert haben, sowie zahlreiche kleine, sogenannte Boutiquefirmen. Die Boutiquefirmen haben enger definierte Funktionen und konzentrieren sich auf Nischenbereiche.

Andere Beratungsarten

Zudem gibt es weitere, weltweit operierende und kleine Wirtschaftsprüfungsunternehmen und Technologiefirmen sowie zahlreiche andere Beratungsfirmen. Diese Beratungsfirmen unterscheiden sich stark von der Unternehmensberatung, und das Qualifikationsprofil, das sie haben müssen, ist auch recht verschieden.

Aufgaben und Kompetenzen in der Unternehmensberatung

Die geschäftlichen Belange der Auftraggeber verstehen

Eine erfolgreiche Beratungstätigkeit ist eine Partnerschaft zwischen dem Auftraggeber und dem Unternehmen.

Damit die Unternehmensberater ihre Auftraggeber besser unterstützen können, schätzen sie zu Beginn der Zusammenarbeit deren Beratungsbedarf ein. Sie führen Gespräche mit den Auftraggebern und Experten, um Näheres zu erfahren und um ein harmonisches Verhältnis aufzubauen und Vertrauen zu schaffen.

Primärforschung betreiben

Auftraggeber verlangen oft Informationen, die *ad hoc* nicht zur Verfügung stehen. Sie wollen beispielsweise die ungefähre Marktgröße für ein neues Produkt wissen, das in zehn Jahren von heute an gerechnet auf den Markt kommt, unter Berücksichtigung der manchmal unvorhersehbaren Marktveränderungen während dieses Zeitraums.

Die Recherche umfasst zum Teil die Befragung von Personen in gehobenen Positionen über die Produkte des Auftraggebers. Wenn also beispielsweise ein Auftraggeber ein neues Zytostatikum gegen Krebs entwickelt, dann befragen die Berater unter Umständen Onkologen, Ärzte, Patientenselbsthilfegruppen und renommierte Experten. Zusätzlich zu den Befragungen nutzen die Berater viele andere Quellen, dazu zählen die Berichte von Analysten, Markt- oder Industrieberichte, Hochschulartikel, Zeitungen, Fachzeitschriften und Firmendaten. Sie verwenden auch Daten vom U. S. Census Bureau [Anm. d. Übers.: Volkszählungsbehörde, sie ist Teil des Handelsministeriums der Vereinigten Staaten von Amerika], von der U. S. Food and Drug Administration (US-Bundesbehörde zur Überwachung von Nahrungs- und Arzneimitteln) sowie andere spezialisierte Datendienste.

Daten analysieren und zusammenstellen, aussagekräftige Schlussfolgerungen ziehen

Für Finanzanalysen werden Daten erzeugt und analysiert, um Verhaltensmuster und Trends aufzuspüren. Das Team entwickelt Finanzmodelle, um Hypothesen zu testen. Die Teammitglieder halten Treffen zur Ideenfindung ab, um neue Strategien und Lösungen für Auftraggeber auszuarbeiten. Sie sammeln eine Vielzahl an Informationen und bereiten sie „mundgerecht" auf.

Berater werden angeworben, um komplexe Probleme zu lösen.

Den Auftraggebern Ergebnisse präsentieren

Die Gesamtergebnisse und Empfehlungen werden den Auftraggebern in Form einer schlüssigen und logischen Geschichte präsentiert. Die Berater erklären aus ihrer Sicht, was die Auftraggeber machen sollten und warum sie dies tun sollten. Eine gute Präsentation kann sehr interaktiv sein, wobei der Auftraggeber Fragen stellt und aktiv an dem Geschehen teilnimmt.

Ein typischer Arbeitstag in der Unternehmensberatung

Je nach Unternehmen verbringt ein Unternehmensberater das erste Jahr oder die ersten beiden Jahre mit den folgenden Tätigkeiten:
* Experten oder Auftraggeber befragen, um Daten zu generieren.
* Daten analysieren, rechnen und Modelle aufstellen.
* Bei Teamtreffen Ideen sammeln.

- Diagramme und Schaubilder erstellen, die auf Daten und Analysen basieren.
- Die Gesamtergebnisse und Empfehlungen den Auftraggebern präsentieren.

Dienstältere Mitarbeiter und Partner verbringen ihre Zeit mit Folgendem:
- Teams beaufsichtigen und Projekte überwachen, um sicherzustellen, dass die Projekte reibungslos ablaufen und die Teammitglieder gut zusammenarbeiten.
- Für potenzielle Geschäfte zu Führungskräften in der Industrie Beziehungen knüpfen, etwas über deren Probleme und Belange erfahren.
- Weitere Projekte auf den Weg bringen.
- Für jüngere Berater als Mentor fungieren.
- Einen Teamgeist aufbauen.
- Neue Berater einstellen und ausbilden.
- Auf Tagungen und Konferenzen Vorträge halten.

Gehalt und Vergütung

Die Unternehmensberatung ist eine der lukrativsten Laufbahnen für Personen mit einem höheren Abschluss. Die Gehälter sind beträchtlich höher als an der Hochschule. Die Einstiegsvergütung in der Unternehmensberatung kann mit der Vergütung in Biotechnologieunternehmen mithalten oder liegt sogar leicht darüber. Die Gesamtvergütung der Berater (Gehalt plus Boni) ist jedoch niedriger als im Bankwesen oder im Beteiligungskapital. Wenn Sie sich entscheiden, in andere Berufszweige zu wechseln, dann ebnet Ihnen Ihre Beratungserfahrung den Weg in besserbezahlte Positionen.

Wie wird Erfolg gemessen?

Im Allgemeinen basiert der Erfolg auf der Qualität Ihrer Beiträge zur Lösung der Aufgaben, Ihrer Fähigkeit, Daten zu analysieren und Ergebnisse zu vermitteln, und wie gut Sie mit Auftraggebern und anderen Teammitgliedern umgehen. Ihre Arbeitsergebnisse sollten fehlerfrei, kreativ und genau sein und termingerecht vorliegen.
Für ein Team bedeutet Erfolg, dass es einen positiven Einfluss auf die geschäftlichen Aktivitäten des Auftraggebers hat. Dies könnte bedeuten, dass die vorgeschlagenen kostensenkenden Maßnahmen helfen, Finanzmittel einzusparen, oder dass die Unternehmensberatung neue Geschäftsfelder entwickelt. Ein Anzeichen für Erfolg ist, wenn ein Unternehmen zufriedene Auftraggeber hat, die immer wiederkommen. Der Ergebnis der Teambemühungen kann man eventuell auch an der Anzahl und am Inhalt von Pressemeldungen festmachen, die über das Unternehmen erscheinen.

Das Für und Wider der Arbeit

Positive Aspekte einer Laufbahn in der Unternehmensberatung

- In der Unternehmensberatung gibt es keine „Routine" – die Herausforderungen Ihres Auftraggebers ändern sich ständig, und Sie lernen fortwährend hinzu.

- Beraten ist hochgradig intellektuell. Rechnen Sie mit einer steilen Lernkurve, da Sie fortwährend mit neuen Themen in Kontakt kommen. Sie haben die Chance, an interessanten Projekten zu arbeiten, wie z. B. Weltgesundheitsthemen, kostensenkende Maßnahmen, Produktentwicklung, Trends in Wirtschaftssystemen und vieles mehr. Ihr Einsatz und Ihre Expertise werden oft berücksichtigt, wenn Projekte vergeben werden, und manchmal kann man seine Projekte auswählen.

- Die meisten Firmen bieten ihren Angestellten eine Schulung an. Sie verbringen eine nennenswerte Zeit damit, ihre Angestellten auszubilden, und manche bieten ein Mini-MBA-Programm an, in dem die Grundlagen der Wirtschaft, der Strategie und des Finanzwesens vermittelt werden. Neulingen wird manchmal ein Ratgeber zur Seite gestellt, der ihre Entwicklung überwacht und sicherstellt, dass sie die nötigen Erfahrungen sammeln können, um sich optimal zu entwickeln.

- Die meisten Beratungsfirmen nehmen die berufliche Entwicklung ernst. Berater bekommen nach jeder Aufgabe Leistungsbewertungen und alle sechs Monate eine allgemeine Bewertung. Die Leistungsbewertungen sind eher objektiv und geben Hilfestellungen, um die Leistung zu verbessern.

- Es ist eine dankbare Aufgabe, Auftraggeber bei der Lösung schwieriger Probleme zu unterstützen und strategischen Rat zu erteilen, um diese in die Lage zu versetzen, ihr Geschäft erfolgreicher zu führen als vorher. Manche Projekte verschaffen die Befriedigung, der Gesellschaft von Nutzen zu sein. Beispielsweise könnte ein Projekt zur Aufgabe haben, herauszufinden, wie man Patienten schneller in die Notaufnahme bringt oder wie man Kindern in der Dritten Welt helfen kann.

> Die Unternehmensberatung ist wie ein Postdoc-Stipendium der betriebswirtschaftlichen Grundlagen.

- Ein Vorteil dieser Laufbahn ist die Chance, mit gehobenen Führungskräften oder Führungskräften der mittleren Ebene an innovativen Strategien zu arbeiten; es ist ein wunderbarer Weg, sich ein Netzwerk zu knüpfen. Es ist nicht ungewöhnlich, dass Berater anschließend von ihren Auftraggebern eingestellt werden.

> Man kann viel Befriedigung im Umgang mit Auftraggebern und bei der Formulierung strategischer Firmenziele erfahren.

- Unternehmensberater sind äußerst ehrgeizige, interessante, versierte und begeisterte Menschen.

- Dies ist ein Teamsport, der enorme Kollegialität verlangt, und die Teammitglieder sind zumeist intellektuell anregende Personen. Die anderen Teammitglieder helfen Ihnen zu lernen, zu wachsen und sich zu entwickeln.

• In einer Unternehmensberatung befinden Sie sich auf der beruflichen Überholspur. Es besteht die Möglichkeit, Partnerstatus zu erlangen, und es gibt Chancen für viele andere Laufbahnen in der Industrie.

• Wenn Sie gerne reisen, dann bietet die Unternehmensberatung eine wunderbare Gelegenheit dazu.

Die möglicherweise unangenehme Seite der Unternehmensberatung

Wenn Sie nicht bereit sind, der Arbeit den Vorrang vor dem Privatleben zu geben, dann ist die Unternehmens-beratung unter Umständen für Sie ungeeignet.

• Rechnen Sie damit, dass Sie hart arbeiten und Überstunden machen müssen. Zwölfstündige Arbeitstage sind die Norm, und auch 14- bis 16-stündige Arbeitstage sowie gelegentliche Arbeit an Wochenenden kommen vor. Unternehmensberatungsfirmen werden normalerweise für einen beschränkten Zeitraum beauftragt, während diesem müssen Sie sich rasch in die Geschäftsschwerpunkte Ihres Auftraggebers einarbeiten.

• Je nach Firma verbringen Unternehmensberater durchschnittlich 40–70 % ihrer Zeit mit Reisen. Lokale Projekte erfordern weniger Reisen.

• Die Beratung wird normalerweise als eine *Up-or-out*-Umgebung bezeichnet [Anm. d. Übers.: So wird ein Karrieremodell bezeichnet, in dem ein Mitarbeiter zu fest definierten Zeiten entweder befördert (*up*) oder entlassen (*out*) wird.], was ihren Konkurrenzcharakter widerspiegelt. Beraterfirmen sind als Pyramiden strukturiert: Es gibt zwei bis drei Manager für jeden Partner, zwei bis drei Berater für jeden Manager usw. Wenn Sie innerhalb eines vorgegebenen Zeitraums (zwei bis drei Jahre) nicht auf die nächste Stufe befördert werden, dann fordert man Sie auf zu gehen. Die gute Nachricht ist, dass die meisten Firmen Sie während Ihres Übergangszeitraums unterstützen und Coaching-Gespräche anbieten, und manche stellen Sie sogar potenziellen Arbeitgebern vor.

• Obwohl viele Aufgaben sehr spannend sind, kann es einige wirklich langweilige und sich wiederholende Tätigkeiten geben.

• Die Unternehmensberatung bietet Ihnen die Chance, einen Überblick über eine Industrie oder ein betriebswirtschaftliches System zu bekommen. Auf der anderen Seite ist es schwierig, auf einem bestimmten Gebiet ein Experte zu werden.

Die größten Herausforderungen des Jobs

Sich trotz Unklarheiten wohlfühlen

Unternehmensberater sind wie Marinesoldaten. Sie müssen in komplizierten Situationen innerhalb kürzester Zeit eine große Wirkung entfalten.

In der Unternehmensberatung gibt es häufig keine eindeutigen Antworten auf Fragestellungen – man darf nicht vergessen, dass die Fälle, für die Firmen Berater einsetzen, häufig sehr schwierig sind. Es sind strikte

Fristen einzuhalten, und es gibt nur beschränkte Zeit, um weitere Daten zu sichten, deshalb ist es wichtig, dass man sich wohlfühlt, auch wenn man auf Basis lückenhafter Daten Entscheidungen treffen muss.

Sich in der Unternehmensberatung auszeichnen ...

Die Fähigkeit, rasch die Relevanz einzuschätzen, unabhängig vom Industriezweig

Herausragende Unternehmensberater können rasch die Fakten beurteilen und die betriebswirtschaftlichen Folgen erkennen, wenn sie mit einer neuen Situation konfrontiert sind, gleichgültig, um welchen Industriezweig es sich handelt.

Solide Führungsqualitäten gegenüber den Auftraggebern

Erfolgreiche Berater entwickeln eine harmonische Beziehung zu ihren Auftraggebern, verstehen deren Anliegen, können sehr gut Probleme lösen, Bedürfnisse vorhersehen und Ergebnisse liefern. Sie wissen, welche Analysen durchzuführen sind, sie konzentrieren sich auf die echten Probleme und zeigen Eigeninitiative.

Sind Sie ein guter Anwärter für die Unternehmensberatung?

Die Beratung ermöglicht vielen verschiedenen Persönlichkeitstypen, erfolgreich zu sein. So können sich beispielsweise sowohl Introvertierte als auch Extrovertierte hervortun.

Menschen, die in einer Laufbahn in der Unternehmensberatung zur Entfaltung kommen, haben meist die folgenden Eigenschaften:

Eine Eignung zur Beratung

Unternehmensberatern macht es Spaß, den Auftraggebern als „Partner beim Nachdenken" zur Seite zu stehen. Sie können die Probleme ihres Auftraggebers nachvollziehen und finden innovative Lösungen. Sie bieten Beratung, ohne dass ihnen das Produkt gehört.

Eine Team-Player-Einstellung

An den Projekten wird im Team gearbeitet, deshalb ist es ein Muss, dass die Mitarbeiter kollegial und respektvoll sind. Außerdem haben die Mitarbeiter in der Regel eine kollegiale Einstellung und unterstützen andere Projekte, sogar solche, an denen sie nicht beteiligt sind. Die Firmen sind sehr stolz auf die enorme Menge an kollektivem Wissen, das ihnen zur Verfügung steht.

Außerordentlich gute kommunikative Fähigkeiten

Bei vielen Beratungsaufgaben sind die Präsentationen die einzigen Produkte Ihrer Arbeit, welche die Auftraggeber zu sehen bekommen. Es ist äußerst wichtig, diese Präsentationen überzeugend, prägnant und nachvollziehbar zu gestalten. Sie müssen PowerPoint beherrschen und brauchen eine gute schriftliche Ausdrucksweise und gute Präsentationsfertigkeiten, um erfolgreich zu sein.

Außergewöhnlich gute Fähigkeiten der Problemlösung und analytische Fähigkeiten

Gewöhnlich sind die Probleme diffus und vielschichtig. Diese Arbeit erfordert, dass man ein analytischer Denker ist und komplizierte Probleme in Angriff nehmen kann, indem man sie in ihre Kernbestandteile zerlegt und jedes Puzzleteil einzeln betrachtet. Dies verlangt nach einer wissenschaftlichen, methodischen Vorgehensweise, um die korrekten Schlussfolgerungen zu ziehen.

Kreatives und innovatives Denken

Oft müssen Teammitglieder alternative Lösungen berücksichtigen und in der Lage sein, Ideen aus nicht verwandten Wissensgebieten einzubeziehen.

Enorme Selbstmotivation, Dynamik und Wissensbegierde

Um die Probleme des Auftraggebers eingehend zu analysieren und zu innovativen Lösungen zu kommen, sind harte Arbeit und enorme Selbstmotivation nötig.

Ausgezeichnete Fähigkeiten der Zeiteinteilung und Multitasking-Fähigkeiten

Es ist wichtig, dass man gewissenhaft und verantwortungsbewusst ist, damit die Projekte rechtzeitig fertiggestellt werden und die Teammitglieder sich auf Sie verlassen können. Projekte haben gewöhnlich viele Facetten, das bedeutet, auch wenn Sie jeweils nur an einem Projekt arbeiten, müssen Sie dennoch viele „Einzelbaustellen" im Auge behalten.

Unklarheiten tolerieren

Naturwissenschaftler streben normalerweise nach der absoluten Wahrheit, aber in der Unternehmensberatung muss man unter Umständen Entscheidungen treffen, die auf eingeschränkter Information fußen. Es wird Situationen geben, in denen Sie mit Überzeugung über ein Thema reden müssen, auch wenn Sie kein Experte auf diesem Gebiet sind.

*Die Fähigkeit, sowohl das große Ganze als auch
die kleinen Einzelheiten zu verstehen*

Es ist wichtig, dass man das große Ganze im Auge behält, aber ebenso wichtig ist es, dass man auf Tendenzen und Signale achtet, die von den Erwartungen abweichen.

Ehrlichkeit und Anstand

Sie müssen stark genug sein, Ihren Auftraggebern die besten Antworten zu geben, auch dann, wenn es sich um Nachrichten handelt, die der Auftraggeber nicht hören möchte.

Die Fähigkeit, Arbeit und Privatleben auszubalancieren

Sie verbringen den ganzen Tag bei der Arbeit, deshalb ist es wichtig, dass Sie Ihre Zeit abwägen und Prioritäten setzen.

Gutes Stehvermögen und Stresswiderstandskraft

Es ist nicht ungewöhnlich, dass man gelegentlich Nächte durcharbeitet, um eine Präsentation vorzubereiten. Manchmal können Dinge allerdings schiefgehen, und die Stressbelastung kann eskalieren. Sie müssen sogar in sehr dramatischen Situationen ruhig, vernünftig und positiv bleiben.

Sie sollten eventuell eine Laufbahn außerhalb der Unternehmensberatung in Betracht ziehen, falls Sie ...

- eine Person sind, die lange Zeit in der Industrie gearbeitet hat. Sie werden nicht mehr der Chef sein, sondern die Arbeitsbiene, und es kann ein schwieriger Wechsel sein.
- ungeduldig und nicht an Details interessiert sind.
- jemand sind, der lieber unabhängig arbeitet oder nicht gerne unter einer anderen Person arbeitet.
- nicht sehr analytisch sind und keine mathematische Begabung haben.

Das Karrierepotenzial in der Unternehmensberatung

Im Allgemeinen gibt es zwei Karrierewege für Unternehmensberater: Man kann daran arbeiten, Partner zu werden, oder in ein anderes Wissensgebiet gehen. Die Beratung wird oft als eine kurzfristige Laufbahn angesehen, und aufgrund der vielen anderen Möglichkeiten, die fähigen Beratern offenstehen, hat der Beruf eine hohe Fluktuationsrate. Außerdem bieten Firmen eine fantastische Schulung und Vorbereitung für den Einstieg in andere Wissensgebiete.

Partner zu werden, dauert
etwa genauso lange, wie
eine Dauerstelle an der
Hochschule zu erhalten.

Nur ein kleiner Teil der Berater wird Partner. Ob man Partner wird oder
nicht, hängt zum Teil davon ab, ob man persönlich zu der Firma passt,
aber auch von der eigenen Leistung. Man muss zeigen, dass man Teams
führt, starke Kundenbeziehungen entwickeln und Sachkompetenz
bieten kann und die grundlegende Fähigkeit besitzt, zähe Probleme zu
lösen.

Aufgrund der Kontakte zur gesamten Industrie und zu hochrangigen
Personen sind die alternativen Karrieremöglichkeiten für diejenigen,
die nicht Partner werden, anscheinend endlos. Die üblichsten Wege
sind die Geschäftsentwicklung, das Marketing, das Beteiligungskapital
oder das gehobene Management (z. B. Generaldirektor). Andere, nicht
so übliche Möglichkeiten gibt es in der klinischen Entwicklung, den
Arbeitsprozessen, dem Unternehmertum und der Kapitalanalyse (d. h.
Finanzwirtschaft) (Abb. 25.1). Sehr selten gehen Personen an die Hochschule zurück, aber auch dieser Weg ist eine gangbare Option.

Die Unternehmensstrukturen und -titel unterscheiden sich zwischen
den Firmen. Im Allgemeinen sind die Einstiegsberater für die tagtägliche Analyse und die Datenerzeugung verantwortlich. Wenn Berater
erfahrener werden, koordinieren und beaufsichtigen sie Projekte, halten
Besprechungen zur Problemlösung ab und arbeiten eng mit den Kunden
zusammen. Wenn sie in der Karriereleiter aufsteigen, dann sind sie für
die Schaffung und Pflege von Kundenbeziehungen verantwortlich, sorgen für Beratung auf höherem Niveau und akquirieren neue Aufträge.
Schließlich können sie einen Partnerstatus erlangen, bei dem sie interne
Verantwortlichkeiten für die Firma übernehmen wie z. B. die Entwicklung der Mitarbeiter u. a.

Bei guter Wirtschaftslage
helfen Unternehmensbera-
ter ihren Kunden zu expandieren, wenn die Wirtschaft
schwächelt, dann helfen
sie den Kunden, Kosten zu
senken.

Jobsicherheit und Zukunftstrends

Dieser Beruf ist abhängig von der Konjunktur, aber es besteht eine
ständige Nachfrage sowohl bei positiver als auch bei negativer Wirt-

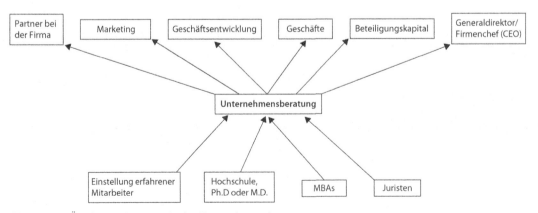

Abb. 25.1 *Übliche Karrierewege in der Unternehmensberatung.*

schaftslage. Während einer wirtschaftlichen Rezession können sich die Unternehmen keine Dienstleistungen von Unternehmensberatern leisten, aber gleichzeitig helfen Unternehmensberater den Firmen, Kosten einzusparen. Wenn die Wirtschaft gut läuft, dann helfen die Berater den Firmen zu expandieren.

Einen Job in der Unternehmensberatung bekommen

Erwünschte Ausbildung und Erfahrungen

In dieser Laufbahn sind zahlreiche Werdegänge üblich. Für Einstiegspositionen sind ein erster akademischer Abschluss [d. h. Bachelor oder Vordiplom] und manchmal industriespezifische Kenntnisse erforderlich. Die meisten Angestellten auf Beraterebene haben höhere Abschlüsse, und ein MBA-Abschluss (*Master of Business Administration*, postgraduales generalistisches Managementstudium) ist von Vorteil. Innerhalb der Beratung im Gesundheitswesen ziehen Unternehmen es vor, Angestellte mit entweder einem Ph.-D.- oder einem M.-D.-Abschluss (Promotion oder *medical doctor*, Arzt nach dem Staatsexamen) zu engagieren, obgleich dies von der Firma abhängt. Sowohl Ihr akademischer Werdegang als auch Ihre Publikationsliste finden Berücksichtigung. Die meisten Berufseinsteiger kommen direkt von Residency-Programmen [Anm. d. Übers.: *Residencies* sind Weiterbildungsprogramme in medizinischen Spezialgebieten.] oder haben einen Aufbaustudiengang absolviert, aber auch Fachleute, die spezielle Geschäftserfahrung mitbringen, werden gelegentlich eingestellt.

Wege in die Unternehmensberatung

Der Bewerbungsprozess für eine Anstellung bei Spitzenunternehmensberatungen ist genauso wettbewerbsorientiert wie an erstklassigen Universitäten. Nachfolgend finden Sie einige Möglichkeiten, wie Sie Ihre Chancen verbessern können:

- Bewerben Sie sich online direkt bei Unternehmensberatungen. Die Topfirmen, die in den Biowissenschaften tätig sind, sind (in alphabetischer Reihenfolge): Bain, Boston Consulting Group, L. E. K., McKinsey und Monitor Group; und es gibt Hunderte kleiner „Boutiquefirmen", die Spezialdienste anbieten. Diese Firmen haben einen standardisierten Bewerbungsprozess. Es werden Referenzen, ein Lebenslauf und eine persönliche Stellungnahme verlangt.
- Bewerben Sie sich gegen Ende September. Die Firmen haben Einstellungszyklen, und der Herbst ist die Zeit für die Einstellung von Personal. Angebote werden im Allgemeinen Ende Dezember gemacht, und die Einstellung erfolgt zum Juni oder September.

- Nehmen Sie an Veranstaltungen zur Personalbeschaffung und an Arbeitskreisen Ihrer örtlichen Universität teil, die von Unternehmensberatungen gesponsert werden, und erfahren Sie Weiteres über den Ablauf der Bewerbungsgespräche. Sie können sich auch bewerben, wenn die Beratungsfirmen auf dem Campus sind, was gewöhnlich Anfang September der Fall ist. Finden Sie heraus, wann sie kommen, indem Sie im Büro der betriebswirtschaftlichen Fakultät nachfragen.
- Wenn Sie an der Beratung von Biotechnologie- und Pharmafirmen interessiert sind, bewerben Sie sich an Orten, die Zentren für diese Industrien sind wie z. B. Boston, San Francisco, San Diego und New Jersey [Anm. d. Übers.: in Deutschland z. B. Heidelberg (Technologiepark), Dresden (BioInnovationsZentrum), Leipzig (BioCity), Jena (Bioinstrumentezentrum)]. Wenn Sie beispielsweise in einem Büro in Dallas beraten, wo Öl- und Gasfirmen vorherrschen, dann hat Ihre Arbeit unter Umständen weniger Bezug zur Biotechnologie.
- Das Vorstellungsgespräch läuft bei Unternehmensberatungen in besonderer Weise ab, es basiert auf Fällen aus der Geschäftswelt. Um zu prüfen, ob Sie logisch denken können, und um herauszufinden, wie Sie sich auf dünnem Eis bewegen, wird man Sie über eine Industrie oder ein Thema befragen, über das Sie wahrscheinlich nichts wissen.
- Beginnen Sie, betriebsrelevante Nachrichten zu lesen wie *The Wall Street Journal*, *Business Week*, *Wirtschaftswoche*, *Capital*, *Manager-Magazin*, um eine bessere Einschätzung der Geschäftsaktivitäten zu bekommen.
- Einige wenige Unternehmensberatungen veröffentlichen vierteljährlich oder jährlich Zeitschriften. Kontaktieren Sie jede Firma und bitten Sie um ein Exemplar der Zeitschriften, damit Sie die Projektarten, an denen diese arbeiten, besser verstehen können.
- Beschränken Sie sich nicht nur auf die Spitzenfirmen. Es gibt viele kleine Firmen und andere Arten von Beratungsunternehmen, wie z. B. jene, die auf das Rechnungswesen und bestimmte Technologien spezialisiert sind.

Der beste Tipp, um sich eine Position in einer Topfirma zu sichern, lautet: Vorstellungsgespräche mit Fällen aus der Geschäftswelt üben, üben, üben!

Vorbereitung auf das Vorstellungsgespräch

Es ist sehr wichtig, Fallstudien zu üben. Sie sollten vor dem Vorstellungsgespräch mindestens 20 bis 30 Fälle durchsehen.

Besuchen Sie das Karrierecenter Ihrer betriebswirtschaftlichen Fakultät, um sich über Fälle aus der Geschäftswelt zu informieren.

Sie können auch Bücher und Leitfäden mit Übungsbeispielen von Wetfeet und Vault kaufen.

Besuchen Sie die Websites von Beratungsfirmen und sehen Sie deren Fälle durch.

Üben Sie Vorstellungsgespräche mit Personen, die bei einer Unternehmensberatung angestellt waren oder es noch sind.

Stellen Sie sicher, dass Sie Fragen kurz und bündig und strukturiert beantworten.

Rechnen Sie damit, dass man Sie bei jedem Vorstellungsgespräch fragen wird: „Warum möchten Sie in die Unternehmensberatung gehen?"

Empfohlene Schulung, Berufsverbände und Quellen

WetFeet (www.wetfeet.com) und Vault (www.vault.com) bieten Karriereführer mit Übungsbeispielen für die Unternehmensberatung.

The Wall Street Journal und Business Week

Handelsblatt, Wirtschaftswoche, Capital und *Manager-Magazin* sind gute Informationsquellen.

Roberts DJ (2004) The modern firm: Organizational design for performance and growth (Clarendon Lecturers in Management Studies). Oxford University Press, New York

26 | Personalbeschaffung

Das Vermittlungsgeschäft

Können Sie gut mit Menschen umgehen, kommen Sie durch den Umgang mit Menschen in Schwung und genießen Sie es, Netzwerke zu bilden? Sind Sie ein „Vermittler", der gerne Menschen zusammenbringt? Eine Laufbahn in der Personalbeschaffung (auch „Suche" genannt) bietet Ihnen die Gelegenheit, Ihre soziale Kompetenz einzusetzen und auf das Leben von Menschen Einfluss zu nehmen sowie die Wissenschaftsgemeinde zu unterstützen. Diese Tätigkeit ist für Menschen geeignet, die beträchtliche Industrieerfahrung haben und die Bedeutung von technischem Talent und des Managements für Firmen verstehen.

Die Bedeutung der Personalbeschaffung in der Biotechnologie ...

Personalvermittler helfen mit, Teams zusammenzustellen, und fungieren als Einstellungsberater. Ihre Stärke liegt darin, dass sie die Strategien eines Unternehmens kennen und wissen, welche Begabungen benötigt werden, damit die Firma ihre Ziele erreicht. Ihr Sachverstand, ihre Industriekenntnisse und ihre Kenntnisse über Führungspersönlichkeiten helfen ihnen, zu beurteilen, welche Personen kompetent sind und welche nicht.

Fachmännische Leitung ist alles!

Beteiligungskapitalgeber investieren in vielversprechende Technologien und ebenso in Führungsteams, die eine Erfolgsgeschichte vorweisen können. Das Führungsteam macht unter Umständen den Unterschied zwischen einer erfolgreichen und einer weniger erfolgreichen Firma aus, und das „Humankapital" wird als einer der größten Vermögenswerte eines Unternehmens angesehen. Infolgedessen bezahlen Unternehmen eine Provision, um sich Toptalente zu sichern. Die Aufgabe des Personalvermittlers ist es, entsprechende Persönlichkeiten zu finden und zu bewerten.

Personalvermittler bieten eine wertvolle Dienstleistung, die den Firmen Zeit, Energie und Geld sparen hilft. Wenn die Personalabteilung eine Stelle im Internet ausschreibt, dann bekommt sie eventuell

Den richtigen Kandidaten zu finden, ist unter Umständen wie die Suche nach der Nadel im Heuhaufen.

Hunderte von Bewerbungen, und diese alle durchzusehen, ist eine enorme Aufgabe. Eine Headhunter-Firma kann jedoch den Pool eingrenzen, indem sie die Bewerber vorab näher unter die Lupe nimmt, die an einer bestimmten Stellenausschreibung interessiert sind. Außerdem verfügen die Headhunter über ein umfangreiches Kontaktnetzwerk und können deshalb der Firma mit größerer Wahrscheinlichkeit den geeignetsten Bewerber vermitteln. Personalvermittler beschleunigen den Einstellungsvorgang dadurch, dass sie zwischen den Bewerbern und den Firmen vermitteln. Personalvermittler unterstützen auch expandierende Firmen, indem sie ihnen bei Dingen wie der Organisationsentwicklung helfen.

Die Vermittlung

Manche Leute denken, die Personalvermittlung sei einfach, aber in Wirklichkeit ist eine geeignete Vermittlung schwierig! Viel Glück und Erfahrung sind ebenso nötig wie die Fähigkeit, den passenden Kandidaten zu erkennen. Die typischen Stellenbeschreibungen umfassen viele Parameter, und es ist schwierig, Personen zu finden und zu vermitteln, die zum Stellenprofil passen, interessiert sind und der Firmenkultur entsprechen. Die Kandidaten werden aus einer sehr großen Personengruppe hoch qualifizierter Menschen ausgesiebt. Personalvermittler kontaktieren manchmal Hunderte potenzieller Anwärter und arbeiten viele Stunden intensiv, bevor eine passende Vermittlung stattfindet.

Laufbahnen der Personalbeschaffung in den Biowissenschaften

Es gibt im Allgemeinen vier verschiedene, nicht klar abgegrenzte Personalvermittlungsarten.

Innerbetriebliche Personalvermittlung

Innerbetriebliche Personalvermittler sind in der Personalabteilung von Biopharmaunternehmen beschäftigt und arbeiten normalerweise an der Einstellung von Führungskräften der unteren und mittleren Ebene. Sie annoncieren offene Stellen auf der Firmen-Website und auf Jobportalwebsites, nehmen an Jobmessen teil und arbeiten mit Personalvermittlungsagenturen. Sie begleiten unter Umständen den gesamten Prozess der Personaleinstellung, dazu gehören das Aussieben von Bewerbern, Vorstellungsgespräche führen, Anstellungsverträge entwerfen sowie Versetzungen und andere Dinge abwickeln. Die „Einstellungsleiter", d. h. diejenigen, die eine Stelle zu besetzen haben, werden als „Kunden" (Auftraggeber) betrachtet.

Stellenbesetzung, Zeitverträge und direkte (Dauer-)Anstellungen

Manche Firmen spezialisieren sich auf die Stellenbesetzung und Zeitarbeit für technisches Personal der unteren Ebene. Zeitarbeit ist nötig, um beurlaubtes Personal zu ersetzen oder für neu gegründete Firmen, die sich keine Vollzeitbeschäftigten leisten können. Viele Zeitarbeitsunternehmen (*staffing companies*) bieten auch Personalvermittlung für Dauereinstellungen oder eine Personalvermittlung auf Erfolgsbasis an. Es gibt mehrere große Personalvermittlungsunternehmen, die sich auf die Biowissenschaften spezialisiert haben oder dafür ein Team bereithalten.

Personalvermittlung auf Erfolgsbasis

Ein Kunde engagiert unter Umständen mehrere Personalvermittler auf Erfolgsbasis mit der Abmachung, dass nur die Firma, deren Bewerber eingestellt wird, ein Honorar erhält. Die Bezahlung ist deshalb abhängig davon, ob man den richtigen Kandidaten findet.

Im Allgemeinen arbeiten Personalvermittler auf Erfolgsbasis für die untere und mittlere Führungsebene, obgleich manche auch auf Direktorenebene tätig sind. Manche „vermarkten Bewerber", d. h. sie unterstützen Jobsuchende dabei, eine Position in einer Firma zu finden. Es gibt buchstäblich Hunderte von Vermittlungsfirmen auf Erfolgsbasis (*contingency firms*), und die Organisationsstrukturen variieren enorm. Meistens sind es Unternehmen mit zwei bis zehn Personen. Im Allgemeinen gibt es zwei Arten von Positionen bei Personalvermittlungsunternehmen: Personalvermittler und Kundenbetreuer (Vertrieb).

Direktsuche auf Basis einer festvereinbarten Honorarzahlung

Bei diesen Suchen (*executive retained search*) beauftragt der Kunde eine Headhunter-Firma, den geeignetsten Bewerber zu ermitteln, gewöhnlich auf Exklusivbasis. Der Headhunter wird für seine Arbeit bezahlt, ungeachtet dessen, wie der eingestellte Kandidat ermittelt wurde und ob die Suche erfolgreich war oder nicht.

Normalerweise arbeiten diese Firmen auf der Direktoren-, Vizepräsidenten- und Führungsebene wie z. B. CXOs (CEO, *chief executive officer*, Generaldirektor; COO, *chief operating officer*, leitender Geschäftsführer; CFO, *chief financial officer*, Leiter der Finanzabteilung usw.). Sie stützen sich auf eine große Datenbank mit Kontakten und vermitteln die qualifiziertesten Bewerber. In großen Headhunter-Firmen, die mit festvereinbarten Honoraren arbeiten, gibt es eine Aufgabenverteilung unter den Mitarbeitern. Partner ziehen Aufträge an Land, betreiben Recherchen und leiten die Firma. Die Mitarbeiter (*associates*) führen zusammen mit den Partnern einen Teil der Suche durch, „Rechercheure" erstellen Bewerberlisten und ermitteln Firmen, von denen sie Personen abwerben. Eine ausgewählte Anzahl weltweiter Headhunter-Firmen auf Festhonorarbasis und viele kleine Firmen haben sich auf die Industrie der Biowissenschaften spezialisiert.

Aufgaben und Kompetenzen in der Personalbeschaffung

Es gibt mehrere typische Aufgaben und Verantwortlichkeiten für diejenigen, die in Zeitarbeitsunternehmen, Headhunter-Firmen auf Erfolgsbasis oder Firmen mit vereinbartem Festhonorar arbeiten.

Die richtigen Auftraggeber finden

Kundenbetreuung

Manche Rechercheprofis verbringen ihre Zeit damit, Geschäfte anzubahnen. Dies nennt man die „Geschäftsentwicklung" in der Recherche-Industrie. Dazu gehören Besuche bei den Kunden, um den Suchablauf und die Gebührenstruktur zu erklären, Marktkenntnisse zu demonstrieren, den potenziellen Kunden die Biografien der Mitarbeiter vorzustellen und Vorschläge für potenzielle Recherchen auszuarbeiten.

Die richtigen Bewerber finden

Die Stellenbeschreibung oder Stellenspezifikation entwerfen

Je besser Sie Ihren Auftraggeber kennen, desto besser können Sie den geeigneten Anwärter finden.

Nachdem ein Geschäftsvertrag für eine Suche unterschrieben ist, geht es im ersten Schritt darum, die Bedürfnisse des Kunden zu ermitteln. Personalvermittler besuchen häufig ihre Kunden und befragen die Einstellungsleiter und Kollegen, um beispielsweise das Betätigungsfeld und die Kompetenzebene der Position, das ideale Bewerberprofil, die optimalen Ausbildungsanforderungen und die Gehaltsstufe festzulegen. Dann wird eine Positionsbeschreibung ausgearbeitet und vom Kunden genehmigt, die nun zur Personalbeschaffung eingesetzt wird.

Recherche

Große Headhunter-Unternehmen stellen Rechercheure ein, welche die Zielfirmen ermitteln, von denen abgeworben wird. Dies umfasst unter Umständen eine „Namensgenerierung", bei der Rechercheure die Namen und Kontaktinformationen für mögliche Bewerber ermitteln, an die sie herantreten. Solche Informationen werden oft von Anbietern verkauft.

Potenzielle Bewerber finden und kontaktieren

Personalvermittler kontaktieren direkt mögliche Kandidaten per Telefon oder E-Mail und versuchen sie dazu zu bringen, einen Jobwechsel in Betracht zu ziehen. Sie bilden auch Netzwerke mit Gewährsleuten, die qualifizierte Leute für besondere Funktionen nennen können. Falls Interesse besteht und die Person passt, wird sie für die weitere Bewertung im Rahmen eines Vorstellungsgesprächs befragt.

Befragung

Manche Personalvermittler verbringen Zeit damit, potenzielle Bewerber entweder telefonisch oder persönlich zu befragen. Sie beurteilen die Qualifikationen der Bewerber, um festzustellen, ob sie einen passenden technischen Hintergrund haben und ob ihre Persönlichkeiten in die Unternehmenskultur der Auftraggeberfirma passen. Unter Umständen beraten Personalvermittler die Jobbewerber vor den Vorstellungsgesprächen mit der Firma.

Eine Bewerberliste präsentieren und Auftraggebermanagement

Nachdem eine Bewerberliste abgearbeitet wurde, die Bewerber befragt und bewertet wurden, erstellen manche Headhunter-Firmen von jedem Kandidaten eine Zusammenfassung und präsentieren diese Liste dem Einstellungsleiter. Der Auftraggeber befragt dann die Bewerber und wählt die Endteilnehmer aus. Während dieser Zeit erörtern und überblicken Rechercheprofis den Fortgang und helfen mit, Vorstellungsgespräche zu vereinbaren.

Überprüfen der Referenzen und detaillierte Untersuchung

Personalvermittler überprüfen oft die Referenzen der Bewerber, um herauszufinden, ob die Angaben stimmen und um eine objektivere Sicht vom Bewerber zu bekommen. Sie überprüfen manchmal auch die Richtigkeit der akademischen Abschlüsse.

Das Geschäft abschließen

Anstellungsverträge aushandeln

Manche Personalvermittler fungieren als objektive Dritte, die sich vermittelnd einbringen und beim Aushandeln der Vertragskonditionen zwischen dem Bewerber und der Firma mithelfen. Personalvermittler tragen auch dazu bei, den Einstellungsablauf reibungslos zu gestalten, indem sie Immobilienmakler einschalten, falls ein Wohnortwechsel erforderlich ist, informelle Gehaltserhebungen für Firmen erstellen usw.

Bewerbervermarktung

Manche Headhunter-Firmen vermarkten Bewerber, die ihnen hoch qualifiziert und fähig erscheinen. Dies bedeutet, dass sie Firmen kontaktieren und sie über eine hervorragende Person unterrichten, die eine Anstellung sucht, und anfragen, ob das Unternehmen vielleicht ein solches Talent brauchen könnte. Die meisten Headhunter verbringen jedoch den Großteil ihrer Zeit damit, Recherchen durchzuführen, um Positionen zu besetzen.

Netzwerke knüpfen

Die meisten Personalvermittler knüpfen Netzwerke, indem sie an Tagungen und Veranstaltungen der Industrie teilnehmen. Ein Netzwerk persönlicher Kontakte und Kenntnisse über Menschen sind für ihre Arbeit enorm wertvoll.

Ein typischer Arbeitstag in der Personalbeschaffung

Je nach Position und Firma könnte ein typischer Arbeitstag in der Personalbeschaffung einige der folgenden Tätigkeiten beinhalten:

Ein Geheimnis bei der Recherche ist, dass man beim Sprechen lächelt – die Leute am anderen Ende des Telefons können das Lächeln hören.

- Potenzielle Auftraggeber besuchen und ihnen die Dienstleistungen beschreiben.
- Für einen potenziellen Kunden ein Konzept ausarbeiten.
- Die Kunden befragen, um die wichtigsten Eigenschaften zu ermitteln, die gefragt sind, und Positionsbeschreibungen verfassen.
- Bewerber finden: in Datenbanken und im Internet recherchieren und Leute per E-Mail oder telefonisch kontaktieren.
- Bei Telefonkonferenzen mit Auftraggebern den Stand der Recherche erörtern.
- Vorstellungsgespräche vorbereiten.
- Referenzen überprüfen.
- Angebote verhandeln.
- Industrienachrichten lesen.
- An Industriekonferenzen teilnehmen, um Kontakte zu knüpfen und Geschäfte anzubahnen.

Gehalt und Vergütung

Das Vergütungspotenzial in der Personalbeschaffung ist hoch: Sie verdienen so wenig oder so viel Geld wie Sie wollen, je nachdem wie viel Mühe Sie sich machen.

Für Personalvermittler gibt es kein typisches Gehalt. In den meisten Firmen besteht die Vergütung aus einem Grundgehalt und einer Provision für erfolgreiche Einstellungen. Provisionen orientieren sich häufig an einem Prozentsatz des ersten Jahreseinkommens einer erfolgreich besetzten Stelle. Eine Möglichkeit ist, eine große Zahl von Positionen der unteren Ebene zu besetzen oder sich auf die Besetzung einer kleinen Zahl hochrangiger Positionen zu konzentrieren. Personalvermittler, die Führungskräfte vermitteln und für Generaldirektor- und andere hochrangige Positionen recherchieren, können pro Suche mehr Geld verdienen, aber diese Aktivitäten erfordern mehr Arbeit und mehr Zeit.

Im Vergleich zu anderen Laufbahnen verdienen die Personalvermittler mehr als ein Wissenschaftler in der Industrie bei gleicher Berufserfahrung. Normalerweise erhalten sie auch mehr als die Personen, die sie vermitteln. Als Regel gilt, dass Personalvermittler und Kundenberater bei Personalfirmen (*staffing firms*) so viel verdienen wie Vertriebsmitarbeiter in Pharmafirmen oder darüber.

Bei Top-Headhunter-Firmen, die Führungskräfte vermitteln, hängt die Bezahlung von der Firma, der wirtschaftlichen Situation, den Jahren an Berufserfahrung als Rechercheprofi und anderem ab. Partner in großen führenden Headhunter-Firmen sind hoch bezahlt und verdienen im Vergleich zu anderen Rechercheprofis wahrscheinlich das meiste Geld. Die Besitzer von Headhunter-Firmen schneiden außergewöhnlich gut ab. In kleineren Firmen schwankt die Bezahlung dramatisch, Angestellte in Personalunternehmen (*staffing firms*) und Vermittlungsfirmen, die auf Erfolgsbasis arbeiten (*contingency firms*), bekommen ebenfalls gute Gehälter.

Wie wird Erfolg gemessen?

Da dies eine hart umkämpfte Dienstleistungsindustrie ist, sind glückliche und treue Kunden der beste Erfolgsbeweis. Kurz gesagt, Erfolg wird an der Geschwindigkeit und der professionellen Ausführung der Suche gemessen. Langfristiger Erfolg beinhaltet, dass man in der Industrie Respekt für seine Qualitätsarbeit und erhöhte Markenwiedererkennung genießt. Außerdem lässt sich bei der Suche nach Mitarbeitern der Erfolg danach beurteilen, auf welcher Ebene die Recherchearbeit durchgeführt wird (Direktoren, Vizepräsidenten oder Generaldirektoren) sowie anhand der Auftraggeber. Wenn Rechercheprofis erfolgreich arbeiten, dann können sie vom Direktor der Personalbeschaffung über eine Position als Prokurist zum Generaldirektor und Aufsichtsratsmitglied aufsteigen.

Das Für und Wider der Arbeit
Positive Aspekte einer Laufbahn in der Personalbeschaffung

- Es handelt sich um eine enorm wichtige Dienstleistung für Firmen – der Erfolg einer Firma kann von einer gelungenen Einstellung abhängen. Schlussendlich wird Ihre Anwerbung für die Entwicklung

Der Reiz der Personalbeschaffung besteht darin, die geeignete Person zu finden: der Vermittler einer potenziell langfristigen Beziehung zu sein.

von durchschlagenden Produkten entscheidend sein, die helfen, das Leben von Menschen zu retten.

- Es ist sehr lohnend, Menschen zu helfen, ihren Traumjob zu finden und Karriere zu machen. Bewerbern, die arbeitslos sind oder in ihren Firmen nur beschränkte Möglichkeiten für ein berufliches Fortkommen haben, können die Personalvermittler zu neuen Chancen verhelfen. Die meisten Bewerber sind für die Hilfe dankbar. Außerdem ist es erfreulich, wenn man die Firmen der Auftraggeber expandieren sieht, was möglicherweise zum Teil auf Ihre erfolgreichen Stellenbesetzungen zurückzuführen ist.
- Personalvermittler treffen Menschen aus der ganzen Welt. Unter den Bewerbern und Auftraggebern befinden sich Vizepräsidenten großer Pharma- und Biotechnologiefirmen, Beteiligungskapitalgeber, Nobelpreisträger u. a.
- Personalvermittler haben einen flexiblen und unabhängigen Job. Besonders für Partner und Firmeneigentümer gilt, dass sie nahezu vollständig frei sind, ihren Terminplan zu gestalten und ihren Tag zu strukturieren. Die meisten Personalvermittler arbeiten an Wochenenden nicht.
- Es handelt sich um einen flotten, dynamischen Job, und jeder Tag ist anders. Jede Suche stellt einmalige Herausforderungen, und jeder Kunde ist anders; die Bandbreite der Auftraggeber reicht von kleinen Firmenneugründungen bis zu großen pharmazeutischen Innovationszentren. Die Möglichkeit, Recherchen zu verschiedenen Funktionen, Therapiebereichen und geografischen Standorten durchzuführen, verleiht dem Job zusätzliche Vielfalt. Jeder Personalvermittler entwickelt mit der Zeit sein persönliches Spezialgebiet.
- Jeder Kunde stellt eine Chance dar, eine neue Technologie kennenzulernen und über die neuesten Trends in der Forschung zu diskutieren. Wenn Sie möchten, können Sie in die Wissenschaft eintauchen und Ihren technischen Hintergrund voll anwenden.
- Sie erfahren etwas über die innere Arbeit und die zahlreichen Berufsfelder der Biotechnologieindustrie und darüber, wie sie zusammenpassen.
- Personalvermittler werden gut bezahlt, und es besteht eine direkte Beziehung zwischen den Anstrengungen und dem Verdienst.
- Jedes Projekt hat einen klaren Start- und Endpunkt. Wenn eine Suche abgeschlossen ist, können Sie sich an neue Recherchen machen.

Die Größe Ihres Netzwerks erhöht Ihren Nettowert!

- Die Suche nach Führungskräften und deren Vermittlung wird einfacher, wenn Sie mehr Erfahrung bekommen. Ihr Netzwerk wird umfangreicher und infolgedessen wächst Ihre Fähigkeit, qualitativ hochwertige Arbeit abzuliefern.
- Je nach Art der Headhunter-Firma und insbesondere bei Firmen, die auf Erfolgsbasis vermitteln (*contingency firms*), und Personal-

unternehmen (*staffing firms*) dürften nicht viele Reisen erforderlich werden.

Die möglicherweise unangenehme Seite der Personalbeschaffung

- Mit dem Begriff „Headhunter" ist ein Makel verknüpft, etwa vergleichbar mit „Gebrauchtwagenhändler".
- Die Personalvermittlung ist arbeitsintensiv, und die häufigen Routinearbeiten können mit der Zeit ermüden.
- Personalvermittler stehen unter dem ständigen Druck, die besten Bewerber für ihre Auftraggeber zu finden. Man kann sich wie in einer Tretmühle fühlen.
- Die Arbeit ist hektisch, stressig und oft mit Überstunden verbunden.
- Die Menschen sind schwer einzuschätzen. Ihr Verhalten kann enttäuschen und frustrieren, und es können zahllose unangenehme Situationen und Ereignisse auftreten, die außerhalb Ihrer Kontrolle liegen. Manche handeln anders, als sie vorgeben, und sie sind nicht immer ehrlich. Häufig vorkommende negative Beispiele sind folgende: Der Bewerber erscheint am ersten Arbeitstag nicht zur Arbeit; die „Chemie" zwischen einem Bewerber und dem Arbeitgeber stimmt nicht; der ideale Bewerber möchte nicht umziehen; der Auftraggeber behandelt die Bewerber nicht mit Respekt; oder der Kunde ändert seine Meinung über den Verantwortungsbereich einer Position.

> Die Personalbeschaffung funktioniert nicht wie ein Kurierunternehmen, bei dem man Pakete verfolgen kann und genau weiß, wann sie eintreffen werden – Menschen sind schwer einzuschätzen.

- Das Geschäft ist äußerst zyklisch; die Arbeit ist konjunkturabhängig. Wenn es der Biotechnologieindustrie schlecht geht, dann läuft auch das Geschäft der Personalvermittler schlecht.
- Die Auftraggeber können unrealistische Vorstellungen haben und würdigen oft nicht den Rat und Beitrag, den Personalvermittler bieten. Die meisten Menschen erkennen nicht an, wie hart Personalvermittler arbeiten – sie denken, die Personalvermittlung sei ein Kinderspiel, und sind unter Umständen abgeneigt, Recherchegebühren zu bezahlen.
- Obwohl man eine wichtige Dienstleistung anbietet, ist das Endergebnis kein quantifizierbares, greifbares Produkt und die Arbeit ist nicht nachhaltig. Manche Bewerber bleiben nur kurze Zeit oder werden entlassen, weil die Firma Personal abbaut.
- Sie sind nicht für einen marktfähigen Beruf mit vielen beruflichen Entfaltungsmöglichkeiten ausgebildet, deshalb ist es schwierig, seine Erfahrungen auf andere Bereiche zu übertragen.
- In vielen Headhunter-Firmen ist die Personalbeschaffung keine teamorientierte Tätigkeit. Sie arbeiten meistens für sich und werden für Ihren eigenen Erfolg und Misserfolg zur Rechenschaft gezogen.
- Wie im Vertrieb können häufige Ablehnungen bei der Auftragsakquise und die Unzuverlässigkeit von Geschäftspartnern entmutigend sein.

Die größten Herausforderungen des Jobs

Ein begrenzter Talentfundus

Rechercheprofis versuchen geeignete Führungskräfte ausfindig zu machen, und nicht nur kompetente Personen, welche die Stellen besetzen können. Solche Personen sind immer sehr gefragt und werden von jeder Agentur umworben. Dieser begrenzte Talentfundus verlängert den Suchprozess und macht ihn schwieriger.

Auftraggebermanagement

Mit manchen Auftraggebern kann die Arbeit schwierig sein. Häufig wissen diese nicht genau, was sie brauchen, und manche ändern die Stellenbeschreibung im Verlauf der Suche. Auftraggeber halten ihre eigene Firma oft für die beste, wenn diese Ansicht aber vom Rest der Welt nicht geteilt wird, kann die Anwerbung von fähigen Mitarbeitern schwierig werden.

Keine Einstiegsbarrieren

Es gibt keine Einstiegsbarrieren für das Personalbeschaffungsgewerbe in den Biowissenschaften, somit haben selbst Personen, denen ein Verständnis von der Biopharmaindustrie fehlt, die Freiheit, sich in diesem Bereich selbstständig zu machen. Es ist schwierig, die Qualität ihrer Arbeit nachzuprüfen, und es gibt keine Industriestandards. Diese unqualifizierten Rechercheure können ein schlechtes Image des Personalbeschaffungsgewerbes erzeugen und die Bemühungen von Einzelnen, eine positive Beziehung zu den Auftraggebern zu entwickeln, konterkarieren.

Einen Kundenstamm und Reputation entwickeln

Die Personalvermittlung ist ein hart umkämpftes Gewerbe. Es gibt viele ausgezeichnete Personalvermittlungsfirmen und Personalvermittler; neue Aufträge zu akquirieren, kann sehr schwierig sein und braucht Zeit.

Sich in der Personalbeschaffung auszeichnen ...

Kundenzufriedenheit und noch einen Schritt weiter gehen

Personen, die sich in der Personalbeschaffung hervortun, sind in der Lage, dem Kunden eine hervorragende Dienstleistung zu bieten und eine respektvolle Beziehung zu Kunden und Bewerbern aufzubauen. Dies führt letztendlich zu Kundentreue und wiederholten Aufträgen. Die besten Beziehungen entstehen, wenn man Qualitätsarbeit liefert und sich in den Auftraggeber hineinversetzen kann. Außerdem können die besten Personalvermittler ihren Kunden zusätzliche Vorteile bieten, die über eine Hilfestellung bei der Besetzung von Stellen hinausgeht, wie z. B. hoch qualifizierte Bewerber für Positionen beschaffen, die sich in der Planung befinden, Beratung zu Einstellungstrends und Vergütungsniveaus anbieten, bei der firmeninternen Organisation helfen sowie Unterstützung beim Aushandeln von Verträgen leisten. Rechercheprofis für Führungskräfte können neu gegründeten Firmen beispielsweise auch Dienstleistungsprofis, Berater und Beteiligungskapitalgeber empfehlen und so eine Zusammenarbeit anbahnen. Diese zusätzlichen Leistungen verbessern die Kundenbindung, sodass diese Personalvermittler als Geschäftspartner und als Nebenstellen der Personalabteilung betrachtet werden können.

Erfahrung und Wissen

Erfolgreiche Personalvermittler greifen auf ihre ausgedehnten Industriekenntnisse zurück, auf ein großes Kontaktnetz und viele Jahre Personalvermittlungserfahrung, wenn sie mit den vielen Variablen konfrontiert werden, die während einer Suche auftreten können. Sie sind in der Lage, rasch die qualifiziertesten Bewerber zu erkennen und zu vermitteln.

Die Qualifikationen von Bewerbern zu ermitteln, kann ein kniffliges Geschäft sein

Zu erwähnen ist die Fähigkeit, qualifizierte und erfolgreiche Bewerber anhand von Telefongesprächen oder persönlichen Befragungen zu erkennen. Dies klingt einfacher als es ist. Die Bewerber geben zu Beginn der Unterhaltung unter Umständen nicht die ganze Wahrheit preis, aber durch aufmerksames Zuhören und durch das Stellen der richtigen Fragen kann man die Bewerber und ihre Fähigkeiten mit der Zeit besser einschätzen. Fähige Personalvermittler haben manchmal die intuitive Fähigkeit, Bewerber, die wirklich erfolgreich sind, von denjenigen zu unterscheiden, die lediglich eine gute Geschichte erzählen.

Ein Personalvermittler ist zum einen Verkuppler, zum anderen Detektiv.

Sind Sie ein guter Anwärter für die Personalbeschaffung?

Menschen, die in der Personalbeschaffung bestehen, haben meist die folgenden Eigenschaften:

Grenzenlose Energie, Antrieb und Ehrgeiz

Hart arbeiten, aufgeweckt und beharrlich sein; eine „Machen-wir-Einstellung" und ausgezeichnete soziale Kompetenz sind gemeinsam mit ausgiebigen Industriekenntnissen die wertvollsten Eigenschaften für diesen Beruf.

Sie müssen den persönlichen Wunsch und Drang haben, erfolgreich zu sein, was harte Arbeit und Zielorientierung verlangt. Personalvermittler brauchen eine unermüdliche Energie, um den winzigen Details und den vielen Aufgaben gerecht zu werden. Sie müssen sich engagieren, um so schnell wie möglich die besten Leute für Ihren Auftraggeber zu finden. Initiative Führungsqualitäten gegenüber Auftraggebern und Bewerbern sind ein Muss.

Ausgezeichnet zuhören können und hervorragende zwischenmenschliche Fähigkeiten

Zwischenmenschliche Fähigkeiten sind von zentraler Bedeutung für die Entwicklung einer harmonischen Beziehung zu den Auftraggebern und Bewerbern (Kapitel 2). Im Rahmen der Personalvermittlung sind folgende Eigenschaften wichtig:

- Scharfsinnig zuhören können, um die Belange des Auftraggebers zu verstehen und die Anwärter besser beschreiben zu können. Es ist wichtig, dass man bei Referenzüberprüfungen aufmerksam zuhört und nicht nur darauf achtet, was über den Bewerber gesagt wird, sondern auch darauf, was *nicht* gesagt wird.
- Eine einladende Persönlichkeit haben, sodass sich Bewerber öffnen und sich in Ruhe befragen lassen.
- Sich wohlfühlen, während man Bewerbern schwierige Fragen stellt.

Intuition und Wahrnehmungsvermögen

Zu wissen, wann man der Geschichte eines Bewerbers Glauben schenken kann, erfordert Intuition und ein gutes Wahrnehmungsvermögen.

Man muss neugierig sein und ein Gespür dafür haben, was Menschen motiviert. Wenn Sie spüren, dass ein Bewerber die Wahrheit verbirgt, dann ist unter Umständen eine Überprüfung angezeigt.

Eine gesellige Persönlichkeit und ausgezeichnete Fähigkeiten, Netzwerke zu knüpfen

Der Wert eines Personalvermittlers wird zum großen Teil von seinem Kontaktnetzwerk bestimmt. Dies verlangt, dass man sich im sozialen Umgang sicher fühlt, leicht auf Fremde zugehen kann und keine Scheu vor Kaltakquise hat – auch wenn es sich dabei um sehr bedeutende oder berühmte Personen handelt.

Hartnäckigkeit und Ausdauer

Sie benötigen Ausdauer, wenn Sie viele Bewerber kontaktieren. Vor allem bei der Kontaktaufnahme zu hoch qualifizierten Bewerbern ist oft eine besondere Beharrlichkeit gefragt.

Hervorragende Multitasking- und Zeitmanagementfähigkeiten

Personalvermittler arbeiten gleichzeitig an fünf bis zehn Projekten und kontaktieren unter Umständen jeweils 30 bis 300 Personen für ein einziges Stellenangebot – je nach Schwierigkeit der Suche und der Positionsebene. Man vertrödelt leicht viele Stunden mit unproduktiven Telefongesprächen. Um produktiv zu sein, muss man Prioritäten setzen können und sehr darauf achten, in was man seine Zeit investiert.

Ein Gefühl für Dringlichkeit

Der Auftraggeber bezahlt ein beachtliches Honorar dafür, dass Sie rasch sein Geschäftsproblem lösen, deshalb müssen Sie unablässig arbeiten bis Sie Erfolg haben. Es ist wichtig, dass man immer ansprechbar ist.

Eine starke Ethik

Das Vertrauen des Bewerbers und des Auftraggebers zu bekommen, ist sehr wichtig. Die Laufbahn und das Auskommen von Menschen stehen auf dem Spiel, und es lauern viele Gefahren.

Eine Verkaufspersönlichkeit

Sie müssen Kunden Ihre Fähigkeiten, eine Suche durchzuführen, verkaufen, Bewerbern müssen Sie Stellenchancen verkaufen, und Auftraggebern müssen Sie Bewerber verkaufen. Diejenigen, die euphorisch, optimistisch, selbstbewusst und überzeugend sind, haben einen Vorteil.

Selbstbewusstsein in einer Unternehmensumgebung

Die Rechercheprofis für Führungskräfte haben mit gehobenen Führungskräften Umgang. Es ist wichtig zu wissen, wie man sich angemessen und glaubhaft verhält.

Eine dicke Haut

Es kann schwierig oder unangenehm sein, mit Auftraggebern zu arbeiten, und es ist wichtig, dass man in heiklen Situationen diplomatisch bleibt.

Sie sollten eventuell eine Laufbahn außerhalb der Personalbeschaffung in Betracht ziehen, falls Sie ...

- zu anspruchsvoll und zu kritisch sind und unrealistisch hohe Erwartungen an Menschen haben.
- egozentrisch oder zu sehr von sich eingenommen sind.

- von den Höhen und Tiefen Ihres Jobs allzu sehr in Mitleidenschaft gezogen werden.
- bei der taktischen Implementierung nicht gut sind.
- ein Zauderer sind.
- übermäßig schüchtern oder scheu sind.
- mehr ein Redner als ein Zuhörer sind.
- nicht diplomatisch sind.
- eine Person sind, der es schwerfällt, Informationen vertraulich zu behandeln.

Das Karrierepotenzial in der Personalbeschaffung

Die Personalvermittlung ermöglicht, Erfahrungen bei der Entwicklung von Beziehungen und Vertrauensbildung sowie beim Aufbau zwischenmenschlicher Beziehungen zu sammeln. Diese sozialen Kompetenzen lassen sich auch in anderen Laufbahnen einsetzen, wie z. B. in der Geschäftsentwicklung, im Vertrieb, in der Organisationsentwicklung, in der Personalabteilung, im Bereich der Auslagerung von Dienstleistungen sowie in der Berufsberatung (Abb. 26.1). Im Allgemeinen führt die Personalbeschaffung jedoch nicht zu einer weiteren Karriere, außer dass man sich in der Hierarchie seines direkten beruflichen Umfelds emporarbeitet und Partner (Teilhaber) in einer Firma wird. Bei Rechercheprofis ist es auch üblich, dass sie zunächst bei einem etablierten Headhunter arbeiten, bevor sie ihre eigene Agentur gründen.

Jobsicherheit und Zukunftstrends

Das Personalvermittlungsgeschäft spiegelt direkt die Biotechnologiewirtschaft wider. Während Zeiten des Wirtschaftsaufschwungs stel-

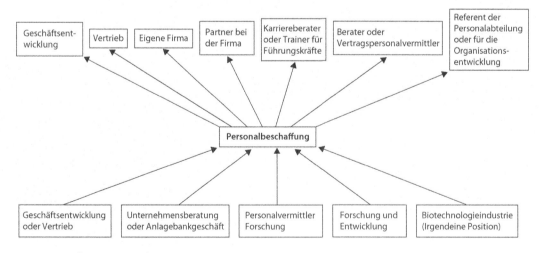

Abb. 26.1 *Übliche Karrierewege für Personalvermittler.*

len Firmen Personal ein, und die Agenturen haben unter Umständen Arbeit im Übermaß. Während einer Rezession läuft das Geschäft auf Sparflamme, und Headhunter-Firmen verbringen mehr Zeit damit, eine Markenwiedererkennung aufzubauen und mit Kunden zu sprechen. Betriebsinterne Personalvermittler haben das gleiche Schicksal: Wenn die Wirtschaft schlecht läuft, besteht keine Notwendigkeit für Einstellungen. Stattdessen helfen sie entlassenen Angestellten, einen neuen Job zu finden (dies wird als „Auslagerung" bezeichnet). In der Mikroökonomie herrscht etwas mehr Stabilität. Wenn ein Biotechnologiesektor, wie etwa die Geräteherstellung, träge ist, dann kann man auf einen anderen Sektor (z. B. Arzneimittelforschung) ausweichen. Wenn die industrielle Grundlagenforschung verkleinert wird, dann könnte vielleicht die klinische Entwicklung Personal einstellen usw.

Es ist unwahrscheinlich, dass die Personalvermittlung ins Ausland verlagert wird. Um die Arbeit gut zu machen, muss man die Kunden besuchen und die geografische Lage berücksichtigen. Viele Headhunter führen persönlich mit den Bewerbern das Vorstellungsgespräch. Diese Aufgaben wären aus dem Ausland schwierig zu bewerkstelligen.

Die Personalbeschaffung reagiert empfindlich auf die Wirtschaft.

Einen Job in der Personalbeschaffung bekommen

Erwünschte Ausbildung und Erfahrungen

Bei den meisten Menschen ist die Personalbeschaffung ihr zweiter oder dritter Beruf, und in der Regel gibt es keine typischen Ausbildungsanforderungen. Die Headhunter für Führungskräfte kommen aus praktisch jedem erdenklichen Berufsfeld (Abb. 26.1), aber diejenigen mit einer Vergangenheit im Vertrieb oder in der Geschäftsentwicklung und starken zwischenmenschlichen Fähigkeiten sind am häufigsten in diesem Berufszweig zu finden. Erforderlich sind ausgedehnte Industriekenntnisse und ein angemessenes Kontaktnetzwerk. Zudem sollten Sie den hierarchischen Aufbau des Biotechnologiemarkts kennen.

Es ist einfacher, Industrieexperten für die Personalvermittlung zu schulen als Personalvermittler für die Industrie.

Viele professionelle Headhunter haben keinen höheren naturwissenschaftlichen Abschluss, aber es ist ein großer Vorteil, wenn man über einen solchen oder über Industrieerfahrung verfügt. Höhere Abschlüsse verschaffen sowohl bei Auftraggebern als auch bei Bewerbern Glaubwürdigkeit. Sie sind besser in der Lage, die technischen oder wissenschaftlichen Aspekte eines Jobs zu erläutern, und Sie haben mehr Selbstvertrauen und Autorität, wenn Sie führende Industrieexperten kontaktieren. Mit einem starken wissenschaftlichen Hintergrund können Personalvermittler die Kundenbelange besser verstehen und die Fähigkeiten der Bewerber besser einschätzen.

Personalvermittler, die für hochrangige Headhunter-Firmen auf Erfolgsbasis und für Headhunter-Firmen, die Führungskräfte vermitteln, infrage kommen, haben oft einen MBA-Abschluss (*Master of Business Administration,* postgraduales generalistisches Managementstudium). Weniger qualifizierte Bewerber, die an Headhunter-Firmen für Führungskräfte interessiert sind, können zunächst als Rechercheanalysten beginnen (Rechercheure). Rechercheanalysten (*research analyst*) wechseln in Positionen als Recherchemitarbeiter (*research associate*) und werden schließlich sogar Rechercheberater (*research consultant*) und Personalvermittler. Alternativ kann man den Rechercheurschritt überspringen, indem man einen MBA-Abschluss oder Erfahrungen in der Biotechnologieindustrie erwirbt, um direkt als Personalvermittler zu beginnen. Die Top-Headhunter, die Führungskräfte vermitteln, stellen eher Vizepräsidenten und Führungskräfte mit umfangreichen Industrieerfahrungen und einem großen Kontaktnetzwerk ein.

Wege in die Personalbeschaffung

* Die überwiegende Mehrheit der Personalvermittler hat ursprünglich überhaupt keine Position in einer Headhunter-Firma in Erwägung gezogen, sondern kam rein zufällig dazu. Normalerweise wurden sie wegen einer bestimmten Jobchance angerufen, trafen sich mit einem Personalvermittler zu einem Vorstellungsgespräch, und irgendwann führte das Gespräch dazu, dass über eine Karriere in der Personalbeschaffung gesprochen wurde. Eine Möglichkeit des Einstiegs ist also, sich zunächst bei einem Personalvermittler vorzustellen und sich dann über eine potenzielle Karriere in der Personalbeschaffung zu erkundigen.
* Erfahren Sie etwas über die Welt der Arzneimittelforschung und den Markt, für den Sie Personal vermitteln wollen. Werden Sie sachkundiger, indem Sie sich mit den Firmen, den Therapiefeldern und den wichtigen Experten vertraut machen.
* Wenn Sie erwägen, zu einer Headhunter-Firma zu gehen, dann ist es wichtig, dass Sie eine aussuchen, die integer ist und die gleichen Werte wie Sie vertritt. Erkundigen Sie sich, welche Firmen den besten Ruf haben und wo die Fluktuationsraten der Angestellten besonders hoch sind. Sprechen Sie mit Leuten, die zuvor in der Firma gearbeitet haben, und befragen Sie die Kunden der Firma.
* Gehen Sie zu Firmen, die praktische Erfahrungen mit den Biowissenschaften haben. Es ist wichtig, ein Netzwerk mit relevanten Kontakten zu knüpfen und industriespezifisches Wissen zu erwerben, was Jahre in Anspruch nimmt.
* Knüpfen Sie Netzwerke, nehmen Sie an Tagungen teil und entwickeln Sie Ihre Adressenkartei. Ein ausgedehntes Netzwerk wird in dieser Industrie hoch eingeschätzt. Aber nicht nur der Umfang Ihres Netzwerks spielt eine Rolle, sondern auch dessen Qualität – persön-

Manchmal ist nicht entscheidend was man weiß, sondern wen man kennt.

liche Beziehungen zu hochrangigen Führungskräften und Beteiligungskapitalgebern sind von Vorteil.

• Wenn Sie daran interessiert sind, letzten Endes Ihre eigene Firma zu gründen, dann erwägen Sie zunächst für eine etablierte Personalvermittlungsfirma zu arbeiten.

• Um Personalvermittlungsfirmen zu ermitteln, die sich auf die Industrie der Biowissenschaften spezialisiert haben, gehen Sie auf die angegebenen Websites.

Empfohlene Berufsverbände und Quellen

Gesellschaften und Quellen

Bundesverband Personalvermittlung e.V. (www.bpv-info.de)
The Fordyce Letter (www.fordyceletter.com), ein monatlicher Newsletter für Personalvermittler
National Association of Executive Recruiters (www.naer.otg)
Kennedy's International Directory of Recruiters (www.kennedyinformation.com),
Institut für Arbeitsmarkt- und Berufsforschung (http://infosys.iab.de/infoplattform/dokSelect.asp?pkyDokSelect=41&show=Lit): Hier sind Informationen zu Karrieremöglichkeiten als privater Arbeitsvermittler zusammengestellt.
Jobvector (www.jobvector.com): viele Jobangebote für Naturwissenschaftler im Personalwesen

Bücher

Kennedy Information (2006) The directory of executive recruiters. 35. Aufl., Peterborough, New Hampshire
   Ein großes Adressverzeichnis über Personalvermittler, die Führungskräfte vermitteln.
MacKie R (2007) Take this job and sell it! The recruiter's handbook. QED Press, Fort Bragg, Kalifornien

Andere Bücher, die in Betracht kommen

Harvard Business Review oder andere Bücher oder Zeitschriften, die besprechen, welche Eigenschaften eine gute Führungskraft ausmachen
Bücher darüber, wie man Personen befragt
Bücher für Jobbewerber, wie man Vorstellungsgespräche führt

Danksagung

Die Aussagen dieses Buches basieren auf Interviews, die mit über 200 Führungskräften der Industrie geführt wurden. Die meisten Interviews erstreckten sich über ein bis zwei Stunden (manchmal länger!), und ich bin denjenigen, die an dem umfangreichen Projekt teilgenommen haben, sehr dankbar für ihre Großzügigkeit. Viele Leute haben zusätzlich zur Befragung die Entwürfe der Kapitel durchgesehen, zu denen sie beigetragen haben.

Mein tief empfundener Dank gilt den nachfolgenden Personen für ihren Projektbeitrag, aber auch denjenigen, die ungenannt bleiben wollten: Mircea Achiriloaie, Angelie Agarwal, Priya Akkihal, Betsy Alberty, Detlef Albrecht, Linda Anderson, Paul Anderson, Shari Annes, Jack Anthony, Ximena Ares, Paul Armel, James Auder, Laurie Averill, Greg Baigent, James Barrett, Steven Barriere, Michael Biros, Debbie Jo Blank, Leonard Blum, Robert Blum, Lawrence Bock, Bonnie Bowers, Tanya Boyaniwsky, Erin Brubaker, Katherine Call, Joseph Carlino, Casey Case, Mary Cassoni, Lois Chandler, John Choi, Shelley Chu, Paul Clarkson, Suzanne Coberly, Derek Cole, Barbara Coleman Preston, Rebecca Coleman, Thomas Coll, Anthony Czarnik, Deborah Dauber, Christophe Degois, David DeNola, Tina Doede, Joe Don Heath, Meredith Dow, Ramesh Durvasula, Richard Eglen, Ronald Ellis, Klaus Esser, Douglas Fambrough, Chris Fibiger, John Fiddes, Alvan Fisher, Lawrence Fisher, Michael Flashner, Matt Foehr, Jason French, Vikki Friedman, Gina Fusaro, Nancy Gadol, Bruno Gagnon, Chris Garabedian, Sabine Geisel, Jack Geltosky, Karen Georgiou, Krishna Ghosh, Martin Giedlin, Richard Gill, Jane Green, Bill Guyer, Ann Hanham, Judith Hasko, Paul Hawkins, Diane Heditsian, Steven Highlander, Tamar Howson, James Huang, Annabella Illescas, Karin Immergluck, Nancy Isaac, Kent Iverson, Bahija Jallal, Stuart Johnston, Claudia Julina, Michael Kalchman, Deborah Kallick, Mark Karvosky, Tariq Kassum, Daniel Kates, Douglas Kawahara, Brian Kearney, Ravi Kiron, Gautam Kollu, Anne Kopf-Sill, Richard Kornfeld, Thane Kreiner, Diane Krueger, Steven Kuwahara, Daniel Lang, John Leung, Michael Levy, Deborah Lidgate, Jason Lilly, Bill Lindstaedt, Otis Littlefield, Anna Longwell, Michael Louie, Heath Lukatch, Carol Marzetta, Phil McHale, Paula Mendenhall, Angela Miller, Krys Miller, Madeline Miller, Nancy Mize, Sandhya Mohan, Randall Moreadith, Sriram Naganathan, Carol

Nast, Richard Newmark, Mika Newton, James Nickas, Larry Norder, Scott Ogg, Julia Owens, Nandan Oza, Barbara Paley, Erick Peacock, Michael Penn, Matthew Perry, Matthew Plunkett, Renee Polizotto, Eric Poma, Olga Potapova, Mark Powell, Michael Powell, Nancy Pryer, Yolanda Puga, Doug Rabert, Rebecca Redman, Carolina Reyes, Dorian Rinella, Nadine Ritter, Charlotte Rogers, Peggy Rogers, Ellen Rose, Daniel Rosenblum, Philip Ross, Ruedi Sandmeier, Molly Schmid, William Schmidt, Birthe Schnegelsberg, James Schwartz, Sushma Selvarajan, Peter Shabe, Pratik Shah, Andy Shaw, Laura Spiegelman, Olena Stadnyuk, Aron Stein, Alexander Stepanov, Frank Stephenson, Michelle Stoddard, Helen Street, Anantha Sudhakar, Milla Sukonik, Karen Talmadge, Alan Taylor, Robin Taylor, Klaus Theobald, Silke Thode, Elizabeth Tillson, Chris Van Dyke, Kimberly Vanover, Keith Vendola, Martin Verhoef, Peter Virsik, David Walsey, Dara Wambach, Hong Wan, Michael Warner, Robin Wasserman, Anna Waters, Darin Weber, Ken Weber, Jennifer Wee, David Weitz, Phyllis Whiteley, Mary Wieder, Oriana Wiklund, Michael Williams, Eric Witt, Jason Wood, Chris Wubbolt, Robert Yip, Angie You, Peter Young und Evgeny Zaytsev. Außerdem steuerten Francesca Freedman, David Grosof und Jurgen Weber selbstlos Diskussionen über das Buch bei.

Spezieller Dank

Einige Personen verdienen für ihre Beiträge besonderen Dank. Zunächst möchte ich Molly Schmid meine tiefe Dankbarkeit dafür ausdrücken, dass sie viele der Kapitel über die Berufe durchgesehen und ihre wissenschaftliche und Führungserfahrung ergänzt hat. Auch Joseph Carlino, Betsy Alberty, Angelie Agarwal und Bill Lindstaedt möchte ich für die Durchsicht einiger Kapitel danken. Chris Garabedian, Anthony Czarnik und Pratik Shah gebührt besondere Anerkennung für mehrere maßgebliche und förderliche Diskussionen.

Meiner Lektorin, Tracy Kuhlman, schulde ich viel Dank für ihr Talent, komplexes technisches Material zu vereinfachen. Sie ist nicht nur eine sehr kompetente Lektorin, sondern selbst auch Naturwissenschaftlerin und hat zu den Kapiteln eine Menge intellektuell beigetragen. Auch den Mitarbeitern von Cold Spring Harbor Laboratory Press, John Inglis, David Crotty, Jan Argentine, Mary Cozza, Patricia Barker, Lauren Heller und Denise Weiss, danke ich für ihre Unterstützung und ihr Entgegenkommen.

Meinem Ehemann, Peter Symonds, bin ich sehr dankbar für seinen redaktionellen Einsatz und seinen nichtbiotechnologischen Standpunkt. Und zuletzt, aber am wichtigsten, dieses Buch wäre nicht möglich gewesen ohne den Beitrag meines Vaters, William Freedman. Unermüdlich hat er jedes Kapitel bearbeitet und durchgesehen – manche Kapitel vier- bis fünfmal – begeistert und ohne Klage.

Index